力学丛书·典藏版 28

连续统力学

〔美〕A. C. 爱林根 著

程昌钧 俞焕然 译

戴天民 校

科学出版社

1991

内 容 简 介

本书系统地论述了连续统力学，处理了若干重要的非线性问题，在应力理论、应变理论和本构理论方面作了全面的阐述，并反映了近代理性力学方面的一些成果。

本书内容全面、取材新颖，既有一般理论又有专门课题，既有示例又有习题，是一部优秀著作。可供大学生、研究生作教材，亦可供工程技术人员参考。

图书在版编目 (CIP) 数据

连续统力学 / (美) 爱林根 (Eringen, A. C.) 著 ; 程昌钧，俞焕然译.
—北京：科学出版社，1991.3（2016.1 重印）
(力学名著译丛)
ISBN 978-7-03-001937-0
I. ①连… II. ①爱… ②程… ③俞… III. ①连续介质力学 IV. O33
中国版本图书馆 CIP 数据核字 (2016) 第 018785 号

A. C Eringen
MECHANICS OF CONTINUA
Second Edition
Robert E. Krieger Publishing Company,
Inc. 1980

力学名著译丛
连 续 统 力 学
〔美〕A. C. 爱林根 著
程昌钧 俞焕然 译
戴天民 校
责任编辑 徐宇星
科学出版社出版
北京东黄城根北街 16 号
邮政编码：100707

北京京华虎彩印刷有限公司印刷
新华书店北京发行所发行 各地新华书店经售

*

1991 年第一版 开本：850×1168 1/32
2016 年印刷 印张：18 5/8
字数：491 000

定价：158.00元

译 者 的 话

随着国民经济建设的迅速发展，在科学和技术部门中提出的非线性问题日益增多．为了适应这种新的形势，在我国有关专业的本科生及研究生中已经或正在准备开设一些有关非线性问题的理论和方法的课程．译者认为，A. C. 爱林根教授所著《连续统力学》一书不但用较高、较新的观点系统地阐述了连续介质力学的基本理论，处理了若干重要的非线性问题，而且还涉及到当今连续统物理学中一些新领域的课题，内容相当丰富．书中还附有一定数量的习题，可供读者练习．本书较为系统和完善，是一部优秀的著作．它可以作为力学、应用数学、物理学、材料科学、工程科学等专业的本科生或研究生的教材或教学参考书，同时也是从事有关课题研究的科学工作者的向导和指南．

在本书的翻译过程中，我们曾得到中国力学学会理性力学与力学中的数学方法委员会钱伟长教授、朱兆祥教授、叶开沅教授、郭仲衡教授、陈至达教授、戴天民教授等的大力支持和鼓励，特别是戴天民教授认真地审阅了全部译稿，在此谨表示衷心的感谢．同时还感谢国家自然科学基金委员会、辽宁省教育委员会和辽宁大学对出版本书所给予的关心和资助．

由于译者水平有限，缺点错误在所难免，恳切地希望广大读者批评指正．

译者

1984.10 于兰州

第二版序

力学界的多数大学生和研究工作者都忽视电磁理论方面的课题.在他们看来，这是属于电工技术和物理学的．遗憾的是，在大学的有关系和专业中，这个领域要么根本不被列入教学计划，要么就只是作为经典刚体电磁理论中的课程，来为电子学和原子物理学打基础.

在近代技术中电磁场和变形物体之间的相互作用是常见的现象．对于压电传感器、等离子体动力学、可控等离子体的能量产生、无线电、电视、光学、声学、以及天体物理学和地球物理学的很多问题的理解，不仅需要电磁场的知识，而且还需要电磁场与可变形物体和流动性物体之间相互作用的知识，正是通过这些相互作用产生了很多新的、有意义的物理现象．同时，随着对这些相互作用的了解和控制，也产生了很多新兴技术.

在上世纪末和本世纪初，对于运动介质的电磁理论争论不一，理论很不清晰．近十多年来，为了建立这个领域的严格的数学和物理学基础，科学家们已经作了大量的工作．但是，连续统物理学家积累起来的大量基础性资料似乎还没有为这个领域及其相近领域中的科研工作者所采纳.

在出版社和几位同事敦促我修订 1967 年版书时，我就决定借此机会增加一章关于变形体电动力学的内容(第十章)．编写这章的主要目的是给出一个简明而又独立的有关这个领域基础的连续统理论，并使其与本书其余部分具有相同的特点．因此，我立足以连续统物理学基本原理为基础的严格非线性理论来探讨这个课题.根据这个理论，给出了包括热和电磁效应在内的线性和非线性各向异性固体和粘性流体的本构方程．我还从电介质、磁弹性固体和磁流体方面选择几个例子来说明这个理论的应用.

第十章可作为工程学、力学、物理学、电工技术和应用数学方面的研究生学习可变形物体电磁理论的一个学期的教程，也可作为科学工作者有用的参考资料。本章大部分内容以紧凑的形式给出，而且相对独立。这些内容很多是新的，或是最近才编写出来。对于那些期望应用非线性理论或学习建立更复杂理论的方法的工作者来说，这一章的内容是特别有用的。

新版本对原版的第一章到第六章以及附录都作了新的补充，对各种印刷错误都已作了更正。附录B提供了几个表，列出了可用来构造非线性本构方程的矢量整基和张量整基。

我想借此机会，对我过去的和现在的很多学生表示谢意，感谢他们指出了第一版中的印刷错误.特别要感谢 V. Chen，他为我校阅了增加和修订的内容，和G. Abi-Ghanem一起帮助我做了索引.他还和 N. Ari 阅读了部分手稿，并指出了若干拼写错误。我从我的合作者 G.A. Maugin 博士那里得益匪浅.我计划和他合写一部内容更为广泛的有关连续介质电动力学方面的专著。他阅读了手稿并提出了很有价值的建议.感谢我的秘书 Carol Agans 和 Betty Kaminski 出色地完成了手稿的打印工作。我的女儿 Meva 从英语语法角度阅读了新版本，并在文字上作了润色，我对她的爱是永恒的。

A. C 爱林根

目　　录

绪　　论

连续统力学是物理学的一个分支,是论述连续的材料介质(称为物体)在外部作用的影响下的变形和运动的一门学科.影响物体的外部作用是以力、位移和速度的形式出现的,而力、位移和速度是由与其它物体的接触、引力、热的变化、化学反应、电磁效应和其它的环境变化而引起的.在本书中,我们所考虑的物体受的力仅限于由机械的、热的以及电磁的原因而引起.这些力的性质和它们的物理度量在这门学科的任何大纲中都被看作是重要组成部分.

物理上的物体是物质点的集合,这些物质点是通过某些内力而相互连结起来的.在物理学的某些分支中,例如,在统计力学和原子物理学中,物理现象被看作是大量的微小粒子、原子和分子的相互作用的结果.一些概念的形式都是整体现象的统计平均.例如,大量粒子的平均内部动能作为温度表现出来.这种观点对于我们了解物理现象肯定是大有帮助的.然而,在连续统力学中,这种观点是不可取的.因为,一般说来,客观物质是与宏观现象相联系的.在宏观现象中,最小的特征长度远大于原子的尺寸,所以质量连续性的基本假设在数学的理想化前提下表现出极好的近似.在这方面,统计定律在粒子的分子混沌中作用是很有效的,而且大多数的仪器测量出来的是表征总体现象的统计平均.因此,即使我们不去列举已经取得的大量的成果,就凭这些理由也完全可以把连续统力学作为一门独立的学科.

物体对于外部载荷的响应依赖于它的物质构造.表征物体的物理性质在研究它对于外部效应的响应中是必不可少的.所有的固体(钢、铝、橡胶、木材、石块、骨头等等)受力或受热时都要变形;所有的流体(水、橄榄油、蓖麻油、血液等等)都会流动,而且像所有气体(空气、蒸汽、氩、氮、氧等等)那样，它们的形状取决于容器.像固体、流体和气体或等离子体这样的术语都只是物体的粗糙的描述.一般在介质更细致的表征中，它们并不存在明确的分界线.尽管如此，我们仍然是根据固体、流体和气体的这些直观概念获得了关于一些物质的简单理论. 在物理学的另外一些分支中，利用物质的分子性质达到了同样的目的. 在后一种情况下，由于我们不知道分子力的性质以及必须进行粗略的数学近似，所以理论的适用范围往往受到限制，甚至无法精确表明. 这时，精确的连续统理论却可提供必要的指导和可靠性. 另一方面，在这个交叉领域内，统计的、力学的和迁移的理论能够提供物质性质(由连续统理论所确定的)和分子参数之间的关系. 因此，这种联合探索的好处就在于通过调整物质成分来改进物质性质.

在连续统力学中，物质的特征是通过建立本构变量间的某些泛函关系(称为本构方程)来确定的. 本构变量的选择和它们对本构方程的限制是以若干本构公理以及力学的和热力学的基本定律为基础的. 值得注意的是，按照若干个很一般的公理我们能够得到明确、具体的物质理论.

上述考虑表明，连续介质的理论是建立在两个强有力的基础之上的，即：(1) 运动的基本定律，(2) 本构理论.

运动的基本定律. 运动的基本定律对所有的物体不管其组成如何，都是成立的. 这些基本定律(公理)是我们对于物理世界的经验总结. 在本书中，我们涉及到制约热力现象和电磁现象的十个基本定律，它们是：(1)质量守恒，(2) 动量平衡，(3) 动量矩平衡，(4) 能量守恒，(5) 熵，(6) Gauss 定律，(7) Faraday 定律，(8) 磁通量守恒，(9) Ampère 定律，(10) 电荷守恒.在经典力学范围内(不包括相对论性的和量子的现象)，这些定律是无可非议的.

本构理论. 一般来说，相同几何性质的不同物质体对于相同载荷的响应是不同的. 要考虑各种不同物质的性质，我们需要构造一组本构方程. 这些方程依赖于所要求的物理效应的性质和范围．列出本构方程并对其加上某些限制，需要采用某些基本公理(参看第五章和第十章)．虽然所得到的方程包含着某些必须通过实验和(或)统计力学才能决定的待定物质参数，但是一旦这些工作完成之后，这门学科便健全了并可付诸应用．

本书的前四章系统研究了上述前五个运动定律．第五章讨论了本构理论及其对于各种类型介质的应用．第六章到第九章包括对于不同类型物体的某些示例的应用和求解．在第十章中，我们讨论了电磁场与可变形的和流动的物体之间的相互作用，并给出了各种例解．

第一章 应　　变

1.1 本章的范围

所有物质在外载荷的影响下都会产生变形和运动．本章的目的是研究局部的几何变化和连续介质诸点的运动．在描述物体元素的局部长度和角度变化以及平移和转动中，物体诸物质点的初始位置和它们的相继位置之间的关系是基本的．在本章中，我们关心的是这些变化和它们的度量，而不去过问物质和外部效应的类型如何．

为了描述物质点的位置，在第 1.2 节中我们引入两组直角坐标系，一组用于未变形体，另一组则是用于已变形体．于是，某一点的变形就由在未变形和已变形状态下这一物质点的坐标之间的关系来描述．该节中还讨论了物质的连续性和不可毁性公理．第 1.3 节引入了基矢量和移位子，它们对于矢量的分量表示和矢量的平行迁移是必不可少的．在第 1.4 节中，我们讨论了变形梯度和变形张量，它们是决定局部长度和角度变化以及它们的度量的基础．在该节中还引入了对于这些计算来说至关重要的 Cauchy 和 Green 张量．在第 1.5 节中给出了 Lagrange 和 Euler 应变张量并介绍了这些张量与变形张量的关系．线性理论基础的无穷小应变和无穷小转动放在第 1.6 节介绍．对长度和角度变化的研究、理解应变和转动的几何意义是第 1.7 节的主要内容．应变和转动所服从的变换律在第 1.8 节中给出．通过第 1.9 节的几何研究，我们可以了解到一个小圆球如何变成一个椭球．这样，Cauchy 应变椭球的研究就阐明了在物体某一点处的变形对于方向的依赖性．在第 1.10 节中讨论了应变不变量．第 1.11 节介绍了有限转动的讨论并给出了一物质点的无限小邻域变形的基本定理．

在第 1.12 节中，我们讨论了由于变形而产生的面积和体积的变化．为了加深对于各种类型变形的理解，我们在第 1.13 节中给出了有关应变的若干简单例子，例如，刚性变形、势变形、等体积变形、均匀膨胀和简单剪切．对于平面应变，我们介绍了 Mohr 的几何作图法．众所周知，一个非负的对称二阶张量可以是变形张量的条件即相容性条件，这将在第 1.14 节中讨论．

1.2 坐标系

在 $t=0$ 时刻，连续介质的诸物质点占据一个区域 B，它由物质体积$\mathscr{V}$及其表面$\mathscr{S}$组成．在该区域内，物质点P的位置用一组直角坐标 X_1, X_2 和 X_3（或简单地用 X_K, $K=1, 2, 3$），或用一个从坐标原点O到该点P的矢量 $\mathbf{P}$ 表示（图 1.2.1）．发生变形之后，在时刻t, $\mathscr{V}+\mathscr{S}$ 的诸物质点占据一个由空间体积 v 及其表面 s 所组成的区域 b．在这个已变形状态中，一个物质点可以占据一个空间点 p．我们可以用一个从新的直角坐标标架的原点 o 引出的矢量 $\mathbf{p}$ 或一组直角坐标 x_k ($k=1, 2, 3$) 来定位 p．选择这两组不同的参考标架，往往会带来方便．这两组不同坐标系，一组是对于未变形体的，另一组是对于已变形体的，特别适于应用曲线坐标系的情况．一个典型的例子是一个矩形块体变为圆

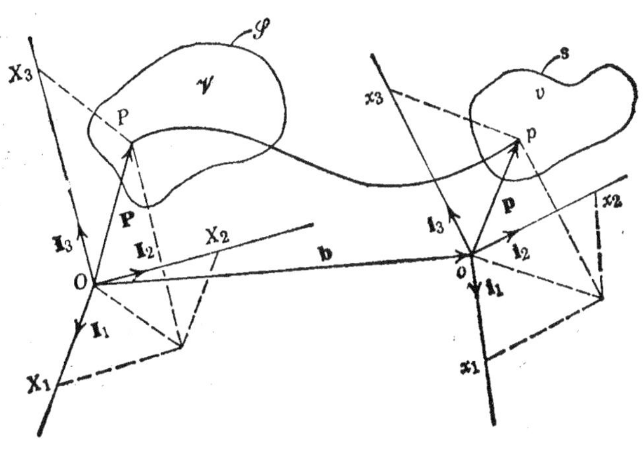

图 1.2.1 坐标系

柱块体的变形．在这种情况下，对于未变形块体采用直角坐标，而对于已变形块体采用柱面坐标将被证明是特别方便的．

在连续体的变形和运动的描述中，采用两组坐标（即使两者都被选为直角坐标）具有许多明显的优点．因而在表示各个分量时，我们令 $X_1=X$，$X_2=Y$，$X_3=Z$ 和 $x_1=x$，$x_2=y$，$x_3=z$．根据通用的术语，我们称 X_K 为**物质坐标**或 **Lagrange 坐标**，而称 x_k 为**空间坐标**或 **Euler 坐标**．

物体的变形和运动使不同的物质点变成不同的空间位置．这可表示为

$$x_k=x_k(X_1,X_2,X_3,t) \text{ 或 } x_k=x_k(X_K,t) \quad (k=1,2,3) \tag{1.2.1}$$

或者反之

$$X_K=X_K(x_1,x_2,x_3,t) \text{ 或 } X_K=X_K(x_k,t) \quad (K=1,2,3) \tag{1.2.2}$$

为简洁起见，我们把它们写成

$$\mathbf{x}=\mathbf{x}(\mathbf{X},t),\ \mathbf{X}=\mathbf{X}(\mathbf{x},t) \tag{1.2.3}$$

于是，根据(1.2.1)，运动使 $t=0$ 时 B 中的物质点 P 变成 t 时 b 中的空间点 p．逆运动(1.2.2)表示逆现象，即，我们可以跟踪 t 时占据空间位置 $\mathbf{p}$ 的物质点而达到它的原始位置 $\mathbf{P}$．

我们假设映射(1.2.3)是单值的并且具有关于它的自变量的任意所需阶数的连续偏导数，但在某些可能的奇异点、线和面处除外．另外，还假设(1.2.3)的两式在物质点 P 的邻域内互为唯一的逆．这样的假设称为**连续性公理**．它表示物质是**不可毁**的事实，也就是说，物质的正的、有限的体积不会变成零或无限的体积．这个公理的另一个含义是物质是**不可入**的，也就是说，运动使每个区域变成一个区域，每个曲面变成一个曲面，每条曲线变成一条曲线．物质的一部分决不会进入到另一部分中去．实际上，有些情况是违背这个公理的．例如，材料可以被破碎或传递冲击和其它不连续的形式．对于这些情况必须给以特别注意．连续性公理可以通过微分学的一个著名定理（即隐函数定理）加以论述[1]．

1）参见 Widder [1950, p.47].

隐函数定理 如果对于固定的时刻 t，函数 $x_k(X_K,t)$ 在点 P 的邻域 $|X'_K - X_K| < \Delta$ 内关于 X_K 是连续的并具有连续的一阶偏导数，而且如果 Jacobi 行列式

$$(1.2.4)\qquad j \equiv \left|\frac{\partial x_k}{\partial X_K}\right| = \begin{vmatrix} \partial x_1/\partial X_1 & \partial x_1/\partial X_2 & \partial x_1/\partial X_3 \\ \partial x_2/\partial X_1 & \partial x_2/\partial X_2 & \partial x_2/\partial X_3 \\ \partial x_3/\partial X_1 & \partial x_3/\partial X_2 & \partial x_3/\partial X_3 \end{vmatrix}$$

不为零，则在时刻 t 点 p 的邻域 $|x'_k - x_k| < \delta$ 内存在(1.2.2)形式的唯一的逆。

如果把 $\mathbf{p}$ 作为每一物质点 P（即给定 $\mathbf{P}$）的时间函数加以确定的话，我们就可以推定每一时刻 t 时物体相对于 $t=0$ 的形状和位置的新形状和位置。这就使我们能够计算任意两点间的长度变化以及任何两个方向间的夹角变化。最终达到建立这些变形与外部效应（例如外力、热的变化）的关系的目的。掌握了这样关系之后，我们才有希望在设计机械和建筑物，或者分析存在的天然的或人造的材料和结构物时，不仅能够避免失败，而且还能够获得最大的成效。这样，连续介质力学的主题在本质上就是在已知物体的外部效应和初始条件及边界条件下确定(1.2.1)的显式。

与未变形物体 B 相联系的量将用大写字母表示，而与已变形物体 b 相联系的量将用小写字母表示。当这些量参考于坐标 X_K 时，它们的指标将是大写字母；而当这些量参考于 x_k 时，它们的指标将是小写字母。例如，参考于 X_K 的 B 中一个矢量 $\mathbf{V}$ 将有分量 V_K，而参考于 x_k 时将有分量 V_k。反之，参考于 X_K 和 x_k 的 b 中一个矢量 $\mathbf{v}$ 将分别具有由 v_K 和 v_k 表示的分量[1]。

1.3 基矢量，移位子

分别参考于直角坐标 X_K 和 x_k 的 B 中点 P 的位置矢量 $\mathbf{P}$ 和 b 中点 p 的 $\mathbf{p}$ 由下式给出：

$$(1.3.1)\qquad \mathbf{P} = X_K\mathbf{I}_K,\quad \mathbf{p} = x_k\mathbf{i}_k$$

1) 这里所用的符号完全与 Eringen [1962] 的符号一致。

式中$\mathbf{I}_K$和$\mathbf{i}_k$分别是图(1.2.1)中的**单位基矢量**．今后，我们采取常用的对于重复指标的求和约定，亦即

$$\mathbf{P}=X_K\mathbf{I}_K=X_1\mathbf{I}_1+X_2\mathbf{I}_2+X_3\mathbf{I}_3$$

在B中和在b中的无限小矢量$d\mathbf{P}$和$d\mathbf{p}$可以表示为

(1.3.2) $$d\mathbf{P}=dX_K\mathbf{I}_K,\quad d\mathbf{p}=dx_k\mathbf{i}_k$$

在B和b中的长度元素的平方分别为

(1.3.3) $$\begin{aligned}dS^2&=d\mathbf{P}\cdot d\mathbf{P}=\delta_{KL}dX_KdX_L=dX_KdX_K\\ ds^2&=d\mathbf{p}\cdot d\mathbf{p}=\delta_{kl}dx_kdx_l=dx_kdx_k\end{aligned}$$

式中

(1.3.4) $$\delta_{KL}=\mathbf{I}_K\cdot\mathbf{I}_L,\quad \delta_{kl}=\mathbf{i}_k\cdot\mathbf{i}_l$$

是 **Kronecker 符号**．当两个指标的数码[1]相等时它们取值为1；否则为零．

当两组直角坐标不相同时，我们还将采用诸如下式的具有混合指标的符号：

(1.3.5) $$\delta_{Kk}=\delta_{kK}=\mathbf{I}_K\cdot\mathbf{i}_k$$

我们称之为**移位子**（Shifter）．在一个标架（如x_k）中的矢量用它在另一个标架(如X_K)中的投影表示时，它们起着重要的作用．于是，设$\mathbf{v}$是标架x_k中的一个矢量，则

$$\mathbf{v}=v_k(\mathbf{x})\mathbf{i}_k$$

这个矢量在X_K中的分量V_K与v_k具有下列关系：

(1.3.6) $$V_K=\mathbf{v}\cdot\mathbf{I}_K=v_k(\mathbf{x})\mathbf{i}_k\cdot\mathbf{I}_K=\delta_{Kk}v_k$$

当两个标架相同时，δ_{Kk}变成为 Kronecker 符号，此时矢量$\mathbf{v}$简单地通过平行迁移从一点$\mathbf{p}$移位到另一点$\mathbf{P}$．这便是命名移位子的原由．需要指出的是(1.3.6)的对偶为

(1.3.7) $$v_k=\delta_{Kk}V_K$$

因此，我们有

(1.3.8) $$\mathbf{v}=v_k\mathbf{i}_k=V_K\mathbf{I}_K$$

把式(1.3.6)和式(1.3.7)互相代入，则得

1）原书为两个指标，这里为避免混淆起见改为两个指标的数码．实际上，$\delta_{KK}=\delta_{kk}=N$，$N$为空间维数，并不是1．——校者

(1.3.9) $$\delta_{Kk}\delta_{Lk}=\delta_{KL},\quad \delta_{Kk}\delta_{Kl}=\delta_{kl}$$

我们再次强调,一般说来,δ_{Kk} 不是一个 Kronecker 符号(亦即,一般说来,当 K 和 k 取相同的数码时,$\delta_{Kk}\neq 1$,而当 K 和 k 不同时,$\delta_{Kk}\neq 0$)。它们是 $\mathbf{i}_k$ 关于 $\mathbf{I}_K$ 的方向余弦。不久即将看到这些符号在我们课程中的重要性。

1.4 变形梯度和变形张量

由运动方程(1.2.1)和(1.2.2),我们有

(1.4.1) $$dx_k=x_{k,K}dX_K,\quad dX_K=X_{K,k}dx_k$$

其中,在一逗号后面的指标,当其为大写字母时表示关于 X_K 的偏微商,而当其为小写字母时则表示关于 x_k 的偏微商,亦即

(1.4.2) $$x_{k,K}=\frac{\partial x_k}{\partial X_K},\quad X_{K,k}=\frac{\partial X_K}{\partial x_k}$$

由式(1.4.2)定义的两组量称为**变形梯度**。

时常采用并矢记法,把变形梯度 $(1.4.2)_1$ 表示为

(1.4.3) $$\mathbf{F}=\nabla\mathbf{x}\quad 或\quad F_{kK}\equiv x_{k,K}$$

在这种情况下,$(1.4.2)_2$ 由 $\mathbf{F}^{-1}$ 表示。通过偏微商的链式法则,显然有

(1.4.4) $$x_{k,K}X_{K,l}=\delta_{kl},\quad X_{K,k}x_{k,L}=\delta_{KL}$$

这两组方程中的每一组都是关于九个未知量 $x_{k,K}$ 或 $X_{K,k}$ 的九个线性方程。因为假设变换的 Jacobi 行列式不为零,所以存在唯一解。利用行列式的 Cramer 法则,可用 $x_{k,K}$ 得到关于 $X_{K,k}$ 的解。于是

(1.4.5) $$X_{K,k}=\frac{x_{k,K}\text{的代数余子式}}{j}=\frac{1}{2j}e_{KLM}e_{klm}x_{l,L}x_{m,M}$$

式中 e_{KLM} 和 e_{klm} 是置换符号(参见附录 A1),而

(1.4.6) $$j\equiv|x_{k,K}|=\frac{1}{6}e_{KLM}e_{klm}x_{k,K}x_{l,L}x_{m,M}$$

是 Jacobi 行列式。微分(1.4.6),我们得到下列恒等式:

$$(jX_{K,k})_{,K}=0,\quad (j^{-1}x_{k,K})_{,k}=0$$

(1.4.7)
$$\frac{\partial j}{\partial x_{k,K}}=x_{k,K}\text{ 的代数余子式 }=jX_{K,k}$$

如果我们把(1.4.1)代入(1.3.2)，则得

(1.4.8)
$$d\mathbf{P}=\mathbf{c}_k dx_k,\quad d\mathbf{p}=\mathbf{C}_K dX_K$$

式中

(1.4.9)
$$\mathbf{c}_k(\mathbf{x},t)=X_{K,k}\mathbf{I}_K,\quad \mathbf{C}_K(\mathbf{X},t)=x_{k,K}\mathbf{i}_k$$

从这些等式，我们可以解出 $\mathbf{I}_K$ 和 $\mathbf{i}_k$。例如，为了求解 $\mathbf{I}_K$，可用 $x_{k,L}$ 乘 $(1.4.9)_1$，并利用 $(1.4.4)_2$。类似地，为了求解 $\mathbf{i}_k$，可用 $X_{K,l}$ 乘 $(1.4.9)_2$，并利用 $(1.4.4)_1$。于是

(1.4.10)
$$\mathbf{I}_K=x_{k,K}\mathbf{c}_k,\quad \mathbf{i}_k=X_{K,k}\mathbf{C}_K$$

用和(1.3.3)相同的方法，并利用(1.4.8)，我们得到

(1.4.11)
$$dS^2=c_{kl}dx_k dx_l,\quad ds^2=C_{KL}dX_K dX_L$$

式中

(1.4.12)
$$\begin{aligned}c_{kl}(\mathbf{x},t)&=\mathbf{c}_k\cdot\mathbf{c}_l=\delta_{KL}X_{K,k}X_{L,l}=X_{K,k}X_{K,l}\\ C_{KL}(\mathbf{X},t)&=\mathbf{C}_K\cdot\mathbf{C}_L=\delta_{kl}x_{k,K}x_{l,L}=x_{k,K}x_{k,L}\end{aligned}$$

分别是 **Cauchy 变形张量**和 **Green 变形张量**. 它们都是对称的，亦即，$c_{kl}=c_{lk}$，$C_{KL}=C_{LK}$，而且是正定的.

另外两个矢量 $\overset{-1}{\mathbf{c}}_k$ 和 $\overset{-1}{\mathbf{C}}_K$ 可以定义为[1)]

(1.4.13)
$$\overset{-1}{\mathbf{c}}_k(\mathbf{x},t)=x_{k,K}\mathbf{I}_K,\quad \overset{-1}{\mathbf{C}}_K(\mathbf{X},t)=X_{K,k}\mathbf{i}_k$$

其中第一个满足下列关系：

(1.4.14)
$$\begin{aligned}\mathbf{c}_k\cdot\overset{-1}{\mathbf{c}}_k&=(X_{K,k}\mathbf{I}_K)\cdot(x_{l,L}\mathbf{I}_L)=X_{K,k}x_{l,L}\delta_{KL}\\ &=X_{K,k}x_{l,K}=\delta_{kl}\end{aligned}$$

第二个也有类似的关系。于是 $\overset{-1}{\mathbf{c}}_k$ 和 $\overset{-1}{\mathbf{C}}_K$ 分别是 $\mathbf{c}_k$ 和 $\mathbf{C}_K$ 的**互易矢量**.

根据互易矢量，我们可以形成

(1.4.15)
$$\begin{aligned}b_{kl}&=\overset{-1}{c}_{kl}=\overset{-1}{\mathbf{c}}_k\cdot\overset{-1}{\mathbf{c}}_l=\delta_{KL}x_{k,K}x_{l,L}\\ B_{KL}&=\overset{-1}{C}_{KL}=\overset{-1}{\mathbf{C}}_K\cdot\overset{-1}{\mathbf{C}}_L=\delta_{kl}X_{K,k}X_{L,l}\end{aligned}$$

1）上标 −1 是符号部分；它不表示 $1/\mathbf{c}_k$.

现在我们可以看到

$$\overset{-1}{c}_{kl}\overset{-1}{c}_{lm} = (\delta_{KL}x_{k,K}x_{l,L})(\delta_{MN}X_{M,l}X_{N,m})$$
$$= x_{k,K}(x_{l,K}X_{M,l})X_{M,m} = x_{k,K}\delta_{KM}X_{M,m}$$
$$= x_{k,K}X_{K,m} = \delta_{km}$$

因为 c_{kl} 是非奇异矩阵，故知张量 $\overset{-1}{c}_{kl}$ 是 c_{kl} 的**互易张量**．类似地可以证明 $\overset{-1}{C}_{KL}$ 是 C_{KL} 的互易张量．事实上，把 (1.4.10)$_1$ 代入 (1.4.13)$_1$，并把所得结果代入 (1.4.15)，不难证明

(1.4.16) $$\overset{-1}{\mathbf{c}}_k = x_{k,K}x_{l,K}\mathbf{c}_l$$
$$\overset{-1}{c}_{kl} = x_{k,K}x_{m,K}x_{l,M}x_{n,M}c_{mn} = \overset{-1}{c}_{km}\overset{-1}{c}_{ln}c_{mn}$$

张量 $\overset{-1}{C}_{KL}$ 和 $\overset{-1}{c}_{kl}$ 分别称为 **Piola 和 Finger 变形张量**．有时，C_{KL} 被称为**右 Cauchy-Green 张量**，而 b_{kl} 被称为**左 Cauchy-Green 张量**．

对于诸如 C_{KL} 和 c_{kl} 那样一些量，我们已经使用单词**"张量"**．这个术语表示，在坐标变换下根据某一确定的规律而变换的一组量．假设坐标 X_K 和 X'_K 间具有下列关系：

(1.4.17) $$X_K = X_K(X'_1, X'_2, X'_3)$$

(1.4.11)$_2$ 的左端是与坐标变换无关的．如果在右端我们令

$$dX_K = \frac{\partial X_K}{\partial X'_M}\,dX'_M$$

则得

$$ds^2 = C_{KL}\frac{\partial X_K}{\partial X'_M}\frac{\partial X_L}{\partial X'_N}\,dX'_M dX'_N = C'_{MN}dX'_M dX'_N$$

由于 dX'_M 是任意的，而且 $C_{KL} = C_{LK}$，故有

(1.4.18) $$C'_{MN}(\mathbf{X}', t) = C_{KL}(\mathbf{X}, t)\frac{\partial X_K}{\partial X'_M}\frac{\partial X_L}{\partial X'_N}.$$

于是，一旦给出 X_K 和 X'_K 之间的关系式 (1.4.17)，则在一组坐标 X_K 中已知 C_{KL} 的情况下，我们就能求得在另一组坐标 X'_k 中相应的量 c'_{kl}. 根据变换规律 (1.4.18) 而变换的量称为**绝对张量**．不难证明，$c_{kl}, \overset{-1}{c}_{kl}$ 和 $\overset{-1}{C}_{KL}$ 都是绝对张量．

类似地，绝对矢量 $X_K(\mathbf{X})$ 根据下式而变换：

(1.4.19) $$V'_M(\mathbf{X}') = V_K(\mathbf{X}) \frac{\partial X_K}{\partial X'_M}$$

对此课题的详细论述，参见附录 C.

所有前述的变形分析都是以物质参考标架 $\mathbf{X}$ 作为参考构形为基础的. 对于某些介质(如流体)，采用时刻 t 的空间参考标架作为参考构形并根据这个构形去度量以后时刻，$\tau \geqslant t$ 的变化则更为方便. 于是，令 $\boldsymbol{\xi}$ 是时刻 τ 的物质点 $\mathbf{X}$ 所占据的位置，则我们有

(1.4.20) $$\boldsymbol{\xi} = \mathbf{x}(\mathbf{X}, \tau)$$

利用(1.2.2)，它可写成

(1.4.21) $$\boldsymbol{\xi} = \mathbf{x}(\mathbf{X}(\mathbf{x}, t), \tau) = \mathbf{x}_{(t)}(\mathbf{x}, \tau)$$

式中 $\mathbf{x}_{(t)}$ 称为**相对变形函数**. $\boldsymbol{\xi}$ 是在时刻 t 时占据位置 $\mathbf{x}$ 的物质点在时刻 τ 时的位置，图 1.4.1.

我们假设(1.4.21)是可逆的，即

(1.4.22) $$\mathbf{x} = \mathbf{x}(\boldsymbol{\xi}, \tau)$$

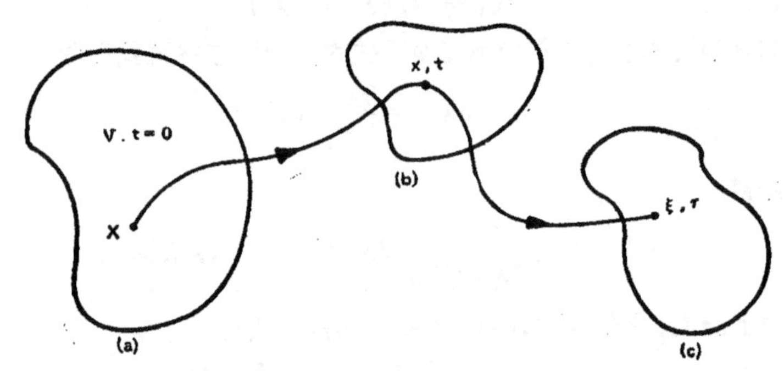

图 1.4.1 (a) 初始构形 (b) 时刻 t 的参考构形 (c) 时刻 $\tau \geqslant t$ 的构形

于是相对变形的 Jacobi 行列式

(1.4.23) $$J_{(t)}(\tau) = \det(\partial \xi_\alpha / \partial x_l) > 0$$

应当指出，$J_{(t)}(t) = 1$. 相对变形梯度为

(1.4.24) $$\xi_{\alpha,l} = F_{(t)\alpha l} = \partial \xi_\alpha / \partial x_l, \quad \mathbf{F}_{(t)}(\tau) = \nabla \boldsymbol{\xi}$$

它满足

(1.4.25) $$\xi_{\alpha,l}(t)=\delta_{\alpha l} \text{ 或 } \mathbf{F}_{(t)}(t)=\mathbf{1}$$

如果 $\mathbf{F}_{(t')}$ 和 $\mathbf{F}_{(t)}$ 是两个变形梯度，则它们的关系为

(1.4.26) $$\mathbf{F}_{(t)}(\tau)=\mathbf{F}_{(t')}(\tau)\mathbf{F}_{(t)}(t')$$

这可用链式法则证明如下：由定义有

(1.4.27) $$\boldsymbol{\xi}=\mathbf{x}_{(t')}(\mathbf{x}',\tau)=\mathbf{x}_{(t)}(\mathbf{x},\tau)$$

如果时刻 t 的 $\mathbf{x}$ 是相对于时刻 t' 的 $\mathbf{x}'$ 的一个参考构形，则我们还有

(1.4.28) $$\mathbf{x}=\mathbf{x}_{(t')}(\mathbf{x}',t)$$

于是链式法则给出

$$\frac{\partial\xi_\alpha}{\partial x_l}=\frac{\partial\xi_\alpha}{\partial x'_m}\frac{\partial x'_m}{\partial x_l}$$

此式与式(1.4.26)是相同的。

用与变形度量和应变度量相类似的方法，我们可以引入**相对变形度量**和**相对应变度量**。它们可以用 $\mathbf{F}_{(t)}$ 和 $\mathbf{F}_{(t)}^{-1}$ 代替 $\mathbf{F}$ 和 $\mathbf{F}^{-1}$ 而得到。例如

(1.4.29)
$$c_{(t)kl}=\delta_{\alpha\beta}\xi_{\alpha,k}\xi_{\beta,l},\quad \mathbf{c}_{(t)}(\tau)=\mathbf{F}_{(t)}(\tau)^T\mathbf{F}_{(t)}(\tau)$$
$$b_{(t)kl}=\overset{-1}{c}_{(t)kl}=\delta_{\alpha\beta}x_{k,\alpha}x_{l,\beta},\quad \mathbf{b}_{(t)}(\tau)=\mathbf{F}_{(\tau)}(t)\mathbf{F}_{(\tau)}(t)^T$$

在 $\mathbf{C}_{(t)}$, $\mathbf{b}(t)$ 和 $\mathbf{c}_{(t)}(\tau)$, $\mathbf{b}_{(t)}(\tau)$ 之间存在着联系。事实上，我们有

$$C_{KL}(\tau)=\delta_{\alpha\beta}\xi_{\alpha,K}\xi_{\beta,L}=\delta_{\alpha\beta}\xi_{\alpha,k}\xi_{\beta,l}x_{k,K}x_{l,L}=c_{(t)kl}x_{k,K}x_{l,L}$$
$$B_{KL}(\tau)=\delta_{\alpha\beta}X_{K,\alpha}X_{L,\beta}=\delta_{\alpha\beta}x_{k,\alpha}x_{l,\beta}X_{K,k}X_{L,l}=b_{(t)kl}X_{K,k}X_{L,l}$$

因此

(1.4.30)
$$\mathbf{C}(\tau)=\mathbf{F}(t)^T\mathbf{c}_{(t)}(\tau)\mathbf{F}(t),$$
$$\mathbf{B}_{(t)}(\tau)=\mathbf{F}^{-1}(t)\mathbf{b}_{(t)}(\tau)\mathbf{F}^{-1}(t)^T$$

1.5 应变张量和位移矢量

由(1.3.3)和(1.4.11)，我们有两种关于长度元素平方的不同表达式。在未变形物体中为 dS^2，而在已变形物质中为 ds^2，即

(1.5.1)
$$dS^2=\delta_{KL}dX_KdX_L=c_{kl}dx_kdx_l$$
$$ds^2=C_{KL}dX_KdX_L=\delta_{kl}dx_kdx_l$$

对于在B和b中相同的物质点，差 ds^2-dS^2 是长度变化的一个度量。当对于任意两个邻点这个差为零时，则变形不改变这个点对之间的距离。当对于物体中所有点对这个差都为零时，则物体只发生**刚性位移**。

于是，在相同的坐标系中，我们由(1.5.1)得到这个差为

$$ds^2-dS^2=2E_{KL}(\mathbf{X},t)dX_KdX_L=2e_{kl}(\mathbf{x},t)dx_kdx_l \tag{1.5.2}$$

式中

$$\begin{aligned}2E_{KL}&=C_{KL}(\mathbf{X},t)-\delta_{KL}\\ 2e_{kl}&=\delta_{kl}-c_{kl}(\mathbf{x},t)\end{aligned} \tag{1.5.3}$$

分别称为 **Lagrange** 和 **Euler 应变张量**。显然，当它们之中的任何一个为零时，则有 $ds^2=dS^2$。根据(1.5.2)，我们可以看出

$$E_{KL}=e_{kl}x_{k,K}x_{l,L},\quad e_{kl}=E_{KL}X_{K,k}X_{L,l} \tag{1.5.4}$$

我们可以用**位移矢量** $\mathbf{u}$ 来表示应变分量，这里 $\mathbf{u}$ 是由未变形物体中的物质点P引向已变形物体中该点的空间位置的矢量（图1.5.1)：

$$\mathbf{u}=\mathbf{p}-\mathbf{P}+\mathbf{b}=x_l\mathbf{i}_l-X_L\mathbf{I}_L+\mathbf{b} \tag{1.5.5}$$

$\mathbf{u}$ 在 X_K 和 x_k 中的分量分别用 U_K 和 u_k 表示，因此

$$\mathbf{u}=U_L\mathbf{I}_L=u_l\mathbf{i}_l$$

在(1.5.5)的两端用 $\mathbf{i}_k$ 和 $\mathbf{I}_K$ 作内积，我们得到

$$\begin{aligned}u_k&=x_k-\delta_{Lk}X_L+b_k\\ U_K&=\delta_{Kl}x_l-X_K+B_K\end{aligned} \tag{1.5.6}$$

式中 $b_k=\mathbf{b}\cdot\mathbf{i}_k$，而 $B_K=\mathbf{b}\cdot\mathbf{I}_K$。这里我们再次看到移位子的作用。

现在我们来计算应变张量。首先，根据(1.4.8)和(1.5.5)，我们有

$$\begin{aligned}\mathbf{C}_K&=\frac{\partial\mathbf{p}}{\partial X_K}=\frac{\partial\mathbf{P}}{\partial X_K}+\frac{\partial\mathbf{u}}{\partial X_K}=\mathbf{I}_K+U_{M,K}\mathbf{I}_M\\ \mathbf{c}_k&=\frac{\partial\mathbf{P}}{\partial x_k}=\frac{\partial\mathbf{p}}{\partial x_k}-\frac{\partial\mathbf{u}}{\partial x_k}=\mathbf{i}_k-u_{m,k}\mathbf{i}_m\end{aligned} \tag{1.5.7}$$

现在计算

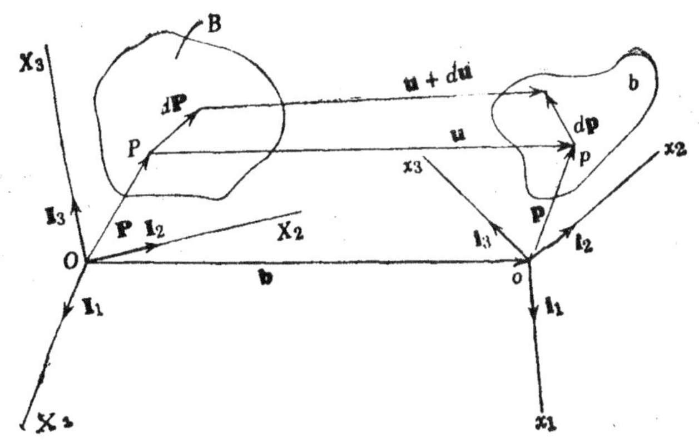

图 1.5.1　位移矢量

$$C_{KL}=\mathbf{C}_K\cdot\mathbf{C}_L=(\mathbf{I}_K+U_{M,K}\mathbf{I}_M)\cdot(\mathbf{I}_L+U_{N,L}\mathbf{I}_N)$$
$$=\delta_{KL}+U_{K,L}+U_{L,K}+\delta_{NM}U_{M,K}U_{N,L}$$

将此式代入$(1.5.3)_1$，我们得到

(1.5.8)　　$$2E_{KL}=U_{K,L}+U_{L,K}+\delta_{MN}U_{M,K}U_{N,L}$$

对(1.5.7)中的 $\mathbf{c}_k$ 采用类似的方法给出

(1.5.9)　　$$2e_{kl}=u_{k,l}+u_{l,k}-\delta_{mn}u_{m,k}u_{n,l}$$

由(1.5.7)，显然有

(1.5.10)　　$$d\mathbf{p}=\mathbf{C}_K dX_K=(\delta_{MK}+U_{M,K})\mathbf{I}_M dX_K$$
$$d\mathbf{P}=\mathbf{c}_k dx_k=(\delta_{mk}-u_{m,k})\mathbf{i}_m dx_k$$

因为参考于坐标 X_K，变形使 $d\mathbf{P}$ 变成 $d\mathbf{p}$，所以具有边矢量 $\mathbf{I}_1dX_1$，$\mathbf{I}_2dX_2$，$\mathbf{I}_3dX_3$ 的长方体变形之后变成为具有边矢量 $\mathbf{C}_1dX_1$，$\mathbf{C}_2dX_2$，$\mathbf{C}_3dX_3$ 的曲线平行六面体（图 1.5.2）。类似地，在变形的 Euler 描述中，逆运动使 $\mathbf{i}_1dx_1$，$\mathbf{i}_2dx_2$，$\mathbf{i}_3dx_3$ 分别变成为 $\mathbf{c}_1dx_1$，$\mathbf{c}_2dx_2$，$\mathbf{c}_3dx_3$（图 1.5.3）。在(1.5.10)中，令 $d\mathbf{p}=dx_k\mathbf{i}_k$ 和 $d\mathbf{P}=dX_K\mathbf{I}_K$，我们还可得到下列两个有用的表达式：

(1.5.11)　　$$dx_k=(\delta_{MK}+U_{M,K})\delta_{Mk}dX_K$$
$$dX_K=(\delta_{mk}-u_{m,k})\delta_{mK}dx_k$$

回顾应变张量，我们看到 E_{KL} 和 e_{kl} 都是对称张量，即

(1.5.12)　　$$E_{KL}=E_{LK},\quad e_{kl}=e_{lk}$$

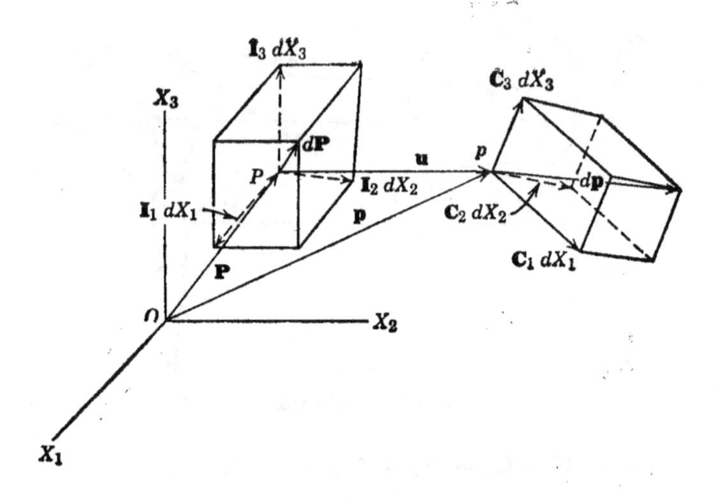

图 1.5.2 长方体的变形 (Lagrange 表示)

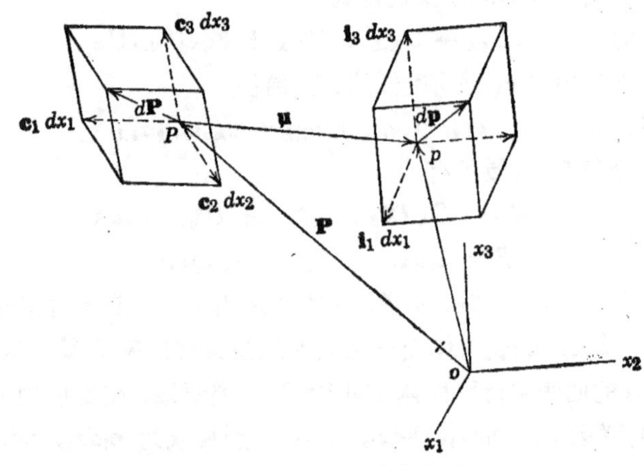

图 1.5.3 已变形物体中的长方体在未变形物体曾是一个直线平行六面体 (Euler 表示)

因此,在三维空间中,对于每个这样张量只有六个独立的分量,例如,E_{11},E_{22},E_{33},$E_{12}=E_{21}$,$E_{23}=E_{32}$,$E_{13}=E_{31}$. 前三个分量 E_{11},E_{22} 和 E_{33} 称为**正应变**,而后三个分量 E_{12},E_{23} 和 E_{31} 称为**剪切应变**,其理由将在第 1.7 节中讨论.

有时采用矩阵记法是方便的．在这种记法中，我们写成

$$\mathbf{E}=\|E_{KL}\|=\begin{bmatrix} E_{11} & E_{12} & E_{13} \\ E_{21} & E_{22} & E_{23} \\ E_{31} & E_{32} & E_{33} \end{bmatrix} \tag{1.5.13}$$

这个矩阵关于它的主对角线是对称的．对于 Euler 应变张量 **e** 也有类似的表达式[1]．

为了说明这种缩写记法比在某些教科书中采用的记法更为方便，我们现在把(1.5.8)和(1.5.9)写成它们的通常展开形式．于是，令 X_1, X_2, X_3 为 X, Y, Z；x_1, x_2, x_3 为 x, y, z；U_1, U_2, U_3 为 U, V, W；u_1, u_2, u_3 为 u, v, w；和 $E_{11}, E_{12}, \cdots$ 为 $E_{XX}, E_{YY}, \cdots$ 等等，则可看到六个 Lagrange 应变 E_{KL} 和六个 Euler 应变 e_{kl} 为

$$\begin{aligned}
2E_{XX}=C_{XX}-1&=2\frac{\partial U}{\partial X}\\
&\quad+\left(\frac{\partial U}{\partial X}\right)^2+\left(\frac{\partial V}{\partial X}\right)^2+\left(\frac{\partial W}{\partial X}\right)^2\\
2E_{YY}=C_{YY}-1&=2\frac{\partial V}{\partial Y}\\
&\quad+\left(\frac{\partial U}{\partial Y}\right)^2+\left(\frac{\partial V}{\partial Y}\right)^2+\left(\frac{\partial W}{\partial Y}\right)^2\\
2E_{ZZ}=C_{ZZ}-1&=2\frac{\partial W}{\partial Z}\\
&\quad+\left(\frac{\partial U}{\partial Z}\right)^2+\left(\frac{\partial V}{\partial Z}\right)^2+\left(\frac{\partial W}{\partial Z}\right)\\
2E_{XY}=C_{XY}&=\frac{\partial U}{\partial Y}+\frac{\partial V}{\partial X}+\frac{\partial U}{\partial X}\frac{\partial U}{\partial Y}\\
&\quad+\frac{\partial V}{\partial X}\frac{\partial V}{\partial Y}+\frac{\partial W}{\partial X}\frac{\partial W}{\partial Y}
\end{aligned} \tag{1.5.14}$$

1）为方便起见，我们将对矢量和张量都用粗体字母表示．这并不会引起任何的混淆，因为根据内容可以推断出它们是什么．

$$2E_{YZ}=C_{YZ}=\frac{\partial V}{\partial Z}+\frac{\partial W}{\partial Y}+\frac{\partial U}{\partial Y}\frac{\partial U}{\partial Z}+\frac{\partial V}{\partial Y}\frac{\partial V}{\partial Z}+\frac{\partial W}{\partial Y}\frac{\partial W}{\partial Z}$$

$$2E_{ZX}=C_{ZX}=\frac{\partial W}{\partial X}+\frac{\partial U}{\partial Z}+\frac{\partial U}{\partial X}\frac{\partial U}{\partial Z}+\frac{\partial V}{\partial X}\frac{\partial V}{\partial Z}+\frac{\partial W}{\partial X}\frac{\partial W}{\partial Z}$$

$$2e_{xx}=1-c_{xx}=2\frac{\partial u}{\partial x}-\left(\frac{\partial u}{\partial x}\right)^2-\left(\frac{\partial v}{\partial x}\right)^2-\left(\frac{\partial w}{\partial x}\right)^2$$

$$2e_{yy}=1-c_{yy}=2\frac{\partial v}{\partial y}-\left(\frac{\partial u}{\partial y}\right)^2-\left(\frac{\partial v}{\partial y}\right)^2-\left(\frac{\partial w}{\partial y}\right)^2$$

$$2e_{zz}=1-c_{zz}=2\frac{\partial w}{\partial z}-\left(\frac{\partial u}{\partial z}\right)^2-\left(\frac{\partial v}{\partial z}\right)^2-\left(\frac{\partial w}{\partial z}\right)^2 \tag{1.5.15}$$

$$2e_{xy}=-c_{xy}=\frac{\partial u}{\partial y}+\frac{\partial v}{\partial x}-\frac{\partial u}{\partial x}\frac{\partial u}{\partial y}-\frac{\partial v}{\partial x}\frac{\partial v}{\partial y}-\frac{\partial w}{\partial x}\frac{\partial w}{\partial y}$$

$$2e_{yz}=-c_{yz}=\frac{\partial v}{\partial z}+\frac{\partial w}{\partial y}-\frac{\partial u}{\partial y}\frac{\partial u}{\partial z}-\frac{\partial v}{\partial y}\frac{\partial v}{\partial z}-\frac{\partial w}{\partial y}\frac{\partial w}{\partial z}$$

$$2e_{zx}=-c_{zx}=\frac{\partial w}{\partial x}+\frac{\partial u}{\partial z}-\frac{\partial u}{\partial x}\frac{\partial u}{\partial z}-\frac{\partial v}{\partial x}\frac{\partial v}{\partial z}-\frac{\partial w}{\partial x}\frac{\partial w}{\partial z}$$

1.6 无限小应变和无限小转动

在小变形理论的研究中，应变张量的各非线性项或者被略去，或者被近似．例如，线性理论只采用**无限小应变张量** $\tilde{E}_{KL}$，$\tilde{e}_{kl}$ 和**无限小转动张量** $\tilde{R}_{KL}$，$\tilde{r}_{kl}$，它们被定义为

$$
\begin{aligned}
\tilde{E}_{KL} &= \frac{1}{2}(U_{K,L} + U_{L,K}) = U_{(K,L)}, \\
\tilde{e}_{kl} &= \frac{1}{2}(u_{k,l} + u_{l,k}) = u_{(k,l)} \\
\tilde{R}_{KL} &= \frac{1}{2}(U_{K,L} - U_{L,K}) = U_{[K,L]} \\
\tilde{r}_{kl} &= \frac{1}{2}(u_{k,l} - u_{l,k}) = u_{[k,l]}
\end{aligned} \tag{1.6.1}
$$

式中我们已采用圆括号和方括号来表示所附诸量的对称部分和反称部分．

由(1.6.1)我们还可得到

$$U_{K,L} = \tilde{E}_{KL} + \tilde{R}_{KL}, \quad u_{k,l} = \tilde{e}_{kl} + \tilde{r}_{kl} \tag{1.6.2}$$

显然，无限小应变是对称的，而无限小转动则是斜对称的，亦即

$$\tilde{e}_{kl} = \tilde{e}_{lk}, \quad \tilde{r}_{kl} = -\tilde{r}_{lk} \tag{1.6.3}$$

在矩阵形式中，它们分别被表示为

$$\|\tilde{e}_{kl}\| = \begin{bmatrix} \tilde{e}_{11} & \tilde{e}_{12} & \tilde{e}_{13} \\ \tilde{e}_{21} & \tilde{e}_{22} & \tilde{e}_{23} \\ \tilde{e}_{31} & \tilde{e}_{32} & \tilde{e}_{33} \end{bmatrix}, \quad \|\tilde{r}_{kl}\| = \begin{bmatrix} 0 & \tilde{r}_{12} & \tilde{r}_{13} \\ -\tilde{r}_{12} & 0 & \tilde{r}_{23} \\ -\tilde{r}_{13} & \tilde{r}_{23} & 0 \end{bmatrix} \tag{1.6.4}$$

无限小应变张量具有六个独立的分量，而无限小转动张量则只有三个非零的分量．

因为在三维空间中，一般地一个矢量有三个独立的分量，所以，我们可以通过

$$\tilde{r}_1 = \tilde{r}_{32}, \quad \tilde{r}_2 = \tilde{r}_{13}, \quad \tilde{r}_3 = \tilde{r}_{21} \tag{1.6.5}$$

来形成一个矢量 $\tilde{\mathbf{r}}$，我们称它为**无限小转动矢量**．这些表达式以及 $\tilde{R}_{KL}$ 的相应表达式可用简缩记法表示为

(1.6.6) $$2\tilde{r}_k = e_{klm}\tilde{r}_{ml},\quad 2\tilde{R}_K = e_{KLM}\tilde{R}_{ML}$$

式中 e_{klm} 和 e_{KLM} 是置换符号.

将(1.6.2)代入(1.5.8)和(1.5.9),我们得到

(1.6.7)
$$E_{KL} = \tilde{E}_{KL} + \frac{1}{2}(\tilde{E}_{MK} + \tilde{R}_{MK})(\tilde{E}_{ML} + \tilde{R}_{ML})$$
$$e_{kl} = \tilde{e}_{kl} - \frac{1}{2}(\tilde{e}_{mk} + \tilde{r}_{mk})(\tilde{e}_{ml} + \tilde{r}_{ml})$$

由(1.6.7)可见,为使 $E_{KL} \cong \tilde{E}_{KL}$,不仅 $\tilde{E}_{KL}$ 必须小,而且 $\tilde{R}_{KL}$ 也必须小,这样才能使得诸如 $\tilde{E}_{MK}\tilde{E}_{ML}$, $\tilde{E}_{MK}\tilde{R}_{ML}$ 和 $\tilde{R}_{MK}\tilde{R}_{ML}$ 各乘积项与 $\tilde{E}_{KL}$ 相比可以忽略不计. 这里还可以提出各种其它的理论. 例如,一种理论可以有小的 $\tilde{E}_{KL}$,但是大的 $\tilde{R}_{KL}$,使得 $\tilde{E}_{MK}\tilde{E}_{ML}$ 可以被略去,但所有其余的项不能被忽略. 在杆、板和壳的大挠度问题中便会出现这种情况.然而,**无限小变形理论**假设 $E_{KL} = \tilde{E}_{KL}$ 和 $e_{kl} = \tilde{e}_{kl}$. 在这种情况下,(1.5.4)的线性化给出

(1.6.8) $$\tilde{E}_{KL} = \tilde{e}_{kl}\delta_{kK}\delta_{lL},\quad \tilde{e}_{kl} = \tilde{E}_{KL}\delta_{Kk}\delta_{Ll}$$

这里 δ_{Kk} 是 Kronecker 符号. 于是,在无限小变形理论中,Lagrange 应变和 Euler 应变之间的差别消失.

由 $(1.6.7)_2$ 得到一个重要的结论,即一般地,$\tilde{e}_{kl} = 0$ 并不意味着 $e_{kl} = 0$; 也就是说,零无限小应变并不是刚性变形的充分条件. 我们强调 $\tilde{e}_{kl}$ 不是一个应变度量这个事实. 它只是在无限小变形理论中才被近似地看作是应变度量.

1.7 长度和角度的变化,应变和转动的几何意义

通过把长度和角度的变化看作是变形的结果,可以提供应变和转动的几何意义. 对于同一坐标 X_K,一个具有边矢量为 $\mathbf{I}_1 dX_1$, $\mathbf{I}_2 dX_2$, $\mathbf{I}_3 dX_3$ 的长方体变形之后成为一个具有相应边矢量为 $\mathbf{C}_1 dX_1$, $\mathbf{C}_2 dX_2$, $\mathbf{C}_3 dX_3$ 的直线平行六面体,即在 $\mathbf{X}$ 处的矢量 $d\mathbf{X}$ 变形后成为 $\mathbf{x}$ 处的 $d\mathbf{x}$(图 1.7.1).

(1.7.1) $$d\mathbf{X} = \mathbf{I}_K dX_K,\quad d\mathbf{x} = \mathbf{C}_K dX_K$$

令 $\mathbf{N}$ 和 $\mathbf{n}$ 分别为沿 $d\mathbf{X}$ 和 $d\mathbf{x}$ 的单位矢量,即

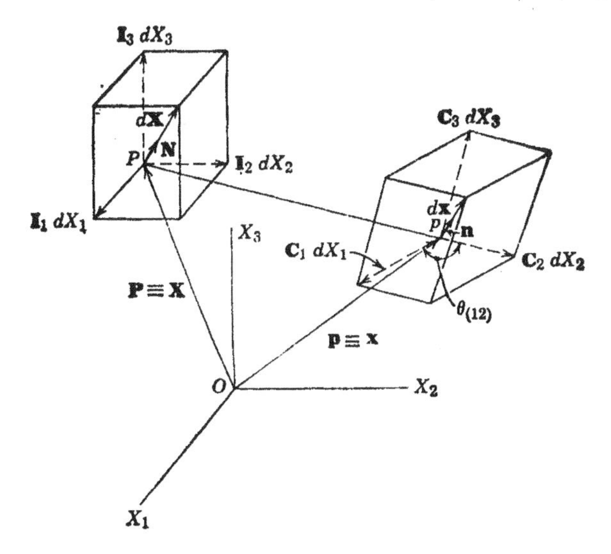

图 1.7.1 无限小长方体的变形

$$N_K=\frac{dX_K}{|d\mathbf{X}|}=\frac{dX_K}{dS},\quad n_k=\frac{dx_k}{|d\mathbf{x}|}=\frac{dx_k}{ds} \tag{1.7.2}$$

式中 dS 和 ds 分别表示 $d\mathbf{X}$ 和 $d\mathbf{x}$ 的长度。

$d\mathbf{x}$ 和 $d\mathbf{X}$ 的长度之比 ds/dS 称为**伸长**. 这个比可用 $\mathbf{N}$ 或 $\mathbf{n}$ 表示。为了说明这些依赖关系，我们用 $\Lambda_{(\mathbf{N})}$ 或 $\lambda_{(\mathbf{n})}$ 表示伸长。当然，它们是同一物理量的不同表示，即 $\Lambda_{(\mathbf{N})}=\lambda_{(\mathbf{n})}$。

$$\begin{aligned}\Lambda_{(\mathbf{N})}&=\frac{ds}{dS}=\sqrt{C_{KL}N_KN_L}\\ \lambda_{(\mathbf{n})}&=\frac{ds}{dS}=\frac{1}{\sqrt{c_{kl}n_kn_l}}\end{aligned} \tag{1.7.3}$$

由(1.7.3)可知，$\mathbf{C}$ 和 $\mathbf{c}$ 在 $\mathbf{N}$ 和 $\mathbf{n}$ 方向上的法向分量分别是在这些方向上的伸长的平方和伸长的平方的倒数。如果我们选 $\mathbf{N}$ 和 $\mathbf{n}$ 沿某一坐标轴（如 X_1 和 x_1），则可更加清楚地看出这一点。此时，$N_1=1$，$N_2=N_3=0$，和 $n_1=1$，$n_2=n_3=0$，我们得到

(1.7.4) $$\Lambda_{(\mathbf{N})}=\sqrt{C_{11}}, \quad \lambda_{(\mathbf{n})}=\frac{1}{\sqrt{c_{11}}}$$

伸长度 $E_{(\mathbf{N})}=e_{(\mathbf{n})}$ 定义为

(1.7.5) $$E_{(\mathbf{N})}=e_{(\mathbf{n})}=\Lambda_{(\mathbf{N})}-1=\frac{ds-dS}{dS}$$

沿 X_1 轴取 $\mathbf{N}$ 时，我们得到

(1.7.6) $$E_{(1)}=\Lambda_{(1)}-1=\sqrt{C_{11}}-1=\sqrt{1+2E_{11}}-1$$

由此得出

(1.7.7) $$2E_{11}=(1+E_{(1)})^2-1=\Lambda_{(1)}^2-1$$

因此，Lagrange 应变的法向分量是 X_1 轴上的伸长的平方减 1 的一半。当伸长度很小时，即 $E_{(1)}\ll 1$，展开(1.7.7)并略去 $E_{(1)}$ 的平方，我们得到

(1.7.8) $$E_{11}\cong\tilde{E}_{(1)}\cong\tilde{E}_{11}$$

当然，对于 E_{22}, E_{33} 也有类似的结果。这表明，当变形很小时，无限小的正应变近似为沿坐标轴的纤维的伸长度。对于 Euler 应变的相应结果为

(1.7.9) $$e_{(1)}=\lambda_{(1)}-1=\frac{1}{\sqrt{1-2e_{11}}}-1$$
$$2e_{11}=1-(1+e_{(1)})^{-2}$$

所以对于和 1 比较很小的伸长度，我们有

(1.7.10) $$e_{11}\cong e_{(1)}\cong\tilde{e}_{11}$$

剪切应变 E_{12}, E_{23}, E_{31} 的几何意义可以通过考虑 $\mathbf{N}_1$ 和 $\mathbf{N}_2$ 两个方向之间的角度变化来得到。为了简化表达式，我们考虑两个矢量 $\mathbf{I}_1dX_1$ 和 $\mathbf{I}_2dX_2$，它们在变形之后成为 $\mathbf{C}_1dX_1$ 和 $\mathbf{C}_2dX_2$，这两者之间的夹角由下式给出：

$$\cos\theta_{(12)}=\frac{(\mathbf{C}_1dX_1)\cdot(\mathbf{C}_2dX_2)}{|\mathbf{C}_1dX_1|\,|\mathbf{C}_2dX_2|}$$

或者

(1.7.11) $$\cos\theta_{(12)}=\frac{C_{12}}{\sqrt{C_{11}C_{22}}}=\frac{2E_{12}}{\sqrt{1+2E_{11}}\sqrt{1+2E_{22}}}$$

利用(1.7.6)，我们可以由此解得 E_{12} 为

(1.7.12) $$2E_{12}=(1+E_{(1)})(1+E_{(2)})\cos\theta_{(12)}$$

当伸长度和 1 相比很小时，保留最低的项得到

(1.7.13) $$2E_{12}\cong 2\tilde{E}_{12}\cong\cos\theta_{(12)}$$

对于无限小变形，角度的变化

$$\frac{\pi}{2}-\theta_{(12)}=\Gamma_{(12)}$$

很小。于是，令 $\cos\theta_{(12)}=\sin\Gamma_{(12)}\cong\Gamma_{(12)}$，我们有

(1.7.14) $$2E_{12}\cong 2\tilde{E}_{12}\cong\Gamma_{(12)}$$

因此，对于小变形而言，无限小的剪切应变近似地等于坐标轴之间角度变化的一半。

由精确的方程(1.7.11)易知，对于角度变化为零的必要和充分条件是剪切应变为零。另外，由(1.7.6)我们推知：对于伸长度为零的必要和充分条件是 $E_{11}=E_{22}=E_{33}=0$ 或 $C_{11}=C_{22}=C_{33}=1$。

因此，在每一点处刚性变形的必要和充分条件是

(1.7.15) $$C_{KL}=\delta_{KL}\quad 或\quad c_{kl}=\delta_{kl}\quad 或\quad E_{KL}=e_{kl}=0$$

几何上，我们可以通过考虑一个在变形前边长为 dX_1 和 dX_2 的无限小平面矩形薄片 $OABC$（图 1.7.2)的平面变形来清楚地观察无限小正应变和剪应变。如果这个薄片沿 X_1 轴受到无限小的伸长，因而在已变形的位置中，它取形状 $OA_1B_1C_1$，于是

$$\tilde{E}_{11}=E_{(1)}=\frac{OA_1-OA}{OA}=\frac{\partial U_1}{\partial X_1}$$

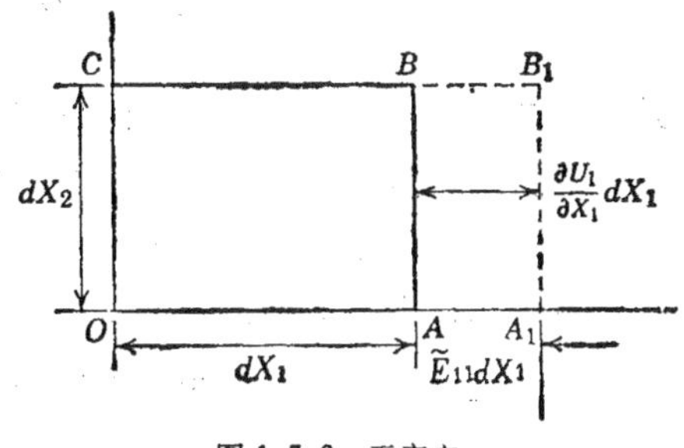

图 1.7.2 正应变

另一方面，如果这个矩形薄片还受到微小的剪切，使得在最终的位置上它变成为 $OA_2B_2C_2$（图 1.7.3)，

则对于无限小剪切[1]，OA_2 和 OA 间的夹角 Γ_1 为

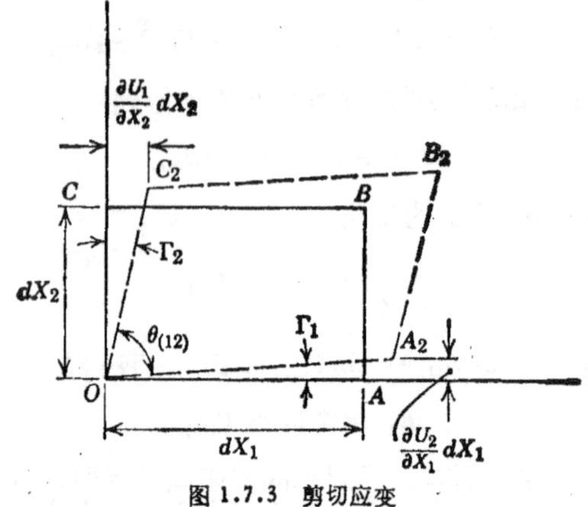

图 1.7.3 剪切应变

$\partial U_2/\partial X_1$，而 OC_2 和 OC 间的夹角 Γ_2 为 $\partial U_1/\partial X_2$。因此，角度的变化为

$$\frac{\pi}{2}-\theta_{(12)}\cong\Gamma_1+\Gamma_2\cong\frac{\partial U_1}{\partial X_2}+\frac{\partial U_2}{\partial X_1}=2\widetilde{E}_{12}$$

对于无限小应变张量 $\widetilde{\mathbf{E}}$ 存在着精确的解释。为此，考虑 $\mathbf{X}$ 处的无限小纤维 $d\mathbf{X}$，它变成为 $\mathbf{x}$ 处的 $d\mathbf{x}$。现在将 $d\mathbf{x}$ 保持与其自身平行地移到 $\mathbf{X}$（图 1.7.4）。

在 $d\mathbf{X}$ 方向上的**伸长率** $\varepsilon_{(\mathbf{N})}$ 定义为

$$\varepsilon_{(\mathbf{N})}=\frac{|d\mathbf{x}|\cos\theta-|d\mathbf{X}|}{|d\mathbf{X}|}=\frac{d\mathbf{x}\cdot d\mathbf{X}}{|d\mathbf{X}|^2}-1 \tag{1.7.16}$$

$$=\frac{d\mathbf{x}\cdot\mathbf{N}}{|d\mathbf{X}|}-1=\frac{\delta_{kK}dx_kN_K}{|d\mathbf{X}|}-1$$

式中 θ 是 $d\mathbf{x}$ 和 $d\mathbf{X}$ 之间的夹角，而 $\mathbf{N}\equiv d\mathbf{X}/|d\mathbf{x}|$ 是沿 $d\mathbf{X}$ 的单位矢量。根据(1.5.11)$_1$ 和(1.6.2)，我们有

$$dx_k=(\delta_{ML}+\widetilde{E}_{ML}+\widetilde{R}_{ML})\delta_{Mk}dX_L \tag{1.7.17}$$

如果将此式代入(1.7.16)，则简化为

$$\varepsilon_{(\mathbf{N})}=\widetilde{E}_{KL}N_KN_L \tag{1.7.18}$$

1）对于有限的伸长度和剪切，参见 Eringen [1962，第 15 节]。

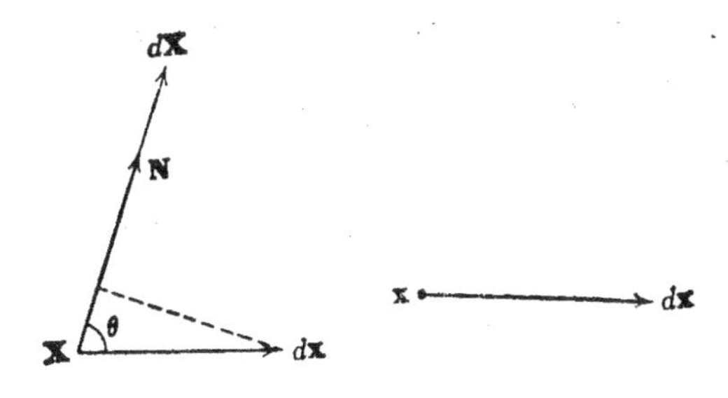

图 1.7.4

因此，$\tilde{\mathbf{E}}$在$\mathbf{N}$方向的法向分量是该方向上的伸长率。这个结果可以通过沿某一坐标轴（如 X_1）选择 $\mathbf{N}$ 而进一步得到阐明。在这种情况下，$N_1 = 1$，$N_2 = N_3 = 0$，而(1.7.18)给出 $\varepsilon_{(1)} = \tilde{E}_{11}$。因此，无限小的正应变 $\tilde{E}_{11}$，$\tilde{E}_{22}$，$\tilde{E}_{33}$ 正是沿 X_1，X_2，X_3 轴的伸长率。

无限小转动的几何意义可由计算一点处的平均转动[1]来解释。

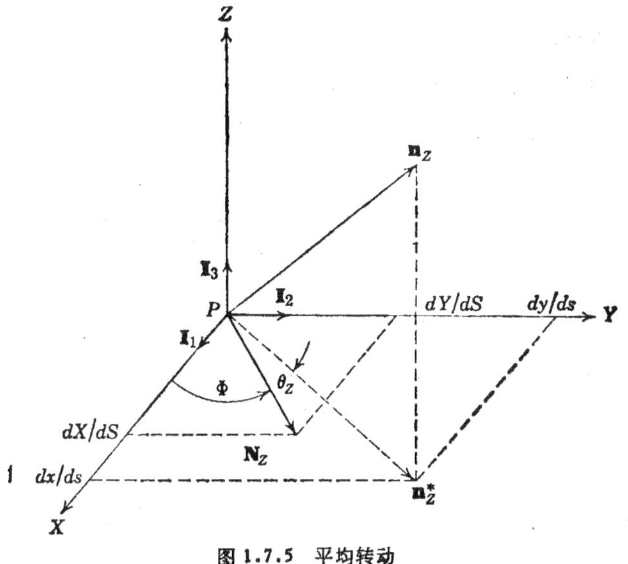

图 1.7.5 平均转动

1) 这种描述法出自 Novozhilov [1948，第 7 节]。

令 $\mathbf{N}_Z$ 为 P 处一直角参考标架 X, Y, Z 的 XY 平面内的单位矢量(图 1.7.5). 变形后, $\mathbf{N}_Z$ 变为 p 处的 $\mathbf{n}_Z$. 将 $\mathbf{n}_Z$ 平行迁移到 p. 令 $\mathbf{N}_Z$ 和 $\mathbf{n}_Z$ 在 XY 平面内的投影 $\mathbf{n}_Z^*$ 之间夹角为 θ_Z. 根据

$$\tan(\Phi+\theta_Z)=\frac{\tan\Phi+\tan\theta_Z}{1-\tan\Phi\tan\theta_Z}$$

$$=\frac{dy}{dx}=\frac{y_{,X}dX+y_{,Y}dY}{x_{,X}dX+x_{,Y}dY}$$

并利用 $dX=dS\cos\Phi$, $dY=dS\sin\Phi$, 我们解得

$$(1.7.19)\quad \tan\theta_Z=\frac{y_{,X}\cos^2\Phi+(y_{,Y}-x_{,X})\sin\Phi\cos\Phi-x_{,Y}\sin^2\Phi}{x_{,X}\cos^2\Phi+y_{,Y}\sin^2\Phi+(y_{,X}+x_{,Y})\sin\Phi\cos\Phi}$$

$$=\left\{-\tilde{R}_{XY}+\tilde{E}_{XY}\cos 2\Phi+\frac{1}{2}(\tilde{E}_{YY}-\tilde{E}_{XX})\sin 2\Phi\right\}$$

$$\Big/\left\{1+\frac{1}{2}(\tilde{E}_{XX}+\tilde{E}_{YY})-\frac{1}{2}(\tilde{E}_{YY}\right.$$

$$\left.-\tilde{E}_{XX})\cos\Phi+\tilde{E}_{XY}\sin 2\Phi\right\}$$

其中第二行等式是由在第一行等式中令 $y_{,X}=V_{,X}=\tilde{E}_{XY}-\tilde{R}_{XY}$, $y_{,Y}=1+V_{,Y}=1+\tilde{E}_{YY},\cdots$ 而得到的. 表达式(1.7.19)关于 Φ 是以 π 为周期的. 因此,除了难以区分的夹角 $\theta_Z=0$ 和 $\theta_Z=\pi$ 外,对于满足 $0<\theta_Z<\pi$ 的 θ_Z 是完全确定的. Novozhilov 定义(1.7.19)在 $(0,2\pi)$ 内的所有 Φ 的平均值为转动的度量,即

$$(1.7.20)\qquad \langle\tan\theta_Z\rangle=\frac{1}{2\pi}\int_0^{2\pi}\tan\theta_Z(\Phi)\,d\Phi$$

现在我们将$(1.7.19)_2$代入此式并进行积分. 在这个过程中, 我们注意到,除去 $-\tilde{R}_{XY}$ 项外, $(1.7.19)_2$ 的分子是分母的导数. 因此,这部分分式积分为一对数,它在代入上限和下限后为零. 因此

$$(1.7.21)\quad \langle\tan\theta_Z\rangle$$

$$=-\frac{\tilde{R}_{XY}}{2\pi}\int_0^{2\pi}d\Phi\Big/\left\{1+\frac{1}{2}(\tilde{E}_{XX}+\tilde{E}_{YY})\right.$$

$$\left.+\frac{1}{2}(\tilde{E}_{XX}-\tilde{E}_{YY})\cos 2\Phi+\tilde{E}_{XY}\sin 2\Phi\right\}$$

$$= \frac{-\tilde{R}_{XY}}{\sqrt{(1+\tilde{E}_{XX})(1+\tilde{E}_{YY})-\tilde{E}_{XY}^2}}$$

于是我们看到，如此定义的平均转动与 $\tilde{R}_{XY}$ 成比例．对于小应变，$\tilde{E}_{XX}$，$\tilde{E}_{YY}$ 和 $\tilde{E}_{XY}$ 与 1 相比可被略去，故有

(1.7.22) $$\langle \tan\theta_Z \rangle \cong \langle \theta_Z \rangle \cong -\tilde{R}_{XY}$$

在上述表达式中，只须**循环置换** $X \to Y$，$Y \to Z$，$Z \to X$，便可自然地得到 $\langle \tan\theta_x \rangle$，$\langle \tan\theta_y \rangle$ 的类似表达式．

因为 $\tilde{\mathbf{R}}$ 是一个张量，所以如果它在一个坐标系中为零，则它在所有的坐标系中都为零．于是，如果某点处的平均转动在三个互相垂直的平面内是零或 π 弧度，则在通过该点的任何平面内都是零或 π 弧度．当且仅当存在一个位移势 F，使得

(1.7.23) $$U_K = F_{,K}$$

时，平均转动才是零．在这种情况下，$\tilde{\mathbf{R}} = \mathbf{0}$，而这样的变形称为**势变形**．

1.8 在直角标架的刚性运动下，应变和转动的变换

重要的是要知道当直角参考标架 X_K 平移和刚性转动时，应变和转动取什么样的新值．令新的直角坐标用 X'_K 表示(图 1.8.1)．

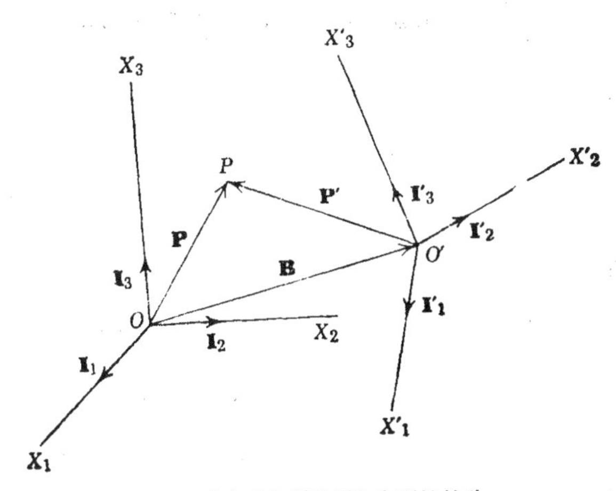

图 1.8.1 直角坐标系的平移和刚性转动

参考这两个坐标系，我们有

$$\mathbf{P}=X_K\mathbf{I}_K,\quad \mathbf{B}=B_K\mathbf{I}_K \tag{1.8.1}$$
$$\mathbf{P}'=X'_M\mathbf{I}'_M,\quad \mathbf{B}=B'_M\mathbf{I}'_M$$

式中，$\mathbf{P}$ 和 $\mathbf{P}'$ 是物体中同一物质点 P 的位置矢量，$\mathbf{B}$ 是 X'_K 的原点 O' 的位置矢量，而 $\mathbf{I}_K$ 和 $\mathbf{I}'_K$ 分别是 X_K 和 X'_K 中的单位基矢量。于是，我们有

$$\mathbf{P}=\mathbf{P}'+\mathbf{B} \tag{1.8.2}$$

用 $\mathbf{I}_M$ 和 $\mathbf{I}'_M$ 与(1.8.2)作标量积得到

$$X_K=Q_{MK}X'_M+Q_{MK}B'_M \tag{1.8.3}$$
$$X'_M=Q_{MK}X_K-Q_{MK}B_K$$

式中 Q_{MK} 为新轴 X'_M 对于旧轴 X_K 的**方向余弦**(表 1.8.1)。

表 1.8.1　方向余弦

	X_1	X_2	X_3
X'_1	Q_{11}	Q_{12}	Q_{13}
X'_2	Q_{21}	Q_{22}	Q_{23}
X'_3	Q_{31}	Q_{32}	Q_{33}

由(1.8.3)，我们有

$$\frac{\partial X_K}{\partial X'_M}=Q_{MK}=\mathbf{I}'_M\cdot\mathbf{I}_K,\quad \frac{\partial X'_M}{\partial X_K}=Q_{MK} \tag{1.8.4}$$

根据偏微分学的链式法则，我们得到

$$\frac{\partial X_K}{\partial X'_M}\cdot\frac{\partial X'_M}{\partial X_L}=\frac{\partial X_K}{\partial X_L}=\delta_{KL}$$

类似地有：$\partial X'_K/\partial X'_L=\delta_{KL}$，利用(1.8.4)，它给出

$$Q_{MK}Q_{ML}=Q_{KM}Q_{LM}=\delta_{KL} \tag{1.8.5}$$

因为矩阵乘积的行列式等于矩阵的行列式的乘积，故由(1.8.5)还得到

$$|Q_{MK}||Q_{ML}|=|Q_{MK}|^2=1 \text{ 或 } |Q_{MK}|=\pm 1$$

对于刚性运动，一个右手坐标系仍保持为右手的，因此，必须有

$$|Q_{MK}|=1 \tag{1.8.6}$$

当允许坐标轴的反射时，则在 Q_{MK} 的行列式中可以包含±号.

现在，我们回到表达式 (1.5.2)。将 $dX_K = Q_{MK}dX'_M$ 代入(1.5.2)，我们得到

$$ds^2 - dS^2 = 2E_{KL}Q_{MK}Q_{NL}dX'_M dX'_N = 2E'_{MN}dX'_M dX'_N$$

式中

$$E'_{MN} = E_{KL}Q_{MK}Q_{NL} \tag{1.8.7}$$

反之，我们得到

$$E_{MN} = E'_{KL}Q_{KM}Q_{LN} \tag{1.8.8}$$

方程 (1.8.7)和(1.8.8) 建立了两个直角坐标 X_K 和 X'_K 中应变分量间的相互关系。它们是在一般曲线坐标中的张量 **E** 也成立的(1.4.18)的特殊形式。无限小应变的变换与(1.8.7) 和 (1.8.8)相类似。为了得到这些表达式，利用定义方程(1.6.1)或许是有益的.在直角坐标中，位移矢量可表示为

$$\mathbf{u} = U_L\mathbf{I}_L = U'_N\mathbf{I}'_N \tag{1.8.9}$$

用 $\mathbf{I}_K$ 和 $\mathbf{I}'_M$ 与(1.8.9)作标量积，则得到

$$U_K = Q_{MK}U'_M, \quad U'_M = Q_{MK}U_K \tag{1.8.10}$$

对此式求偏微商，则有

$$\frac{\partial U'_M}{\partial X'_N} = \frac{\partial}{\partial X_L}(Q_{MK}U_K)\frac{\partial X_L}{\partial X'_N} = Q_{MK}Q_{NL}\frac{\partial U_K}{\partial X_L}$$

因此

$$2\tilde{E}'_{MN} = \frac{\partial U'_M}{\partial X'_N} + \frac{\partial U'_N}{\partial X'_M} = Q_{MK}Q_{NL}\left(\frac{\partial U_K}{\partial X_L} + \frac{\partial U_L}{\partial X_K}\right)$$

即

$$\tilde{E}'_{MN} = \tilde{E}_{KL}Q_{MK}Q_{NL} \tag{1.8.11}$$

这与(1.8.7)的形式是相同的。类似地，对于空间参考标架的平移和刚性转动可以得到形式上与(1.8.7)相同的 $\tilde{\mathbf{e}}$ 的表达式.

对于 $\tilde{R}_{KL}$ 和 $\tilde{r}_{kl}$ 的变换律是与(1.8.11)类似的。事实上，按照同样的方法，我们得到

$$\tilde{R}'_{MN} = \tilde{R}_{KL}Q_{MK}Q_{NL}, \quad \tilde{R}_{KL} = \tilde{R}'_{MN}Q_{MK}Q_{NL} \tag{1.8.12}$$

容易推出：转动矢量 $\tilde{R}_K$ 应当服从轴矢量的变换律，即

$$\tilde{R}'_K = \pm Q_{KM}\tilde{R}_M, \quad \tilde{R}_K = \pm Q_{MK}\tilde{R}'_M \tag{1.8.13}$$

其中＋号对于 $\det Q_{KL} = 1$ 时成立，而－号对于 $\det Q_{KL} = -1$ 时成立。考虑

$$2\tilde{R}'_K = e_{KMN}\tilde{R}'_{NM} = e_{KMN}Q_{MP}Q_{NR}\tilde{Q}_{RP} \tag{1.8.14}$$

为了简化此式，我们需要引理：

$$e_{KMN}Q_{MP}Q_{NR} = \pm e_{PRS}Q_{KS} \tag{1.8.15}$$

为了证明此式，我们考虑单位基矢量的叉乘

$$\mathbf{I}_P \times \mathbf{I}_R = e_{PRS}\mathbf{I}_S \tag{1.8.16}$$

但是因为

$$\mathbf{I}_P = Q_{LP}\mathbf{I}'_L \tag{1.8.17}$$

故将此式代入(1.8.16)，我们得到

$$e_{PRS}Q_{KS}\mathbf{I}'_K = Q_{MP}Q_{NR}\mathbf{I}'_M \times \mathbf{I}'_N$$

现在，对矢量 $\mathbf{I}'_K$ 利用(1.8.16)，并认为 $\mathbf{I}'_K$ 可能形成左手三元组，我们便可得到

$$e_{PRS}Q_{KS}\mathbf{I}'_K = \pm Q_{MP}Q_{NR}e_{MNK}\mathbf{I}'_K$$

在上式两端，I'_K 的系数必须相等.因为用 e_{KMN} 代替 e_{MNK} 是允许的，所以这就给出了(1.8.15)，从而完成了引理的证明。

现在，将(1.8.15)代入(1.8.14)，得到

$$2\tilde{R}'_K = \pm e_{PRS}Q_{KS}\tilde{R}_{RP} = \pm Q_{KS}(e_{SPR}\tilde{R}_{RP})$$

在最右边的式子中利用(1.6.6)$_2$，我们就可得到(1.8.13)$_1$。

1.9 应变椭球

为了说明未变形物体中点 P 邻域内局部变形的图像，我们现在研究 $\mathbf{X}$ 处一个无限小球 $dS = \text{const.}$ 的变形. 知道这个球在变形以后变成什么样子是很有趣的. 在 $\mathbf{X}$ 处由矢量 $d\mathbf{X}$ 掠过的半径为 K 的球

$$\delta_{KL}dX_K dX_L = dS^2 = K^2 \tag{1.9.1}$$

变形后变成 $\mathbf{x}$ 处由 $d\mathbf{x}$ 所掠过的二次曲面，即

$$c_{kl}dx_k dx_l = dS^2 = K^2 \tag{1.9.2}$$

因为(1.9.1)是正定的，所以 (1.9.2) 也是正定的，因此，这个由球变

成的二次曲面(1.9.2)是一个椭球．类似地，在 $\mathbf{x}$ 处由 dx_k 所掠过的一个球在变形前曾是一个椭球，亦即，在已变形物体的点 p 处的球

(1.9.3) $$\delta_{kl}dx_k dx_l = ds^2 = k^2$$

在未变形物体的点 P 处曾是一个椭球

(1.9.4) $$C_{KL}dX_K dX_L = ds^2 = k^2$$

这些椭球称为 Cauchy **应变椭球**．椭球(1.9.2)称为 Cauchy **物质椭球**，而(1.9.4)则称为 Cauchy **空间椭球**．研究其中一个椭球的基本特征就能阐明在一个点的邻域内的变形特征．

我们所感兴趣的是知道在 P 处球径的正交三元组是如何变形的．为此，我们有

定理 1 (Cauchy 第一定理)在 $\mathbf{X}$ 处一个无限小球的正交的直径变成 $\mathbf{x}$ 处的物质椭球的共轭直径．

为了证明这个定理，考虑在点 $\mathbf{X}$ 处正交的矢量 $d\mathbf{X}^1$ 和 $d\mathbf{X}^2$．我们有

$$d\mathbf{X}^1 \cdot d\mathbf{X}^2 = 0$$

根据(1.4.8)，我们有 $d\mathbf{X}^1 = \mathbf{c}_k dx_k^1$．于是，上面的正交性条件为

(1.9.5) $$(\mathbf{c}_k dx_k^1)\cdot(\mathbf{c}_l dx_l^2) = c_{kl}dx_k^1 dx_l^2 = 0$$

这便证明了在矢量 $d\mathbf{x}^1$ 终点处椭球的梯度矢量 $2c_{kl}dx_k^1$ 垂直于矢量 $d\mathbf{x}^2$(图 1.9.1)．因此，定理被证明．

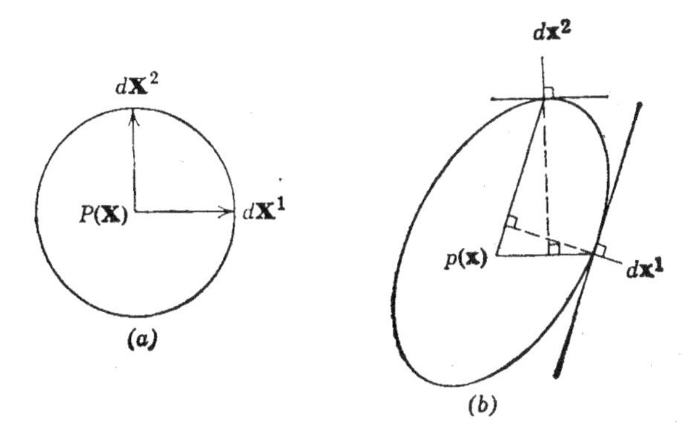

图 1.9.1 (a) 球，(b) 物质椭球

一个椭球至少有三个垂直于它们的共轭平面的直径．这些彼此正交的直径就是椭球的轴．于是，根据 Cauchy 第一定理，应变椭球的轴就是原来曾为球的三个正交直径的物质线．因此有

推论 1 在 B 的一点 $P(\mathbf{X})$ 处，至少存在三个彼此正交的方向，它们变形后仍保持彼此正交，并构成在 $p(\mathbf{x})$ 处的应变椭球的主轴．

在 P 处由正交三元组所形成的长方体变成 p 处由应变椭球的主轴所形成的平行六面体．这个特殊的平行六面体的各个面的夹角保持为 90°．因此有

推论 2 参考于 P 处的应变主轴，c_{23}，c_{31} 和 c_{12}，亦即，剪应变 e_{23}，e_{31} 和 e_{12} 为零．

当然，所有这些推论对于 P 处的空间应变椭球也是成立的．根据 Cauchy 第一定理，在 $\mathbf{X}$ 处至少存在一个正交的三元组，它变成 $\mathbf{x}$ 处的另一个正交的三元组，而且，反之亦然．在 $\mathbf{X}$ 处看成是一个球的正交直径的三元组，变成为 $\mathbf{x}$ 处的三元组，该三元组构成 $\mathbf{x}$ 处物质应变椭球的主轴．反之，球在 $\mathbf{x}$ 处的这个三元组是 $\mathbf{X}$ 处应变椭球的主轴的三元组．因此有

推论 3 变形使 $\mathbf{X}$ 处应变椭球的主轴旋转为 $\mathbf{x}$ 处应变椭球的主轴（图 1.9.2）．这个结果已假定 $\mathbf{x}$ 处应变椭球的主轴的长度是不等的．

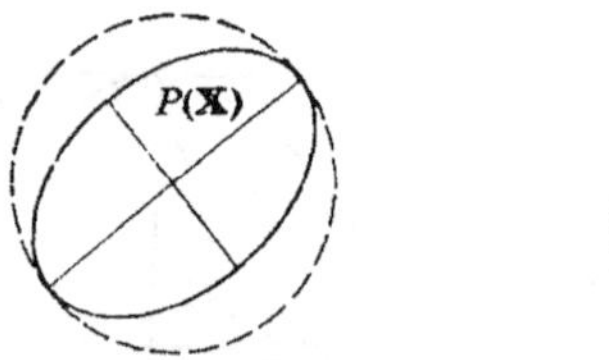

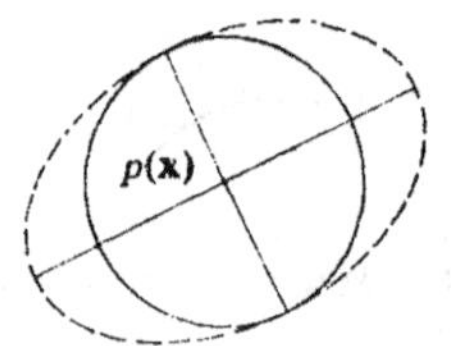

图 1.9.2 空间和物质椭球

在特殊条件下，应变椭球可以退化为一个旋转椭球或一个球．在前者的情况下，存在一个通过 p 点并垂直于旋转轴的平面．在这个平面内，每一对互相垂直的方向都构成两个主轴，第三个主

轴则是椭球的旋转轴. 当椭球退化为一个球时, 由球的直径所构成的无限多个正交三元组都是主轴.

我们已经了解到,在 P 处球的直径变成为 p 处椭球的直径.因此,椭球的直径对于球的相应直径之比就是伸长. 因而,在 P 处各个未变形的原来方向上的伸长的大小随 P 点到椭球面的距离而变化.

在一个椭球中,主轴的长度至少有一个是最大的,一个是最小的,而第三个在它们之间. 因此有

定理 2 (Cauchy 第二定理) 在任一点 P 处至少存在三个互相垂直的方向,对于其中的一个方向,伸长不小于任何其它方向的伸长, 对于另一个方向,伸长不大于任何其它方向的伸长,而对于第三个方向, 伸长则是极小极大. 当它们的次序为 $\Lambda_{(1)} \geqslant \Lambda_{(2)} \geqslant \Lambda_{(3)}$ 时, 则它们的比 $\Lambda_{(1)}:\Lambda_{(2)}:\Lambda_{(3)}$ 等于应变椭球的主轴的长度之比.

最大的伸长度 $E_{(1)} = \Lambda_{(1)} - 1$ 出现在椭球的长轴上,而最小的伸长度 $E_{(3)}$ 则出现在短轴上. 沿应变椭球主轴方向的伸长称为**主伸长.**

现在,局部变形的图像已经清楚了,在 P 处位于球面和它的直径上的诸物质点通过下列三个步骤达到它们在 p 处的椭球面上的和它的直径上的最终位置:

(a) 具有中心 P 的无限小球**刚性地平移**到点 p (图 1.9.3a).

(b) 此球绕着通过 p 点的轴**刚性地转动**, 使得在 P 处的应变椭球的主轴与它们在 p 处的已变形的方向重合(图 1.9.3b).

(c) 最后,把这些直径**拉伸**,使之与 p 处沿应变椭球的主轴的主伸长的大小相同(图 1.9.3c).

头两个步骤,(a) 和 (b),保持诸物质点之间的原始距离不变;因此,它们被称为**刚体位移**. 在步骤(c)中,实际距离发生了变化.因此,在这个步骤中,物体被说成是受到一种**纯应变**. 上述过程可以取任意的次序,例如,在 P 处的球可以首先被刚性地转动, 然后被拉伸,最后被平移而达到它的最终位置. 因此,我们有

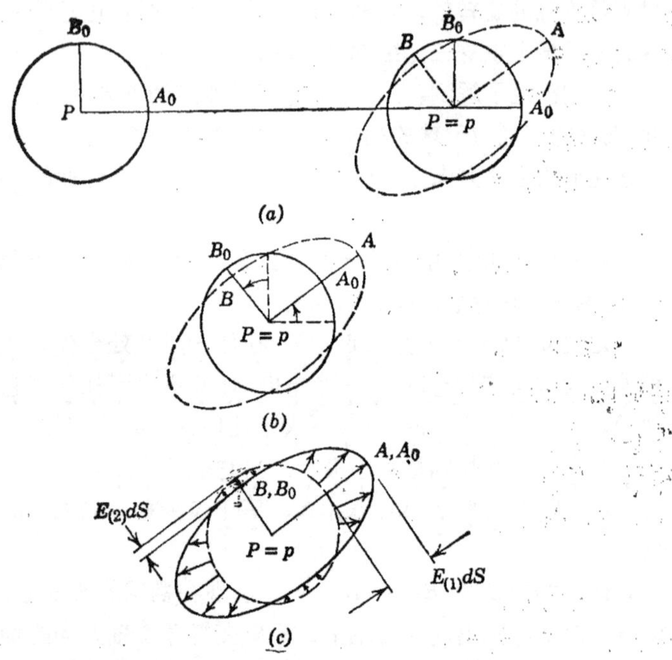

图 1.9.3 点 P 邻域的变形 (a) 刚性平移，(b) 刚性转动，(c) 纯应变

定理 3 在一点的任何线元的变形可以看成是由一个刚性平移、应变主轴的刚性转动以及沿这些轴的伸长的合成.

在无限小变形的情况下，这个定理的解析证明是简单的，下面我们就给出这个证明. 对于有限变形，请参见第 1.11 节.

对于 X_K 和 x_k 我们选取同一直角参考标架. 在未变形物体中，两个邻点 $\mathbf{X}$ 和 $\mathbf{X}+d\mathbf{X}$ 变形后分别为 $\mathbf{X}+\mathbf{U}^0(\mathbf{X})$ 和 $\mathbf{X}+d\mathbf{X}+\mathbf{U}(\mathbf{X}+d\mathbf{X})$. 于是，我们有

$$U_K = U_K(\mathbf{X}+d\mathbf{X}) = U_K^0 + U_{K,L}^0 dX_L$$

式中 U_K^0 和 $U_{K,L}^0$ 在 $\mathbf{X}$ 处计值. 现在，在此式上加上并减去 $\frac{1}{2}U_{L,K}^0 dX_L$，则此式可以写成

$$U_K = U_K^0 + \frac{1}{2}(U_{K,L}^0 - U_{L,K}^0)\,dX_L + \frac{1}{2}(U_{K,L}^0 + U_{L,K}^0)dX_L$$

或者

$$(1.9.6)\qquad U_K = U_K^0 + \tilde{R}_{KL}^0 dX_L + \tilde{E}_{KL}^0 dX_L$$

这表示在 $\mathbf{X}$ 处的一个定向矢量 $d\mathbf{X}$ 受到平移 U_K^0 和绕 $\mathbf{X}$ 的无限小转动 $\tilde{R}_{KL}^0 dX_L$ 以及 $\mathbf{X}$ 处物质的应变 $\tilde{E}_{KL}^0 dX_L$。表达式 (1.9.6) 是精确的；仅第二项和第三项的物理解释是近似的，并仅对无限小变形成立。

对于 P 处的一个长方体，变形图像已在第 1.5 节中研究过了。我们知道，具有主对角矢量 $d\mathbf{X} = dX_K\mathbf{I}_K$ 的无限小长方体，变形后成为一个具有对角矢量 $d\mathbf{x} = dx_k\mathbf{i}_k = dX_K\mathbf{C}_K$ 的直线平行六面体；并且各边的长度分别变成为 $(1 + E_{(1)})dX_1$，$(1 + E_{(2)})dX_2$ 和 $(1 + E_{(3)})dX_3$（图 1.9.4）。这些边之间的夹角 $\theta_{(12)}$，$\theta_{(23)}$ 和 $\theta_{(13)}$ 已不再为 90°。一旦给出点 P 的应变分量 E_{KL} 时，便可得知这些夹角和伸长度 $E_{(K)}$。[参见方程(1.7.6) 和 (1.7.11)]。当变形为无限小时，由(1.7.8) 和 (1.7.14)，我们有

$$E_{(1)} \cong \tilde{E}_{11},\quad E_{(1)} \cong \tilde{E}_{22},\quad E_{(1)} \cong \tilde{E}_{33}$$

$$\frac{\pi}{2} - \theta_{(12)} \cong 2\tilde{E}_{12},\quad \frac{\pi}{2} - \theta_{(23)} \cong 2\tilde{E}_{23},\quad \frac{\pi}{2} - \theta_{(13)} \cong 2\tilde{E}_{13}$$

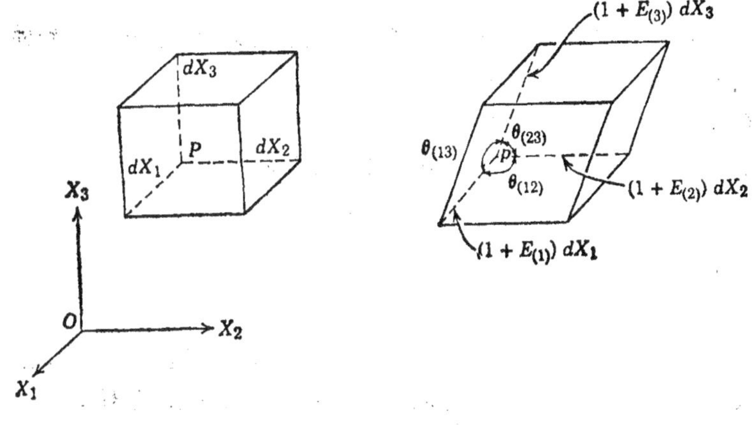

图 1.9.4 长方体的变形

变形前，棱边与所讨论点处的主轴重合的长方体变形后仍是

长方体.

1.10 应变不变量和主方向

在前一节中，我们已经得知变形使P处的应变椭球的主方向旋转为p处的主方向.一旦已知主方向的方向余弦,则参考于应变椭球的主轴的应变分量就可以用参考于任何其它轴的应变分量来表示. 这里,我们希望寻求应变的主方向和本原函数,它们在这个或任何其它的坐标变换下是保持不变的. 为此，我们从主方向的解析确定开始. 这要求我们寻求伸长 $\Lambda_{(\mathbf{N})}$ 的极值，因为根据 Cauchy 第二定理,沿着这些轴，$\Lambda_{(\mathbf{N})}$ 是平稳的,于是

$$(1.10.1)\quad \Lambda^2_{(\mathbf{N})} = C_{KL}N_KN_L = 2E_{KL}N_KN_L + 1, \quad N_K = \frac{dX_K}{dS}$$

在满足 $\mathbf{N}$ 是单位矢量,即

$$(1.10.2)\qquad \delta_{KL}N_KN_L = 1$$

的条件下,必须对 N_K 取极值. 因此,采用 Lagrange 乘子法是最合适的. 我们令

$$\frac{\partial}{\partial N_M}(\Lambda^2_{(\mathbf{N})}) = \frac{\partial}{\partial N_M}[C_{KL}N_KN_L - C(\delta_{KL}N_KN_L - 1)] = 0$$

式中C是未知的 Lagrange 乘子. 上式给出关于 N_L 的三个线性齐次方程

$$(1.10.3)\qquad (C_{KL} - C\delta_{KL})N_L = 0$$

利用 $C_{KL} = 2E_{KL} + \delta_{KL}$，我们也可将上式写成

$$(1.10.4)\qquad (E_{KL} - E\delta_{KL})N_L = 0$$

式中

$$(1.10.5)\qquad 2E = C - 1$$

我们可以求解方程组(1.10.3)或(1.10.4). 利用 C_{KL} 与 E_{KL} 及C与E的关系，我们总是能够把对E的表述转换为对C的表述.

当(1.10.4)的系数行列式等于零时,即

$$(1.10.6)\quad |E_{KL}-E\delta_{KL}|=\begin{vmatrix} E_{11}-E & E_{12} & E_{13} \\ E_{21} & E_{22}-E & E_{23} \\ E_{31} & E_{32} & E_{33}-E \end{vmatrix}=0$$

则 (1.10.4) 的非平凡解是存在的．这个行列式称为应变张量的**特征行列式**．把它展开，得到关于 E 的三次方程

$$(1.10.7)\qquad -E^3+\mathrm{I}_E E^2-\mathrm{II}_E E+\mathrm{III}_E=0$$

式中

$$(1.10.8)\qquad \begin{aligned} \mathrm{I}_E &\equiv E_{KK}=E_{11}+E_{22}+E_{33} \\ \mathrm{II}_E &\equiv E_{22}E_{33}+E_{33}E_{11}+E_{11}E_{22}-E_{23}^2 \\ &\quad -E_{31}^2-E_{12}^2 \\ &=\begin{vmatrix} E_{22} & E_{23} \\ E_{32} & E_{33} \end{vmatrix}+\begin{vmatrix} E_{11} & E_{13} \\ E_{31} & E_{33} \end{vmatrix}+\begin{vmatrix} E_{11} & E_{12} \\ E_{21} & E_{22} \end{vmatrix} \\ \mathrm{III}_E &\equiv E_{11}E_{22}E_{33}+2E_{12}E_{23}E_{31}-E_{11}E_{23}^2 \\ &\quad -E_{22}E_{31}^2-E_{33}E_{12}^2 \\ &=\begin{vmatrix} E_{11} & E_{12} & E_{13} \\ E_{21} & E_{22} & E_{23} \\ E_{31} & E_{32} & E_{33} \end{vmatrix} \end{aligned}$$

特征方程 (1.10.7) 具有三个根 E_α $(\alpha=1,2,3)$，它们称为**主应变**．特征方程的系数 I_E，II_E 和 III_E 是这些根的一次、二次和三次乘积之和，即

$$(1.10.9)\qquad \begin{aligned} \mathrm{I}_E &= E_1+E_2+E_3 \\ \mathrm{II}_E &= E_2E_3+E_3E_1+E_2E_1 \\ \mathrm{III}_E &= E_1E_2E_3 \end{aligned}$$

对于每一个主应变 E_α，方程组 (1.10.4) 决定一个**主方向**(或**特征方向**) $\mathbf{N}_\alpha$ $(\alpha=1,2,3)$．

如果主应变 E_1，E_2 和 E_3 是**实**的而且**不相等**，则方向 N_{1K}，N_{2K} 和 N_{3K} 是实的并唯一地被确定．我们现在证明下面四个引理：

引理 1 所有的主应变 E_α 都是实的．

证明：我们假定相反的结论成立，即三次方程(1.10.7)的一个

根，例如 E_1，是复的．于是，E_1 的共轭复数 $\overset{*}{E}_1$ 也是一个根．相应于 E_1 和 $\overset{*}{E}_1$，我们得到满足 (1.10.4) 的一个复方向 $\mathbf{N}_1$ 和它的共轭方向 $\overset{*}{\mathbf{N}}_1$，即

$$E_{KL}N_{1L} = E_1N_{1L},\quad E_{KL}\overset{*}{N}_{1K} = \overset{*}{E}_1\overset{*}{N}_{1K}$$

用 $\overset{*}{N}_{1K}$ 乘第一式并用 N_{1K} 乘第二式，两式相减并注意到 $E_{KL}=E_{LK}$，我们得到

$$0 = (E_1 - \overset{*}{E}_1)N_{1K}\overset{*}{N}_{1K}$$

因为 $N_{1K}\overset{*}{N}_{1K} > 0$，所以必须有

$$E_1 - \overset{*}{E}_1 = 2\mathrm{Im}E_1 = 0$$

从而 $\mathrm{Im}E_1 = 0$，这和我们的假设相矛盾，因此 E_1 是实的．应该指出，在这个引理的证明中的关键是应变张量的对称性．

引理 2 与两个不同的主应变 E_1 和 E_2 对应的主方向 $\mathbf{N}_1$ 和 $\mathbf{N}_2$ 是彼此正交的．

为了证明这个引理，我们必须证明

$$\mathbf{N}_1 \cdot \mathbf{N}_2 = N_{1K}N_{2K} = 0 \tag{1.10.10}$$

由于，与不同的主应变 E_1 和 $E_2\,(E_1 \neq E_2)$ 对应的两个方向满足 (1.10.4)，即

$$E_{KL}N_{1L} = E_1N_{1K},\quad E_{KL}N_{2L} = E_2N_{2K}$$

用 N_{2K} 乘第一式并用 N_{1K} 乘第二式，再相减，于是得

$$0 = (E_1 - E_2)N_{1K}N_{2K}$$

由假设，我们有 $E_1 \neq E_2$，所以

$$N_{1K}N_{2K} = \mathbf{N}_1 \cdot \mathbf{N}_2 = 0$$

这就证明了这个引理．

为了获得上述结果，我们曾假定 $E_1 \neq E_2$，即方程(1.10.7)的所有根是**不同的**．当 (1.10.7) 有重根时会发生什么问题呢？在这种情况下，相伴的方向变为不确定．对于一个重根，在满足(1.10.4)的平面内将有无限多个方向．在这个平面内的任何两个正交的方

向都可选为特征方向，而第三个方向则垂直于该平面。在此情况下，应变椭球(1.9.4)具有旋转对称性；旋转轴是特征方向，它与通过P点并垂直于旋转轴的平面内的任何两个正交方向组成一个正交的三元组。当(1.10.7)的所有根都相同时，二次曲面是一个球，因此，任意三个彼此正交的直径都可选为主方向。

当参考标架X_K的选取与主方向一致时，应变状态具有特别简单的形式。在这种情况下，当$L \neq K$时，$N_{LK}=0$。我们可以写成

(1.10.11) $$N_{LK}=\delta_{LK}$$

由(1.10.4)，我们有

$$E_{KL}N_{ML}=E_{\underline{M}}N_{\underline{M}K} \quad (\text{对} M \text{不求和})$$

这里在下标下面划一横线表示对该下标不求和。利用(1.10.11)，我们看到这个方程变成

(1.10.12) $$E_{KM}=E_{\underline{M}}\delta_{\underline{M}K}$$

对于$M=1, 2, 3$，我们得到

$$E_{11}=E_1,\ E_{22}=E_2,\ E_{33}=E_3,\ E_{KL}=0\ (K \neq L)$$

这表明E_K是在$\mathbf{X}$处与应变主轴相伴的法向应变。于是，参考于这些主轴，我们有

(1.10.13) $$\begin{bmatrix} E_{11} & E_{12} & E_{13} \\ E_{21} & E_{22} & E_{23} \\ E_{31} & E_{32} & E_{33} \end{bmatrix}=\begin{bmatrix} E_1 & 0 & 0 \\ 0 & E_2 & 0 \\ 0 & 0 & E_3 \end{bmatrix}$$

因此，张量E_{KL}的主方向$\mathbf{N}_\alpha$与主应变的决定简单地等同于寻求一个直角坐标系，使得在其中矩阵$\|E_{KL}\|$化为对角形式。于是有

引理 3 主应变是应变张量在主三元组中的法向分量，而在这个参考标架中剪切分量为零。

很显然，主方向就是应变椭球的主轴。如果坐标X_K选成一个**主三元组**，则参考于这些轴的应变椭球具有最简单的形式

(1.10.14) $$ds^2=k^2=C_{KL}dX_KdX_L=\sum_\alpha C_\alpha(dX_\alpha)^2$$

根据(1.10.5),式中

$$C_\alpha = 1 + 2E_\alpha \tag{1.10.15}$$

我们称 C_α 为特征值.

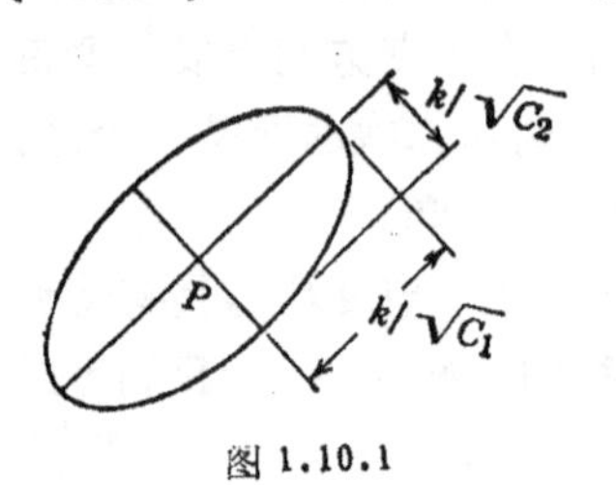

图 1.10.1

现在，C_{11}，C_{22} 和 C_{33} 是正的，因此 $C_\alpha > 0$. 因而(1.10.14)是半轴长度为 $a_\alpha = k/\sqrt{C_\alpha}$ 的一个椭球(图1.10.1). 沿主轴的伸长 $\Lambda_{(\alpha)} = \lambda_{(\alpha)} = ds/dS$，由下式给出:

$$\Lambda_{(\alpha)} = \frac{k}{dX_\alpha} = \sqrt{C_\alpha} = \frac{k}{a_\alpha} \tag{1.10.16}$$

如果我们考虑物质椭球,则我们可看

$$\lambda_{(\alpha)} = \frac{dx_\alpha}{K} = \frac{1}{\sqrt{c_\alpha}} = \frac{a_\alpha}{K} \tag{1.10.17}$$

式中 c_α 是 c_{kl} 的特征值. 使(1.10.16)与(1.10.17)相等，则有

$$C_\alpha = \frac{1}{c_\alpha} = \lambda^2_{(\alpha)} \tag{1.10.18}$$

因此我们证明了下面的定理:

定理 1 在 P 处的应变椭球的半轴长度是 p 处的物质椭球的半轴长度的倒数，而且特征值彼此互为倒数. 特征值 C_α 等于沿 P 处应变椭球主方向上伸长的平方. 沿主方向的伸长具有极值.

上述事实也构成了 Cauchy 第二定理的代数证明.

引理 4 物质和应变椭球的主方向彼此具有下列关系:

$$N_{\alpha K} = \frac{X_{K,k} n_{\alpha k}}{\sqrt{c_\alpha}} \tag{1.10.19}$$

$$n_{\alpha k} = \sqrt{c_\alpha}\, x_{k,K} N_{\alpha K} \tag{1.10.20}$$

为了证明这些关系,我们必须证明当 $\mathbf{n}_\alpha$ 彼此正交,并且对于 c_{kl} 满足(1.10.3)的对偶,即

$$(c_{kl} - c\delta_{kl})n_l = 0 \tag{1.10.21}$$

时,则 $\mathbf{N}_\alpha$ 彼此正交,并且满足(1.10.3).

为了证明(a)，我们作

$$\mathbf{N}_\alpha \cdot \mathbf{N}_\beta = N_{\alpha K} N_{\beta K} = \frac{1}{\sqrt{c_{\underline{\alpha}} c_{\underline{\beta}}}} X_{K,k} X_{K,l} n_{\underline{\alpha} k} n_{\underline{\beta} l}$$

$$= \frac{c_{kl} n_{\underline{\alpha} k} n_{\underline{\beta} l}}{\sqrt{c_{\underline{\alpha}} c_{\underline{\beta}}}}$$

只要单位三元组 $\mathbf{n}_\alpha$ 彼此正交，我们就可利用(1.10.20)得到

$$\mathbf{N}_\alpha \cdot \mathbf{N}_\beta = \frac{\sqrt{c_{\underline{\alpha}}}}{\sqrt{c_{\underline{\beta}}}} n_{\underline{\alpha} l} n_{\underline{\beta} l} = \delta_{\alpha\beta}$$

为了证明(b)，我们作

$$C_{KL} C_{\alpha L} = \frac{1}{\sqrt{c_{\underline{\alpha}}}} x_{k,K} x_{k,L} X_{L,m} n_{\underline{\alpha} m} = \frac{1}{\sqrt{c_{\underline{\alpha}}}} x_{k,K} n_{\underline{\alpha} k}$$

利用(1.10.21)，得到

$$C_{KL} C_{\alpha L} = \frac{c_{kl} n_{\underline{\alpha} l} x_{k,K}}{c_{\underline{\alpha}} \sqrt{c_{\underline{\alpha}}}}$$

$$= \frac{X_{M,k} X_{M,l} x_{k,K} n_{\underline{\alpha} l}}{c_{\underline{\alpha}} \sqrt{c_{\underline{\alpha}}}} = \frac{X_{K,l} n_{\underline{\alpha} l}}{c_{\underline{\alpha}} \sqrt{c_{\underline{\alpha}}}}$$

$$= \frac{1}{c_{\underline{\alpha}}} N_{\underline{\alpha} K}$$

这里，在上式的第二行中我们已利用$(1.4.12)_1$代替 c_{kl}，而在第三行等式中则利用了(1.10.19)．因为 $c_\alpha = 1/C_\alpha$，故得

$$C_{KL} N_{\alpha L} = C_{\underline{\alpha}} N_{\underline{\alpha} K}$$

并且上式表明，只要 $n_{\alpha k}$ 满足(1.10.21)，则由(1.10.19)给出的 $N_{\alpha K}$ 满足(1.10.3)．(1.10.21)的证明与此类似．

实际上，这个引理是 Cauchy 第一定理的推论 3 的解析证明．

几何上，我们可以解释这些结果如下：

Green 和 Cauchy 变形张量 **C** 和 **c** 可被表征为唯一的对称张量，这些张量的主轴分别是 **X** 处和 **x** 处的应变椭球的主轴，而它们的特征值分别为主伸长的平方及主伸长的平方的倒数．

在坐标变换下，物理长度保持不变．因此，C_α 以及根据(1.10.5)，E_α 都保持不变．这就意味着(1.10.9)式的 I_E，II_E 和 III_E 保持不变．因此，有

定理 2 量 I_E，II_E 和 III_E 在对于 X_K 处的任何坐标变换下都是不变量．另外，为了唯一地表征一个二次曲面所需要的主轴数目不多于三个．因此，有

定理 3 在三维空间中，一个二阶张量的独立不变量的数目不多于 3 个[1]．

不变量可以根据应变张量 $\tilde{E}_{KL}$，e_{kl}，$\tilde{e}_{kl}$，C_{KL}，c_{kl}，$\overset{-1}{c}_{kl}$ 等等来形成．这些不变量可以用 $\tilde{\mathbf{E}}$，$\mathbf{e}$，$\tilde{\mathbf{e}}$，$\mathbf{C}$，$\mathbf{c}$，$\overset{-1}{\mathbf{c}}$ 等等代替 (1.10.8) 和(1.10.9)中的 $\mathbf{E}$ 来得到．在(1.10.8)中利用

$$2E_{KL}=C_{KL}-\delta_{KL},\quad 2e_{kl}=\delta_{kl}-c_{kl} \tag{1.10.22}$$

我们可以证明

$$\begin{aligned}&\mathrm{I}_C=3+\mathrm{I}_E, \qquad\qquad 2\mathrm{I}_E=-3+\mathrm{I}_C\\ &\mathrm{II}_C=3+4\mathrm{I}_E+4\mathrm{II}_E, \quad 4\mathrm{II}_E=3-2\mathrm{I}_C+\mathrm{II}_C\\ &\mathrm{III}_C=1+2\mathrm{I}_E+4\mathrm{II}_E+8\mathrm{III}_E,\\ &8\mathrm{III}_E=-1+\mathrm{I}_C-\mathrm{II}_C+\mathrm{III}_C\end{aligned} \tag{1.10.23}$$

$$\begin{aligned}&\mathrm{I}_c=3-2\mathrm{I}_e\\ &\mathrm{II}_c=3-4\mathrm{I}_e+4\mathrm{II}_e\\ &\mathrm{III}_c=1-2\mathrm{I}_e+4\mathrm{II}_e-8\mathrm{III}_e\end{aligned} \tag{1.10.24}$$

用主伸长 $\lambda_{(\alpha)}$ 来表示，我们还有

$$\begin{aligned}&\mathrm{I}_C=\mathrm{I}_{\overset{-1}{c}}=\lambda_{(1)}^2+\lambda_{(2)}^2+\lambda_{(3)}^2\\ &\mathrm{II}_C=\mathrm{II}_{\overset{-1}{c}}=\lambda_{(1)}^2\lambda_{(2)}^2+\lambda_{(2)}^2\lambda_{(3)}^2+\lambda_{(3)}^2\lambda_{(1)}^2\\ &\mathrm{III}_C=\mathrm{III}_{\overset{-1}{c}}=\lambda_{(1)}^2\lambda_{(2)}^2\lambda_{(3)}^2\end{aligned} \tag{1.10.25}$$

$$\begin{aligned}&\mathrm{I}_c=\mathrm{I}_{\overset{-1}{C}}=\frac{1}{\lambda_{(1)}^2}+\frac{1}{\lambda_{(2)}^2}+\frac{1}{\lambda_{(3)}^2}\\ &\mathrm{II}_c=\mathrm{II}_{\overset{-1}{C}}=\frac{1}{\lambda_{(1)}^2\lambda_{(2)}^2}+\frac{1}{\lambda_{(2)}^2\lambda_{(3)}^2}+\frac{1}{\lambda_{(3)}^2\lambda_{(1)}^2}\\ &\mathrm{III}_c=\mathrm{III}_{\overset{-1}{C}}=\frac{1}{\lambda_{(1)}^2\lambda_{(2)}^2\lambda_{(3)}^2}\end{aligned} \tag{1.10.26}$$

---

1) 关于解析证明，请参见附录 B7．

由这些式子可以得到下列基本等式：

$$(1.10.27)\qquad \mathrm{I}_c=\frac{\mathrm{II}_C}{\mathrm{III}_C},\quad \mathrm{II}_c=\frac{\mathrm{I}_C}{\mathrm{III}_C},\quad \mathrm{III}_c=\frac{1}{\mathrm{III}_C}$$

因为 $0<\lambda_{(\alpha)}<\infty$，我们看到有

$$(1.10.28)\quad 0<\mathrm{I}_C,\ \mathrm{II}_C,\ \mathrm{III}_C<\infty,\quad 0<\mathrm{I}_c,\ \mathrm{II}_c,\ \mathrm{III}_c<\infty$$

对于刚性变形，$\lambda_{(1)}=\lambda_{(2)}=\lambda_{(3)}=1$。因此，

$$(1.10.29)\qquad \mathrm{I}_C=\mathrm{II}_C=3,\quad \mathrm{III}_C=1$$

这是局部刚性变形的必要充分条件。

在应用中常用的另一组不变量为

$$(1.10.30)\qquad \mathrm{I}_1=\mathrm{tr}\mathbf{a},\quad \mathrm{I}_2=\mathrm{tr}\mathbf{a}^2,\quad \mathrm{I}_3=\mathrm{tr}\mathbf{a}^3$$

式中 $\mathrm{tr}\mathbf{a}=a_{kk}$。容易证明，这些不变量与主不变量 I_a，II_a 和 III_a 间有下列关系：

$$(1.10.31)\qquad \begin{aligned}&\mathrm{I}_1=\mathrm{I}_a,\quad \mathrm{I}_2=\mathrm{I}_a^2-2\mathrm{II}_a,\quad \mathrm{I}_3=\mathrm{I}_a^3-3\mathrm{I}_a\mathrm{II}_a+3\mathrm{III}_a\\&\mathrm{I}_a=\mathrm{I}_1,\quad \mathrm{II}_a=\frac{1}{2}(\mathrm{I}_1^2-\mathrm{I}_2),\quad \mathrm{III}_a=\frac{1}{6}(2\mathrm{I}_3-\mathrm{I}_1\mathrm{I}_2+\mathrm{I}_1^3)\end{aligned}$$

最后，我们给出任意二阶张量 $\mathbf{a}$ 的一个重要定理。

定理（Cauchy-Hamilton）二阶张量 a_{KL} 满足方程

$$(1.10.32)\qquad \mathbf{f}(\mathbf{a})\equiv-\mathbf{a}^3+\mathrm{I}_a\mathbf{a}^2-\mathrm{II}_a\mathbf{a}+\mathrm{III}_a\mathbf{1}=\mathbf{0}$$

为了证明此式，我们注意到，一个矩阵 $\mathbf{a}$ 的任何次幂具有自乘到同次幂的特征值，亦即

$$\overset{n}{a}_{KL}N_{\alpha L}=(a_{\underline{\alpha}})^nN_{\underline{\alpha}K}$$

或者，由此，我们对 $(a_\alpha)^n$ 求解得

$$(1.10.33)\qquad \overset{n}{A}_{\alpha\beta}=\overset{n}{a}_{KL}N_{\alpha K}N_{\beta L}$$

式中

$$A_{\alpha\beta}=a_{\underline{\alpha}}\delta_{\underline{\alpha}\beta}$$

但 a_α 满足特征方程

$$(1.10.34)\qquad f(a)\equiv-a^3+\mathrm{I}_aa^2-\mathrm{II}_aa+\mathrm{III}_a=0$$

将$(1.10.33)_2$代入(1.10.34)，我们得到

$$(1.10.35)\qquad f(\mathbf{A})=\mathbf{N}\mathbf{f}(\mathbf{a})\mathbf{N}^T$$

因为左端必须为零，这就等价于(1.10.32)，于是定理得证。

在许多文献中，Cauchy 二次曲面是用应变张量 $\mathbf{E}$ 来加以研究的，亦即

$$(1.10.36)\quad E_{KL}dX_KdX_L = \frac{1}{2}(ds^2 - dS^2) = h = \text{const.}$$

显然，h 可以是正的、负的或零．于是，这个二次曲面不一定象(1.9.4)那样是一个椭球．因此，根据(1.10.36)来研究更为复杂．在有限变形理论中，C_{KL} 代替 E_{KL} 起着重要的作用．

1.11 转动

由于变形而产生的物体纤维的有限转动不能用无限小转动张量 $\tilde{\mathbf{R}}$ 和 $\tilde{\mathbf{r}}$ 来表征．为了描述给定纤维的局部转动，我们引入下面的转动张量 $\mathbf{R}$．

令 $\mathbf{N}_\alpha$ 是在 $\mathbf{P}$ 处沿应变主轴的一个正交的单位三元组．根据 Cauchy 第一定理的推论 3（第 1.9 节），变形使 $\mathbf{N}_\alpha$ 旋转为 $\mathbf{x}$ 处的应变主轴的一个正交三元组 $\mathbf{n}_\alpha$．如果我们把 $\mathbf{N}_\alpha$ 平行迁移到 $\mathbf{x}$ 处，我们就可定义一个唯一的正交张量 $\mathbf{R}$，它使 $\mathbf{N}_\alpha$ 旋转为 $\mathbf{n}_\alpha$（图 1.11.1）．

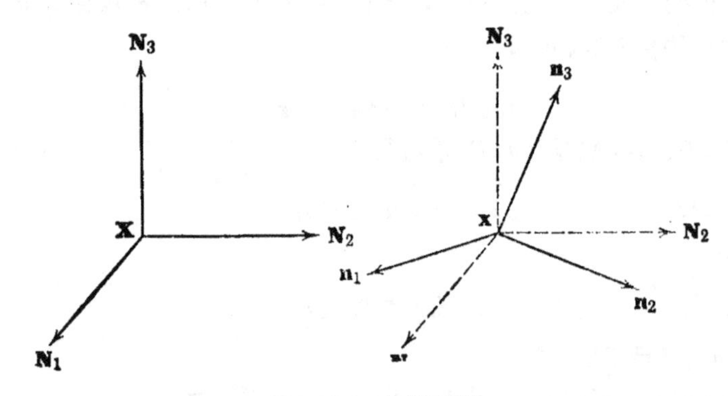

图 1.11.1 主轴的旋转

$$(1.11.1)\qquad n_{\alpha k} = R_{kK}N_{\alpha K}$$

$$N_{\alpha K} = \overset{-1}{R}_{Kk} n_{\alpha k} \tag{1.11.2}$$

把这些方程的一组代入另一组，我们就可得到

$$R_{kK} \overset{-1}{R}_{Kl} = \delta_{kl}, \quad \overset{-1}{R}_{Kk} R_{kL} = \delta_{KL} \tag{1.11.3}$$

另外，我们看到

$$R_{kK} = \overset{-1}{R}_{Kk} = N_{\alpha K} n_{\alpha k} \tag{1.11.4}$$

因此，$\overset{-1}{\mathbf{R}}$ 是 $\mathbf{R}$ 的互易张量，它使 $\mathbf{n}_\alpha$ 转回到 $\mathbf{N}_\alpha$。

$\mathbf{R} = \mathbf{I}$ 的情况称为**纯应变**，其中 $\mathbf{I}$ 是单位张量。

引理 1 Cauchy 和 Green 变形张量的 n 次幂彼此具有下列关系：

$$\overset{-n}{C}_{KL} = \overset{-1}{R}_{Kk} \overset{n}{c}_{kl} R_{lL}, \quad \overset{-n}{c}_{kl} = R_{kK} \overset{n}{C}_{KL} \overset{-1}{R}_{Ll} \tag{1.11.5}$$

为了证明$(1.11.5)_1$，我们要联想到 C_{KL} 是非奇异的对称矩阵．另外，这个矩阵的任何正的、负的和分数次幂具有自乘到同次幂的特征值，亦即

$$\overset{-n}{C}_{KL} N_{\alpha L} = (C_\alpha)^{-n} N_{\alpha K} \tag{1.11.6}$$

由此，我们解得

$$\overset{-n}{C}_{KL} = \sum_\alpha (C_\alpha)^{-n} N_{\alpha K} N_{\alpha L} \tag{1.11.7}$$

类似地，对于 $\overset{-n}{c}_{kl}$ 的幂，我们得到

$$\overset{-n}{c}_{kl} = \sum_\alpha (c_\alpha)^{-n} n_{\alpha k} n_{\alpha l} \tag{1.11.8}$$

现在，把 (1.11.2) 中的 $\mathbf{N}_\alpha$ 代入 (1.11.7)，并根据 (1.10.18) 有 $C_\alpha = 1/c_\alpha$。因此，

$$\overset{-n}{C}_{KL} = \sum_\alpha \overset{-1}{R}_{Kk} (c_\alpha)^n n_{\alpha k} n_{\alpha l} R_{lL}$$

利用(1.11.8)，我们得到$(1.11.5)_1$。根据(1.11.8)，并利用(1.11.1)，即可证明$(1.11.5)_2$。

引理 2 位移梯度、Cauchy 和 Green 变量张量彼此具有下

列关系:

$$x_{k,K} = R_{kL}\overset{1/2}{C}_{LK} = R_{lK}\overset{-1/2}{c}_{kl} \tag{1.11.9}$$

$$X_{K,k} = \overset{-1}{R}_{Kl}\overset{1/2}{c}_{kl} = \overset{-1}{R}_{Lk}\overset{-1/2}{C}_{KL} \tag{1.11.10}$$

为了证明这些结果,由(1.10.20),我们解得 $x_{k,K}$, 亦即

$$x_{k,K} = \sum_{\alpha}\sqrt{C_\alpha}N_{\alpha K}n_{\alpha k} \tag{1.11.11}$$

把(1.11.1)中的 $n_{\alpha k}$ 代入上式,并利用 $n = -\dfrac{1}{2}$ 的(1.11.7)式,我们得到

$$x_{k,K} = \sum_{\alpha}\sqrt{C_\alpha}\,R_{kL}N_{\alpha L}N_{\alpha K} = \overset{1/2}{C}_{KL}R_{kL}$$

这就是$(1.11.9)_1$的证明。如果我们利用 $n = -\dfrac{1}{2}$ 的$(1.11.5)_1$式来代替(1.11.9)中的 C_{KL}, 我们就得到$(1.11.9)_2$. (1.11.10)的证明与此类似.

由(1.11.9)和(1.11.10),我们还可得到

$$R_{kK} = x_{k,L}\overset{-1/2}{C}_{LK}, \quad \overset{-1}{R}_{Kk} = X_{K,l}\overset{-1/2}{c}_{lk} \tag{1.11.12}$$

如果我们对于 $x_{k,K}$ 和 $X_{K,k}$ 采用记号 $\mathbf{F}$ 和 $\mathbf{F}^{-1}$, 同时对于 $\overset{1/2}{\mathbf{c}}$ 和 $\overset{-1/2}{\mathbf{c}}$ 采用 $\mathbf{U}$ 和 $\mathbf{V}$, 则方程(1.11.9)可以写为

$$\mathbf{F} = \mathbf{RU} = \mathbf{VR} \tag{1.11.13}$$

而且

$$\mathbf{U}^2 = \mathbf{F}^T\mathbf{F} = \mathbf{C}, \quad \mathbf{V}^2 = \mathbf{F}\mathbf{F}^T = \overset{-1}{\mathbf{c}} = \mathbf{b} \tag{1.11.14}$$

式中 $\mathbf{R}$ 是正交张量. 张量 $\mathbf{U}$ 和 $\mathbf{V}$ 分别称为**右和左伸长张量**. 相应于这些术语, $\mathbf{C}$ 和 $\mathbf{b}$ 常被称为**右和左 Cauchy-Green 变形张量**. 这些结果称为 Cauchy 定理, 它表示矩阵 $\mathbf{F}$ 可以分解为两个矩阵的乘积,其中一个是正交的,另一个是对称的.

由(1.11.13),我们还得到

$$\mathbf{U} = \mathbf{R}^T\mathbf{VR}, \quad \mathbf{V} = \mathbf{RUR}^T \tag{1.11.15}$$

这些式子与 $n=-\frac{1}{2}$ 和 $n=\frac{1}{2}$ 的式(1.11.5)等价.

作为这个引理的推论,我们有

$$U_{K,M}=R_{KL}\overset{1/2}{C}_{LM}-\delta_{KM} \tag{1.11.16}$$

式中

$$R_{KL}\equiv R_{kL}\delta_{kK} \tag{1.11.17}$$

为了证明式(1.11.16),我们把(1.5.11)写成下列形式:

$$x_{k,K}=(\delta_{MK}+U_{M,K})\delta_{Mk} \tag{1.11.18}$$

从上式求解 $U_{M,K}$,则得

$$U_{M,K}=\delta_{kK}x_{k,M}-\delta_{MK} \tag{1.11.19}$$

由(1.11.9),把 $x_{k,M}$ 代入上式,则得到(1.11.16).

利用(1.11.16),(1.6.1)$_1$ 和(1.6.1)$_2$,我们还得到

$$\tilde{E}_{KM}=R_{(KL}\overset{1/2}{C}_{M)L}-\delta_{MK},\quad \tilde{R}_{KM}=R_{[KL}\overset{1/2}{C}_{M]L} \tag{1.11.20}$$

另一个有意义的结果是

$$R_{KM}=(\delta_{KL}+\tilde{E}_{KL}+\tilde{R}_{KL})\overset{-1/2}{C}_{LM} \tag{1.11.21}$$

这可由把(1.6.2)代入(1.11.16),然后对 R_{KM} 求解得到.

不难求得上述公式在 Euler 表示中的对偶结果.

如果变形梯度是小的,在(1.11.21)中仅保留最低阶的项,我们得到

$$R_{KM}-\delta_{KM}\cong\tilde{R}_{KM},\quad \tilde{R}_{KM}\cong\delta_{kK}\delta_{mM}\tilde{r}_{km} \tag{1.11.22}$$

因为由(1.5.3)$_1$,我们有近似式

$$\overset{\pm 1/2}{C}_{KM}\cong\delta_{KM}\pm\tilde{E}_{KM}$$

这些结果正是说明关于 $\tilde{R}_{KM}$ 和 $\tilde{r}_{km}$ 的术语“无限小转动”的理由.

我们现在来证明变形[1]的基本定理(第 1.9 节的定理 3).

定理 在一点处的任何线元的变形可以看成是由一个刚性平移和应变主轴的一个刚性转动以及沿这些轴的伸长的合成.平移、

1) 原书误为转动,应为变形.——译者

转动和伸长可按任意的次序进行.

为了证明这个定理，考虑在 **X** 处的矢量 dX_K. 变形之后，这个矢量变为

$$dx_k = x_{k,K} dX_K$$

利用(1.11.9)，我们有

$$dx_k = \delta_{kL} R_{LM} \overset{-1/2}{C}_{MK} dX_K = \delta_{mK} R_{lm} \overset{-1/2}{c}_{kl} dX_K \tag{1.11.23}$$

其中

$$R_{km} \equiv R_{kK} \delta_{Km} \tag{1.11.24}$$

方程(1.11.23)可以分解如下(图1.11.2):

(a) 将矢量 dX_K 用平行移位的方法刚性地平移到 $dx_{(T)k}$

$$dx_{(T)k} = \delta_{kK} dX_K \tag{1.11.25}$$

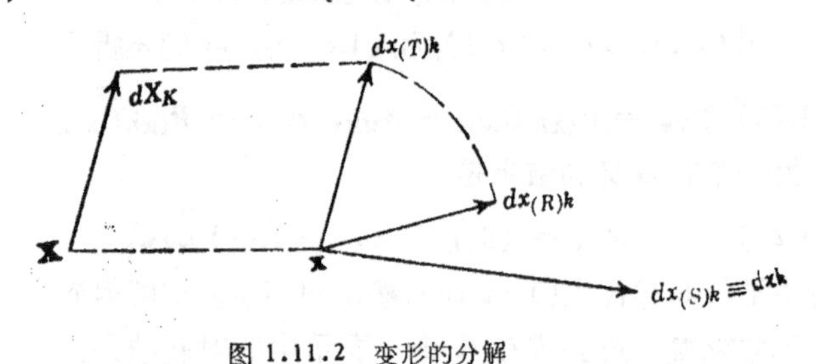

图 1.11.2 变形的分解

(b) 矢量 $dx_{(T)k}$ 刚性地被旋转到 $dx_{(R)k}$

$$dx_{(R)k} = R_{kl} dx_{(T)l} \tag{1.11.26}$$

(c) 矢量 $dx_{(R)k}$ 被伸长到 $dx_{(S)k} \equiv dx_k$

$$dx_k = \overset{-1/2}{c}_{kl} dx_{(R)l} \tag{1.11.27}$$

把(1.11.25)及(1.11.26)相继代入(1.11.27)便给出$(1.11.23)_2$.

应注意的是，当且仅当 dX_K 是 C_{KL} 的特征矢量时，伸长才不包含矢量 $dx_{(R)k}$ 的进一步的转动. 从此也可以看出，平移、转动和伸长的进行次序是不重要的.

上述在一点 **X** 处的无限小邻域的变形的描述可以归纳如下：以 **X** 为中心的一个无限小的球刚性地平移到 **x**，并使 **X** 处的应变椭球的主三元组移到 **x**；然后，旋转这个球使平移后的主三元

组和 $\mathbf{x}$ 处的应变椭球的主三元组重合；最后，把球的所有直径伸长，但只把位于 $\mathbf{x}$ 处的主方向上的直径伸长而不作进一步的转动（也可参见图 1.9.3）。

1.12 面积和体积的变化

在这一节中，我们研究由于变形而引起的面积和体积的变化。我们已经知道（参见第 1.5 节），具有棱边矢量 $\mathbf{I}_1 dX_1$，$\mathbf{I}_2 dX_2$ 和 $\mathbf{I}_3 dX_3$ 的长方体变形后变成为具有棱边矢量 $\mathbf{C}_1 dX_1$，$\mathbf{C}_2 dX_2$ 和 $\mathbf{C}_3 dX_3$ 的直线平行六面体（图 1.12.1），这里

$$\mathbf{C}_K = x_{k,K}\mathbf{i}_k$$

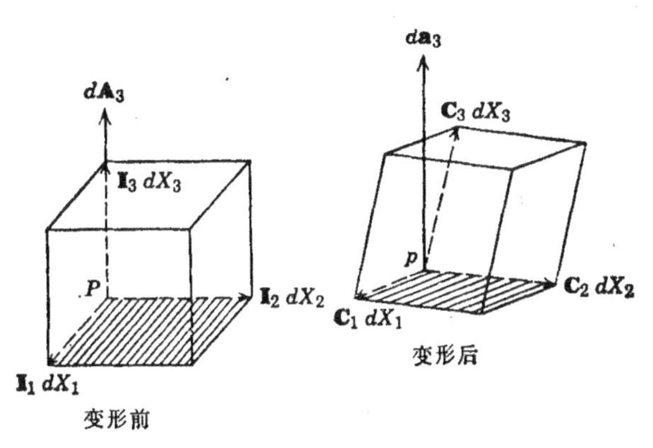

图 1.12.1 无限小长方体的变形

我们根据下式计算面积矢量 $d\mathbf{a}_3$：

$$d\mathbf{a}_3 = (\mathbf{C}_1 dX_1) \times (\mathbf{C}_2 dX_2)$$
$$= x_{k,1}x_{l,2}\mathbf{i}_k \times \mathbf{i}_l dX_1 dX_2$$

或者，因为 $dA_3 = dX_1 dX_2$ 和 $\mathbf{i}_k \times \mathbf{i}_l = e_{klm}\mathbf{i}_m$，所以上式可写成

(1.12.1) $$d\mathbf{a}_3 = e_{klm}x_{k,1}x_{l,2}\mathbf{i}_m dA_3$$

此式可用 Jacobi 行列式

(1.12.2) $$j = |x_{k,K}| = e_{klm}x_{k,1}x_{l,2}x_{m,3}$$

来表示。如果我们注意到 $K=3$ 时的(1.4.5)式，则得

$$jX_{3,m} = e_{klm}x_{k,1}x_{k,2}$$

将上式代入(1.12.1)，则有

$$d\mathbf{a}_3 = jX_{3,m}\mathbf{i}_m dA_3$$

对于 $d\mathbf{a}_1$ 和 $d\mathbf{a}_2$ 的类似表达式可以分别用 1 和 2 来代替指标 3 而得到。因此，面积矢量 $d\mathbf{a}$ 由下式给出

$$\begin{aligned} d\mathbf{a} &= d\mathbf{a}_1 + d\mathbf{a}_2 + d\mathbf{a}_3 \\ &= j(X_{1,k}dA_1 + X_{2,k}dA_2 + X_{3,k}dA_3)\mathbf{i}_k \end{aligned}$$

或者

(1.12.3) $$d\mathbf{a} = jX_{K,k}dA_K\mathbf{i}_k \quad 或 \quad da_k = jX_{K,k}dA_K$$

这个面积的大小 da 由下式计算：

(1.12.4) $$da^2 = d\mathbf{a}\cdot d\mathbf{a} = j^2X_{K,k}X_{L,k}dA_KdA_L$$

如果我们注意到

(1.12.5) $$\overset{-1}{C}_{KL} = X_{K,k}X_{L,k}$$

和

$$|C_{KL}| = |x_{k,K}x_{k,L}| = |x_{k,K}|^2 = j^2$$

或简写为

(1.12.6) $$\mathrm{III}_C = j^2$$

则可得到一个更加简明的表达式。

把(1.12.5)和(1.12.6)代入(1.12.4)，则给出下述表达式：

(1.12.7) $$da^2 = \mathrm{III}_C\overset{-1}{C}_{KL}dA_KdA_L$$

它与长度元的表达式

$$ds^2 = C_{KL}dX_KdX_L$$

相似。于是我们得出结论：$\mathrm{III}_C\overset{-1}{C}_{KL}$ 对于面积的度量所起的作用和张量 C_{KL} 对于长度的度量所起的作用相似。

与(1.12.3)对应的 Lagrange 面积的对偶结果为

(1.12.8) $$d\mathbf{A} = j^{-1}x_{k,K}da_k\mathbf{I}_K$$

通过

$$|d\mathbf{a}_3|/dA_3 = |\mathbf{C}_1||\mathbf{C}_2|\sin(\mathbf{C}_1,\mathbf{C}_2)$$

可以得到另外一个有用的结果。因为

$$|\mathbf{C}_1| = \sqrt{C_{11}}, \quad |\mathbf{C}_2| = \sqrt{C_{22}}$$

$$\sin(\mathbf{C}_1, \mathbf{C}_2) = \sqrt{1 - \cos^2(\mathbf{C}_1, \mathbf{C}_2)} = \left[1 - \frac{(\mathbf{C}_1 \cdot \mathbf{C}_2)}{C_{11}C_{22}}\right]^{1/2}$$

把这些结果代入前式则得

(1.12.9) $$|d\mathbf{a}|/dA_3 = \sqrt{C_{11}C_{22} - C_{12}^2} = [(1 + 2E_{11}) \times (1 + 2E_{22}) - 4E_{12}^2]^{1/2}$$

当应变与 1 相比很小时，把根式作二项式展开，并保留最低阶的项，则得

(1.12.10) $$\frac{|d\mathbf{a}_3| - dA_3}{dA_3} \cong \tilde{E}_{11} + \tilde{E}_{22}$$

当然，对于面积矢量的其它分量也有类似的结果。

为了计算已变形元素的体积 dv，我们写成

$$dv = d\mathbf{a}_3 \cdot \mathbf{C}_3 dX_3$$

利用(1.12.1)和 $\mathbf{C}_3$ 的表达式，则得到

$$dv = (jX_{3,k}\mathbf{i}_k) \cdot (x_{m,3}\mathbf{i}_m) dA_3 dX_3 = jX_{3,k}x_{m,3}\delta_{km}dV$$

因此，

(1.12.11) $$dv = jdV = \sqrt{\mathrm{III}_C}\, dV$$

此式的最右端是利用(1.12.6)的结果。另一个表达式为

(1.12.12) $$\frac{dv}{dV} = j = \sqrt{\mathrm{III}_C} = \frac{1}{\sqrt{\mathrm{III}_c}} = (1 + 2\mathrm{I}_E + 4\mathrm{II}_E + 8\mathrm{III}_E)^{1/2} = (1 - 2\mathrm{I}_e + 4\mathrm{II}_e - 8\mathrm{III}_e)^{-1/2}$$

这是根据$(1.10.23)_3$，$(1.10.24)_3$ 和 $(1.10.27)_3$ 而得到的。

对于无限小应变，由二项式展开给出

(1.12.13) $$\frac{dv - dV}{dV} \cong \mathrm{I}_{\tilde{E}} \cong \mathrm{I}_{\tilde{e}}$$

在这种情况下，Lagrange 应变和 Euler 应变之间没有差别。在

线性理论中，常称 I_e 为**膨胀**．仅在无限小应变理论中，初始单位体积的体积变化才由膨胀给出．

1.13 应变的若干简单例子

在本节中，我们较详细地考察某些特殊的变形．由于变形几何学的简单性，这些特殊例子提供了对于局部变形性质的透彻解释．这里我们只考虑两类变形．

1. 不论物体的形状和参考标架如何，由于对位移加以限制而引起的变形．属于这类变形的有**刚性变形**、**势变形**、**等体积变形**等等．

2. 在选定的参考标架中，由于对位移加以规定而引起的变形．属于这类变形的有**均匀膨胀**、**简单拉伸**、**简单剪切**和**平面应变**．

刚性变形 物体的变形称为是**刚性的**，当且仅当每一对物质点之间的距离保持不变．对于这种变形的充分必要条件是在每一点都有

$$\mathbf{C}=\mathbf{c}=\mathbf{I} \text{ 或 } \mathbf{E}=\mathbf{e}=\mathbf{0} \tag{1.13.1}$$

在这种情况下，我们还有

$$C_{\alpha}=\lambda_{(\alpha)}^{2}=1,\ \mathrm{I}_C=\mathrm{II}_C=3,\ \mathrm{III}_C=1 \tag{1.13.2}$$

势变形 在第 1.7 节中，我们已经看到，当位移场可以由势导出时，平均转动为零，这种变形称为**势变形**．于是，对于势变形的必要充分条件是

$$\mathbf{U}=\operatorname{grad}F \tag{1.13.3}$$

等体积变形 体积元保持不变的变形称为**等体积变形**．根据(1.12.12)，这种变形的必要充分条件可由下列任一等式给出：

$$j=1,\mathrm{III}_C=1,\ \mathrm{III}_c=1,\ 1+2\mathrm{I}_E+4\mathrm{II}_E+8\mathrm{III}_E=1,\cdots. \tag{1.13.4}$$

我们注意到，$\mathbf{C}$ 的任何一个标量函数可约化为 I_C，II_C 和 III_C 的一个函数．在等体积变形的情况下，这样的函数将只是 I_C 和 II_C 的函数．由(1.10.25)，我们有 $\lambda_{(1)}\lambda_{(2)}\lambda_{(3)}=1$，于是

$$
\mathrm{I}_C = \lambda_{(1)}^2 + \lambda_{(2)}^2 + \frac{1}{\lambda_{(1)}^2 \lambda_{(2)}^2}
$$

(1.13.5)

$$
\mathrm{II}_C = \frac{1}{\lambda_{(1)}^2} + \frac{1}{\lambda_{(2)}^2} + \lambda_{(1)}^2 \lambda_{(2)}^2
$$

对于无限小的变形，当

(1.13.6) $$\mathrm{I}_{\tilde{E}} = 0 \quad 或 \quad \mathrm{I}_{\tilde{e}} = 0$$

时，体积保持不变．这些公式是根据 (1.13.4)，并在(1.13.4)$_4$ 中略去所有二阶项而得到的(也可参见(1.12.13))．

在一个选定的参考标架中，由于对位移加以规定而引起的变形．这类重要变形的一大子类包含在一种均匀**仿射**变换之中，它按下式把变形前的物质点 $\mathbf{X}$ 变为变形后的 $\mathbf{x}$：

(1.13.7) $$x_k = D_{kK} X_K$$

式中 D_{kK} 是一个容许有逆矩阵 $\overset{-1}{D}_{Kk}$ 的常值矩阵．因此，

(1.13.8) $$X_K = \overset{-1}{D}_{Kk} x_k$$

式中 D_{kK} 和它的逆 $\overset{-1}{D}_{Kk}$ 满足

(1.13.9) $$D_{kK} \overset{-1}{D}_{Kl} = \delta_{kl}, \quad \overset{-1}{D}_{Kk} D_{kL} = \delta_{KL}$$

由(1.13.7)描述的变形将直线变成直线，椭圆变成椭圆，椭球变成椭球．这样一类变形称为**均匀应变**．矩阵 D_{kK} 的特殊选取将导致一些特殊的变形，下面我们将说明其中的几种．

均匀膨胀 假设我们选 $D_{11} = D_{22} = D_{33} = \lambda$，而所有其它的 $D_{kK} = 0$，即

(1.13.10) $$\mathbf{D} = \begin{bmatrix} \lambda & 0 & 0 \\ 0 & \lambda & 0 \\ 0 & 0 & \lambda \end{bmatrix}, \quad 0 < \lambda < \infty$$

这样的变形状态称为**均匀膨胀**．在这种情况下，我们有

(1.13.11) $$\mathbf{C} = \overset{-1}{\mathbf{c}} = \lambda^2 \mathbf{I}, \quad \mathbf{c} = \overset{-1}{\mathbf{C}} = \frac{\mathbf{I}}{\lambda^2}, \quad 2\mathbf{E} = (\lambda^2 - 1)\mathbf{I}$$

其中 $\mathbf{I}$ 是单位张量．于是三个主伸长(或主伸长度)是相等的，而且 $\mathbf{C}$ 和 $\mathbf{E}$ 的不变量由下式给出：

$$\mathrm{I}_C = 3\lambda^2,\ \mathrm{II}_C = 3\lambda^4,\ \mathrm{III}_C = \lambda^6$$

$$\mathrm{I}_E = \frac{3}{2}(\lambda^2 - 1),\quad \mathrm{II}_E = \frac{3}{4}(\lambda^2 - 1)^2, \tag{1.13.12}$$

$$\mathrm{III}_E = \frac{1}{8}(\lambda^2 - 1)^3$$

显然，$\lambda > 1$ 是均匀拉伸,而 $0 < \lambda < 1$ 是均匀压缩. 空间椭球(1.9.4)是一个球(图 1.13.1).

$$\lambda^2(dX_1^2 + dX_2^2 + dX_3^2) = k^2 \tag{1.13.13}$$

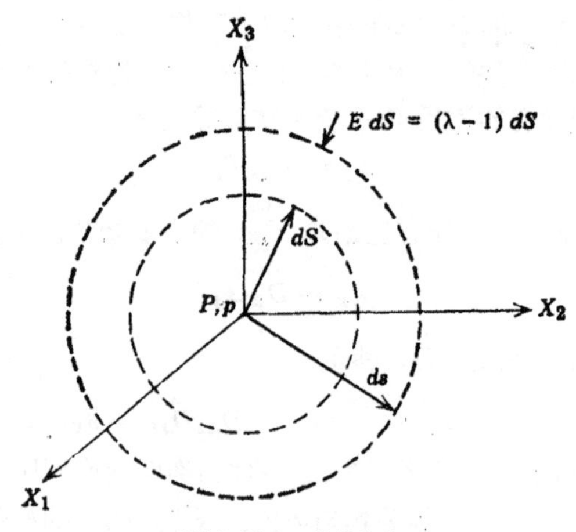

图 1.13.1 均匀膨胀

因此,均匀膨胀把一个球变成一个球。

单轴应变和简单拉伸 均匀应变,是以

$$\mathbf{D} = \begin{bmatrix} \lambda & 0 & 0 \\ 0 & 1 & 0 \\ 0 & 0 & 1 \end{bmatrix},\ 0 < \lambda < \infty \tag{1.13.14}$$

表征的,通过(1.4.12),(1.4.15) 和 (1.5.3) 可给出变形和应变张量

$$\mathbf{C} = \overset{-1}{\mathbf{c}} = \begin{bmatrix} \lambda^2 & 0 & 0 \\ 0 & 1 & 0 \\ 0 & 0 & 1 \end{bmatrix},\ \mathbf{c} = \overset{-1}{\mathbf{C}} = \begin{bmatrix} 1/\lambda^2 & 0 & 0 \\ 0 & 1 & 0 \\ 0 & 0 & 1 \end{bmatrix}$$

(1.13.15)

$$\mathbf{E}=\frac{1}{2}\begin{bmatrix}\lambda^2-1 & 0 & 0\\ 0 & 0 & 0\\ 0 & 0 & 0\end{bmatrix}\quad \mathbf{e}=\frac{1}{2}\begin{bmatrix}1-\lambda^{-2} & 0 & 0\\ 0 & 0 & 0\\ 0 & 0 & 0\end{bmatrix}$$

对于各种不变量，我们有

$$\text{(1.13.16)}\qquad \begin{gathered}\mathrm{I}_C=2+\lambda^2,\quad \mathrm{II}_C=1+2\lambda^2,\quad \mathrm{III}_C=\lambda^2\\ \mathrm{I}_E=\frac{\lambda^2-1}{2},\quad \mathrm{II}_E=\mathrm{III}_E=0\end{gathered}$$

空间椭球是一个旋转椭球

$$\text{(1.13.17)}\qquad \lambda^2 dX_1^2+dX_2^2+dX_3^2=k^2$$

几何上，这种情况可以通过沿其一轴（例如 X_1 轴）作均匀拉伸并保持与该轴垂直的横截面不变的长方体来加以说明（图 1.13.2）。应该指出：对于 $\lambda>1$，我们有沿 X_1 轴的拉伸，而对于 $0<\lambda<1$，则为压缩。主伸长度为

$$\text{(1.13.18)}\qquad \begin{gathered}E_1=\lambda-1=\sqrt{1+2E_{11}}-1\\ E_2=E_3=0\end{gathered}$$

对于比 1 相较很小的 E_{11}，此式给出 $E_1\cong\tilde{E}_{11}$。

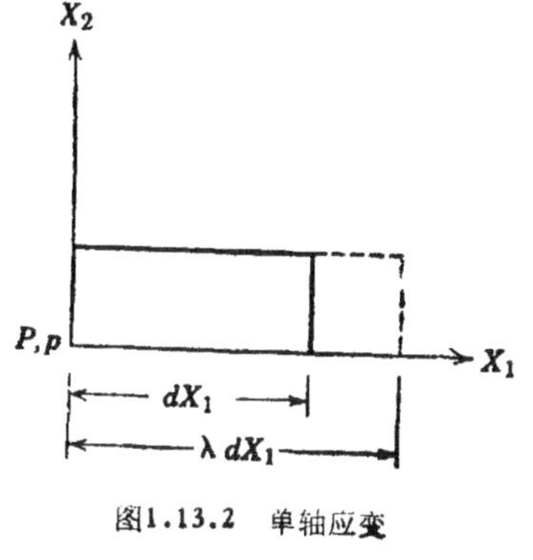

图1.13.2　单轴应变

一般地，当一个杆沿它的轴拉伸时，试验指出，它的横向尺寸也要变化，除非此杆在横向被固定。这种情况下的应变状态可表示为

$$\text{(1.13.19)}\qquad \mathbf{C}=\overset{-1}{\mathbf{c}}=\begin{bmatrix}\lambda^2 & 0 & 0\\ 0 & K^2\lambda^2 & 0\\ 0 & 0 & K^2\lambda^2\end{bmatrix}$$

式中 K 为常数。在这种情况下，我们有

$$\text{(1.13.20)}\qquad \lambda_{(1)}=\lambda,\quad \lambda_{(2)}=\lambda_{(3)}=K\lambda$$

因此，**横向收缩比** ν 为

$$\text{(1.13.21)}\qquad \nu=\frac{1-K\lambda}{\lambda-1}$$

对于$K=1$或$\nu=-1$，我们得到均匀膨胀．对于 $K=1/\lambda$ 或 $\nu=0$，我们得到单轴应变．对于 $\nu>0$，垂直于拉伸轴的横截面收缩，而对于 $\nu<0$，则膨胀．对于实际的材料，当杆受拉时，$\nu<0$ 的情况是观察不到的．

简单剪切 当$\mathbf{D}$具有形式

$$\mathbf{D}=\begin{bmatrix}1 & S & 0\\ 0 & 1 & 0\\ 0 & 0 & 1\end{bmatrix},\quad -\infty<S<\infty \tag{1.13.22}$$

时，得到简单剪切，式中S为常数．在这种情况下，(1.13.7)具有简单的形式

$$x=X+SY,\quad y=Y,\quad z=Z \tag{1.13.23}$$

于是，简单剪切使 $X=\text{const.}$ 的平面绕它与平面 $Y=0$ 的交线作刚性转动，总的剪切角γ为

$$\gamma=\arctan S \tag{1.13.24}$$

同时 $Y=\text{const.}$ 和 $Z=\text{const.}$ 的平面保持不变(图 1.13.3)．简单剪切可以通过一叠卡片使之从一个长方体形式滑动为直线平行六面体形式来作近似的比喻．在这种情况下，Green 和 Cauchy 变形及应变张量为

$$\begin{gathered}\mathbf{C}=\begin{bmatrix}1 & S & 0\\ S & 1+S^2 & 0\\ 0 & 0 & 1\end{bmatrix}\qquad \mathbf{E}=\begin{bmatrix}0 & S/2 & 0\\ S/2 & S^2/2 & 0\\ 0 & 0 & 0\end{bmatrix}\\ \mathbf{c}=\begin{bmatrix}1 & -S & 0\\ -S & 1+S^2 & 0\\ 0 & 0 & 1\end{bmatrix}\qquad \mathbf{e}=\begin{bmatrix}0 & S/2 & 0\\ S/2 & -S^2/2 & 0\\ 0 & 0 & 0\end{bmatrix}\end{gathered} \tag{1.13.25}$$

不变量为

$$\begin{gathered}\mathrm{I}_C=\mathrm{II}_C=3+S^2,\quad \mathrm{III}_C=1\\ -\mathrm{I}_E=\mathrm{I}_e=2\mathrm{II}_E=2\mathrm{II}_e=-\frac{S^2}{2},\quad \mathrm{III}_E=\mathrm{III}_e=0\end{gathered} \tag{1.13.26}$$

因为 $\mathrm{III}_C=1$，所以简单剪切是等体积的．特征值 C_α 和主应变 E_α 可以通过解下列方程得到：

$$-C^3 + \mathrm{I}_C C^2 - \mathrm{II}_C C + \mathrm{III}_C = 0$$

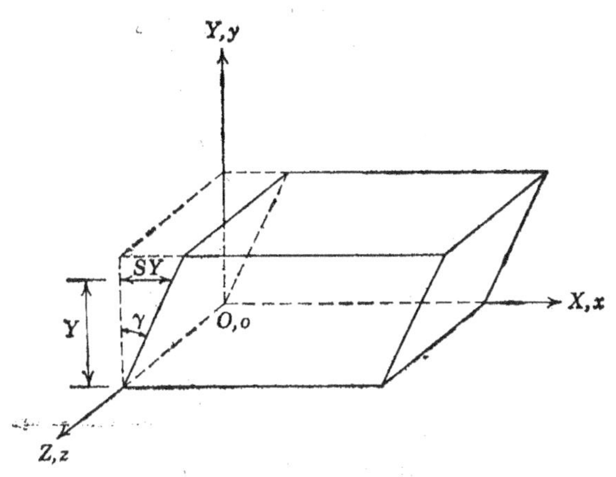

图 1.13.3 简单剪切

利用(1.13.26),我们得到

$$\begin{aligned} C_1 &= \lambda_{(1)}^2 = 1 + \frac{1}{2}S^2 + S\sqrt{1 + \frac{1}{4}S^2} = 1 + 2E_1 \\ C_2 &= \lambda_{(2)}^2 = 1 + \frac{1}{2}S^2 - S\sqrt{1 + \frac{1}{4}S^2} = 1 + 2E_2 \\ C_3 &= \lambda_{(3)}^2 = 1 = 1 + 2E_3 \end{aligned} \tag{1.13.27}$$

根据第 1.10 节,与 $\mathbf{C}$ 对应的特征方向 $\mathbf{N}_\alpha$ 可通过解方程

$$(C_{KL} - c\delta_{KL})N_L = 0$$

得到,这里我们利用上面给出的 C_1, C_2 和 C_3 来代替 C, 则有

$$\left.\begin{matrix}\mathbf{N}_1 \\ \\ \mathbf{N}_2\end{matrix}\right\} = \frac{\mathbf{I}_1 + \left(\frac{1}{2}S \pm \sqrt{1 + \frac{1}{4}S^2}\right)\mathbf{I}_2}{\sqrt{2 + \frac{1}{2}S^2 \pm S\sqrt{1 + \frac{1}{4}S^2}}}, \quad \mathbf{N}_3 = \mathbf{I}_3 \tag{1.13.28}$$

根据(1.13.23), 在平面 $Z = 0$ 内的点 $A(-S/2, 1, 0)$ 变形后占有位置 $a(S/2, 1, 0)$ (图 1.13.4). 我们有 $OA = oa$, 平行于OA 并与 Y 轴的夹角为 $\phi = \arctan(S/2)$ 的纤维不改变它们的长度.

由(1.13.28),我们有

$$\tan\theta=\frac{1}{2}S+\sqrt{1+\frac{1}{4}S^2} \tag{1.13.29}$$

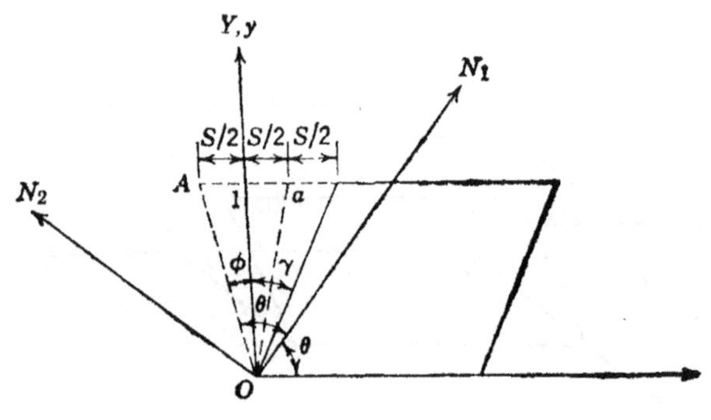

图 1.13.4 剪切(有限)平面

角 θ 是 $\mathbf{N}_1$ 和 X 轴之间的夹角.计算 $\tan(N_1OA)=\tan\left(\frac{\pi}{2}-\theta+\phi\right)$,并利用(1.13.29),我们发现角 (N_1OA_1) 与 θ 相等. 因此,主轴 $\mathbf{N}_1$ 平分角 XOA; $\mathbf{N}_2$ 在 $Z=$ const. 的平面内与 $\mathbf{N}_1$ 垂直;而 $\mathbf{N}_3$ 沿 Z 轴. 不难证明,最大剪切发生在平分主轴的元素上. 这些元素之一与 X 轴的夹角为 $\frac{1}{2}\arctan(S/2)$. 于是,最大剪切应变为

$$\frac{1}{2}S\sqrt{1+\frac{1}{4}S^2} \tag{1.13.30}$$

对于比 1 很小的剪切 S, 由(1.13.27)—(1.13.28),我们得到

$$E_1=-E_2\cong S/2,\ E_3=0$$

$$\left.\begin{matrix}\mathbf{N}_1\\ \mathbf{N}_2\end{matrix}\right\}\cong\frac{1}{\sqrt{2}}(\pm\mathbf{I}_1+\mathbf{I}_2),\mathbf{N}_3=\mathbf{I}_3 \tag{1.13.31}$$

因此,对于无限小应变,主方向平分 X 轴和 Y 轴之间的夹角(图 1.13.5),而且主应变的大小相等,但符号相反. 因此,当伸长度为无限小时,一面受压而与之相垂直的面受等量拉伸的长方块体等价于简单剪切.

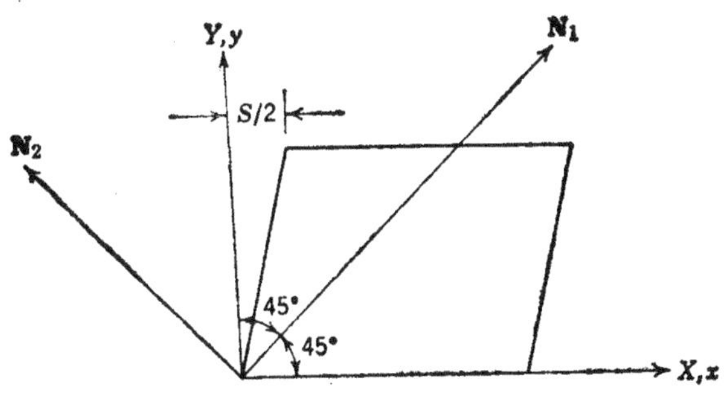

图 1.13.5　剪切(无限小)平面

平面应变　　平面应变是由在一族平行平面有相同变形，而在与这族平面垂直的方向内没有变形来表征的。于是，如果选 X_3 作为这些平面的法线，则变形可以表示为

$$x_k = x_k(X_1, X_2, t) \quad (k = 1, 2), \quad x_3 = X_3 \tag{1.13.32}$$

因为 X_3 轴是应变的一个主轴，所以，在这个方向上的伸长为 1，亦即，$\lambda_{(3)} = 1$。应变不变量为

$$\mathrm{I}_E = E_{11} + E_{22}, \quad \mathrm{II}_E = E_{11}E_{22} - E_{12}^2, \quad \mathrm{III}_E = 0 \tag{1.13.33}$$

主应变由特征方程(1.10.7)的解给出

$$\left.\begin{matrix} E_1 \\ E_2 \end{matrix}\right\} = \frac{1}{2}\mathrm{I}_E \pm \sqrt{\frac{1}{4}\mathrm{I}_E^2 - \mathrm{II}_E} = \frac{1}{2}(E_{11} + E_{22}) \pm \left[\frac{1}{4}(E_{11} - E_{22})^2 + E_{12}^2\right]^{1/2} \tag{1.13.34}$$

$$E_3 = 0$$

于是，对于每一个 $E = E_\alpha$ $(\alpha = 1, 2)$，通过解三个联立方程(1.10.4)得到主方向。这给出

$$\frac{N_{\alpha 1}}{N_{\alpha 2}} = \frac{E_{12}}{E_\alpha - E_{11}}, \quad N_{\alpha 3} = 0 \tag{1.13.35}$$

消去 E_α，我们就得到

$$\frac{2N_{\alpha 1}N_{\alpha 2}}{N_{\alpha 1}^2 - N_{\alpha 2}^2} = \frac{2E_{12}}{E_{11} - E_{22}} \tag{1.13.36}$$

上述结果常以略微不同的形式出现在一些材料力学的教科书中。

由图 1.13.6 可见，$N_{\alpha L}$ 是 $\mathbf{N}_\alpha$ 轴与直角坐标的方向余弦。于是，如果 $\mathbf{N}_1$ 轴和 X 轴的夹角为 θ，则(1.13.36)式化为熟悉的形式

$$\tan 2\theta = \frac{2E_{12}}{E_{11}-E_{22}} \tag{1.13.37}$$

最后，我们简要地给出任意平面应变状态的 Mohr 圆作图方法。令 X'_K 是与 X_K 具有相同原点而且 X'_3 与 X_3 重合的一个新的直角参考标架。我们用 ϕ 表示 X' 和 X 之间的夹角(图 1.13.6)。于是，方向余弦 Q_{KL} 为

$$Q_{11}=Q_{22}=\cos\phi,\quad Q_{12}=-Q_{21}=\sin\phi$$
$$Q_{13}=Q_{31}=Q_{23}=Q_{32}=0,\quad Q_{33}=1$$

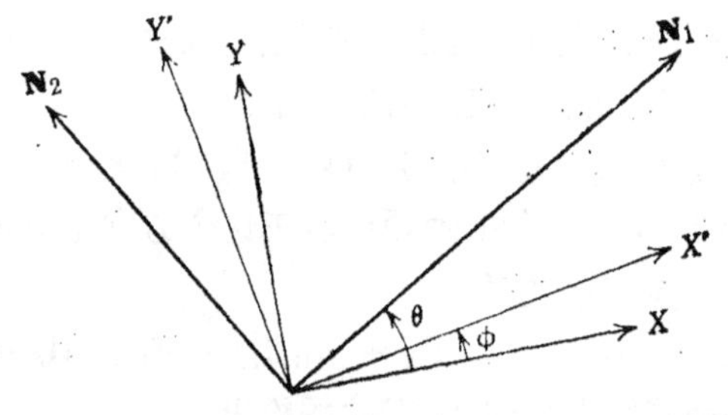

图 1.13.6　轴的转动

把 Q_{KL} 代入应变的变换公式(1.8.7)，我们有

$$E'_{XX}=\frac{1}{2}(E_{XX}+E_{YY})+\frac{1}{2}(E_{XX}-E_{YY})\cos 2\phi + E_{XY}\sin 2\phi$$

$$E'_{YY}=\frac{1}{2}(E_{XX}+E_{YY})-\frac{1}{2}(E_{XX}-E_{YY})\cos 2\phi - E_{XY}\sin 2\phi \tag{1.13.38}$$

$$E'_{XY}=-\frac{1}{2}(E_{XX}-E_{YY})\sin 2\phi + E_{XY}\cos 2\phi$$

在直角标架的横坐标上(记为 E_{XX} 或 E_{YY} 轴)，我们从原点 O (图 1.13.7) 取 $OA=E_{XX}$ 和 $OB=E_{YY}$，并在 A 和 B 处平行于纵轴(记为 E_{XY} 轴)取 $AH=E_{XY}$，$BH'=-E_{XY}$。线 HH' 在 P 点与

E_{XX} 轴相交．以 P 点作为中心，PH 作为半径，画一个圆．现在，我们证明，在这个圆上的任意一点 M 和它的对称点 M' 的横坐标、纵坐标以及 MM' 与 HH' 的夹角决定平面应变 $\mathbf{E}'$．亦即

$$
(1.13.39) \qquad OA' = E'_{XX}, \ OB' = E'_{YY}, \ A'M = E'_{XY}
$$

而 $\phi = \frac{1}{2} \angle MPH$ 是 X' 和 X 轴所夹的角度．

这些结果可以证明如下：

$$
(1.13.40) \qquad OA' = OP + PM \cos(2\theta - 2\phi)
$$

式中 2θ 是 PH 和 E_{XX} 轴间的夹角．但是现在

$$
OP = \frac{1}{2}(E_{XX} + E_{YY}), \ PM = PH = \frac{PA}{\cos 2\theta} = \frac{E_{XX} - E_{YY}}{2\cos 2\theta}
$$

$$
\tan 2\theta = \frac{AH}{PA} = \frac{2E_{XY}}{E_{XX} - E_{YY}}
$$

把(1.13.40)中的 $\cos(2\theta - 2\phi)$ 展开，并利用前面的关系，我们得到

$$
OA' = \frac{1}{2}(E_{XX} + E_{YY}) + \frac{1}{2}(E_{XX} - E_{YY})\cos 2\phi
$$
$$
+ E_{XY} \sin 2\phi
$$

此式的右端与 $(1.13.38)_1$ 的右端相等，这就证明了 $(1.13.39)_1$．同样地，我们可以证明 (1.13.39) 的其余表达式也是正确的．由图 1.13.7，显然有

$$
\tan 2\theta = \frac{2E_{XY}}{E_{XX} - E_{YY}}
$$

这与(1.13.37)所表明的 $\theta = \frac{1}{2} \angle APH$ 是主方向之一和 X 轴的夹角这一事实相一致．为了决定主应变 E_1，我们量度

$$
OI = OP + PI = OP + PH = OP + (\overline{AP}^2 + \overline{AH}^2)^{1/2}
$$
$$
= \frac{1}{2}(E_{XX} + E_{YY}) + \left[\frac{1}{4}(E_{XX} - E_{YY})^2 + E_{XY}^2\right]^{1/2}
$$

这个表达式与 (1.13.34) 给出的 E_1 一致．同样地，我们可得到

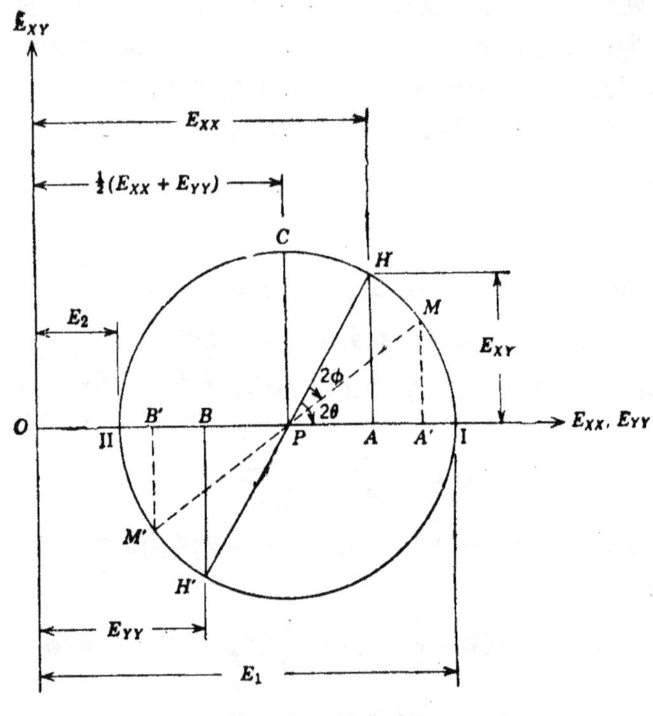

图 1.13.7 Mohr 圆

$OII = E_2$. 还可以指出，$PC = (E'_{XY})_{max}$，并且它发生在与主轴成 45° 角的方向上，这是因为 $\frac{1}{2}\angle IPC = 45°$. 对于 Mohr 圆的其它细节，读者可参考材料力学的教程.

1.14 相容性条件

在三维空间中，变形张量 C_{KL} 和应变张量 E_{KL} 各自具有六个分量，它们可以用位移矢量的三个分量 U_K 来表示. 根据(1.5.3)和(1.5.8)，我们有

(1.14.1) $$2E_{KL} = C_{KL} - \delta_{KL} = U_{K,L} + U_{L,K} + U_{M,K}U_{M,L}$$

如果位移矢量具有连续的一阶偏导数，仅需代入 (1.14.1)，我们就

可得到应变分量．另一方面，如果给定六个应变分量 E_{KL}，则与这组应变对应的**单值连续的位移场**是否存在还是问题．很清楚，六个偏微分方程(1.14.1)是超定方程组，可能不具有这种对于**三个**未知量 U_k 的解，除非满足某些**可积性**条件．这些条件构成只包含 E_{KL} 的一组偏微分方程，这就是所谓的**相容性条件**．当相容性条件不满足时，相应的位移场不是唯一的．于是，物体可以具有**位错**．

寻求相容性条件的一个直接方法是从六个方程(1.14.1)进行偏微分运算来消去位移 U_K．然而，这种方法(对于有限变形)如果不是很难用就是太冗长．另一种方法是利用 Riemann 定理．作为这个定理的准备，我们要记得：我们已使未变形物体的物质点归属于直角参考标架．这意味着，我们运用的三维空间是**欧氏**空间．未变形物体和已变形物体的弧元 dS 和 ds 由(1.5.1)给出，亦即

$$dS^2 = \delta_{KL}dX_KdX_L = c_{kl}dx_kdx_l \tag{1.14.2}$$
$$ds^2 = C_{KL}dX_KdX_L = \delta_{kl}dx_kdx_l$$

未变形物体和已变形物体均被嵌入在欧氏空间中．在坐标 x_k 中，当 c_{kl} 的所有六个分量已知时，就能够计算原始长度．而为了计算变形后的长度，我们需要知道 C_{KL} 的所有六个分量．于是，如果在某一固定时刻 t，我们把运动

$$x_k = x_k(X_1, X_2, X_3, t) \quad (k = 1, 2, 3)$$

看成是由直角坐标 X_K 到曲线坐标 x_k 的坐标变换，则在曲线坐标 x_k 中，c_{kl} 起着度量张量的作用．对于逆运动，同样的结论对 C_{KL} 也适用．于是，在欧氏空间中，任意六个量不能是度量张量，除非它们满足 Riemann 定理，即：对于一个对称张度 a_{kl} 是欧氏空间的度量张量的必要充分条件为 a_{kl} 是非奇异的正定张量，而且由它形成的 Riemann-Christoffel 张量 $R^{(a)}_{klmn}$ 恒为零．由定义(附录C6)，我们有

$$R^{(a)}_{klmn} = \frac{1}{2}(a_{kn,lm} + a_{lm,kn} - a_{km,ln} - a_{ln,km}) \tag{1.14.3}$$

$$+ \overset{-1}{a}_{rs}([lm, s][kn, r] - [ln, s][km, r])$$

式中

$$[kl, m] \equiv \frac{1}{2}(a_{km,l} + a_{lm,k} - a_{kl,m})$$

(1.14.4)

$$\overset{-1}{a}_{ns} a_{sl} = a_{ns} \overset{-1}{a}_{sl} = \delta_{nl}$$

C_{KL} 和 c_{kl} 都是三维欧氏空间的非奇异的对称正定张量，因此，我们必须有

(1.14.5) $$R^{(C)}_{KLMN} = 0, \quad R^{(c)}_{klmn} = 0$$

在前者中，偏微分理解为是关于 X_K 的，而在后者中，则是关于 x_k 的。在三维空间中，R_{klmn} 的 81 分量只有 6 个是代数无关的和非零的. (1.14.5)的第一式给出六个偏微分方程，它们构成 C_{KL} 的相容性条件，而第二式给出 c_{kl} 的相容性条件。因为，我们有

(1.14.6) $$C_{KL} = \delta_{KL} + 2E_{KL}, \quad c_{kl} = \delta_{kl} - 2e_{kl}$$

把(1.14.6)中的 **C** 和 **c** 代入(1.14.5)，我们便得到 E_{KL} 和 e_{kl} 的相容性条件。下面，我们给出其中的一组：

$$\begin{aligned} & e_{kn,lm} + e_{lm,kn} - e_{km,ln} - e_{ln,km} \\ & - \overset{-1}{c}_{rs}[(e_{kr,n} + e_{nr,k} - e_{kn,r})(e_{ls,m} + e_{ms,l} - e_{lm,s}) \\ & - (e_{kr,m} + e_{mr,k} - e_{km,r})(e_{ls,n} + e_{ns,l} \\ & - e_{ln,s})] = 0 \end{aligned}$$

对于无限小应变的情况，我们去掉 e_{kl} 的所有乘积，于是得到无限小应变的相容性条件

(1.14.7) $$\tilde{e}_{kn,lm} + \tilde{e}_{lm,kn} - \tilde{e}_{km,ln} - \tilde{e}_{ln,km} = 0$$

当这些条件被满足时，则

(1.14.8) $$\tilde{e}_{kl} = \frac{1}{2}(u_{k,l} + u_{l,k})$$

的单值积分存在，并且它由下式给出：

(1.14.9) $$u_k = u_k^0 + \tilde{R}_{lk} x_l + b_k$$

式中 u_k^0 是(1.14.8)的任意一个解，$\tilde{R}_{lk}$ 是与直角坐标 x_k 无关的斜对称张量，而 b_k 是与 x_k 无关的矢量。物理上，(1.14.8)的解(1.14.

9)意味着：与 $\tilde{e}_{kl}$ 相应的位移场是单值的，并在差一个刚性运动[1]的范围内是唯一确定的。

下面，我们给出在直角坐标中 $\tilde{\mathbf{e}}$ 的相容性条件(1.14.7)的显式：

$$
\begin{aligned}
&\frac{\partial^2 \tilde{e}_{xx}}{\partial y \partial z} + \frac{\partial}{\partial x}\left(\frac{\partial \tilde{e}_{yz}}{\partial x} - \frac{\partial \tilde{e}_{zx}}{\partial y} - \frac{\partial \tilde{e}_{xy}}{\partial z}\right) = 0 \\
&\frac{\partial^2 \tilde{e}_{yy}}{\partial z \partial x} + \frac{\partial}{\partial y}\left(\frac{\partial \tilde{e}_{zx}}{\partial y} - \frac{\partial \tilde{e}_{xy}}{\partial z} - \frac{\partial \tilde{e}_{yz}}{\partial x}\right) = 0 \\
&\frac{\partial^2 \tilde{e}_{zz}}{\partial x \partial y} + \frac{\partial}{\partial z}\left(\frac{\partial \tilde{e}_{xy}}{\partial z} - \frac{\partial \tilde{e}_{yz}}{\partial x} - \frac{\partial \tilde{e}_{zx}}{\partial y}\right) = 0 \\
&2\frac{\partial^2 \tilde{e}_{xy}}{\partial x \partial y} - \frac{\partial^2 \tilde{e}_{xx}}{\partial y^2} - \frac{\partial^2 \tilde{e}_{yy}}{\partial x^2} = 0 \\
&2\frac{\partial^2 \tilde{e}_{yz}}{\partial y \partial z} - \frac{\partial^2 \tilde{e}_{yy}}{\partial z^2} - \frac{\partial^2 \tilde{e}_{zz}}{\partial y^2} = 0 \\
&2\frac{\partial^2 \tilde{e}_{zx}}{\partial z \partial x} - \frac{\partial^2 \tilde{e}_{zz}}{\partial x^2} - \frac{\partial^2 \tilde{e}_{xx}}{\partial z^2} = 0
\end{aligned}
\tag{1.14.10}
$$

习题

1.1 在一物体中的位移场由下式给定：

$$x_1 = (2AX_1 + B)^{1/2}, \quad x_2 = CX_2, \quad x_3 = DX_3$$

式中 (X_1, X_2, X_3) 和 (x_1, x_2, x_3) 都是直角坐标，而 A, B, C 和 D 是常数。

(a) 试求矢量 $\mathbf{c}_k$ 和 $\mathbf{C}_K$ 的表达式。

(b) 试确定变形张量 c_{kl} 和 C_{KL}。

(c) 试求 $\overset{-1}{\mathbf{c}}_k$ 和 $\overset{-1}{\mathbf{C}}_K$ 的表达式。

(d) 试确定变形张量 $\overset{-1}{c}_{kl}$ 和 $\overset{-1}{C}_{KL}$。

1.2 在问题 1.1 中，若坐标 x_1, x_2, x_3 取为圆柱坐标，它的原点与 X_K 的原点相同。试述该位移场的几何意义。

1.3 圆柱坐标 X'_K 和直角坐标 X_K 的关系为

---

1) 对于无限小应变，可在 Sokolnikoff [1956] 的书中找到另一种推导方法。关于这个问题的大量文献，参见 Truesdell 和 Toupin [1960，第 34 节脚注]。

$$X_1 = X_1' \cos X_2', \quad X_2 = X_1' \sin X_2', \quad X_3 = X_3'$$

(a) 试用直角坐标中的 Green 变形张量 C_{KL} 的分量来表示 Green 变形张量 C'_{KL}。

(b) 试用直角坐标中一个矢量的分量来表示柱面坐标中同一矢量的分量。

1.4 对于在问题 1.1 中给定的位移场，试确定。

(a) Lagrange 应变张量 E_{KL}，并求弧长的平方的变化。

(b) 无限小应变和转动 $\tilde{E}_{KL}$ 和 $\tilde{R}_{KL}$。

1.5 一物体的位移场由下式给定：

$$u_1 = A\frac{x_1x_3}{r^3}, \quad u_2 = A\frac{x_2x_3}{r^3}, \quad u_3 = A\left(\frac{x_3^2}{r^3} + \frac{\lambda + 3\mu}{\lambda + \mu}\frac{1}{r}\right)$$

式中 $r \equiv (x_1^2 + x_2^2 + x_3^2)^{1/2}$，而 A，λ 和 μ 是常数。

(a) 试确定无限小应变 $\tilde{e}_{kl}$ 和无限小转动 $\tilde{r}_{kl}$。

(b) 试绘出 $r = r_0$ 的空心球变形后的形状草图。

(c) 试求有限应变分量 e_{kl} 和相应的无限小应变分量 $\tilde{e}_{kl}$ 间的差别。

1.6 直角参考标架 x_k 绕 x_3 轴旋转，转动角由 x_1 轴量起。试求在这两个参考标架中，应变和转动间的关系。

1.7 抛物线柱面坐标 x'_k 与直角坐标 x_k 的关系为

$$x_1 = c(x_2' - x_1'), \quad x_2 = 2c\sqrt{x_1' x_2'}, \quad x_3 = x_3'$$

(a) 试绘出坐标面和坐标线的草图。

(b) 试用参考于直角坐标的 $\overset{-1}{\mathbf{C}}$ 来表示参考于抛物面坐标的变形张量 $\overset{-1}{\mathbf{c}}$。

(c) 试求转动矢量 $\tilde{\mathbf{r}}'$ 和 $\tilde{\mathbf{r}}$ 之间的关系。

1.8 在物体中一点处，主应变为

$$E_1 = 3E, \quad E_2 = -3E, \quad E_3 = 7E$$

式中 E 为常数。

(a) 试确定应变 $\mathbf{E}$ 的主不变量。

(b) 试求最大剪应变及其所在的方向。

1.9 一物体处于 X_1 和 X_2 轴平面内的平面应变状态。关于 X_1 和 X_2 轴的应变张量的分量为

$$E_{11} = -4E, \quad E_{22} = -E, \quad E_{33} = -3E$$

式中 E 为常数。试绘出 Mohr 圆，并确定最大法向应变和最大剪切应变以

及它们的方向.

1.10 一物体作等体积变形,且 $I_c = II_c$.

(a) 试确定主应变.

(b) 试确定应变主轴.

(c) 试求伸长并绘出 Cauchy 应变椭球.

(d) 试绘出应变的 Mohr 圆.

1.11 对于在问题 1.5 中给定的位移场,试确定主应变和主轴.

1.12 一物体经受由下式给定的位移场:

$$r = f(X_1), \quad \theta = g(X_2), \quad z = h(X_3)$$

式中 (r, θ, z) 是点的柱面坐标,该点变形前位于直角参考标架中的点 (X_1, X_2, X_3). 如果变形是等体积的,试确定:

(a) 主伸长.

(b) 主方向.

(c) 转动张量 R_{kl}.

1.13 一圆柱体沿其长度方向的均匀扭转可由下列变形表示:

$$X_1 = r\cos(\theta - Kz), \quad X_2 = r\sin(\theta - Kz), \quad X_3 = z$$

式中 K 为常数, (X_1, X_2, X_3) 是变形前点的直角坐标, 而 (r, θ, z) 是同一点在变形后的柱面坐标.

(a) 试求变形张量 C_{KL}.

(b) 试确定不变量 I_C, II_C 和 III_C.

(c) 试求 C_{KL} 的主轴和主应变.

(d) 试绘出 Cauchy 应变椭球.

1.14 试求物体内一点处应变取平稳值的方向.

1.15 试求物体内一点处面元的变化取平稳值的方向.

1.16 试证在问题 1.13 中所描述的圆柱体的扭转是等体积的. 试求面积的变化和面元的大小.

1.17 试用 Euler 应变度量来表示已变形的面积矢量对于未变形的面积矢量之比.

1.18 试证在可变形体中的每一点至少存在一个方向,它在物体变形时保持不变.

1.19 对于一无限小应变场的二维状态,试用消去位移分量的方法求出相容性条件的显式.

1.20 对于无限小的应变和转动,我们可以由积分

$$\tilde{U}_{K,L} = \tilde{E}_{KL} + \tilde{R}_{KL}$$

来计算位移场. 试证在一个单连通域中，U_K 是单值的必要充分条件是满足下列相容性条件：

$$\tilde{E}_{KN,LM} + \tilde{E}_{LM,KN} - \tilde{E}_{KM,LN} - \tilde{E}_{LN,KM} = 0$$

当这些条件被满足时，试确定通解 U_K.

1.21 试求复连通域的相容性条件.

1.22 如果在一个单连通物体中，无限小应变场为

$$\tilde{e}_{kl} = a_{klmn} x_m x_n$$

式中 a_{klmn} 是常数. 试述应对 a_{klmn} 加上什么条件才能满足相容性条件？试求这种情况下的位移场 u_k.

1.23 在以 z 轴为轴的空心圆柱体中，可能的二维无限小的应变场由下式给出：

$$\tilde{e}_{11} = \frac{A}{2\mu} \frac{x}{r^2}\left(1 - \frac{\lambda+\mu}{\lambda+2\mu} \frac{2y^2}{r^2}\right)$$

$$\tilde{e}_{22} = \frac{A}{2(\lambda+2\mu)} \frac{x}{r^2}\left(1 - \frac{\lambda+\mu}{\mu} \frac{x^2-y^2}{r^2}\right)$$

$$\tilde{e}_{12} = \frac{A(\lambda+\mu)}{\mu(\lambda+2\mu)} \frac{yx^2}{r^4}$$

式中 A, λ 和 μ 为常数，而 (x, y, z) 为直角坐标.

(a) 试问这个应变场是否满足相容性条件？

(b) 试确定与满足相容性条件的这组应变场对应的一般位移场.

(c) 试问这样得到的位移场是单值连续的吗？如果不是，在什么条件下才能使得它是单值的？

1.24 (短文) 写一篇关于各种应变度量的相对重要性以及它们在连续统力学的不同领域中的应用的短文. 试对用位移梯度表示的应变和变形张量的近似性的问题作一系统的讨论.

1.25 (短文) 关于

(a) 两个对称张量，

(b) 一个对称张量和两个矢量，

(c) 两个对称张量和一个矢量

的不变量作一文献调查.

第二章 运　　动

2.1 本章的范围

本章讨论连续介质的运动学和整体动力学．在第一章中，我们考虑了在两个不同瞬时的变形的形象，这里，我们将分析物体元素随着时间变化而得到的诸变形间的关系，亦即，我们着眼于变形的连续图象．在第 2.2 节中，我们引进了矢量的物质导数，速度和加速度矢量，而在第 2.3 节中，引进了轨线和流线．

弧元、面元和体元的时间率在决定物体的变形速度和对已变形物体上的积分进行时间微分时是重要的，它们将在第 2.4 节和第 2.5 节中加以讨论．在所有的动力学过程中，变形率和旋度张量起着核心的作用，它们将在第 2.6 节中加以介绍．在第 2.7 节中叙述应变率．在第 2.8 节和第 2.9 节中，引进质量、动量、动量矩和能量的概念以及力学的四个基本公理——质量守恒、动量平衡、动量矩平衡和能量守恒．从而，完成了整体动力学的讨论．最后，在第 2.10 节中，我们讨论在本构理论中非常重要的客观张量．

2.2 运动、矢量的时间率、速度和加速度

在时刻 $t=0$ 的物体 B 中具有直角坐标 X_k 的物质点 $\mathbf{X}$，在时刻 t 移到具有直角坐标 x_k 的空间点 $\mathbf{x}$．运动由下列三个方程表示：

(2.2.1) $$\mathbf{x}=\mathbf{x}(\mathbf{X},t) \quad 或 \quad x_k=x_k(X_K,t)$$

式中 t 是实数．根据连续性公理，假设(2.2.1)存在单值的逆，则逆运动表示为

(2.2.2) $$\mathbf{X}=\mathbf{X}(\mathbf{x},t) \quad 或 \quad X_K=X_K(x_k,t)$$

除了在某些可能的奇异点、线或面处之外，假设(2.2.1)和(2.2.2)对于它们的自变量都具有所需要阶的连续偏导数．一般地，我们不

需要二阶或三阶以上的偏导数. (2.2.1)和(2.2.2)的单值性对于**物质的不可入性**公理是必要的. 在相反的情况下, 物质可能分裂或者两个不相连接的物体可能混合.

在连续介质的运动学中, 常常遇到矢量和张量的时间率. 在各种时间率中,最重要的是**物质导数**的概念.

定义 1 一个矢量(或张量) $\mathbf{f}$ 的物质时间变化率定义为

$$\frac{d\mathbf{f}}{dt} = \left.\frac{\partial \mathbf{f}}{\partial t}\right|_{X} \tag{2.2.3}$$

式中在竖直线后的下标 $\mathbf{X}$ 表示在 $\mathbf{f}$ 的微分过程中 $\mathbf{X}$ 保持为常量. 如果 $\mathbf{f}$ 是一个物质函数,例如

$$\mathbf{f} = \mathbf{f}(\mathbf{X}, t) = F_K(\mathbf{X}, t)\mathbf{I}_K$$

则由于 $\mathbf{I}_K$ 是常值单位矢量,显然有

$$\frac{d\mathbf{f}}{dt} = \frac{\partial F_K}{\partial t}\mathbf{I}_K$$

另一方面,如果 $\mathbf{f}$ 是一个空间函数,例如

$$\mathbf{f} = \mathbf{f}(\mathbf{x}, t) = f_k(\mathbf{x}, t)\mathbf{i}_k$$

则由于(2.2.1), f 中的变量 $\mathbf{x}$ 是 $\mathbf{X}$ 的函数,所以

$$\frac{d\mathbf{f}}{dt} = \left(\left.\frac{\partial f_k}{\partial t}\right|_{\mathbf{x}} + \frac{\partial f_k}{\partial x_l}\frac{\partial x_l}{\partial t}\right)\mathbf{i}_k$$

上式也可以写为

$$\frac{d\mathbf{f}}{dt} \equiv \dot{\mathbf{f}} = \frac{Df_k}{Dt}\mathbf{i}_k = \dot{f}_k\mathbf{i}_k \tag{2.2.4}$$

式中

$$\frac{Df_k}{Dt} \equiv \dot{f}_k = \frac{\partial f_k}{\partial t} + f_{k,l}\frac{\partial x_l}{\partial t} \tag{2.2.5}$$

称为 **f_k 的物质导数**. (2.2.5)最右端的第一项常称为**局部的**或**非定常的时间率**,而第二项则称为**迁移** (convective) **时间率**.

如果愿意的话,我们可以采用通常的符号 D/Dt 来表示物质的和空间的矢量和张量的物质导数,这并不会引起混淆,因为

$$
\text{(2.2.6)} \qquad \frac{DF_K(\mathbf{X},t)}{Dt} = \dot{F}_K = \frac{\partial F_K}{\partial t}, \qquad \frac{Df_k(\mathbf{x},t)}{Dt} = \dot{f}_k = \frac{\partial f_k}{\partial t} + f_{k,l}\dot{x}_l
$$

物质导数的概念可以推广到两点矢量和张量。例如，对于一个两点矢量 $f_{kK}(\mathbf{x}, \mathbf{X}, t)$，我们有

$$
\text{(2.2.7)} \qquad \frac{Df_{kK}}{Dt} = \frac{\partial f_{kK}}{\partial t}\bigg|_{\mathbf{x},\mathbf{X}} + \frac{\partial f_{kK}}{\partial x_l}\dot{x}_l
$$

不难证明，物质导数服从关于和与积的偏微分法则，亦即

$$
\text{(2.2.8)} \qquad \frac{D}{Dt}(f_k + g_k) = \frac{Df_k}{Dt} + \frac{Dg_k}{Dt}, \qquad \frac{D}{Dt}(f_k g_l) = \frac{Df_k}{Dt}g_l + f_k\frac{Dg_l}{Dt}
$$

定义 2 速度矢量 $\mathbf{v}$ 是粒子的位置矢量的物质时间变化率。

在直角坐标中，位置矢量 $\mathbf{p}$ 由下式给定

$$
\mathbf{p} = x_k(\mathbf{X},t)\mathbf{i}_k
$$

于是，速度矢量 $\mathbf{v}$ 定义为

$$
\text{(2.2.9)} \qquad \mathbf{v} \equiv \frac{d\mathbf{p}}{dt} = \frac{\partial x_k}{\partial t}\bigg|_{\mathbf{X}}\mathbf{i}_k \quad \text{或} \quad v_k = \frac{\partial x_k}{\partial t}
$$

利用(1.5.5)，我们还可写出

$$
\text{(2.2.10)} \qquad \mathbf{v} = \frac{\partial \mathbf{u}}{\partial t}\bigg|_{\mathbf{X}}, \qquad V_K = \frac{\partial U_K(\mathbf{X},t)}{\partial t}\bigg|_{\mathbf{X}}\mathbf{I}_K
$$

在(2.2.9)中，我们可以认为

$$
\mathbf{v} = \mathbf{V}(\mathbf{X}, t) = V_K(\mathbf{X}, t)\mathbf{I}_K
$$

因此，粒子 $\mathbf{X}$ 的标记是已知的。另一方面，利用(2.2.2)，我们有

$$
\mathbf{v} = \mathbf{V}(\mathbf{X}(\mathbf{x}, t), t) = \mathbf{v}(\mathbf{x}, t) = v_k(\mathbf{x}, t)\mathbf{i}_k
$$

在这种情况，速度场 $\mathbf{v}(\mathbf{x}, t)$ 是在时刻 t 的每一空间点 $\mathbf{x}$ 处定义的。

定义 3 加速度矢量 $\mathbf{a}$ 是对于一个给定粒子的速度矢量的时间变化率，即

$$\mathbf{a}=\frac{d\mathbf{v}}{dt} \tag{2.2.11}$$

因此，根据(2.2.4)，我们有

$$\mathbf{a}(\mathbf{x},t)=\frac{Dv_k}{Dt}\mathbf{i}_k \quad 或 \quad a_k(\mathbf{x},t)=\frac{\partial v_k}{\partial t}+v_{k,l}v_l \tag{2.2.12}$$

这里，项 $v_{k,l}v_l$ 是**迁移项**。如果采用 Lagrange 变量，则

$$\mathbf{a}(\mathbf{X},t)=\left.\frac{\partial V_K(\mathbf{X},t)}{\partial t}\right|_{\mathbf{X}}\mathbf{I}_K \tag{2.2.13}$$

在 Lagrange 表示中，物质粒子是可以用给定的速度或加速度加以识别的。这种概念是质点力学的直接推广。在 Euler 描述中，一空间点在时刻 t 的速度和加速度是已知的，但占据该点的粒子却是未知的。当每个粒子通过一空间点而运动时，它就获得与该时刻的该空间点有关的速度和加速度。

某些定义　$\mathbf{v}=\mathbf{0}$ 的空间点称为**滞止点**（stagnation point）。如果在一个给定位置 $\mathbf{x}$ 处，速度不随时间而变化，我们就说运动在该点是**定常的**。因此，对于定常运动，有

$$\mathbf{v}=\mathbf{v}(\mathbf{x}) \tag{2.2.14}$$

一个运动是**一维的**(或**直线的**)，如果速度的两个分量为零，而第三个分量只依赖于一个空间变量，例如

$$v_1=v_1(x_1,t),\ v_2=v_3=0 \tag{2.2.15}$$

如果垂直于一组平行平面的速度分量为零，并在这些平行平面内的两个速度分量是两个平面坐标的函数，则这种运动是**平面运动**，例如

$$v_1=v_1(x_1,x_2,t),\ v_2=v_2(x_1,x_2,t),\ v_3=0 \tag{2.2.16}$$

还有其它特殊型式的运动，将在以后研究。

2.3 轨线、流线

轨线是粒子 $\mathbf{X}$ 随时间 t 变化的轨迹。于是

$$x_k=x_k(\mathbf{X},t),\ \mathbf{X}=固定 \tag{2.3.1}$$

给出了最初位于 $\mathbf{X}$ 处的粒子的轨线。轨线也可由

$$dx_k = v_k dt$$

的积分曲线得到，它在 $t = 0$ 时通过 $\mathbf{X}$.

在时刻 t 的**流线**是与速度场相切的曲线. 因此，对于

$$\mathbf{v} = k d\mathbf{x}$$

或

$$\frac{dx_1}{v_1} = \frac{dx_2}{v_2} = \frac{dx_3}{v_3} = \frac{1}{k} = \text{const.} \tag{2.3.2}$$

的积分曲线是流线.

实验上，投下一个微小的可见浮动粒子并进行长时间的曝光，我们就可看到显示粒子轨线的轨迹. 对在其上投下许多浮动粒子的流体进行短时间曝光，就可显示出速度场的瞬时方向，于是给出流线.

流片和**流管**分别是与一条开曲线和一条闭曲线相交的诸流线的集合. 因为物质粒子沿速度场的方向运动，所以，它们不能穿过流片和流管.

在时刻 t 的一空间点处对任一矢量场作切线，还可得到其它型式的线，例如，**涡线**. 与这类线有关的片和管可类似地加以定义.

由一类物质粒子构成的流形称为**物质流形**. 于是，**物质线**可以定义为

$$X_\alpha = X_\alpha(S), \quad (\alpha = 1, 2, 3) \tag{2.3.3}$$

式中 S 是一个参数. 在时刻 t，它的**构形**由下式给定

$$\hat{\mathbf{x}}(S, t) = \mathbf{x}(\mathbf{X}(S), t) \tag{2.3.4}$$

式中 $\mathbf{x} = \mathbf{x}(\mathbf{X}, t)$ 是运动.

物质面可以定义为

$$X_\alpha = X_\alpha(L, M) \quad 或 \quad F(\mathbf{X}) = 0 \tag{2.3.5}$$

式中 L 和 M 是两个参数. 把(2.3.5)代入运动方程即得到物质面的构形

$$\mathbf{x} = \mathbf{x}(\mathbf{X}(L, M), t) \quad 或 \quad F(\mathbf{X}(\mathbf{x}, t)) = 0 \tag{2.3.6}$$

物质体是物质粒子的一个区域. 下面，我们不加证明地陈述

两个定理[1].

定理 1 (Lagrange 准则) 曲面 $f(\mathbf{x}, t)$ 是物质面的必要充分条件是

$$\dot{f} = \frac{\partial f}{\partial t} + f_{,k} v_k = 0 \tag{2.3.7}$$

定理 2 (Helmholtz-Zorawski 准则) 与一矢量场 $\mathbf{q}$ 相切的线是物质线的必要充分条件是

$$q_k \dot{q}_l - q_l \dot{q}_k - (q_k v_{l,m} - q_l v_{k,m}) q_m = 0 \tag{2.3.8}$$

或

$$\mathbf{q} \times \left[\frac{\partial \mathbf{q}}{\partial t} + \operatorname{curl}(\mathbf{q} \times \mathbf{v}) + \mathbf{v} \operatorname{div} \mathbf{q} \right] = \mathbf{0} \tag{2.3.9}$$

当 $\mathbf{q} = \mathbf{v}$ 时,由(2.3.9),我们得

$$\mathbf{v} \times \frac{\partial \mathbf{v}}{\partial t} = \mathbf{0} \quad 或 \quad \frac{\partial \mathbf{v}}{\partial t} = K(\mathbf{x}, t) \mathbf{v} \tag{2.3.10}$$

这便证明了下面的定理:

定理 3 当且仅当(2.3.10)满足时,流线和轨线才重合.

可以指出,当 $\partial \mathbf{v}/\partial t = \mathbf{0}$ 时,便出现这种情况. 因此,对于定常运动,流线和轨线相重合.

2.4 弧元、面元和体元的物质导数

在计算物质线、物质面和物质体上的积分的时间率时,我们常常需要弧元、面元和体元的时间率.

为了提供必要的工具,我们现在给出下面的基本引理.

基本引理 位移梯度的物质导数由下式给定:

$$\frac{D}{Dt}(x_{k,K}) = v_{k,l} x_{l,K}, \quad \frac{D}{Dt}(dx_k) = v_{k,l} dx_l \tag{2.4.1}$$

式中 $dx_k = x_{k,K} dX_K$.

证明: 因为在 D/Dt 的运算中, X_K 为固定值,故有

1) 这些定理的证明可参见 Eringen [1962, 第18节].

$$\frac{D}{Dt}(dx_k) = \frac{D}{Dt}\left(\frac{\partial x_k}{\partial X_K}dX_K\right) = \frac{\partial}{\partial X_K}\left(\frac{Dx_k}{Dt}\right)dX_K$$

于是，令 $v_k \equiv Dx_k/Dt$，则有

$$\frac{D}{Dt}(dx_k) = \frac{\partial v_k}{\partial X_K}dX_K = \frac{\partial v_k}{\partial x_l}\frac{\partial x_l}{\partial X_K}dX_K = v_{k,l}dx_l$$

这就证明了 $(2.4.1)_2$。如果在 $(2.4.1)_2$ 中令 $dx_k = x_{k,K}dX_K$，则可得$(2.4.1)_1$。

基本引理的一个**推论**是

$$\frac{D}{Dt}(X_{K,k}) = -v_{l,k}X_{K,l} \tag{2.4.2}$$

为了证明此式，我们取 $x_{l,L}X_{L,k} = \delta_{lk}$ 的物质导数。因此有

$$\frac{D}{Dt}(x_{l,L})X_{L,k} + x_{l,L}\frac{D}{Dt}(X_{L,k}) = 0$$

利用$(2.4.1)_1$，我们就可写出

$$x_{l,L}\frac{D}{Dt}(X_{L,k}) = -v_{l,m}x_{m,L}X_{L,k} = -v_{l,k}$$

用 $X_{K,l}$ 乘上式两边，我们即得(2.4.2)。

定理 1 弧长平方的物质导数由下式给定

$$\frac{D}{Dt}(ds^2) = 2d_{kl}dx_kdx_l \tag{2.4.3}$$

式中

$$d_{kl} \equiv v_{(k,l)} \equiv \frac{1}{2}(v_{k,l} + v_{l,k}) \tag{2.4.4}$$

称为 **Euler 变形率张量**.

证明：

$$\frac{D}{Dt}(ds^2) = \frac{D}{Dt}(dx_kdx_k) = 2\frac{D}{Dt}(dx_k)dx_k = 2v_{k,l}dx_ldx_k$$

其中，我们已用过$(2.4.1)_2$。因为，上式对于指标 k 和 l 是对称的，所以它还可以写成

$$\frac{D}{Dt}(ds^2) = (v_{k,l} + v_{l,k})dx_kdx_l$$

这就证明了(2.4.3)。

在 Lagrange 描述中，我们把(2.4.3)表示成

$$\frac{D}{Dt}(ds^2) = 2d_{kl}x_{k,K}x_{l,L}dX_KdX_L = 2\dot{E}_{KL}dX_KdX_L \tag{2.4.5}$$

式中

$$\dot{E}_{KL} = \frac{D}{Dt}(E_{KL}) = \frac{1}{2}\dot{C}_{KL} = d_{kl}x_{k,K}x_{l,L} \tag{2.4.6}$$

是 Lagrange 应变张量的物质导数，这将在第 2.7 节中证明. 因此，我们没有引入新的符号.

由(2.4.3)易知，对于任意的点对(任意的 $d\mathbf{x}$)，当且仅当 $d_{kl}=0$ 时，$D(ds^2)/Dt=0$. 这就意味着，任何点对的弧长元素不随时间而变化. 当然，这是刚体运动的定义. 于是有

定理 2 (Killing) 一物质体的运动是刚性运动的必要充分条件是 $d_{kl}=0$.

引理 Jacobi 行列式的物质导数由下式给定:

$$\frac{Dj}{Dt} = jv_{k,k} \tag{2.4.7}$$

证明: 利用(2.4.1)$_1$ 式，我们有

$$\frac{Dj}{Dt} = \frac{D}{Dt}|x_{k,K}| = \frac{\partial j}{\partial(x_{k,K})}\frac{D(x_{k,K})}{Dt} = \frac{\partial j}{\partial(x_{k,K})}v_{k,l}x_{l,K}$$

但是根据(1.4.7)，又有

$$\frac{\partial j}{\partial(x_{k,K})} = jX_{K,k}$$

由此，把此式代入前一表达式的最右端，我们就得到(2.4.7)式.

定理 3 面元的物质导数由下式给定:

$$\frac{D}{Dt}(da_k) = v_{m,m}da_k - v_{m,k}da_m \tag{2.4.8}$$

为了证明此式，我们来计算(1.12.3)$_2$ 的物质导数，即

$$\frac{D}{Dt}(jX_{K,k}dA_K)=\left[\frac{Dj}{Dt}X_{K,k}+j\frac{D}{Dt}(X_{K,k})\right]dA_K$$

在右端利用(2.4.7)和(2.4.2)，我们就得到(2.4.8)。

定理 4 体元的物质导数由下式给定：

$$\frac{D}{Dt}(dv)=v_{k,k}dv=I_d dv \tag{2.4.9}$$

式中 $I_d\equiv v_{k,k}$ 表示变形率张量的第一不变量。

证明：因为 $dv=jdV$，故有

$$\frac{D(dv)}{Dt}=\frac{D}{Dt}(jdV)=\frac{Dj}{Dt}dV=v_{k,k}dv$$

其中最后一步由(2.4.7)得到。

进行重复的微分就可得到高阶物质导数。例如，对于 ds^2 的 M 阶物质导数为

$$\frac{D^M}{Dt^M}(ds^2)=A_{kl}^{(M)}dx_k dx_l \tag{2.4.10}$$

式中 $A_{kl}^{(M)}$ 称为 **M 阶 Rivlin-Ericksen 张量**。下面我们来推导 $\mathbf{A}^{(M)}$ 的递推公式。

$$\begin{aligned}\frac{D^{M+1}}{Dt^{M+1}}(ds^2)&=\frac{D}{Dt}\left[\frac{D^M(ds^2)}{Dt^M}\right]=\frac{D}{Dt}[A_{kl}^{(M)}dx_k dx_l]\\&=\frac{D}{Dt}[A_{kl}^{(M)}]dx_k dx_l+A_{kl}^{(M)}\frac{D}{Dt}(dx_k)dx_l\\&\quad+A_{kl}^{(M)}dx_k\frac{D}{Dt}(dx_l)\end{aligned}$$

利用$(2.4.1)_2$和定义(2.4.10)，我们就得到

$$\begin{aligned}&A_{kl}^{(M+1)}=\frac{D}{Dt}[A_{kl}^{(M)}]+A_{km}^{(M)}v_{m,l}+A_{ml}^{(M)}v_{m,k},\quad M\geqslant 1\\&A_{kl}^{(1)}\equiv 2d_{kl}=v_{k,l}+v_{l,k}\end{aligned} \tag{2.4.11}$$

由下式可以导出 $\mathbf{A}^{(M)}$ 的显式：

$$\frac{D^M}{Dt^M}(ds^2)=\frac{D^M}{Dt^M}(dx_k dx_k)$$

$$-\sum_{K=0}^{M}\binom{M}{K}\frac{D^{M-K}}{Dt^{M-K}}(dx_k)\,\frac{D^K}{Dt^K}(dx_k)$$

其中，$\binom{M}{K}$ 是由下式定义的二项式系数：

$$\binom{M}{K}=\frac{M!}{(M-K)!K!}$$

象$(2.4.1)_2$中那样，当 $M\geqslant 1$ 时，我们可以证明：

$$\frac{D^M}{Dt^M}(dx_k)=v_{k,l}^{(M)}dx_l,\quad v_k^{(M)}=\frac{D^M x_k}{Dt^M},\quad v_k^{(1)}=v_k \tag{2.4.12}$$

利用上式和(2.4.10)，我们得到

$$A_{kl}^{(M)}=v_{k,l}^{(M)}+v_{l,k}^{(M)}+\sum_{K=1}^{M-1}\binom{M}{K}v_{n,k}^{(M-K)}v_{n,l}^{(K)},\quad M\geqslant 1 \tag{2.4.13}$$

但因

$$\frac{D^M}{Dt^M}(ds^2)=\frac{D^M}{Dt^M}(C_{KL}dX_KdX_L)=C_{KL}^{(M)}dX_KdX_L$$

$$=C_{KL}^{(M)}X_{K,k}X_{L,l}dx_kdx_l$$

所以我们还有

$$A_{kl}^{(M)}=C_{KL}^{(M)}X_{K,k}X_{L,l},\quad M\geqslant 1 \tag{2.4.14}$$

因此，如果 $\mathbf{x}(\mathbf{X},0)=\mathbf{X}$，则有

$$\mathbf{A}^{(M)}=\mathbf{C}^{(M)}\big|_{t=0} \tag{2.4.15}$$

对于一个刚性运动，ds^2 保持不变，因此，$\mathbf{A}^{(M)}$ 必须为零。

2.5 线积分、面积分和体积分运动学

引理1 在物质线$\mathscr{C}$上的任何一个场 φ 的线积分的物质导数由下式来计算：

$$\frac{D}{Dt}\int_{\mathscr{C}}\varphi dx_k=\int_{\mathscr{C}}(\dot{\varphi}dx_k+\varphi v_{k,l}dx_l) \tag{2.5.1}$$

证明：因为一物质线$\mathscr{C}$具有方程 $\mathbf{X}=\mathbf{X}(S)$，因此，(2.5.1)中左端的积分在物质描述中具有固定的积分限。于是，可以交换

算子 $\frac{D}{Dt}$ 和积分算子的次序，因而得

$$\frac{D}{Dt}\int_{\mathscr{C}} \varphi dx_k = \int_{\mathscr{C}} \frac{D}{Dt}(\varphi dx_k) = \int_{\mathscr{C}} \left[\dot{\varphi} dx_k + \varphi \frac{D}{Dt}(dx_k)\right]$$

利用$(2.4.1)_2$，我们就得到(2.5.1)。

对于在一条**固定的空间曲线** c 上的积分，(2.5.1)的对应公式为

$$\frac{\partial}{\partial t}\int_c \varphi dx_k = \int_c \frac{\partial \varphi}{\partial t} dx_k \tag{2.5.2}$$

需要指出的是，(2.5.1)和(2.5.2) 的差别是由构成物质线$\mathscr{C}$的诸粒子的运动所引起的。

引理 2 在一物质面$\mathscr{S}$上的任何一个场 φ 的面积分的物质导数由下式给定：

$$\frac{D}{Dt}\int_{\mathscr{S}} \varphi da_k = \int_{\mathscr{S}} [\dot{\varphi} da_k + \varphi(-v_{l,k} da_l + v_{l,l} da_k)] \tag{2.5.3}$$

把 D/Dt 放入积分号内(因为在物质描述中$\mathscr{S}$是固定的)，并利用(2.4.8)即可证明上式。

对于**一固定的空间曲面** $\mathbf{s}$，(2.5.3)的对应公式为

$$\frac{\partial}{\partial t}\int_s \varphi da_k = \int_s \frac{\partial \varphi}{\partial t} da_k \tag{2.5.4}$$

若 φ 为一个矢量场 $\mathbf{q}$，则可把(2.5.3)写成

$$\frac{D}{Dt}\int_{\mathscr{S}} q_k da_k = \int_{\mathscr{S}} (\dot{q}_k - q_l v_{k,l} + q_k v_{l,l}) da_k \tag{2.5.5}$$

$$= \int_{\mathscr{S}} d\mathbf{a} \cdot \left[\frac{\partial \mathbf{q}}{\partial t} + \operatorname{curl}(\mathbf{q} \times \mathbf{v}) + \mathbf{v} \operatorname{div} \mathbf{q}\right]$$

由此得到

Zorawski 准则 对于通过每一物质面的矢量 $\mathbf{q}$ 的通量保持为常量的必要充分条件是

$$\frac{\partial \mathbf{q}}{\partial t} + \operatorname{curl}(\mathbf{q} \times \mathbf{v}) + \mathbf{v} \operatorname{div} \mathbf{q} = \mathbf{0} \tag{2.5.6}$$

前述结果 (2.5.5) 对于由以速度 $\boldsymbol{\nu}$ 运动的闭曲线 $c(t)$ 限界的

任一空间曲面 $s(t)$ 也适用，即

$$(2.5.7)\quad \frac{\delta}{\delta t}\int_{s(t)} \mathbf{q}\cdot d\mathbf{a}=\int_{s(t)}\left[\frac{\partial \mathbf{q}}{\partial t}+\operatorname{curl}(\mathbf{q}\times\boldsymbol{\nu})+\boldsymbol{\nu}\operatorname{div}\mathbf{q}\right]\cdot d\mathbf{a}$$

式中 $\delta/\delta t$ 表示在跟随 $s(t)$ 运动时的时间导数。于是，可以把 $s(t)+c(t)$ 想象成是由具有速度 $\boldsymbol{\nu}$ 的一些虚构的物质粒子所组成的。

利用 Stokes 定理（A2.2），我们可把（2.5.7）右端的第二项积分转换为线积分，因此有

$$(2.5.8)\quad \frac{\delta}{\delta t}\int_{s(t)} \mathbf{q}\cdot d\mathbf{a}=\int_{s(t)}\left(\frac{\partial \mathbf{q}}{\partial t}+\boldsymbol{\nu}\operatorname{div}\mathbf{q}\right)\cdot d\mathbf{a}+\int_{c(t)}(\mathbf{q}\times\boldsymbol{\nu})\cdot d\mathbf{p}$$

在（2.5.7）中取 $\mathbf{q}=\mathbf{n}\phi$，则可得到一个非常有用的形式，这里 ϕ 是 $s(t)$ 上的一个标量场，而 $\mathbf{n}$ 是 $s(t)$ 的单位法向矢量。展开上式中的旋度和散度，并利用曲面的梯度算子 $\boldsymbol{\nabla}_s$，我们得到

$$(2.5.9)\quad \frac{\delta}{\delta t}\int_{s(t)} \phi da=\int_{s(t)}\left[\frac{\partial \phi}{\partial t}+\boldsymbol{\nabla}_s\cdot(\phi\boldsymbol{\nu})\right]da$$

$$(\boldsymbol{\nabla}_s)_k\equiv(\delta_{kl}-n_k n_l)\boldsymbol{\nabla}_l$$

引理 3　在物质体 $\mathscr{V}$ 内的任何一个场 φ 的物质导数由下式给定：

$$(2.5.10)\quad \frac{D}{Dt}\int_{\mathscr{V}}\varphi dv=\int_{\mathscr{V}}(\dot{\varphi}+\varphi v_{k,k})dv=\int_{\mathscr{V}}\left[\frac{\partial\varphi}{\partial t}+(\varphi v_k)_{,k}\right]dv$$

再次把 D/Dt 放入积分号内（因为在物质体 $\mathscr{V}$ 内，积分限是固定的）并利用（2.4.9）即可证明上式。

由 Green-Gauss 定理，（2.5.10）的最右端的第二项可以转换为面积分。如果场 φ 在整个物体内是连续的，则可给出

$$\frac{D}{Dt}\int_{\mathscr{V}}\varphi dv=\int_{\mathscr{V}}\frac{\partial\varphi}{\partial t}dv+\int_{\mathscr{S}}\varphi v_k da_k$$

如果我们选取$\mathscr{V}$和$\mathscr{S}$与固定的空间体积 v 和它的表面 s 瞬时地重合，则上式可表示为

$$\frac{D}{Dt}\int_{\mathscr{V}} \varphi dv = \int_{v} \frac{\partial \varphi}{\partial t} dv + \int_{s} \varphi v_k da_k \tag{2.5.11}$$

这可以陈述为：

在物质体积上 φ 的总变化率等于在瞬时地与 $\mathscr{V}$ 重合的固定体积 v 内 φ 的产生率与通过 v 的边界 s 的通量 φv_k 之和。

用与导出(2.5.8)相似的论述，我们可以把(2.5.11)推广到以速度 $\boldsymbol{\nu}$ 运动的闭曲面 $s(t)$ 限界的任意空间体积 $v(t)$ 上，即

$$\frac{\delta}{\delta t}\int_{v(t)} \varphi dv = \int_{v(t)} \frac{\partial \varphi}{\partial t} dv + \int_{s(t)} \varphi \boldsymbol{\nu} \cdot d\mathbf{a} \tag{2.5.12}$$

在波、冲击以及其它型式间断的研究中常常要用到在包含有间断面的区域上的积分的时间率。下面，我们分别对 (2.5.5) 和 (2.5.10)进行修正，从而给出含有一条运动间断线的面积分的和运动间断面与体积$\mathscr{V}$相交时的体积分的表达式。

首先考虑与以速度 $\boldsymbol{\nu}$ 运动的间断面 $\sigma(t)$ 相交的物质体 $\mathscr{V}$ 的情况(图 2.5.1)。把(2.5.12)分别应用于由 $\mathscr{S}^+ \cup \sigma^+$ 和 $\mathscr{S}^- \cup \sigma^-$ 限界的体积 $\mathscr{V}^+$ 和 $\mathscr{V}^-$，我们就可写出

$$\frac{D}{Dt}\int_{\mathscr{V}^+} \varphi dv = \int_{\mathscr{V}^+} \frac{\partial \varphi}{\partial t} dv + \int_{\mathscr{S}^+} \varphi \mathbf{v} \cdot d\mathbf{a} - \int_{\sigma^+} \varphi \boldsymbol{\nu} \cdot d\mathbf{a}$$

$$\frac{D}{Dt}\int_{\mathscr{V}^-} \varphi dv = \int_{\mathscr{V}^-} \frac{\partial \varphi}{\partial t} dv + \int_{\mathscr{S}^-} \varphi \mathbf{v} \cdot d\mathbf{a} - \int_{\sigma^-} \varphi \boldsymbol{\nu} \cdot d\mathbf{a}$$

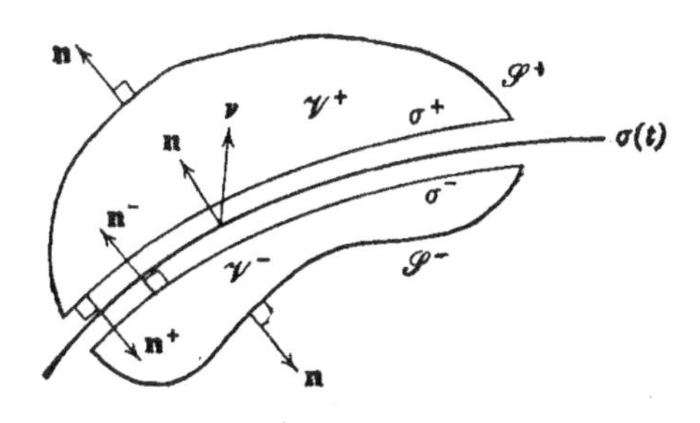

图 2.5.1 间断面

这里，为了简便，我们分别用 $\mathscr{V}-\sigma\equiv\mathscr{V}-\mathscr{V}\cap\sigma$ 和 $\mathscr{S}-\sigma\equiv\mathscr{S}-\mathscr{S}\cap\sigma$ 来表示 $\mathscr{V}$ 和 $\mathscr{S}$ (那些位于 σ 上的点除外)的所有点。将上面两个方程相加,并令 σ^+ 和 σ^- 趋向于 σ,我们得到

$$\frac{D}{Dt}\int_{\mathscr{V}-\sigma}\varphi dv=\int_{\mathscr{V}-\sigma}\frac{\partial\varphi}{\partial t}dv+\int_{\mathscr{S}-\sigma}\varphi\mathbf{v}\cdot d\mathbf{a}$$

$$-\int_{\sigma}[\varphi\boldsymbol{\nu}]\cdot d\mathbf{a}$$

对上式右端的第二项应用 Green-Gauss 定理 (A2.3)，则得

$$\frac{D}{Dt}\int_{\mathscr{V}-\sigma}\varphi dv=\int_{\mathscr{V}-\sigma}\left[\frac{\partial\varphi}{\partial t}+\operatorname{div}(\varphi\mathbf{v})\right]dv+\int_{\sigma}[\varphi(\mathbf{v}-\boldsymbol{\nu})]\cdot d\mathbf{a}\tag{2.5.13}$$

其中[ ]表示通过 $\sigma(t)$ 时括号中的量的跳变,例如,

$$[\mathbf{A}]\equiv\mathbf{A}^+-\mathbf{A}^-$$

这里 $\mathbf{A}^+$ 和 $\mathbf{A}^-$ 是 $\mathbf{A}$ 在 $\sigma(t)$ 的 $\mathbf{n}$ 的正向和负向的值。

类似的讨论可以推广到与间断线 $\gamma(t)$ 相交的物质面,这里 $\gamma(t)$ 在 $\mathscr{S}$ 上以速度 $\boldsymbol{\nu}$ 运动. 把(2.5.8)应用于面 $\mathscr{S}^+$ 和 $\mathscr{S}^-$ (图 2.5.2). 这时,为了转换 $\mathscr{C}-\gamma\equiv\mathscr{C}-\mathscr{C}\cap\gamma$ 上的线积分,利用(A2.4),并假设 $\mathbf{v}$ 对于 $\mathscr{S}$ 的法向分量是连续的,则我们得到

$$\frac{D}{Dt}\int_{\mathscr{S}-\gamma}\mathbf{q}\cdot d\mathbf{a}=\int_{\mathscr{S}-\gamma}\left[\frac{\partial\mathbf{q}}{\partial t}+\operatorname{curl}(\mathbf{q}\times\mathbf{v})+\mathbf{v}\operatorname{div}\mathbf{q}\right]\cdot d\mathbf{a}+\int_{\gamma(t)}[\mathbf{q}\times(\mathbf{v}-\boldsymbol{\nu})]\cdot\mathbf{k}ds\tag{2.5.14}$$

这个结果在运动介质的电磁理论中得到广泛的应用。

在连续介质理论中,经常用到下列两种型式的平衡方程:

$$\frac{D}{Dt}\int_{\mathscr{S}}\mathbf{q}\cdot d\mathbf{a}=\oint_{\mathscr{C}}\mathbf{h}\cdot d\mathbf{s}+\int_{\mathscr{S}}\mathbf{r}\cdot d\mathbf{a}\tag{2.5.15}$$

$$\frac{D}{Dt}\int_{\mathscr{V}}\varphi dv=\oint_{\mathscr{S}}\tau_k n_k da+\int_{\mathscr{V}}g dv\tag{2.5.16}$$

式中 $\mathbf{q}$, $\mathbf{h}$ 和 $\mathbf{r}$ 一般是矢量场，而 φ, τ_k 和 g 是张量场。为了今后

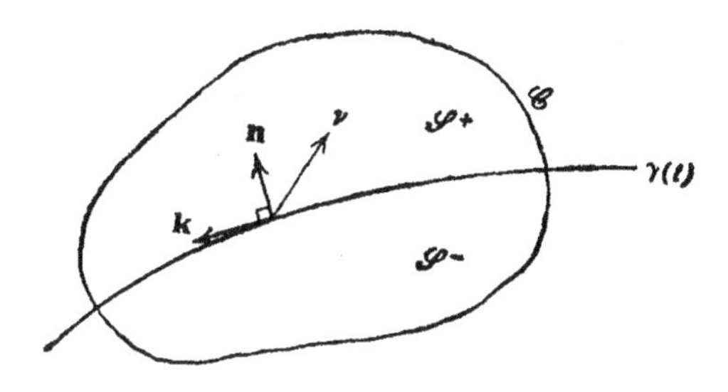

图 2.5.2 间断线

方便，我们给出含有运动间断面 $\sigma(t)$ 的区域 $\mathscr{V}$ 与含有运动间断线 $\gamma(t)$ 的曲面 $\mathscr{S}$ 的这些积分的表达式。为此，我们把 (2.5.14) 和 Stokes 定理 (A2.4) 应用于 (2.5.15) 和 (2.5.13)，而把 Green-Gauss 定理(A2.3)应用于(2.5.16)，则得到

$$(2.5.17)\quad \int_{\mathscr{S}-\gamma}\left[\frac{\partial \mathbf{q}}{\partial t}+\operatorname{curl}(\mathbf{q}\times\mathbf{v})+\mathbf{v}\operatorname{div}\mathbf{q}-\operatorname{curl}\mathbf{h}-\mathbf{r}\right]\cdot d\mathbf{a}$$
$$+\int_{\gamma(t)}[\mathbf{q}\times(\mathbf{v}-\boldsymbol{\nu})-\mathbf{h}]\cdot\mathbf{k}ds=0$$

$$(2.5.18)\quad \int_{\mathscr{V}-\sigma}\left[\frac{\partial\varphi}{\partial t}+\operatorname{div}(\varphi\mathbf{v})-\tau_{k,k}-g\right]dv$$
$$+\int_{\sigma(t)}[\varphi(v_k-\nu_k)-\tau_k]n_k da=0$$

这些公式在推导连续介质理论的场方程及跳变条件时具有广泛的应用。

2.6 变形率、自旋、旋度

变形率张量 d_{kl} 已在第 2.4 节中作了介绍。现在，我们定义**变形率张量** d_{kl} 和**自旋张量** w_{kl} 如下：

$$(2.6.1)\quad d_{kl}\equiv v_{(k,l)}\equiv\frac{1}{2}(v_{k,l}+v_{l,k})$$

$$(2.6.2)\quad w_{kl}\equiv v_{[k,l]}\equiv\frac{1}{2}(v_{k,l}-v_{l,k})$$

把这两式相加，我们得到

(2.6.3) $$v_{k,l}=d_{kl}+w_{kl}$$

变形率是对称张量，而自旋是斜对称张量，即

(2.6.4) $$d_{kl}=d_{lk},\ w_{kl}=-w_{lk}$$

在三维空间中，我们总可以由一个斜对称张量 w_{kl} 来构造一个**轴矢量** w_k。于是

(2.6.5) $$w_k=e_{klm}w_{ml}=e_{klm}v_{m,l}\ \text{或}\ \mathbf{w}=\mathrm{curl}\mathbf{v}$$

是轴矢量，我们称之为**旋度矢量**。

为了说明这些张量和矢量的物理意义，我们来研究物质的长度和角度的时间变化率。为此，我们首先引进物理量 $d_{(\mathbf{n})}$，它称为在 x 处的单位矢量 $\mathbf{n}$ 方向上的**伸长率**。

(2.6.6) $$d_{(\mathbf{n})}=\frac{1}{ds}\frac{D(ds)}{Dt}=d_{kl}n_kn_l,\quad n_k=\frac{dx_k}{ds}$$

因此，变形率张量的法向分量就是这个伸长率。这一点可以通过选取 $\mathbf{n}$ 为坐标轴方向之一（如 x_1 轴）来进一步加以说明。此时，$n_1=1$，$n_2=n_3=0$，于是我们得到

(2.6.7) $$d_{(1)}=d_{11}$$

为了理解 $\mathbf{d}$ 和 $\mathbf{w}$ 的混合分量的物理意义，我们现在来计算 处的两个单位矢量 $\mathbf{n}_1$ 和 $\mathbf{n}_2$ 之间的夹角 $\theta_{(\mathbf{n}_1\mathbf{n}_2)}$ 的时间变化率。

(2.6.8) $$\frac{D}{Dt}\cos\theta_{(\mathbf{n}_1\mathbf{n}_2)}=\frac{D}{Dt}\left(\frac{dx_{1k}}{ds_1}\cdot\frac{dx_{2k}}{ds_2}\right)$$

$$=\frac{1}{ds_1ds_2}\frac{D}{Dt}(dx_{1k}dx_{2k})-[d_{(\mathbf{n}_1)}+d_{(\mathbf{n}_2)}]\cos\theta_{(\mathbf{n}_1\mathbf{n}_2)}$$

式中 ds_1 和 ds_2 分别为沿 $\mathbf{n}_1$ 和 $\mathbf{n}_2$ 方向所取的矢量 $d\mathbf{x}_1$ 和 $d\mathbf{x}_2$ 的长度。因此，

$$\mathbf{n}_1=\frac{d\mathbf{x}_1}{ds_1},\quad \mathbf{n}_2=\frac{d\mathbf{x}_2}{ds_2}$$

而 $d_{(\mathbf{n}_1)}$ 和 $d_{(\mathbf{n}_2)}$ 是 $d\mathbf{x}_1$ 和 $d\mathbf{x}_2$ 的伸长率。利用(2.4.1)₂，我们得到

(2.6.9) $$\frac{D}{Dt}(dx_{1k}dx_{2k})=2d_{kl}dx_{1k}dx_{2l}$$

把上式代入(2.6.8)，则得到

$$(2.6.10)\qquad -\sin\theta_{(\mathbf{n}_1\mathbf{n}_2)}\dot{\theta}_{(\mathbf{n}_1\mathbf{n}_2)} = 2d_{kl}n_{1k}n_{2l} - [d_{(\mathbf{n}_1)} + d_{(\mathbf{n}_2)}]\cos\theta_{(\mathbf{n}_1\mathbf{n}_2)}$$

当 $\theta_{(\mathbf{n}_1\mathbf{n}_2)} = 0$ 时，上式就归结为(2.6.6)，而当 $\theta_{(\mathbf{n}_1\mathbf{n}_2)} \neq 0$ 时，则上式就给出 $d\mathbf{x}_1$ 和 $d\mathbf{x}_2$ 方向的剪切率$-\dot{\theta}_{(\mathbf{n}_1\mathbf{n}_2)}$。

现在考虑 $\mathbf{n}_1$ 和 $\mathbf{n}_2$ 分别为两个坐标轴（如 x_1 和 x_2 轴）方向的特殊情况。此时，$\theta_{(12)} = \frac{\pi}{2}$，$n_{1k} = \delta_{1k}$，$n_{2l} = \delta_{2l}$，因而(2.6.10)化为

$$(2.6.11)\qquad -\dot{\theta}_{(12)} = 2d_{12}$$

这说明 d_{12} 为 x_1 和 x_2 方向的剪切率的一半。因此，我们证明了

定理 1　在直角坐标中，变形率张量的法向分量是伸长率，而混合分量是剪切率的一半。

为了说明自旋张量的物理意义，我们来研究物质元素 $d\mathbf{x}$ 绕固定方向 $\boldsymbol{\nu}$ 的旋转率。为此，我们计算

$$\cos\varphi \equiv \cos(d\mathbf{x}, \boldsymbol{\nu}) = \frac{dx_k}{ds}\nu_k = n_k\nu_k$$

的物质导数，即

$$(2.6.12)\qquad -\sin\varphi\cdot\dot{\varphi} = \frac{D}{Dt}\left(\frac{dx_k}{ds}\nu_k\right) = v_{l,k}n_k\nu_l - d_{(\mathbf{n})}\cos\varphi$$

当 $\varphi = \pi/2$ 时，上式给出

$$(2.6.13)\qquad -\dot{\varphi} = v_{l,k}n_k\nu_l$$

如果沿 x_1 方向取 $\boldsymbol{\nu}$，而沿 x_2 方向取 $\mathbf{n}$，则 x_2 轴向 x_1 轴旋转的速率由下式给定：

$$-\dot{\varphi}_{12} = v_{1,2}$$

于是，$v_{1,2}$ 是沿 x_2 轴方向的物质元素向 x_1 轴方向以逆时针方向旋转的速率(图 2.6.1)。因为这些轴是彼此离开的，所以 x_1 和 x_2 轴方向的剪切率是这些自旋的和，即

$$-\dot{\theta}_{(12)} \equiv -\dot{\varphi}_{12} - \dot{\varphi}_{21} = 2d_{12}$$

另一方面，位于 x_1 轴和 x_2 轴的物质线以逆时针方向旋转的速

率为

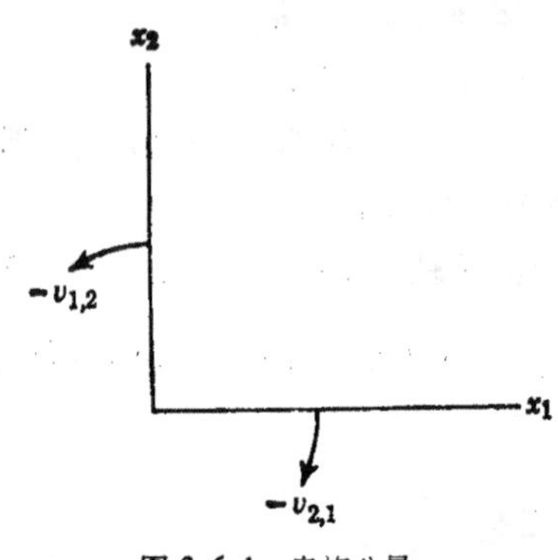

图 2.6.1 自旋分量

$$\dot{\varphi}_{21}-\dot{\varphi}_{12}=v_{1,2}-v_{2,1}$$
$$=2w_{12}$$

因此，x_1 轴和 x_2 轴的相对自旋(逆时针方向)的差的一半就给出自旋张量 $\mathbf{w}$ 的分量 w_{12}.

因为 $w_1=-2w_{23}$，$w_2=-2w_{31}$，$w_3=-2w_{12}$，所以同样情形适用于 $-w_k/2$.

根据 Killing 定理，对于刚性运动的必要充分条件是 $d_{kl}=0$. 如果这个条件在整个物体的区域内成立，我们就有一般解

(2.6.14) $$v_k=\tilde{\omega}_{kl}x_l+\tilde{b}_k$$

式中 $\tilde{b}_k$ 及 $\tilde{\omega}_{kl}$ 只是时间 t 的函数，$\tilde{\omega}_{kl}$ 是转动率张量，而 $\tilde{\omega}_k=e_{klm}\tilde{\omega}_{kl}$ 是绕 $\mathbf{x}$ 的原点转动的角速度矢量. 对于刚性运动，由(2.6.2)，我们得到

(2.6.15) $$w_{kl}=\tilde{\omega}_{kl}$$

因此，对于刚性运动，自旋张量等于转动率张量.

我们用下述精致的定理来结束这一节.

定理 2 自旋是变形率张量的主轴的角速度.

可以用与决定应变张量的主方向和主应变同样的方法来决定变形率张量 d_{kl} 的主方向 $\mathbf{n}_\alpha$ 和主伸长速率 d_α. 对于每一个 d_α，主方向 $\mathbf{n}_\alpha$ 是下列方程组的解:

(2.6.16) $$(d_{kl}-d\delta_{kl})n_l=0$$

式中 d_α 是特征方程

(2.6.17) $$|d_{kl}-d\delta_{kl}|=0$$

的根. 因为 d_{kl} 是对称张量，所以与 E_{KL} 有关的一切提法都可应用于 Euler 表示中的这种情况.

现在，我们来计算单位矢量 $\mathbf{n}$ 的物质导数

$$\dot{n}_k = \frac{D}{Dt}\left(\frac{dx_k}{dt}\right) = \frac{1}{ds}\frac{D}{Dt}(dx_k) - \frac{1}{ds^2}\frac{D}{Dt}(ds)dx_k$$

利用(2.4.1)₂和(2.6.6),我们得到

(2.6.18) $$\dot{n}_k = (d_{kl} + w_{kl} - d_{(\mathbf{n})}\delta_{kl})n_l$$

当 **n** 为特征方向时,(2.6.16)成立,于是,上式归结为

(2.6.19) $$\dot{n}_k = w_{kl}n_l$$

显然,这就是定理 2 的解析证明.

2.7 应变率

Lagrange 和 Euler 应变率定义如下:

(2.7.1) $$\dot{E}_{KL}(\mathbf{X},t) \equiv \frac{DE_{KL}}{Dt} = \frac{\partial E_{KL}}{\partial t}$$

(2.7.2) $$\dot{e}_{kl}(\mathbf{x},t) \equiv \frac{De_{kl}}{Dt} = \left.\frac{\partial e_{kl}}{\partial t}\right|_{\mathbf{x}} + \frac{\partial e_{kl}}{\partial x_m}v_m$$

定理 1 Lagrange 和 Euler 应变率由下式给定:

(2.7.3) $$\dot{E}_{KL} = d_{kl}x_{k,K}x_{l,L}$$

(2.7.4) $$\dot{e}_{kl} = d_{kl} - e_{mk}v_{m,l} - e_{ml}v_{m,k}$$

证明: 为了证明(2.7.3),我们来计算 C_{KL} 的物质导数,即

$$\dot{C}_{KL} = 2\dot{E}_{KL} = \frac{D}{Dt}(x_{k,K}x_{k,L}) = \frac{Dx_{k,K}}{Dt}x_{k,L} + x_{k,K}\frac{Dx_{k,L}}{Dt}$$

利用(2.4.1),我们看到上式就给出(2.7.3).

为了证明(2.7.4),我们利用 e_{kl} 的表达式 (1.5.4)₂

$$e_{kl} = E_{KL}X_{K,k}X_{L,l}$$

这个表达式的物质导数为

$$\dot{e}_{kl} = \frac{D}{Dt}(E_{KL}X_{K,k}X_{L,l}) = \dot{E}_{KL}X_{K,k}X_{L,l}$$
$$+ E_{KL}\frac{DX_{K,k}}{Dt}X_{L,l} + E_{KL}X_{K,k}\frac{DX_{L,l}}{Dt}$$

利用(2.7.3)和(2.4.2),上式可以化为

$$\dot{e}_{kl} = d_{kl} - v_{m,k}E_{KL}X_{K,m}X_{L,l} - v_{m,l}E_{KL}X_{K,k}X_{L,m}$$

借助于 $\dot{e}_{kl}$ 的上列表达式,即可给出(2.7.4)。

由前述结果显然有

$$(2.7.5)\qquad \dot{C}_{KL}=2\dot{E}_{KL},\ \dot{c}_{kl}=-2\dot{e}_{kl}=-c_{mk}v_{m,l}-c_{ml}v_{m,k}$$

由(2.7.1)和(2.7.2),显而易见,一般地,这两个应变率与变形率是不同的。若在时刻 $t=0$,介质是无应变的,则取 $X_k=\delta_{Kk}x_k$,我们得到

$$(2.7.6)\qquad \dot{E}_{KL}(\mathbf{X},0)=d_{kl}\delta_{kK}\delta_{lL},\ \dot{e}_{kl}(\mathbf{x},0)=d_{kl}$$

对于无限小变形,Lagrange 应变率近似等于变形率,因此

$$(2.7.7)\qquad \dot{E}_{KL}\cong d_{kl}\delta_{kK}\delta_{lL}$$

式中 δ_{kK} 是 Kronecker 符号。然而,为了使 Euler 应变率等于变形率,即使

$$\dot{e}_{kl}\cong d_{kl}$$

我们需要进一步限制张量 w_{kl},使其量级不大于变形率张量,这是因为在(2.7.4)中可以写出 $v_{m,l}=d_{ml}+w_{ml}$ 的缘故。

2.8 质量、动量、动量矩和能量

在力学中,对每个物体都有一个与之相伴的度量,称之为**质量**. 质量具有与长度 L 和时间 T 无关的量纲 M. 它是**非负的**和**可加的**,并且是**在运动下的不变量**. 如果质量关于空间变量是**绝对连续的**,则存在一个密度 ρ,称之为**质量密度**. 于是,物体的总质量 M 由下式确定:

$$(2.8.1)\qquad M=\int_{\mathscr{V}}\rho dv,\ \dim\rho=M/L^3$$

如果质量在 $\mathscr{V}$ 中不是连续的,则我们用下式来代替(2.8.1):

$$M=\int_{\mathscr{V}_1}\rho dv+\sum_{\alpha}M_{\alpha}$$

式中和号取遍包含在物体内的所有离散质量. 我们将处理(2.8.1)成立的连续质量介质,这意味着当 $\mathscr{V}\to 0$ 时,$M\to 0$. 因此,我们有

$$(2.8.2)\qquad 0\leqslant\rho<\infty$$

定义 1 包含在$\mathscr{V}$中的连续质量介质的动量(或线动量)$\mathscr{P}$定义为

$$\mathscr{P}=\int_{\mathscr{V}}\rho\mathbf{v}dv,\quad \mathbf{v}=\dot{\mathbf{x}} \tag{2.8.3}$$

定义 2 包含在$\mathscr{V}$中的连续质量介质关于原点O的动量矩(或角动量)$\underset{O}{\mathscr{H}}$定义为

$$\underset{O}{\mathscr{H}}=\int_{\mathscr{V}}\mathbf{p}\times\rho\mathbf{v}dv \tag{2.8.4}$$

定义 3 包含在$\mathscr{V}$中的连续质量介质的动能$\mathscr{K}$定义为

$$\mathscr{K}=\frac{1}{2}\int_{\mathscr{V}}\rho\mathbf{v}\cdot\mathbf{v}dv \tag{2.8.5}$$

在直角坐标$\mathbf{x}$中,我们有分量表达式

$$\begin{aligned}\mathscr{P}_k&=\int_{\mathscr{V}}\rho v_k dv\\ \underset{O}{\mathscr{H}}_k&=\int_{\mathscr{V}}\rho e_{klm}x_l v_m dv\\ \mathscr{K}&=\frac{1}{2}\int_{\mathscr{V}}\rho v_k v_k dv\end{aligned} \tag{2.8.6}$$

在双矢量表示中,$\underset{O}{\mathscr{H}}_k$等价于一个斜对称张量$\underset{O}{\mathscr{H}}_{kl}=e_{klm}\underset{O}{\mathscr{H}}_m$.因此,我们可用下列等价的形式来代替$\underset{O}{\mathscr{H}}_k$:

$$\underset{O}{\mathscr{H}}_{kl}=\int_{\mathscr{V}}\rho(x_k v_l-x_l v_k)dv \tag{2.8.7}$$

2.9 力学的基本公理

我们现在列出力学的四个基本定律.

基本公理 1 **质量守恒原理.** 物质的总质量在运动期间是不变的. 当这个结论对于每一物质点的任意小的邻域都成立时,我们说质量是局部守恒的.

总的或全局的质量守恒可由下式表示:

$$\int_{\mathscr{V}}\rho dv=\int_V\rho_0 dV \tag{2.9.1}$$

或由这个方程的物质导数来表示，即

$$\frac{D}{Dt}\int_{\mathscr{V}} \rho dv = 0 \tag{2.9.2}$$

当(2.9.1)中的体积分用物质坐标系或空间坐标系来表示时，我们得到

$$\int_{V} (\rho_0 - \rho j)dV = 0 \text{ 或 } \int_{\mathscr{V}} (\rho - \rho_0 j^{-1})dv = 0 \tag{2.9.3}$$

如果需要的话，我们可以用应变不变量(例如(1.12.12))来代替 j，即

$$\begin{aligned} j = \sqrt{\mathrm{III}_C} = \frac{1}{\sqrt{\mathrm{III}_c}} &= (1 + 2\mathrm{I}_E + 4\mathrm{II}_E + 8\mathrm{III}_E)^{1/2} \\ &= (1 - 2\mathrm{I}_e + 4\mathrm{II}_e - 8\mathrm{III}_e)^{-1/2} \end{aligned} \tag{2.9.4}$$

局部的质量守恒要求(2.9.3)对任意的体积元都成立。因此，

$$\begin{aligned} \rho_0 &= \rho j = \rho\sqrt{\mathrm{III}_C} = \rho(1 + 2\mathrm{I}_E + 4\mathrm{II}_E + 8\mathrm{III}_E)^{1/2} \\ \rho &= \rho_0 j^{-1} = \rho_0\sqrt{\mathrm{III}} = \rho_0(1 - 2\mathrm{I}_e + 4\mathrm{II}_e - 8\mathrm{III}_e)^{1/2} \end{aligned} \tag{2.9.5}$$

都是局部质量守恒的表达式.

如果在(2.9.2)中进行所指明的微分，我们得到

$$\int_{\mathscr{V}} \frac{D}{Dt}(\rho dv) = 0 \text{ 或 } \int_{\mathscr{V}} \left[\frac{\partial \rho}{\partial t} + (\rho v_k)_{,k}\right] dv = 0 \tag{2.9.6}$$

由此得到局部的质量守恒定律

$$\frac{D}{Dt}(\rho dv) = 0 \text{ 或 } \frac{\partial \rho}{\partial t} + (\rho v_k)_{,k} = 0 \tag{2.9.7}$$

这些方程是**空间连续性方程**的等价形式.应当指出，(2.9.5)和(2.9.7)是同一物理事实的不同表达式。事实上，(2.9.7)是(2.9.5)的物质导数。在固体力学中，通常采用(2.9.5)，而在流体力学中，则常采用(2.9.7).

基本公理 2　动量平衡原理．动量对时间的变化率等于作用于物体上的合力 $\mathscr{F}$，即

$$\frac{d\mathscr{P}}{dt} = \mathscr{F} \text{ 或 } \frac{D}{Dt}\int_{\mathscr{V}} \rho v_k dv = \mathscr{F}_k \tag{2.9.8}$$

基本公理 3　动量矩平衡原理．动量关于某一固定点 O 的矩的时间变化率等于对 O 点的合力矩 $\underset{O}{\mathscr{M}}$，即

$$(2.9.9)\qquad \frac{d\underset{O}{\mathscr{H}}}{dt}=\underset{O}{\mathscr{M}}\quad 或\quad \frac{D}{Dt}\int_{\mathscr{V}}\rho e_{klm}x_l v_m dv=\underset{O}{\mathscr{M}}_k$$

在双矢量形式中，(2.9.9)为

$$(2.9.10)\qquad \frac{D}{Dt}\int_{\mathscr{V}}\rho(x_k v_l-x_l v_k)dv=\underset{O}{\mathscr{M}}_{kl}$$

方程(2.9.8)和(2.9.9)是物体的 Euler **运动方程**．它们可以看作是质点的 Newton 运动定律的推广．

基本公理 4　能量守恒原理．动能加内能的时间变化率等于外力的功率与单位时间内进入或流出物体的所有其它能量之和，即

$$(2.9.11)\qquad \frac{D}{Dt}(\mathscr{K}+\mathscr{E})=\mathscr{W}+\sum_{\alpha}\mathscr{U}_{\alpha}$$

式中 $\mathscr{E}$ 和 $\mathscr{W}$ 分别为**内能**和单位时间内外力的**功**，而 $\mathscr{U}_{\alpha}$ 表示单位时间内的第 α 类能量，例如，热能、电能以及化学能．这个公理表示能量是可加的，而且，如果适当地算出所有由于外部效应所引起的能量，则和**平衡**相比，其余的部分就是内能的变率．在经典热力学中，内能具有某些重要的明显特征，这就是它是一个**状态函数**，亦即，它与物体状态变化的过程无关．我们也可以把它表述为：内能是**非耗散本构变量**的一个函数．然而，连续统力学的最新研究对这后一种观点提出了异议(参见第四章和第五章)．

在质点力学中，当力不是速度和时间的显函数时，能量守恒原理是作为 Newton 第二运动定律的第一积分而得到的．在热力学中，它可表述为适用于平衡系统的**热静力学的第一原理**．如上所述，这个原理是经典力学和热静力学中相应原理的推广．它对于包含耗散系统在内的每个系统都适用，而在耗散系统中，经典力学和热力学的能量原理都不适用．

基本公理 2，3 和质量守恒原理的局部形式将在第三章和第四章中介绍，并将在那里进一步阐述这些原理的深刻意义．对于连

续介质，假定存在一个单位质量的内能密度 ε，使得

(2.9.12) $$\mathscr{E}=\int_{\mathscr{V}}\rho\varepsilon dv$$

2.10 客观张量

物质的物理性质与所选取的坐标标架无关．不管观察者是处于静止或是处于运动中，他所观察到的物理性质都应当是相同的，这在直观上是很清楚的．如果接受这种观点，则在一个参考标架中所测得的结果就可以用来决定彼此只差刚性运动的所有其它标架中的物理性质．

物理定律的表述都希望尽可能采用那些与观察者的运动无关的量．这样的量称为**客观的**或**物质标架无差异的**．例如，点的位置由于观察者所处的位置不同而不同．类似地，点的速度依赖于观察者的速度．因此，这些量都**不是客观的**．另一方面，两点间的距离以及两个方向之间的夹角都是与参考标架(观察者)的刚性运动无关的．很早就已经知道，Newton 运动定律只在所谓Galileo 标架的特殊参考标架内才成立．一个 Galileo 标架和一个固定的参考标架只相差一个不变的平动速度．由于 Einstein 的广义相对论才使力学原理摆脱了对观察者的运动的依赖性．

关于基本公理，我们希望停留在经典力学的范围内．然而，在物质性质的描述中(参见第五章)，我们还是要采用**客观性原理**．

令一直角参考标架$\mathscr{F}$是处于对另一标架$\mathscr{F}'$的相对刚性运动之中．在 $\mathscr{F}$ 中时刻 t 时具有直角坐标 x_k 的一个点，在 $\mathscr{F}'$ 中时刻 t' 时将有直角坐标 x'_k．因为这两个标架彼此只差一个刚性运动，故有

(2.10.1) $$x'_k(t')=Q_{kl}(t)x_l+b_k(t),\quad t'=t-a$$

式中 a 是一个常数，它可以使我们在 $\mathbf{x}'$ 和 $\mathbf{x}$ 中选取不同的时间原点，而 $\mathbf{Q}(t)$ 和 $\mathbf{b}(t)$ 只是时间的函数，其中 $\mathbf{Q}(t)$ 满足

(2.10.2) $$Q_{kl}Q_{ml}=Q_{lk}Q_{lm}=\delta_{km}$$

这些条件就是通常由 $\mathbf{x}'$ 对于 $\mathbf{x}$ 的方向余弦所满足的条件．由 (2.

10.2) 可得

$$\det\mathbf{Q} = \pm 1 \tag{2.10.3}$$

刚性运动排除了右端的负号，即

$$\det\mathbf{Q} = 1 \tag{2.10.4}$$

值得注意的是，在刚性运动之外，(2.10.3) 还包含关于坐标平面的反射(镜像)，从而使得一个右手参考标架可变成一个左手参考标架. 服从(2.10.3)的所有变换的全体 $\{\mathbf{Q}\}$ 构成一个**群**，我们称之为**正交变换的完全群**. 目前，在连续统物理学中采用(2.10.3)的两种形式，当研究液晶物理学时，这两种分法具有特殊的意义.

不难证明，服从(2.10.2)的变换(2.10.1)是保持长度和角度不变的最一般变换，例如，

$$ds'^2 = dx'_k dx'_k = Q_{kl}dx_l Q_{km}dx_m = \delta_{lm}dx_l dx_m = ds^2$$

角度的不变性可用类似的方法证明.

在原来的标架 $\mathscr{F}$ 中的一个客观矢量 $\mathbf{a}$，在新标架 $\mathscr{F}'$ 中将为

$$a'_k = Q_{kl}a_l \tag{2.10.5}$$

定义 1 两个运动 $x_k(\mathbf{X}, t)$ 和 $x'_k(\mathbf{X}, t)$ 称作是客观上等价的，当且仅当

$$x'_k(\mathbf{X}, t') = Q_{kl}(t)x_l(\mathbf{X}, t) + b_k(t), \quad t' = t - a \tag{2.10.6}$$

式中 $Q_{kl}(t)$ 满足(2.10.2).

两个客观上等价的运动只是相对于参考标架和时间有所差异. 对于一个固定的标架和时间，这两个运动可以通过一个任意的刚性运动和时间移动的迭加而使之重合.

定义 2 任一张量量被说成是客观的或物质标架无差异的，如果在任何两个客观上等价的运动中，对于所有的时刻，它服从适当的张量变换规律.

这样，如果一个矢量 a_k 和一个二阶张量 s_{kl} 是客观的，则它们必须服从下面适合于两个客观上等价的运动的变换规律：

$$\begin{aligned} a'_k(\mathbf{X}, t') &= Q_{kl}(t)a_k(\mathbf{X}, t) \\ s_{kl}(\mathbf{X}, t') &= Q_{km}(t)Q_{ln}(t)s_{mn}(\mathbf{X}, t) \end{aligned} \tag{2.10.7}$$

对于与时间无关的矢量和张量，客观性是容易适合的。对于时间相关的量，并不总是这样，这一点可从下面的例子看到。考虑速度矢量 $\mathbf{v}=\dot{\mathbf{x}}$，由(2.10.6)，我们有

$$\frac{Dx'_k}{Dt}=Q_{kl}\dot{x}_l+\dot{Q}_{kl}x_l+\dot{b}_k$$

或者

$$v'_k=Q_{kl}v_l+\dot{Q}_{kl}x_l+\dot{b}_k \tag{2.10.8}$$

这不是$(2.10.7)_1$的形式。因此，速度不是客观的。类似地，我们可以证明加速度也不是客观的。然而，我们可以证明

定理1 变形率张量d_{kl}是客观的，但自旋张量w_{kl}不是。

证明：由(2.10.8)，我们有

$$v'_{k,l}=Q_{km}v_{m,n}\frac{\partial x_n}{\partial x'_l}+\dot{Q}_{km}\frac{\partial x_m}{\partial x'_l}$$

为了计算 $\partial x_n/\partial x'_l$，我们首先由(2.10.1)对 x_n 求解。因此得到

$$x_k=Q_{mk}(x'_m-b_m)$$

于是有

$$\frac{\partial x_n}{\partial x'_l}=Q_{ln} \tag{2.10.9}$$

利用此式，我们有

$$v'_{k,l}=Q_{km}Q_{ln}v_{m,n}+\dot{Q}_{km}Q_{lm} \tag{2.10.10}$$

类似地，我们得到

$$v'_{l,k}=Q_{km}Q_{ln}v_{n,m}+Q_{km}\dot{Q}_{lm} \tag{2.10.11}$$

将上面两式相加，则得

$$d'_{kl}=Q_{km}Q_{ln}d_{mn} \tag{2.10.12}$$

因为，根据(2.10.2)，由微分得

$$\dot{Q}_{kl}Q_{ml}+Q_{kl}\dot{Q}_{ml}=0,\quad \dot{Q}_{lk}Q_{lm}+Q_{lk}\dot{Q}_{lm}=0 \tag{2.10.13}$$

方程(2.10.12)具有与$(2.10.7)_2$完全相同的形式，这就证明了张量d_{kl}的客观性。

由(2.10.10)减去(2.10.11)，可以计算自旋张量w'_{kl}。因此有

$$w'_{kl}=Q_{km}Q_{ln}w_{mn}+\dot{Q}_{km}Q_{lm} \tag{2.10.14}$$

于是，自旋张量 w_{kl} 不是客观的。造成 w_{kl} 的非客观特征的项

(2.10.15) $$\Omega_{kl} = \dot{Q}_{km}Q_{lm}$$

是两个标架的相对角速度。

用 Q_{lr} 乘(2.10.14)，我们得到

(2.10.16) $$\dot{Q}_{kl} = Q_{ml}w'_{km} - Q_{km}w_{ml}$$

利用(2.10.13)，(2.10.10)和(2.10.2)，可以得到两个其它的表达式。它们是

(2.10.17) $$\dot{Q}_{kl} = Q_{ml}v'_{k,m} - Q_{km}v_{m,l} = -Q_{ml}v'_{m,k} + Q_{km}v_{l,m}$$

利用这些表达式，可以通过逐次代入得到 Q_{kl} 的高阶时间率。

习题

2.1 试计算

(a) 加速度矢量 $a_k(\mathbf{x}, t)$

和

(b) 二阶位移梯度 $x_{k,KL}$

的头两阶物质导数。

2.2 试证加速度度矢量 $\mathbf{a}$ 可以表示为下列矢量形式：

$$\mathbf{a} = \frac{\partial \mathbf{v}}{\partial t} + \mathbf{w} \wedge \mathbf{v} + \frac{1}{2}\nabla v^2$$

式中 $\mathbf{v}(\mathbf{x},t)$ 和 $\mathbf{w}(\mathbf{x},t) \equiv \nabla \times \mathbf{v}$ 分别是速度矢量和旋度矢量，而 $v^2 = \mathbf{v} \cdot \mathbf{v}$。试证上述形式对任何曲线坐标都成立。

2.3 令

$$\varphi(\mathbf{x},t) = -\frac{1}{4\pi}\int_{\mathscr{V}} \frac{l_d(\mathbf{y})}{r} dv(\mathbf{y}),$$

$$\mathbf{F}(\mathbf{x},t) = \frac{1}{4\pi}\int_{\mathscr{V}} \frac{\mathbf{w}(\mathbf{y})}{r} dv(\mathbf{y}), \quad r \equiv [(x_k - y_k)(x_k - y_k)]^{1/2}$$

式中 $l_d \equiv v_{k,k}$，而 $\mathbf{w}$ 是旋度矢量。试证速度矢量由下式给定：

$$v_i = \varphi_{,i} + e_{ijk}F_{k,j} \quad 在 \mathscr{V} 内$$

试求 $\mathbf{F}$ 所满足的微分方程。

2.4 在连续介质的平面运动中，速度场由下式给定：

$$\dot{x}=-V\left[1-\frac{a^2(x^2-y^2)}{(x^2+y^2)^2}\right],\ \dot{y}=2Va^2\frac{xy}{r^4},\ \dot{z}=0$$

式中 V 和 a 为常数，而 (x,y,z) 是空间直角坐标．试确定流线．

2.5 在平面运动中，流线 $\psi=\text{const}.$ 由下列参数形式给定：

$$x=\varphi+e^{\varphi}\cos\psi,\ y=\psi+e^{\varphi}\sin\psi$$

试绘出流线图，并确定速度场．

2.6 连续介质的速度场由下式确定

$$\dot{x}=Va^2\frac{x^2-y^2}{(x^2+y^2)^2},\ \dot{y}=2Va^2\frac{xy}{(x^2+y^2)^2},\ \dot{z}=0$$

式中 V 和 a 为常数，试确定轨线．

2.7 试证在物体的每一点处，至少存在一个瞬时平稳的物质方向．

2.8 在连续介质的平面运动中，速度场由下式给定：

$$\dot{x}=-\frac{k}{4\pi}\frac{x^2}{y(x^2+y^2)},\ \dot{y}=\frac{k}{4\pi}\frac{y^2}{x(x^2+y^2)},\ \dot{z}=0$$

式中 k 为常数，试确定(a)流线和(b)涡线．

2.9 对于在问题 2.4，2.6 和 2.8 中的速度场，试确定：

(a) 变形率张量的分量；

(b) 自旋张量和旋度矢量的分量；

(c) 变形率张量的不变量．

2.10 计算 Lagrange 和 Euler 应变率张量和自旋张量的头两阶物质导数．

2.11 如果在物体的运动中，通过曲面 σ 的物质点增加或减少质量，那末在 σ 上的跳变条件是什么？

2.12 通过运动曲面 $\sigma(t)$ 时，由于质量的增加或减少，连续介质的物质点的动量矩和线动量发生跳变．试求在 $\sigma(t)$ 上的跳变条件．

2.13 通过运动曲面 $\sigma(t)$ 时，热能的辐射引起突然的能量损失．试写出在 $\sigma(t)$ 上的跳变条件．

2.14 如果一物体作等体积运动（$I_d=0$），那末在初始密度 ρ_0 和时刻 t 的密度 ρ 之间必定存在什么关系？利用伸长主轴，计算 ρ 直到关于速度梯度的二阶项．

2.15 连续介质的速度场由下式描述：

$$\dot{x}=f(y)-yg(r),\ \dot{y}=xg(r),\ \dot{z}=0$$

$$r\equiv(x^2+y^2)^{1/2}$$

试确定

(a) 变形率张量和它的不变量;

(b) 旋度矢量.

试对物体正在进行的运动型式作一讨论.

2.16 试对(a)等体积的和(b)无旋的两种特殊的运动型式给出连续性方程和旋度. 试证当运动是等体积的和无旋的时候,速度场可由一个解析函数导出.

2.17 试证对连续介质的一个平面、等体积、无旋的运动,速度场由下式给定:

$$\mathbf{v} = -\nabla\phi, \quad 在 \mathscr{S} 上$$

式中

$$\phi(\mathbf{x},t) = -\frac{1}{2\pi}\int_{\mathscr{C}} (\phi - \phi')\frac{\partial}{\partial n'}(\log r)da'$$

$$r = [(x - x')^2 + (y - y')^2]^{1/2}$$

这里, $\mathscr{C}$ 是平面区域 $\mathscr{S}$ 的边界, 而 ϕ' 定义在 $\mathscr{C}$ 的内部边界的空间内. 函数 ϕ' 在 $\mathscr{C}$ 上满足条件 $\partial\phi'/\partial n = \partial\phi/\partial n$, 而 $\partial/\partial n$ 表示沿 $\mathscr{C}$ 的法线导数. 试问在什么条件下,上述公式对于无限平面区域成立?

2.18 对于物体的等体积、无旋运动,试证动能由下式给定:

$$K = \frac{1}{2}\rho_0\int_{\mathscr{S}} \phi\frac{\partial\phi}{\partial n}da$$

式中 ϕ 是速度势, 即 $\mathbf{v} = -\nabla\phi$, 而 $\partial/\partial n$ 表示沿闭曲面 $\mathscr{S}$ 的外法线的法线导数.

2.19 对于单连通区域,试求

$$d_{kl} = \frac{1}{2}(v_{k,l} + v_{l,k})$$

的可积性条件.

2.20 研究下述各量的客观性:

(a) Euler 应变率,

(b) 变形率张量的物质导数,

(c) 自旋张量的物质导数,

(d) 面积矢量的物质导数.

2.21 (短文) 试对 Kármán 涡街的稳定性进行文献调查, 并写出一篇短文.

2.22 (短文) 试对在间断面上必须满足的运动学条件进行文献调查,并写出一篇文章. 讨论速度波和加速度波的条件.

第三章 应　　力

3.1 本章的范围

本章讨论内力、外力和力偶以及它们根据运动定律的变换.在第 3.2 节中，对引起物体变形的外部和内部载荷进行了分类，并叙述了全局运动定律. 在任何内面上都假设内部载荷引起应力和偶应力，这些将在第 3.3 节和第 3.4 节中讨论. 在第 3.5 节中推导了给出 Cauchy 运动定律的局部动量平衡原理. 这些方程在连续介质理论中起着重要的作用. 在第 3.6 节中， 我们给出了质量守恒和动量平衡在运动间断面的跳变条件. 这些条件在获得载荷的边界条件方面也是很有用的.

在第 3.7 节中简短地叙述了与应变椭球类似的 Cauchy 应力二次曲面. 对于物体的大变形，在 Euler 坐标系中表示的运动定律在已变形物体的未知边界上表示边界条件时出现一些困难. 参考于物体的已知初始边界的运动方程(第 3.8 节) 可以促进某些问题的求解. 在第 3.9 节中简短地叙述了应力通量， 这在粘弹性理论中有着重要的应用.

3.2 外部和内部载荷

物体在外力和内力的作用下会发生变形. 这些力可以是机械的、电学的、化学的或某种其它起因的力. 根据 Newton 力学，作用于一粒子上的机械力是位置矢量 $\mathbf{x}$ 和速度矢量 $\mathbf{v}$ 以及时间 t 的函数. 然而，在连续介质力学中，分析的是许多粒子的集合的运动，因此，这些力可能与在过去所有时间内该集合中所有粒子的位置和速度相关. 因为我们并不去识别粒子，这就意味着粒子对于邻近粒子的相对变形以及这种变形的历史都可能发生作用.因此，这些力可能与各阶空间梯度，它们的各种时间率和积分以及电学的和化学的变量相关.

象在经典力学中那样,力是没有被定义的.对于未被定义的量除了诸如位置、时间和质量这些未下定义的诸量外,还有两个量,亦即作用于物体上的$\mathscr{F}$和力偶$\mathscr{M}$.它们是由下式给定的矢量量:

$$(3.2.1)\quad \mathscr{F}=\int_{\mathscr{V}} d\mathscr{F},\quad \mathscr{M}=\int_{\mathscr{V}}(\mathbf{p}\times d\mathscr{F}+d\mathscr{M})$$

这些量是**事先**已知的. 总的力 $\mathscr{F}$ 由作用于物体上的所有力的矢量和组成,而总的力偶 $\mathscr{M}$ 由两部分组成: 诸力对于一点(例如原点 O)的总**力矩**

$$\int_{\mathscr{V}} \mathbf{p}\times d\mathscr{F}$$

和力偶 $d\mathscr{M}$ 的总力矩.

根据连续介质力学的观点,不管是什么起因引起的力,我们都可把力和力偶分成下述三种类型.

外部体载荷　这种力和力偶是由外部效应而引起的. 它们作用在物体的质量点上. 假设存在单位质量的载荷密度. 单位体积的外部体载荷称为**体积载荷**或**体载荷**. 重力和静电力都是体力的例子. 外部体载荷不是客观的. 这些载荷的变换由第 2.9 节中所引入的基本公理 2 和 3 导出.

外部面载荷(接触载荷)　这种载荷是由一个物体通过边界面对另一个物体的作用而引起的. 假设这种载荷的面密度是存在的. 单位面积上的外部表面力称为**表面外力**, 而单位面积上的外部力偶称为**表面力偶**. 表面外力和表面力偶与它们的作用面的方位有关. 作用于被淹没物体的表面上的静水压力以及由于外部静电场而产生的表面外力都是外部面载荷的例子.

内部载荷(相互载荷)　这些载荷是位于物体内部的诸对粒子相互作用的结果. 根据 Newton 第三定律, 一对粒子的相互作用由两个力组成, 它们沿着两粒子的连线作用,而且大小相等、方向相反. 因此, 这种内力的合力为零. 相互载荷是**客观的**.

在连续介质中, 粒子间诸力的效应是以物体的一部分通过另一部分的边界面而对另一部分所产生的合效应的形式出现的. 这个概念导致在下一节中就要叙述的**应力假说**.

令 $\mathbf{f}$ 是单位质量的体力，而 $\mathbf{t}_{(\mathbf{n})}$ 是作用于具有外法线 $\mathbf{n}$ 的物体表面上的单位面积的表面外力. 假设还有集中力 $\mathscr{F}_\alpha$ 作用于物体的孤立点 $\mathbf{p}_\alpha$，于是，作用于物体上的外力的合力 $\mathscr{F}$ 由下式给出：

$$(3.2.2) \qquad \mathscr{F} = \oint_{\mathscr{S}} \mathbf{t}_{(\mathbf{n})} da + \int_{\mathscr{V}} \rho \mathbf{f} dv + \sum_\alpha \mathscr{F}_\alpha$$

如果 $\mathbf{l}, \mathbf{m}(\mathbf{n})$ 和 $\mathscr{M}_\alpha$ 分别为单位质量的体力偶，单位面积的表面力偶和在位置 $\mathbf{p}_\alpha$ 处的集中力偶，则对于原点 O 的合力矩为

$$(3.2.3) \qquad \underset{O}{\mathscr{M}} = \oint_{\mathscr{S}} [\mathbf{m}_{(\mathbf{n})} + \mathbf{p} \times \mathbf{t}_{(\mathbf{n})}] da + \int_{\mathscr{V}} \rho(\mathbf{l} + \mathbf{p} \times \mathbf{f}) dv + \sum_\alpha (\mathscr{M}_\alpha + \mathbf{p}_\alpha \times \mathscr{F}_\alpha)$$

应注意的是，内力对于合力和合力矩是没有贡献的.

为了避免与局部情况有关的定理中的困难，例如，在集中载荷的邻域内应力分布是无限的，我们将假设局部定理适合于没有集中力作用的各点. 对于**全局**定理，无需作这种假设. 注意到这一点，我们就可从方程中去掉有关集中力的项，故有

$$(3.2.4) \qquad \mathscr{F} = \oint_{\mathscr{S}} \mathbf{t}_{(\mathbf{n})} da + \int_{\mathscr{V}} \rho \mathbf{f} dv$$

$$(3.2.5) \qquad \underset{O}{\mathscr{M}} = \oint_{\mathscr{S}} [\mathbf{m}_{(\mathbf{n})} + \mathbf{p} \times \mathbf{t}_{(\mathbf{n})}] da + \int_{\mathscr{V}} \rho(\mathbf{l} + \mathbf{p} \times \mathbf{f}) dv$$

于是，关于动量平衡和动量矩平衡的基本公理 2 和 3 可写成：

$$(3.2.6) \qquad \frac{d}{dt} \int_{\mathscr{V}} \rho \mathbf{v} dv = \oint_{\mathscr{S}} \mathbf{t}_{(\mathbf{n})} da + \int_{\mathscr{V}} \rho \mathbf{f} dv$$

$$(3.2.7) \qquad \frac{d}{dt} \int_{\mathscr{V}} \rho \mathbf{p} \times \mathbf{v} dv = \oint_{\mathscr{S}} [\mathbf{m}_{(\mathbf{n})} + \mathbf{p} \times \mathbf{t}_{(\mathbf{n})}] da + \int_{\mathscr{V}} \rho(\mathbf{l} + \mathbf{p} \times \mathbf{f}) dv$$

这些方程就是 Euler 运动方程. 内力是彼此平衡的，所以它们不出现在这些方程之中.

因为外部力**不是客观的**，所以 Euler 运动方程也不是客观的．这些方程控制着物体的整体运动．

3.3 应力假说

把全局动量平衡原理应用于物体的全部或一部分区域就可得到内部载荷及其与面载荷的关系．首先，我们考虑一个由闭曲面 $\mathscr{s}$ 限界的体积 $\mathscr{v}$ 的小区域,使得 $\mathscr{v}+\mathscr{s}$ 完全被包括在物体的内部(图 3.3.1)．在 $\mathscr{s}$ 的一点 p，$\mathscr{V}-\mathscr{v}$ 的效应等价于称之为**应力矢量**的面力 $\mathbf{t}_{(\mathbf{n})}$ 和称之为**偶应力矢量**的面力偶 $\mathbf{m}_{(\mathbf{n})}$．**应力和偶应力矢量都是客观的**．在通过同一点 p 但方位不同的表面上，在 p 处的应力和偶应力矢量一般说来是不同的．于是，这些载荷不仅依赖于在 $\mathscr{s}$ 上的位置矢量 $\mathbf{p}$，而且还依赖于 $\mathscr{s}$ 的外法线$\mathbf{n}$．因此,我们用下标 $\mathbf{n}$ 来表示这种依赖性．作用在 $\mathscr{v}$ 中的体载荷等价于单位体积的体力 $\rho\mathbf{f}$ 和单位体积的体力偶 $\rho\mathbf{l}$．适用于物体 $\mathscr{V}+\mathscr{S}$ 的动量平衡原理(3.2.6)对于区域 $\mathscr{v}+\mathscr{s}$ 也同样成立,但是我们必须用 $\mathscr{v}$ 和 $\mathscr{s}$ 分别代替积分限 $\mathscr{V}$ 和 $\mathscr{S}$．

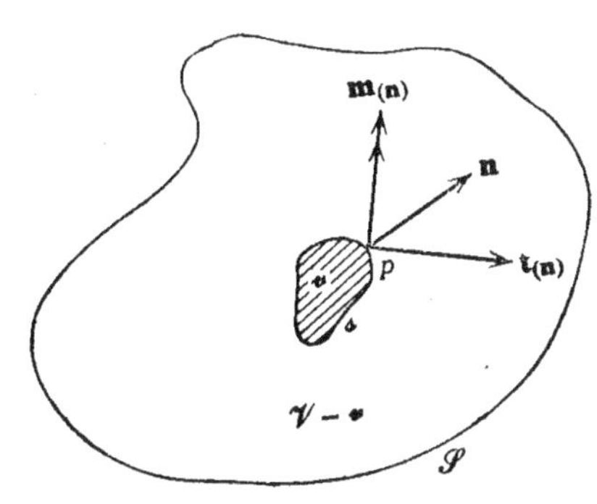

图 3.3.1　应力和偶应力矢量

为了决定应力和偶应力矢量对于外法线的依赖关系，下面我们把动量平衡原理应用于 $\mathscr{v}$ 内以 p 为顶点的一个微小四面体，它的三个面在坐标曲面上，而第四个面在 $\mathscr{s}$ 上(图 3.3.2)．在坐标曲面 $x_k=\text{const.}$ 上的应力[1]用 $-\mathbf{t}_k$ 来表示．

现在我们把(3.2.6)应用于这个四面体．利用中值定理可以得到面积分和体积分的值，于是有

---

1) 因为坐标曲面 $x_k=\text{const.}$ 的外法线是在 $-x_k$ 的方向,不失一般性，我们可用 $-\mathbf{t}_k$ 而不用 $\mathbf{t}_k$ 来表示作用在该曲面上的应力矢量．

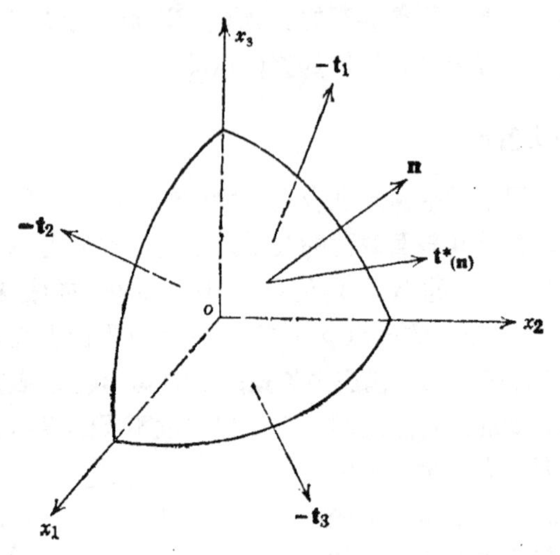

图 3.3.2　四面体

$$\frac{d}{dt}(\rho^*\mathbf{v}^*\Delta v) = \mathbf{t}^*_{(\mathbf{n})}\Delta a - \mathbf{t}^*_k\Delta a_k + \rho^*\mathbf{f}^*\Delta v$$

式中 ρ^*, $\mathbf{f}^*$ 和 $\mathbf{v}^*$ 分别是 ρ, $\mathbf{f}$ 和 $\mathbf{v}$ 在 v 的某内点处的值，而 $\mathbf{t}^*_{(\mathbf{n})}$ 和 t^*_k 分别为 $\mathbf{t}_{(\mathbf{n})}$ 和 $\mathbf{t}_k$ 在 Δa 和 Δa_k 上某点处的值. 利用质量守恒原理，我们还可以在左端令 $d(\rho^*\mathbf{v}^*\Delta v)/dt = \rho^*\dot{\mathbf{v}}^*\Delta v$. 两端用 Δa 去除，并令 $\Delta a \to 0$，使点 p 由内部趋近于曲面 s，得 $\frac{\Delta v}{\Delta a} \to 0$. 量 ρ^*, $\mathbf{f}^*$ 和 $\mathbf{v}^*$ 是有界，于是得到

(3.3.1)
$$\mathbf{t}_{(\mathbf{n})}da = \mathbf{t}_k da_k$$

这个四面体的四个面构成一个闭曲面. 因此，在极限情况下，坐标曲面的矢量和必定等于面积矢量 $d\mathbf{a}$，亦即，

(3.3.2)
$$d\mathbf{a} = \mathbf{n}da = da_k\mathbf{i}_k$$

由此得到

(3.3.3)
$$da_k = n_k da$$

把此式代入(3.3.1)，我们有

(3.3.4)
$$\mathbf{t}_{(\mathbf{n})} = \mathbf{t}_k n_k$$

因此，我们证明了下面的定理.

定理 在具有单位外法线 $\mathbf{n}$ 的表面上一点 p 处的应力矢量是作用在通过同一点 p 的坐标曲面上的应力矢量的线性函数，其系数是 $\mathbf{n}$ 的方向余弦.

根据定义，应力矢量 $\mathbf{t}_k$ 是与 $\mathbf{n}$ 无关的. 因此，由 (3.3.4) 可知

$$\mathbf{t}_{(-\mathbf{n})} = -\mathbf{t}_{(\mathbf{n})} \tag{3.3.5}$$

于是，证明了下列推论.

推论 作用于一给定点的同一曲面两侧的应力矢量大小相等而符号相反. 这和作用力和反作用力相等的 Newton 第三运动定律相对应.

如果象在 $\mathbf{t}_{(\mathbf{n})}$ 和 $\mathbf{t}_k$ 的情况那样，在极限 $\Delta a \to 0$ 时，$\mathbf{m}_{(\mathbf{n})}$ 和 $\mathbf{m}_k$ 是有界的和非零的，则把类似的论证应用于(3.2.7)以及(3.3.4)就可得到

$$\mathbf{m}_{(\mathbf{n})} = \mathbf{m}_k n_k, \quad \mathbf{m}_{(-\mathbf{n})} = -\mathbf{m}_{(\mathbf{n})} \tag{3.3.6}$$

偶应力矢量和体力偶的存在性常因下面的论述而被排除. 在经典力学中，力偶被想象为矩臂分开的大小相等而方向相反的一对平行力，并且假设这些力是**有界的**. 现在，如果我们令矩臂趋于零(在上面的论述中，当 $\Delta a \to 0$ 时即发生这种情况)，并且不允许有无限的力，则力偶矩趋于零. 于是，在允许 $\mathscr{v}$ 和 $\mathscr{a}$ (因而 $\Delta\mathscr{v}$ 和 Δa) 为零，而力保持有限的严格的数学理论中，我们不能有偶应力矢量或体力偶. 然而，如果认为 $\mathscr{v}$ 和 $\mathscr{a}$ (因而无限小的 dv 和 da)表示某个足够小的物理体积和表面，使得由 dv 和 da 引起的数学解释在容许的误差范围之内，则我们可以容许**偶应力**矢量的存在性. 在现代物理学中，在分子尺度上，物质的连续性是被否定的. 因此，诸如 dv 和 da 这种数学的无限小是使连续性假设成立可能容许的最小体积和表面的一种模型. 例如，在包括足够多的粒子的小体积中，所有体积力的矢量和可以不通过质量中心. 于是这就引起体力偶. 类似的论证适用于作用在这个小体积的一个微小表面上的表面力，因而容许偶应力的存在性. 即使如此，为了简单起见，在本书中，我们将不研究由于偶应力和体力偶而引起的一些有

兴趣的结果[1]。

3.4 应力张量

应力张量 t_{kl} 是作用在第 k 个坐标曲面的正侧上的应力矢量 $\mathbf{t}_k$ 的第 l 个分量。应力矢量是客观的。即

$$\mathbf{t}_k = t_{kl}\mathbf{i}_l \tag{3.4.1}$$

t_{kl} 中的第一个下标表示作用着应力矢量 $\mathbf{t}_k$ 的坐标曲面 $x_k =$ const.，而第二个下标则表示 $\mathbf{t}_k$ 的分量的方向。例如，t_{23} 是作用于平面 $x_2 =$ const. 上的应力矢量 $\mathbf{t}_2$ 的 x_3 分量。如果平面 $x_2 =$ const. 的外法线指向 x_2 轴的正方向，则 t_{23} 指向 x_3 轴的正方向。如果 $x_2 =$ const. 的外法线指向 x_2 轴的负方向，则 t_{23} 指向 x_3 轴的负方向。正的应力分量示于图 3.4.1 中。在面 $p_1a_1b_1c_1$ 上的正的应力分量与 x_1，x_2 和 x_3 轴有相同的正方向，因为这个面的外法线是在 $x_2 > 0$ 的半轴方向上。在面 $pabc$ 上，正的应力分量与负坐标轴的方向一致，因为这个面的外法线指向 $x_2 < 0$ 的半轴方向。上述符号规定也适用于平面 $x_1 =$ const. 和 $x_3 =$ const.。为了不致使图形显得太挤，这里未画出作用在平面 $x_1 =$ const. 上的应力分量。上面给出的符号规定不是唯一的，然而在文献中一般都采用它。

分量 t_{11}，t_{22}，t_{33} 称为正应力，而混合分量 t_{12}，t_{23}，t_{31} 等等称为剪切应力。排成矩阵形式，我们可把 t_{kl} 表示成

$$\|t_{kl}\| = \begin{bmatrix} t_{11} & t_{12} & t_{13} \\ t_{21} & t_{22} & t_{23} \\ t_{31} & t_{32} & t_{33} \end{bmatrix} \tag{3.4.2}$$

值得注意的是，在这种形式中，诸正应力占据矩阵的主对角线，而剪切分量占据其余的位置。

把(3.4.1)代入(3.3.4)，我们得到

---

1) 这个课题目前还处于发展阶段。关于这方面的情况可参见 Eringen [1962], Eringen 和 Suhubi [1964, a, b], Eringen [1964], Green 和 Rivlin [1964], Eringen [1976].

$$(3.4.3)\qquad \mathbf{t}_{(\mathbf{n})} = t_{kl} n_k \mathbf{i}_l \text{ 或 } t_{(\mathbf{n})l} = t_{kl} n_k$$

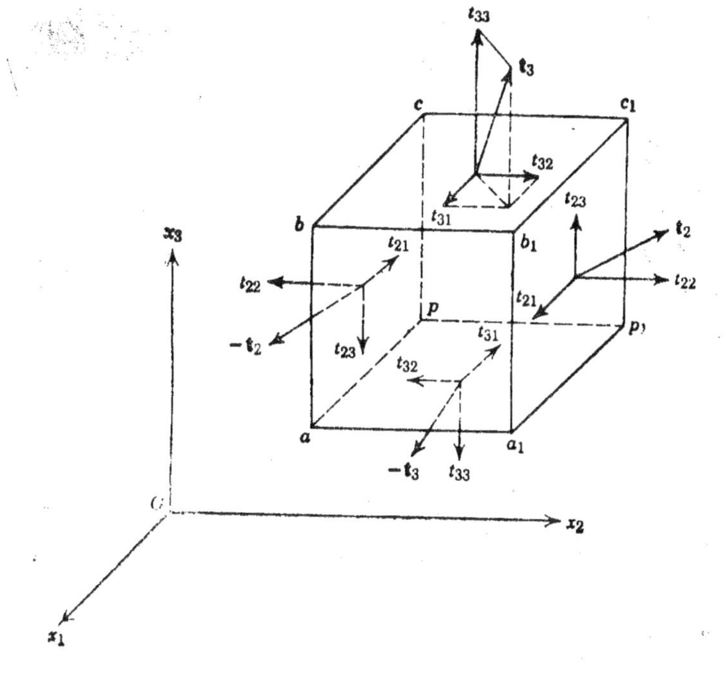

图 3.4.1 应力张量

这就证明了下面的定理:

定理 作用在通过一点的任一平面上的应力矢量完全由该点处的应力张量的线性函数所表征.

t_{kl} 的张量特性可从下面的事实看到. 假设直角坐标 x_k 旋转到 x'_k, 由 $(3.4.3)_1$, 我们有

$$\mathbf{t}_{(\mathbf{n})} = t_{kl} n_k \mathbf{i}_l = t'_{rs} n'_r \mathbf{i}'_s$$

与 $\mathbf{i}'_m$ 作标量积,我们得到

$$(3.4.4)\qquad t'_{rs} n'_r = t_{kl} n_k Q_{sl}$$

式中

$$(3.4.5)\qquad Q_{sl} = \mathbf{i}'_s \cdot \mathbf{i}_l$$

现在, $\mathbf{n}$ 是一个矢量,根据$(1.8.9)_1$,它变换为

(3.4.6) $$n_k = Q_{rk} n'_r$$

把此式代入(3.4.4),我们得到

$$t'_{rs} n'_r = t_{kl} Q_{rk} Q_{sl} n'_r$$

不管该平面如何选择,上式必定成立,亦即,n'_r 是任意的,因此有

(3.4.7) $$t'_{rs} = Q_{rk} Q_{sl} t_{kl}$$

用类似的方法,我们得到

(3.4.8) $$t_{rs} = Q_{kr} Q_{ls} t'_{kl}$$

按照规律(3.4.7)和(3.4.8)变换的量 t_{kl} 是 **Cartesian 张量**. 在曲线坐标中,当适当定义 Q_{kr} 和 t_{kl} 时,t_{kl} 的张量变换仍然成立(参见 Eringen [1962,第 31 节]和附录 C). 这就确定了 t_{kl} 的张量特性. 因为在 t_{kl} 的定义中没有涉及时间率,所以当 Q_{kl} 是时间的函数时,上述变换仍然保持不变.这就证明了应力张量的客观性.

导出(3.4.3)的分析可以毫无改变地应用于物体表面 $\mathscr{S}$ 上的具有连续切平面的任何点。于是,如果在表面上给定单位面积的面载荷,则(3.4.3)给出边界条件

(3.4.9) $$t_{(\mathbf{n})l} = t_{kl} n_k = s_l, \quad \text{在 } \mathscr{S} \text{ 上}$$

式中 s_l 是给定的表面外力.

由体力 $\mathbf{f}$,应力矢量 $\mathbf{t}_{(\mathbf{n})}$,偶应力 $\mathbf{m}_{(\mathbf{n})}$ 和应力张量 t_{kl} 的定义,我们看到,这些量的物理量纲为

$$[\mathbf{f}] = \frac{L}{T^2} = \frac{\text{力}}{\text{质量}}, \quad [\mathbf{t}_{(\mathbf{n})}] = \frac{M}{LT^2} = \frac{\text{力}}{\text{面积}}$$

(3.4.10) $$[\mathbf{m}_{(\mathbf{n})}] = \frac{M}{T^2} = \frac{\text{力}\times\text{距离}}{\text{面积}}$$

$$[t_{kl}] = \frac{M}{LT^2} = \frac{\text{力}}{\text{面积}}$$

式中方括号[ ]表示量纲,而 M, L 和 T 分别表示质量、长度和时间的量纲. 在 CGS 制中,力用达因度量,长度用厘米度量,质量用克度量,而时间用秒度量. 因此,在这种单位制中,$\mathbf{t}_{(\mathbf{n})}$ 和 t_{kl} 用达因每平方厘米度量. 在英国的实用单位制中,它们用磅每

平方英寸度量[1].

最后，我们列出被不同的作者用过的应力张量的各种记法.

Clebsch, Eringen, Truesdell	t_{11}	t_{22}	t_{33}	t_{23}	t_{31}	t_{12}
Cauchy (早期著作)	A	B	C	D	E	F
Cauchy (晚期著作), St. Venant, Maxwell	P_{xx}	P_{yy}	P_{zz}	P_{yz}	P_{zx}	P_{xy}
F. Neumann, Kirchhoff, Love	X_x	Y_y	Z_z	Y_z	Z_x	X_y
K. Pearson	$\widehat{xx}$	$\widehat{yy}$	$\widehat{zz}$	$\widehat{yz}$	$\widehat{zx}$	$\widehat{xy}$
Kelvin	P	Q	R	S	T	V
Kármán, Timoshenko, 工程师们	σ_x	σ_y	σ_z	τ_{yz}	τ_{zx}	τ_{xy}
俄国和德国作者, Green 和 Zerna	τ_{11}	τ_{22}	τ_{33}	τ_{23}	τ_{31}	τ_{12}
某些英国和美国作者及其他作者	σ_{11}	σ_{22}	σ_{33}	σ_{23}	σ_{31}	σ_{12}
	σ_{xx}	σ_{yy}	σ_{zz}	σ_{yz}	σ_{zx}	σ_{xy}

3.5 局部动量平衡原理

全局动量平衡由(3.2.6)和(3.2.7)表示. 现在，我们在左端进行所指明的微分，并利用局部质量守恒 $D(\rho dv)/Dt=0$. 此外,我们取 $\mathbf{m}_{(\mathbf{n})}=\mathbf{l}=0$，因此所考虑的连续介质是**非极性的**.于是有

$$(3.5.1)\qquad \int_{\mathscr{V}}\rho\mathbf{a}dv=\oint_{\mathscr{S}}\mathbf{t}_{(\mathbf{n})}da+\int_{\mathscr{V}}\rho\mathbf{f}dv$$

$$(3.5.2)\qquad \int_{\mathscr{V}}\rho\mathbf{p}\times\mathbf{a}dv=\oint_{\mathscr{S}}\mathbf{p}\times\mathbf{t}_{(\mathbf{n})}da+\int_{\mathscr{V}}\rho\mathbf{p}\times\mathbf{f}dv$$

式中 $\mathbf{a}=\dot{\mathbf{v}}$ 是加速度矢量.把这些原理应用于物体 $\mathscr{V}+\mathscr{S}$ 的一个内部小区域 $v+s$，再利用(3.4.3)，我们就可把上列二式写成

$$(3.5.3)\qquad \int_{v}\rho\mathbf{a}dv=\oint_{s}\mathbf{t}_k n_k da+\int_{v}\rho\mathbf{f}dv$$

---

1) 现在通用的单位制为国际单位制,即 SI 单位. 在这种单位制中，质量单位为千克(Kg)，长度单位为米(m)，时间单位为秒(s)，力的单位为牛顿(N).应力的单位为帕斯卡(Pa). 因为 1Pa＝1N/m²， 1达因力＝10^{-5}N，1磅力＝4.44822N，故1达因每平方厘米＝0.1Pa，而1磅力每平方英寸＝6894.76Pa. ——译者

$$(3.5.4) \quad \int_v \rho \mathbf{p}\times\mathbf{a} dv = \oint_a \mathbf{p}\times\mathbf{t}_k n_k da + \int_v \rho\mathbf{p}\times\mathbf{f} dv$$

利用 Green-Gauss 定理把面积分转换为体积分，我们得到

$$(3.5.5) \quad \int_v [\mathbf{t}_{k,k} + \rho(\mathbf{f}-\mathbf{a})] dv = \mathbf{0}$$

$$(3.5.6) \quad \int_v \{\mathbf{i}_k\times\mathbf{t}_k + \mathbf{p}\times[\mathbf{t}_{k,k} + \rho(\mathbf{f}-\mathbf{a})]\} dv = 0$$

式中已令 $\mathbf{p}_{,k} = \mathbf{i}_k$. 假设局部质量守恒，则方程(3.5.5)和(3.5.6)是全局动量平衡原理的数学表达式. 这些公式对于任意体积 v 都适用的必要充分条件是被积函数为零. 因此

$$(3.5.7) \quad \mathbf{t}_{k,k} + \rho(\mathbf{f}-\mathbf{a}) = \mathbf{0}$$

$$(3.5.8) \quad \mathbf{i}_k\times\mathbf{t}_k = \mathbf{0}$$

把(3.4.1)代入上式，我们得到

$$(3.5.9) \quad t_{lk,l} + \rho(f_k - a_k) = 0$$

$$(3.5.10) \quad t_{lk} = t_{kl}$$

在(3.5.8)中，我们已经利用过对单位基矢量成立的方程式 $\mathbf{i}_m = e_{klm}\mathbf{i}_k\times\mathbf{i}_l$. 于是，这就给出 $e_{klm}t_{kl}=0$，这与(3.5.10)是一回事. 方程(3.5.9)和(3.5.10)分别是 **Cauchy 第一和第二运动定律**，并且是下述基本定理的证明.

定理 1 对于局部动量平衡的必要充分条件就是 Cauchy 第一运动定律(3.5.7)或(3.5.9)成立.

定理 2 对于局部动量矩平衡的必要充分条件就是 Cauchy 第二运动定律(3.5.8)或(3.5.10)成立.

对于非极性介质，显然 Cauchy 第二定律就是应力张量对称性的陈述. 于是，在这种情况下，应力矩阵(3.4.1)关于它的主对角线是对称的. 因此，应力张量的九个分量只有六个是独立的，即 t_{11}, t_{22}, t_{33}, $t_{23}=t_{32}$, $t_{31}=t_{13}$ 和 $t_{12}=t_{21}$.

把(3.5.9)和(3.5.10)写成展开记法就得到在各教科书中常见的方程

$$\frac{\partial t_{xx}}{\partial x} + \frac{\partial t_{yx}}{\partial y} + \frac{\partial t_{zx}}{\partial z} + \rho(f_x - a_x) = 0$$

$$(3.5.11)\quad \frac{\partial t_{xy}}{\partial x}+\frac{\partial t_{yy}}{\partial y}+\frac{\partial t_{zy}}{\partial z}+\rho(f_y-a_y)=0$$

$$\frac{\partial t_{xz}}{\partial x}+\frac{\partial t_{yz}}{\partial y}+\frac{\partial t_{zz}}{\partial z}+\rho(f_z-a_z)=0$$

$$(3.5.12)\quad t_{xy}=t_{yx},\ t_{yz}=t_{zy},\ t_{xz}=t_{zx}$$

这里加速度矢量 a_k 由下式给出：

$$(3.5.13)\quad a_k=\frac{\partial v_k}{\partial t}+v_{k,l}v_l,\quad v_k\equiv\dot{x}_k=\dot{u}_k$$

式中 $u_k(\mathbf{x},t)$ 是位移矢量．用展开记法，(3.5.13)可写成

$$a_x=\frac{\partial v_x}{\partial t}+\frac{\partial v_x}{\partial x}v_x+\frac{\partial v_x}{\partial y}v_y+\frac{\partial v_x}{\partial z}v_z$$

$$(3.5.14)\quad a_y=\frac{\partial v_y}{\partial t}+\frac{\partial v_y}{\partial x}v_x+\frac{\partial v_y}{\partial y}v_y+\frac{\partial v_y}{\partial z}v_z$$

$$a_z=\frac{\partial v_z}{\partial t}+\frac{\partial v_z}{\partial x}v_x+\frac{\partial v_z}{\partial y}v_y+\frac{\partial v_z}{\partial z}v_z$$

3.6 在运动间断面上的跳变条件

当区域 $\mathscr{V}$ 包含一个运动间断面 $\sigma(t)$（图 2.5.1)时，局部质量守恒和局部动量平衡原理的表达式仍可应用于 $\mathscr{V}-\sigma$ 的所有点，也就是不位于 $\sigma(t)$ 上的所有点．事实上，这些方程和 $\sigma(t)$ 上的跳变条件可以利用表达式（2.5.18）和下列各平衡原理的全局形式

$$\frac{d}{dt}\int_{\mathscr{V}}\rho dv=0$$

$$(3.6.1)\quad \frac{d}{dt}\int_{\mathscr{V}}\rho\mathbf{v}dv=\oint_{\mathscr{S}}\mathbf{t}_k n_k da+\int_{\mathscr{V}}\rho\mathbf{f}dv$$

$$\frac{d}{dt}\int_{\mathscr{V}}\rho\mathbf{p}\times\mathbf{v}dv=\oint_{\mathscr{S}}\mathbf{p}\times\mathbf{t}_k n_k da+\int_{\mathscr{V}}\rho\mathbf{p}\times\mathbf{f}dv$$

一举导出．首先，在(2.5.18)中令 $\tau_k=g=0$ 和 $\varphi=\rho$ 后再代入 $(3.6.1)_1$，则有

$$\int_{\mathscr{V}-\sigma}\left[\frac{\partial\rho}{\partial t}+\operatorname{div}(\rho\mathbf{v})\right]dv+\int_{\sigma}[\rho(\mathbf{v}-\boldsymbol{\nu})]\cdot\mathbf{n}da=0$$

令第一个积分的被积函数为零，我们得到常见的局部质量守恒的方程式。令在 σ 上的积分的被积函数为零，我们得到跳变条件

$$\rho[(\underset{n}{v}-\underset{n}{\nu})]=0 \tag{3.6.2}$$

式中 $\underset{n}{v}=\mathbf{v}\cdot\mathbf{n}$ 和 $\underset{n}{\boldsymbol{\nu}}=\boldsymbol{\nu}\cdot\mathbf{n}$ 分别是物质点的速度的法向分量和运动面 $\sigma(t)$ 的速度的法向分量。

类似地，在(2.5.18)中令 $\varphi=\rho\mathbf{v}$，$\tau_k=\mathbf{t}_k$ 和 $g=\rho\mathbf{f}$，再代入(3.6.1)$_2$ 的左端，我们得到

$$\int_{\mathscr{V}-\sigma}[\mathbf{t}_{k,k}+\rho(\mathbf{f}-\mathbf{a})]dv+\int_{\sigma}[\mathbf{t}_k-\rho\mathbf{v}(v_k-\nu_k)]n_k da=0$$

在这个表达式中，令体积分的被积函数为零给出 Cauchy 第一运动定律，而令面积分的被积函数中 da 的系数为零，就给出跳变条件

$$[\mathbf{t}_k]n_k-[\rho\mathbf{v}(\underset{n}{v}-\underset{n}{\nu})]=0 \tag{3.6.3}$$

当把上述方法应用于(3.6.1)$_3$ 时，我们不能再导出新的跳变条件。

在 $\sigma(t)$ 上的跳变条件(3.6.2)和(3.6.3)也可以写成

$$[\rho\mathbf{v}]\cdot\mathbf{n}-[\rho]\boldsymbol{\nu}\cdot\mathbf{n}=0 \tag{3.6.4}$$

$$[t_{kl}]n_k-[\rho v_l\mathbf{v}]\cdot\mathbf{n}+[\rho v_l]\boldsymbol{\nu}\cdot\mathbf{n}=0 \tag{3.6.5}$$

现在我们把这些结果应用于下面三种特殊情况:

(a) 间断面是物质交界面　在这种情况下，$\mathbf{v}=\boldsymbol{\nu}$，(3.6.4)恒等地被满足，而(3.6.5)简化为

$$[t_{kl}]n_k=0 \tag{3.6.6}$$

因此，在两种介质的物质交界面上，表面力 $t_{(\mathbf{n})l}=t_{kl}n_k$ 是连续的。

(b) 间断面与物体的表面相重合　在这种情况下，$\rho^+=0$，$\mathbf{v}^-=\boldsymbol{\nu}$。(3.6.4)又成为恒等式，而(3.6.5)简化为

$$t_{kl}^+n_k-t_{kl}^-n_k=0$$

若把 $t^{+}_{kl} n_k$ 解释为外表面载荷 $t_{(n)l}=t^{+}_{kl}n_k=s_l$，则上式就给出用其它方法已得到的表面外力的边界条件(3.4.9)。

(c) 间断面是一个固定面　　在这种情况下，$\nu=0$，而(3.6.4)和(3.6.5)给出

(3.6.7)　　$$[\rho v_k]n_k=0$$

(3.6.8)　　$$[\rho v_l v_k - t_{kl}]n_k=0$$

3.7 Cauchy 应力二次曲面

作用于具有外法线 $\mathbf{n}$ 的表面 s 上一点 p 的应力矢量 $\mathbf{t}_{(\mathbf{n})}$ 的法向分量 N (图 3.7.1)由下式计算:

(3.7.1)　$$N=\mathbf{t}_{(\mathbf{n})}\cdot\mathbf{n}$$

把 (3.4.3) 代入上式，我们得到

(3.7.2)　$$N=t_{kl}n_k n_l$$

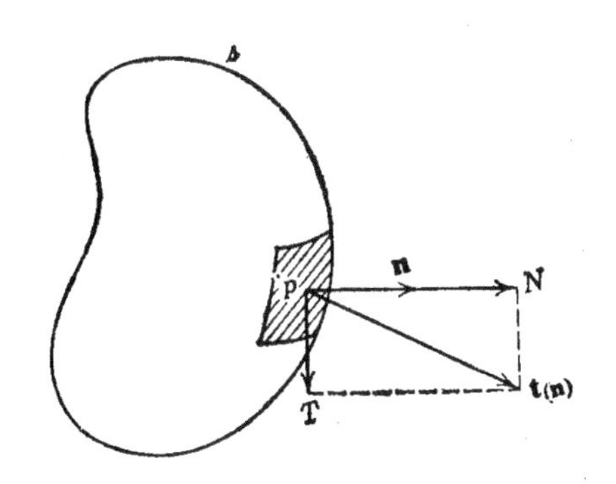

图 3.7.1　法向和切向面力

假设 N 是固定的，而 p 处的曲面 s 的指向 $\mathbf{n}$ 是可变的．根据这种规定，(3.7.2)表示一个二次曲面，我们称之为 **Cauchy 应力二次曲面**．变量 n_k 满足条件

(3.7.3)　　$$n_k n_k=1$$

和拉伸一样，我们可以寻求 N 的极值．对于无体力偶和无偶应力的情况，应力张量是对称的．因此，对于非极性情况，在 Cauchy 应力二次曲面和 Cauchy 应变二次曲面之间具有完全的对应关系．因而，我们只需用 t_{kl} 代替 E_{KL} 和用 n_k 代替 N_K 就可以把第 1.9 节和第 1.10 节中的结果搬到这里来．根据这种理解，我们有下列结果:

1）至少存在三个，一般地存在三个应力的**主方向**.

2）存在三个**主应力** $t_\alpha(\alpha=1,2,3)$，它们作用在主平面上.

3）在主平面上，剪应力为零，而正应力取平稳值 t_α.

4）一般地，存在三个独立的应力不变量 I_t，II_t 和 III_t，若用 t_{kl} 和 t_α 分别代替 E_{KL} 和 E_α，则这些不变量的表达式和应变不变量的表达式(1.10.8)和(1.10.9)完全相同。

在一点处的各种特殊类型的应力状态也和那些应变状态是一一对应的。例如，当两个主应力为零时，我们就有称为**简单拉伸**或**单轴应力**的应力状态。当一个主应力为零时，我们就有**平面**或**双轴应力状态**。当主应力都不为零时，应力状态是**三轴的**。

如果一个剪应力分量不为零，而所有其它的应力分量都为零，例如

$$\|t_{kl}\| = \begin{bmatrix} 0 & t_{xy} & 0 \\ t_{xy} & 0 & 0 \\ 0 & 0 & 0 \end{bmatrix}, \quad t_{xy} \neq 0$$

则为**简单剪切状态**。在这种情况下，我们有

$$\mathrm{I}_t = \mathrm{III}_t = 0, \quad \mathrm{II}_t = -t_{xy}^2, \quad t_1 = -t_2 = t_{xy}$$

因此，参考于主轴，两个主应力大小相等而符号相反，而第三个主应力为零。

对于平面应变作出的 Mohr 圆可以毫无改变地用于平面应力状态。当在一个参考平面内给定 t_{kl} 时，可用 O. Mohr 提出的几何作图法来确定作用于任何平面内的应力的切向力 T 和法向力 N. 这种作图法包含三个圆，而且，它是平面应力的 Mohr 圆的推广．对此，读者可参考有关高等材料力学和弹性力学的书籍，如 Sokolnikoff [1956，第 18 节].

最后，我们列出下列关于剪切应力的平稳值定理。

定理　最大剪切应力作用在平分最大和最小主应力平面之间夹角的平面上，它的值等于最大和最小主应力之差的一半。

这个定理在破坏理论中得到了应用。对于它的证明，建议读者参阅弹性理论教程(参见 Sokolnikoff [1956，第 18 节])。

3.8　在物质坐标系中的运动方程

用 Euler 术语表示的 Cauchy 运动方程包含在空间坐标 x_k 中

定义的应力张量 t_{kl}，体力 f_k，密度 ρ 和加速度 a_k。对于一变形的物体，在已变形状态中的物体表面一开始是不知道的，但可以通过边界值问题的解来加以确定。物体表面的位置和形状依赖于未知的位移矢量。因而，问题是非线性的。另一方面，物体的初始形状是已知的，因此，边界条件可以在未变形物体的确定表面上来表示。某些问题可以在从一开始就给定物体形状的物质坐标中来描述，这样处理问题容易得到解决。

在经典弹性理论中，在空间坐标中表示的运动方程可在对于物体的原有的未变形表面的边界条件下求解。在这种混淆的情况下，Euler 应力 t_{kl} 表示为 Lagrange 应变 E_{KL} 的线性函数。这种混淆可以澄清，而且在某些情况下已被证明这是允许的。为此，现在我们来推导在物质坐标 X_K 中的局部质量守恒方程和 Cauchy 运动方程。对于质量的局部守恒方程，我们由(2.9.5)易知

$$\rho_0=\rho j \tag{3.8.1}$$

式中 $j=\det x_{k,K}$。

为了得到动量平衡方程的适当形式，我们引进关于未变形面积 dA_K 上的物质点 $\mathbf{X}$ 在时刻 t 所占有的空间点 $\mathbf{x}$ 处的应力矢量 $\mathbf{T}_K$，即

$$\mathbf{t}_{(\mathbf{n})}da=\mathbf{t}_k da_k=\mathbf{T}_K dA_K \tag{3.8.2}$$

根据(1.12.3)和(1.12.11)，我们得到

$$da_k=jX_{K,k}dA_K,\quad dv=jdV \tag{3.8.3}$$

把上式代入(3.8.2)，则有

$$\mathbf{t}_k=j^{-1}x_{k,K}\mathbf{T}_K,\quad \mathbf{T}_K=jX_{K,k}\mathbf{t}_k \tag{3.8.4}$$

显然

$$\mathbf{t}_{k,k}=(j^{-1}x_{k,K}\mathbf{T}_K)_{,k}=j^{-1}x_{k,K}\mathbf{T}_{K,L}X_{L,k}=j^{-1}\mathbf{T}_{K,K}$$

式中，我们已用过 $(1.4.7)_2$。

把此式代入(3.5.7)，并利用(3.8.1)，我们得到

$$\mathbf{T}_{K,K}+\rho_0(\mathbf{f}-\mathbf{a})=\mathbf{0} \tag{3.8.5}$$

这就是在参考状态中的 Cauchy 运动方程. 仿效 Piola[1], 我们现在按下式引入伪应力 T_{Kl} 和 T_{KL}:

(3.8.6) $$\mathbf{T}_K = T_{Kl}\mathbf{i}_l = T_{KL}x_{l,L}\mathbf{i}_l$$

于是,由(3.8.4),我们有

(3.8.7) $$T_{KL} = jX_{K,k}t_{kl}, \quad t_{kl} = j^{-1}x_{k,K}T_{Kl} = j^{-1}x_{k,K}x_{l,L}T_{KL}$$

(3.8.8) $$T_{KL} = T_{Kl}X_{L,l} = jX_{K,k}X_{L,l}t_{kl}$$

由$(3.8.6)_1$ 和(3.8.2)易知, T_{Kl} 是用 $\mathbf{X}=\mathbf{X}(\mathbf{x},t)$ 处每单位未变形面积上度量的在 $\mathbf{x}$ 处的应力.

把(3.8.6) 代入 (3.8.5),我们得到两种不同形式的运动方程

(3.8.9) $$T_{Kk,K} + \rho_0(f_k - a_k) = 0$$

(3.8.10) $$(T_{KL}x_{k,L})_{,K} + \rho_0(f_k - a_k) = 0$$

我们利用 $(3.8.7)_2$, 并由 $t_{kl} = t_{lk}$ 可得 Cauchy 第二运动定律. 因此

(3.8.11) $$T_{Kk}x_{l,K} = T_{Kl}x_{k,K}$$

(3.8.12) $$T_{KL} = T_{LK}$$

的任何一种形式都可作为 Cauchy 第二运动定律.

在变形梯度,应变或转动与 1 相较很小的情况下,上述表达式都可用来作为各种近似理论的来源.为此,我们回顾方程 $(1.5.11)_2$

$$X_{K,k} = (\delta_{lk} - \tilde{e}_{lk} - \tilde{r}_{lk})\delta_{lk}$$

1. 应变 $\tilde{e}_{lk}$ 和 1 相比很小 在这种情况下,由 (2.9.4), 我们有 $j \cong 1 + \tilde{e}_{kk}$. 因此有

(3.8.13) $$T_{Kl} \cong (t_{ml} - \tilde{r}_{mk}t_{kl})\delta_{mk}$$

(3.8.14) $$T_{KL} \cong (t_{mk} - \tilde{r}_{ml}t_{lk} - \tilde{r}_{kl}t_{lm} + \tilde{r}_{mn}\tilde{r}_{kl}t_{nl})\delta_{mK}\delta_{kL}$$

2. 应变 $\tilde{e}_{lk}$ 和转动 $\tilde{r}_{lk}$ 与 1 相比都很小 在这种情况下, (3.8.13)和(3.8.14)简化为

(3.8.15) $$T_{Kl} \cong t_{ml}\delta_{mK}, \quad T_{KL} \cong t_{mk}\delta_{mK}\delta_{kL}$$

因此,我们看到,仅当 $\tilde{e}_{lk}$ 和 $\tilde{r}_{lk}$ 和 1 相较都很小时 (无限小变形

---

1) [1833], [1834, 34—38节],也可参见 Kirchhoff [1852, p.763—764] 以及 E. 和 F. Cosserat [1896, 第 15 节].

理论)，Euler 和 Piola 应力之间才没有数值上的差别.

3. 某些 $\tilde{r}_{kl}$ 和其它量相比可被忽略 在这种情况下，(3.8.13)和(3.8.14)可以略去含有 $\tilde{r}_{kl}$ 的项而被简化. 但是，必须考虑到乘以这些小量 $\tilde{r}_{kl}$ 的应力分量与其它量必为同量级的事实. 这种情况发生在板和壳的有限变形中. 著名的 Kármán-Timoskenko 板理论[1] 提供了一个很好的例子，在其中，因为板元素对于绕其法线的转动有更大的抵抗能力，所以，垂直于板中面的转动矢量的分量与其它分量相比是很小的.

我们概要地重述一下无限小理论的主要结果来结束这一节. 当应变 $\tilde{e}_{kl}$ 和转动 $\tilde{r}_{kl}$ 与 1 相比都很小，而且所有的应力分量都是同量级时，则已变形物体的运动方程和边界条件在物质坐标和空间坐标中具有相同的形式，而且 Cauchy 和 Piola 应力在数值上是相等的.

3.9 应力通量

在粘弹性物质的研究中，常常看到物质的动力学行为与应力的时间变率相关. 例如，所谓的简单 Maxwell 固体就要求在它的本构理论中用到应力率(参见第 9.4 节). 用与应变率类似的方法，应力率可以定义为

$$\dot{t}_{kl} = \frac{Dt_{kl}}{Dt} \tag{3.9.1}$$

虽然应力张量是客观的，但应力率张量并不是客观的. 因此，在描述物质性质时，应力率不应以这种形式出现. 我们很想构造一个相当于应力率的客观张量. 根据第 2.10 节，在两个客观上相等的运动中任何客观张量将按照适用于应力张量的规律进行变换，即

$$t'_{kl} = Q_{km}Q_{ln}t_{mn} \tag{3.9.2}$$

式中

$$Q_{kl}Q_{ml} = Q_{lk}Q_{lm} = \delta_{km} \tag{3.9.3}$$

---

1) 参见 Eringen [1955a], Novozhilov [1948, 第六章].

对(3.9.2)的两端取物质导数，我们得到

$$\dot{t}'_{kl}=\dot{t}_{mn}Q_{km}Q_{ln}+t_{mn}\dot{Q}_{km}Q_{ln}+t_{mn}Q_{km}\dot{Q}_{ln}\tag{3.9.4}$$

由此，我们可用(2.10.14)来消去 $\dot{\mathbf{Q}}$. 因此

$$\begin{aligned}\dot{t}'_{kl}+t_{km}w'_{ml}-t'_{ml}w'_{km}\\=(\dot{t}_{mn}+t_{mr}w_{rn}-t_{rn}w_{mr})Q_{km}Q_{ln}\end{aligned}$$

这就表明，由下式定义的量是客观的：

$$\hat{t}_{kl}\equiv\dot{t}_{kl}+t_{km}w_{ml}-t_{ml}w_{km}\tag{3.9.5}$$

这样定义的张量 $\hat{\mathbf{t}}$ 称为**应力通量**. 这并不是仅有的相当于应力率是客观的量，即，应力通量的定义**不是唯一的**. 在(3.9.5)的右端增加诸如 $\pm t_{km}d_{ml}$ 这样的客观张量就可得到其它的应力通量. 例如

$$\begin{aligned}\hat{t}_{kl}&=\dot{t}_{kl}+t_{ml}v_{m,k}+t_{km}v_{m,l}\\\hat{t}_{kl}&=\dot{t}_{kl}-t_{ml}v_{k,m}-t_{km}v_{l,m}\\\hat{t}_{kl}&=\dot{t}_{kl}-t_{ml}v_{k,m}+t_{km}v_{m,l}\\\hat{t}_{kl}&=\dot{t}_{kl}+t_{ml}v_{m,k}-t_{km}v_{l,m}\end{aligned}\tag{3.9.6}$$

所有这些张量都是客观的. 还可以得到与上列那些不同的表达式[1]. 其它的应力通量还可通过下式得到：

$$\begin{aligned}\frac{DT_{KL}(\mathbf{X},t)}{Dt}=\frac{\partial T_{KL}}{\partial t}&=\frac{D}{Dt}(jt_{kl}X_{K,k}X_{L,l})\\&=j\dot{t}_{kl}X_{K,k}X_{L,l}+jt_{kl}\frac{D}{Dt}(X_{K,k})X_{L,l}\\&\quad+jt_{kl}X_{K,k}\frac{D}{Dt}(X_{L,l})+\frac{Dj}{Dt}t_{kl}X_{K,k}X_{L,l}\end{aligned}$$

现在利用(2.4.2)和(2.4.6)，此式可整理为

$$\frac{\partial T_{KL}}{\partial t}=\check{t}_{kl}jX_{K,k}X_{L,l}\tag{3.9.7}$$

式中

$$\check{t}_{kl}\equiv\dot{t}_{kl}-t_{km}v_{l,m}-t_{ml}v_{k,m}+t_{kl}v_{m,m}\tag{3.9.8}$$

---

1) 对这些以及高阶应力通量的表达式可参见 Eringen [1962，第 27，72，93 节].

也是应力通量[1]. 容易证明，$\check{t}_{kl}$ 是客观的. 结果(3.9.7)也可表述为下列定理.

定理 在任何的运动中，Piola-Kirchhoff 应力张量是平稳的必要充分条件是 Truesdell 应力率必定为零[2].

因为 $j \neq 0$，而且 $X_{K,k}$ 是任意的，故在(3.9.7)中当且仅当 $\check{t}_{kl}=0$时才可能有$\dfrac{\partial T_{KL}}{\partial t}=0$.

Oldroyd [1950] 首先提出一个由 T_{KL}/j 导出的应力张量. 如果在上述推导中利用它，则我们得到 Oldroyd 应力通量:

(3.9.9) $$\mathring{t}_{kl}=\dot{t}_{kl}-t_{km}v_{l,m}-t_{ml}v_{k,m}$$

还存在许多其它可能性.

习题

3.1 在直角坐标系 x_k 中，给定一点 p 处的应力张量和偶应力张量的分量. 试确定通过 p 点并与 x_1, x_2 和 x_3 轴的截距分别为 a, $2a$ 和 $3a$ 的平面上的面力及面力偶.

3.2 直角坐标 x_k 以反时针方向绕 x_3 轴刚性地转动一个角度 $\theta<90°$. 然后把这样得到的新坐标轴以反时针方向绕新的 x_1 轴转动一角度 $\phi<90°$. 在坐标系 x_k 中 p 点处的应力分量已知. 试确定在这些转动之后得到的坐标系 x'_k 中的应力张量的分量.

3.3 试用直角坐标 x_k 中 p 处的应力分量来确定曲面 $x_3=f(x_1,x_2)$ 上 p 处的面力.

3.4 设变形是已知的. 试用作用于变形前的面元上的面力确定作用在已变形物体的面元 da_k 上的面力分量.

3.5 试用直角坐标中的应力张量和面力分量来确定柱面坐标 (r,θ,z) 中的应力张量和面力的分量. 试求曲面 $r=\text{const.}$ 上的面力.

3.6 试写出下列坐标中的运动方程 (Cauchy 第一定律):

(a) 柱面坐标，

(b) 球面坐标.

3.7 (短文) 试写出下列任何一种坐标中的运动方程:

---

1) Truesdell [1955 a, b] 用其它方法导出了此式.

2) 这个定理由 Eringen [1962, p.253] 给出.

(a) 双极坐标，

(b) 椭球坐标，

(c) 圆环坐标，

(d) 抛物面坐标，

(e) 螺旋坐标.

3.8 （短文） 研究三维 Mohr 圆，并作一个全面的讨论.

3.9 试证最大剪切应力作用在平分最大和最小主应力所在方向之间的夹角的平面上.

3.10 如果 $\mathbf{t}_{(n)}$ 和 $\mathbf{t}_{(n')}$ 分别是作用于 p 点处并在具有单位法线为 $\mathbf{n}$ 和 $\mathbf{n}'$ 的两个面的交线上，试证明在 p 处有 $\mathbf{t}_{(n')}\cdot\mathbf{n}=\mathbf{t}_{(n)}\cdot\mathbf{n}'$.

3.11 试作平面应力情况（t_{11}, t_{12}, t_{22}, $t_{13}=t_{23}=t_{33}=0$）的 Mohr 圆. 试求主应力，最大剪切应力以及它们的方向.

3.12 （短文） 调研文献并讨论偶应力的概念. 当存在偶应力和体力偶时，试推导出动量平衡方程和在运动间断面上的跳变条件.

3.13 试给出已变形固体的外力边界条件. 当未变形的边界面方程和运动为已知时，试寻求已变形的边界面的方程.

3.14 如果 τ 表示在曲面上一点的切向面力，试证切向应力平方的平均值 $\langle\tau^2\rangle$ 由下式给出：

$$\langle\tau^2\rangle\equiv\lim_{s\to 0}\frac{1}{s}\oint_s \tau^2 da=\frac{1}{15}[(t_1-t_2)^2+(t_2-t_3)^2+(t_3-t_1)^2]$$

式中积分在球的面积 s 上进行，而 t_1, t_2 和 t_3 为主应力.

3.15 试证无体力的物体的平衡方程恒被

$$t_{kl}=e_{kmn}e_{lrs}\phi_{mr,ns}$$

所满足. $\phi_{12}=\phi_{23}=\phi_{31}\equiv 0$ 的情况就是熟知的 Maxwell 应力函数. 试求满足二维应力状态的平衡方程的二维应力函数.

第四章　连续介质热力学

4.1　本章的范围

本章讨论连续介质热力学．热力学主要研究能和熵的原理及其各种应用．在物理学和工程方面的课程中，很少处理真正的动力学现象．对于这种研究应称作**热静力学**．关于热静力学和不可逆过程的热力学(热力学的真正名称)的大多数书籍常常只涉及**离散系统**．

首先，在第 4.2 节中介绍连续介质热力学的能量守恒原理．在第 4.3 节中，我们讨论势能和应变能的概念；推导和讨论热力学的非耗散应力和压力，并将它们转换到热静力学．在第 4.4 节中则研究在运动间断面上的跳变条件．在第 4.5 节中，我们将引进熵、热力学温度、热力学拉伸和热力学路径等概念，它们对于比热和潜热的概念是十分重要的．在第 4.6 节中，则介绍熵原理．作为一个基本公理，我们将导出局部 Clausius-Duhem 不等式及其重要推论，并且将获得作为热力学第二定律的全局原理．为了说明局部 Clausius-Duhem 不等式所加的热力学限制，在第 4.7 节中，我们介绍两个例子(弹性固体和粘性流体)．在第 4.8 节中则主要研究热力学和力学的平衡，同时还介绍了变分法．

在连续统物理学这门学科常常要涉及到动力学的和耗散现象的论述，但热力学(不管它的年代如何)还仍然是一门发展得不够理想的学科．当把这一点作为回避物理现象(其中热力学是主要的)论述的理由时，这种不完善性常常掩盖了物理科学中的许多有意义的例子．

4.2　能量守恒原理

在第 2.9 节中我们已经阐述过能量的全局守恒原理．根据这个原理，动能$\mathscr{K}$与内能$\mathscr{E}$的时间变化率之和等于外力在物体上所做的功率$\mathscr{W}$与所有其它能率$\mathscr{U}_\alpha$之和. 于是，在数学上可表示为

$$\dot{\mathscr{K}} + \dot{\mathscr{E}} = \mathscr{W} + \sum_\alpha \mathscr{U}_\alpha \tag{4.2.1}$$

在各种类型的能量中，我们可以列举出**热能**、**化学能**、**电磁能**和**表面能量**等. 为了简单和易于理解起见，我们只考虑具有热能Q的热力系统. 于是，

$$\dot{\mathscr{K}} + \dot{\mathscr{E}} = \mathscr{W} + Q \tag{4.2.2}$$

热能Q与机械能的相互转换性自 Carnot [1824] 时代以来便是熟知的事实，并且这种等效的明确表述早已由 Joule [1843] 给出. 热静力学的过程认为是与时间无关的，因此，$\dot{\mathscr{K}} = 0$，如在(4.2.2)中，令 $\dot{\mathscr{E}}dt = d\mathscr{E}$，$\mathscr{W}\,dt = \delta\mathscr{W}$，$Qdt = \delta\mathscr{Q}$，则我们得到熟知的热力学**第一定律**：

$$d\mathscr{E} = \delta\mathscr{W} + \delta\mathscr{Q}$$

热能Q是用力学的单位来度量的，它具有机械功率$\mathscr{W}$的量纲，即

$$[Q] = [\mathscr{W}] = \frac{\text{力}\times\text{距离}}{\text{时间}} = \frac{ML^2}{T^3}$$

式中 M, L, T 分别表示质量、长度和时间的单位. 在 CGS (厘米-克-秒)制中，机械功率的度量是尔格/秒=达因·厘米/秒. 在 MKS (米-千克-秒)制中，采用牛顿·米/秒作为功率的度量. 在英制中，通常则用磅·英尺/秒[1].

在连续介质 $\mathscr{V} + \mathscr{S}$ 中，热可以通过它的表面$\mathscr{S}$而进入物体，或者可以由物体内单位质量的分布热源 h 而得到内部供应. 令 $\mathbf{q}$ 表示作用在表面 $\mathscr{S}$ 某一 $\mathbf{x}$ 处单位面积上的热量矢量，并指向物体的外部(即 $\mathbf{q}$ 和 $\mathscr{S}$ 在 $\mathbf{x}$ 处的外法线 $\mathbf{n}$ 成锐角)，于是，总的热输

---

1) 在 SI 单位中，功率的单位是瓦特 (W)，也可表示为焦耳每秒 (J/s).——译者

入为

$$Q = \oint_{\mathscr{S}} \mathbf{q} \cdot \mathbf{n} da + \int_{\mathscr{V}} \rho h dv \tag{4.2.3}$$

而动能和内能为

$$\mathscr{K} = \frac{1}{2} \int_{\mathscr{V}} \rho v_k v_k dv, \quad \mathscr{E} = \int_{\mathscr{V}} \rho \varepsilon dv \tag{4.2.4}$$

式中 $v_k = \dot{x}_k$ 是速度矢量，ε 是物体内单位质量的内能密度.

机械能由表面力和体积力在单位时间内所做的功形成. 为了简单起见,我们考虑非极性介质. 于是有

$$\begin{aligned} \mathscr{W} &= \oint_{\mathscr{S}} \mathbf{t}_{(\mathbf{n})} \cdot \mathbf{v} da + \int_{\mathscr{V}} \rho \mathbf{f} \cdot \mathbf{v} dv \\ &= \oint_{\mathscr{S}} t_{lk} v_k n_l da + \int_{\mathscr{V}} \rho f_k v_k dv \end{aligned} \tag{4.2.5}$$

式中第二行的面积分是根据(3.4.3)$_1$ 得到的.

我们现在来计算$\mathscr{K}$和 $\mathscr{E}$ 的时间率. 利用 Green-Gauss 定理将面积分转换为体积分,于是有

$$\begin{aligned} \dot{\mathscr{K}} &= \int_{\mathscr{V}} \left[\rho v_k a_k dv + \frac{1}{2} v_k v_k \frac{D}{Dt} (\rho dv) \right] \\ \dot{\mathscr{E}} &= \int_{\mathscr{V}} \left[\rho \dot{\varepsilon} dv + \varepsilon \frac{D}{Dt} (\rho dv) \right] \end{aligned}$$

(4.2.6)

$$\begin{aligned} \mathscr{W} &= \int_{\mathscr{V}} (t_{lk,l} v_k + t_{lk} v_{k,l} + \rho f_k v_k) dv \\ Q &= \int_{\mathscr{V}} (q_{k,k} + \rho h) dv \end{aligned}$$

把这些公式代入(4.2.2),并重新整理各项,我们得到

$$\begin{aligned} &\int_{\mathscr{V}} (\rho \dot{\varepsilon} - t_{lk} v_{k,l} - q_{k,k} - \rho h) dv \\ &+ \int_{\mathscr{V}} \left(\varepsilon + \frac{1}{2} v_k v_k \right) \frac{D}{Dt} (\rho dv) \\ &- \int_{\mathscr{V}} v_k (t_{lk,l} + \rho f_k - \rho a_k) dv = 0 \end{aligned} \tag{4.2.7}$$

这就是全局能量守恒的最终表示式。当对于任意小的体元能量都平衡时，我们有**局部**能量守恒。在这种情况下，我们还要用到局部质量守恒和局部动量平衡原理。因为这两个原理，使得第二个和第三个体积分的被积函数为零，于是，**局部能量守恒**的方程为

$$\rho\dot{\varepsilon} = t_{kl}v_{l,k} + q_{k,k} + \rho h \tag{4.2.8}$$

在非极性的情况下，$t_{kl} = t_{lk}$，而且 $v_{l,k} = d_{lk} + w_{lk}$，并且因为 $w_{lk} = -w_{kl}$，所以 $t_{kl}w_{lk} = 0$。于是，(4.2.8)还可以写成

$$\rho\dot{\varepsilon} = t_{kl}d_{lk} + q_{k,k} + \rho h \tag{4.2.9}$$

这里，机械能

$$\phi \equiv t_{kl}v_{l,k} = t_{kl}d_{lk} \tag{4.2.10}$$

也称为**应力功率**。于是，方程(4.2.8)或(4.2.9)是局部平衡方程，它表示在单位时间内内能的变化是由于应力功率和热能而产生的。

4.3 势能和应变能

在经典力学中，当力是位置矢量的函数，并可由一个势 $U(\mathbf{x})$ 得到时，则可积分 Newton 第二运动定律来得到能量守恒原理

$$\mathscr{K} + \mathscr{U} = 常数$$

在连续介质力学中，我们有体积力和表面力，而后者是与应力假说相关的，因此需要对势能的概念作新的解释。我们首先考虑体积力 $\mathbf{f}$ 的项。当体积力是定常的并可由一个势 $U(\mathbf{x})$ 得到时，则全局能量守恒可以表示为更为熟悉的形式，即，设

$$f_k = -U_{,k} \tag{4.3.1}$$

则

$$\int_{\mathscr{V}} \rho f_k v_k dv = -\int_{\mathscr{V}} \rho U_{,k} v_k dv = \dot{\mathscr{U}} + \int_{\mathscr{V}} U \frac{D}{Dt}(\rho dv) \tag{4.3.2}$$

式中

$$\mathscr{U} \equiv \int_{\mathscr{V}} \rho U dv \tag{4.3.3}$$

称为势能。把(4.3.2)代入(4.2.5)，并把所得结果代入(4.2.2)，则

有

$$(4.3.4)\qquad \dot{\mathscr{K}}+\dot{\mathscr{E}}+\dot{\mathscr{U}}=\oint_{\mathscr{S}} t_{kl}v_l n_k da+\int_{\mathscr{V}} U\frac{D}{Dt}(\rho dv)+Q$$

当此式的右端为零时,我们就得到**机械能守恒原理**;即,全部动能、内能与势能之和为常数

$$(4.3.5)\qquad \mathscr{K}+\mathscr{E}+\mathscr{U}=\text{常数}$$

应注意的是,在这种情况下,除了(4.3.1)的基本假设之外,我们还必须有:

1. 物体是绝热的,即 $Q=0$;
2. 表面外力的能量为零(即(4.3.4)中的积分为零);以及
3. 由质量的增加和减少而引起的总势能为零(即(4.3.4)中的体积分为零).

当然,所有这些情况都是很特殊的.

因为我们只考虑体积力的势能的项,所以,很自然的要问对于表面力是否也存在类似的情况?我们在后面将看到,这种探究就要导出**应变能**的概念.

在非极性的情况下,有理由认为应力张量可以写成两个对称应力张量之和,即

$$(4.3.6)\qquad \mathbf{t}={}_E\mathbf{t}+{}_D\mathbf{t}\quad \text{或}\quad t_{kl}={}_Et_{kl}+{}_Dt_{kl}$$

${}_E\mathbf{t}$ 是可逆的或可恢复的应力部分,它可由一个势得到,而 ${}_D\mathbf{t}$ 是不可逆的或耗散的部分.我们称 ${}_E\mathbf{t}$ 为**超弹性应力**,并假设它可由一个势 $\tau(x_{k,K})$ 得到,所以

$$(4.3.7)\qquad \rho\dot{\tau}={}_Et_{kl}d_{lk}={}_Et_{kl}v_{l,k}$$

将(4.3.6)代入此式,并将所得结果代入(4.2.9)中 $\mathscr{W}$ 的表达式,然后,在已变形物体的体积 $\mathscr{V}$ 上积分,我们得到

$$\int_{\mathscr{V}}\rho\dot{\varepsilon}dv=\int_{\mathscr{V}}\rho\dot{\tau}dv+\int_{\mathscr{V}}{}_Dt_{lk}d_{kl}dv+\int_{\mathscr{V}}(q_{k,k}+\rho h)dv$$

如果我们注意到能量平衡方程(4.2.9)是在假设局部质量守恒和 Cauchy 第一定律成立的条件下得到的，则我们可将上式写为

$$\dot{\mathscr{E}}=\dot{\mathscr{T}}+\mathscr{D}+Q \tag{4.3.8}$$

式中的 $\mathscr{E}$ 和 Q 分别是前面定义的总内能和热能. 下面我们定义的两个新的能量 $\mathscr{T}$ 和 $\mathscr{D}$，分别称之为**总应变能**和**总耗散功率**:

$$\mathscr{T}=\int_{\mathscr{V}}\rho\tau dv,\quad \mathscr{D}=\int_{\mathscr{V}}{}_{D}t_{lk}d_{kl}dv \tag{4.3.9}$$

因此(4.3.8)式可以陈述为，当局部质量守恒和 Cauchy 第一定律成立时，物体的总应变能的时间率、总耗散功率与总热能之和等于内能的时间率. 值得指出的是，当局部质量不守恒和/或 Cauchy 第一定律不成立时，(4.3.8)式不是能量守恒的全局形式. 事实上，能量守恒的全局形式为

$$\dot{\mathscr{E}}=\dot{\mathscr{T}}+\mathscr{D}+Q-\dot{\mathscr{K}}-\int_{\mathscr{V}}\tau\frac{D}{Dt}(\rho dv)+\int_{\mathscr{V}}(t_{lk,l}+\rho f_{k})v_{k}dv \tag{4.3.10}$$

在 $\varepsilon=\tau$ 的特殊情况下，方程(4.3.8)化为

$$\mathscr{D}+Q=0 \tag{4.3.11}$$

所以在这种情况下，耗散能全部转换为热量.

由(4.3.7)式，势能 $\tau(x_{k,K})$ 的存在可以决定超弹性应力. 因为

$$\dot{\tau}=\frac{\partial\tau}{\partial x_{k,K}}\frac{D}{Dt}(x_{k,K})=\frac{\partial\tau}{\partial x_{k,K}}v_{k,l}x_{l,K}$$

其中最后一步已利用$(2.4.1)_1$. 现在把此式代入(4.3.7)，则得

$$\rho\frac{\partial\tau}{\partial x_{k,K}}x_{l,K}v_{k,l}={}_{E}t_{lk}v_{k,l}$$

由此，对于任意的运动，因为 ${}_{E}t_{kl}={}_{E}t_{lk}$，所以我们得到

$$\begin{aligned}{}_{E}t_{lk}&=\rho\frac{\partial\tau}{\partial x_{(k,K}}x_{l),K}\\ 0&=\rho\frac{\partial\tau}{\partial x_{[k,K}}x_{l],K}\end{aligned} \tag{4.3.12}$$

因为我们有

$$_ET_{Kl}=\frac{\rho_0}{\rho}\,_Et_{kl}X_{K,k}$$

$$_ET_{KL}=\frac{\rho_0}{\rho}\,_Et_{kl}X_{K,k}X_{L,l}$$

所以不难计算相应的 Piola 应力 $_ET_{Kl}$ 和 $_ET_{KL}$. 现在把(4.3.12)$_1$代入这两式中，并利用(4.3.12)$_2$，我们就得到

$$\text{(4.3.13)}\qquad \begin{aligned}_ET_{Kl}&=\rho_0\frac{\partial\tau}{\partial x_{l,K}}\\ _ET_{KL}&=\rho_0\frac{\partial\tau}{\partial x_{k,(K}}X_{L),k}\end{aligned}$$

应变能的一种特殊情况是 τ 只依赖于 $j=\det x_{k,K}$，即

$$\text{(4.3.14)}\qquad \tau=\tau(j)=\tau(\rho_0/\rho)$$

在这种情况下，由(4.3.12)，并利用(1.4.7)，我们得到

$$_Et_{lk}=\rho\frac{\partial\tau}{\partial j}\frac{\partial j}{\partial x_{(k,K}}x_{l),K}=\rho\frac{\partial\tau}{\partial j}jX_{K,k}x_{l,K}$$

或者简写为

$$\text{(4.3.15)}\qquad _Et_{kl}=-\pi\delta_{kl}$$

式中

$$\text{(4.3.16)}\qquad \pi(j)\equiv-\rho_0\frac{\partial\tau}{\partial j}$$

称为弹性**静水压力**. 反之，由(4.3.15)可以推出(4.3.14). 对于这种特殊情况，我们有

$$\text{(4.3.17)}\qquad \rho\dot{\tau}=-\pi v_{k,k}$$

因此，利用 $D(dv)/Dt=v_{k,k}dv$，我们有

$$\text{(4.3.18)}\qquad \mathscr{T}=-\int_{\mathscr{V}}\pi\frac{D}{Dt}(dv)+\int_{\mathscr{V}}\tau\frac{D}{Dt}(\rho dv)$$

作为前述结果的特殊情况，我们现在来说明如何导出热静力学的第一定律. 经典热力学处理的是均匀系统和由常值的纯静水压力组成的应力状态. 我们可以更一般的假设 π 只是时间的函

数，即 $\pi=\pi(t)$. 在这些条件下，(4.3.18)给出

$$\dot{\mathscr{T}}=-\pi\dot{\mathscr{V}} \tag{4.3.19}$$

因为现在 $\mathscr{D}=0$，而且系统是均匀的，所以(4.3.8)化为

$$d\mathscr{E}=-\pi d\mathscr{V}+\delta\mathscr{Q} \tag{4.3.20}$$

其中已令

$$d\mathscr{E}=\dot{\mathscr{E}}dt,\quad \delta\mathscr{Q}=Qdt \tag{4.3.21}$$

这说明所有的变量都被认为与时间无关，所以它们描述了邻近状态之间的变化.

方程(4.3.20)就是熟知的热静力学第一定律的表达式.

因此，使我们导出(4.3.20)的假设是:

1. 系统是均匀的，并且明显地与时间无关；
2. 应力的耗散部分为零；
3. 应力的非耗散部分仅由静水压力组成[1].

第一个限制是最严的一个限制. 如果我们打算把应力的耗散部分并入到(4.3.20)中，则由于将产生耗散功率，所以我们应考虑惯性力的效应. 一种新的方法是用 dt 乘(4.2.2)，并令 $d\mathscr{K}=\dot{\mathscr{K}}dt$，$d\mathscr{W}=\mathscr{W}dt$. 这种包含项 $d\mathscr{K}$ 的方法确已超出经典热静力学的范围.

4.4 在运动间断面上的能量跳跃

在以速度 $\boldsymbol{\nu}$ 掠过物体的运动间断面 $\sigma(t)$ 上一点处所满足的跳变条件可以根据全局平衡方程(4.2.2)得到. 在换算各个积分之前，这个方程可以写成(2.5.16)的形式. 利用所得的(2.5.16)的形式(2.5.18)，我们看到，(4.2.2)包含了(4.2.6)中出现在 $\mathscr{V}-\sigma$ 上的积分. 此外，在(4.2.6)中每一个方程都分别具有如下的用黑体方括号表示的面积分项:

$$[\dot{\mathscr{K}}]=\int_\sigma\left(\left[\frac{1}{2}\rho v_l v_l \mathbf{v}\right]\cdot\mathbf{n}-\left[\frac{1}{2}\rho v_l v_l \boldsymbol{\nu}\right]\cdot\mathbf{n}\right)da \tag{4.4.1}$$

1) 这个条件不是本质的，对于弹性应力的更一般的情况，我们可以用 $d\mathscr{E}=\delta\mathscr{W}+\delta\mathscr{Q}$ 来代替(4.3.20)，参见第4.2节. 不难证明，这个方程可以推广到均匀系统的集合(非均匀介质)中.

$$[\mathscr{E}] = \int_\sigma ([\rho\varepsilon\mathbf{v}]\cdot\mathbf{n} - [\rho\varepsilon\boldsymbol{\nu}]\cdot\mathbf{n})da$$

(4.4.1) $$[\mathscr{W}] = \int_\sigma [t_{kl}v_l]n_k da$$

$$[Q] = \int_\sigma [q_k]n_k da$$

因此，对于任意的表面 $\sigma(t)$，这给出

(4.4.2) $$\left[\left(\rho\varepsilon + \frac{1}{2}\rho v_l v_l\right)(v_k - \nu_k) - t_{kl}v_l - q_k\right]n_k = 0,$$

在 $\sigma(t)$ 上虽然可以将各个矢量分解为法向和切向分量而可能得到某些简化，但是因为得不到更多的阐明所以不值得作这种努力．然而，考虑下面一些特殊情况是值得的．

(a) **间断面是物质交界面**　　在这种情况，$\mathbf{v} = \boldsymbol{\nu}$，而(4.4.2)给出

(4.4.3) $$([t_{kl}v_l] + [q_k])n_k = 0$$

这说明，通过物质交界面，面力的能量跳变是与热矢量的法向分量的跳变相平衡的．

如果通过 $\sigma(t)$ 物质速度是连续的，则利用(3.3.6)，此式可进一步简化为

$$[q_k]n_k = 0$$

这说明，通过 $\sigma(t)$ 热量矢量的法向分量是连续的．

(b) **间断面为物体的表面**　　在这种情况下，$\overset{+}{\rho} = 0$，并且 $\bar{\mathbf{v}} = \boldsymbol{\nu}$．我们可以再一次得到(4.4.3)，此式还可以表示为

(4.4.4) $$(t_{kl}v_l + q_k)n_k = \mathbf{s}\cdot\overset{+}{\mathbf{v}} + q_{(\mathbf{n})}$$

式中，我们令

(4.4.5) $$\overset{+}{t}_{kl}n_k \equiv s_l,\quad \overset{+}{\mathbf{q}}\cdot\mathbf{n} \equiv q_{(\mathbf{n})}$$

$$\bar{t}_{kl} \equiv t_{kl},\quad \bar{q}_k \equiv q_k,\quad \bar{v}_l \equiv v_l$$

s_l 是由(3.4.9)给定的表面外力，而 $q_{(\mathbf{n})}$ 是热量矢量的法向分量．方程(4.4.4)给出了通过物体表面能流的边界条件，它可叙述为，

外力的能量和热量的法向分量是与从内部接近表面时所获得的能量和热量的法向分量相平衡的.

如果外力作用于表面，并且 $\bar{v}_l = \overset{+}{v}_l$，这时(4.4.4)的左端和右端的第一项相等．因此，我们得到只包含热量的边界条件

(4.4.6)
$$q_k n_k = q_{(n)}$$

(c) **间断面是固定曲面** 在这种情况下，$\boldsymbol{\nu} = \mathbf{0}$，而(4.4.2)给出

(4.4.7)
$$\left[\frac{1}{2}(\rho v_l v_l + \rho\varepsilon)v_k - t_{kl}v_l - q_k\right]n_k = 0$$

4.5 熵

如果能够找到积分因子 $1/\bar{\theta}$，使得 $\delta\mathscr{Q}$ 可以表示成为一个全微分

(4.5.1)
$$\frac{\delta\mathscr{Q}}{\bar{\theta}} = dH$$

则经典的热静力学第一定律的方程(4.3.20)可以写成不同的形式．把上式代入(4.3.20)，则得到

(4.5.2)
$$d\mathscr{E} = -\pi d\mathscr{V} + \bar{\theta} dH$$

这样引进的新变量 $\bar{\theta}$ 和 H 分别称为**绝对温度**和**总熵**.

Caratheodory [1909, 1925][1] 首先研究了使(4.5.1)成立的条件．通过**热平衡**的概念和对于每一个状态都存在一个不消耗功热力学系统就不能达到的任意接近的状态的假设，Caratheodory 得到了温度和熵的概念．对于非平衡过程，这是比平衡过程更为自然的，定义熵和温度的一切尝试都面临着极大的困难．目前，对于不可逆热力学还没有一个适当的理论[2]．和质量的情况一样，作为

---

1) 关于这一点，还可以参见 Born [1921] Ehrenfest-Afanassjewa [1925], Mimura [1931] 及 Waples [1952].

2) 在这个领域中，大量的研究都限于线性本构方程和接近于平衡的过程．在这些理论中的本构系数都假设是对称张量．对于基本上为离散系统的研究，参见 DeGroot [1962]．对于线性不可逆的连续统理论，参见 Eringen[1960].

一个本原的量而引进熵和温度的概念在目前的热力学论述中似乎是最为妥当的.

热力学状态　影响时刻 t 占据位置 $\mathbf{x}$ 的物质点 $\mathbf{X}$ 的内能密度 ε 和温度 θ 的 $n+1$ 类独立变量 $\eta, \nu_\alpha (\alpha = 1, 2, \cdots n)$ 称为一个**热力学状态**. 参量 ν_α 具有电学的和力学的量纲,而**熵密度**的量纲与 ν_α 的量纲无关. 熵密度 η 具有单位温度单位质量的能量的量纲. 于是,我们记

$$\varepsilon = \varepsilon(\eta, \nu_\alpha, \mathbf{X}) \tag{4.5.3}$$

$$\theta = \theta(\eta, \nu_\alpha, \mathbf{X}) \tag{4.5.4}$$

方程(4.5.3)及(4.5.4)是内能密度和温度的"热力学"本构方程, 它们将受到后面提出的 Clausius-Duhem 不等式和第五章中的本构理论所加的限制. ν_α 的选择依赖于物体的热力学状态[1], 某些变量是不容许作为 ν_α 的. 例如,由于 ε 和 θ 必须服从客观性原理, 所以, 时间、位置、速度和加速度是不容许作为变量 ν_α 的(参见第五章). 参量 η 和 ν_α 依赖于时间和位置或运动,即

$$\eta = \eta(\mathbf{x}, t), \quad \boldsymbol{\nu} = \boldsymbol{\nu}(\mathbf{x}, t)$$

式中,我们已将 ν_α 缩写成 $\boldsymbol{\nu}$. 因为对于一个给定的运动,我们有 $\mathbf{x} = \mathbf{x}(\mathbf{X}, t)$, 因此,有 $\eta = \hat{\eta}(\mathbf{X}, t)$, $\boldsymbol{\nu} = \hat{\boldsymbol{\nu}}(\mathbf{X}, t)$, 从而 $\varepsilon = \hat{\varepsilon}(\mathbf{X}, t)$ 及 $\theta = \hat{\theta}(\mathbf{X}, t)$. 但是, 根据(4.5.3)及(4.5.4), 不管时间和位置如何, ε 和 θ 是完全被确定的,即, 它们不是 $\mathbf{x}$ 和 t 的显函数,但它们依赖于时刻 t 位置 $\mathbf{x}$ 处的 η 和 ν_α 的值. ν_α 的选择与所考虑的系统有关. 我们可以根据对物理系统的经验来选择 ν_α, 从而决定该系统的热力学特征. 例如,对于稀薄气体和某些流体,可取 $\nu_1 = 1/\rho$, $\nu_\alpha = 0 (\alpha > 1)$.

一旦选定了 ν_α, 我们就有一个决定理想系统的热力学状态. 为使这个状态能描述任何一个物理状态,我们必须认为,它不能与力学的、热力学的以及本构的基本公理相矛盾. 这种限制规定了

1) 虽然在第五章中讨论因果性公理, 但适合于热力学理论的选择 ν_α 的法则是存在的. 对于化学的和电力学的系统,也存在一些方法 (Dixon 及 Eringen [1965], Eringen 及 Ingram [1965]); 对于电力系统请参见第 10.10 节.

一个理想系统的热力学状态的相容条件(参见第4.6节).

定义 由于 η 和 ν_α 的变化所引起的 ε 和 θ 的变化称为一个热力学过程.

方程(4.5.3)和(4.5.4)描述了这个过程,因此,它们有时称为状态方程[1].

定义 一个热力学过程称为是均匀的,如果函数 ε 和 θ 与 $\mathbf{X}$ 无关.

因此,对于一个均匀状态,能量、密度和温度的函数形式在物体的所有点上都是相同的.

如果(4.5.4)对 η 是可解的,则我们可以选 θ 作为一个新的状态变量来代替 η. 对于(4.5.4)在 η 的某个邻域(是 η 的一个显函数)关于 η 可解的充分条件是,对于固定的 ν_α, $\partial\theta/\partial\eta|_{\nu,\mathbf{X}}$ 是连续的并且在 η 的该邻域内不为零. 在这种情况下,我们有

(4.5.5) $$\eta=\eta(\theta,\nu_\alpha,\mathbf{X})$$

(4.5.6) $$\varepsilon=\varepsilon[\eta(\theta,\boldsymbol{\nu},\mathbf{X}),\boldsymbol{\nu},\mathbf{X}]=\hat{\varepsilon}(\theta,\boldsymbol{\nu},\mathbf{X})$$

式中函数 η 和 $\hat{\varepsilon}$ 在 $\mathbf{X}$ 处是被给定的. 对于均匀过程,这些函数不随 $\mathbf{X}$ 而改变形式.

定义 热静力学温度 $\bar{\theta}$ 及热静力学拉伸 τ_α 定义为

(4.5.7) $$\bar{\theta}=\left.\frac{\partial\varepsilon}{\partial\eta}\right|_{\nu,\mathbf{X}},\quad \tau_\alpha=\left.\frac{\partial\varepsilon}{\partial\nu_\alpha}\right|_{\eta,\mathbf{X},\nu_\beta}\qquad \beta\neq\alpha$$

我们强调指出上面定义的温度 θ 和热静力学温度 $\bar{\theta}$ 是有区别的,但在第4.6节中将证明,对于某些热力学系统它们是相同的.

对于在一个给定的物质点 $\mathbf{X}$ 处的热力学状态的任意变化,由(4.5.3)和(4.5.7),我们有

(4.5.8) $$d\varepsilon=\bar{\theta}d\eta+\tau_\alpha d\nu_\alpha$$

式中求和理解为对所有重复的指标进行. 这就是著名的 Gibbs 方程的**局部**形式,它是由 Gibbs [1873] 对于一个特殊的系统得到

---

1) 这里所用的术语比经典热力学所用的术语更具有广泛的意义. 在经典热力学中只采用了方程(4.5.3)和(4.5.4)中的一个或 $\varepsilon=\hat{\varepsilon}(\theta,\nu_\alpha,\mathbf{X})$,参见(4.5.6).

的．当 $\nu_1 = 1/\rho$ 时，则 $-\tau_1$ 是**热力学压力**．对于一种混合物，如果能够得到这样一个 Gibbs 方程，而且如果我们把 $\nu_2, \nu_3, \cdots \nu_n$ 考虑为各成份的浓度，则相应的 $\tau_2, \tau_3, \cdots \tau_n$ 就是**化学势**．

对于固定的 $\mathbf{X}$，我们还有

(4.5.9) $$\dot{\varepsilon} = \bar{\theta}\dot{\eta} + \tau_\alpha \dot{\nu}_\alpha$$

由(4.5.7)，很清楚

(4.5.10) $$\bar{\theta} = \bar{\theta}(\eta, \boldsymbol{\nu}, \mathbf{X}), \quad \tau_\alpha = \tau_\alpha(\eta, \boldsymbol{\nu}, \mathbf{X})$$

如果(4.5.10)对 η 是可解的，则我们可以把 $\bar{\theta}$ 选作一个新的状态变量来代替 η．(4.5.10) 在 η 的某个邻域内关于 η 可解的充分条件是在 η 的该邻域内，$\partial\bar{\theta}/\partial\eta$ 是连续的并且不为零．在这种情况下，我们有

(4.5.11) $$\eta = \eta(\bar{\theta}, \boldsymbol{\nu}, \mathbf{X})$$

把此式代入(4.5.3)和$(4.5.10)_2$，我们得到

(4.5.12) $$\varepsilon = \bar{\varepsilon}(\bar{\theta}, \boldsymbol{\nu}, \mathbf{X})$$

(4.5.13) $$\tau_\alpha = \bar{\tau}_\alpha(\bar{\theta}, \boldsymbol{\nu}, \mathbf{X}) \text{ 或 } \nu_\alpha = \bar{\nu}_\alpha(\bar{\theta}, \boldsymbol{\nu}, \mathbf{X})$$

这些方程是热状态方程的另一种形式．方程 $(4.5.13)_2$ 是根据(4.5.10)对于 $\boldsymbol{\nu}$ 是可解的假设而得到的．方程 $(4.5.13)_1$ 在 $\boldsymbol{\nu}$ 的某个邻域内存在唯一的逆的充分条件是，在 $\boldsymbol{\nu}$ 的该邻域内 $(4.5.10)_2$ 关于 ν_β 的偏导数是连续的，并且

(4.5.14) $$\det(\partial\tau_\alpha/\partial\nu_\beta) \neq 0$$

这种形式的变量变换和状态变量的各种微分之间的相互关系是经典热静力学研究的主要课题．

定义 热力学路径．对于一个给定的粒子 $\mathbf{X}$，对于变量 λ，$\eta = \eta(\lambda)$ 和 $\boldsymbol{\nu} = \boldsymbol{\nu}(\lambda)$ 在热力学状态空间 η 和 $\boldsymbol{\nu}$ 中确定了一条热力学路径．$\eta = \text{const.}$ 的路径称为**等熵的**，而 $\bar{\theta} = \text{const.}$ 的路径称为**等温的**．

对于一个给定的粒子 $\mathbf{X}$，**比热** κ 和**潜热** $\boldsymbol{\lambda}_\alpha$ 及 $\boldsymbol{\mu}_\alpha$ 定义为

(4.5.15) $$\kappa = \frac{\delta q}{d\bar{\theta}} = \frac{1}{\dot{\bar{\theta}}}(\dot{\varepsilon} - \tau_\beta \dot{\nu}_\beta)$$

$$(4.5.16)\qquad \lambda_\alpha \equiv \frac{\delta q}{d\tau_\alpha} = \frac{1}{\dot{\tau}}(\dot{\varepsilon} - \tau_\beta \dot{\nu}_\beta)$$

$$(4.5.17)\qquad \mu_\alpha \equiv \frac{\delta q}{d\nu_\alpha} = \frac{1}{\dot{\nu}_\alpha}(\dot{\varepsilon} - \tau_\beta \dot{\nu}_\beta)$$

式中 $\delta q \equiv d\varepsilon - \tau_\beta d\nu_\beta$ 是**热增量**．因为 $\mathbf{X}$ 是固定的，所以在热力学路径 P 上取 $\lambda = \lambda(t)$，我们还可以把这些表达式写成

$$(4.5.18)\qquad \kappa = \frac{1}{d\bar{\theta}_P}(d\varepsilon_P - \tau_{\beta P} d\nu_{\beta P}) = \bar{\theta}_P \frac{d\eta_P}{d\bar{\theta}_P}$$

$$(4.5.19)\qquad \lambda_\alpha = \frac{1}{d\tau_{\alpha P}}(d\varepsilon_P - \tau_{\beta P} d\nu_{\beta P}) = \bar{\theta}_P \frac{d\eta_P}{d\tau_{\alpha P}}\text{(对 } P \text{ 不求和)}$$

$$(4.5.20)\qquad \mu_\alpha = \frac{1}{d\nu_{\alpha P}}(d\varepsilon_P - \tau_{\beta P} d\nu_{\beta P}) = \bar{\theta}_P \frac{d\eta_P}{d\nu_{\alpha P}}$$

为了得到这些表达式中最右端的项，我们已利用(4.5.8)．为了实验的测量，较为方便的是保持 $\boldsymbol{\nu} = \text{const.}$ 或 $\boldsymbol{\tau} = \text{const.}$． 例如，在常值**子状态** $\boldsymbol{\nu}$ 处的比热由下式给出：

$$(4.5.21)\qquad \kappa_\nu = \left(\frac{\partial \varepsilon}{\partial \bar{\theta}}\right)_{\nu, \mathbf{X}}$$

为了决定常值拉伸时的比热 κ_τ，我们把 ε 看成 $\bar{\theta}$ 和 $\boldsymbol{\nu}$ 的函数．于是由(4.5.15)，我们有

$$(4.5.22)\quad \kappa = \frac{1}{d\bar{\theta}_P}\left\{\left(\frac{\partial \varepsilon}{\partial \bar{\theta}}\right)_{\nu, \mathbf{X}} d\bar{\theta}_P + \left[\left(\frac{\partial \varepsilon}{\partial \nu_\beta}\right)_{\bar{\theta}, \nu_\alpha, \mathbf{X}} - \tau_\beta\right] d\nu_{\beta P}\right\},\qquad \alpha \neq \beta$$

如果在(4.5.22)中保持拉伸 $\tau_\beta = \text{const.}$，则我们得到

$$(4.5.23)\qquad \kappa_\tau - \kappa_\nu = \left[\left(\frac{\partial \varepsilon}{\partial \nu_\beta}\right)_{\bar{\theta}, \nu_\alpha, \mathbf{X}} - \tau_\beta\right]\left(\frac{\partial \nu_\beta}{\partial \bar{\theta}}\right)_\tau,\qquad \alpha \neq \beta$$

式中 $\boldsymbol{\nu}$ 是由(4.5.13)$_2$给定的．这些比热的比

$$(4.5.24)\qquad \gamma \equiv \kappa_\tau / \kappa_\nu$$

是气体动力学、热静力学、统计力学以及其它物理学分支中所采用的一个重要的量．

4.6 熵原理

基本公理 5 （Clausius-Duhem 不等式） 总熵H的时间变率决不小于通过物体表面$\mathscr{S}$的熵流入 $\mathbf{S}$ 和由体源所补充的熵B之和． 我们假设这对所有独立的过程以及物体的所有部分都成立．

于是，根据这个公理的第一部分，我们有

$$(4.6.1)\qquad \Gamma \equiv \frac{dH}{dt} - B - \oint_{\mathscr{S}} \mathbf{S}\cdot d\mathbf{a} \geqslant 0$$

这样定义的Γ称为**总的熵增加**．对于连续质量的介质，我们可以将此式表成形式

$$(4.6.2)\qquad \frac{d}{dt}\int_{\mathscr{V}-\sigma}\rho\eta dv - \int_{\mathscr{V}-\sigma}\rho b dv - \oint_{\mathscr{S}-\sigma} S_k da_k \geqslant 0$$

式中 b 是单位质量的**局部熵源**

$$(4.6.3)\qquad B \equiv \int_{\mathscr{V}}\rho b dv$$

当(4.6.2)对物体的任何部分都成立时，我们得到局部熵增加

$$(4.6.4)\qquad \rho\gamma \equiv \rho\dot{\eta} - \rho b - \operatorname{div}\mathbf{S} \geqslant 0 \quad 在\ \mathscr{V}-\sigma(t)\ 内$$

式中γ是局部熵增加，而跳变条件为

$$(4.6.5)\qquad [\rho\eta(\mathbf{V}-\boldsymbol{\nu})]\cdot\mathbf{n} - [\mathbf{S}]\cdot\mathbf{n} \geqslant 0 \quad 在\ \sigma(t)\ 上$$

式中 $\sigma(t)$ 是 $\mathscr{V}$ 中具有速度 $\boldsymbol{\nu}$ 和正的法线方向 $\mathbf{n}$ 的运动间断面(图 2.5.2)． 这些方程的具体形式与过程的类型有关． 对于热的变化、扩散以及化学的和电学的现象，不同形式的效应可补充熵流入 $\mathbf{S}$ 和熵源 b． 因此，总可以把熵流入及熵源表为

$$(4.6.6)\qquad \mathbf{S} = \frac{\mathbf{q}}{\theta} + \mathbf{S}_1, \quad b = \frac{h}{\theta} + b_1$$

式中 $\mathbf{q}/\theta$ 是由于热输入而产生的熵流入，h/θ 是由能源而供给的熵源，而其余的项 $\mathbf{S}_1$ 和 b_1 分别表示由于其他效应所产生的熵流入和熵源．

把(4.2.8)中的h代入(4.6.6)，则有

$$\rho\theta b = \rho\theta b_1 + \rho\dot{\varepsilon} - t_{kl}v_{l,k} - q_{k,k}$$

将此式和(4.6.6)代入(4.6.4)和(4.6.5)，我们得到

$$\rho\gamma \equiv \rho\left(\dot{\eta} - \frac{\dot{\varepsilon}}{\theta}\right) + \frac{1}{\theta} t_{kl}v_{l,k} + \frac{1}{\theta}q_k(\log\theta)_{,k} - \mathrm{div}\mathbf{S}_1 - \rho b_1 \geqslant 0 \quad \text{在 } \mathscr{V} - \sigma(t) \text{ 内}$$

(4.6.7)

$$[\rho\eta(\mathbf{V} - \boldsymbol{\nu})] \cdot \mathbf{n} - \left[\frac{\mathbf{q}}{\theta} + \mathbf{S}_1\right] \cdot \mathbf{n} \geqslant 0 \quad \text{在 } \sigma(t) \text{ 上}$$

定义 1 $\mathbf{S}_1 = \mathbf{0}$ 和 $b_1 = 0$，即

(4.6.8) $$\mathbf{S} = \frac{\mathbf{q}}{\theta}, \quad b = \frac{h}{\theta}$$

的热力学过程称为简单热力学过程. 对于一个简单热力学过程，(4.6.7)可以进一步化为[1)]

(4.6.9) $$\rho\gamma \equiv \rho\left(\dot{\eta} - \frac{\dot{\varepsilon}}{\theta}\right) + \frac{1}{\theta} t_{kl}v_{l,k} + \frac{1}{\theta} q_k(\log\theta)_{,k} \geqslant 0 \quad \text{在 } \mathscr{V} - \sigma(t) \text{ 内}$$

(4.6.10) $$\left[\rho\eta(\mathbf{V} - \boldsymbol{\nu}) - \frac{\mathbf{q}}{\theta}\right] \cdot \mathbf{n} \geqslant 0 \quad \text{在 } \sigma(t) \text{ 上}$$

对于这种过程，在(4.6.1)中利用(4.6.8)，可得到 Clausius-Duhem 不等式的全局形式

(4.6.11) $$\Gamma \equiv \dot{H} - \oint_{\mathscr{S}} \frac{\mathbf{q}}{\theta} \cdot d\mathbf{a} - \int_{\mathscr{V}} \frac{\rho h}{\theta} dv \geqslant 0$$

对于绝热过程，$\mathbf{q} = \mathbf{0}$，$h = 0$，因而此式给出 $\dot{H} \geqslant 0$. 这可以叙述为，在一个绝热过程中，总的熵不能减少. 今后，我们将只考虑简单的热力学过程[2)].

---

1) 一般形式的熵原理(4.6.4)是在本章的第二稿(1962)中给出的，并在以后的各个版本中采用过，例如，Eringen 和 Ingram[1965]，Eringen[1965]. 对于简单热力学过程的形式(4.6.9)由 Erigen[1962] 和 Koh 与 Eringen[1963] 采用过，并由 Coleman 和 Mizel[1964] 进一步研究过.

2) 对于非简单过程的一个例子，可以举出化学反应的介质，参见 Erigen 和 Ingram[1965].

质量密度 ρ 是非负的，即 $\rho > 0$. 我们再加上条件

$$\theta > 0, \quad \inf\theta = 0$$

即，温度是绝对的，或总是正的[1]. 对于热导物质，通过引入自由能函数

$$\psi \equiv \varepsilon - \theta\eta \tag{4.6.12}$$

可以得到另一个有用的形式.

不等式(4.6.9)现在有形式

$$\rho\gamma \equiv -\frac{\rho}{\theta}(\dot{\psi} + \eta\dot{\theta}) + \frac{1}{\theta}t_{kl}v_{l,k} + \frac{1}{\theta^2}q_k\theta_{,k} \geqslant 0 \tag{4.6.13}$$

当然，通过 $\sigma(t)$，我们仍有条件(4.6.10).

定义 2 一个过程称作是热力学上容许的必要充分条件是该过程服从局部 Clausius-Duhem 不等式，并具有一个非负的有限的温度

$$0 \leqslant \gamma, \quad 0 < \theta < \infty, \quad \inf\theta = 0 \tag{4.6.14}$$

定义 3 一个热力学过程被说成是力学上容许的（或相容的），如果它服从运动学公理，即，质量守恒，动量平衡以及能量守恒公理. 如果该过程还受到本构公理的限制（参见第五章），则此过程称为是本构上容许的.

于是，在一个力学上容许的过程中，(4.6.9)的 ρ, t_{kl}, ε 和 q_k 必须满足质量守恒，动量平衡和能量守恒等方程. 对于一个本构上容许的过程，还必须受到在第 5.3 节中叙述的各个本构公理的进一步限制. 根据称为等存在的本构公理，所有的本构函数都必须具有相同的独立自变量. 对于所选定的某些本构自变量，根据其它的限制可以证明不出现在某些本构函数中. 例如，当 ε 和 θ 由(4.5.3)和(4.5.4)的函数所给定时，对于应力 t_{kl} 和热 q_k 的本构方程也必须具有相同的因变数 η 和 ν_α，即

$$\begin{aligned} t_{kl} &= t_{kl}(\eta, \nu_\alpha, \mathbf{X}) \\ q_k &= q_k(n, \nu_\alpha, \mathbf{X}) \end{aligned} \tag{4.6.15}$$

---

1) Purcell 和 Pound[1951] 关于纯 LiF 晶体所做的核实验已证明，在某些条件下，在隔热系统中引进负的绝对温度是可能的.

由(4.5.3)和(4.5.4)给定的函数 ε，θ，以及由上面给出的函数 t_{kl} 和 q_k 还必须受到第五章中所论述的其它本构要求的约束.

定理1 在一个由一组状态变量 (η, ν_α) 所表征的热力学上容许的简单热力学过程中，其中 ν_α 与 η 是函数无关的，并且不包含 η 的时间率和积分，则温度 θ 和热静力学温度 $\bar{\theta}$ 是相同的.

在(4.6.9)中利用(4.5.3)，我们可以将(4.6.9)写成下列形式：

$$\rho\left(\theta - \frac{\partial \varepsilon}{\partial \eta}\right)\dot{\eta} - \rho\tau_\alpha \dot{\nu}_\alpha + t_{kl}v_{l,k} + q_k(\log\theta)_{,k} \geqslant 0 \tag{4.6.16}$$

现在，ε，θ，$\mathbf{t}$ 和 $\mathbf{q}$ 是 η 和 ν_α 的函数. 这个不等式关于 $\dot{\eta}$ 是线性的，而且对于 $\dot{\eta}$ 的所有值都必须成立. 独立变量 $\dot{\eta}$ 仅出现在(4.6.16)的左端的第一项中，为了保证(4.6.16)对 $\dot{\eta}$ 的所有值都成立，必须令 $\dot{\eta}$ 的系数等于零. 于是

$$\theta = \left.\frac{\partial \varepsilon}{\partial \eta}\right|_{\nu, \mathrm{X}} \tag{4.6.17}$$

这就是由$(4.5.7)_1$所给出的热静力学温度 $\bar{\theta}$ 的定义式，因而证明了定理.

由于(4.6.17)，方程(4.6.16)可以化为

$$\rho\theta\gamma = -\rho\tau_\alpha\dot{\nu}_\alpha + t_{kl}v_{l,k} + q_k(\log\theta)_{,k} \geqslant 0 \tag{4.6.18}$$

热力学力和通量 在熵增加的表达式(4.6.18)中，矢量和张量量的内积是成对出现的. 在不可逆过程的热力学中，通常把这些序对中的一组看成是**热力学力**或**亲合力**，而把共轭组(和力相乘的)看成是**热力学通量**. 例如，由(4.6.18)我们可以选

力	相应的通量
$\left(\frac{1}{\theta}\right)_{,k}$	q_k
$v_{l,k}$	t_{kl}
$\dot{\nu}_\alpha$	τ_α

然后，建立任何一组这种力与所有通量之间的具有对称本构系数的线性本构方程 (Onsager 原理)[1]. 正确选择这些力和通量要有

1) 关于这一点可参见 Eringen[1960].

一定的创见，或许还取决于所得结果的可靠性． 奇数阶张量的对称性和所谓 Curie 定理的不可靠的基础，使我们有足够的理由放弃用这种热力学方法去建立本构理论[1]．

4.7 关于弹性固体和粘性流体的热力学限制

(i) 弹性固体 对于弹性固体，力学的和热的本构方程可以表示为

$$
\begin{aligned}
t_{kl} &= t_{kl}(\eta, x_{k,K}) \\
q_k &= q_k(\eta, x_{k,K}) \\
\varepsilon &= \varepsilon(\eta, x_{k,K}) \\
\theta &= \theta(\eta, x_{k,K})
\end{aligned} \tag{4.7.1}
$$

这些关系是在(4.6.15)，(4.5.3)和(4.5.4)中选择 ν_α 的前九个量为 $x_{k,K}$，而使其余的 $\nu_\alpha = 0$（对 $\alpha > 9$）的结果． 与这些量相对应，前九个热力学拉伸 τ_{kK} 和热力学温度 $\bar{\theta}$，则为

$$
\tau_{kK} \equiv \left.\frac{\partial \varepsilon}{\partial x_{k,K}}\right|_\eta, \quad \bar{\theta} \equiv \left.\frac{\partial \varepsilon}{\partial \eta}\right|_{x_{k,K}} \tag{4.7.2}
$$

现在我们计算

$$
\dot{\varepsilon} = \frac{\partial \varepsilon}{\partial \eta}\dot{\eta} + \frac{\partial \varepsilon}{\partial x_{k,K}}\frac{D}{Dt}(x_{k,K})
$$

借助于(2.4.1)，我们可以得到形式

$$
\dot{\varepsilon} = \frac{\partial \varepsilon}{\partial \eta}\dot{\eta} + \frac{\partial \varepsilon}{\partial x_{k,K}} v_{k,l} x_{l,K}
$$

把此式代入(4.6.9)，则有

$$
\rho\gamma \equiv \rho\left(1 - \frac{1}{\theta}\frac{\partial \varepsilon}{\partial \eta}\right)\dot{\eta} + \frac{1}{\theta}\left(t_{lk} - \rho\frac{\partial \varepsilon}{\partial x_{k,K}} x_{l,K}\right) \tag{4.7.3}
$$

---

1) 这一章的内容是在若干年前以上面评论过的线性不可逆热力学为基础的． 连续统力学的迅速发展使得有可能利用现在这种具体的方法． 虽然，在不可逆过程中仍然存在大量的未被开拓的领域，但作者相信，没有完善的热力学，力学是不完备的，而且所有的力学分支容易停留在现时的水平．

$$\times v_{k,l} + \frac{1}{\theta^2} q_k \theta_{,k} \geqslant 0$$

因为根据(4.7.1)，t_{kl}，q_k 和 ε 与这些量无关，所以这个不等式关于 $\dot{\eta}$，$v_{l,k}$ 和 $\theta_{,k}$ 是线性的．但是，这些变量可以独立无关地变化，因而对于所有独立的变量 $\dot{\eta}$，$v_{l,k}$ 和 $\theta_{,k}$，不等式(4.7.3)不能成立，除非有

(4.7.4) $$\theta = \frac{\partial \varepsilon}{\partial \eta}$$

(4.7.5) $$t_{lk} = \rho \frac{\partial \varepsilon}{\partial x_{(k,K}} x_{l),K}$$

(4.7.6) $$\rho \frac{\partial \varepsilon}{\partial x_{[k,K}} x_{l],K} = 0$$

(4.7.7) $$q_k = 0$$

把(4.7.4)，(4.7.5)和(4.7.2)相比较得到

(4.7.8) $$t_{kl} = \rho \tau_{(kK} x_{l),K}$$

(4.7.9) $$\theta = \bar{\theta} = \frac{\partial \varepsilon}{\partial \eta}$$

因此，应力和热力学拉伸是彼此有关系的，而热力学温度 θ 和温度 $\bar{\theta}$ 是相同的．这后一结果也可以由第 4.6 节的定理 1 得到． 方程(4.7.4)还表明，由(4.7.1)给出的 ε 和 θ 是彼此无关的． 这样我们就证明了下面的定理．

定理 1 具有本构方程(4.7.1)的弹性固体是热力学上容许的必要充分条件是温度 θ 由(4.7.4)给定，并且由(4.7.5)给定的应力张量服从条件(4.7.6)．这样一种固体仅对绝热变化(4.7.7)能够响应．

我们指出，包含在定理 1 中的这些严格的限制来自于如下的条件：(a) 本构方程(4.7.1)只包含了所列出的变量，(b) Clausius-Duhem 不等式必须对所有独立的过程和对物体的所有部分都成立．如果我们把热梯度和/或速度梯度 $v_{k,l}$ 包含在(4.7.1)的自变量中(参见第 5.4 节)，则便会是另一种情况．类似地，如果我们不

要求(4.7.3)对所有独立的过程都满足，但对于在所考虑情况下的一个运动和/或一个热的问题是满足的，则我们不需要由(4.7.4)到(4.7.7)所加的这些限制[1)]，熵公理加于物质性质的限制. 应指出的是，对于弹性固体，Clausius-Duhem 不等式要求(4.7.5)和(4.7.6)被满足. 有意义的是，(4.7.6)的要求等价于 ε 必须是Green变形张量

(4.7.10) $$C_{KL}=x_{k,K}x_{k,L}$$

的函数，这只要注意到(4.7.6)是与要求 ε 在正交变换下为不变量的事实相等价的表述即可. 当然，ε 应是 $x_{k,K}$ 和某些标量的函数(参见第 4.8 节).

(ii) 粘性流体 粘性流体是由下列形式的力学的和热学的本构关系

$$t_{kl}=t_{kl}\left(\eta,\ \frac{1}{\rho},v_{k,l}\right)$$

$$q_k=q_k\left(\eta,\ \frac{1}{\rho},v_{k,l}\right)$$

(4.7.11) $$\varepsilon=\varepsilon\left(\eta,\ \frac{1}{\rho},\ v_{k,l}\right)$$

$$\theta=\theta\left(\eta,\ \frac{1}{\rho},\ v_{k,l}\right)$$

所定义的物质. 在这种情况下，(4.6.9)中的局部 Clausius-Duhem 不等式取形式

(4.7.12) $$\rho\left(1-\frac{1}{\theta}\frac{\partial\varepsilon}{\partial\eta}\right)\dot{\eta}+\frac{1}{\rho\theta}\frac{\partial\varepsilon}{\partial\rho^{-1}}\dot{\rho}-\frac{1}{\theta}\frac{\partial\varepsilon}{\partial v_{k,l}}\dot{v}_{k,l}+\frac{1}{\theta}t_{kl}v_{l,k}+\frac{1}{\theta^2}q_k\theta_{,k}\geqslant 0$$

因为 $\dot{\eta}$ 和 $\dot{v}_{k,l}$ 在这个不等式中是线性的，对于这些量的一切任意的变化，不等式(4.7.12)不能成立，除非有

---

1) 关于这一点可参见 Eringen 和 Grot [1965，附录]的讨论.

$$(4.7.13)\qquad \theta=\frac{\partial\varepsilon}{\partial\eta},\quad \frac{\partial\varepsilon}{\partial v_{k,l}}=0$$

于是，ε，因而θ是与 $v_{k,l}$ 无关的，即

$$(4.7.14)\qquad \varepsilon=\varepsilon\left(\eta,\ \frac{1}{\rho}\right),\ \theta=\theta\left(\eta,\ \frac{1}{\rho}\right)=\frac{\partial\varepsilon}{\partial\eta}\bigg|_{\rho^{-1}}=\bar{\theta}$$

由连续性方程得到：$\dot{\rho}=-\rho v_{k,K}$，于是我们可以把(4.7.12)写成为

$$(4.7.15)\qquad \frac{1}{\theta}(t_{kl}+\pi\delta_{kl})v_{l,k}+\frac{1}{\theta^2}q_k\theta_{,k}\geqslant 0$$

式中π是**热力学压力**，它定义为

$$(4.7.16)\qquad \pi\left(\eta,\ \frac{1}{\rho}\right)=-\frac{\partial\varepsilon}{\partial\rho^{-1}}\bigg|_{\eta}$$

因为 $\mathbf{t}$，π和 $\mathbf{q}$ 与 $\theta_{,k}$ 无关，我们还必须令

$$(4.7.17)\qquad q_k=0$$

于是(4.7.15)可写为

$$(4.7.18)\qquad (t_{kl}+\pi\delta_{kl})v_{l,k}\geqslant 0$$

在我们不清楚函数 $\mathbf{t}\left(\eta,\ \frac{1}{\rho},v_{l,k}\right)$ 的性质之前，就不可能进一步前进．因此，我们已证明了下述定理．

定理 2 具有本构方程(4.7.11)的粘性流体在热力学上是容许的必要充分条件是 ε、θ 由(4.7.14)给定，而且应力满足耗散不等式(4.7.18)．这样的流体只对绝热变化过程能够响应．

再者，由于本构方程的自变量中包含 $x_{k,K}$，$v_{k,l}$ 的高阶时间率和热梯度，因此我们得到的粘弹性固体和流体的热力学的相容性条件是与这里的简单情况完全不同的．

4.8 热力学和力学的平衡

一个系统被说成是处于力学平衡的，如果在任何的惯性系中，加速度为零．对于局部平衡，$\dot{\mathbf{v}}=\mathbf{0}$，因而 Cauchy 方程化为

$$(4.8.1)\qquad t_{kl,k}+\rho f_l=0,\quad t_{kl}=t_{lk}$$

一个系统称为是处于全局(局部)**热平衡的**[1]，如果全局(局部)熵增加为零,即

(4.8.2) $$\Gamma = 0 \quad (全局平衡)$$

(4.8.3) $$\gamma = 0 \quad (局部平衡)$$

局部热平衡的条件(4.8.3)必须对所有独立的过程都成立. 于是,由 $\gamma = 0$ 推出独立过程的耗散能分别为零. 考虑下面的特殊情况:

(i) 弹性固体 对于在前节中论述的弹性固体，我们看到热力学的相容性条件为

(4.8.4) $$\theta = \frac{\partial \varepsilon}{\partial \eta}, \quad t_{kl} = \rho \frac{\partial \varepsilon}{\partial x_{(k,K}} x_{l),K}, \quad \rho \frac{\partial \varepsilon}{\partial x_{[k,K}} x_{l],K} = 0$$

(4.8.5) $$q_k = 0$$

在这种情况下,由(4.7.3),我们看到 $\gamma = 0$，因此,

定理 1 由本构方程(4.7.1)表征的热力学上容许的弹性固体是热平衡的. 对于这样的固体，温度和应力可由一个势(内能函数)得到.

(ii) 粘性流体 由(4.7.11)所表征的粘性流体处于局部热平衡的必要充分条件是

(4.8.6) $$t_{kl} = -\pi \delta_{kl} = \frac{\partial \varepsilon}{\partial \rho^{-1}} \delta_{kl}$$

对于在条件 $\gamma = 0$ 下的所有 $v_{l,k}$ 都成立. 于是有

定理 2 由(4.7.11)所表征的热力学上容许的粘性流体处于热平衡的必要充分条件是应力为静水压力. 对于这样的流体，温度可由一个势得到(方程(4.7.13)$_1$).

对于力学和热力学平衡中的系统,有如下虚功原理成立:

虚功原理 在力学和热力学平衡的情况下，可能建立一个**虚功原理**. 根据这个原理，可以把 Cauchy 第一运动定律作为一

---

1) 应指出：全局和局部平衡的术语是与统计力学中所用的相应术语不同的. 在那里,这些术语与绝对的和局部的 Maxwell 分布函数有关.

般平衡准则的特殊情况推导出来. 为此,我们考虑一族变形 $\mathbf{x}=\mathbf{x}(\mathbf{X},\lambda)$, 式中 λ 为一参量. 假设对于 $\lambda=0$,变形 $\mathbf{x}=\mathbf{x}(\mathbf{X},0)$ 是给定的. 定义 $\mathbf{x}$ 的一阶变分 $\delta\mathbf{x}$ 为

$$\delta\mathbf{x}=\left.\frac{\partial\mathbf{x}}{\partial\lambda}\right|_{\lambda=0,\mathbf{x}}d\lambda \tag{4.8.7}$$

对于一个函数 $f(\mathbf{x},\mathbf{x}_{,K}\cdots)$ 的一阶变分 δf 定义为

$$\delta f=\left.\frac{\partial f}{\partial\lambda}\right|_{\lambda=0,\mathbf{x}}d\lambda \tag{4.8.8}$$

变分符号 δ 和偏导数 $\partial/\partial X_K$ 可以交换,即

$$\delta(f_{,K})=(\delta f)_{,K} \tag{4.8.9}$$

由上面的定义很清楚, 算子 $\delta/d\lambda$ 类似于用 λ 代替时间 t 的物质导数.

现在, 我们假设作为虚功原理和热力学平衡的组合的一般平衡准则为

$$\delta\int_{\mathscr{V}}\rho\varepsilon dv=\oint_{\mathscr{S}}t_{(\mathbf{n})k}\delta x_k da+\int_{\mathscr{V}}\rho f_k\delta x_k dv \tag{4.8.10}$$

$$\delta\int_{\mathscr{V}}\rho\eta dv=0 \tag{4.8.11}$$

并且所有的变分应满足质量守恒原理

$$\delta(\rho dv)=0 \tag{4.8.12}$$

(4.8.10)的左端是总内能的变分,而右端分别是面力和体力的**虚功**. 方程(4.8.11)是总熵的变分. 因为我们有 $\varepsilon=\varepsilon(\eta,\nu_a)$, 所以,利用(4.5.7)和(4.8.12),(4.8.10)和(4.8.11)可以写为

$$\begin{aligned}\int_{\mathscr{V}}(\rho\bar{\theta}\delta\eta+\rho\tau_a\delta\nu_a)dv&=\oint_{\mathscr{S}}t_{(\mathbf{n})k}\delta x_k da\\&\quad+\int_{\mathscr{V}}\rho f_k\delta x_k dv\\\int_{\mathscr{V}}\rho d\eta dv&=0\end{aligned} \tag{4.8.13}$$

第二个条件给出 $\eta=\text{const.}$, 在这种情况下,或在 $\bar{\theta}=\text{const.}$ 的情况下,(4.8.13)的第一式化为

(4.8.14) $$\int_{\mathscr{V}} \rho\tau_\alpha \delta v_\alpha dv = \oint_{\mathscr{S}} t_{(\mathbf{n})k}\delta x_k da + \int_{\mathscr{V}} \rho f_k \delta x_k dv$$

当 δv_α 和 δx_k 看成是独立变分时，此式给出

(4.8.15) $$\tau_\alpha = 0, \quad t_{(\mathbf{n})k} = 0, \quad f_k = 0$$

但是，如果取 v_α 作为 $x_{k,K}$，则 τ_α 成为 $\partial\varepsilon/\partial x_{k,K}$，因此，(4.8.14)为

$$\int_{\mathscr{V}} \rho \frac{\partial\varepsilon}{\partial x_{k,K}} \delta x_{k,K} dv = \oint_{\mathscr{S}} t_{(\mathbf{n})k}\delta x_k dv + \int_{\mathscr{V}} \rho f_k \delta x_k dv$$

用类似于推导(2.4.1)所用的方法，我们可以证明

$$\delta(x_{k,K}) = (\delta x_k)_{,l} x_{l,K}$$

我们把前一表达式的左端写成

$$\rho \frac{\partial\varepsilon}{\partial x_{k,K}} \delta x_{k,K} = \left(\rho \frac{\partial\varepsilon}{\partial x_{k,K}} x_{l,k}\delta x_k\right)_{,l} - \left(\rho \frac{\partial\varepsilon}{\partial x_{k,K}} x_{l,K}\right)_{,l} \delta x_k$$

并利用 Green-Gauss 定理，则得到

$$\oint_{\mathscr{S}} \left(t_{(\mathbf{n})k} - \rho \frac{\partial\varepsilon}{\partial x_{k,K}} x_{l,K} n_l\right)\delta x_k da + \int_{\mathscr{V}} \left[\left(\rho \frac{\partial\varepsilon}{\partial x_{k,K}} x_{l,K}\right)_{,l} + \rho f_k\right] \delta x_k dv = 0$$

如果没有运动学约束，则由此得到局部平衡条件

(4.8.16) $$\left(\rho \frac{\partial\varepsilon}{\partial x_{k,K}} x_{l,k}\right)_{,l} + \rho f_k = 0 \quad 在\mathscr{V}内$$

(4.8.17) $$\left(\rho \frac{\partial\varepsilon}{\partial x_{k,K}} x_{l,K}\right) n_l = t_{(\mathbf{n})k} \quad 在\mathscr{S}上$$

因为要与力学原理相容，所以我们令

(4.8.18) $$t_{lk} = \rho \frac{\partial\varepsilon}{\partial x_{k,K}} x_{l,K}$$

由于这个平衡应力与热力学应力相同(参见(4.7.5))，所以平衡方程为

(4.8.19) $$t_{lk,l} + \rho f_k = 0 \quad 在\mathscr{V}内$$

$$t_{lk},n_l = t_{(n)k} \qquad 在\ \mathscr{S}\ 上$$

虽然，虚功方法导出了 Cauchy 第一定律和平衡时的边界条件，但 Cauchy 第二运动定律(应力张量的对称性)不能由上面介绍的虚功原理得到．为了得到这个定律，我们需要附加的公理：内能密度 ε 在变形体的刚性转动下是不变量．

为了证明这个定理，我们假设 ε 是矢量 $\mathbf{x}_{,K}$ 和 η 的函数，即 $\varepsilon = \varepsilon(\eta, \mathbf{x}_{,K})$，并在刚性转动下是不变量；数学上可以写成

$$\varepsilon(\eta, \mathbf{x}_{,K}) = \varepsilon(\eta', \mathbf{x}'_{,K})$$

式中 η' 和 $\mathbf{x}'_{,K}$ 是 η 和 $\mathbf{x}_{,K}$ 在新坐标系 $\mathbf{x}' = \mathbf{Q}\mathbf{x}$ 中的值，且 $\mathbf{Q}$ 满足

$$\mathbf{Q}\mathbf{Q}^T = \mathbf{Q}^T\mathbf{Q} = \mathbf{I} \quad 且\ \det\mathbf{Q} = 1$$

在参考标架的转动下，我们有：$\eta = \eta'$，$\mathbf{x}'_{,K} = \mathbf{Q}\mathbf{x}_{,K}$，因此，

$$\varepsilon(\eta, \mathbf{x}_{,K}) = \varepsilon(\eta, \mathbf{Q}\mathbf{x}_{,K}) = \varepsilon(\eta, \mathbf{x}'_{,K}) \tag{4.8.20}$$

此式的左端与 $\mathbf{Q}$ 无关，因而，$\varepsilon(\eta, \mathbf{x}_{,K})$ 关于 Q_{kl} 的偏导数必须为零．利用 Lagrange 乘子法，我们有

$$\frac{\partial}{\partial Q_{kl}}\left[\varepsilon(\eta, x'_{m,K}) - \frac{1}{2}\lambda_{mn}(Q_{mi}Q_{ni} - \delta_{mn})\right] = 0$$

式中 $\lambda_{mn} = \lambda_{nm}$ 与 $\mathbf{Q}$ 无关．完成微分运算，并利用 $x'_{k,K} = Q_{kl}x_{l,K}$，我们得到

$$\frac{\partial \varepsilon}{\partial x'_{k,K}} x_{l,K} - \lambda_{kj}Q_{jl} = 0$$

如果用 Q_{ml} 乘此式，我们得到

$$x'_{m,K}\frac{\partial \varepsilon}{\partial x'_{k,K}} = \lambda_{km}$$

因为 $\lambda_{km} = \lambda_{mk}$，由此得到

$$x'_{m,K}\frac{\partial \varepsilon}{\partial x'_{k,K}} = x'_{k,K}\frac{\partial \varepsilon}{\partial x'_{m,K}} \tag{4.8.21}$$

这就证明了 $t_{kl} = t_{lk}$。

偏微分方程组(4.8.21)具有下面的首次积分

$$x'_{k,K}x'_{k,L} = x_{k,K}x_{k,L} = C_{KL}$$

于是(4.8.21)的通解为[1]

$$\varepsilon = \varepsilon(\eta, C_{KL})$$

不管所有这些推导如何，热静力学的和变分的方法都排除了动力效应. 热静力学应力是非耗散的. 虽然，根据某些变分原理和 Euler-D'Alembert 原理可以引入惯性力，但是如果没有其它的基本假设是不能使之包含粘性应力的.

习题

4.1 在热力学过程中，质量密度是以每秒 $\hat{\rho}$ 的速率而产生的. 试求质量的局部守恒方程. 如果质量是由动量所引起的，这个方程将取什么样的形式?

4.2 试证明如果势能 $\tau(x_{k,K})$ 在空间参考标架的刚性转动下是不变量，则它必须是 Lagrange 应变度量 E_{KL} 的函数.

4.3 当所有的物理分量仅是 x 的函数时，试求通过沿 x 方向以速度 U 运动的间断平面(冲击波)的能量跳变方程.

4.4 对于某些气体，状态方程由 $\varepsilon = \varepsilon(\theta, \rho^{-1})$ 所描述，式中 ε, θ, ρ 分别是内能密度，温度和质量密度. 一种气体被说成是理想的，如果 $\left.\frac{\partial \varepsilon}{\partial \rho}\right|_{\theta} = 0$，而且 $\pi = R\rho\theta$，式中 R 为一常数.

(a) 对于理想气体，试证明当 c_p, c_v 分别为常压力和常体积的比热时，有 $c_p - c_v = R$.

(b) 如果一种理想气体膨胀而没有任何热损失（绝热过程)，试证明 $\pi\rho^{-\gamma}$ = 常数，式中 $\gamma = c_p/c_v$ 是常数.

4.5 具有本构方程

$$\pi = \frac{R\theta}{\rho^{-1} - b} - \frac{a}{\rho^{-2}}$$

的气体为 Van der Waals 气体，式中 R, a, b 为常数.

(a) 试证明

$$\varepsilon = \int c_v(\theta) d\theta - \frac{a}{\rho^{-1}}$$

(b) 将 ρ 表为 θ 的函数;

1) Cauchy 定理的这一证明由 Eringen[1967] 给出，它指出矢量 $\mathbf{V}^r(r = 1,2,3)$ 的标量值函数是各向同性的必要充分条件是它能够表示为标量积 $\mathbf{V}^r \cdot \mathbf{V}^s$ $(r,s = 1,2,3)$ 的函数. 事实上，这个定理对于任何数目的矢量都是对的.

(c) 将 π 表为 θ 的函数;

(d) 计算绝热膨胀中的功.

4.6 对于问题(4.4)和(4.5)定义的

(a) 理想气体;

(b) Van der Waals 气体.

试计算熵 η, 并将其表示为 θ 和 ρ 的函数.

4.7 对于受绝热膨胀的 Van der Waals 气体,试计算:

(a) 用温度表示的熵;

(b) 用密度表示的熵.

4.8 对于一种理想气体,其状态方程为

$$\varepsilon = K\rho^{\gamma-1}\exp(\eta/c_v)$$

式中 K, c_v 为常数. 试决定压力 π 和温度 θ.

4.9 对于 Van der Waals 气体,状态方程用参数形式给定为

$$\varepsilon = \int c(\lambda)d\lambda - a\rho$$

$$\eta = \int \frac{c(\lambda)d\lambda}{\lambda} - R\ln\rho$$

式中 a 和 R 为常数. 试决定压力 π 和温度 θ.

4.10 在一物体中,假设应力,热量,能量和熵依赖于 ρ^{-1} 及 $v_{k,K}$. 试求本构方程的表达式并证明自由能与 $v_{k,K}$ 无关.

4.11 对于绝热过程中的物体,已知应力、热量、能量和熵与位移梯度 $x_{k,K}$ 和它们的物质时间率有关. 试证明自由能与位移梯度的时间率无关. 如果应力关于这些时间率是线性的, 为使所有独立的变化不违背热力学第二定律, 试问必须对本构系数加什么条件?

4.12 在一物体中,已知应力、热、能量和熵与密度 ρ、温度 θ 和温度梯度 $\theta_{,k}$ 有关. 如果 Clausius-Duhem 不等式对所有独立的过程都成立,试问本构方程必须是什么形式? 如果上面的本构因变量是 $\theta_{,k}$ 的多项式, 试求本构方程的形式.

4.13 (短文)试对多孔固体的热力学进行文献调查,并写一篇报告.

4.14 (短文)试对二元反应中的两种流体的热力学阅读一些文献,并写一篇报告。

4.15 (短文)试对线性不可逆热力学和所谓 Onsager 关系写一篇评论.

4.16 (短文)试根据统计力学所定义的熵的概念写一篇短的报告.

第五章 本构方程

5.1 本章的范围

运动学的基本定律，质量守恒、动量平衡、能量守恒以及熵原理对任何类型的介质不论其内部本构如何都是成立的．但当承受同样的外部作用时，具有同样质量和同样几何性质的物质体却有不同的响应．例如，大多数固体在小的外压力作用下变形是很轻微的，而流体则要流动并取其容器的形状．物质的内部本构是造成这些不同响应的原因．在连续介质力学中，我们不涉及物质的原子结构，而感兴趣的是物质的宏观性质．为此，我们需要能够反映结构差异的总体效应的方程．因为测量总体现象的仪器自动读出的是统计平均值，所以连续统理论在物理上作为一门独立的学科是十分有意义的．

本构方程的理论可溯及到本学科的公理化体系开始形成的初创时期．公理的普适性、原有结果的证实以及由此产生的新的有意义的物质理论用来严格地研究客观物质是足够的．所提出的理论基础决不是最终的，然而，我们相信，本章所介绍的体系是坚实的和有希望的．在任何情况下，对于本书所提出的理论，这个范围是很合适的．

在第 5.2 节中，我们讨论建立本构方程理论所需要的基本原理．在第 5.3 节中介绍本构理论的公理．对于热力学介质需要有八个公理，它们对于具有电学的和化学的性质的介质也是适用的．在第 5.4 节中，对于非常一般类型的热力学介质，我们相当详细地介绍了本构理论，还讨论了具有遗传特征的简单和非简单物质．在第 5.5 节和 5.6 节中，我们讨论了非热导的弹性物质，而在第 5.7 节中，讨论了 Stokes 流体．在第 5.8 节中，介绍了流体中的热效应以及热传导现象．其余的两节，即第 5.9 节和第 5.10 节，则专门研究热弹性理论这一课题．在本章的每一节中都介绍了非线性理论．

根据一些简单的应用，即可揭示出各种本构公理的意义和能力．对于本书的六到八章所涉及的物质，这几节的内容是很重要的．我们在第九章单独地更加详细地讨论粘弹性介质，而在第十章则讨论电动力学，为的是使初学者在他掌握较简单的情况之前，不致于增加过重的负担．

5.2 本构方程的要求

在第二、三、四章中讨论过的连续统力学的基本原理，即质量守恒，动量平衡和能量守恒原理导出下列基本方程：

$$\frac{\partial \rho}{\partial t}+(\rho v_k)_{,k}=0 \tag{5.2.1}$$

$$t_{lk,l}+\rho(f_k-\dot{v}_k)=0 \tag{5.2.2}$$

$$t_{kl}=t_{lk} \tag{5.2.3}$$

$$\rho\dot{\varepsilon}=t_{kl}v_{l,k}+q_{k,k}+\rho h \tag{5.2.4}$$

我们共有八个独立的方程，如果事先给定 f_k 和 h，则未知量的数目共有十七个，即 ρ，v_k，t_{kl}，q_k 以及 ε．显然，除了某些普通的情况外，例如，在没有热传导情况下的刚性运动，前面的基本方程对于决定这些未知数是不适定的．熵公理

$$\rho\gamma\equiv\rho\left(\dot{\eta}-\frac{\dot{\varepsilon}}{\theta}\right)+\frac{1}{\theta}t_{kl}v_{l,k}+\frac{1}{\theta}q_k(\log\theta)_{,k}\geqslant 0 \tag{5.2.5}$$

引入附加的未知量 η 和 θ，这并不能帮助我们减少问题所需要的附加方程的数目．为使问题是确定的，必须补充十一个附加方程．当电学的和化学的变量发生作用时，情况变得更差，所需要的附加方程的数目还要更多．

在方程(5.2.1)—(5.2.5)的推导中，没有给出各种不同类型物质之间的差别．因此，毫不奇怪，前面的方程不足以全面说明固体的、流体的、粘弹性物质的以及具有各种不同类型物理性质的物质的运动．物质的特性是通过对于每一种物质的适当的具有限定在一定范围之内的本构变量的本构方程来阐明的．

一个本构方程定义一种理想物质．在本构变量的选择中以及在本构方程的阐述中，必须满足某些物理的和数学的前提． 对于这样一些要求的讨论将在第5.3节中进行． 目前，还没有一个能够包括对一给定物质所必需提供的全部变量的明确规律．在物质的描述中，如果没有物质性能依赖于外部场和所涉及的现象范围的**先验**知识(这些知识可能是很粗糙的)是不会有进展的． 例如，如果我们的兴趣是固体，它由于外载荷的消除而回到原来的无应力构形，则我们处理的是弹性固体．然而，根据日常的观察，我们还知道当外载荷超过某一极限时，所有的固体都将产生一定的永久变形．于是，弹性理论的范围是由载荷的这个极限或确切地说是由应力的局部状态的极限所限定的．弹性理论只在应力状态的一个给定**范围**内才能预示出一种给定物质的性能，在应力状态超过这个范围时，同一物质的性能将用一组新的本构方程，例如，塑性本构方程来表征．类似地，由于变形，这样的固体也可以显示电学现象，例如压电性．为了计及这种现象，在我们的方程中还必须包含其它的本构变量．对于固体的粘弹性性态还必须考虑其它的新的变量组．因此，一个本构理论只是打算对一种给定的物质描述少数一开始就指明的物理现象．

自本世纪以来，某些作者（Jaumann [1911]，Lohr[1917]，Green 和 Rivlin [1957]，Noll [1958] Jordan 和 Eringen[1964]，Eringen[1965] 以及其他人）已经给出包含有大量物理现象的理论． 虽然根据工程应用以及边值和初值问题的数学处理的观点，在提供近似理论的根据以及解释某些奇特的效应中，已了解到这些理论的重要性，但它们却常常表现出难以克服的数学困难． 因此，为了达到解说的目的，我们把物质本构原理应用于简单物质，并说明如何可以将它们推广来解释更为复杂的物质性能．

本构理论可以利用**统计力学**的方法来建立． 在这种方法中，物质被认为是由于内部分子力而引起的互相吸引的原子和分子所组成的．内部分子力的性质是不知道的，而且原子的运动是不规则的，因此，所使用的这种方法只适合于非常简单的和理想的情况，例如，理想气体．在本构变量的选择中，统计力学的方法可以提供直观的指导．在这一点上，热力学和物理学的其它分支也将是有帮助的．

目前，还没有一个能够指明所需要的基本本构变量的系统法则．然而，有一些指导性的原则可以用来排除本构方程中的某些变量．这些将在第 5.3 节中讨论．

5.3 本构理论的公理[1]

为了适当地表示物质的本构理论，必须满足某些物理和数学的要求．在本构理论的阐述中，下面的公理是必须的：

(i) **因果性公理．**

(ii) **决定性公理．**

(iii) **等存在公理．**

(iv) **客观性公理．**

(v) **物质不变性公理．**

(vi) **邻域公理．**

(vii) **记忆公理．**

(viii) **相容性公理．**

(i) **因果性公理** 在物体的每一个热力学性态中，我们把物体的物质点的运动和它们的温度看成是自明的可测效应，而把熵生成表达式[2] 中的其余的量(不是从温度和运动得来的量)看成是"原因"或相关本构变量．

因果性公理的目的在于选择变化范围有限的物质的独立本构变量．在受某些外力作用的物质中，发生某些可测的变化，例如，物体的物质点受到变形，同时发生热的、电磁的和化学的变化．一

1) 这些公理的一些概念在连续统力学的发展过程中已得到发展． 这些公理的体系以及各种推广由 Eringen [1962，第五章]和[1965]给出．本章侧重于引用后一成果．

2) "熵生成表达式"可以用平衡方程(质量守恒、动量平衡和能量守恒方程)和熵来代替．在这种情况下，诸如体力和热源的外部效应当然是被排除的．

开始，我们可以选择这些可测变化中的一组独立的量作为物体中所发生的效应。于是，这一组量便构成物质中某类物理和化学现象的可测的独立本构变量。一旦选定了独立的本构变量之后，在基本方程(5.2.1)—(5.2.5)中其余那些不是从本构变量得来的量便构成了相关本构变量。因为本章不涉及电磁学的和化学的现象，所以,我们只叙述与热力学现象有关的因果性公理。这个公理的某种形式可以推广到包含更为复杂的现象中去[1]。

我们对自然现象的概念是我们过去已有的某些简单观察或经验的结果。如果没有这些经验和观察，便不可能构造一个自然的模型。由于这些直观向导的帮助,因果性公理对于判定(不一定是唯一的)一组独立本构变量是足够的。然而,一旦效果被决定，原因便容易从熵生成的表达式或平衡定律得到。例如，根据这个公理,在研究热力学现象时,独立的本构变量为

$$\mathbf{x}=\mathbf{x}(\mathbf{X},t),\quad \theta=\theta(\mathbf{X},t) \tag{5.3.1}$$

速度 $\mathbf{v}\equiv\dot{\mathbf{x}}$ 可由运动得到,而 $v_{l,k}$ 则可由 $\mathbf{v}$ 得到，与运动有关的密度可由连续性方程 $\rho_0/\rho=\det(x_{k,K})$ 来得到。因此，在熵生成表达式(5.2.5)中所出现的其余函数只是应力张量 $\mathbf{t}$，热量矢量 $\mathbf{q}$，内能密度 ε 和熵密度 η。它们组成相关本构变量，并且可用 $\mathbf{x}(\mathbf{X},t)$ 和 $\theta(\mathbf{X},t)$ 来表示。

(ii) 决定性公理　在时刻 t 物体 $\mathscr{B}$ 中的物质点 $\mathbf{X}$ 处，热力学本构函数（$\mathbf{t},\mathbf{q},\varepsilon,\eta$）的值由 $\mathscr{B}$ 中所有物质点的运动和温度的历史所决定。

决定性公理是一个排除原理。它排除 $\mathbf{X}$ 处的物质性能对于物体外部的任何点以及任何未来事件的依赖性。因此，只要物体所有过去的运动是已知的，那么涉及物体性能的未来现象就是完全被决定的和可测的。量子力学的现象也被排除了。因此，根据这个公理,热力本构方程可以写成

1) 电磁现象可以作为包含有电场和磁场的可测效应来处理，参见 Jordan 和 Eringen [1964a,b]，Dixon 和 Eringen [1965 a,b]，也可参见第十章。含有化学反应的情况需要进一步的论述,参见 Eringen 及 Ingram[1965].

$$(5.3.2)\qquad \mathbf{t}(\mathbf{X},t)=\mathscr{F}[\mathbf{x}(\mathbf{X}',t'),\ \theta(\mathbf{X}',t'),\mathbf{X},t]$$

$$(5.3.3)\qquad \mathbf{q}(\mathbf{X},t)=\mathscr{G}[\mathbf{x}(\mathbf{X}',t'),\ \theta(\mathbf{X}',t'),\mathbf{X},t]$$

$$(5.3.4)\qquad \varepsilon(\mathbf{X},t)=\mathscr{E}[\mathbf{x}(\mathbf{X}',t'),\ \theta(\mathbf{X}',t'),\mathbf{X},t]$$

$$(5.3.5)\qquad \eta(\mathbf{X},t)=N[\mathbf{x}(\mathbf{X}',t'),\ \theta(\mathbf{X}',t'),\ \mathbf{X},t]$$

式中 $\mathscr{F}$ 和 $\mathscr{G}$ 分别是张量值和矢量值泛函,而$\mathscr{E}$和$\mathscr{N}$是标量值泛函,它们定义在满足条件

$$(5.3.6)\qquad \mathbf{X}'\in\mathscr{B},\qquad t'\leqslant t$$

的所有实函数 $\mathbf{x}(\mathbf{X}',t')$ 和 $\theta(\mathbf{X}',t')$的域上. 这些泛函也是$\mathbf{X}$ 和 t 的函数. 在以后的工作中, 我们将在这些泛函和函数的整个定义域上,对这些泛函和函数加上附加的限制.

为了对泛函有些了解, 假设物体只由M个离散的物质点 $\mathbf{X}_1$, $\mathbf{X}_2,\cdots,\mathbf{X}_M$ 组成, 而 $\mathbf{X}$ 是这些点中的任意一个. 在这种情况下,(5.3.2)将由

$$(5.3.7)\qquad \mathbf{t}(\mathbf{X},t)=\mathbf{F}[\mathbf{x}_1(t'),\ \mathbf{x}_2(t'),\cdots,\ \mathbf{x}_M(t'),\ \theta_1(t'),\ \theta_2(t')\cdots\cdots,\ \theta_M(t'),\mathbf{X},t]$$

所代替,式中

$$(5.3.8)\qquad \mathbf{x}_\alpha(t')\equiv\mathbf{x}(\mathbf{X}_\alpha,t'),\ \theta_\alpha(t')\equiv\theta(\mathbf{X}_\alpha,t'),\alpha=1,2,\cdots M.$$

现在, $\mathbf{F}$ 是定义在 $t'\leqslant t$ 的实函数域上的函数 $\mathbf{x}_\alpha(t')$ 和 $\theta_\alpha(t')$ 的泛函. 最后,如果函数 $\mathbf{x}_\alpha(t')$ 和 $\theta_\alpha(t')$ 只取N个离散值 $t_1,t_2,\cdots,t_N$, 则我们可以用 MN 个矢量变量 $\mathbf{x}_{\alpha\beta}$, MN 个标量变量 $\theta_{\alpha\beta}$ 以及 $\mathbf{X}$ 和 t 的函数来代替泛函 $\mathbf{F}$, 即

$$(5.3.9)\qquad \mathbf{t}(\mathbf{X},t)=\mathbf{f}(\mathbf{x}_{\alpha\beta},\ \theta_{\alpha\beta},\ \mathbf{X},t),\quad \alpha=1,2,\cdots,M,\ \beta=1,2,\cdots,N$$

反之, 在某些连续性和光滑性的条件下, 当M和N趋向于无限时(物质点 $\mathbf{X}_\alpha$ 和时间集合 t_β 变为稠的),函数 $\mathbf{f}$ 趋向于泛函$\mathscr{F}$.

一个诸如$\mathscr{F}$的泛函,通常用指明其自变量函数有定义的区间来表示。因此,(5.3.2)可以写成

$$(5.3.10)\qquad \mathbf{t}(\mathbf{X},t)=\mathop{\mathscr{F}}_{t'=-\infty,\mathbf{X}'\in\mathscr{B}}^{t'=t}[\mathbf{x}(\mathbf{X}',t'),\theta(\mathbf{X}',t'),\mathbf{X},t]$$

这个形式书写起来太麻烦,因此, 除非它对于讨论是必不可少的,

否则，我们并不采用它。

在物质特性的表征中，本构方程(5.3.2)—(5.3.5)不是最一般的形式。事实上，更一般的和更自然的本构理论是具有形式

$$(5.3.11)\quad \mathscr{G}_\alpha[\mathbf{t}(\mathbf{X}',t'),\ \mathbf{q}(\mathbf{X}',t'),\ \varepsilon(\mathbf{X}',t'),\ \eta(\mathbf{X}',t'),\ \mathbf{x}(\mathbf{X}',t'),\ \theta(\mathbf{X}',t'),\ \mathbf{X},t]=0$$

的“独立”泛函方程组。这些方程组的个数以及它们必须遵守的条件目前还不清楚，但是它们必须具有能够决定 $(\mathbf{X},t)$ 处的 $\mathbf{t}$, $\mathbf{q}$, ε 和 η 的性质。例如，对于非极性介质，我们需要 11 个这样的方程 $(\alpha=1,2,\cdots,11)$. 因此，可以解出 11 个量 $t_{kl}(\mathbf{X},t)$, $q_k(\mathbf{X},t)$, $\varepsilon(\mathbf{X},t)$ 和 $\eta(\mathbf{X},t)$. 这样，形式(5.3.2)—(5.3.5)的方程可以作为(5.3.11)的特殊情况。在采用(5.3.11)的理论中，应力、热量、内能和熵的历史起着本质的作用。因此，$(\mathbf{X},t)$ 处的应力依赖于应力、热量、内能和熵的历史，同时也依赖于物体中所有其它点的运动和温度。如果在方程(5.3.11)中对 $\mathbf{t}(\mathbf{X}',t')$ 等的依赖性可用各阶应力率、热率等等的历史来代替，则可得到(5.3.11)的近似式。例如，一个特殊的情况是

$$\dot{\mathbf{t}}(\mathbf{X},t)=\mathscr{F}[\mathbf{x}(\mathbf{X},t),\mathbf{x}(\mathbf{X}',t'),\theta(\mathbf{X}',t'),\mathbf{X},t]$$

式中 $\dot{\mathbf{t}}$ 是 $(\mathbf{X},t)$ 处的应力率。更一般地，我们有

$$(5.3.12)\quad \mathbf{t}^{(p)}(\mathbf{X},t)=\mathscr{F}[\mathbf{t}^{(p-1)}(\mathbf{X},t),\ \mathbf{t}^{(p-2)}(\mathbf{X},t),\cdots,\ \mathbf{t}(\mathbf{X},t),\ \mathbf{x}(\mathbf{X}',t'),\ \theta(\mathbf{X}',t'),\ \mathbf{X},t]$$

此式包含了 $(\mathbf{X},t)$ 处的直到 p 阶的应力率。

还有其它的**非简单**介质的理论，它们的本构方程具有形式

$$(5.3.13)\quad \mathbf{t}_{,K_1K_2\cdots K_R}=\mathscr{F}[\mathbf{t}_{,K_1K_2\cdots K_{R-1}}(t'),\cdots,\ \mathbf{t}_{,K_1}(t'),\ \mathbf{t}(t');\ \mathbf{x}(\mathbf{X}',t'),\ \theta(\mathbf{X}',t'),\ \mathbf{X},t]$$

这是(5.3.11)的自然结果。

本构方程(5.3.11)对应力或热量等可能是不可解的，或者它可能给出多值的应力、应力率、热量等等。因此，塑性、粘塑性和一大类具有奇特物质性能的理论都含包在这种形式之中。我们不打算评论这种目前还没有得到完善发展的一般理论，对于这方面的叙述可参见 Eringen [1962, 第十章].

(iii) 等存在公理 一开始，所有的本构泛函都应该用同样的独立本构变量来表示，直到推出相反的结果为止。

这个公理是一个预防措施．它告诉我们，在本构泛函的表达式中不要忘掉或无故厌弃某类变量，而又偏爱其它的变量．相容性公理和各种近似可以消去对其中一些变量的依赖性．在出现这种情况之前，在所有的本构函数中，我们都应该采用相同的独立本构变量．于是，我们看到在(5.3.2)—(5.3.5)的所有本构方程中都出现 $\mathbf{x}(\mathbf{X},t)$，$\theta(\mathbf{X}',t')$，$\mathbf{X}$ 和 t.

(iv) 客观性公理 本构方程对于空间参考标架的刚性运动必须是形式不变量．

这是显然的，根据物理观察，物质性质与观察者的运动无关．如果两个标架 $\bar{\mathbf{x}}$ 和 $\mathbf{x}$ 可以因刚性运动和时间的迁移而使之重合，则它们彼此有关系

$$\bar{\mathbf{x}}(\mathbf{X},\bar{t})=\mathbf{Q}(t)\mathbf{x}(\mathbf{X},t)+\mathbf{b}(t) \tag{5.3.14}$$

式中 $\mathbf{Q}(t)$ 是一个真正交变换，$\mathbf{b}(t)$ 是平移，而 $\bar{t}$ 是从 t 经过一个由时间原点的常迁移而得到的量，即

$$\mathbf{Q}\mathbf{Q}^T=\mathbf{Q}^T\mathbf{Q}=\mathbf{I},\quad \det\mathbf{Q}=1 \tag{5.3.15}$$
$$\bar{t}=t+a$$

式中 $\mathbf{I}$ 是单位张量．根据客观性公理，对于空间参考标架的所有真正交变换 $\{\mathbf{Q}(t)\}$ 和平移 $\{\mathbf{b}(t)\}$ 以及时间原点的所有迁移，当我们用 $\bar{\mathbf{x}}$ 代替 $\mathbf{x}$ 时，本构泛函都必须是形式不变量．这就是说，响应泛函关于它们的张量变量是**空间半各向同性的**．如果我们将反射(对于它来说 $\det\mathbf{Q}=-1$) 也包含在群 $\{\mathbf{Q}(t)\}$ 中，则得到**空间各向同性**．在这种情况下，$\{\mathbf{Q}(t)\}$ 是完全正交变换群[1]．空间半各向同性物质是比空间各向同性物质更一般的物质，并且

1) 在客观性原理的阐述中，我们必须采用完全正交群还是真正交群的问题至今还悬而未决．在一些领域中，利用完全群是值得怀疑的．对于旋光性流体，存在一些择优取向，对于空间客观性，利用完全正交群似乎可能消除这些物质的基本性质．在量子力学中最近对宇称性的异议对于真正交群的利用给予进一步的支持．

后者被包含在前者之中．响应泛函对于反射的形式不变性的附加要求使半各向同性物质成为各向同性的．因此，我们将利用真正交群作为客观性原理的基础．然而，我们将研究在反射群下不变性的结果，因为它会导致本构方程的很大简化．

（v） 物质不变性公理 物体中物质点的结晶的方向性引起物质性质的某些对称性．例如，当物质坐标 (X_1, X_2, X_3) 变为 $(X_1, X_2, -X_3)$ 时，本构泛函可以不改变它们的形式．这表示物质参考标架关于平面 $X_3 = 0$ 的反射．同样，这个条件可以推出施加于本构方程上的限制． 令 $\{\mathbf{S}\}$ 是物质轴的完全正交变换群的子群，而 $\{\mathbf{B}\}$ 是这些轴的平移，则物质不变性公理可叙述如下：

物质不变性公理 本构方程关于物质坐标的正交变换群 $\{\mathbf{S}\}$ 和平移 $\{\mathbf{B}\}$ 必须是形式不变量．这些限制是在物质参考标架 $\mathbf{X}$ 中，由 $\{\mathbf{S}\}$ 和 $\{\mathbf{B}\}$ 所施加的对称性条件的结果．

因此，对于这种物质，对于群 $\{\mathbf{S}\}$ 的所有元素和所有的平移 $\{\mathbf{B}\}$，在形式为

$$\bar{\mathbf{X}} = \mathbf{S}\mathbf{X} + \mathbf{B}. \tag{5.3.16}$$

的所有变换下，响应函数是形式不变量，其中

$$\mathbf{S}\mathbf{S}^T = \mathbf{S}^T\mathbf{S} = \mathbf{I} \qquad \det\mathbf{S} = \pm 1 \tag{5.3.17}$$

在物体的物理性质中，这些条件表示：在 $\mathbf{X}$ 处由 $\{\mathbf{S}\}$ 表示的几何对称性和由 $\{\mathbf{B}\}$ 表示的非均匀性． 对称群 $\{\mathbf{S}\}$ 可以是完全正交群的子群．当 $\{\mathbf{S}\}$ 是真正交群时，我们称物质是**半各向同性的**，如果 $\{\mathbf{S}\}$ 是完全群，则称物质为**各向同性的**．不是半各向同性的物质称为是**各向异性的**．当响应函数与物质坐标原点的平移 $\{\mathbf{B}\}$ 无关时，我们说物质是**均匀的**．当响应函数随物质轴的某些平移 $\{\mathbf{B}\}$ 而变化时，则称物质为**非均匀的**．

一种物质关于它的不同性质可以具有不同类型的物质对称性．例如，关于应力和应变是各向同性的物质，而关于其它的性质，例如电位移和极化，则可能不是各向同性的．类似地，在弹性上均匀的物质在电学上可能是非均匀的．

物质可以具有曲线对称性．在这种情况下，除了 $\mathbf{X}$ 可以是曲线坐标之外，情况是与(5.3.16)类似的．

物质还可以服从其它几何的和内部的约束．例如，橡胶物质是不可压缩的，这可以用局部体积保持不变的附加条件(即$\mathrm{III}_C=1$）来表征．更一般地，某类物质的本构变量可能是受某些内部约束限制的，例如，不可伸长的弦或薄片就是这类物质．这些约束可用形式为

$$f_\alpha(\mathbf{E})=0,\quad (\alpha=1,2,\cdots,n,n<6) \tag{5.3.18}$$

的附加方程来表示，其中 $\mathbf{E}$ 是应变度量．这些有关应变的条件对材料的某些可能的变形施加限制．因为六个这样的方程完全决定应变场 $\mathbf{E}$，所以这组方程的数目不能超过五个．在(5.3.18)的形式中，我们可以包含微分和积分形式的约束．这些内部约束必须看成是本构方程的一部分．

(vi) **邻域公理**　独立本构变量在离 $\mathbf{X}$ 较远的物质点处的值不明显地影响相关本构变量在 $\mathbf{X}$ 处的值．

这个公理指出不在 $\mathbf{X}$ 附近的物质点 $\mathbf{X}'$ 的运动 $\mathbf{x}(\mathbf{X}',t')$ 和温度 $\theta(\mathbf{X}',t')$ 对于 $(\mathbf{X},t)$ 处的 $\mathbf{t},\mathbf{q},\varepsilon$ 和 η 没有明显的贡献．换句话说，本构泛函在 $\mathbf{X}$ 处和时刻 t 的值对于远离 $\mathbf{X}$ 的点的运动和温度的历史是不敏感的．因为热力学现象是邻近 $\mathbf{X}$ 的物质点的相对运动和热变化的结果，所以自然可以想象到远距离诸点的热力学历史对于 $\mathbf{X}$ 处的物质性态没有明显的影响．这个原理没有一个唯一的表述方法，下面给出一种对我们的目的有用的表述形式[1]．

光滑邻域　假设函数 $\mathbf{x}(\mathbf{X}',t')$ 和 $\theta(\mathbf{X}',t')$ 在 $\mathbf{X}'=\mathbf{X}$ 处对所有的 $t'\leqslant t$ 具有 Taylor 展开式，并设它们分别具有 P 阶和 Q 阶梯度，即

$$\mathbf{x}(\mathbf{X}',t')=\mathbf{x}(\mathbf{X},t')+(X'_{K_1}-X_{K_1})\mathbf{x}_{,K_1}(\mathbf{X},t') \tag{5.3.19}$$

1) 对于其它的表述，请参见 Eringen [1965]．

$$+\frac{1}{2!}(X'_{K_1}-X_{K_1})(X'_{K_2}-X_{K_2})\mathbf{x}_{,K_1K_2}(\mathbf{X},t')\cdots\cdots$$

$$+\frac{1}{P!}(X'_{K_1}-X_{K_1})\cdots(X'_{K_P}-X_{K_P})\mathbf{x}_{,K_1\cdots K_P}(\mathbf{X},t')$$

$$\theta(\mathbf{X}',t')=\theta(\mathbf{X},t')+(X'_{K_1}-X_{K_1})\theta_{,K_1}(\mathbf{X},t')$$

$$+\frac{1}{2!}(X'_{K_1}-X_{K_1})(X'_{K_2}-X_{K_2})\theta_{,K_1K_2}(\mathbf{X},t')\cdots.$$

$$+\frac{1}{Q!}(X'_{K_1}-X_{K_1})\cdots(X'_{K_Q}-X_{K_Q})\theta_{,K_1\cdots K_Q}(\mathbf{X},t')$$

如果本构泛函是充分光滑的，因而，它们可以用实函数

$$\begin{aligned}&\mathbf{x}(\mathbf{X},t'),\ \mathbf{x}_{,K_1}(\mathbf{X},t'),\cdots,\mathbf{x}_{,K_1K_2\cdots K_P}(\mathbf{X},t')\\&\theta(\mathbf{X},t'),\ \theta_{,K_1}(\mathbf{X},t'),\cdots,\theta_{,K_1K_2\cdots K_Q}(\mathbf{X},t')\end{aligned}\tag{5.3.20}$$

域内的泛函来近似，则我们就说，物质在 $\mathbf{X}$ 处对所有的 $t'\leqslant t$ 满足光滑邻域假设. 在这种情况下，我们看到物质点 $\mathbf{X}$ 处的性态不受远离 $\mathbf{X}$ 的物质点的历史的影响. 这种类型的物质称为**物质梯度型的非简单物质**. 至于邻域的范围则是由所包含的最高阶的变形梯度和温度梯度来决定的. 在下一节中，我们将要证明，泛函对 $\mathbf{x}(\mathbf{X},t')$ 的依赖性可以根据客观性公理从(5.3.20)所列出的函数中消去. 此外，在本书中，我们将主要研究只包含直到一阶梯度的物质，因此，我们的本构方程具有形式

$$\mathbf{t}(\mathbf{X},t)=\mathscr{F}[\mathbf{x}_{,K}(t'),\ \theta(t'),\ \theta_{,K}(t'),\ \mathbf{X},t]\tag{5.3.21}$$

这种物质称为**简单物质**. 因为 $\mathscr{F}$ 在 $\mathbf{X}$ 的连续范围内不再是一个泛函，所以在 $\mathbf{x}_{,K}(t')$, $\theta(t')$ 和 $\theta_{,K}(t')$ 的自变量中，我们省略 $\mathbf{X}$, 亦即，为了简单起见，我们写成

$$\mathbf{x}_{,K}(t')\equiv\mathbf{x}_{,K}(\mathbf{X},t')$$

顺便指出，当采用更一般的本构方程(5.3.11)时，小邻域公理的上述解释启发我们可用下列形式的本构方程来表征物质:

$$\begin{aligned}\mathbf{t}_{,K_1K_2\cdots K_P}(\mathbf{X},t)=\mathscr{F}[&\mathbf{t}_{,K_1K_2\cdots K_{P-1}}(\mathbf{X},t'),\cdots,\mathbf{t}(\mathbf{X},t'),\\&\mathbf{x}(\mathbf{X}',t'),\theta(\mathbf{X}',t'),\mathbf{X},t]\end{aligned}\tag{5.3.22}$$

其它的本构公理(例如，客观性公理) 在这些方程的形式上也附加

限制. 对于由形式(5.3.22)的本构方程所表征的物质还没有被认真地研究过.

邻域公理在那些与 $\mathbf{X}$ 近旁的点的历史有关的本构函数上施加了某些光滑性条件. 这个公理的数学描述不是唯一的. 一般地说，邻域公理可以表示为对一切 $t'\leqslant t$，本构泛函关于它的自变量函数 $\mathbf{x}(\mathbf{X}',t')$ 和 $\theta(\mathbf{X}',t')$ 在物质点 $\mathbf{X}$ 处的热力历史 $\mathbf{x}(\mathbf{X},t')$ 及 $\theta(\mathbf{X},t')$ 的邻域内的泛函连续性和泛函可微性条件[1]. 当然,上面所说的这些也完全适合于泛函 $\mathscr{G},\mathscr{E}$ 和 $\mathscr{N}$.

(vii) 记忆公理 本构变量在远离现在的过去时刻的值不明显地影响本构函数的值.

这个原理是在时间范围内的邻域公理.据此,任何物质点对过去的运动和温度的记忆迅速地衰退[2].还没有给出这个公理的唯一的数学表述.下面两个有限的解释对于我们的目的来说是足够的.

(a) 光滑记忆 假设存在一个对于每一物质点都适合的时刻 $\tau_0<t$，使得热力历史 $\mathbf{x}(\mathbf{X}',t')$ 和 $\theta(\mathbf{X}',t')$ 在 $t'=t$ 时对于所有的 $\mathbf{X}'\in\mathscr{B}$ 分别具有 p 阶和 q 阶率的 Talor 级数展开式,即

$$
\begin{aligned}
\mathbf{x}(\mathbf{X}',t') &= \mathbf{x}(\mathbf{X}',t)+(t'-t)\dot{\mathbf{x}}(\mathbf{X}',t)+\cdots \\
&\quad +\frac{(t'-t)^p}{p!}\,\mathbf{x}^{(p)}(\mathbf{X}',t) \\
\theta(\mathbf{X}',t') &= \theta(\mathbf{X}',t)+(t'-t)\dot{\theta}(\mathbf{X}',t)+\cdots \\
&\quad +\frac{(t'-t)^q}{q!}\,\theta^{(q)}(\mathbf{X}',t)
\end{aligned}
\tag{5.3.23}
$$

---

1) 泛函连续性和泛函可微性要求定义在两个相邻的自变量函数之间的距离或在自变量函数的函数空间中的范数. 这种范数可以通过引进权函数的方法来定义,使得它能反映出接近 $\mathbf{X}$ 的诸点的重要性. 在这个赋范空间内,泛函以及它们的直到某阶的泛函导数在 $\mathbf{X}$ 处的热力历史的邻域内的连续性可以用来作为邻域公理的数学陈述,参见 Eringen [1965]. 也可参见记忆公理.

2) 这个概念是由 Boltzmann[1874] 和 Volterra [1913, 1930] 提出的. Straneo[1925] 形式引进了减退遗传性的概念. 最近,Coleman 和 Noll[1961] 提供了另一种表述,这将在光滑记忆讨论的末尾加以介绍.

$$\tau_0 < t' \leqslant t, \quad \mathbf{X}' \in \mathscr{B}$$

式中

$$\mathbf{x}^{(p)} = \left.\frac{\partial^p \mathbf{x}}{\partial t^p}\right|_{\mathbf{X}'}, \quad \theta^{(q)} = \left.\frac{\partial^q \theta}{\partial t^q}\right|_{\mathbf{X}'}$$

如果本构泛函是足够光滑的，使得它们对于 $\mathbf{x}(\mathbf{X}',t')$ 和 $\theta(\mathbf{X}',t')$ 的依赖性能够用实函数

$$(5.3.24) \qquad \begin{aligned} &\mathbf{x}(\mathbf{X}',t),\ \dot{\mathbf{x}}(\mathbf{X}',t),\cdots,\ \mathbf{x}^{(p)}(\mathbf{X}',t) \\ &\theta(\mathbf{X}',t),\dot{\theta}(\mathbf{X}',t),\cdots,\theta^{(q)}(\mathbf{X}',t) \end{aligned}$$

来代替，则我们就说，它们满足光滑记忆公理．在这种情况下，任何物质点 $\mathbf{X}'$ 距时刻 t 较远的运动历史不影响 $\mathbf{X}$ 处的物质点在时刻 t 的物质性态．然而，在狭义上，高阶时间率 $\mathbf{x}^{(p)}(\mathbf{X}',t)$ 和 $\theta^{(q)}(\mathbf{X}',t)$ 的存在性将显示出某种记忆相关性．这种物质具有下列形式的本构方程：

$$(5.3.25) \qquad \mathbf{t}(\mathbf{X},t) = \mathscr{F}[\mathbf{x}^{(\alpha)}(\mathbf{X}',t),\ \theta^{(\beta)}(\mathbf{X}',t),\ \mathbf{X},t]$$
$$\alpha = 1,2,\cdots\cdots p, \quad \beta = 1,2,\cdots\cdots q$$

这种物质被称为**变率型物质**．如果采用(5.3.11)型的泛函方程，则(5.3.12)型的方程启示我们可用这种形式的方程来表征特殊物质．

(b) 减退记忆　函数 $\mathbf{x}(\mathbf{X}',t')$ 和 $\theta(\mathbf{X}',t')$ 可以不是光滑的，以致没有(5.3.23)型的 Taylor 展开式．尽管如此，我们仍可使得本构泛函关于这些函数和/或它们原来不连续的时间导数变为光滑的．在这种意义下，记忆原理是对于响应泛函的一个光滑性要求．为使这个概念数学化，我们引进一个**影响函数**，它和远的过去相比更有利于泛函的短时依赖性．令 $\mathscr{I}_p(t-t') > 0$ 是定义在 $-\infty < t' \leqslant t$ 上的一个函数，并使得

$$(5.3.26) \qquad \mathscr{I}_p(0) = 1, \quad \lim_{t' \to -\infty} (t-t')^p \mathscr{I}_p(t-t') = 0$$

则我们说 $\mathscr{I}_p(t-t')$ 是低于 p 阶的影响函数．例如

$$(5.3.27) \qquad \mathscr{I}_p(t-t') = \frac{1}{[k(\mathbf{X}')(t-t')+1]^p}$$

是一个低于 p 阶的影响函数．类似地

$$(5.3.28) \qquad \mathscr{I}_{\infty}(t-t') = e^{-\alpha(t-t')}, \quad \alpha > 0$$

是一个任意阶的影响函数. $\mathscr{I}_p(t-t')$ 可以是 $\mathbf{X}'$ 的函数. $\mathbf{x}(\mathbf{X}',t')$ 和 $\mathbf{x}(\mathbf{X}',t)$ 之间的**赋范距离**或 $\mathbf{x}(\mathbf{X}',t')-\mathbf{x}(\mathbf{X}',t)$ 的 $\mathscr{I}$ 范数可以定义为

$$(5.3.29) \qquad \|\mathbf{x}(\mathbf{X}',t')-\mathbf{x}(\mathbf{X}',t)\|_{\mathscr{I}} = \left\{\int_{-\infty}^{t} \mathscr{I}(t-t')\,|\mathbf{x}(\mathbf{X}',t')-\mathbf{x}(\mathbf{X}',t)|^2 dt'\right\}^{1/2}$$

式中| |表示其中矢量的大小.

减退记忆公理可以叙述为: 对于所有 $\mathbf{X}' \in \mathscr{B}$,在由 (5.3.29) 所赋范的函数空间中在时刻 t 的热力历史的邻域内响应泛函是从下连续的. 换句话说,对于每一个 $e>0$, 存在 $a>0$ 和 $b>0$, 使得

$$(5.3.30) \qquad \|\mathscr{F}[\mathbf{x}(\mathbf{X}',t'),\theta(\mathbf{X}',t'),\mathbf{X},t] - \mathscr{F}[\mathbf{x}(\mathbf{X}',t),\theta(\mathbf{X}',t),\mathbf{X},t]\| < e$$

只要对所有的时间 $t' \leqslant t$ 及 $\mathbf{X}' \in \mathscr{B}$ 都有

$$(5.3.31)_1 \qquad |\mathbf{x}(\mathbf{X}',t')-\mathbf{x}(\mathbf{X}',t)|_{\mathscr{I}} < a$$

$$(5.3.31)_2 \qquad |\theta(\mathbf{X}',t')-\theta(\mathbf{X}',t)|_{\mathscr{I}} < b$$

成立,式中 $\|\mathscr{F}\| = \sqrt{\operatorname{tr}\mathscr{F}^2}$. 因此, 当热力历史 $\mathbf{x}(\mathbf{X}',t')$ 和 $\theta(\mathbf{X}',t')$ 与 $\mathbf{x}(\mathbf{X}',t)$ 和 $\theta(\mathbf{X}',t)$ 分别相差非常小时 (对于正常数 a 和 b, 不等式(5.3.31)被满足时), 则相应的泛函彼此就是很接近的(不等式(5.3.30)被满足). 因此,在 $(\mathbf{X},t)$ 处与这两个不同历史对应的应力相差也是很小的. 影响函数$\mathscr{I}$的存在使得接近于时刻 t 的历史对应力的影响比远离的时间要大.

恰如函数的情形,我们可以把上述定义应用于 $\mathscr{F}$ 的泛函导数来加强连续性. 这样,减退记忆的强公理可用假设 $\mathscr{F}$ 的直到 n 阶的所谓 Fréchet 导数的存在性来阐述. 而且,$\mathscr{F}$的 Fréchet 导数在由大于 $(n+1/2)$阶的影响函数所赋范的 Hilbert 空间时刻 t 的历史邻域内是连续的. 因为,我们将只处理线性简单物质,所以,不采用这样的强减退记忆公理.

上面讨论的记忆公理对于其它的本构泛函也是成立的.

(viii) 相容性公理 所有的本构方程必须是与连续统力

学的基本原理相容的,即,它们必须服从质量守恒、动量平恒、能量守恒原理以及 Clausius-Duhem 不等式.

这个公理陈述了这样一个事实,即在表述本构方程时,我们必须遵守基本的运动定律. 当某些本构变量可从运动方程得到时,这个公理还可以用来帮助我们消去对这些本构变量的依赖性. 例如,在本构泛函中无需包含对质量密度的历史的依赖性,因为它可由下列连续性方程得到:

$$\frac{\rho_0}{\rho(\mathbf{X}', t')} = \det \frac{\partial x_k(\mathbf{X}', t')}{\partial X'_K} \tag{5.3.32}$$

除非在某一固定时刻 $t' = t$, 这种对于 $x_{k,K'}$ 的依赖性只由它的行列式来决定. 对于某些物质(例如流体),便是这种情况. 在这种情况下,可能包括在 $t' = t$ 时本构泛函对于 $\rho(\mathbf{X}', t')$ 的依赖性.

Clausius-Duhem 不等式可以用来消去对出现在本构泛函中某些变量的依赖性. 例如,对于热弹性固体,我们将会看到内能和熵与温度的梯度无关. 在第 4.6 节中, 定理 1 提供一个在某些条件下 Clausius-Duhem 不等式能使温度 θ 由内能密度 ε (方程(4.6.17))导出的例子.

5.4 热力物质

在本书中,我们只处理连续介质的变形和运动,不研究化学的变化,而电磁学的效应则放在第十章中讨论.有一大类物质在变形时是不发生化学转换或不产生明显的电磁效应的,然而,变形和运动一般要产生热量. 反之, 物体由于热量的变化也要引起变形和流动. 热量变化对于物质性态的影响与其范围和激烈程度有关.

热力本构方程在于描述性态受到变形和热量变化影响的那些物质的物理性质. 根据因果性、等存在和决定性公理,这些物质的本构方程可以用(5.3.2)—(5.3.5)的形式来表示,即

$$\mathbf{t}(\mathbf{X},t) = \mathscr{F}[\mathbf{x}(\mathbf{X}',t'),\theta(\mathbf{X}',t'),\mathbf{X},t] \tag{5.4.1}$$

$$\mathbf{q}(\mathbf{X},t) = \mathscr{G}[\mathbf{x}(\mathbf{X}',t'),\theta(\mathbf{X}',t'),\mathbf{X},t] \tag{5.4.2}$$

(5.4.3) $$\boldsymbol{\varepsilon}(\mathbf{X},t)=\mathscr{E}[\mathbf{x}(\mathbf{X}',t'),\theta(\mathbf{X}',t'),\mathbf{X},t]$$

(5.4.4) $$\eta(\mathbf{X},t)=\mathscr{N}[\mathbf{x}(\mathbf{X}',t'),\theta(\mathbf{X}',t'),\mathbf{X},t]$$

其中泛函 $\mathscr{F}$,$\mathscr{G}$, $\mathscr{E}$ 和 $\mathscr{N}$ 服从在第5.3节中所述的本构理论公理的限制. 现在,我们着手推导这些公理的推论. 因为对于所有的泛函,方法是类似的,所以为了简短起见,我们只对应力泛函 $\mathscr{F}$ 进行分析. 然后,用类似的方法即可直接写出关于 $\mathscr{G}$, $\mathscr{E}$ 和 $\mathscr{N}$ 的结果. 我们从公理 (iv) 的应用开始.

客观性公理的推论 根据这个公理,泛函 $\mathscr{F}$ 的形式在任何两个客观上等价的运动中应是相同的,即

(5.4.5) $$\mathscr{F}[\mathbf{x}(\mathbf{X}',t'),\theta(\mathbf{X}',t'),\mathbf{X},t]=\mathscr{F}[\bar{\mathbf{x}}(\mathbf{X}',\bar{t}'),\theta(\mathbf{X}',\bar{t}'),\mathbf{X},\bar{t}]$$

对所有的 $\mathbf{Q}(t'),\mathbf{b}(t')$ 和 a 使得

$$\mathbf{x}(\mathbf{X}',t')=\mathbf{Q}(t')\mathbf{x}(\mathbf{X}',t')+\mathbf{b}(t')$$

(5.4.6) $$\mathbf{Q}\mathbf{Q}^{T}=\mathbf{Q}^{T}\mathbf{Q}=\mathbf{I},\quad \bar{t}'=t'-a$$

考虑标架 $\mathbf{x}$ 的下列三种特殊变换:

(a) 空间标架的刚性平移 对于这种情况,取 $\mathbf{Q}(t')=\mathbf{I}$, $a=0$, $\mathbf{b}(t')=-\mathbf{x}(\mathbf{X},t')$. 这意味着空间参考标架作了平移,使得在时刻 t' 的物质点 $\mathbf{X}$ 保持在原点. 由(5.4.6)$_1$ 得到

$$\bar{\mathbf{x}}(\mathbf{X}',t')=\mathbf{x}(\mathbf{X}',t')-\mathbf{x}(\mathbf{X},t'),\quad \bar{t}'=t'$$

将此式代入(5.4.15),我们得到

(5.4.7) $$\mathbf{t}(\mathbf{X},t)=\mathscr{F}[\mathbf{x}(\mathbf{X}',t')-\mathbf{x}(\mathbf{X},t'),\theta(\mathbf{X}',t'),\mathbf{X},t]$$

(b) 时间的迁移 令

$$\mathbf{Q}(t')=\mathbf{I},\quad \mathbf{b}(t')=\mathbf{0},\quad a=t$$

则由方程(5.4.6),我们得到 $\bar{t}=0$. 因此,泛函$\mathscr{F}$与 t 无关,即

$$\mathbf{t}=\mathscr{F}[\mathbf{x}(\mathbf{X}',t'),\theta(\mathbf{X}',t'),\mathbf{X}]$$

引入

(5.4.8) $$\tau'\equiv t-t'\geqslant 0,\quad 0\leqslant\tau'\leqslant\infty$$

并把上面的结果与(5.4.7)相结合,我们有

(5.4.9) $$\mathbf{t}(\mathbf{X},t)=\mathscr{F}[\mathbf{x}(\mathbf{X}',t-\tau')-\mathbf{x}(\mathbf{X},t-\tau'),\theta(\mathbf{X}',t-\tau'),\mathbf{X}]$$

因此，$\mathscr{F}$ 是关于 $\mathscr{B}$ 中所有物质点 $\mathbf{X}'$ 对于目前时刻的相对运动和温度的历史的泛函.

(c) 空间标架的刚性转动　我们取 $\mathbf{b}=\mathbf{0}$, $a=0$,而 $\mathbf{Q}(t')$ 是任意的. 这表示空间参考标架的任意与时间有关的转动. 在这种转动中,应力 $\mathbf{t}$ 转换成

$$\bar{\mathbf{t}}(\mathbf{X},t)=\mathbf{Q}(t)\mathbf{t}(\mathbf{X},t)\mathbf{Q}^T(t) \tag{5.4.10}$$

利用(5.4.5),对于所有服从 $(5.4.6)_2$ 的 $\mathbf{Q}(t')$, $\tau'\geqslant 0$, 我们得到

$$\begin{aligned}\mathbf{Q}(t)\mathscr{F}[\mathbf{x}(\mathbf{X}',t-\tau')-\mathbf{x}(\mathbf{X},t-\tau'),\theta(\mathbf{X}',t\\-\tau'),\mathbf{X}]\mathbf{Q}^T(t)=\mathscr{F}\{\mathbf{Q}(t-\tau')[\mathbf{x}(\mathbf{X}',t\\-\tau')-\mathbf{x}(\mathbf{X},t-\tau')],\theta(\mathbf{X}',t-\tau'),\mathbf{X}\}\end{aligned} \tag{5.4.11}$$

为使 $\mathscr{F}$ 是客观的，此式是必须施加于它的限制. 反之，如果由(5.4.1)给定的泛函 $\mathscr{F}$，具有满足(5.4.11)的形式(5.4.9),则它一定满足客观性原理. 这是因为空间参考标架的任何一般刚性运动和时间的迁移都可以由上面三种变换相继得到. 因此，服从(5.4.11)的方程(5.4.9)是连续介质的热力理论中应力的最一般的本构方程. 方程(5.4.9)还必须满足其余的公理，即物质不变性公理、邻域公理、记忆公理和相容性公理.

物质不变性公理的推论　如果物质存在对称性，则这种对称性可以由物质参考标架 $\mathbf{X}$ 的正交变换群 $\{\mathbf{S}\}$ 和平移 $\{\mathbf{B}\}$ 来表征. 于是，响应函数由施加于它们的条件所限制. 这些条件使得在变换

$$\bar{\mathbf{X}}=\mathbf{S}\mathbf{X}+\mathbf{B} \tag{5.4.12}$$

之下,响应函数是形式不变量,其中,对于群 $\{\mathbf{S}\}$ 的所有元素 $\mathbf{S}$ 满足

$$\mathbf{S}\mathbf{S}^T=\mathbf{S}^T\mathbf{S}=\mathbf{I},\quad \det\mathbf{S}=\pm 1 \tag{5.4.13}$$

使用和上面关于客观性公理所用的同样方法，即可得到这些条件的推论,只是在目前情况下,变换适用于物质坐标 X_K. 于是，例如,应力响应泛函 $\mathscr{F}$ 必须满足下式:

$$\begin{aligned}&\mathscr{F}[\mathbf{x}(\mathbf{X}',t-\tau')-\mathbf{x}(\mathbf{X}',t-\tau'),\theta(\mathbf{X}',t-\tau'),\mathbf{X}]\\&=\mathscr{F}[\mathbf{x}(\mathbf{S}\mathbf{X}'+\mathbf{B},t-\tau')-\mathbf{x}(\mathbf{S}\mathbf{X}+\mathbf{B},t-\tau'),\end{aligned} \tag{5.4.14}$$

$$\theta(\mathbf{SX}+\mathbf{B},t-\tau'),\mathbf{SX}+\mathbf{B}]$$

当 $\{\mathbf{S}\}$ 是真正交变换群时，(5.4.14)给出**半各向同性（横向各向同性）物质**的限制，当 $\{\mathbf{S}\}$ 是完全群时，物质称为是**各向同性的**．当不依赖于 $\mathbf{B}$ 时，则物质是**均匀的**．在这种情况下，$\mathscr{F}$ 不明显地依赖于 $\mathbf{X}$.

在(5.4.14)中包含了所有已知物质的对称性限制．在完全正交群的无限多元素中，有 12 个不同的元素就足够用来描述 32 类结晶物质的对称性．在第六章中，在把这种变换群用来简化本构方程时，我们将讨论各向异性弹性物质．

光滑邻域公理的推论　假设函数 $\mathbf{x}(\mathbf{X}',t-\tau')$ 和 $\theta(\mathbf{X}',t-\tau')$ 在 $\mathbf{X}'=\mathbf{X}$ 处对所有 $\tau'\geqslant 0$ 具有(5.3.19)形式的 Taylor 展开式，则这个公理表示，响应泛函是充分光滑的，并允许有表达式

$$(5.4.15)\quad \mathbf{t}(\mathbf{X},t)=\mathscr{F}[\mathbf{x}_{,K_1}(t-\tau'),\mathbf{x}_{,K_1K_2}(t-\tau'),\cdots,\mathbf{x}_{,K_1K_2\cdots K_P}(t-\tau'),\theta(t-\tau'),\theta_{,K_1}(t-\tau'),\cdots\theta_{,K_1K_2\cdots K_Q}(t-\tau');\mathbf{D}_K,\mathbf{X}]$$

$$(K_1,K_2,\cdots K_P,\cdots;K_Q)=1,2,3$$

因为$\mathscr{F}$不再是 $\mathbf{X}$ 的连续值域内的泛函，所以为了简单起见，在$\mathscr{F}$的自变量中，我们省略 $\mathbf{X}$，亦即我们采用记号

$$(5.4.16)\quad \mathbf{x}_{,K}(t-\tau')\equiv\mathbf{x}_{,K}(\mathbf{X},t-\tau')$$
$$\theta(t-\tau')\equiv\theta(\mathbf{X},t-\tau')$$

在(5.4.15)中，还表明$\mathscr{F}$与三个矢量 $\mathbf{D}_K$ 有关．因为在三维空间中，所有从 $\mathbf{X}$ 处引出的方向矢量 $\mathbf{X}'-\mathbf{X}$ 都可以沿三个矢量$\mathbf{D}_K$进行分解，因此，$\mathscr{F}$对 $\mathbf{D}_K$ 的依赖性是展开式 (5.3.19) 中出现 X'_K-X_K 的结果．矢量 $\mathbf{D}_K$ 称为**物质描述符** (descriptor)．我们可以选取坐标 X_K 的基矢量 $\mathbf{I}_K$ 来代替 $\mathbf{D}_K$，因而，指明这种依赖性的目的在于强调$\mathscr{F}$的形式与基矢的选择有关的事实．物质描述符表示在物质点 $\mathbf{X}$ 处的物质性质与方向是有关的．在不致发生混淆时，我们可以从本构泛函中省略 $\mathbf{D}_K$.

由形式 (5.4.15) 的本构方程所表征的物质称为**非简单的物质**

梯度型物质. 物质梯度的阶对代表由 $\mathscr{F}$ 的自变量所定义的物质的阶.

定义 1 一种物质称作是力学 P 阶和热学 Q 阶或 $G(P, Q)$ 阶的必要充分条件是本构泛函依赖于 $\mathbf{x}(\mathbf{X}, t-\tau')$ 的直到 P 阶的梯度,同时依赖于 $\theta(\mathbf{X}, t-\tau')$ 的直到 Q 阶的梯度. 例如,本构方程(5.4.15)表征了一种 $G(P,Q)$ 阶物质.

对于大多数的物质,在 $\mathbf{X}$ 处的 $\mathbf{t}$, $\mathbf{q}$, ε 和 η 只受 $\mathbf{X}$ 的紧接邻域的影响,即 $|\mathbf{X}'-\mathbf{X}|$ 是非常小的. 在这种情况下,在(5.4.15)中可以只采用第一阶的梯度,这种物质称为**简单物质**.

定义 2 力学 1 阶和热学 1 阶,即 $G(1,1)$ 阶的热力物质称为简单物质. 这时本构方程(5.4.15)取下列形式:

(5.4.17) $$\mathbf{t}=\mathscr{F}[\mathbf{x}_{,K}(t-\tau'), \theta(t-\tau'), \theta_{,K}(t-\tau'); \mathbf{D}_K, \mathbf{X}]$$

有必要指出,简单物质包含着许多子类. 例如,在(5.4.17)中,当不存在对 $\mathbf{x}_{,K}$ 的依赖性时,我们得到 $G(0,1)$ 阶的**刚性物质**. 类似的,当不存在对 $\theta_{,K}$ 的依赖性时,我们得到 $G(1,0)$ 阶的**非热传导物质**. 许多其它的特殊物质,例如,弹性物质、Stokes 流体都可证明是包含在(5.4.17)中的特殊子类. 还必须指出,如果我们在(5.4.15)中保留高阶梯度,则我们可得到各类非简单物质. 例如,当在 $\mathscr{F}$ 的自变量中引入 $\mathbf{x}_{,KL}(t-\tau')$ 时,我们可得到**偶应力**理论. $G(0,Q)$ 阶的非简单物质是刚性物质,而 $G(P,0)$ 阶的非简单物质是非热传导物质.

由(5.4.15)形式的本构方程描述的物质是记忆相关物质,即,在时刻 t 在 $\mathbf{X}$ 处的应力依赖于变形梯度、温度和温度梯度在时刻 t 以前的历史. 应力还依赖于时刻 t 在 $\mathbf{X}$ 处的方向 $\mathbf{D}_K$,亦即,物质可能是各向异性的.

由(5.4.15),我们可以定义一个新的泛函 $\mathbf{F}$,其分量为

(5.4.18) $$F_{KL}=x_{k,K}(\mathbf{X},t)x_{l,L}(\mathbf{X},t)\mathscr{F}_{kl}$$

泛函 F_{KL} 关于空间参考标架的刚性运动是标量不变量(即,它是客观的). 根据 Cauchy 定理[参见第 4.8 节],在某一时刻,自变量矢量 $\mathbf{x}_{,K_1}, \mathbf{x}_{,K_2}\cdots(K_\alpha=1,2,3)$ 的单值函数 F_{KL} 必定可以化

为这些自变量矢量中每次取两个的标量积的函数．列出这些独立的不变量是很麻烦的[参见附录表 B1]． 对简单物质来说，它们由下式给出：

$$(5.4.19)\qquad C_{KL}(t-\tau')\equiv\delta_{kl}x_{k,K}(t-\tau')x_{l,L}(t-\tau')$$

$$\det x_{k,K}(t-\tau')=[\det C_{KL}(t-\tau')]^{1/2}=\frac{\rho_0}{\rho(t-\tau')}$$

于是，对于简单物质，我们有

$$F_{KL}=F_{KL}[C_{MN}(t-\tau'),\rho^{-1}(t-\tau'),\theta(t-\tau'),\theta_{,K}(t-\tau');\mathbf{D}_M,\mathbf{X}]$$

对于由(5.4.18)解出的 $\mathbf{F}$，我们得到简单物质的应力本构方程

$$(5.4.20)\qquad t_{kl}(\mathbf{X},t)=F_{KL}[C_{MN}(t-\tau'),\rho^{-1}(t-\tau'),\theta(t-\tau'),\theta_{,K}(t-\tau');\mathbf{D}_K,\mathbf{X}]X_{K,k}X_{L,l}$$

光滑记忆公理的推论 如果在(5.4.15)中，$\mathscr{F}$ 的自变量函数在 $\tau'=t$ 时关于 τ' 具有连续的偏导数，则这个公理指出，在范围 $\tau_0<\tau'<t$，$-\infty<\tau_0$ 之内具有有限记忆的物质类的泛函可用包含梯度的各种时间率的函数来表示．例如，

$$(5.4.21)\qquad \mathbf{t}(\mathbf{X},t)=\mathbf{f}(\mathbf{x}_{,K_1},\dot{\mathbf{x}}_{,K_1},\ddot{\mathbf{x}}_{,K_1},\cdots;\mathbf{x}_{,K_1K_2},\dot{\mathbf{x}}_{,K_1K_2}\cdots;\cdots\theta,\dot{\theta},\ddot{\theta},\cdots;\theta_{,K_1},\dot{\theta}_{,K_1}\cdots;\theta_{,K_1K_2},\dot{\theta}_{,K_1K_2}\cdots;\mathbf{D}_K,\mathbf{X}]$$

对于每一个梯度，时间率的个数与这些梯度的记忆强度(在某种意义上)有关．我们指出，$\mathbf{f}$ 不再是一个泛函，它是所列自变量的张量值函数．这种物质称作是**率型的**．含有变形梯度的直到 p 阶的时间率，并且含有温度及其梯度的直到 q 阶和 r 阶的时间率的简单变率型物质的应力本构方程具有形式

$$(5.4.22)\qquad \mathbf{t}(\mathbf{X},t)=\mathbf{f}(\mathbf{x}_{,K},\dot{\mathbf{x}}_{,K},\ddot{\mathbf{x}}_{,K},\cdots\mathbf{x}^{(p)}{}_{,K};\theta,\dot{\theta},\ddot{\theta},\cdots\theta^{(q)};\theta_{,K},\dot{\theta}_{,K},\cdots\theta^{(r)}{}_{,K};\mathbf{D}_K,\mathbf{X}]$$

客观性公理限制这些函数的形式． 事实上，我们已经利用了(5.4.20)，并已假设出现在 F_{KL} 中的自变量 $\mathbf{C}(t-\tau'),\theta(t-\tau')$ 等等具有 $p,q\cdots$ 阶的连续偏导数，于是，这个公理可以看成是为了用

$$(5.4.23)\qquad t_{kl}(\mathbf{X},t)=F_{KL}(C_{MN},\dot{C}_{MN},\ddot{C}_{MN},\cdots C_{MN}^{(p)};$$

$$\rho^{-1},\dot{\rho},\ddot{\rho},\cdots\rho^{(p)};\theta,\dot{\theta},\ddot{\theta},\cdots\theta^{(q)};$$
$$\theta_{,K},\dot{\theta}_{,K},\ddot{\theta}_{,K},\cdots,\theta_{K}^{(r)};\mathbf{D}_K,\mathbf{X})X_{K,k}X_{L,l}$$

来代替(5.4.20)要对 $\mathbf{F}$ 施加光滑性的充分条件.

对于某一类物质,当在(5.4.15)中不出现梯度的时间率时，我们就可以用减退记忆公理代替光滑记忆公理[1]. 关于线性粘弹性物质的减退记忆公理的推论将在第九章中讨论.

相容性公理的推论 根据连续性方程(5.3.32)，F_{KL} 对于 ρ^{-1} 的依赖性包含在它对于 C_{KL} 的依赖性之中. 因此，可以从 F_{KL} 的自变量中消除 ρ^{-1}. 这是由相容性公理得来的结果,即F_{KL} 必须与质量守恒方程相容. 但是,关于这一点,必须小心从事，因为在某些情况下(例如流体),在 $\tau'=t$ 时,对于 C_{KL} 的依赖性也许不出现;然而,如像在第 5.3 节中所解释的那样,对于 ρ^{-1} 的依赖性却必须加以保留. 因此，我们可以从方程(5.4.20)和(5.4.23)中去掉 ρ^{-1} 以及它的时间率. 对于简单物质，由(5.4.20)和(5.4.23)我们分别得到

$$(5.4.24)\quad t_{kl}(\mathbf{X},t)=F_{KL}[C_{MN}(t-\tau'),\theta(t-\tau'),\theta_{,K}(t-\tau'),\mathbf{X}]X_{K,k}X_{L,l}$$

$$(5.4.25)\quad t_{kl}(\mathbf{X},t)=F_{KL}[C_{MN},\dot{C}_{MN},\ddot{C}_{MN},\cdots C_{MN}^{(p)};\theta,\dot{\theta},\ddot{\theta},\cdots\theta^{(q)};\theta_{,K},\dot{\theta}_{,K},\ddot{\theta}_{,K}\cdots\theta_{,K}^{(r)};\mathbf{X}]X_{K,k}X_{L,l}$$

Clausius-Duhem 不等式对本构泛函的形式作了进一步的限制.对于各种特殊类型的物质,例如,弹性物质,粘性流体,这些限制将在以下各节中研究. 对于更一般的情况，读者可参见第九章以及 Eringen[1965,Art. 4].

5.5 弹性物质

定义 一种简单物质称作是弹性的,如果在 $(\mathbf{X},t)$ 处的应力 $\mathbf{t}$，热流矢量 $\mathbf{q}$，内能密度 ε 以及熵密度 η 只与 $(\mathbf{X},t)$ 处的

[1] Coleman 和 Noll[1960] 已经证明，根据"缓慢"运动的渐近近似可由减退记忆公理来得到变率型的简单物质.

变形梯度 $\mathbf{x}_{,K}$ 和温度 θ 有关,而与过去的热力历史无关.

弹性物质的本构方程给定为

$$\mathbf{t}(\mathbf{X},t)=\mathbf{f}(\mathbf{x}_{,K},\theta,\mathbf{D}_K,\mathbf{X}) \tag{5.5.1}$$

$$\mathbf{q}(\mathbf{X},t)=\mathbf{g}(\mathbf{x}_{,K},\theta,\mathbf{D}_K,\mathbf{X}) \tag{5.5.2}$$

$$\varepsilon(\mathbf{X},t)=e(\mathbf{x}_{,K},\theta,\mathbf{D}_K,\mathbf{X}) \tag{5.5.3}$$

$$\eta(\mathbf{X},t)=n(\mathbf{x}_{,K},\theta,\mathbf{D}_K,\mathbf{X}) \tag{5.5.4}$$

自变量矢量 $\mathbf{D}_K$ 是物质描述符,它是用来表明本构函数 $\mathbf{t},\mathbf{q},e$ 和 n 对于方向的依赖性的. 应指出, 这些方程是(5.4.17)的特殊情况,在那里去掉对 $\theta_{,K}(t-\tau')$ 的依赖性,并且在 $\tau'\neq t$ 时消去对于 $\mathbf{x}_{,K}(t-\tau')$ 和 $\theta(t-\tau')$ 的依赖性即得弹性物质的本构方程. 这些方程也是(5.4.22)的特殊形式. 在这种物质中所发生的变化仅由时刻 t 的构形的变化所引起. 选取参考构形 $\mathbf{X}$ 作为未变形的和无应力的初始构形,并具有均匀温度,则我们看到, 在时刻 t 的应力是由构形和温度对于初始状态的相对变化所引起的,而与中间的变化无关. 因此, 这种物质对于初始构形——不是任何其它的构形——具有完全的记忆.

用与(5.4.18)相同的方法,由(5.5.1)和(5.5.2)我们可按下式定义两个新的函数 $\mathbf{F}$ 和 $\mathbf{Q}$:

$$F_{KL}=x_{k,K}x_{l,L}f_{kl},\quad Q_K=x_{k,K}g_k \tag{5.5.5}$$

函数 F_{KL},Q_K,e 和 n 关于空间参考标架的刚性运动是标量不变量,即,它们是客观的. 根据 Cauchy 定理[参见第 4.8 节],它们必定化为三个矢量 $\mathbf{x}_{,K}$ 的标量积以及它们的行列式的函数,亦即,它们必定是

$$C_{KL}=\delta_{kl}x_{k,K}x_{l,L},\quad \det x_{k,K}=(\det C_{KL})^{1/2}=\rho_0/\rho \tag{5.5.6}$$

的函数. 于是,我们有

$$\begin{aligned}F_{KL}&=F_{KL}(\mathbf{C},\rho^{-1},\theta,\mathbf{D}_K,\mathbf{X})\\Q_K&=Q_K(\mathbf{C},\rho^{-1},\theta,\mathbf{D}_K,\mathbf{X})\\\varepsilon&=e(\mathbf{C},\rho^{-1},\theta,\mathbf{D}_K,\mathbf{X})\\\eta&=n(\mathbf{C},\rho^{-1},\theta,\mathbf{D}_K,\mathbf{X})\end{aligned} \tag{5.5.7}$$

除非我们的兴趣是在 $\mathbf{F}$ 和 $\mathbf{Q}$ 的某些近似性,否则考虑到相容性

公理，我们可以去掉自变量 ρ^{-1}，亦即，给定 $\mathbf{C}$，则 ρ^{-1} 可由连续性方程 $(5.5.6)_2$ 来决定。因为 F_{KL} 和 Q_K 是关于坐标系 X_K的，所以我们不需要强调对于描述符 $\mathbf{D}_K$ 的依赖性。利用(5.5.5)对 $\mathbf{f}$ 和 $\mathbf{g}$ 求解，则导出本构方程

$$t_{kl} = F_{KL}(\mathbf{C}, \theta, \mathbf{X}) X_{K,k} X_{L,l} \tag{5.5.8}$$

$$q_k = Q_K(\mathbf{C}, \theta, \mathbf{X}) X_{K,k} \tag{5.5.9}$$

$$\varepsilon = e(\mathbf{C}, \theta, \mathbf{X}) \tag{5.5.10}$$

$$\eta = n(\mathbf{C}, \theta, \mathbf{X}) \tag{5.5.11}$$

相容性公理要求(5.5.8)—(5.5.11)必须与质量守恒、动量守衡、能量守恒原理以及局部 Clausius-Duhem 不等式相容，即

$$\rho_0/\rho = \sqrt{\mathrm{III}_C} \tag{5.5.12}$$

$$t_{kl,k} + \rho(f_l - \dot{v}_l) = 0 \tag{5.5.13}$$

$$t_{kl} = t_{lk} \tag{5.5.14}$$

$$\rho\dot{\varepsilon} = t_{kl} d_{lk} + q_{k,k} + \rho h \tag{5.5.15}$$

$$\rho\left(\dot{\eta} - \frac{\dot{\varepsilon}}{\theta}\right) + \frac{1}{\theta} t_{kl} d_{lk} + \frac{1}{\theta^2} q_k \theta_{,k} \geqslant 0 \tag{5.5.16}$$

其中，方程(5.5.12)在从响应函数 $\mathbf{F}$, $\mathbf{Q}$, e 和 n 的自变量中消去 ρ^{-1} 时已经用过一次。下面，我们应用 Clausius-Duhem 不等式，把(5.5.8)—(5.5.11)代入(5.5.16)，则有

$$\rho\left(\frac{\partial n}{\partial C_{KL}} - \frac{1}{\theta}\frac{\partial e}{\partial C_{KL}}\right)\dot{C}_{KL} + \rho\left(\frac{\partial n}{\partial \theta} - \frac{1}{\theta}\frac{\partial e}{\partial \theta}\right)\dot{\theta}$$

$$+ \frac{1}{\theta} f_{kl} d_{lk} + \frac{1}{\theta^2} q_k \theta_{,k} \geqslant 0$$

联立(2.7.3)和$(2.7.5)_1$，则得

$$\dot{C}_{KL} = 2 d_{kl} x_{k,K} x_{l,L} \tag{5.5.17}$$

因此，

$$\left[2\rho\left(\frac{\partial n}{\partial C_{KL}} - \frac{1}{\theta}\frac{\partial e}{\partial C_{KL}}\right) x_{k,K} x_{l,L} + \frac{1}{\theta} f_{kl}\right] d_{lk} \tag{5.5.18}$$

$$+ \rho\left(\frac{\partial n}{\partial \theta} - \frac{1}{\theta}\frac{\partial e}{\partial \theta}\right)\dot{\theta} + \frac{1}{\theta^2} q_k \theta_{,k} \geqslant 0$$

这个不等式对于所有独立的热力过程都必须成立. 因为此式仅是 $\dot{\theta}$,$\mathbf{d}$ 和 $\theta_{,K}$ 的线性组合,而它们的系数与 $\dot{\theta}$,$\mathbf{d}$ 和 $\theta_{,K}$ 无关. 所以,(5.5.18)不能对所有的 $\dot{\theta}$,$\mathbf{d}$ 和 $\theta_{,K}$ 都成立,除非这些项的系数分别为零. 因此有

$$t_{kl} = 2\rho\left(\frac{\partial e}{\partial C_{KL}} - \theta\frac{\partial n}{\partial C_{KL}}\right)x_{(k,K}x_{l),L}$$

$$0 = 2\rho\left(\frac{\partial e}{\partial C_{KL}} - \theta\frac{\partial n}{\partial C_{KL}}\right)x_{[k,K}x_{l],L}$$

(5.5.19)

$$\frac{\partial n}{\partial \theta} - \frac{1}{\theta}\frac{\partial e}{\partial \theta} = 0$$

$$q_k = 0$$

我们引进**自由能** ψ

(5.5.20) $$\psi \equiv \varepsilon - \theta\eta = e - \theta n = \psi(\mathbf{C}, \theta, \mathbf{X})$$

在前述方程中利用此式,则得

$$t_{kl} = 2\rho\frac{\partial \psi}{\partial C_{KL}}x_{(k,K}x_{l),L}$$

$$0 = 2\rho\frac{\partial \psi}{\partial C_{KL}}x_{[k,K}x_{l],L}$$

(5.5.21) $$\eta = -\frac{\partial \psi}{\partial \theta}$$

$$q_k = 0$$

把(5.5.21)和(5.5.8)—(5.5.11)的对应方程相比较,我们得到

$$F_{KL} = 2\rho\frac{\partial \psi}{\partial C_{MN}}C_{MN}C_{NL}$$

(5.5.22) $$Q_K = 0$$

$$\varepsilon = \psi - \theta\frac{\partial \psi}{\partial \theta}$$

$$\eta = -\frac{\partial \psi}{\partial \theta}$$

因此，我们证明了

定理 1 一种弹性固体是热力允许的必要充分条件是应力、内能和熵可以从一个势Σ得到，并且热流矢量为零(这种固体必定经受局部绝热变化)，即

$$t_{kl}=2\frac{\rho}{\rho_0}\frac{\partial\Sigma}{\partial C_{KL}}x_{(k,K}x_{l),L} \tag{5.5.23}$$

$$q_k=0 \tag{5.5.24}$$

$$\varepsilon=\frac{1}{\rho_0}\left(\Sigma-\theta\frac{\partial\Sigma}{\partial\theta}\right) \tag{5.5.25}$$

$$\eta=-\frac{1}{\rho_0}\frac{\partial\Sigma}{\partial\theta} \tag{5.5.26}$$

式中

$$\frac{1}{\rho_0}\Sigma(\mathbf{C},\theta,\mathbf{X})\equiv\psi \tag{5.5.27}$$

是自由能，它满足条件

$$2\frac{\rho}{\rho_0}\frac{\partial\Sigma}{\partial C_{KL}}x_{[k,K}x_{l],L}=0 \tag{5.5.28}$$

因为 $C_{KL}=C_{LK}$，所以方程(5.5.28)是恒被满足的．由形式(5.5.23)—(5.5.26)的本构方程表征的物质称为**Green-弹性物质**或**超弹性物质**．

把(5.5.23)—(5.5.26)代入能量方程(5.5.15)中，我们得到

$$\dot{\eta}-\frac{h}{\theta}=0 \tag{5.5.29}$$

于是，在超弹性固体中，熵的变化只是由热源所引起的．当没有热源时($h=0$)，我们有 $\dot{\eta}=0$．

我们注意到，对于超弹性固体，熵生成 $\rho\gamma$ 为零．因此有

定理 2 超弹性固体是热平衡的．

如果我们把(5.5.25)，(5.5.26)代入能量方程(5.5.15)，并利用(5.5.29)，便得到

(5.5.30) $$\frac{\rho}{\rho_0}\dot{\Sigma}+\rho\eta\dot{\theta}=t_{kl}d_{lk}$$

附注: 必须注意，Clausius-Duhem 不等式（5.5.18）可以在其它的特殊条件下被满足．例如，我们可以有 $\dot{\theta}=0$．在这种情况下，我们不需要满足(5.5.19)$_3$，这相当于定常的温度变化[1]．类似地，在其它特殊情况下，如均匀温度的情况，在这种情况或在 $\theta=$ const. 的情况（等温变化），不需要有 $\mathbf{q}=0$．第三种情况则是 $\mathbf{d}=\mathbf{0}$（刚性运动)的情况．在这种情况下，因为(5.5.19)$_1$不必被满足，所以应力 $\mathbf{t}$ 是不确定的．这些特殊情况相当于本构函数的自变量必须满足某些约束．当这些限制实际上存在时，必须对本构方程的最终形式作出适当的修正．一个重要的情况是不可压缩的弹性固体．

不可压缩弹性固体　在这种情况下，质量密度保持不变，即

(5.5.31) $$\rho_0/\rho=\sqrt{\mathrm{III}_C}=1$$

这个条件对 $\mathbf{C}$ 上加了一个限制，即 $\mathbf{C}$ 的所有分量 C_{KL} 是不独立的．因此，在计算偏导数 $\partial\phi/\partial C_{KL}$ 和 $\partial\Sigma/\partial C_{KL}$ 时，我们必须特别小心．为此，可以利用 Lagrange 乘子法．于是，在计算这些偏导数时，我们用

$$\phi-\frac{p}{2\rho_0}(\mathrm{III}_C-1)$$

来代替 ϕ，式中 p 是未知的 Lagrange 乘子．把此式代入 (5.5.22)$_1$，并利用等式

$$\frac{\partial\mathrm{III}_C}{\partial C_{MN}}C_{MK}=\mathrm{III}_C\delta_{NK}$$

我们得到

(5.5.32) $$F_{KL}=-p\delta_{KL}+2\rho\frac{\partial\phi}{\partial C_{MN}}C_{MK}C_{NL}$$

---

1) Truesdell [1952, p.174] 和 Eringen[1962, Art.45] 利用 (5.5.30) 的左端没有第二项的式子作为理想弹性固体的定义．

式中 $\partial\psi/\partial C_{MN}$ 是在不考虑限制(5.5.31)下计算的. 因为 $\mathbf{F}$ 由(5.5.32)给出,所以不可压缩弹性固体的应力-应变关系(5.5.23)具有形式

$$t_{kl} = -p\delta_{kl} + 2\frac{\partial\Sigma}{\partial C_{KL}} x_{(k,K}x_{l),L} \tag{5.5.33}$$

式中 $\Sigma \equiv \rho_0\psi$.

这样引进的函数$p(\mathbf{x},t)$是理论的未知量,它称为**压力**,这个未知量应该由微分方程的积分并利用边界条件才能决定. 我们告诫读者注意这个压力和由(4.7.16)定义的热力学压力 π 之间的区别.

本构方程 (5.5.23)—(5.5.26)和(5.5.33) 对各向异性弹性物质也是成立的. 物质不变性公理对这些方程加上一些限制. 如果物质具有由物质轴 $\mathbf{X}$ 的正交变换群 $\{\mathbf{S}\}$ 和平移 $\{\mathbf{B}\}$ 所表征的对称性条件,即

$$\bar{\mathbf{X}} = \mathbf{SX} + \mathbf{B} \tag{5.5.34}$$

$$\mathbf{SS}^T = \mathbf{S}^T\mathbf{S} = \mathbf{I}, \quad \det\mathbf{S} = \pm 1 \tag{5.5.35}$$

则根据物质不变性公理,当用由(5.5.34)表示的任何物质轴 $\bar{\mathbf{X}}$ 代替 $\mathbf{X}$ 时,响应函数Σ必须是形式不变量,即

$$\Sigma(\bar{\mathbf{C}},\bar{\theta},\bar{\mathbf{X}}) = \Sigma(\mathbf{C},\theta,\mathbf{X}) \tag{5.5.36}$$

这里我们有

$$\bar{\mathbf{C}} = \mathbf{SCS}^T, \quad \bar{\theta} = \theta$$

因此,对于群 $\{\mathbf{S}\}$ 和 $\{\mathbf{B}\}$ 中的所有元素,必须有

$$\Sigma(\mathbf{SCS}^T,\theta,\mathbf{SX}+\mathbf{B}) = \Sigma(\mathbf{C},\theta,\mathbf{X}) \tag{5.5.37}$$

如果固体是这样的,即在取 $\mathbf{S}=\mathbf{I}$ 和 $\mathbf{B}=-\mathbf{X}$ 时,(5.5.37)对物体中的所有物质点都成立,则我们就会看到,Σ与 $\mathbf{X}$ 无关,这样的固体称为**均匀的**. 在这种情况下,我们有

$$\Sigma = \Sigma(\mathbf{C},\theta) \qquad (\text{均匀固体}) \tag{5.5.38}$$

$$\Sigma(\mathbf{SCS}^T,\theta) = \Sigma(\mathbf{C},\theta) \tag{5.5.39}$$

这后一条件可用来简化在 $\mathbf{X}$ 处具有各种定向对称性类型的均匀固体的本构方程. 32 种不同的结晶固体可由群 $\{\mathbf{S}\}$ 中的 11 个适当的元素和轴 $\mathbf{X}$ 的反射来得到. 在第六章中,我们将讨论线

性理论的各种对称性要求[1]．

5.6 各向同性弹性物质

当 S_{KL} 是完全正交群时，即当应力与物质轴的方位无关时，可得到最简单的物质对称性．这样的固体称为**各向同性固体**．因此，弹性固体被说成是各向同性体，如果应力势Σ在物质轴 X_K 的完全正交变换群下是不变量[2]． 这意味着对物质轴 X_K 的所有可能的转动和反射，(5.5.36)都是成立的．显然，对于这种情况，Σ不能依赖于分量 C_{KL}，但它必定只与 C_{KL} 的不变量相关．因此，对于各向同性弹性物质，我们有

(5.6.1) $$\Sigma = \Sigma(\mathrm{I}_C,\mathrm{II}_C,\mathrm{III}_C,\theta,\mathbf{X}) \quad (\text{各向同性})$$

由 $\mathrm{I}_C,\mathrm{II}_C$ 和 III_C 与其它不变量的关系，我们得到

定理 对于各向同性超弹性物质，可以认为Σ是任何一种应变度量 $\mathbf{C},\mathbf{c},\mathbf{c}^{-1}\mathbf{E},\mathbf{e}$ 的不变量的函数，即，我们有

(5.6.2) $$\Sigma = \Sigma(\mathrm{I},\mathrm{II},\mathrm{III},\theta,\mathbf{X})$$

式中 I, II 和 III 代表上述任何一种应变度量的不变量．对于各向同性弹性物质，可以找到本构方程的一种重要形式如下． 考虑到

(5.6.3) $$\Sigma = \Sigma(c_{kl},\theta,\mathbf{X}) = \Sigma(\mathrm{I}_C,\mathrm{II}_C,\mathrm{III}_C,\theta,\mathbf{X})$$

我们有

(5.6.4) $$\dot{\Sigma} = \frac{\partial\Sigma}{\partial c_{kl}}\dot{c}_{kl} + \frac{\partial\Sigma}{\partial\theta}\dot{\theta} = -2\frac{\partial\Sigma}{\partial c_{kl}}c_{m(k}d_{ml)} - 2\frac{\partial\Sigma}{\partial c_{kl}}c_{m(k}w_{ml)} - \rho_0\eta\dot{\theta}$$

这里，我们首先利用了$(2.7.5)_2$，然后又利用了公式 $v_{r,s} = d_{rs} +$

---

1) 在非线性理论中对各种结晶类的讨论，参见 Smith 和 Rivlin[1958]；也可参见 Green 和 Adkins[1960, Art. 1.6]；对于矿物学的分类见 Dana 和 Hurlbut[1959，第二章].

2) 某些作者把这称作是具有对称中心的或全对称的各向同性物质． 如果正交群是真的(不允许反射)，则这样的物质称作是没有对称中心的，或半对称的各向同性物质．

w_{rs}. 将(5.6.4)代入(5.5.30)，则得

$$-2\frac{\rho}{\rho_0}\frac{\partial\Sigma}{\partial c_{kl}}c_{m(k}d_{ml)}-2\frac{\rho}{\rho_0}\frac{\partial\Sigma}{\partial c_{kl}}c_{m(k}w_{ml)}=t_{kl}d_{lk}$$

由此，对于任意的对称张量 d_{kl} 和反对称张量 w_{kl}，我们得到

$$t_{kl}=-2\frac{\rho}{\rho_0}\frac{\partial\Sigma}{\partial c_{m(l}}c_{k)m} \tag{5.6.5}$$

$$0=-2\frac{\rho}{\rho_0}\frac{\partial\Sigma}{\partial c_{m[l}}c_{k]m} \tag{5.6.6}$$

这些就是对于各向同性弹性固体成立的应力本构方程。如果我们注意到 $c_{kl}=\delta_{kl}-2e_{kl}$，则得到 Murnaghan[1937] 的空间形式

$$t_{kl}=\frac{\rho}{\rho_0}\left(\frac{\partial\Sigma}{\partial e_{kl}}-\frac{\partial\Sigma}{\partial e_{ml}}e_{km}-\frac{\partial\Sigma}{\partial e_{km}}e_{lm}\right) \tag{5.6.7}$$

式中 Σ 满足条件

$$-\frac{\rho}{\rho_0}\left(\frac{\partial\Sigma}{\partial e_{ml}}e_{km}-\frac{\partial\Sigma}{\partial e_{mk}}e_{lm}\right)=0 \tag{5.6.8}$$

对于不可压缩弹性固体，(5.6.7)应修改为

$$t_{kl}=-p\delta_{kl}+\frac{\partial\Sigma}{\partial e_{kl}}-\frac{\partial\Sigma}{\partial e_{ml}}e_{km}-\frac{\partial\Sigma}{\partial e_{km}}e_{lm} \tag{5.6.9}$$

（不可压缩）

因为，在这种情况下，$\mathrm{III}_C=1$，所以现在 Σ 是两个不变量 I_e，II_e 和 θ 以及 $\mathbf{X}$ 的函数，即

$$\Sigma=\Sigma(\mathrm{I}_e,\mathrm{II}_e,\theta,\mathbf{X}) \tag{5.6.10}$$

由$(1.10.24)_3$，我们有

$$\mathrm{III}_e=-\frac{1}{4}\mathrm{I}_e+\frac{1}{2}\mathrm{II}_e \tag{5.6.11}$$

另一种推导方法是把应力看成 Finger 变形张量 $\overset{-1}{\mathbf{c}}$ 的函数。对于各向同性物质，Σ 是下列不变量的函数：

$$\mathrm{I}_1=\mathrm{tr}\mathbf{C}=\mathrm{tr}\overset{-1}{\mathbf{c}},\quad \mathrm{I}_2=\mathrm{tr}\mathbf{C}^2=\mathrm{tr}(\overset{-1}{\mathbf{c}})^2, \tag{5.6.12}$$

$$I_3 = \mathrm{tr}\mathbf{C}^3 = \mathrm{tr}(\overset{-1}{\mathbf{c}})^3$$

利用(5.5.23),我们有

$$(5.6.13)\qquad t_{kl} = 2\frac{\rho}{\rho_0}\frac{\partial\Sigma}{\partial I_\alpha}\frac{\partial I_\alpha}{\partial C_{KL}}x_{(k,K}x_{l),L}$$

现在,

$$(5.6.14)\qquad \frac{\partial I_1}{\partial C_{KL}} = \delta_{LK},\quad \frac{\partial I_2}{\partial C_{KL}} = 2C_{LK},\quad \frac{\partial I_3}{\partial C_{KL}} = 3C_{LM}C_{MK}$$

把这些公式代入(5.6.13),并利用表达式

$$(5.6.15)\qquad C_{KL} = x_{k,K}x_{k,L},\quad \overset{-1}{\mathbf{c}}_{kl} = x_{k,K}x_{l,K}$$

我们便得到

$$(5.6.16)\quad \mathbf{t} = 2\frac{\rho}{\rho_0}\left[\frac{\partial\Sigma}{\partial I_1}\overset{-1}{\mathbf{c}} + 2\frac{\partial\Sigma}{\partial I_2}(\overset{-1}{\mathbf{c}})^2 + 3\frac{\partial\Sigma}{\partial I_3}(\overset{-1}{\mathbf{c}})^3\right]$$

现在,根据矩阵 $\mathbf{a}$ 的 Cayley-Hamilton 定理,我们有

$$(5.6.17)\qquad \mathbf{a}^3 = (\mathrm{tr}\mathbf{a})\mathbf{a}^2 - \frac{1}{2}[(\mathrm{tr}\mathbf{a})^2 - \mathrm{tr}\mathbf{a}^2]\mathbf{a} + \left[\frac{1}{3}\mathrm{tr}\mathbf{a}^3 + \frac{1}{6}(\mathrm{tr}\mathbf{a})^3 - \frac{1}{2}\mathrm{tr}\mathbf{a}\,\mathrm{tr}\mathbf{a}^2\right]\mathbf{I}$$

利用(5.6.17),我们可以把(5.6.16)中的 $(\overset{-1}{\mathbf{c}})^3$ 用它的等价形式来代替. 于是得到

$$(5.6.18)\qquad \mathbf{t} = \frac{\rho}{\rho_0}\left\{(I_1^3 - 3I_1I_2 + 2I_3)\frac{\partial\Sigma}{\partial I_3}\mathbf{I} + \left[2\frac{\partial\Sigma}{\partial I_1} - 3(I_1^2 - I_2)\frac{\partial\Sigma}{\partial I_3}\right]\overset{-1}{\mathbf{c}} + \left(4\frac{\partial\Sigma}{\partial I_2} + 6I_1\frac{\partial\Sigma}{\partial I_3}\right)(\overset{-1}{\mathbf{c}})^2\right\}$$

利用别的不变量可以得到与(5.6.18)等价的其他表达式,例如,如果采用 $\overset{-1}{\mathbf{c}}$ 的不变量 I,II,III,则(5.6.18)可以转换成

$$(5.6.19)\qquad \mathbf{t} = 2\frac{\rho}{\rho_0}\left[\frac{\partial\Sigma}{\partial \mathrm{I}}\overset{-1}{\mathbf{c}} + \left(\mathrm{II}\frac{\partial\Sigma}{\partial \mathrm{II}} + \mathrm{III}\frac{\partial\Sigma}{\partial \mathrm{III}}\right)\mathbf{I}\right.$$

$$- \mathrm{III} \frac{\partial \Sigma}{\partial \mathrm{II}} \mathbf{c} \Big]$$

式中我们已用过(1.10.31)和(1.10.32)。对于不可压缩物质，III $=1$，因而(5.6.19)具有简单而有用的形式

$$\mathbf{t} = -p\mathbf{I} + 2 \frac{\partial \Sigma}{\partial \mathrm{I}} \overset{-1}{\mathbf{c}} - 2 \frac{\partial \Sigma}{\partial \mathrm{II}} \mathbf{c} \tag{5.6.20}$$

式中 $p(\mathbf{x},t)$ 是未知压力。

还可能有应力的其它形式，对此，读者可参见 Eringen[1962, Arts. 45—48]。

5.7 Stokes 流体

流体可用一种含糊的概念来解释，即在它的任何已变形的形态中，都保持质量密度不变，它对它过去的状态没有记忆。我们可以将这个概念阐述如下。

定义 1 一物体称作是流体，如果保持密度不变的每一个构形都可取作参考构形。

为了简单起见，我们考虑不包含超过一阶以上时间率诸项的(5.4.25)形式的本构方程，即

$$t_{kl}(\mathbf{X},t) = F_{KL}(\mathbf{C},\dot{\mathbf{C}},\rho^{-1},\dot{\rho},\theta,\dot{\theta},\theta_{,K},\dot{\theta}_{,K};\mathbf{X}) X_{K,k} X_{L,l} \tag{5.7.1}$$

如果每一个构形都是一个参考构形，则我们在保持 ρ 不变的情况下[1)]，可令 $\mathbf{X}=\mathbf{x}$。由此

$$x_{k,l} \to \delta_{kl}, \qquad C_{MN} \to \delta_{mn}$$
$$\dot{C}_{KL} \to 2\, d_{kl} x_{k,K} x_{l,L} \to 2\, d_{kl}$$
$$\theta_{,K} \to \theta_{,k}, \qquad \dot{\theta}_{,K} \to \dot{\theta}_{,k}$$

利用连续性方程 $\dot{\rho} = -\rho d_{kk}$，我们可以消去对 $\dot{\rho}$ 的依赖性，因此，对于流体，(5.7.1)可写成：

$$t_{kl} = f_{kl}(\mathbf{d},\rho^{-1},\theta,\dot{\theta},\theta_{,k},\dot{\theta}_{,k};\mathbf{x}) \tag{5.7.2}$$

---

1) 这等价于采用了在第1.4节中引进的相对变形张量 $\mathbf{c}_{(t)}$ 和它的时间率来代替 $\mathbf{C}$ 和 $\dot{C}$，然后令 $t \longrightarrow \tau$。

为简单起见，我们考虑与 $\theta_{,k}$ 和 $\dot{\theta}_{,k}$ 无关的流体.

定义 2 Stokes（非热传导）流体是一种热力介质，其本构方程的形式为

$$t_{kl}=f_{kl}(\mathbf{d},\rho^{-1},\theta,\mathbf{x}) \tag{5.7.3}$$

$$q_k=g_k(\mathbf{d},\rho^{-1},\theta,\mathbf{x}) \tag{5.7.4}$$

$$\varepsilon=e(\mathbf{d},\rho^{-1},\theta,\mathbf{x}) \tag{5.7.5}$$

$$\eta=n(\mathbf{d},\rho^{-1},\theta,\mathbf{x}) \tag{5.7.6}$$

并服从相容性、客观性和物质不变性公理.

应该指出，在上述由(5.7.1)到(5.7.2)的过渡中，由(5.7.1)给出的应力 t_{kl} 的客观性特征已被破坏. 为了恢复它，必须应用客观性公理. 和在第 5.4 节中的做法一样，利用客观性公理，我们可以证明响应函数 $\mathbf{f},\mathbf{g},e$ 和 n 不能明显地依赖于 $\mathbf{x}$. 另外，在空间参考标架 $\mathbf{x}$ 的任何与时间有关的转动下，这些响应函数必须是形式不变量. 令 $\bar{\mathbf{x}}(\mathbf{X},t)$ 是一个与 $\mathbf{x}(\mathbf{X},t)$ 客观上等价的运动，即

$$\begin{gathered}\bar{\mathbf{x}}=\mathbf{Q}(t)\mathbf{x}+\mathbf{b}(t)\\ \mathbf{Q}\mathbf{Q}^T=\mathbf{Q}^T\mathbf{Q}=\mathbf{I}\end{gathered} \tag{5.7.7}$$

客观性公理要求对所有的 $\mathbf{Q}(t)$ 和 $\mathbf{b}(t)$，我们必须有

$$\bar{\mathbf{t}}=\mathbf{f}(\bar{\mathbf{d}},\rho^{-1},\theta,\bar{\mathbf{x}})=\mathbf{f}(\mathbf{d},\rho^{-1},\theta,\mathbf{x}) \tag{5.7.8}$$

对 $\mathbf{g},e$ 和 n 也可写出类似的条件.

如果我们选取 $\mathbf{Q}=\mathbf{I}$，$\mathbf{b}=-\mathbf{x}$，则(5.7.8)给出

$$\mathbf{f}(\mathbf{d},\rho^{-1},\theta,\mathbf{0})=\mathbf{f}(\mathbf{d},\rho^{-1},\theta,\mathbf{x})=\mathbf{t}$$

因此，$\mathbf{f}$ 不能依赖于 $\mathbf{x}$.

下面，我们选 $\mathbf{b}=\mathbf{0}$，但 $\mathbf{Q}(t)$ 是任意的. 因为我们有

$$\bar{\mathbf{t}}=\mathbf{Q}\mathbf{t}\mathbf{Q}^T,\quad \bar{\mathbf{d}}=\mathbf{Q}\mathbf{d}\mathbf{Q}^T$$

所以，方程(5.7.8)化为

$$\mathbf{Q}\mathbf{f}(\mathbf{d},\rho^{-1},\theta)\mathbf{Q}^T=\mathbf{f}(\mathbf{Q}\mathbf{d}\mathbf{Q}^T,\rho^{-1},\theta) \tag{5.7.9}$$

当把客观性公理应用于 $\mathbf{g},e$ 和 n 时，可类似地导出下列限制：

$$\begin{gathered}\mathbf{Q}\mathbf{g}(\mathbf{d},\rho^{-1},\theta)=\mathbf{g}(\mathbf{Q}\mathbf{d}\mathbf{Q}^T,\rho^{-1},\theta)\\ e(\mathbf{d},\rho^{-1},\theta)=e(\mathbf{Q}\mathbf{d}\mathbf{Q}^T,\rho^{-1},\theta)\end{gathered} \tag{5.7.10}$$

$$n(\mathbf{d},\rho^{-1},\theta)=n(\mathbf{Q}\mathbf{d}\mathbf{Q}^T,\rho^{-1},\theta)$$

对于所有的真正交变换$\{\mathbf{Q}(t)\}$，满足条件(5.7.9)和(5.7.10)的张量函数 $\mathbf{f},\mathbf{g}$ 以及标量函数 e,n 称作是**半各向同性的**. 如果轴的反射也包含在群 $\{\mathbf{Q}(t)\}$ 中,则它们称作是**各向同性的**[1]. 这便给出了由客观性公理所加的限制.

下面，我们考虑由相容性公理所加的限制. 根据这个公理，$\mathbf{t}$，$\mathbf{q}$，ε 和 η 必须满足质量守恒、动量平衡、能量守恒方程以及 Clausius-Duhem 不等式,即

$$\frac{\partial\rho}{\partial t}+(\rho v_k)_{,k}=0 \tag{5.7.11}$$

$$t_{kl,k}+\rho(f_l-\dot{v}_l)=0 \tag{5.7.12}$$

$$t_{kl}=t_{lk} \tag{5.7.13}$$

$$\rho\dot{\varepsilon}=t_{kl}d_{lk}+q_{k,k}+\rho h \tag{5.7.14}$$

$$\rho\left(\dot{\eta}-\frac{\dot{\varepsilon}}{\theta}\right)+\frac{1}{\theta}t_{kl}d_{lk}+\frac{1}{\theta^2}q_k\theta_{,k}\geqslant 0 \tag{5.7.15}$$

其中,不等式(5.7.15)必须对所有独立的过程都成立. 当把本构方程(5.7.3)—(5.7.6)代入(5.7.15)时,我们得到

$$\rho\left(\frac{\partial n}{\partial d_{kl}}-\frac{1}{\theta}\frac{\partial e}{\partial d_{kl}}\right)\dot{d}_{kl}-\left(\frac{\partial n}{\partial\rho^{-1}}-\frac{1}{\theta}\frac{\partial e}{\partial\rho^{-1}}\right)\frac{\dot{\rho}}{\rho}$$

$$+\rho\left(\frac{\partial n}{\partial\theta}-\frac{1}{\theta}\frac{\partial e}{\partial\theta}\right)\dot{\theta}+\frac{1}{\theta}f_{kl}d_{lk}+\frac{1}{\theta^2}g_k\theta_{,k}\geqslant 0$$

由于 $n,e,\mathbf{f}$ 和 $\mathbf{g}$ 只是 $\mathbf{d}$，ρ^{-1} 和 θ 的函数,所以在上式中 $\dot{\mathbf{d}}$，$\dot{\theta}$ 和 $\theta_{,k}$ 的系数是与这些量无关的. 上列不等式不能对所有由 $\dot{\mathbf{d}}$，$\dot{\theta}$ 和 $\theta_{,k}$ 描述的独立的热力学过程的变量都成立，这是因为包含在该式中的那些变量都是线性的. 因此，这些变量的系数必须为零,即

$$\frac{\partial n}{\partial d_{kl}}-\frac{1}{\theta}\frac{\partial e}{\partial d_{kl}}=0 \tag{5.7.16}$$

---

1) 注意，这是空间各向同性，而不是第 5.6 节中讨论过的弹性物质的物质各向同性.

(5.7.17) $$\frac{\partial n}{\partial \theta} - \frac{1}{\theta}\frac{\partial e}{\partial \theta} = 0$$

(5.7.18) $$g_k = 0$$

于是,

(5.7.19) $$\left(\frac{\partial n}{\partial \rho^{-1}} - \frac{1}{\theta}\frac{\partial e}{\partial \rho^{-1}}\right) d_{kk} + \frac{1}{\theta} f_{kl} d_{lk} \geqslant 0$$

为了得到(5.7.19), 我们还利用了 $\dot{\rho} = -\rho d_{kk}$, 这是(5.7.11)的另一种形式. 方程(5.7.16)指出,函数 $e - n\theta$ 是与 $\mathbf{d}$ 无关的. 现在,我们引进**自由能**函数 $\psi(\rho^{-1},\theta)$

(5.7.20) $$\psi(\rho^{-1},\theta) = e - n\theta$$

把此式代入(5.7.17)中,我们得到

(5.7.21) $$\eta = -\frac{\partial \psi}{\partial \theta}$$

把(5.7.20)代入(5.7.19),我们就可将该不等式写成下列形式:

(5.7.22) $$\frac{1}{\theta}(f_{kl} + \pi\delta_{kl}) d_{lk} \geqslant 0$$

式中

(5.7.23) $$\pi(\rho^{-1},\theta) = -\frac{\partial \psi}{\partial \rho^{-1}}$$

是**热力学压力**. 我们取

(5.7.24) $${}_{D}t_{kl} = t_{kl} + \pi\delta_{kl}$$

作为应力张量的**耗散**部分. 因为 $\theta > 0$, 所以我们看到(5.7.22)可以化为下列紧凑的形式:

(5.7.25) $${}_{D}t_{kl} d_{lk} \geqslant 0$$

因此,由 Clausius-Duhem 不等式推出**耗散能**必须是非负的条件.

在能量方程(5.7.14)中利用(5.7.20),(5.7.21)和(5.7.23),我们得到熵率的表达式

(5.7.26) $$\rho\theta\dot{\eta} = {}_{D}t_{kl} d_{lk} + \rho h$$

上式表明, **唯有耗散能和内部热源才是对熵变化起作用的因素**. 当耗散能为零时,得到热力学的平衡状态. 只要满足下列条件之

一:

$$t_{kl}=-\pi\delta_{kl},\quad d_{kl}=0,\quad {}_D\mathbf{t}\perp\mathbf{d} \tag{5.7.27}$$

则热力学平衡状态就可能发生。这里,第一式表示非粘性流体,第二式表示刚体运动,而第三式则表示一种主伸长与主应力相垂直的运动(或许是一种假想流体的运动)。我们还要指出,这些就是需要予以适当注意的内部约束的结果。对于不可压缩流体的情况将在本节的最后加以讨论。

把所得到的结果汇集起来,我们看到,流体的本构方程可以写成形式

$$t_{kl}=-\pi(\rho^{-1},\theta)\delta_{kl}+{}_Df_{kl}(\mathbf{d},\rho^{-1},\theta) \tag{5.7.28}$$

$$q_k=0 \tag{5.7.29}$$

$$\varepsilon=\psi(\rho^{-1},\theta)-\theta\frac{\partial\psi}{\partial\theta} \tag{5.7.30}$$

$$\eta=-\frac{\partial\psi}{\partial\theta} \tag{5.7.31}$$

式中

$$\pi(\rho^{-1},\theta)\equiv-\frac{\partial\psi}{\partial\rho^{-1}} \tag{5.7.32}$$

而 ${}_D\mathbf{f}$ 满足下列条件:

$$\mathbf{Q}(t){}_D\mathbf{f}(\mathbf{d},\rho^{-1},\theta)\mathbf{Q}^T(t)={}_D\mathbf{f}(\mathbf{Q}\mathbf{d}\mathbf{Q}^T,\rho^{-1},\theta) \tag{5.7.33}$$

$${}_Df_{kl}d_{lk}\geqslant 0 \tag{5.7.34}$$

如果我们假设 ${}_D\mathbf{f}$ 关于 $\mathbf{d}$ 是连续的,则不等式(5.7.34)意味着

$${}_D\mathbf{f}(\mathbf{0},\rho^{-1},\theta)=\mathbf{0} \tag{5.7.35}$$

为了说明这一点,除 d_{11} 之外,令所有其他的 $d_{kl}=0$,于是根据(5.7.34),我们必须有 ${}_Df_{11}d_{11}>0$. 如果 $d_{11}>0$,则 ${}_Df_{11}>0$;如果 $d_{11}<0$,则 ${}_Df_{11}<0$. 因此,当 $d_{11}=0$ 时,${}_Df_{11}=0$. 当把这个论断应用于 d_{kl} 的其他分量时,就给出(5.7.35)的证明.因此,**当变形率为零时,耗散应力为零.**

在处理 Stokes 流体的任何问题时,方程(5.7.28)—(5.7.34)必须与方程(5.7.11)—(5.7.14)一道应用。在没有热传导($q_k=$

0）的意义下，这些流体是非热学的，但是，流体的性质随温度而变化。

显然，在(5.7.28)中，没有涉及任何的初始状态，而且 $_D\mathbf{f}$ 满足(5.7.34)。因为在保持 $\rho=$ 固定时，我们可取 $\mathbf{X}=\mathbf{x}$，本构方程对于保持密度不变的所有参考标架 $\mathbf{x}$ 都成立。因为 $\{\mathbf{Q}(t)\}$ 是真正交群，所以我们看到，所有的 Stokes 流体都是半各向同性的。如果在群 $\{\mathbf{Q}(t)\}$ 中包含空间轴的反射，则流体是各向同性的。

不可压缩流体 对于不可压缩流体，我们有内部约束 $\rho=\text{const}=\rho_0$。因此，在(5.7.23)中，$\partial\psi/\partial\rho^{-1}$ 是无定义的。引入未知的 Lagrange 乘子 $p(\mathbf{x},t)$，这时我们必须用下式来代替 $\psi(\rho^{-1},\theta)$：

$$\psi(\theta)+p\left(\frac{1}{\rho_0}-\frac{1}{\rho}\right)$$

现在，方程(5.6.23)为

$$\pi(\theta)=p \tag{5.7.36}$$

于是应力张量的耗散部分定义为

$$_Dt_{kl}=t_{kl}+p\delta_{kl} \tag{5.7.37}$$

除了 π 用 p 代替以及现在所有函数均与 ρ^{-1} 无关之外，不可压缩流体的本构方程都具有与(5.7.28)—(5.7.31)完全相同的形式。上面引进的压力 p 是本理论的一个未知量，它应该在给定边界条件下通过场方程的解来决定。

当假设 $_D\mathbf{f}$ 是 $\mathbf{d}$ 的多项式时可得到本构方程的进一步简化。在这种情况下，$_D\mathbf{f}$ 可以表示成只包含 $\mathbf{d}$ 的二次项的有限形式，并且其系数是 $\mathbf{d}$ 的不变量的多项式函数。对这种情况的叙述以及相应的线性理论，我们建议读者参见本书的第七章。对于非线性理论，可参见 Eringen[1962，第七章]。流体、固体、热传导以及粘弹性物质的其它例子将在本书的第 5.8 节—第 5.10 节和第八章以及第九章中叙述。

5.8 热粘性 Stokes 流体

热传导的效应是通过在 Stokes 流体的本构变量中引进温度的梯度来实现的．于是

定义 1 热传导的 Stokes 流体是一种热力介质，其本构方程具有形式

$$t_{kl} = f_{kl}(\rho^{-1}, \mathbf{d}, \theta_{,k}, \theta) \tag{5.8.1}$$

$$q_k = g_k(\rho^{-1}, \mathbf{d}, \theta_{,k}, \theta) \tag{5.8.2}$$

$$\varepsilon = e(\rho^{-1}, \mathbf{d}, \theta_{,k}, \theta) \tag{5.8.3}$$

$$\eta = n(\rho^{-1}, \mathbf{d}, \theta_{,k}, \theta) \tag{5.8.4}$$

并服从相容性和客观性公理的限制．

用和推导 (5.7.10) 相同的方法，我们容易证明客观性公理对 $\mathbf{f}, \mathbf{g}, e$ 和 n 加上下列限制：

$$\begin{aligned} \mathbf{Q}\mathbf{f}(\rho^{-1}, \mathbf{d}, \nabla\theta, \theta)\mathbf{Q}^T &= \mathbf{f}(\rho^{-1}, \mathbf{Q}\mathbf{d}\mathbf{Q}^T, \mathbf{Q}\nabla\theta, \theta) \\ \mathbf{Q}\mathbf{g}(\rho^{-1}, \mathbf{d}, \nabla\theta, \theta) &= \mathbf{g}(\rho^{-1}, \mathbf{Q}\mathbf{d}\mathbf{Q}^T, \mathbf{Q}\nabla\theta, \theta) \\ e(\rho^{-1}, \mathbf{d}, \nabla\theta, \theta) &= e(\rho^{-1}, \mathbf{Q}\mathbf{d}\mathbf{Q}^T, \mathbf{Q}\nabla\theta, \theta) \\ n(\rho^{-1}, \mathbf{d}, \nabla\theta, \theta) &= n(\rho^{-1}, \mathbf{Q}\mathbf{d}\mathbf{Q}^T, \mathbf{Q}\nabla\theta, \theta) \end{aligned} \tag{5.8.5}$$

以上各式对所有真正交变换 $\mathbf{Q}(t)$ 都成立．因此，张量函数 $\mathbf{f}, \mathbf{g}, e$ 和 n 是半各向同性的．

下面，我们考虑由局部 Clausius-Duhem 不等式(5.7.15)所加的限制．为此，我们首先引进自由能函数 ψ

$$\psi = \varepsilon - \theta\eta \tag{5.8.6}$$

于是，不等式(5.7.15)可以写成

$$-\frac{\rho}{\theta}(\dot{\psi} + \dot{\theta}\eta) + \frac{1}{\theta} t_{kl} d_{lk} + \frac{1}{\theta^2} q_k \theta_{,k} \geqslant 0 \tag{5.8.7}$$

或者因为

$$\psi = \psi(\rho^{-1}, \mathbf{d}, \theta_{,k}, \theta)$$

所以前式为

$$-\frac{\rho}{\theta}\left(\frac{\partial\psi}{\partial d_{kl}} \frac{D}{Dt} d_{kl} + \frac{\partial\psi}{\partial\theta_{,k}} \frac{D}{Dt} \theta_{,k}\right) - \frac{\rho}{\theta}\left(\frac{\partial\psi}{\partial\theta} + n\right)\dot{\theta}$$

$$+\frac{1}{\theta}\left(f_{kl}-\frac{\partial\psi}{\partial\rho^{-1}}\delta_{kl}\right)d_{lk}+\frac{1}{\theta^2}g_k\theta_{,k}\geqslant 0$$

这里为了计算 $\dot{\rho}$，我们已用过连续性方程．这个不等式必须对所有独立的变量 Dd_{kl}/Dt，$D\theta_{,k}/Dt$，$\dot{\theta}$，d_{kl} 以及 $\theta_{,k}$ 都成立．它对于这些变量中的前三个是线性的．因此，我们必须有

$$\frac{\partial\psi}{\partial d_{kl}}=0,\qquad \frac{\partial\psi}{\partial\theta_{,k}}=0$$

$$n=-\frac{\partial\psi}{\partial\theta} \tag{5.8.8}$$

$$\frac{1}{\theta}\left(f_{kl}-\frac{\partial\psi}{\partial\rho^{-1}}\delta_{kl}\right)d_{lk}+\frac{1}{\theta^2}g_k\theta_{,k}\geqslant 0$$

其中，头两个方程表明 ψ 与 $\mathbf{d}$ 和 $\theta_{,k}$ 无关，即

$$\psi=\psi(\rho^{-1},\theta) \tag{5.8.9}$$

如果引入热力学压力

$$\pi(\rho^{-1},\theta)\equiv-\frac{\partial\psi}{\partial\rho^{-1}} \tag{5.8.10}$$

则不等式(5.8.8)$_4$变为

$$\frac{1}{\theta}\,{}_Df_{kl}d_{lk}+\frac{1}{\theta^2}g_k\theta_{,k}\geqslant 0 \tag{5.8.11}$$

式中

$${}_Df_{kl}\equiv f_{kl}+\pi\delta_{kl} \tag{5.8.12}$$

是应力的耗散部分． 因为 ${}_D\mathbf{f}$ 和 $\mathbf{g}$ 是 $\mathbf{d}$ 和 $\theta_{,k}$ 的函数，所以(5.8.11)不可能再被简化．于是有

定理1 Stokes 热粘性流体是热力上相容的必要充分条件是它们具有如下形式的本构方程：

$$t_{kl}=-\pi(\rho^{-1},\theta)\delta_{kl}+{}_Df_{kl}(\rho^{-1},\mathbf{d},\nabla\theta,\theta) \tag{5.8.13}$$

$$q_k=g_k(\rho^{-1},\mathbf{d},\nabla\theta,\theta) \tag{5.8.14}$$

$$\varepsilon=\psi(\rho^{-1},\theta)-\theta\frac{\partial\psi}{\partial\theta} \tag{5.8.15}$$

(5.8.16) $$\eta = -\frac{\partial\psi}{\partial\theta}$$

式中

(5.8.17) $$\pi(\rho^{-1},\theta) = -\frac{\partial\psi}{\partial\rho^{-1}}$$

并且 ${}_D\mathbf{f}$ 和 $\mathbf{g}$ 满足下列条件:

(5.8.18) $$\mathbf{Q}(t)_D\mathbf{f}(\rho^{-1},\mathbf{d},\nabla\theta,\theta)\mathbf{Q}^T(t) = {}_D\mathbf{f}(\rho^{-1},\mathbf{QdQ}^T,\mathbf{Q}\nabla\theta,\theta)$$

(5.8.19) $$\mathbf{Q}(t)\mathbf{g}(\rho^{-1},\mathbf{d},\nabla\theta,\theta) = \mathbf{g}(\rho^{-1},\mathbf{QdQ}^T,\mathbf{Q}\nabla\theta,\theta)$$

(5.8.20) $$\frac{1}{\theta}\,{}_Df_{kl}d_{lk} + \frac{1}{\theta^2}\,g_k\theta_{,k} \geqslant 0$$

假设 ${}_D\mathbf{f}$ 和 $\mathbf{g}$ 关于 $\mathbf{d}$ 和 $\nabla\theta$ 是连续的，用和推导(5.7.35)相同的方法,我们可以证明:

(5.8.21) $$\begin{gathered} {}_D\mathbf{f}(\rho^{-1},\mathbf{0},\mathbf{0},\theta) = \mathbf{0} \\ \mathbf{g}(\rho^{-1},\mathbf{0},\mathbf{0},\theta) = \mathbf{0} \end{gathered}$$

因此，当 $\mathbf{d}$ 和 $\nabla\theta$ 为零时,粘性耗散和热量为零. 条件(5.8.18)和(5.8.19)等价于

定理 2 Stokes 热粘性流体是半各向同性的. 如果在变换群 $\{\mathbf{Q}(t)\}$ 中包含反射,则这等价于 Stokes 热粘性流体是各向同性的.

方程(5.8.13)—(5.8.20)必须与通常的连续性方程、动量平衡方程和能量方程(5.7.11)—(5.7.14)一起应用才能处理热传导的 Stokes 流体问题. 本构方程(5.8.13)—(5.8.16)对非线性现象也成立. 本构上线性的热粘性流体的例子将在第七章中叙述.

联立方程(5.8.13)—(5.8.16)和能量方程(5.7.14),则可得到热传导方程,即

(5.8.22) $$\rho\theta\frac{\partial^2\psi}{\partial\theta^2}\dot{\theta} + \theta\frac{\partial^2\psi}{\partial\theta\,\partial\rho^{-1}}\,d_{kl} + {}_Df_{kl}d_{lk} + q_{k,k} + \rho h = 0$$

不可压缩流体 在(5.8.13)—(5.8.20) 中令 $\rho = \text{const.} = \rho_0$, 因此，$d_{kk} = 0$, 并用一个未知函数 $p(\mathbf{x},t)$ 代替 π, 则由(5.8.13)—(5.8.20) 可得不可压缩流体的本构方程

$$(5.8.23)\qquad t_{kl} = -p\delta_{kl} + {}_Df_{kl}(\mathbf{d}, \nabla\theta, \theta)$$

$$(5.8.24)\qquad q_k = g_k(\mathbf{d}, \nabla\theta, \theta)$$

$$(5.8.25)\qquad \varepsilon = \psi(\theta) - \theta\frac{\partial\psi}{\partial\theta}\quad (\text{不可压缩})$$

$$(5.8.26)\qquad \eta = -\frac{\partial\psi}{\partial\theta}$$

式中 ${}_D\mathbf{f}$ 和 $\mathbf{g}$ 满足方程(5.8.18)—(5.8.21),并且

$$(5.8.27)\qquad d_{kk} = 0$$

因为(5.8.27)成立,所以热传导方程(5.8.22)化为

$$(5.8.28)\qquad \rho_0\theta\frac{\partial^2\psi}{\partial\theta^2}\dot{\theta} + {}_Df_{kl}d_{lk} + q_{k,k} + \rho h = 0$$

5.9 热弹性固体

由于在本构变量中包含温度梯度，所以热传导效应可以归并成为弹性物质的行为．由(5.4.25),我们可以导出热弹性固体的本构方程,在最简单的情况下,它具有形式

$$(5.9.1)\qquad t_{kl} = F_{Kl}(\mathbf{C}, \theta_{,K}, \theta, \mathbf{X})X_{K,k}X_{L,l}$$

$$(5.9.2)\qquad q_k = Q_K(\mathbf{C}, \theta_{,K}, \theta, \mathbf{X})X_{K,k}$$

$$(5.9.3)\qquad \varepsilon = e(\mathbf{C}, \theta_{,K}, \theta, \mathbf{X})$$

$$(5.9.4)\qquad \eta = n(\mathbf{C}, \theta_{,K}, \theta, \mathbf{X})$$

这些方程满足客观性公理． 它们对非线性、各向异性和非均匀热弹性固体都是成立的． 在这种情况下，Clausius-Duhem 不等式具有特殊的形式．

$$\left(-\frac{\rho}{\theta}\frac{\partial\psi}{\partial C_{KL}} + \frac{1}{2\theta}t_{kl}X_{K,k}X_{L,l}\right)\dot{C}_{KL} - \frac{\rho}{\theta}\frac{\partial\psi}{\partial\theta_{,K}}\dot{\theta}_{,K}$$
$$- \frac{\rho}{\theta}\left(\frac{\partial\psi}{\partial\theta} + \eta\right)\dot{\theta} + \frac{1}{\theta^2}q_k\theta_{,k} \geqslant 0$$

这里,我们曾用(5.5.17)来代替(5.8.7)中的 d_{kl}． 这个不等式关于 $\dot{\mathbf{C}}$, $\dot{\theta}_{,K}$ 及 $\dot{\theta}$ 是线性的．为使其对于这些变量的所有值都成立的必要充分条件是它们的系数必须为零．因此，

$$t_{kl}=2\rho\frac{\partial\psi}{\partial C_{KL}}x_{(k,K}x_{l),L}$$

$$0=\frac{\partial\psi}{\partial C_{KL}}x_{[k,K}x_{l],L}$$

(5.9.5) $$\frac{\partial\psi}{\partial\theta_{,K}}=0$$

$$\eta=-\frac{\partial\psi}{\partial\theta}$$

$$q_k\theta_{,k}\geqslant 0$$

于是，我们证明了

定理1 由(5.9.1)—(5.9.4)所表征的热弹性固体在热力上是相容的，如果应力、内能、熵可以从一个势 $\Sigma\equiv\rho_0\psi$（式中 Σ 或者自由能 ψ 只是 $\mathbf{C}$, θ 和 $\mathbf{X}$ 的函数）得到，而热量满足不等式(5.9.5)$_5$。更确切地说，热弹性固体的本构方程必须具有下列形式：

(5.9.6) $$t_{kl}=2\frac{\rho}{\rho_0}\frac{\partial\Sigma}{\partial C_{KL}}x_{(k,K}x_{l),L}$$

(5.9.7) $$q_k=Q_K(\mathbf{C},\theta_{,K},\theta,\mathbf{X})X_{K,k}$$

(5.9.8) $$\varepsilon=\frac{1}{\rho_0}\left(\Sigma-\theta\frac{\partial\Sigma}{\partial\theta}\right)$$

(5.9.9) $$\eta=-\frac{1}{\rho_0}\frac{\partial\Sigma}{\partial\theta}$$

式中

(5.9.10) $$\frac{1}{\rho_0}\Sigma(\mathbf{C},\theta,\mathbf{X})\equiv\psi$$

是自由能，并满足条件

(5.9.11) $$2\frac{\rho}{\rho_0}\frac{\partial\Sigma}{\partial C_{KL}}x_{[k,K}x_{l],L}=0$$

而 q_k 服从

$$q_k\theta_{,k} \geqslant 0 \tag{5.9.12}$$

条件(5.9.11)说明，Σ 在空间参考标架的刚性转动下是不变量．因为 $C_{KL}=C_{LK}$，所以，(5.9.11)是个恒等式．

将(5.9.6)和(5.9.1)进行比较，我们得到

$$F_{KL}=2\frac{\rho}{\rho_0}\frac{\partial\Sigma}{\partial C_{MN}}C_{MK}C_{NL} \tag{5.9.13}$$

如果我们引入新的热函数 G_K

$$Q_K=G_M(\mathbf{C},\theta_{,K},\theta,\mathbf{X})C_{MK} \tag{5.9.14}$$

则不等式(5.9.12)可以写成形式

$$G_K(\mathbf{C},\theta_{,K},\theta,\mathbf{X})\theta_{,K}\geqslant 0 \tag{5.9.15}$$

根据 G_M，热量的本构方程(5.9.7)可取形式

$$q_k=G_K(\mathbf{C},\theta_{,K},\theta,\mathbf{X})x_{k,K} \tag{5.9.16}$$

此式对于各向异性固体是成立的．

如果我们假设 G_M 关于 $\theta_{,K}$ 是连续的，则由不等式(5.9.15)推出

$$G_M(\mathbf{C},\mathbf{0},\theta,\mathbf{X})=\mathbf{0} \quad 或 \quad Q_M(\mathbf{C},\mathbf{0},\theta,\mathbf{X})=\mathbf{0} \tag{5.9.17}$$

因此，当 θ 的梯度为零时，热量为零．

通过能量守恒方程(5.5.15)并利用(5.9.6)—(5.9.9)，则可得到热传导方程．因此有

$$\frac{\rho\theta}{\rho_0}\left(\frac{\partial^2\Sigma}{\partial\vartheta^2}\dot{\theta}+\frac{\partial^2\Sigma}{\partial\theta\,\partial C_{KL}}\dot{C}_{KL}\right)+q_{k,k}+\rho h=0 \tag{5.9.18}$$

不可压缩固体　对于不可压缩固体，$\rho=\rho_0=\text{const}$．应力本构方程可按和前节相同的方法加以修改．于是

$$t_{kl}=-p\delta_{kl}+2\frac{\partial\Sigma}{\partial C_{KL}}x_{(k,K}x_{l),L} \tag{5.9.19}$$

式中压力 $p(\mathbf{x},t)$ 是本理论的一个未知量．

利用物质不变性公理，可以给出物质对称性的要求．这里的情况与弹性固体的情况类似(第 5.5 节和第六章)．在下一节中将介绍各向同性物质的情况．

5.10 各向同性热弹性物质

对于各向同性物质，函数Σ和 Q_K 在物质标架的完全正交变换群下必须是形式不变量，即

$$
(5.10.1) \qquad \begin{aligned} &\Sigma(\mathbf{C},\theta,\mathbf{X}) = \Sigma(\mathbf{SCS}^T,\theta,\mathbf{SX}) \\ &\mathbf{SQ}(\mathbf{C},\nabla\theta,\theta,\mathbf{X}) = \mathbf{Q}(\mathbf{SCS}^T,\mathbf{S}\nabla\theta,\theta,\mathbf{SX}) \end{aligned}
$$

式中 $\{\mathbf{S}\}$ 是完全正交变换群[1]. 条件(5.10.1)表示Σ和 Q_K 必须是各向同性函数这一事实. 这意味着Σ应是 $\mathbf{C}$ 的不变量(5.6.12)的函数，即

$$
(5.10.2) \qquad \Sigma = \Sigma(I_1,I_2,I_3,\mathbf{X})
$$

利用附录表 B.2 中列出的生成元，我们可直接把 $\mathbf{q}$ 表示成下列形式:

$$
(5.10.3) \qquad q_k = (\kappa_0\delta_{kl} + \kappa_1 \overset{-1}{c}_{kl} + \kappa_2 \overset{-1}{c}_{km} \overset{-1}{c}_{ml})\theta_{,l}
$$

式中 κ_0, κ_1 和 κ_2 是 $\overset{-1}{\mathbf{c}}$ 和 $\nabla\theta$ 的联合不变量的多项式. 这些不变量可由附录表 B.1 中得到:

$$
(5.10.4) \qquad \begin{aligned} &\mathrm{I}_1 = \overset{-1}{c}_{kk}, \quad \mathrm{I}_2 = \overset{-1}{c}_{hl} \overset{-1}{c}_{lh}, \quad \mathrm{I}_3 = \overset{-1}{c}_{hl} \overset{-1}{c}_{lm} \overset{-1}{c}_{mh} \\ &\mathrm{I}_4 = \theta_{,k}\theta_{,k}, \ \mathrm{I}_5 = \overset{-1}{c}_{kl}\theta_{,k}\theta_{,l}, \ \mathrm{I}_6 = \overset{-1}{c}_{kl} \overset{-1}{c}_{lm} \theta_{,k}\theta_{,m} \end{aligned}
$$

$$
(5.10.5) \qquad \begin{aligned} t_{kl} = \frac{\rho}{\rho_0}\Big\{ &(\mathrm{I}_1^3 - 3\,\mathrm{I}_1\mathrm{I}_2 + 2\,\mathrm{I}_3)\frac{\partial\Sigma}{\partial \mathrm{I}_3}\delta_{kl} \\ &+ \left[2\frac{\partial\Sigma}{\partial \mathrm{I}_1} - 3(\mathrm{I}_1^2 - \mathrm{I}_2)\frac{\partial\Sigma}{\partial \mathrm{I}_3}\right]\overset{-1}{c}_{kl} \\ &+ \left(4\frac{\partial\Sigma}{\partial \mathrm{I}_2} + 6\,\mathrm{I}_1\frac{\partial\Sigma}{\partial \mathrm{I}_3}\right)\overset{-1}{c}_{km}\overset{-1}{c}_{ml}\Big\} \end{aligned}
$$

表达式 $(5.9.5)_2$ 表示在参考标架的刚性运动下Σ是不变量这个事实. 显然，因为 $t_{kl} = t_{lk}$，所以$(5.9.5)_5$限制系数 κ_α 应满足条件

1) 当 $\{\mathbf{S}\}$ 取为完全正交变换群的一个子群时，方程(5.10.1)对各向异性物质也是成立的. $\{\mathbf{S}\}$ 的形式与物质对称性有关.

(5.10.6) $$\kappa_0 I_0 + \kappa_1 I_4 + \kappa_2 I_5 \geq 0$$

对于不可压缩固体，我们有 $III = 1$，$\rho_0 = \rho$，并且 $\Sigma = \Sigma(I_1, I_2, \mathbf{X})$. 在这种情况下，我们应在(5.10.5)的右端加上任意的压力项 $-p(\mathbf{x}, t)$. 其结果为

(5.10.7) $$t_{kl} = -p\delta_{kl} + 2\frac{\partial\Sigma}{\partial I_1}\overset{-1}{c}_{kl} + 4\frac{\partial\Sigma}{\partial I_2}\overset{-1}{c}_{km}\overset{-1}{c}_{ml}$$

除了 κ_1，κ_2，κ_0 与 I_3 无关外，热量的表达式 (5.10.3) 和不等式(5.10.6)的形式不变。

习题

5.1 在物体内一物质点 $\mathbf{X}$ 处，假设应力率、热量、能和熵与该点的应力和密度有关. 试应用本构公理决定本构方程的最后形式.

5.2 在物体内一物质点处，假设本构相关变量(应力、热量、能和熵)是应变 $\mathbf{E}$ 的线性函数，而关于应变率 $\dot{\mathbf{E}}$ 是线性泛函. 试由本构公理寻求本构方程的形式. 对各向同性固体完成所有的推导，从而得到这些方程的最后形式。

5.3 已知纯弹性固体具有对称轴，试求应力本构方程.

5.4 已知一个刚体具有一个热对称轴，试求热量的本构方程. 试问对于线性理论需要多少独立的本构系数? 试求出这种情况的热传导方程.

5.5 对各向同性超弹性固体，试证明应力主轴和应变主轴相重合.

5.6 对各向同性超弹性固体，试求直到包含 Euler 应变二阶项的应力本构方程.

5.7 对于 Stokes 流体，试求用变形率张量的二阶项表示的本构方程.

5.8 试证明二阶 Stokes 流体关于变形率张量 $\mathbf{d}$ 的分量是线性的，并证明其系数关于 $\mathbf{d}$ 的不变量是非线性的.

5.9 如果流体由一组本构方程描述，其中假设应力、热量、能和熵依赖于密度和温度的一阶和二阶梯度，试问这组本构方程必须具有什么样的形式? 试推导热传导方程.

5.10 试求各向同性热传导固体的本构方程，使其包含应变和温度梯度的所有二阶项.

5.11 已知本构上线性的热粘性 Stokes 流体具有 Van der Waals 型的状态方程(参见问题 4.5)，试求热传导方程.

5.12 粘弹性固体是以本构方程表征的,而本构方程中的应力、热量、能量和熵与温度、应变和温度梯度以及它们的头两阶时间率有关. 这种固体是各向同性的和线性的. 试决定本构方程,并求 Clausius-Duhem 不等式对本构方程所加的限制.

5.13 (短文)试研究文献并提出关于晶体分类的讨论.

5.14 (短文) 试对一个矢量和两个二阶对称张量的不变量进行文献调查.

5.15 (短文)试研究文献并推导固体的本构方程, 使其本构相关变量 ($\mathbf{t}$, $\mathbf{q}$, ε 和 η) 是对 t 以前的所有时刻关于 Lagrange 应变、应变率和温度梯度的线性泛函.

5.16 (短文)试研究文献,并对多孔弹性固体(包含理想流体的弹性固体)的本构方程提出论述.

5.17 (短文)试推导两种不同的流体混合时的扩散本构方程.

5.18 (短文)一种物质称作是极性的,如果偶应力不为零. 试研究文献并提出关于极性弹性固体的论述.

5.19 (短文)试对极性流体提出评述.

第六章　弹性理论

6.1　本章的范围

本章论述弹性理论基本方程的推导以及这些方程的若干典型的解法。和其它各章的情况一样，我们的主要兴趣是推导这些方程，而不是对解法的详尽说明。在第 6.2 节中，我们推导各向异性和各向同性弹性固体的线性本构方程，并研究各种类型的物质对称性的限制。为使弹性固体在热力学上是稳定的，在第 6.3 节中讨论了必须加在弹性系数上的条件。第 6.4 节则着重讨论弹性常数的实验测定。在第 6.5 节中汇集了基本的平衡方程、跳变条件和本构方程，并给出了 Navier 场方程以及边界条件和初始条件．第 6.6 节讨论曲线坐标，并在正交曲线坐标中给出了基本方程的形式。同时在该节末尾还给出了柱面坐标和球面坐标中的结果．第 6.7 节至第 6.12 节，则着重于静力学和动力学问题的一些典型问题的解法。在所述静力学问题的解中，有受均匀压力作用的半空间(第 6.7 节)，受均匀压力作用的圆柱形管(第 6.8 节)以及受压力作用的球壳(第 6.9 节)等问题。在第 6.10 节中，我们讨论各向同性固体中的弹性波，并介绍了平面波和球面波。在第 6.11 节中，我们考虑在动载荷作用下的半空间问题。在第 6.12 节，我们讨论动压力作用下的球腔问题。在这方面显示出同一类型问题的静力学和动力学的不同特征。在第 6.13 节至第 6.15 节中，我们将介绍有限简单剪切，圆柱体的有限扭转以及球壳的膨胀和外翻的精确解。和线性理论的相应结果相比较，可清楚地看到线性理论的局限性及其显示出的一些本质上完全是非线性的新的效应。

6.2　线性本构方程

在第 5.5 节中，我们已经得出弹性固体的最一般本构方程，它们具有由方程(5.5.23)—(5.5.26)所表示的形式。为了今后的需要，我们用 Lagrange 应变度量 $\mathbf{E}$ 来表示这些方程. $\mathbf{E}$ 和 $\mathbf{C}$ 的关系为

$$E_{KL}=\frac{1}{2}\left(C_{KL}-\delta_{KL}\right)$$

于是，势函数 Σ 现在是 $\mathbf{E}$, θ 和 $\mathbf{X}$ 的函数，即

$$\Sigma=\Sigma(\mathbf{E},\theta,\mathbf{X})=\rho_0\psi \tag{6.2.1}$$

式中 ψ 是在 5.5 节中引进的自由能. 本构方程(5.5.23)—(5.5.26)现在可写成形式

$$t_{kl}=\frac{\rho}{\rho_0}\frac{\partial\Sigma}{\partial E_{KL}}x_{(k,K}x_{l),L} \tag{6.2.2}$$

$$q_k=0 \tag{6.2.3}$$

$$\varepsilon=\frac{1}{\rho_0}\left(\Sigma-\theta\frac{\partial\Sigma}{\partial\theta}\right) \tag{6.2.4}$$

$$\eta=-\frac{1}{\rho_0}\frac{\partial\Sigma}{\partial\theta} \tag{6.2.5}$$

式中 Σ 满足下列条件:

$$\frac{\rho}{\rho_0}\frac{\partial\Sigma}{\partial E_{KL}}x_{[k,K}x_{l],L}=0 \tag{6.2.6}$$

因为 $E_{KL}=E_{LK}$，所以此式恒被满足.

利用非线性弹性固体的主要方程(6.2.2)，我们可以得到各种近似理论. 根据下列形式的展开式:

$$\Sigma=\Sigma_0+\Sigma_{KL}E_{KL}+\frac{1}{2}\Sigma_{KLMN}E_{KL}E_{MN}+\cdots \tag{6.2.7}$$

可以得到关于应变分量 E_{KL} 的多项式近似. 对于非均匀固体，式中 Σ_0, Σ_{KL}, Σ_{KLMN} 一般是 $\mathbf{X}$ 和 θ 的函数，而对于均匀固体，它们则仅是 θ 的函数. 不失一般性，我们令

$$\begin{aligned}&\Sigma_{KL}=\Sigma_{LK}\\&\Sigma_{KLMN}=\Sigma_{MNKL}=\Sigma_{LKMN}=\Sigma_{KLNM}\end{aligned} \tag{6.2.8}$$

这是因为在(6.2.7)中包含张量 Σ_{KLMN} 的项关于 E_{KL} 和 E_{MN} 是

对称的，并且 $E_{KL}=E_{LK}$.

由于我们的兴趣仅在于线性理论，所以无需保留 $\mathbf{E}$ 的二阶以上的项. 如果我们把

$$\frac{\rho}{\rho_0}\cong 1-I_{\tilde{E}},\quad x_{k,K}=(\delta_{MK}+\tilde{E}_{MK}+\tilde{R}_{MK})\delta_{Mk}$$

代入(6.2.2)并注意到，对于线性理论有 $E_{KL}\cong\tilde{E}_{KL}$ (δ_{Mk} 是 Kronecker 符号)，则我们可以得到

$$t_{kl}=[(1-I_{\tilde{E}})\Sigma_{KL}+\Sigma_{ML}(\tilde{E}_{KM}+\tilde{R}_{KM})+\Sigma_{KM}(\tilde{E}_{LM}+\tilde{R}_{LM})+\Sigma_{KLMN}\tilde{E}_{MN}]\delta_{Kk}\delta_{Ll} \tag{6.2.9}$$

可以看到，(6.2.6)是自动满足的. 当自然状态无应力时，t_{kl} 必须为零，即，当 $x_k=X_K\delta_{Kk}$ 时，$t_{kl}=0$. 在这种情况下，$\tilde{\mathbf{E}}=\tilde{\mathbf{R}}=\mathbf{0}$，所以我们有 $\Sigma_{KL}=0$. 因此，对于零初始应力，有

$$t_{kl}=\Sigma_{KLMN}\tilde{E}_{MN}\delta_{Kk}\delta_{Ll} \tag{6.2.10}$$

其中系数 Σ_{KLMN} 服从(6.2.8)所给出的限制. 这些对称性条件指出，弹性系数 Σ_{KLMN} 的总数为 21 个. 如果我们注意到，对小应变有

$$\tilde{E}_{MN}\cong\tilde{e}_{mn}\delta_{Mm}\delta_{Nn} \tag{6.2.11}$$

则可把(6.2.10)表示成空间形式

$$t_{kl}=\sigma_{klmn}\tilde{e}_{mn} \tag{6.2.12}$$

其中

$$\sigma_{klmn}=\Sigma_{KLMN}\delta_{Kk}\delta_{Ll}\delta_{Mm}\delta_{Nn} \tag{6.2.13}$$

是空间弹性模量，它们服从下列对称性条件：

$$\sigma_{klmn}=\sigma_{mnkl}=\sigma_{lkmn}=\sigma_{klnm} \tag{6.2.14}$$

现在，应力势 Σ 可以表示成

$$\Sigma=\frac{1}{2}\sigma_{klmn}\tilde{e}_{kl}\tilde{e}_{mn} \tag{6.2.15}$$

物质对称性　物质对称性(当其存在时)将对这些系数加上限制，这样会进一步减少独立系数的数目. 物质对称性表示在物质轴的变换群下，Σ 是形式不变量. 因此，对于一种均匀固体，如果存在一个对称群 $\{S\}$，对于它，在下列轴 X_K 的变换下：

(6.2.16)
$$X'_K = S_{KL} X_L$$
$$S_{KL} S_{ML} = S_{LK} S_{LM} = \delta_{KM}, \quad \det S_{KL} = \pm 1$$

Σ 的表达式保持不变，则我们有

$$\Sigma = \Sigma_0 + \Sigma_{KL} E'_{KL} + \frac{1}{2} \Sigma_{KLMN} E'_{KL} E'_{MN}$$

把

$$E'_{KL} = E_{MN} S_{KM} S_{LN}$$

代入上式，并把所得结果与(6.2.7)式相比较，我们得到

(6.2.17)
$$\Sigma_{KL} = \Sigma_{MN} S_{MK} S_{NL}$$
$$\Sigma_{KLMN} = \Sigma_{PQRS} S_{PK} S_{QL} S_{RM} S_{SN}$$

根据对称性条件(6.2.8)，我们可以把这些物质常数组成下列具有6个和21个独立元素的对称方阵

$$\|\Sigma_{KL}\| = \begin{bmatrix} \Sigma_{11} & \Sigma_{12} & \Sigma_{13} \\ & \Sigma_{22} & \Sigma_{23} \\ & & \Sigma_{33} \end{bmatrix}$$

(6.2.18)
$$\|\Sigma_{KLMN}\| = \begin{bmatrix} \Sigma_{1111} & \Sigma_{1122} & \Sigma_{1133} & \Sigma_{1123} & \Sigma_{1113} & \Sigma_{1112} \\ & \Sigma_{2222} & \Sigma_{2233} & \Sigma_{2223} & \Sigma_{2213} & \Sigma_{2212} \\ & & \Sigma_{3333} & \Sigma_{3323} & \Sigma_{3313} & \Sigma_{3312} \\ & & & \Sigma_{2323} & \Sigma_{2313} & \Sigma_{2312} \\ & & & & \Sigma_{1313} & \Sigma_{1312} \\ & & & & & \Sigma_{1212} \end{bmatrix}$$

其中没有写出的元素是和矩阵主对角线对称位置上的 元 素 相 等的．现在，我们着手讨论各种对称性的结果[1]．

(i) 关于一个平面的对称性　　如果材料关于 平 面 $X_3 = 0$ 是对称的，则在下列轴的变换下：

$$X'_1 = X_1, \quad X'_2 = X_2, \quad X'_3 = -X_3$$

Σ 应保持不变．这表示关于平面 $X_3 = 0$ 的反射． 在这种情况下，由(6.2.16)，我们有

1) 有关各向异性弹性的讨论，请参见 Love [1944]，Lekhnitskii [1950] 和 Hearman [1961].

$$S_{11}=1, \quad S_{22}=1, \quad S_{33}=-1$$

而所有其它的

$$S_{KL}=0, \quad \det S_{KL}=-1$$

把这些量代入(6.12.17)$_1$,我们得到 $\Sigma_{13}=-\Sigma_{13}$, $\Sigma_{23}=-\Sigma_{23}$, 因此 $\Sigma_{13}=\Sigma_{23}=0$. 考察(6.2.17)$_2$ 则可看出,在 Σ_{KLMN} 中凡是指标 3 出现的次数为奇数次的元素都为零. 于是,矩阵(6.2.18)分别化为形式

$$\|\Sigma_{KL}\|=\begin{bmatrix}\Sigma_{11} & \Sigma_{12} & 0\\ & \Sigma_{22} & 0\\ & & \Sigma_{33}\end{bmatrix}$$

(6.2.19)

$$\|\Sigma_{KLMN}\|=\begin{bmatrix}\Sigma_{1111} & \Sigma_{1122} & \Sigma_{1133} & 0 & 0 & \Sigma_{1112}\\ & \Sigma_{2222} & \Sigma_{2233} & 0 & 0 & \Sigma_{2212}\\ & & \Sigma_{3333} & 0 & 0 & \Sigma_{3312}\\ & & & \Sigma_{2323} & \Sigma_{2313} & 0\\ & & & & \Sigma_{1313} & 0\\ & & & & & \Sigma_{1212}\end{bmatrix}$$

因此, Σ_{KL} 的独立元素的个数为 4, 而 Σ_{KLMN} 的独立元素个数为 13.

(ii) 关于两个正交平面的对称性(正交各向异性) 如果物质的性质关于两个正交平面 $X_3=0$ 和 $X_1=0$ 是对称的, 则在下列轴 X_K 的变换下:

$$X_1'=X_1, \quad X_2'=X_2, \quad X_3'=-X_3$$

和

$$X_1'=-X_1, \quad X_2'=X_2, \quad X_3'=X_3$$

Σ 应保持不变. 利用(6.2.17),我们看到, 非零的弹性系数进一步减少为

$$\|\Sigma_{KL}\|=\begin{bmatrix}\Sigma_{11} & 0 & 0\\ & \Sigma_{22} & 0\\ & & \Sigma_{33}\end{bmatrix} \qquad (6.2.20)$$

$$
\|\Sigma_{KLMN}\| = \begin{bmatrix} \Sigma_{1111} & \Sigma_{1122} & \Sigma_{1133} & 0 & 0 & 0 \\ & \Sigma_{2222} & \Sigma_{2233} & 0 & 0 & 0 \\ & & \Sigma_{3333} & 0 & 0 & 0 \\ & & & \Sigma_{2323} & 0 & 0 \\ & & & & \Sigma_{1313} & 0 \\ & & & & & \Sigma_{1212} \end{bmatrix}
$$

因此，Σ_{KL} 的独立个数为 3，而 Σ_{KLMN} 的独立个数则为 9. 由此结果显而易见,物质性质关于平面 $X_2 = 0$ 也是对称的. 因此，这种物质称为**正交各向异性物质**. 某些木材的弹性性质可以非常近似地看成是具有正交各向异性弹性模量的材料.

(iii) 六方晶系 一种物质被说成是具有六角形的对称性,如果在轴 X_K 绕 X_L 之一(例如 X_3)的任意转动之下，Σ 保持不变. 在这种情况下,

$$
X_1' = X_1\cos\alpha + X_2\sin\alpha, \quad X_2' = -X_1\sin\alpha + X_2\cos\alpha,
$$
$$
X_3' = X_3
$$

因此,

$$
\begin{aligned}
S_{11} &= \cos\alpha, & S_{12} &= \sin\alpha, & S_{13} &= 0 \\
S_{21} &= -\sin\alpha, & S_{22} &= \cos\alpha, & S_{23} &= 0 \\
S_{31} &= 0, & S_{32} &= 0, & S_{33} &= 1
\end{aligned}
$$

由(6.2.17)$_1$，我们有

$$
\begin{aligned}
\Sigma_{11} &= \Sigma_{11}\cos^2\alpha + \Sigma_{22}\sin^2\alpha - 2\,\Sigma_{12}\sin\alpha\cdot\cos\alpha \\
\Sigma_{22} &= \Sigma_{11}\sin^2\alpha + \Sigma_{22}\cos^2\alpha + 2\,\Sigma_{12}\sin\alpha\cdot\cos\alpha \\
\Sigma_{12} &= (\Sigma_{11} - \Sigma_{22})\sin\alpha\cdot\cos\alpha + \Sigma_{12}(\cos^2\alpha - \sin^2\alpha) \\
\Sigma_{13} &= \Sigma_{13}\cos\alpha - \Sigma_{23}\sin\alpha \\
\Sigma_{23} &= \Sigma_{13}\sin\alpha + \Sigma_{23}\cos\alpha \\
\Sigma_{33} &= \Sigma_{33}
\end{aligned}
$$

如果使这些方程对任意的 α 都成立,则我们必须有

$$
\Sigma_{11} = \Sigma_{22}, \quad \Sigma_{12} = \Sigma_{13} = \Sigma_{23} = 0
$$

类似地,我们可以把上面的变换应用于(6.2.17)$_2$. 经过某些代数运算之后,我们得到分量 Σ_{KLMN} 之间的各个关系. 于是，对于六

角对称性，矩阵 $\|\Sigma_{KL}\|$ 和 $\|\Sigma_{KLMN}\|$ 化为

(6.2.21)
$$\|\Sigma_{KL}\| = \begin{bmatrix} \Sigma_{11} & 0 & 0 \\ & \Sigma_{11} & 0 \\ & & \Sigma_{33} \end{bmatrix}$$

$$\|\Sigma_{KLMN}\| = \begin{bmatrix} \Sigma_{1111} & \Sigma_{1122} & \Sigma_{1133} & 0 & 0 & 0 \\ & \Sigma_{1111} & \Sigma_{1133} & 0 & 0 & 0 \\ & & \Sigma_{3333} & 0 & 0 & 0 \\ & & & \Sigma_{1313} & 0 & 0 \\ & & & & \Sigma_{1313} & 0 \\ & & & & & \frac{1}{2}(\Sigma_{1111} - \Sigma_{1122}) \end{bmatrix}$$

现在，Σ_{KL} 的独立常数的个数为 2，而 Σ_{KLMN} 的独立个数为 5.

(iv) **各向同性固体** 各向同性固体对它的弹性性质与方向无关．这意味着 (6.2.17) 对于 X_K 的完全正交变换群必须成立．通过对两个正交轴的任意转动就可以实现这一点．重复(iii)的论证，我们得到下列关于 Σ_{KL} 和 Σ_{KLMN} 的其它条件：

$$\Sigma_{KL} = \alpha_E \delta_{KL}, \quad \Sigma_{1313} = \frac{1}{2}(\Sigma_{1111} - \Sigma_{1122}) = \mu_E$$

$$\Sigma_{3333} = \Sigma_{1111}, \quad \Sigma_{1122} = \Sigma_{1133} = \lambda_E$$

所以

(6.2.22)
$$\|\Sigma_{KL}\| = \begin{bmatrix} \alpha_E & 0 & 0 \\ & \alpha_E & 0 \\ & & \alpha_E \end{bmatrix}$$

$$\|\Sigma_{KLMN}\| = \begin{bmatrix} \lambda_E + 2\mu_E & \lambda_E & \lambda_E & 0 & 0 & 0 \\ & \lambda_E + 2\mu_E & \lambda_E & 0 & 0 & 0 \\ & & \lambda_E + 2\mu_E & 0 & 0 & 0 \\ & & & \mu_E & 0 & 0 \\ & & & & \mu_E & 0 \\ & & & & & \mu_E \end{bmatrix}$$

式中 λ_E 和 μ_E 为 Lamé 常数．在这种情况下，我们还可以把表

达式(6.2.22)用指标符号表示成

$$\Sigma_{KL}=\alpha_E\delta_{KL}$$
(6.2.23)
$$\Sigma_{KLMN}=\lambda_E\delta_{KL}\delta_{MN}+\mu_E(\delta_{KM}\delta_{LN}+\delta_{KN}\delta_{LM})$$

把这些式子代入(6.2.7),则得应力势

(6.2.24)
$$\Sigma=\Sigma_0+\alpha_E\mathrm{I}_E+\frac{1}{2}\lambda_E\mathrm{I}_E^2+\mu_E E_{KL}E_{LK}$$
$$=\Sigma_0+\alpha_E\mathrm{I}_E+\frac{1}{2}(\lambda_E+2\mu_E)\mathrm{I}_E^2-2\mu_E\mathrm{II}_E$$

这里,为了得到Σ的最后形式,我们用了下列关系:

$$E_{KL}E_{LN}=\mathrm{I}_E^2-2\,\mathrm{II}_E$$

把(6.2.23)代入(6.2.9),则得应力应变关系如下:

(6.2.25)
$$t_{kl}=[\alpha_E\delta_{KL}+(\lambda_E-\alpha_E)\mathrm{I}_{\tilde{E}}\delta_{KL}+2(\mu_E+\alpha_E)\tilde{E}_{KL}]\delta_{Kk}\delta_{Ll}$$

在线性理论中,我们有

(6.2.26)
$$\tilde{e}_{kl}=\tilde{E}_{KL}\delta_{Kk}\delta_{Ll},\quad \mathrm{I}_{\tilde{E}}\cong\mathrm{I}_{\tilde{e}}$$

因此,(6.2.25)也可以写成

(6.2.27)
$$t_{kl}=\alpha_e\delta_{kl}+(\lambda_e-\alpha_e)\mathrm{I}_{\tilde{e}}\delta_{kl}+2(\mu_e-\alpha_e)\tilde{e}_{kl}$$

式中

(6.2.28)
$$\alpha_e=\alpha_E,\quad \lambda_e=\lambda_E,\quad \mu_e=\mu_E+2\alpha_E$$

在这种情况下,应力势Σ还可以用$\tilde{\mathbf{e}}$的不变量来表示. 为此,由(1.10.23),(1.10.24)和(1.10.27),我们得到

(6.2.29)
$$\mathrm{I}_E=\frac{\mathrm{I}_e-4\,\mathrm{II}_e+12\,\mathrm{III}_e}{1-2\,\mathrm{I}_e+4\,\mathrm{II}_e-8\,\mathrm{III}_e}$$
$$\mathrm{II}_E=\frac{\mathrm{II}_e-6\,\mathrm{III}_e}{1-2\mathrm{I}_e+4\mathrm{II}_e-8\mathrm{III}_e}$$
$$\mathrm{III}_E=\frac{\mathrm{III}_e}{1-2\mathrm{I}_e+4\mathrm{II}_e-8\,\mathrm{III}_e}$$

将(6.2.29)的前二式代入(6.2.24),并只保留到$\mathbf{e}$的二次项,我们得到

$$\Sigma = \Sigma_0 + \alpha_e \mathrm{I}_{\tilde{e}} + \frac{1}{2}(\lambda_e + 2\mu_e)\mathrm{I}_{\tilde{e}}^2 - 2\mu_e \mathrm{II}_{\tilde{e}} \tag{6.2.30}$$

这个事实说明，对于各向同性固体，应力势是不变量 I_e，II_e 和 III_e 的函数．对一般情况，这已由第 5.6 节的定理所证明．事实上，应力本构方程 (6.2.27) 也可由 (5.6.18) 和用不变量 I_e，II_e 和 III_e 表示的 Σ 的多项式近似式推出． 这样得到的结果是与 (6.2.27) 相同的．当采用一般函数 $\Sigma = \Sigma(\mathrm{I}_e, \mathrm{II}_e, \mathrm{III}_e, \theta)$ 时， 这种方法可以导出弹性理论的非线性本构方程[1]．

由(6.2.27)的结构，显然有

定理 1 在线性各向同性弹性固体中，唯一可能的初始应力是静水应力状态．

这个定理对非线性理论也是成立的，这一点可以由 $\overset{-1}{\mathbf{c}} = \mathbf{I}$ 的(5.6.8)看到．

对于无初始应力的状态，我们得到各向同性固体的经典线性理论的 **Hooke-Cauchy** 定律

$$t_{kl} = \lambda_e \tilde{e}_{mm}\delta_{kl} + 2\mu_e \tilde{e}_{kl} \tag{6.2.31}$$

和相应的应力势

$$\Sigma = \rho_0(\varepsilon - \theta\eta) = \frac{1}{2}(\lambda_e + 2\mu_e)\mathrm{I}_{\tilde{e}}^2 - 2\mu_e \mathrm{II}_{\tilde{e}} \tag{6.2.32}$$

在这个表达式中，我们忽略了不重要的初始能量 Σ_0，因为可以选择 Σ 的起点使得 $\Sigma_0 = 0$．

把(6.2.7)代入(6.2.5)则得到一般线性各向异性固体的熵的表达式．因此有

$$\eta = -\frac{1}{\rho_0}\left(\frac{\partial \Sigma_0}{\partial \theta} + \frac{\partial \Sigma_{KL}}{\partial \theta} E_{KL} + \frac{1}{2}\frac{\partial \Sigma_{KLMN}}{\partial \theta} E_{KL} E_{MN}\right) \tag{6.2.33}$$

对各向同性固体(当 $\Sigma_0 = 0$ 时)此式化为

$$\eta = -\frac{1}{\rho_0}\left[\frac{1}{2}\left(\frac{\partial \lambda_e}{\partial \theta} + 2\frac{\partial \mu_e}{\partial \theta}\right)\mathrm{I}_{\tilde{e}}^2 - 2\frac{\partial \mu_e}{\partial \theta}\mathrm{II}_{\tilde{e}}\right] \tag{6.2.34}$$

---

1) 参见 (5.6.18)． 有关非线性本构方程的其它形式和各种近似理论，请参见 Eringen [1962, Arts. 47, 60]．

因为弹性固体是热平衡的[参见方程(5.5.29)],所以 $\mathbf{q}=\mathbf{0}$，并且 ε 和 η 是非耦合的. 因此，我们不需要再对 $\mathbf{q}$，ε 和 η 作进一步的论述. 因而，弹性本构理论可以完全由应力本构方程来制约.

不可压缩物质　　在这种情况下,我们有

$$\frac{\rho_0}{\rho}=\sqrt{\mathrm{III}_C}=(1+2\,\mathrm{I}_E+4\,\mathrm{II}_E+8\,\mathrm{III}_E)^{1/2}=1 \tag{6.2.35}$$

对于小变形,由二项式展开我们得到

$$\frac{\rho_0}{\rho}=1+\mathrm{I}_{\tilde{E}}+0(|\tilde{\mathbf{E}}|^2)=1$$

这就意味着在不可压缩物质的线性理论中我们有

$$\mathrm{I}_{\tilde{E}}=0 \qquad 或 \qquad \mathrm{I}_{\tilde{e}}=0 \tag{6.2.36}$$

这时,对于线性理论,(6.2.7)满足条件(6.2.36). 用和导出不可压缩弹性固体一般本构方程(5.5.33)相同的论证,我们得到线性各向同性不可压缩弹性固体的本构方程

$$t_{kl}=-p\delta_{kl}+2\,\mu_e\tilde{e}_{kl} \tag{6.2.37}$$

$$\Sigma=\rho_0(\varepsilon-\theta\eta)=-2\,\mu_e\mathrm{II}_{\tilde{e}} \tag{6.2.38}$$

式中 $p(\mathbf{x},t)$ 是本理论的未知量.

6.3 关于弹性系数的限制

物理观察证实，受静水压力作用的材料其体积的变化是很小的. 类似地,在任何应变状态中,在任一平面内的剪切方向是与该平面内的剪应力方向相同的. 更抽象一些,热平衡的稳定性条件将对弹性模量 λ_e 和 μ_e 加上限制. 在本节中,我们将讨论必须对弹性模量施加这些限制的结果，以便使它们能恰当地表示一种真实物质.

我们已经看到，各向同性线性弹性物质的应力本构方程和相应的应力势分别为

$$t_{kl}=\lambda_e\tilde{e}_{mm}\delta_{kl}+2\,\mu_e\tilde{e}_{kl} \tag{6.3.1}$$

$$\Sigma=\rho_0(\varepsilon-\theta\eta)=\frac{1}{2}(\lambda_e+2\,\mu_e)\mathrm{I}_{\tilde{e}}^2-2\,\mu_e\mathrm{II}_{\tilde{e}} \tag{6.3.2}$$

我们假设(6.3.1)对 $\tilde{e}_{kl}$ 是可解的．事实上，令 $k=l$，则该式给出

$$t_{kk}=\mathrm{I}_t=(3\lambda_e+2\mu_e)\mathrm{I}_{\tilde{e}} \tag{6.3.3}$$

利用这个方程从(6.3.1)中消去 $\mathrm{I}_{\tilde{e}}$，则得

$$\tilde{e}_{kl}=-\frac{\lambda_e}{2\mu_e(3\lambda_e+2\mu_e)}t_{mm}\delta_{kl}+\frac{1}{2\mu_e}t_{kl} \tag{6.3.4}$$

我们指出，因为 $\tilde{e}_{kl}$ 是由 t_{kl} 唯一决定的，所以必须有

$$\mu_e\neq 0,\quad 3\lambda_e+2\mu_e\neq 0 \tag{6.3.5}$$

同时，为使一个有限应力不致产生零应变，还必须有

$$|\mu_e|<\infty,\qquad |3\lambda_e+2\mu_e|<\infty \tag{6.3.6}$$

(i) 静水压力　实验观察指出，在静水压力作用下，弹性固体的体积减小．在物体中一点的应力状态被称作是静水的，如果应力张量具有下列形式：

$$t_{kl}=-\bar{p}\delta_{kl},\quad \bar{p}>0 \tag{6.3.7}$$

由(6.3.3)，我们得到

$$\bar{p}=-k\mathrm{I}_{\tilde{e}},\qquad k\equiv\lambda_e+\frac{2}{3}\mu_e \tag{6.3.8}$$

式中 k 称为**压缩模量**或**体积模量**．对于无限小变形，体积变化由 $\mathrm{I}_{\tilde{e}}$ 给出．在其表面承受常值法向压力 $\bar{p}$ 作用的小试验体中的应力状态由(6.3.7)近似地给定．如果静水压力使物体的体积减小，则我们必须有 $k\geqslant 0$．于是

$$0\leqslant 3\lambda_e+2\mu_e$$

(ii) 简单剪切　考虑一个简单剪切，其中

$$t_{12}\neq 0,\quad t_{kl}=0\quad (k,\ l\neq 1,2)$$

在这种情况下，(6.3.4)给出

$$t_{12}=2\mu_e\tilde{e}_{12} \tag{6.3.9}$$

承受简单剪切作用的弹性固体的小变形实验观察指出，t_{12} 和 $\tilde{e}_{12}$ 有相同的方向，因此，$\mu_e>0$．

把结果 (i) 和 (ii) 结合在一起，我们有

$$0<3\lambda_e+2\mu_e<\infty,\quad 0<\mu_e<\infty \tag{6.3.10}$$

对各向同性物质弹性模量的限制(6.3.10)是普遍适用的。 这些限制也可以由其它的考虑，诸如热稳定性和唯一性定理而得到证实。现在，我们根据热平衡稳定性再提出一个论证。

(iii) 热平衡稳定性

定理 对一个固定的温度，在任何非刚性变形中应力势(或自由能)为非负的必要充分条件是不等式(6.3.10)成立。

(6.3.10)对 Σ 是非负的充分性可证明如下。 将(6.3.2)写成形式

$$6\Sigma=(3\lambda_e+2\mu_e)\mathrm{I}_e^2+2\mu J_2 \tag{6.3.11}$$

式中 J_2 是一个由下式定义的新的不变量:

$$J_2=2\mathrm{I}_e^2-6\mathrm{II}_e=(\tilde{e}_1-\tilde{e}_2)^2+(\tilde{e}_2-\tilde{e}_3)^2+(\tilde{e}_3-\tilde{e}_1)^2 \tag{6.3.12}$$

其中 $\tilde{e}_\alpha$ 是主应变。 显然，$J_2\geqslant 0$，所以当(6.3.10)满足时，$\Sigma\geqslant 0$。

为了证明(6.3.10)的必要性，我们把 Σ 表示为主应变 $\tilde{e}_\alpha$ 的二次型，即

$$\Sigma=\frac{1}{2}K_{\alpha\beta}\tilde{e}_\alpha\tilde{e}_\beta \tag{6.3.13}$$

式中

$$\|K_{\alpha\beta}\|=\begin{bmatrix}\lambda_e+2\mu_e & \lambda_e & \lambda_e\\ \lambda_e & \lambda_e+2\mu_e & \lambda_e\\ \lambda_e & \lambda_e & \lambda_e+2\mu_e\end{bmatrix}$$

如果 Σ 是 $\tilde{e}_\alpha$ 的非负函数，则 $K_{\alpha\beta}$ 的主值必须是非负的，所以(6.3.13)是一个椭球。 $K_{\alpha\beta}$ 的主值 K_α 是下列方程的根:

$$\det(K_{\alpha\beta}-K\delta_{\alpha\beta})=0$$

此方程的展开式为

$$(\lambda_e+2\mu_e-K)^3-3\lambda_e^2(\lambda_e+2\mu_e-K)+2\lambda_e^3=0$$

它的根是

$$K_1=K_2=2\mu_e,\quad K_3=3\lambda_e+2\mu_e$$

因此，当(6.3.10)被满足时，二次型(6.3.13)是旋转椭球。由定义，

我们有 $\Sigma = \rho_0(\varepsilon - \theta\eta) = \rho_0\psi$. 因此,定理得证.

这样,我们证明了在条件(6.3.10)下,对于固定的 θ,自由能是 $\tilde{e}_{kl}$ 的凸函数. 在这种情况下,称热平衡是稳定的. 因此,条件(6.3.10)是稳定热平衡的必要充分条件.

各向异性固体应力势为非负的条件是更为复杂的. 然而,刚才所用的方法可以应用于在第 6.2 节中讨论过的各种类型的固体,我们对此不再作进一步的论述.

6.4 弹性常数的实验测定

上面提出的线性理论在金属结构的变形中得到广泛的应用. 这些金属,如钢、铝、铜、锌和许多其它材料,在应力接近破坏点的一个相当大的范围内都具有线性的应力应变关系曲线. 对各向同性弹性物质,应力应变关系只包含两个常数 λ_e 和 μ_e. 因此,我们只需要两个实验就能决定它们. 在工程文献中,常用另外两个常数(**杨氏模量 E 和泊松比 ν**). 这两个常数和 λ_e, μ_e 的关系为

$$\lambda_e = \frac{E\nu}{(1+\nu)(1-2\nu)}, \quad \mu_e \equiv G = \frac{E}{2(1+\nu)} \tag{6.4.1}$$

拉伸试验和/或**简单剪切试验**可以确定这些常数.

(a) 单轴拉伸试验 为了决定 E 和 ν,考虑一个受均匀轴向拉伸的圆柱形体(图 6.4.1). 这时,$t_{11} = T$,而所有其它的 $t_{kl} = 0$. 对这种情况,由(6.3.4),我们得到

$$\tilde{e}_{11} = \frac{T}{E} \equiv e, \quad \tilde{e}_{22} = \tilde{e}_{33} = -\frac{\nu}{E}T = -\nu e \tag{6.4.2}$$

$$\tilde{e}_{23} = \tilde{e}_{31} = \tilde{e}_{12} = 0$$

于是,当 $T > 0$ ($T < 0$) 时,单位长度和单位直径的圆柱体将伸长(缩短)一个量 T/E,而它的直径将收缩(膨胀)一个量 $\nu T/E$. 测量这些伸长或缩短就可以决定 E 和 ν,再由(6.4.1)可决定 λ_e 和 μ_e. 如果画出 T 和 e 的关系曲线,则我们得到一条通过原点的直线,它的斜率就是 E.

Robert Hooke 在 1676 年把这个实验作为一条定律用颠倒字

母的字谜游戏"ceiiinosssttuu"的形式发表出来,两年之后,他把它解释为"Ut Tensio sic vis",即"**伸长和力成正比**"。这就是著名的 Hooke 定律。

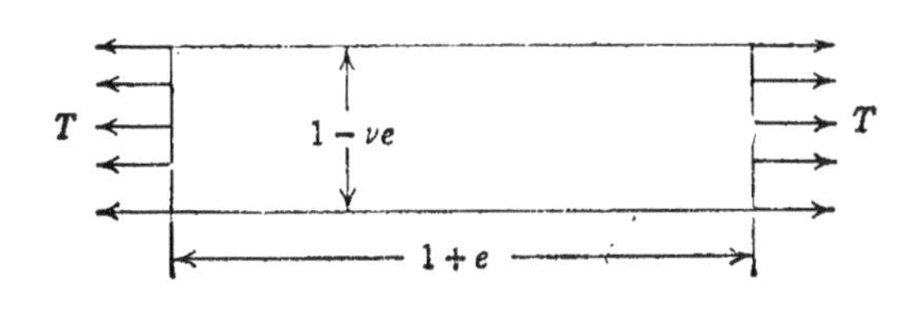

图 6.4.1 单轴拉伸实验

在实验室中进行的实验指出,这个结果对于诸如钢,铝等**柔性**和**可延性**物质而言,直到图 6.4.2 上所标明的极限 A 范围内都是成立的。在许多材料中,当除去载荷之后,仍保留量级为 10^{-5} 英寸/英寸的微小永久伸长。但是,对于所有工程目的来说,这是可以被忽略的。不产生永久变形的最大拉力 T_A 称为**弹性极限**。当 T 超过 T_A 时,材料显示出**弹性**和**塑性**两种性质。在 B 点所标明的某个邻域内发生

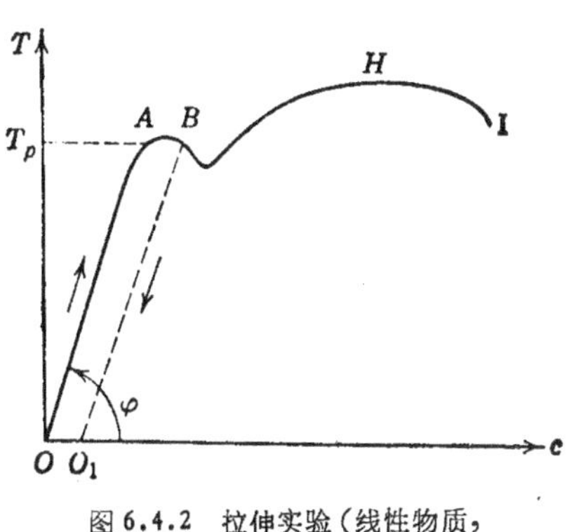

图 6.4.2 拉伸实验(线性物质,$0<T<T_p$)

屈服;这可以从当拉力除去后出现永久应变的事实来说明。在该点之后,当载荷 T 有一微小的增量时,杆就突然伸长一个很大的量。最后,在 H 点达到载荷的最大值(终值);之后,杆在 I 点破坏。当达到最大应力时,像碳钢那样的脆性材料就断裂,但可延性材料则出现"**颈缩**"(即,杆的横截面变得很小)。对于低碳钢,$T_A=35,000$磅力/平方英寸,最大应力 $T_H=60,000$磅力/平方英

寸. 对于高碳钢,最大应力可以超过 200,000 磅力/平方英寸[1].

如果达到屈服点后减少载荷,则应变沿平行于 OA 的直线减少. 当 $T=0$ 时,保留一个永久应变 OO_1. 于是,弹性理论仅适用于 $0 \leqslant T \leqslant T_A$ 范围之内,当超过这个范围时,则需要一种处理弹塑性物质的新理论. 对非线性弹性物质,直线 OA 被弯曲成图 6.4.3 所示的曲线 OA. 但是,当除去载荷时,应变沿同一曲线 OA 减少至零. 有关非线性弹性的实验,请参见 Eringen [1962, Art. 6].

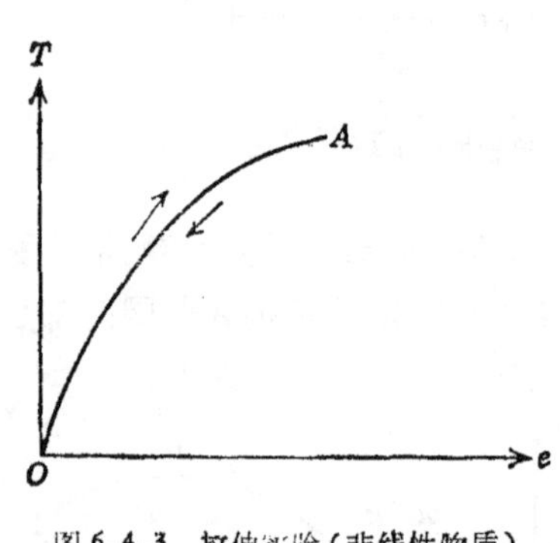

图 6.4.3 拉伸实验(非线性物质)

(b) 简单剪切实验 当方块受简单剪切(图 6.4.4)时,我们有

$$t_{12}=S,\quad t_{11}=t_{22}=t_{33}=t_{23}=t_{31}=0 \tag{6.4.3}$$

由公式(6.3.9)可知,测量角度的变化量 α_{12} 就可以得到剪切模量

$$\mu_e \equiv G=\frac{S}{2\tilde{e}_{12}}=\frac{S}{\alpha_{12}} \tag{6.4.4}$$

模量 G 和 μ_e 相同,由于这个原因,所以,把 G 称为**刚性模量或剪切模量**.

(c) 静水压力试验 在一小块材料(立方体或球)的表面上受静水压力 $\bar{p}$ 作用时,应力状态可由图 6.4.5 近似给出.

$$t_{kl}=-\bar{p}\delta_{kl} \tag{6.4.5}$$

方程(6.3.4)给出应变

$$\tilde{e}_{kl}=-\frac{\bar{p}}{3\lambda_e+2\mu_e}\delta_{kl}=-\frac{1-2\nu}{E}\bar{p}\delta_{kl} \tag{6.4.6}$$

此式也可以写成

---

1) 1 磅力/平方英寸 (1Psi) = 6894.76 Pa (帕斯卡). ——译者

$$(6.4.7) \qquad \bar{p} = -k\mathrm{I}_{\bar{e}}, \qquad k \equiv \lambda_e + \frac{2}{3}\mu_e = \frac{E}{3(1-2\nu)}$$

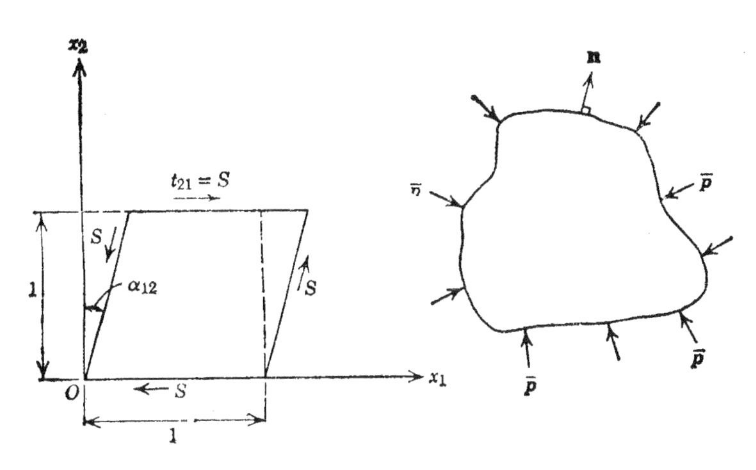

图 6.4.4　简单剪切试验　　　　图 6.4.5　静水压力

式中 k 是压缩模量或体积模量. 因为静水压力使体积减小，显然，k 必须是正数. 这表示 $\nu \leqslant \frac{1}{2}$. 对大多数材料，$\nu$ 在 $\frac{1}{3}$ 左右；

表 6.4.1　弹性常数

材　料	E（磅/平方英寸）	ν
熟　铁	$27—29\times10^6$	0.28
软　钢	$29—31\times10^6$	0.28
铸　铁	$14—23\times10^6$	0.28
（铸）铝	12.5×10^6	0.34
杜拉铝	10×10^6	0.25
黄　铜	12×10^6	0.33
铜	15×10^6	0.35
玻　璃	$8—10.6\times10^6$	0.23
橡　胶	250—350	0.50
云杉(15%的湿度)	1.3×10^6	0.08
硝化纤维素	0.355×10^6	0.41

对不可压缩固体，$\nu=\frac{1}{2}$. 在表 6.4.1 中列出了若干各向同性物质的 E 和 ν 值.

在图 6.4.6 中给出了硫化橡胶的简单拉伸试验曲线，它显示出力对应变的非线性依赖关系. 关于其它的试验可参见 Eringen [1962, Art. 6]. 在 Cady [1946], Mason [1950], Dana 和 Hurlbut [1957] 以及 Hearman [1961] 等工作中列出了各种各向异性弹性固体的弹性模量. 有关各向异性弹性的各种有意义的研究，读者可参考这些书籍.

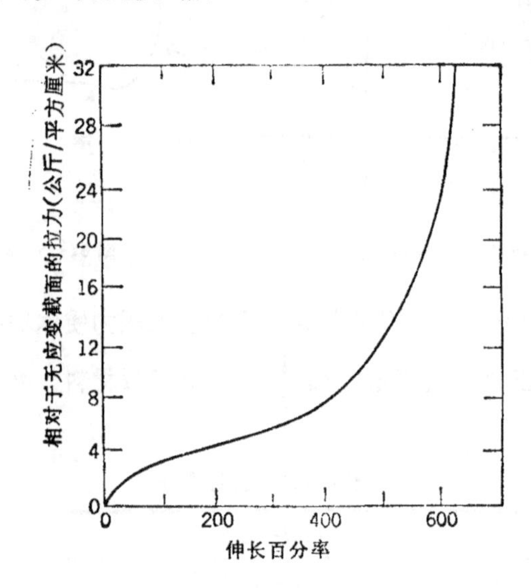

图 6.4.6 硫化橡胶的力-伸长曲线
(摘自 Treloar [1958])

6.5 弹性理论基本方程的汇总

各向同性弹性固体的线性理论是以下面的方程为基础的.

平衡方程

(6.5.1) $$\rho_0/\rho=1+I_{\varepsilon}$$

(6.5.2) $$t_{kl,k}+\rho(f_l-\dot{v}_l)=0 \quad \text{在 } \mathscr{V} \text{ 内}$$

(6.5.3) $$t_{kl}=t_{lk}$$

(6.5.4) $$\dot{\eta}-\frac{h}{\theta}=0$$

Clausius-Duhem 不等式是自动满足的。 能量方程(6.5.4)是应用弹性物质所特有的本构理论的结果,参见(5.5.29)。

跳变方程 如果存在以速度 $\boldsymbol{\nu}$ 掠过物体并具有法线 $\mathbf{n}$ 的运动间断面 $\sigma(t)$,则在 $\sigma(t)$ 上必须满足下列跳变条件:

(6.5.5) $$[\rho(\mathbf{V}-\boldsymbol{\nu})]\cdot\mathbf{n}=0$$

(6.5.6) $$-[t_{kl}]n_k+[\rho v_l(\mathbf{v}-\boldsymbol{\nu})]\cdot\mathbf{n}=0$$

(6.5.7) $$\left[\left(\varepsilon+\frac{1}{2}v_lv_l\right)\rho(\mathbf{v}-\boldsymbol{\nu})\right]\cdot\mathbf{n}-[t_{kl}v_l+q_k]n_k=0$$

(6.5.8) $$\left[\rho\eta(\mathbf{V}-\boldsymbol{\nu})-\frac{\mathbf{q}}{\theta}\right]\cdot\mathbf{n}\geqslant 0 \quad \text{在 } \sigma(t) \text{ 上}$$

本构方程(可压缩固体)

(6.5.9) $$t_{kl}=\lambda_e \mathrm{I}_{\tilde{e}}\,\delta_{kl}+2\mu_e\tilde{e}_{kl}$$

(6.5.10) $$\Sigma=\rho_0(\varepsilon-\theta\eta)=\frac{1}{2}(\lambda_e+2\mu_e)\mathrm{I}_{\tilde{e}}^2-2\mu_e\mathrm{II}_{\tilde{e}}$$

(6.5.11) $$q_k=0$$

(6.5.12) $$\eta=-\frac{1}{\rho_0}\frac{\partial\Sigma}{\partial\theta}\Big|_{\tilde{e}}$$

本构方程(不可压缩固体)

(6.5.13) $$t_{kl}=-p\delta_{kl}+2\mu_e\tilde{e}_{kl}$$

(6.5.14) $$\Sigma=\rho_0(\varepsilon-\theta\eta)=-2\mu_e\mathrm{II}_{\tilde{e}}$$

(6.5.15) $$q_k=0$$

(6.5.16) $$\eta=-\frac{1}{\rho_0}\frac{\partial\Sigma}{\partial\theta}\Big|_{\tilde{e}}.$$

运动学关系

$$(6.5.17)\qquad \dot{v}_l \cong \frac{\partial^2 u_l}{\partial t^2}$$

$$(6.5.18)\qquad \tilde{e}_{kl} \equiv \frac{1}{2}(u_{k,l}+u_{l,k})$$

$$(6.5.19)\qquad \mathrm{I}_{\tilde{e}} \equiv \tilde{e}_{kk},\quad \mathrm{II}_{\tilde{e}} \equiv \frac{1}{2}(\tilde{e}_{kk}\tilde{e}_{ll}-\tilde{e}_{kl}\tilde{e}_{lk})$$

式中 u_l 为位移矢量.

场方程 联立(6.5.9)或(6.5.13)和(6.5.2),并利用 (6.5.17)和(6.5.18)则可得到场方程. 这就是著名的 Navier 场方程

$$(6.5.20)\qquad (\lambda_e+\mu_e)u_{l,lk}+\mu_e u_{k,ll}+\rho(f_k-\ddot{u}_k)=0$$

在 $\mathscr{V}$ 中(可压缩固体)

$$(6.5.21)\qquad -p_{,k}+\mu_e u_{k,ll}+\rho_0(f_k-\ddot{u}_k)=0 \quad 在\ \mathscr{V}\ 中$$

$$u_{k,k}=0 \qquad (不可压缩固体)$$

边界条件

$$(6.5.22)\qquad t_{lk}n_l=\bar{t}_k \qquad 在\ \mathscr{S}_t\ 上$$

$$(6.5.23)\qquad u_k=\bar{u}_k \qquad 在\ \mathscr{S}_u\ 上$$

式中 $\bar{t}_k$ 是在物体表面 $\mathscr{S}=\mathscr{S}_t+\mathscr{S}_u$ 的部份 $\mathscr{S}_t$ 上给定的表面外力,而 $\bar{u}_k$ 是在与 $\mathscr{S}_t$ 不重迭的其余部份 $\mathscr{S}_u$ 上给定的位移场. 在文献[1]中还可以找到其它组合形式的边界条件. 但是,一个完善的理论要求边界条件和初始条件的提法必须不违背该理论的唯一性定理，或者换句话说，它们必须产生唯一的合成运动[2].

---

1) 例如可以给定 $\bar{t}_1,\bar{t}_2$ 和 $\bar{u}_3$, 参见 Eringen [1955,b].

2) 关于弹性理论的唯一性定理,可参见 Sokolnikoff[1956, Art. 27], Gurtin 和 Sternberg [1961], Hill [1961], Bramble 和 Payne [1962] 以及其中列出的参考文献.

初始条件

(6.5.24) $$u_k(\mathbf{x},0)=u_k^0(\mathbf{x})$$ 在 $\mathscr{V}$ 中

(6.5.25) $$\dot{u}_k(\mathbf{x},0)=v_k^0(\mathbf{x})$$

因此，可以说线性各向同性弹性固体的完整理论是以服从一定边界条件和初始条件 (6.5.22)—(6.5.25)的 Navier 场方程(6.5.20)或(6.5.21)的解为基础的。

对各向异性固体，Navier 方程必须用适当的方程来代替。因为，在这种情况下，应力本构方程没有(6.5.9)或(6.5.13)的形式。这时，在(6.5.2)中利用(6.2.12)，我们得到

(6.5.26) $$\sigma_{klmn}u_{m,nk}+\rho(f_l-\dot{v}_l)=0 \qquad 在\ \mathscr{V}\ 中$$

式中 σ_{klmn} 和 Σ_{KLMN} 的关系由(6.2.13)给定，并且 σ_{klmn} 还要受到第 6.2 节中所述的各种对称性限制。

6.6 曲线坐标

当我们用曲线坐标 x^k 代替直角坐标来表示弹性理论的基本方程时，我们需要作一些简单的说明，以便得到在第 6.5 节中所汇集的方程。令 $g_{kl}(\mathbf{x})$ 是曲线坐标 x^k 中的度量张量，则弧长元素的平方现在为(参见附录 C2.11)

(6.6.1) $$ds^2=g_{kl}dx^kdx^l$$

由直角坐标到曲线坐标的过渡可以根据下面两个简单的法则来实现：(a) 必须用协变微分符号(;)来代替偏微分符号(,)；(b) 重复的指标必须出现在对角的位置上。

于是，例如在曲线坐标中的 Cauchy 运动方程(6.5.2)将有形式

(6.6.2) $$t^k_{l;k}+\rho(f_l-\dot{v}_l)=0$$

式中 t^k_l 是应力张量的混合分量，而在分号后的指标表示协变偏微分，即

(6.6.3) $$t^k_{l;r}\equiv t^k_{l,r}+\begin{Bmatrix}k\\mr\end{Bmatrix}t^m_l-\begin{Bmatrix}m\\rl\end{Bmatrix}t^k_m$$

式中 $\left\{ \begin{matrix} k \\ mr \end{matrix} \right\}$ 是第二类 Christoffel 符号(参见附录 C5).

无限小应变和无限小转动由下式给式:

(6.6.4) $$\tilde{e}_{kl} = \frac{1}{2}(u_{k;l} + u_{l;k}), \quad \tilde{r}_{kl} = \frac{1}{2}(u_{k;l} - u_{l;k})$$

式中

(6.6.5) $$u_{k;l} \equiv u_{k,l} - \left\{ \begin{matrix} m \\ kl \end{matrix} \right\} u_m$$

这些方程通常用矢量和张量的物理分量来表示. 物理分量 $t_{(l)}^{(k)}$ 和 $u^{(k)}$ 与 t_l^k 和 u^k 的关系为(附录 C4)

(6.6.6) $$t_l^k = t_{(l)}^{(k)} \sqrt{g_{ll}/g_{\underline{kk}}}, \quad u^k = u^{(k)}/\sqrt{g_{\underline{kk}}}$$

现在,我们只给出(6.6.2)和(6.6.4)在**正交曲线坐标**中的表达式.在这种情况下,当 $k \neq l$ 时,有 $g_{kl} = 0$, 并且

$$ds^2 = g_{11}(dx^1)^2 + g_{22}(dx^2)^2 + g_{33}(dx^3)^2$$

(6.6.7) $$g^{kk} = 1/g_{\underline{kk}}, \quad g \equiv \det g_{kl} = g_{11}g_{22}g_{33}$$

$$\left\{ \begin{matrix} k \\ lm \end{matrix} \right\} = \frac{1}{2\, g_{\underline{kk}}}\left(\frac{\partial g_{kk}}{\partial x^m}\delta_{kl} + \frac{\partial g_{mm}}{\partial x^l}\delta_{km} - \frac{\partial g_{ll}}{\partial x^k}\delta_{lm}\right)$$

在(6.6.2)中利用(6.6.6)和(6.6.7),我们得到

(6.6.8) $$\sum_{k=1}^{3}\left\{\frac{1}{\sqrt{g}}\frac{\partial}{\partial x^k}\left[t_{(l)}^{(k)}\frac{\sqrt{g}}{\sqrt{g_{kk}}} + \frac{1}{\sqrt{g_{kk}g_{ll}}}\frac{\partial\sqrt{g_{ll}}}{\partial x^k}t_{(l)}^{(k)}\right.\right.$$
$$\left.\left. - \frac{1}{\sqrt{g_{kk}g_{ll}}}\frac{\partial\sqrt{g_{kk}}}{\partial x^l}t_{(k)}^{(k)}\right]\right\} + \rho(f^{(l)} - \dot{v}^{(l)}) = 0$$

式中 $f^{(l)} = f^l/\sqrt{g_{ll}}$ 为体力的物理分量.

为了用位移矢量的物理分量来表示(6.6.4)式,我们首先将它表示成下列形式:

(6.6.9) $$\tilde{e}_l^k = \frac{1}{2}(u^k_{;l} + g_{nl}g^{km}u^n_{;m})$$

式中

$$u^k = g^{kl}u_l; \quad u^k_{;l} \equiv u^k_{,l} + \left\{ {k \atop ml} \right\} u^m \tag{6.6.10}$$

为了用物理分量 $\tilde{e}^{(k)}_{(l)}$ 和 $u^{(k)}$ 来代替 $\tilde{\mathbf{e}}$ 和 $\mathbf{u}$，我们可以利用形式(6.6.6)。把(6.6.7)代入(6.6.9)，我们得到

$$\tilde{e}^{(k)}_{(l)} = \tilde{e}^k_l \frac{\sqrt{g_{\underline{kk}}}}{\sqrt{g_{ll}}} = \frac{1}{2}\left[\frac{\sqrt{g_{\underline{kk}}}}{\sqrt{g_{ll}}} \frac{\partial}{\partial x^l}\left(\frac{u^{(k)}}{\sqrt{g_{\underline{kk}}}}\right) + \frac{\sqrt{g_{ll}}}{\sqrt{g_{\underline{kk}}}} \frac{\partial}{\partial x^k}\left(\frac{u^{(l)}}{\sqrt{g_{ll}}}\right) + \frac{1}{\sqrt{g_{\underline{kk}}g_{ll}}} \times \sum_{m=1}^{3} \frac{\partial g_{\underline{kk}}}{\partial x^m} \frac{u^{(m)}}{\sqrt{g_{mm}}} \delta_{kl}\right] \tag{6.6.11}$$

类似地

$$\tilde{r}^{(k)}_{(l)} = \frac{1}{2\sqrt{g_{\underline{kk}}g_{ll}}}\left[\frac{\partial}{\partial x^l}\left(\sqrt{g_{\underline{kk}}}\, u^{(k)}\right) - \frac{\partial}{\partial x^k}\left(\sqrt{g_{ll}}\, u^{(l)}\right)\right] \tag{6.6.12}$$

$$2\tilde{r}^{(m)} = \sum_{k,l} e^{mlk}\tilde{r}^{(k)}_{(l)} \quad \text{或} \quad 2\tilde{\mathbf{r}} = \nabla \times \mathbf{u}$$

和通常一样，应力本构方程为

$$t^{(k)}_{(l)} = \lambda_e \tilde{e}^{(m)}_{(m)} \delta^k_l + 2\mu_e \tilde{e}^{(k)}_{(l)} \tag{6.6.13}$$

这样，在任何正交曲线坐标中处理问题所需要的全部方程就是(6.6.8)，(6.6.11)和(6.6.13)。从矢量和张量的物理分量变换到它们的一般分量是由像(6.6.6)那样的方程来实现的。

联立(6.6.11)，(6.6.13)和(6.6.8)可以得到曲线坐标中的 Navier 方程。这是很麻烦的。利用上述规律可以直接写出这些方程的张量形式。事实上，在任何曲线坐标中，(6.5.2)可以表示成为

$$(\lambda_e + \mu_e)u^l_{;lk} + \mu_e u_{k;l}{}^{l} + \rho(f_k - \dot{v}_k) = 0 \tag{6.6.14}$$

如果我们注意到下列矢量等式：

$$u_{k;l}^{l} = -(\nabla \times \nabla \times \mathbf{u})_k + (\nabla\nabla \cdot \mathbf{u})_k$$

$$u_{;kl}^{l} = (\nabla\nabla \cdot \mathbf{u})_k$$

式中 ∇ 是梯度算子，则可给出方程(6.6.14)的矢量形式。 把这些等式代入(6.6.14),则得

(6.6.15) $$(\lambda_e + 2\mu_e)\nabla\nabla \cdot \mathbf{u} - \mu_e \nabla \times \nabla \times \mathbf{u} + \rho(\mathbf{f} - \ddot{\mathbf{u}}) = 0$$

把梯度，散度和旋度算子(参见附录C5.26)代入，则可把上列方程在任何坐标系中表示出来。现在，我们给出它们在柱面坐标和球面坐标中的形式。

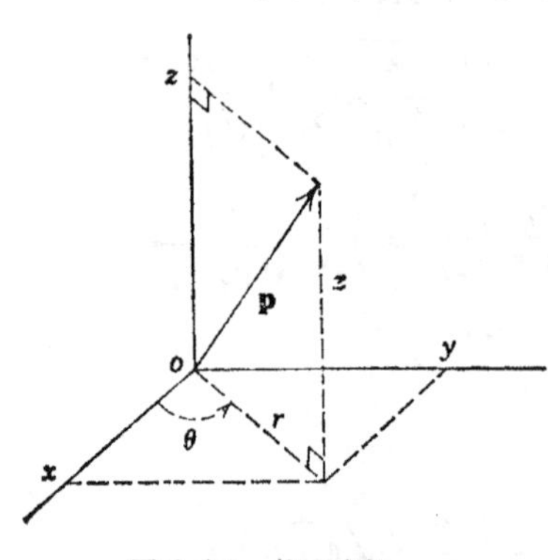

图 6.6.1 柱面坐标

(a) 柱面坐标

柱面坐标 (r, θ, z) 和直角坐标 (x, y, z) 的关系为(图6.6.1)

(6.6.16) $$x = r\cos\theta, \quad y = r\sin\theta, \quad z = z$$

弧长平方 ds^2 和度量张量 g_{kl} 分别为

(6.6.17) $$ds^2 = dr^2 + r^2 d\theta^2 + dz^2$$
$$g_{11} = 1, \quad g_{22} = r^2, \quad g_{33} = 1, \quad g_{kl} = 0 \ (k \neq l)$$

柱面坐标中的梯度、散度、旋度和 Laplace 算子已在附录 C (方程 C5.26) 中给出。

把上述 g_{kl} 分别代入(6.6.8),(6.6.11)和$(6.6.12)_2$，就可以得到 Cauchy 运动方程、应变和转动的表达式。于是有

(6.6.18)
$$\frac{\partial t_{rr}}{\partial r} + \frac{1}{r}\frac{\partial t_{r\theta}}{\partial \theta} + \frac{\partial t_{rz}}{\partial z} + \frac{1}{r}(t_{rr} - t_{\theta\theta}) + \rho(f_r - \ddot{u}_r) = 0$$

$$\frac{\partial t_{r\theta}}{\partial r} + \frac{1}{r}\frac{\partial t_{\theta\theta}}{\partial \theta} + \frac{\partial t_{\theta z}}{\partial z} + \frac{2}{r}t_{\theta r} + \rho(f_\theta - \ddot{u}_\theta) = 0$$

$$\frac{\partial t_{rz}}{\partial r} + \frac{1}{r}\frac{\partial t_{\theta z}}{\partial \theta} + \frac{\partial t_{zz}}{\partial z} + \frac{1}{r}t_{rz} + \rho(f_z - \ddot{u}_z) = 0$$

$$\tilde{e}_{rr}=\frac{\partial u_r}{\partial r},\qquad \tilde{e}_{\theta\theta}=\frac{1}{r}\frac{\partial u_\theta}{\partial \theta}+\frac{u_r}{r},\ \tilde{e}_{zz}=\frac{\partial u_z}{\partial z}$$

$$(6.6.19)\quad 2\,\tilde{e}_{\theta z}=\frac{\partial u_\theta}{\partial z}+\frac{1}{r}\frac{\partial u_z}{\partial \theta},\ 2\,\tilde{e}_{zr}=\frac{\partial u_r}{\partial z}+\frac{\partial u_z}{\partial r},$$

$$2\,\tilde{e}_{r\theta}=\frac{1}{r}\frac{\partial u_r}{\partial \theta}+\frac{\partial u_\theta}{\partial r}-\frac{u_\theta}{r}$$

$$2\,\tilde{r}_r=\frac{1}{r}\frac{\partial u_z}{\partial \theta}-\frac{\partial u_\theta}{\partial z},\ 2\,\tilde{r}_\theta=\frac{\partial u_r}{\partial z}-\frac{\partial u_z}{\partial r},$$

$$2\,\tilde{r}_z=\frac{1}{r}\left(\frac{\partial(ru_\theta)}{\partial r}-\frac{\partial u_r}{\partial \theta}\right)$$

式中 $(t_{rr},t_{r\theta},\cdots,t_{zz})$，$(\tilde{e}_{rr},\tilde{e}_{r\theta},\cdots,\tilde{e}_{zz})$，$(u_r,u_\theta,u_z)$ 和 $(\tilde{r}_r,\tilde{r}_\theta,\tilde{r}_z)$ 分别表示在柱面坐标中应力、应变、位移和转动的物理分量。

Navier 方程(6.6.15)的分量形式为

$$(\lambda_e+2\,\mu_e)\frac{\partial I_{\tilde{\varepsilon}}}{\partial r}-2\,\mu_e\left(\frac{1}{r}\frac{\partial \tilde{r}_z}{\partial \theta}-\frac{\partial \tilde{r}_\theta}{\partial z}\right)+\rho(f_r-\ddot{u}_r)=0$$

$$(6.6.20)\quad (\lambda_e+2\,\mu_e)\frac{\partial I_{\tilde{\varepsilon}}}{r\partial \theta}-2\,\mu_e\left(\frac{\partial \tilde{r}_r}{\partial z}-\frac{\partial \tilde{r}_z}{\partial r}\right)+\rho(f_\theta-\ddot{u}_\theta)=0$$

$$(\lambda_e+2\,\mu_e)\frac{\partial I_{\tilde{\varepsilon}}}{\partial z}-2\,\mu_e\frac{1}{r}\left[\frac{\partial}{\partial r}(r\tilde{r}_\theta)-\frac{\partial \tilde{r}_r}{\partial \theta}\right]+\rho(f_z-\ddot{u}_z)=0$$

式中

$$I_{\tilde{\varepsilon}}\equiv \operatorname{div}\mathbf{u}=\frac{1}{r}\frac{\partial(ru_r)}{\partial r}+\frac{1}{r}\frac{\partial u_\theta}{\partial \theta}+\frac{\partial u_z}{\partial z}$$

(b) 球面坐标 球面坐标 (r,θ,φ) 和直角坐标 (x,y,z) 的关系为(图 6.6.2)

$$(6.6.21)\qquad x=r\sin\theta\cos\varphi,\ y=r\sin\theta\sin\varphi,\ z=r\cos\theta$$

弧长平方 ds^2 和度量张量 g_{kl} 分别为

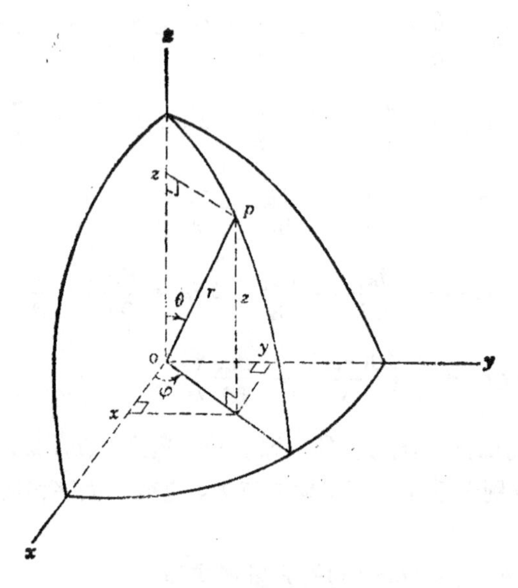

图 6.6.2 球面坐标

(6.6.22)
$$ds^2 = dr^2 + r^2 d\theta^2 + r^2 \sin^2\theta d\varphi^2$$
$$g_{11} = 1,\ g_{22} = r^2,\ g_{33} = r^2 \sin^2\theta,,\ g_{kl} = 0\ (k \neq l)$$

球面坐标中的梯度、散度、旋度和 Laplace 算子已在附录C（方程C 27）中给出．Cauchy 运动方程用应力的物理分量表示为

(6.6.23)
$$\frac{\partial t_{rr}}{\partial r} + \frac{1}{r}\frac{\partial t_{r\theta}}{\partial \theta} + \frac{1}{r \sin\theta}\frac{\partial t_{r\varphi}}{\partial \varphi} + \frac{1}{r}(2 t_{rr} - t_{\theta\theta} - t_{\varphi\varphi} + t_{r\theta}\cot\theta) + \rho(f_r - \ddot{u}_r) = 0$$
$$\frac{\partial t_{r\theta}}{\partial r} + \frac{1}{r}\frac{\partial t_{\theta\theta}}{\partial \theta} + \frac{1}{r \sin\theta}\frac{\partial t_{\theta\varphi}}{\partial \varphi} + \frac{1}{r}[3t_{r\theta} + (t_{\theta\theta} - t_{\varphi\varphi})\cot\theta] + \rho(f_\theta - \ddot{u}_\theta) = 0$$
$$\frac{\partial t_{r\varphi}}{\partial r} + \frac{1}{r}\frac{\partial t_{\theta\varphi}}{\partial \theta} + \frac{1}{r \sin\theta}\frac{\partial t_{\varphi\varphi}}{\partial \varphi} + \frac{1}{r}[3 t_{r\varphi} + 2 t_{\theta\varphi}\cot\theta] + \rho(f_\varphi - \ddot{u}_\varphi) = 0$$

应变的物理分量（$\tilde{e}_{rr}, \tilde{e}_{r\theta}, \cdots, \tilde{e}_{\varphi\varphi}$）和转动的物理分量（$\tilde{r}_r, \tilde{r}_\theta, \cdots, \tilde{r}_\varphi$）为

$$\tilde{e}_{rr} = \frac{\partial u_r}{\partial r}, \quad \tilde{e}_{\theta\theta} = \frac{1}{r}\frac{\partial u_\theta}{\partial \theta} + \frac{u_r}{r},$$

$$\tilde{e}_{\varphi\varphi} = \frac{1}{r\sin\theta}\frac{\partial u_\varphi}{\partial \varphi} + \frac{u_r}{r} + \frac{u_\theta}{r}\cot\theta$$

$$2\tilde{e}_{\theta\varphi} = \frac{1}{r}\frac{\partial u_\varphi}{\partial \theta} + \frac{1}{r\sin\theta}\frac{\partial u_\theta}{\partial \varphi} - \frac{u_\varphi}{r}\cot\theta$$

$$2\tilde{e}_{\varphi r} = \frac{1}{r\sin\theta}\frac{\partial u_r}{\partial \varphi} + \frac{\partial u_\varphi}{\partial r} - \frac{u_\varphi}{r}$$

(6.6.24) $$2\tilde{e}_{r\theta} = \frac{1}{r}\frac{\partial u_r}{\partial \theta} + \frac{\partial u_\theta}{\partial r} - \frac{u_\theta}{r}$$

$$2\tilde{r}_r = \frac{1}{r\sin\theta}\left[\frac{\partial}{\partial\theta}(u_\varphi\sin\theta) - \frac{\partial u_\theta}{\partial\varphi}\right]$$

$$2\tilde{r}_\theta = \frac{1}{r\sin\theta}\frac{\partial u_r}{\partial\varphi} - \frac{1}{r}\frac{\partial(ru_\varphi)}{\partial r}$$

$$2\tilde{r}_\varphi = \frac{1}{r}\frac{\partial(ru_\theta)}{\partial r} - \frac{1}{r}\frac{\partial u_r}{\partial\theta}$$

Navier 方程的分量形式为

$$(\lambda_e + 2\mu_e)\frac{\partial I_{\tilde{e}}}{\partial r} - \frac{2\mu_e}{r\sin\theta}\left[\frac{\partial}{\partial\theta}(\tilde{r}_\varphi\sin\theta) - \frac{\partial\tilde{r}_\theta}{\partial\varphi}\right] + \rho(f_r - \ddot{u}_r) = 0$$

(6.6.25) $$(\lambda_e + 2\mu_e)\frac{\partial I_{\tilde{e}}}{r\partial\theta} - \frac{2\mu_e}{r}\left[\frac{1}{\sin\theta}\frac{\partial\tilde{r}_r}{\partial\varphi} - \frac{\partial(r\tilde{r}_\varphi)}{\partial r}\right] + \rho(f_\theta - \ddot{u}_\theta) = 0$$

$$\frac{(\lambda_e + 2\mu_e)}{r\sin\theta}\frac{\partial I_{\tilde{e}}}{\partial\varphi} - \frac{2\mu_e}{r}\left[\frac{\partial(r\tilde{r}_\theta)}{\partial r} - \frac{\partial\tilde{r}_r}{\partial\theta}\right] + \rho(f_\varphi - \ddot{u}_\varphi) = 0$$

式中

(6.6.26) $$I_{\tilde{e}} \equiv \mathrm{div}\mathbf{u} = \frac{1}{r^2}\frac{\partial}{\partial r}(r^2u_r) + \frac{1}{r\sin\theta}\frac{\partial}{\partial\theta}(u_\theta\sin\theta)$$

$$+\frac{1}{r\sin\theta}\frac{\partial u_\varphi}{\partial\varphi}$$

6.7 承受均布压力作用的半空间

设占据半空间 $x\geqslant 0$ 的各向同性弹性固体在其边界面 $x=0$ 上承受均布压力 p 的作用(图 6.7.1). 我们要决定位移场和应力场. 取直角坐标系 (x, y, z) 是适宜的. 在任何平面 $x=$ const. 上的位移与 y 和 z 无关,而且位移分量 $u_y=u_z=0$. 这个问题是静力的,所以位移场和应力场与时间无关. 我们假设体力为零,于是 Navier 方程(6.5.20)化为一个方程

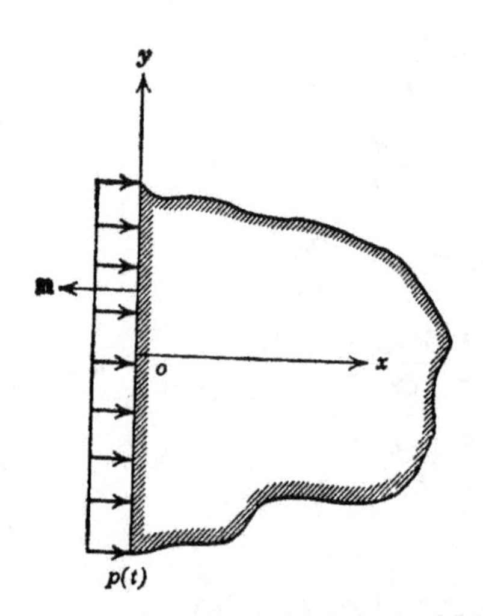

图 6.7.1 受均布压力作用的半空间

$$\frac{d^2u_x}{dx^2}=0 \tag{6.7.1}$$

因为平面 $x=0$ 的外法线 n 有分量(-1,0,0),于是,外力边界条件(6.5.22)为

$$-t_{xx}=-(\lambda_e+2\mu_e)\frac{du_x}{dx}=\bar{t}_x=p, \tag{6.7.2}$$

$$t_{xy}=t_{xz}=0, \quad 在\ x=0\ 上$$

这里,我们暂时保留 $x=\infty$ 处的不确定条件.

方程(6.7.1)满足(6.7.2)$_1$的通解为

$$u_x=-\frac{p}{\lambda_e+2\mu_e}x+c_1, \quad u_y=u_z=0 \tag{6.7.3}$$

根据(6.5.9)和(6.5.18),得到应力场

$$(6.7.4) \qquad t_{xx} = -p, \quad t_{yy} = t_{zz} = -\frac{\lambda_e}{\lambda_e + 2\mu_e} p$$

$$t_{xz} = t_{yz} = t_{xy} = 0$$

因此，在每一平面 $x = \text{const.}$ 上的应力分量 t_{xx} 为常数，并且等于 $-p$. 因而，在 $x = \infty$ 处，它也是 $-p$. 除非我们在 $x = \infty$ 处施加一个大小相等并反向的压力，否则物体在整体上是不平衡的. 对于 $x = \infty$，我们得到 $u_x = -\infty$. 这种情况对于在其边界承受非平衡外力作用的介质（延伸到无限）是有代表性的. 未定常数 c_1 表示刚体平移，它对应力场是非本质的.

6.8 承受内、外压力作用的无限长圆管

无限长圆柱形弹性管承受内压力 p_0 和外压力 p_1 的作用. 我们要决定位移场和应力场. 在这种情况下，采用柱面坐标(r, θ, z)是适宜的，并设 z 轴沿圆柱体的轴线（图 6.8.1）. 我们忽略体力. 因为在圆柱面 $r = \text{const.}$ 上的任意一点既不沿 θ 方向运动也不沿 z 方向运动，所以，我们有 $u_\theta = u_z = 0$. 另一方面，由于载荷和几何性质的对称性，位移分量 u_r 与 θ 和 z 无关，即 $u_r = u_r(r)$. 根据这些简化，在柱面坐标中的 Navier 方程(6.6.20)化为一个方程

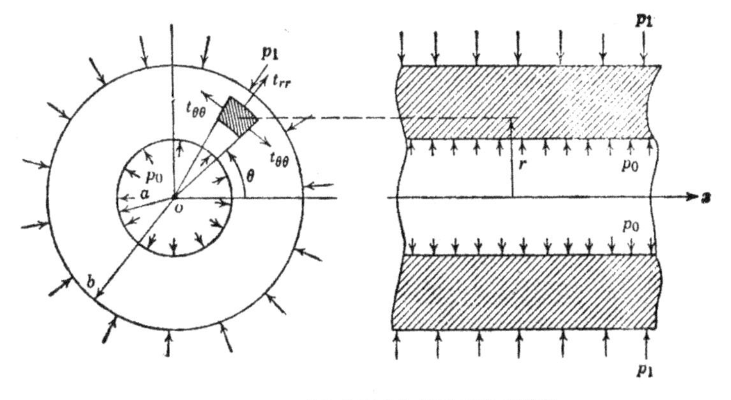

图 6.8.1 受内外压力作用的无限长圆管

(6.8.1)
$$\frac{d}{dr}\left[\frac{1}{r}\frac{d}{dr}(ru_r)\right]=0$$

由(6.6.19)和(6.6.13),我们得到应力分量

$$t_{rr}=\frac{\lambda_e}{r}\frac{d(ru_r)}{dr}+2\mu_e\frac{du_r}{dr}$$

$$t_{\theta\theta}=\frac{\lambda_e}{r}\frac{d(ru_r)}{dr}+2\mu_e\frac{u_r}{r}$$

(6.8.2)
$$t_{zz}=\frac{\lambda_e}{r}\frac{d(ru_r)}{dr}$$

$$t_{rz}=t_{\theta z}=t_{r\theta}=0$$

内和外表面 $r=a$ 和 $r=b$ 的外法线分量分别为 $(-1,0,0)$ 和 $(1,0,0)$,于是,边界条件为

(6.8.3)
$$-\left[\frac{\lambda_e}{r}\frac{d(ru_r)}{dr}+2\mu_e\frac{du_r}{dr}\right]_{r=a}=\bar{t}_r(a)=p_0$$

$$\left[\frac{\lambda_e}{r}\frac{d(ru_r)}{dr}+2\mu_e\frac{du_r}{dr}\right]_{r=b}=\bar{t}_r(b)=-p_1$$

(6.8.1)的通解为

(6.8.4)
$$u_r=C_1\frac{r}{2}+\frac{C_2}{r}$$

式中 C_1 和 C_2 是两个积分常数,它们由(6.8.3)决定

(6.8.5)
$$C_1=\frac{a^2p_0-b^2p_1}{(\lambda_e+\mu_e)(b^2-a^2)},\quad C_2=\frac{a^2b^2(p_0-p_1)}{2\mu_e(b^2-a^2)}$$

于是,把这些常数代入(6.8.4)和(6.8.2)后,则得到位移场

(6.8.6)
$$u_r=\frac{a^2p_0}{2(b^2-a^2)}\left(\frac{r}{\lambda_e+\mu_e}+\frac{b^2}{\mu_e r}\right)$$
$$-\frac{b^2p_1}{2(b^2-a^2)}\left(\frac{r}{\lambda_e+\mu_e}+\frac{a^2}{\mu_e r}\right)$$

$$u_\theta=u_z=0$$

和应力场

$$t_{rr}=\frac{a^2p_0}{b^2-a^2}\left(1-\frac{b^2}{r^2}\right)-\frac{b^2p_1}{b^2-a^2}\left(1-\frac{a^2}{r^2}\right)$$

(6.8.7) $$t_{\theta\theta}=\frac{a^2p_0}{b^2-a^2}\left(1+\frac{b^2}{r^2}\right)-\frac{b^2p_1}{b^2-a^2}\left(1+\frac{a^2}{r^2}\right)$$

$$t_{zz}=\frac{\lambda_e}{\lambda_e+\mu_e}\frac{a^2p_0-b^2p_1}{b^2-a^2},\quad t_{rz}=t_{\theta z}=t_{r\theta}=0$$

(a) 柱形空腔 如果令 $b\to\infty$，则管在 r 方向趋向于无限而成为一个具有空腔的固体。在(6.8.6)和(6.8.7)中令 $b=\infty$，则我们就得到这种情况的位移场和应力场

(6.8.8) $$u_r=\frac{a^2p_0}{2\mu_e r}-\frac{p_1}{2}\left(\frac{r}{\lambda_e+\mu_e}+\frac{a^2}{\mu_e r}\right),\quad u_\theta=u_z=0$$

$$t_{rr}=-p_0\frac{a^2}{r^2}-p_1\left(1-\frac{a^2}{r^2}\right)$$

(6.8.9) $$t_{\theta\theta}=p_0\frac{a^2}{r^2}-p_1\left(1-\frac{a^2}{r^2}\right)$$

$$t_{zz}=-\frac{\lambda_e}{\lambda_e+\mu_e}p_1,\quad t_{rz}=t_{\theta z}=t_{r\theta}=0$$

当 $p_1=0$ 时，我们看到当 $r\to\infty$时，$u_r\to 0$。在这种情况下，在内表面上外力的合力为零，因此，在 $r=\infty$ 处不会产生无限大的位移。

(b) 实心圆柱体 在这种情况下，$a=0$。如果 p_0 是有界的，则由(6.8.7)给出

(6.8.10) $$u_r=-\frac{p_1r}{2(\lambda_e+\mu_e)},\quad u_\theta=u_z=0$$

(6.8.11) $$t_{rr}=t_{\theta\theta}=-p_1,\ t_{zz}=-\frac{\lambda_e}{\lambda_e+\mu_e}p_1$$

$$t_{rz}=t_{\theta z}=t_{r\theta}=0$$

6.9 承受内外压力作用的球壳

内半径为 a、外半径为 b 的球壳承受内压力 p_0 和外压力 p_1

的作用．我们要决定位移场和应力场．这时选取球坐标 (r,θ,φ) 是适宜的，如图 6.9.1 所示．同心球面 $r=\text{const.}$ 上任一点 A 将只沿联结 A 点和壳体中心 O 的半径而运动．因此，$u_\theta=u_\varphi=0$，而 $u_r=u_r(r)$． 无体力时的 Navier 方程为

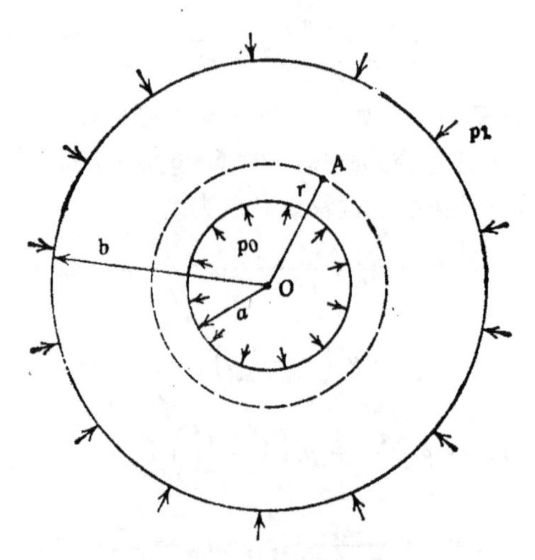

图 6.9.1 受内外压力作用的球壳

$$\frac{d}{dr}\left(\frac{du_r}{dr}+2\frac{u_r}{r}\right)=0 \tag{6.9.1}$$

由(6.6.19)和(6.6.13)，我们得应力分量

$$\begin{aligned} t_{rr}&=\lambda_e\left(\frac{du_r}{dr}+2\frac{u_r}{r}\right)+2\mu_e\frac{du_r}{dr} \\ t_{\theta\theta}=t_{\varphi\varphi}&=\lambda_e\left(\frac{du_r}{dr}+2\frac{u_r}{r}\right)+2\mu_e\frac{u_r}{r} \\ t_{r\theta}=t_{r\varphi}&=t_{\theta\varphi}=0 \end{aligned} \tag{6.9.2}$$

在内外表面 $r=a$ 和 $r=b$ 上的边界条件为

$$\begin{aligned} -\left[\lambda_e\left(\frac{du_r}{dr}+2\frac{u_r}{r}\right)+2\mu_e\frac{du_r}{dr}\right]_{r=a}&=p_0 \\ \left[\lambda_e\left(\frac{du_r}{dr}+2\frac{u_r}{r}\right)+2\mu_e\frac{du_r}{dr}\right]_{r=b}&=-p_1 \end{aligned} \tag{6.9.3}$$

于是，问题化为寻找(6.9.1)的解，使其满足条件 (6.9.3)． 方程(6.9.1)的积分为

$$u_r = \frac{1}{3} C_1 r + \frac{C_2}{r^2} \tag{6.9.4}$$

积分常数 C_1 和 C_2 由边界条件(6.9.3)决定，它们为

$$C_1 = \left(p_0 \frac{a^3}{b^3} - p_1\right)\left(\lambda_e + \frac{2}{3}\mu_e\right)^{-1}\left(1 - \frac{a^3}{b^3}\right)^{-1}$$

$$C_2 = (p_0 - p_1)a^3\left[4\mu_e\left(1 - \frac{a^3}{b^3}\right)\right]^{-1}$$

根据(6.9.4)和(6.9.2)，则得到位移场和应力场

$$u_r = \frac{p_0 \frac{a^3}{b^3} - p_1}{(3\lambda_e + 2\mu_e)\left(1 - \frac{a^3}{b^3}\right)} r + \frac{(p_0 - p_1)a^3}{4\mu_e\left(1 - \frac{a^3}{b^3}\right)} \frac{1}{r^2}$$

$$u_\theta = u_\varphi = 0 \tag{6.9.5}$$

$$t_{rr} = \left[p_0\left(\frac{a^3}{b^3} - \frac{a^3}{r^3}\right) - p_1\left(1 - \frac{a^3}{r^3}\right)\right]\left(1 - \frac{a^3}{b^3}\right)^{-1}$$

$$t_{\theta\theta} = t_{\varphi\varphi} = \left[p_0\left(\frac{a^3}{b^3} + \frac{a^3}{2r^3}\right) - p_1\left(1 + \frac{a^3}{2r^3}\right)\right] \times \left(1 - \frac{a^3}{b^3}\right)^{-1} \tag{6.9.6}$$

$$t_{r\varphi} = t_{\theta\varphi} = t_{r\theta} = 0$$

(a) 球形空腔 如果我们令 $b = \infty$，则得到具有半径为 a 的球形空腔的无限延伸的固体． 在这种情况下，(6.9.5) 和 (6.9.6)化为

$$u_r = -\frac{p_1 r}{3\lambda_e + 2\mu_e} + \frac{(p_0 - p_1)a^3}{4\mu_e r^2} \tag{6.9.7}$$

$$u_\theta = u_\varphi = 0$$

$$t_{rr} = -p_0 \frac{a^3}{r^3} - p_1\left(1 - \frac{a^3}{r^3}\right)$$

$$(6.9.8)\qquad t_{\theta\theta}=t_{\varphi\varphi}=p_0\frac{a^3}{2r^3}-p_1\left(1+\frac{a^3}{2r^3}\right)$$

$$t_{r\theta}=t_{\theta\varphi}=t_{r\varphi}=0$$

在 $r=\infty$处,我们有 $t_{rr}=t_{\theta\theta}=t_{\varphi\varphi}=-p_1$。当 $p_1=0$ 时,我们看到,当 $r\to\infty$时, u_r 按 $1/r^2$ 趋近于零。当 $p_0=0$ 时,我们看到在 $r=a$ 处的环向应力 $t_{\theta\theta}$ 和 $t_{\varphi\varphi}$ 是外压力 p_1 的 $1\frac{1}{2}$ 倍。

(b) 弹性球体 如果 p_0 是有界的,而且 $a=0$,我们就得到一个半径为 b 并承受均匀外压力 p_1 的作用的球体。在这种情况下,(6.9.5)和(6.9.6)化为

$$(6.9.9)\qquad u_r=-\frac{p_1 r}{3\lambda_e+2\mu_e},\quad u_\theta=u_\varphi=0$$

$$(6.9.10)\qquad t_{rr}=t_{\theta\theta}=t_{\varphi\varphi}=-p_1,\quad t_{r\theta}=t_{\theta\varphi}=t_{r\varphi}=0$$

因此,应力状态是静水压力。

6.10 在各向同性固体中波的传播

在这一节和下两节中,我们将讨论线性各向同性弹性固体动力学问题的一些例子。为简单起见,我们考虑无限固体中波的传播。

各向同性弹性固体动力理论由 Navier 方程制约,它的矢量形式已由(6.6.15)给出,即

$$(6.10.1)\qquad (\lambda_e+2\mu_e)\nabla\nabla\cdot\mathbf{u}-\mu_e\nabla\times\nabla\times\mathbf{u}+\rho(\mathbf{f}-\ddot{\mathbf{u}})=0$$

对位移场 $\mathbf{u}$,我们引进一个**标量势** ϕ 和一个**矢量势** $\boldsymbol{\phi}$,对体力 $\mathbf{f}$ 也引进一对类似的势,即

$$(6.10.2)\qquad \mathbf{u}=\nabla\phi+\nabla\times\boldsymbol{\phi},\qquad \nabla\cdot\boldsymbol{\phi}=0$$
$$\mathbf{f}=-\nabla g-\nabla\times\mathbf{h}\qquad \nabla\cdot\mathbf{h}=0$$

把(6.10.2)代入(6.10.1),我们得到

$$(6.10.3)\qquad \nabla(c_1^2\nabla^2\phi-g-\ddot{\phi})-\nabla\times(c_2^2\nabla\times\nabla\times\boldsymbol{\phi}+\mathbf{h}+\ddot{\mathbf{u}})=0$$

式中

$$c_1 \equiv [(\lambda_e + 2\mu_e)/\rho]^{1/2}, \quad c_2 \equiv (\mu_e/\rho)^{1/2} \tag{6.10.4}$$

如果

$$c_1^2 \nabla^2 \phi - g = \ddot{\phi} \tag{6.10.5}$$

$$-c_2^2 \nabla \times \nabla \times \boldsymbol{\psi} - \mathbf{h} = \ddot{\boldsymbol{\psi}} \tag{6.10.6}$$

成立,则方程(6.10.3)将被满足. 方程(6.10.5)和(6.10.6)分别是标量 ϕ 和矢量 $\boldsymbol{\psi}$ 的波动方程，它们在曲线坐标中也是成立的.在直角坐标系中,(6.10.6)具有下列分量形式:

$$c_2^2 \nabla^2 \psi_k - h_k = \ddot{\psi}_k \quad (k = 1,2,3) \tag{6.10.7}$$

但这个表达式在曲线坐标系中是不成立的.

若运动是等容的(即无体积变化),则有 $\operatorname{div}\mathbf{u} = 0$. 同时,对于无旋运动，$\tilde{r}_{kl} \equiv u_{[k,l]} = 0$ 或 $\operatorname{curl}\mathbf{u} = 0$. 如果 $\boldsymbol{\psi}$ 和 ϕ 分别为零,则这些情况都能被实现. 因此,方程(6.10.5)和(6.10.6)分别是**无旋波**和**等容波**的波动方程. 正常数 c_1 和 c_2 具有速度的量纲,因此,称为无旋波和等容波的波速. 因为杨氏模量 $E > 0$, 所以我们看到，c_1 和 c_2 在 Poisson 比 ν 满足

$$-1 \leqslant \nu \leqslant \frac{1}{2} \tag{6.10.8}$$

的范围内是实的和非负的.

在非常一般的条件下,把连续的矢量场分解为(6.10.2)总是可能的(参见 Morse 和 Feshbach [1953, p. 53], Courant 和 Hilbert [1956, p. 246]). 因此,在适当的边界和初始条件下，例如在(6.5.22)—(6.5.25)下，方程(6.10.5)和(6.10.6)的解能够唯一地描述均匀各向同性弹性固体的运动.

(i) 无限固体中的平面波　我们现在讨论无限固体中平面波的 Navier 方程的解. 边界和初始条件是未给定的，并设体力为零,我们的兴趣只在于这些波的存在性.

在 $g = 0$ 时,(6.10.5)的平面波动的解具有形式

$$\phi = \phi(\nu_k x_k \mp ct) \tag{6.10.9}$$

式中 ν_k 和 c 是常数. 把(6.10.9)代入(6.10.5)，我们看到，如果

$c=c_1$，并且

$$v_k v_k = 1 \tag{6.10.10}$$

则(6.10.5)就能被满足。于是，对于某一固定的时刻，在(6.10.9)中，ν_k 是垂直于平面

$$\nu_k x_k \mp c_1 t = \text{const.}$$

的直线 L 的方向余弦(图 6.10.1)。这个平面以速度 $\pm c_1$ 沿垂直于它的直线 L 运动。

下面，我们试图给出 Navier 方程(6.10.7)的平面波动的矢量解。设这种解的形式为

$$\boldsymbol{\psi} = \boldsymbol{\psi}(\nu_k x_k \mp ct), \quad \nabla\cdot\boldsymbol{\psi} = 0 \tag{6.10.11}$$

在 $\mathbf{h}=\mathbf{0}$ 的情况下，把(6.10.11)代入(6.10.7)，我们看到，如果 $c=c_2$，并且 ν_k 满足(6.10.10)，则(6.10.11)是(6.10.7)的一个解。

根据(6.10.2)，与(6.10.9)和(6.10.11)相应的位移场为

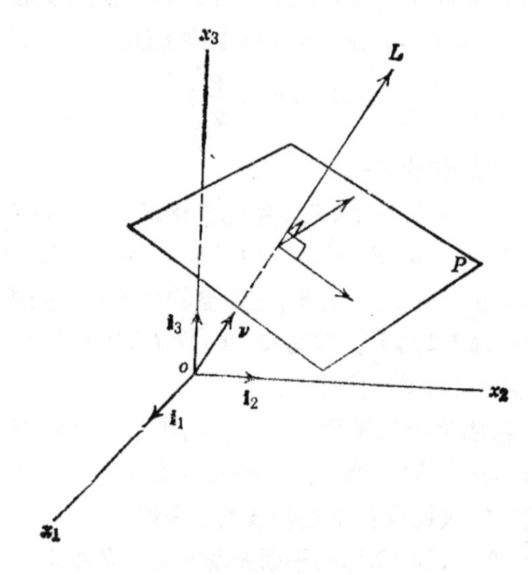

图 6.10.1 平面弹性波沿 L 方向的传播

$$\mathbf{u} = \phi' \boldsymbol{\nu} + \boldsymbol{\nu}\times\boldsymbol{\psi}', \qquad \nabla\cdot\boldsymbol{\psi} = 0 \tag{6.10.12}$$

式中一撇表示ϕ和 $\boldsymbol{\psi}$ 关于自变量的微商．注意到$(6.10.11)_2$，则我们有

$$\mathbf{u}\cdot\boldsymbol{\nu}=\phi', \qquad \mathbf{u}\times\boldsymbol{\nu}=\boldsymbol{\psi}' \tag{6.10.13}$$

于是，标量平面波 $\phi=\phi(\boldsymbol{\nu}\cdot\mathbf{x}\mp c_1t)$ 沿 $\boldsymbol{\nu}$ 方向传播，并在 $\boldsymbol{\nu}$ 方向上具有位移分量．矢量波 $\boldsymbol{\psi}=\boldsymbol{\psi}(\boldsymbol{\nu}\cdot\mathbf{x}\mp c_2t)$ 在垂直于 $\boldsymbol{\nu}$ 方向的平面内传播，并在此平面内具有位移分量．因此，沿 $\boldsymbol{\nu}$ 方向传播的平面波由三个独立的分量组成，它们相当于一个无旋波和两个平面极化等容波[1)]．

(ii) **球面波**　在球面坐标 (r, θ, φ) 中，Laplace 算子 ∇^2 具有下列形式(附录 C5.27)：

$$\nabla^2\phi=\frac{1}{r^2}\frac{\partial}{\partial r}\left(r^2\frac{\partial\phi}{\partial r}\right)+\frac{1}{r^2\sin\theta}\frac{\partial}{\partial\theta}\left(\sin\theta\frac{\partial\phi}{\partial\theta}\right)+\frac{1}{r^2\sin^2\theta}\frac{\partial^2\phi}{\partial\varphi^2} \tag{6.10.14}$$

这里，我们只研究关于中心对称的波，因此，ϕ与角度θ和φ无关．这些波以球面波阵面前进．在这种情况下，$\phi=\phi(r,t)$，并且当 $g\equiv 0$ 时，(6.10.5)化为

$$\frac{\partial^2\phi}{\partial r^2}+\frac{2}{r}\frac{\partial\phi}{\partial r}=\frac{1}{c_1^2}\frac{\partial^2\phi}{\partial t^2} \tag{6.10.15}$$

在此式中代入

$$\phi=\frac{1}{r}F(r,t) \tag{6.10.16}$$

则得

$$\frac{\partial^2F}{\partial r^2}=\frac{1}{c_1^2}\frac{\partial^2F}{\partial t^2} \tag{6.10.17}$$

这个方程的通解为

$$F=F_1(r-c_1t)+F_2(r+c_1t) \tag{6.10.18}$$

---

1) 无旋波有时也称为膨胀波或压缩波或 P-波(压力波)．如像地震波那样，存在一个参考水平平面，则称等容波为剪切波或 SV 波(垂直极化剪切波)和 SH 波(水平极化剪切波)．

式中 F_1 和 F_2 是两个任意函数。因此,(6.10.15)的通解为

$$\phi = \frac{1}{r} F_1(r - c_1 t) + \frac{1}{r} F_2(r + c_1 t) \tag{6.10.19}$$

其中第一项 F_1 表示从原点 $r = 0$ 沿半径方向前进阵面 $r - c_1 t =$ const. 的球面波，而第二项 F_2 表示向着原点前进的球面波. 它们的波速都等于无旋波的波速.

类似地,在 $\mathbf{h} \equiv \mathbf{0}$ 的情况下,(6.10.6)的解为

$$\boldsymbol{\phi} = \frac{1}{r} \mathbf{G}_1(r - c_2 t) + \frac{1}{r} \mathbf{G}_2(r + c_2 t) \tag{6.10.20}$$

于是，将这些结果代入 (6.10.2)$_1$ 则可得到位移场 $\mathbf{u}$ 的通解. 函数 F_1, F_2 和 $\mathbf{G}_1, \mathbf{G}_2$ 由初始条件决定.

对于原点 $r = 0$ 处的一个爆炸,波将沿 $r > 0$ 的方向传播,所以，在这种情况下，$F_2 = 0$，$\mathbf{G}_2 = \mathbf{0}$. 这种条件与唯一性问题有关,并且在稳态运动的情况下，它就是熟知的 Sommerfeld **辐射条件**. 这个条件是一种物理直观现象的数学表达式，即，在一点所生成的任何型式的稳态波必定向着 $r = \infty$ 传播，而且必不辐射回来[1].

6.11 承受突加均匀压力作用的半空间

在本节中,我们研究占有半空间 $x \geqslant 0$ (图 6.7.1)的各向同性弹性固体，在其平面边界 $x = 0$ 上承受突加的与时间有关的均匀压力 $p(t)$ 的作用所产生的弹性波的行为. 最初，设物体处于静止;而在时刻 $t = 0^+$，在平面边界 $x = 0$ 上受到与时间有关的压力 $p(t)$ 的作用. 我们希望对所有时刻 $t > 0$ 决定物体中的位移场和应力场. 这个问题是一维的. 边界条件和初始条件可表示为

$$t_{xx} = -p(t), \quad x = 0, \ t > 0 \tag{6.11.1}$$

$$u_x(x, 0) = \dot{u}_x(x, 0) = 0, \quad x \geqslant 0, \ t = 0 \tag{6.11.2}$$

---

1) 对此和与之有关问题的进一步讨论，建议读者参见 Sommerfeld [1949, Art. 28], Stoker [1954], Ewing, Jardetzki 和 Press[1957], Stratton [1959] 以及 Eringen 和 Suhubi [1975, Vol. II. p. 414].

因为压力是均匀的，所以波动方程(6.10.5)有一个平面波解，使得位移场可以表示为

(6.11.3) $$u_x \equiv u = F_1(x-\tau) + F_2(x+\tau), \quad u_y = u_z = 0$$

式中

(6.11.4) $$\tau \equiv c_1 t$$

F_1 和 F_2 是两个任意函数。在第 6.10 节中，我们已知(6.11.3)是 Navier 方程的一个解。初始条件(6.11.2)要求

$$\left.\begin{aligned} F_1(x) + F_2(x) &= 0 \\ -F_1'(x) + F_2'(x) &= 0 \end{aligned}\right\} \quad x \geqslant 0$$

它们的解为

$$F_1(x) = -F_2(x) = A, \quad x \geqslant 0$$

式中 A 为常数。因为对于 $x, \tau > 0$，$x + \tau > 0$，所以我们必须有

$$\begin{aligned} u &= 0, \quad x - \tau \geqslant 0 \\ u &= F_1(x-\tau) - A, \quad x - \tau < 0 \end{aligned}$$

常数 A 可以被吸收到 F_1 中。事实上，若令 $F(x) = F_1(x) - A$，并使 $F(0) = 0$，则我们有一个解

(6.11.5) $$\begin{aligned} u &= F(x-\tau), \quad x - \tau < 0 \\ u &= 0, \quad\quad\quad\;\; x - \tau \geqslant 0 \end{aligned}$$

为了决定函数 F 的形式，我们利用边界条件(6.11.1)。现在，应力场为

(6.11.6) $$t_{xx} = (\lambda_e + 2\mu_e)\frac{\partial u}{\partial x}, \; t_{yy} = t_{zz} = \lambda_e \frac{\partial u}{\partial x}$$

$$t_{xz} = t_{yz} = t_{xy} = 0$$

边界条件(6.11.1)为

$$(\lambda_e + 2\mu_e)F'(-\tau) = -p(\tau/c_1)$$

当 $F(0) = 0$ 时，上式的积分为

$$F(-\tau) = \frac{1}{\lambda_e + 2\mu_e}\int_0^\tau p(s/c_1)ds$$

用 $x - c_1 t$ 代替 τ，我们得到

$$(6.11.7)\quad u(x,t)=\frac{c_1}{\lambda_e+2\mu_e}\int_0^{t-x/c_1}p(\sigma)d\sigma,\quad t>x/c_1$$

$$u(x,t)=0,\qquad t\leqslant x/c_1$$

由(6.11.6)决定的应力场为

$$t_{xx}=-p\left(t-\frac{x}{c_1}\right),\ t_{xz}=t_{yz}=t_{xy}=0$$

$$(6.11.8)\quad t_{yy}=t_{zz}=-\frac{\lambda_e}{\lambda_e+2\mu_e}p\left(t-\frac{x}{c_1}\right),\ t>x/c_1$$

$$t_{kl}=0,\quad t\leqslant x/c_1$$

在 $x\geqslant c_1t$ 处的点,应力为零。在时刻 $t=x/c_1$, 波阵面到达.在位置 $x_0<c_1t$ 处,法向应力 t_{xx} 是压缩的, 并且在 $t-x_0/c_1$ 时刻,具有压力 p 的值。根据(6.11.5), 在点 $x<c_1t$ 处的位移与从原点 0 到点 $t-x/c_1$ 的压力曲线下的面积成比例。

6.12 承受突加均匀压力作用的球形空腔

由边界载荷生成的弹性波的第二个例子是承受均匀动压力场作用的具有球形空腔的无限弹性固体(图 6.12.1)。由于均匀压力 $p(t)$ 突然作用于空腔所产生的球面波离开空腔而传播。我们的问题是要决定位移场和应力场。

在这种情况下,选取球面坐标 (r,θ,φ) 是适宜的。假设体力为零。因为几何性质和载荷是中心对称的,所以我们有

$$u\equiv u_r=u_r(r,t),\qquad u_\theta=u_\varphi=0$$

在球腔表面 $r=a$ 上的边界条件为

$$(6.12.1)\qquad \begin{aligned}&t_{rr}=-p(t),\quad r=a,\ t>0\\&t_{r\theta}=t_{r\varphi}=0\end{aligned}$$

最初,物体处于静止,所以

$$(6.12.2)\qquad u(r,0)=\dot{u}(r,0)=0,\quad r\geqslant a,\quad t=0$$

这样,问题化为决定满足条件(6.12.1)和(6.12.2)的一个函数 u。Navier 方程的球面波通解(6.10.19)可以取成形式

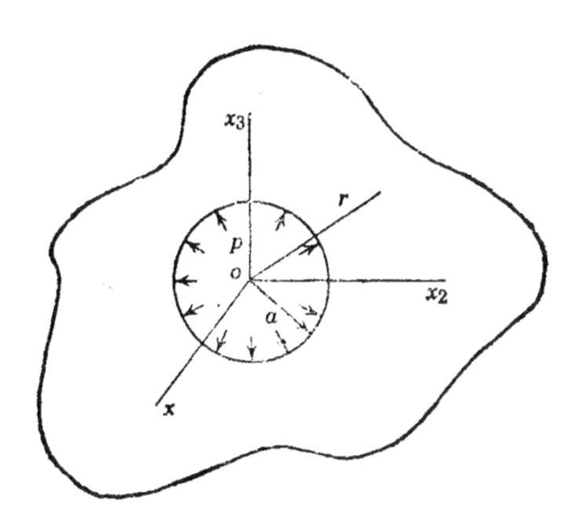

图 6.12.1 在球腔内受突加压力生成的球面波

$$\phi = \frac{1}{r} F_1\left(t - \frac{r-a}{c_1}\right) + \frac{1}{r} F_2\left(t + \frac{r-a}{c_1}\right) \tag{6.12.3}$$

由初始条件(6.12.2)得到

$$F_1(-\xi) + F_2(\xi) = 0$$

$$-F_1'(-\xi) + F_2'(\xi) = 0, \quad \xi \equiv \frac{r-a}{c_1} \geqslant 0$$

这些方程的解为

$$F_1(-\xi) = -F_2(\xi) = A, \quad \xi \geqslant 0$$

式中 A 是常数．因为对于 $(r-a)/c_1 > 0$ 和 $t > 0$，$t + (r-a)/c_1 > 0$，所以我们必须有

$$\phi = 0, \quad t - \frac{r-a}{c_1} \leqslant 0$$

$$\phi = \frac{1}{r} F\left(t - \frac{r-a}{c_1}\right), \quad t - \frac{r-a}{c_1} > 0$$

式中常数 A 已被吸收到 F 中，并且 $F(0)=0$。

于是位移场由下式给出：

$$u_r=\frac{\partial\phi}{\partial r}=\frac{\partial}{\partial r}\left[\frac{1}{r}F(\tau)\right]=-\frac{1}{r^2}F(\tau)-\frac{1}{c_1 r}F'(\tau),\quad \tau>0$$

$$u_r=0,\quad \tau\leqslant 0 \tag{6.12.4}$$

$$u_\theta=u_\varphi=0,\quad \text{对所有的 } \tau$$

式中

$$\tau\equiv t-\frac{r-a}{c_1} \tag{6.12.5}$$

在球坐标中，应力张量的非零物理分量由(6.9.2)给定，即

$$t_{rr}=(\lambda_e+2\mu_e)\frac{\partial u_r}{\partial r}+2\lambda_e\frac{u_r}{r} \tag{6.12.6}$$

$$t_{\theta\theta}=t_{\varphi\varphi}=\lambda_e\frac{\partial u_r}{\partial r}+2(\lambda_e+\mu_e)\frac{u_r}{r}$$

把(6.12.4)代入此式，则得

$$t_{rr}=(\lambda_e+2\mu_e)\frac{F''}{c_1^2 r}+4\mu_e\left(\frac{F'}{c_1 r^2}+\frac{F}{r^3}\right)$$

$$t_{\theta\theta}=t_{\varphi\varphi}=\lambda_e\frac{F''}{c_1^2 r}-2\mu_e\left(\frac{F'}{c_1 r^2}+\frac{F}{r^3}\right)\qquad \tau>0 \tag{6.12.7}$$

边界条件(6.12.1)导出 $F(t)$ 的下列线性微分方程：

$$F''+\frac{4\mu_e}{\lambda_e+2\mu_e}\left(\frac{c_1}{a}F'+\frac{c_1^2}{a^2}F\right)=-\frac{c_1^2 a}{\lambda_e+2\mu_e}p(t) \tag{6.12.8}$$

因为 u_r 必须连续，所以当 $\tau\leqslant 0$ 时这个方程的解满足 $F=F'=0$。于是有

$$F(t)=-\frac{c_1 a^2}{2\mu_e}(1-2\nu)^{1/2}\int_0^t e^{-\alpha(t-s)}\sin\beta(t-s)p(s)ds \tag{6.12.9}$$

式中 ν 为 Poisson 比，而 α 和 β 则定义为

$$\alpha\equiv\frac{1-2\nu}{1-\nu}\frac{c_1}{a},\quad \beta\equiv\frac{\sqrt{1-2\nu}}{1-\nu}\frac{c_1}{a} \tag{6.12.10}$$

在(6.12.9)中，只需用 τ 代替 t，就可得到 $F(\tau)$。

在 $t=0$ 时，作用一常值压力 $p(t)=p_0$，并且在所有 $t>0$ 都保持为常值的情况是最有意义的。在这种情况下，由(6.12.9)得出

$$F(\tau)=-\frac{p_0a^3}{4\mu_e}\left[1-(2-2\nu)^{1/2}e^{-\alpha\tau}\sin(\beta\tau+\gamma)\right],\quad \tau>0 \tag{6.12.11}$$

$$F(\tau)=0,\quad \tau\leqslant 0$$

式中 γ 为

$$\cot\gamma\equiv\sqrt{1-2\nu},\quad \frac{\pi}{4}\leqslant\gamma\leqslant\frac{\pi}{2} \tag{6.12.12}$$

根据(6.12.4)和(6.12.6)可以分别得到位移场和应力场。

当 t 很大时，(6.12.11)方括号中的第二项变得很小。当 $t\to\infty$ 时，我们得到**静力解**。在极限情况下，我们有

$$u_r=\frac{p_0a^3}{4\mu_e}\frac{1}{r^2},\quad u_\theta=u_\varphi=0$$

$$t_{rr}=-2t_{\theta\theta}=-2t_{\varphi\varphi}=-p_0\frac{a^3}{r^3} \tag{6.12.13}$$

在以 Tresca 屈服准则为基础的塑性理论中，当最大剪应力 $t_{\theta\theta}-t_{rr}=t_{\varphi\varphi}-t_{rr}$ 超过某一极限时，则发生屈服。根据Hunter(1954)的观点，以某一典型的钢为代表，当 $\nu=0.29$ 时，对不同的时刻，把最大剪应力与 r/a 的关系绘于图 6.12.2 中。该图表明，在 $\bar{t}=c_1t/a$ 超过 4 之后，在空腔附近，静态情况是很好的近似。量 $(t_{\theta\theta}-t_{rr})/p_0$ 总是在空腔表面处取最大值。这个量随时间的变化示于图 6.12.3 中。这里，当 $\bar{t}=0$ 时，$(t_{\theta\theta}-t_{rr})_{r=a}/p_0$ 从 0.592 开始；当 $\bar{t}=2.19$ 时，达到最大值 1.75；当 $\bar{t}\to\infty$ 时，最后降到 1.5。于是，在空腔处发生屈服的最小压力，在动载荷的情况是 0.571 t_y ($t_y\equiv$ 屈服应力)，而对静载荷的情况是 0.667 t_y。值得指出的是，瞬时环向应力 $t_{\theta\theta}$ 和 $t_{\varphi\varphi}$ 是压缩的，但在经过一段时间之后，它们将变成拉伸的。

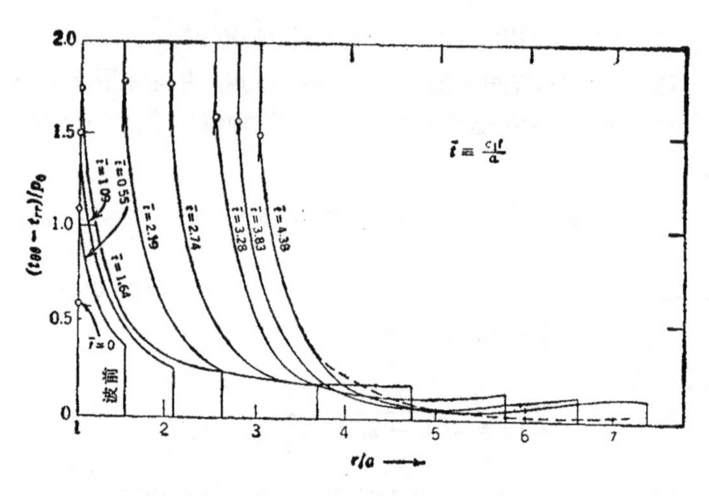

图 6.12.2 对不同的时刻,剪应力随距离的变化(摘自 Hunter [1954])

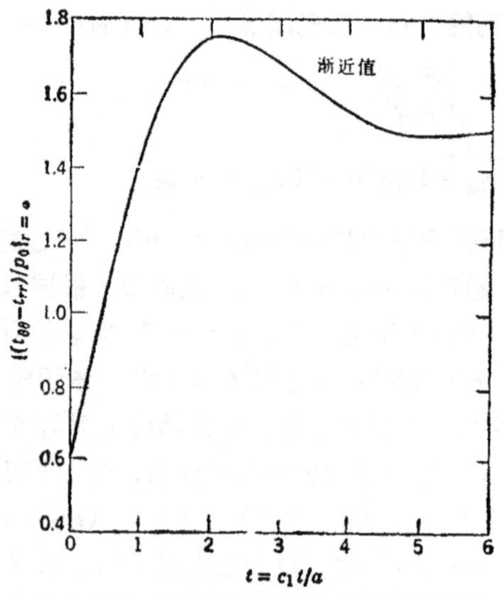

图 6.12.3 在空腔表面处剪应力随时间的变化
(摘自 Hunter[1954])

在球形空腔表面处受任意动载荷作用的一般情况,更难处理.在这种情况下,必须考虑表面外力的纬向和径向的变化.因此,我们不但需要决定 Navier 方程的标量波解，而且还必须决定矢量波解[1]。

6.13 有限简单剪切

如果所有平面与其原来方向保持平行地相互移动，并且移动的量与它们到其中的一个平面的距离成比例，则在自然状态中具有矩形截面的柱体承受简单的剪切变形。于是，在矩阵形横截面 $Z=\text{const.}$ 上的一个长方块（$OACB$）变形后变成为一个平行四边形（$OAcb$）图 6.13.1。我们只取一个直角坐标系，则有

$$x = X + KY, \quad y = Y, \quad z = Z \tag{6.13.1}$$

把此式代入 $(1.4.12)_1$ 和 $(1.4.15)_1$，我们得到

$$\mathbf{c}^{-1} = \begin{bmatrix} 1+K^2 & K & 0 \\ K & 1 & 0 \\ 0 & 0 & 1 \end{bmatrix}, \quad \mathbf{c} = \begin{bmatrix} 1 & -K & 0 \\ -K & 1+K^2 & 0 \\ 0 & 0 & 1 \end{bmatrix} \tag{6.13.2}$$

它们的不变量为

$$\mathrm{I} = \mathrm{II} = 3 + K^2, \quad \mathrm{III} = 1 \tag{6.13.3}$$

因此，变形是等容的。对不可压缩物质，本构方程(5.6.20)给出

$$\begin{gathered} t_{11} = -p_0 + 2K^2\frac{\partial\Sigma}{\partial \mathrm{I}}, \quad t_{22} = -p_0 - 2K^2\frac{\partial\Sigma}{\partial \mathrm{II}} \\ t_{12} = 2K\left(\frac{\partial\Sigma}{\partial \mathrm{I}} + \frac{\partial\Sigma}{\partial \mathrm{II}}\right), \quad t_{33} = -p_0 \\ t_{31} = t_{32} = 0 \end{gathered} \tag{6.13.4}$$

式中，我们已令 $p_0 \equiv p - 2\dfrac{\partial\Sigma}{\partial \mathrm{I}} + 2\dfrac{\partial\Sigma}{\partial \mathrm{II}}$。因为应力分量都是常数，所以当 $\mathbf{f}=\mathbf{0}$ 时平衡方程是恒被满足的。如果取 $p_0=0$，则 $z=\text{const.}$ 的表面不受外力，但在表面 $y=0, h$ 上将受到下列外力作用：

---

1) Eringen [1957] 已给出通解，参见 Eringen 和 Suhubi [1975，第 8.15 节]。

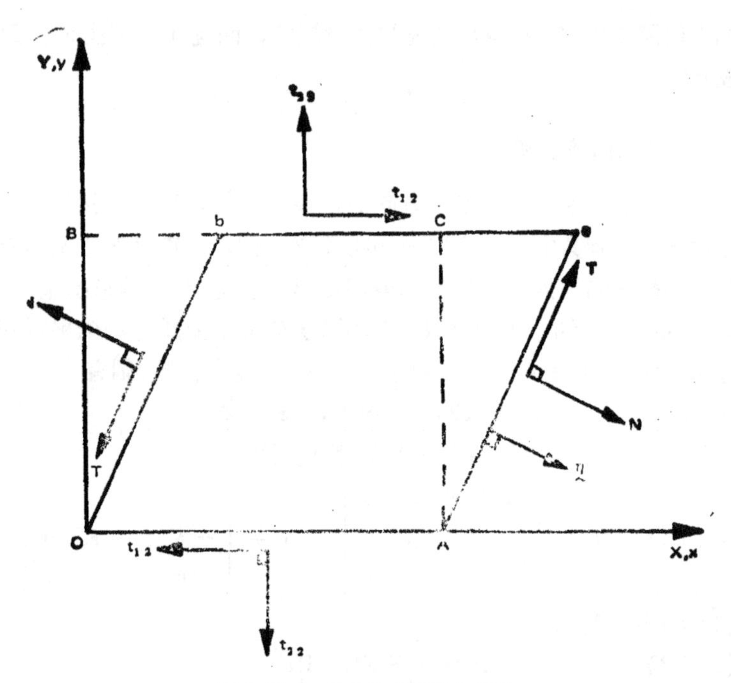

图 6.13.1 块体的有限简单剪切

(6.13.5) $t_{(2)1} = 2K\left(\frac{\partial\Sigma}{\partial \mathrm{I}} + \frac{\partial\Sigma}{\partial \mathrm{II}}\right), \quad t_{(2)2} = -2K^2\frac{\partial\Sigma}{\partial \mathrm{II}}$

如果该面上的剪力是给定的,则第一个式子可用来决定 K. 但第二式一般不为零,这表明必须加上法向力才能维持简单剪切变形.

在 Ac 面上,单位法线为

(6.13.6) $n_1 = \cos\gamma = (1+K^2)^{-1/2}, \quad n_2 = -K(1+K^2)^{-1/2},$

$$n_3 = 0$$

在该面上的外力可由 $t_{(n)k} = t_{lk}n_l$ 来计算,即

$$t_{(1)1} = -2K^2(1+K^2)^{-1/2}\frac{\partial\Sigma}{\partial \mathrm{II}}$$

(6.13.7) $t_{(1)2} = 2K(1+K^2)^{-1/2}\left[\frac{\partial\Sigma}{\partial \mathrm{I}} + (1+K^2)\frac{\partial\Sigma}{\partial \mathrm{II}}\right]$

$$t_{(1)3} = 0$$

因此，在 Ac 面上的法向力和切向力分别为

$$(6.13.8)\quad N = t_{(1)1}n_1 + t_{(1)2}n_2 = -2K^2(1+K^2)^{-1}\left[\frac{\partial\Sigma}{\partial \mathrm{I}} + (2+K^2)\frac{\partial\Sigma}{\partial \mathrm{II}}\right]$$

$$T = t_{(1)1}n_2 - t_{(1)2}n_1 = -2K(1+K^2)^{-1}\left[\frac{\partial\Sigma}{\partial \mathrm{I}} + \frac{\partial\Sigma}{\partial \mathrm{II}}\right]$$

橡胶材料的若干实验指出，$\partial\Sigma/\partial\mathrm{I} > 0$，$\partial\Sigma/\partial\mathrm{II} > 0$. 由此，我们有

$$(6.13.9)\qquad N < 0,\quad T/K < 0$$

于是，作用在 Ac 面上的法向力是**压力**. 没有这个压力，试件将要变宽，而且因为材料是不可压缩的，试件又将**变短**. 这就是 **Poynting 效应**. 应该指出

$$(6.13.10)\qquad t_{11} - t_{22} = Kt_{12}$$

此式对可压缩材料也是成立的，并且与材料的性质无关.

因为 Σ 是不变量的函数，所以我们有

$$(6.13.11)\qquad \Sigma = \hat{\Sigma}(K^2)$$

因此，

$$(6.13.12)\qquad t_{11} + p_0 = 0(K^2),\quad t_{22} + p_0 = 0(K^2)$$
$$t_{12} = 0(K)$$

这表明，对于小剪切变形 K，$t_{11} + p_0$ 和 $t_{22} + p_0$ 可以认为是零. 这正是线性理论中得到的结果，但这是近似的，而不是精确理论的特殊情况. 事实上，这个情况归结为一个更为引人注目的**普适关系**(6.13.10). 显然，由这个关系可以看出，若 $t_{11} = t_{22} = 0$，则 $t_{12} = 0$.

6.14 圆柱体的有限扭转[1)]

圆柱体受均匀扭转时的变形(图 6.14.1)由下式给定:

---

1) Rivlin [1948, 1949] 以及 Green 和 Sheild [1950] 曾研究过这个问题.

$$(6.14.1)\qquad r=R,\quad \theta=\Theta+KZ,\quad z=Z$$

式中 (R,Θ,Z) 和 (r,θ,z) 分别是同一点在自然状态和已变形状态的柱面坐标．常数K是单位长度的扭转角．度量张量 G_{KL} 和 g_{kl} 分别为

$$(6.14.2)\qquad \|G_{KL}\|=\begin{bmatrix}1 & 0 & 0\\ 0 & R^2 & 0\\ 0 & 0 & 1\end{bmatrix},\quad \|g_{kl}\|=\begin{bmatrix}1 & 0 & 0\\ 0 & r^2 & 0\\ 0 & 0 & 1\end{bmatrix}$$

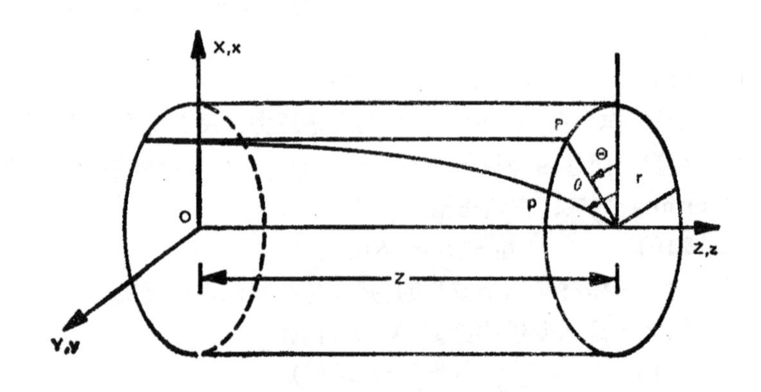

图 6.14.1 柱体的有限扭转

变形张量为

$$(6.14.3)\qquad \overset{-1}{c}{}^{kl}=G^{KL}x^k_{,K}x^l_{,L},\quad c_{kl}=G_{KL}X^K_{,k}X^L_{,l}$$

式中 $X^1=R$, $X^2=\Theta$, $X^3=Z$, $x^1=r$, $x^2=\theta$, $x^3=z$. 互易张量 G^{KL} 和 g^{kl} 为

$$(6.14.4)\qquad \|G^{KL}\|=\begin{bmatrix}1 & 0 & 0\\ 0 & R^{-2} & 0\\ 0 & 0 & 1\end{bmatrix},\ \|g^{kl}\|=\begin{bmatrix}1 & 0 & 0\\ 0 & r^{-2} & 0\\ 0 & 0 & 1\end{bmatrix}$$

因此，我们有

$$(6.14.5)\qquad \|\overset{-1}{c}{}^k{}_l\|=\begin{bmatrix}1 & 0 & 0\\ 0 & 1+K^2r^2 & K\\ 0 & Kr^2 & 1\end{bmatrix},$$

$$\|c_l^k\| = \begin{bmatrix} 1 & 0 & 0 \\ 0 & 1 & -K \\ 0 & -Kr^2 & 1+K^2r^2 \end{bmatrix}$$

式中，我们已用过 g_{kl} 和 g^{kl} 来进行下降和上升指标，即

(6.14.6) $$c_l^k = g^{km}c_{ml}, \quad \overset{-1}{c}{}_l^k = g_{lm}\overset{-1}{c}{}^{km}$$

不变量为

(6.14.7) $$\mathrm{I} = \mathrm{II} = 3 + K^2r^2, \quad \mathrm{III} = 1$$

因而，变形是等容的．不可压缩固体的应力本构方程(5.6.20)给出

$$t^{11} = t_{rr} = -p + 2\frac{\partial\Sigma}{\partial \mathrm{I}} - 2\frac{\partial\Sigma}{\partial \mathrm{II}}$$

$$r^2t^{22} = t_{\theta\theta} = -p + 2(1+K^2r^2)\frac{\partial\Sigma}{\partial \mathrm{I}} - 2\frac{\partial\Sigma}{\partial \mathrm{II}}$$

(6.14.8) $$t^{33} = t_{zz} = -p + 2\frac{\partial\Sigma}{\partial \mathrm{I}} - 2(1+K^2r^2)\frac{\partial\Sigma}{\partial \mathrm{II}}$$

$$t^{23} = \frac{1}{r}t_{\theta z} = 2K\left(\frac{\partial\Sigma}{\partial \mathrm{I}} + \frac{\partial\Sigma}{\partial \mathrm{II}}\right), \quad t_{rz} = t_{r\theta} = 0$$

式中，$(t_{rr}, t_{\theta\theta}, t_{zz}, t_{\theta z}, t_{rz}, t_{r\theta})$ 为应力张量的物理分量（参见附录 C 4.7）．

当无体力时，平衡方程(6.6.18)化为

(6.14.9) $$\frac{\partial t_{rr}}{\partial r} + \frac{1}{r}(t_{rr} - t_{\theta\theta}) = 0, \quad \frac{\partial t_{\theta\theta}}{\partial \theta} = \frac{\partial t_{zz}}{\partial z} = 0$$

由最后两式并利用$(6.14.8)_{2,3}$，则得 $p = p(r)$． 于是，第一个方程的积分为

$$t_{rr} = -\int^r \frac{1}{r}(t_{rr} - t_{\theta\theta})dr - C_1$$

利用$(6.14.8)_1$，我们得到

(6.14.10) $$p = 2\left(\frac{\partial\Sigma}{\partial \mathrm{I}} - \frac{\partial\Sigma}{\partial \mathrm{II}} - K^2\int^r r\frac{\partial\Sigma}{\partial \mathrm{I}}dr\right) + C_1$$

因为 $t_{rz} = t_{r\theta} = 0$，所以如果柱体侧表面 $r = a$ 不受外力，则必

须有 $t_{rr}=0$。由此可以决定 C_1:

$$C_1 = 2K^2\int^a r\frac{\partial\Sigma}{\partial \mathrm{I}}dr$$

因此

$$t_{rr} = -2K^2\int_r^a r\frac{\partial\Sigma}{\partial \mathrm{I}}dr$$

$$t_{\theta\theta} = 2K^2\left(r^2\frac{\partial\Sigma}{\partial \mathrm{I}} - \int_r^a r\frac{\partial\Sigma}{\partial \mathrm{I}}dr\right)$$

(6.14.11) $$t_{zz} = -2K^2\left(r^2\frac{\partial\Sigma}{\partial \mathrm{II}} + \int_r^a r\frac{\partial\Sigma}{\partial \mathrm{I}}dr\right)$$

$$t_{\theta z}/r = 2K\left(\frac{\partial\Sigma}{\partial \mathrm{I}} + \frac{\partial\Sigma}{\partial \mathrm{II}}\right),\quad t_{rz} = t_{r\theta} = 0$$

因为再没有其它的积分常数，所以不能调整柱体端部 $z=0$ 和 $z=l$ 处的外力。在 $z=l$ 处的外力与 $z=0$ 处的外力大小相等但方向相反，它们由 $t^k_{(n)}=t^k_l n^l$ 来计算，即

(6.14.12) $$t_{(z)r}=0,\quad t_{(z)\theta}=t_{z\theta},\quad t_{(z)z}=t_{zz}$$

因此，端截面受有切向力和法向力。**Poynting 效应**表明，在端截面必须作用法向外力才能维持柱体侧表面 $r=a$ 不受外力。$z=l$ 端的表面外力等价于下列扭矩M和轴力 N:

(6.14.13)
$$M = 2\pi\int_0^a r^2 t_{z\theta}dr = \frac{2\pi}{K}\left(a^2\Sigma|_{r=a} - \int_0^{a^2}\Sigma d\xi\right)$$
$$N = 2\pi\int_0^a r t_{zz}dr = -\pi K^2\int_0^{a^2}\xi\left(\frac{\partial\Sigma}{\partial \mathrm{I}} + 2\frac{\partial\Sigma}{\partial \mathrm{II}}\right)d\xi$$

式中 $\xi\equiv r^2$。如果 $\partial\Sigma/\partial\mathrm{I}$ 和 $\partial\Sigma/\partial\mathrm{II}$ 是非负的，则可以看到，轴向力N是压缩的。如果不加这个力，扭转柱体将会变长。还可看到，在线性理论中并不出现 Poynting 效应，因为在那里略去了含有 K^2 的项以及其它高阶项，即

(6.14.14) $$(t_{rr}, t_{\theta\theta}, t_{zz}) = 0(K^2),\quad t_{\theta z} = 0(K)$$

我们还要指出一个普适关系

(6.14.15) $$t_{\theta\theta} - t_{zz} = Krt_{\theta z}$$

此式表明，线弹性理论是近似的，它并不是精确的非线性理论的特殊情况.

6.15 薄球壳的膨胀和外翻[1]

物质坐标 X^K 和空间坐标 x^k 我们都采用同样的球面坐标，并令 $X^1 = R$，$X^2 = \Theta$，$X^3 = \Phi$，$x^1 = r$，$x^2 = \theta$，$x^3 = \phi$，式中 R 和 r 是从原点(球心)算起的径向距离，θ 和 Θ 是纬度，而 ϕ 和 Φ 是经度，如图 6.15.1 所示. 适合于均匀膨胀的变形由下式描述:

(6.15.1) $$r = r(R),\quad \theta = \Theta,\quad \phi = \Phi$$

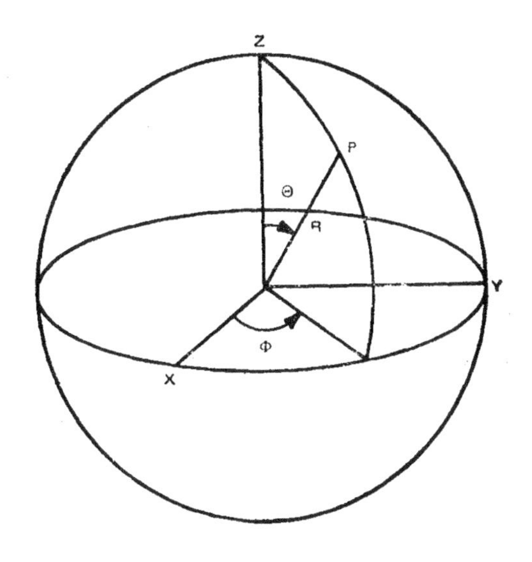

图 6.15.1 球面坐标

度量张量为

1) Armani [1915] 和 Green [1955] 曾讨论过这个问题.

$$(6.15.2)\qquad \|G_{KL}\| = \begin{bmatrix} 1 & 0 & 0 \\ 0 & R^2 & 0 \\ 0 & 0 & R^2\sin^2\Theta \end{bmatrix},$$

$$\|g_{kl}\| = \begin{bmatrix} 1 & 0 & 0 \\ 0 & r^2 & 0 \\ 0 & 0 & r^2\sin^2\theta \end{bmatrix}$$

根据(6.14.3),并进行升标和降标,我们得到变形张量

$$(6.15.3)\qquad \|\overset{-1}{c}{}^k_l\| = \begin{bmatrix} (r')^2 & 0 & 0 \\ 0 & r^2/R^2 & 0 \\ 0 & 0 & r^2/R^2 \end{bmatrix},$$

$$\|c^k_l\| = \begin{bmatrix} (r')^{-2} & 0 & 0 \\ 0 & R^2/r^2 & 0 \\ 0 & 0 & R^2/r^2 \end{bmatrix}$$

式中 $r' \equiv dr/dR$. $\overset{-1}{\mathbf{c}}$ 的不变量为

$$(6.15.4)\qquad \mathrm{I} = (r')^2 + 2(r/R)^2,\ \mathrm{II} = 2(r'r/R)^2 + (r/R)^4,$$
$$\mathrm{III} = (r'r^2/R^2)^2$$

对不可压缩材料,我们有 $\mathrm{III} = 1$. 于是得到

$$r'r^2 = \pm R^2$$

此方程的积分为

$$(6.15.5)\qquad r = (A \pm R^3)^{1/3}$$

式中 A 为常数,对于膨胀 $(r > A)$,它应取正值. 当球壳膨胀时,取 R^3 前面的正号,而外翻时则取负号. 对于膨胀和外翻,(6.15.3)和(6.15.4)都化为

$$\|\overset{-1}{c}{}^k_l\| = \begin{bmatrix} R^4/r^4 & 0 & 0 \\ 0 & r^2/R^2 & 0 \\ 0 & 0 & r^2/R^2 \end{bmatrix},$$

$$\|c^k_l\| = \begin{bmatrix} r^4/R^4 & 0 & 0 \\ 0 & R^2/r^2 & 0 \\ 0 & 0 & R^2/r^2 \end{bmatrix}$$

$$(6.15.6)\qquad \mathrm{I} = (R/r)^4 + 2(r/R)^2,\ \mathrm{II} = (r/R)^4 + 2(R/r)^2,$$

$$\mathrm{III} = 1$$

应力势Σ是r的函数,即

(6.15.7) $$\Sigma = \Sigma(\mathrm{I},\mathrm{II}) = \hat{\Sigma}(r)$$

应力张量的非零物理分量可由(5.6.20)得到

(6.15.8) $$t_{rr} = -p + 2\frac{\partial\Sigma}{\partial \mathrm{I}}\frac{R^4}{r^4} - 2\frac{\partial\Sigma}{\partial \mathrm{II}}\frac{r^4}{R^4}$$

$$t_{\theta\theta} = t_{\phi\phi} = -p + 2\frac{\partial\Sigma}{\partial \mathrm{I}}\frac{r^2}{R^2} - 2\frac{\partial\Sigma}{\partial \mathrm{II}}\frac{R^2}{r^2}$$

$$= t_{rr} + \left(\frac{\varepsilon r R^3}{2A}\right)\frac{d\hat{\Sigma}}{dr}$$

所有其它的 $t_{kl} = 0$. 上述最后一个表达式是根据下式得到的:

$$\frac{d\mathrm{I}}{dr} = \frac{R^2}{r^2}\frac{d\mathrm{II}}{dr} = 4\left(\frac{r^2}{R^2} - \frac{R^4}{r^4}\right)\left(\frac{1}{r} - \frac{R'}{R}\right)$$

$$= 4\varepsilon\left(\frac{r^2}{R^2} - \frac{R^4}{r^4}\right)\frac{A}{rR^3}$$

这里，当外翻时，取 $\varepsilon = 1$，而当膨胀时，则取 $\varepsilon = -1$，而且 $R' = dR/dr$. 因此有

(6.15.9) $$\frac{d\hat{\Sigma}}{dr} = \left(\frac{\partial\Sigma}{\partial \mathrm{I}} + \frac{r^2}{R^2}\frac{\partial\Sigma}{\partial \mathrm{II}}\right)\frac{d\mathrm{I}}{dr}$$

利用此式可得到(6.15.8)的最后一个表达式.

平衡方程(6.6.23)(当 $\mathbf{f} = \ddot{\mathbf{u}} = \mathbf{0}$ 时)化为

(6.15.10) $$\frac{dt_{rr}}{dr} = \frac{2}{r}(t_{\theta\theta} - t_{rr}) = \frac{\varepsilon R^3}{A}\frac{d\hat{\Sigma}}{dr}$$

积分此式给出

(6.15.11)
$$t_{rr} = \varepsilon\int\frac{R^3}{A}\,d\hat{\Sigma} + C_1$$
$$t_{\theta\theta} = \varepsilon\int\frac{R^3}{A}\,d\hat{\Sigma} + \frac{\varepsilon r R^3}{2A}\frac{d\hat{\Sigma}}{dr} + C_1$$

积分常数A和 C_1 由边界条件决定. 如果壳体内外表面在未变形的位置分别由$R = a$和$R = b$表示，则已变形壳体的内外表面将

分别为

$$(6.15.12)\qquad \begin{aligned} &r_i=(A+a^3)^{1/3}, \quad r_o=(A+b^3)^{1/3} \quad (\text{膨胀时}) \\ &r_i=(A-b^3)^{1/3}, \quad r_o=(A-a^3)^{1/3} \quad (\text{外翻时}) \end{aligned}$$

这里，我们还必须选取 $A>b^3$. 边界条件为

$$(6.15.13)\qquad \begin{aligned} &t_{rr}=-p_o, \quad r=r_i \\ &t_{rr}=0, \qquad r=r_o \end{aligned}$$

利用(6.15.13)，我们可以决定 C_1 和 A:

$$(6.15.14)\qquad \begin{aligned} &C_1=-\frac{\varepsilon}{A}\int_{r_i}^{r_o} R^3\frac{d\hat{\Sigma}}{dr}dr \\ &\frac{\varepsilon}{A}\int_{r_i}^{r_o} R^3\frac{d\hat{\Sigma}}{dr}dr=p_o \end{aligned}$$

其中第二式完全可以确定 A. 因此应力场为

$$(6.15.15)\qquad \begin{aligned} &t_{rr}=-\varepsilon\int_r^{r_o}\left(\frac{R^3}{A}\right)\frac{d\hat{\Sigma}}{dr}dr \\ &t_{\theta\theta}=t_{\phi\phi}=-\varepsilon\int_r^{r_o}\left(\frac{R^3}{A}\right)\frac{d\hat{\Sigma}}{dr}dr+\varepsilon\left(\frac{rR^3}{2A}\right)\frac{d\hat{\Sigma}}{dr} \end{aligned}$$

和某些实验观察到的情况一样，如果 $\partial\Sigma/\partial\mathrm{I}, \partial\Sigma/\partial\mathrm{II}>0$，则应用 (6.15.9)，即可看到，$\varepsilon d\hat{\Sigma}/dr$ 和 $(r/R)^2-(R/r)^4=(r^3+R^3)(r^3-R^3)/r^4R^2$ 必须具有相同的符号. 在膨胀情况下，$r>R$，所以 $d\hat{\Sigma}/dr<0$. 因此，由 $(6.15.15)_1$ $(\varepsilon=-1)$，t_{rr} 随 r 单调增加. 对于外翻，$d\hat{\Sigma}/dr$ 的正负由

$$r^3-R^3=A-2R^3$$

的正负决定. 如果球面 $R^3=A/2$ (在此球面上 $\mathbf{c}=\mathbf{1}$)位于内外表面之间，则 $\int R^3 d\hat{\Sigma}$ 可能为零. 如果我们在两个边界上令 $t_{rr}=0$，则我们得到单连体的内壁承受应变而物体又不承受任何表面载荷. 这说明，线性弹性理论的唯一性定理不能搬到有限弹性理论中来.

上面所述的膨胀问题可以用来估算心脏肌肉的应力场. 动物心脏的心室壁由有序的相互联结的肌肉纤维组成. 通过心肌壁，纤维方位从心脏内膜到心脏外膜逐渐地变化. 壁的物质既不是均

匀的，也不是各向同性的，并且膨胀室的几何性质也不是球形的。然而，在某些情况下，左心室可以近似为由均匀各向同性不可压缩弹性物质组成的厚球壳。 Demiray [1976, 1977] 利用由 Blatz [1969] 给出的下列经验的应变能函数

$$\Sigma = \frac{2\beta}{\alpha}[\exp\alpha(\mathrm{II} - 3) - 1] \tag{6.15.16}$$

把这个解应用于左心室的膨胀，式中 α 和 β 为常数。计算表明，结果与 Sponitz [1966] 关于狗的心室的试验相一致。在 $\varepsilon = -1$ 时，由 $(6.15.14)_2$ 给出的压力 p_o 作为 r_i 的函数绘于图 6.15.2 中。由实验结果的曲线拟合得到的 α 和 β 值分别为 $\alpha = 0.44$，$\beta = 4.63 \times 10^3$ 达因/厘米平方。在图 6.15.3 中绘出切向应力，并指出有限弹性理论解与线弹性理论解的重大差异。

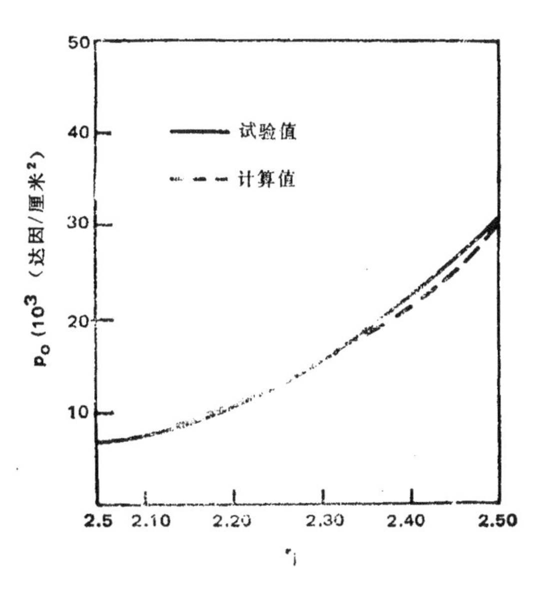

图 6.15.2 p_o 随 r_i 的变化
(摘自 Demiray [1976])

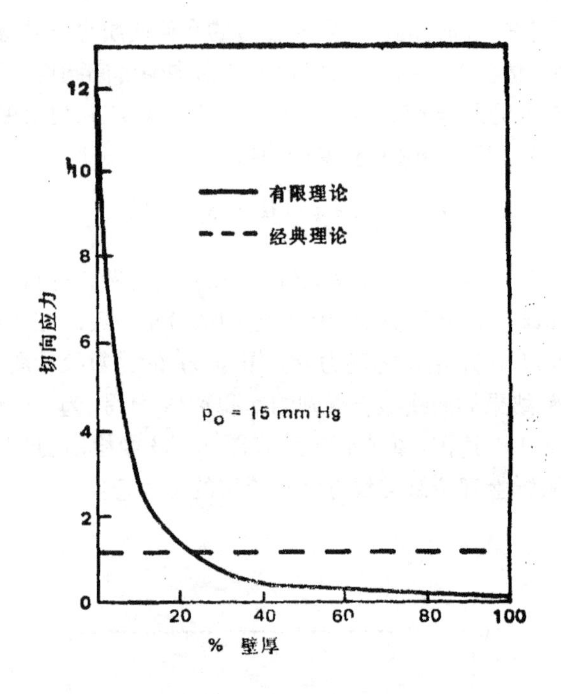

图 6.15.3 切应力随壁厚的变化
(摘自 Demiray [1977])

习题

6.1 试证明在非线性各向同性弹性固体中，唯一可能的初始应力状态是静水压力状态. 试问对各向异性弹性固体的情况如何?

6.2 试求各向同性弹性固体的能量表达式，使其应力本构方程包含应变的二阶项.

6.3 设弹性固体的应力本构方程包含应变的二阶项. 试问若使其内能密度对所有的应变状态都是非负的,必须对弹性常数加上什么限制?

6.4 试提出一个决定二次弹性固体所有弹性系数的试验方案.

6.5 试设计一个决定不可压缩非线性超弹性固体本构函数的试验方案.

6.6 在线性各向同性弹性固体中,试证明应力 $\mathbf{t}$ 满足 Beltrami-Michell 方程

$$t_{rs,kk}+\frac{1}{1+\nu}t_{kk,rs}+\frac{\nu}{1-\nu}F_{k,k}\delta_{rs}+F_{r,s}+F_{s,r}=0$$

式中 $F=\rho(\mathbf{f}-\mathbf{a})$.

6.7 在线性各向同性弹性固体中,若, $f_{r,s}=a_{\cdot,s}=0$, 试证明应力 t_{kl} 和应变 e_{kl} 满足方程

$$t_{rs,kkll}=0,\quad e_{rs,kkll}=0$$

6.8 当体力和加速度为零时,试证明线性各向同性弹性固体 Navier 方程的特解由下列方程给出:

(a) $2\mu_e\mathbf{u}=\nabla F,\quad \nabla^2F=0$

(b) $2\mu_e\mathbf{u}_\alpha=A\nabla G_\alpha-(3-4\nu)G_\alpha\nabla A,\ \nabla^2G_\alpha=0\ \ A(\mathbf{x})\equiv a_\alpha x_\alpha$

$(\alpha=1,2,3)$

式中 a_α 为常数。

(c) $\mu_e\mathbf{u}_\alpha=\nabla H_\alpha\times\nabla A,\ \nabla^2H_\alpha=0,\ (\alpha=1,2,3)$

这里 A 和 (b) 中的 A 相同。

6.9 对在问题 6.8 中所列出的 Navier 方程的每一组特解,试求

(a) 体膨胀;

(b) 无限小转动矢量;

(c) 应力张量的分量.

6.10 把问题 6.8 中列出的特解相迭加,试求 Navier 方程的一个解,使得在边界面 $x_3=0$ 上的剪应力为零.

6.11 设有无限延伸的线性各向同性弹性固体只受体力 $\mathbf{f}$. 如果加速度为零,试证明位移场为

$$u_i=\frac{1}{4\pi E}\frac{1+\nu}{1-\nu}\left\{2(1-\nu)\int\frac{\rho f_i(\boldsymbol{\xi})}{r(\mathbf{x},\boldsymbol{\xi})}dv(\boldsymbol{\xi})\right.$$

$$\left.-\frac{1}{2}\int\frac{\partial}{\partial x_k}\left[\frac{x_i-\xi_i}{r(\mathbf{x},\boldsymbol{\xi})}\right]\rho f_k(\boldsymbol{\xi})dv(\boldsymbol{\xi})\right\}$$

式中

$$r(\mathbf{x},\boldsymbol{\xi})\equiv[(x_k-\xi_k)(x_k-\xi_k)]^{1/2}$$

这里积分是对三维空间进行的.

6.12 如果 $(\mathbf{t}^{(1)},\tilde{\mathbf{e}}^{(1)})$ 和 $(\mathbf{t}^{(2)},\tilde{\mathbf{e}}^{(2)})$ 是介质 $\mathscr{V}+\mathscr{S}$ 中的两组应力和应变,试证明

$$\int_{\mathscr{V}}t_{kl}^{(1)}\tilde{\mathbf{e}}_{kl}^{(2)}dv=\int_{\mathscr{V}}t_{kl}^{(2)}\tilde{\mathbf{e}}_{kl}^{(1)}dv$$

6.13 利用问题 6.12 中给出的结果,试证明 Betti 和 Rayleigh 互易定理:

$$\int_{\mathscr{S}} t_k^{(1)} u_k^{(2)} da + \int_{\mathscr{V}} \rho f_k^{(1)} u_k^{(2)} dv = \int_{\mathscr{S}} t_k^{(2)} u_k^{(1)} da + \int_{\mathscr{V}} \rho f_k^{(2)} u_k^{(1)} dv$$

式中,$t_k^{(1)}$ 和 $t_k^{(2)}$ 分别为合应力;$f_k^{(1)}$ 和 $f_k^{(2)}$ 为体力;而 $u_k^{(1)}$ 和 $u_k^{(2)}$ 是相应于问题 6.12 中所给出的每一组应变和应力状态的位移矢量.

6.14 一无限大的各向同性弹性固体在坐标原点处承受沿 x 方向的集中力作用,其大小为 F. 如果应力状态是二维的,试证明

$$t_{xx} = \frac{Fx}{4\pi(1-\nu)r^2}\left(-3 + 2\nu + \frac{2y^2}{r^2}\right)$$

$$t_{yy} = \frac{Fx}{4\pi(1-\nu)r^2}\left(1 - 2\nu - \frac{2y^2}{r^2}\right)$$

$$t_{xy} = -\frac{Fy}{4\pi(1-\nu)r^2}\left(1 - 2\nu + \frac{2x^2}{r^2}\right), \quad r \equiv \sqrt{x^2 + y^2}$$

并讨论在 $x = y = 0$ 处的奇异性.

6.15 半平面在原点 $x = y = 0$ 处承受垂直于表面 $x = 0$ 的集中荷载 P 作用,试证明在介质内的应力场为

$$t_{xx} = -\frac{2px^3}{\pi r^4}, \quad t_{yy} = -\frac{2pxy^2}{\pi r^4}, \quad t_{xy} = -\frac{2px^2y}{\pi r^4}$$

并讨论在 $x = y = 0$ 处的奇异性.

6.16 利用问题 6.15 给出的结果,设 (a) 在 $|y| < a$ 上,承受匀布载荷 p 作用;(b) 沿 $x = 0$ 的直线承受变载荷 $p(y)$ 的作用;试决定半平面的应力状态.

6.17 在一柱形杆中,位移场给定为

$$u_1 = -\theta x_2 x_3, \quad u_2 = \theta x_1 x_3, \quad u_3 = \phi(x_1, x_2)$$

如果杆处于平衡,试决定应力和 ϕ 必须满足的方程. 忽略体力,如果杆只在它的两端承受扭矩作用,试建立 ϕ 的边界值问题.

6.18 利用问题 6.17 给出的位移场,试证明在椭圆截面柱体中有

$$\phi = -\frac{a^2 - b^2}{a^2 + b^2}\theta x_1 x_2$$

式中 a 和 b 分别为截面的长半轴和短半轴. 试证明在任何截面上的扭矩 T 为

$$T = \frac{\pi a^3 b^3 \mu \theta}{a^2 + b^2}$$

6.19 一个等容的或无旋的平面波是从半空间的平坦的无应力边界上反射的. 试证明这两种平面波是由边界所反射的.

(a) 试求波的传播方向与此平面边界的法线间所夹的角度.

(b) 试决定反射波和入射波的振幅比.

(c) 试决定反射波不存在的条件.

6.20 设在弹性半空间中发生表面波. 这种波通常在地震和其它爆炸中破坏力是最大的. 这些波的振幅离开表层以指数形式衰减. 试求其传播速度.

6.21 设将一矩形方块弯曲成一个圆环形的扇形, 使其 $X=\text{const.}$ 的平面变成同心圆柱面, $Y=\text{const.}$ 的平面变成径向平面, 而 $Z=\text{const.}$ 的平面保持平行. 设扇形的柱表面无外力作用. 试决定应力场,并求为了产生这种变形必须加在扇形端面的力和力偶.

6.22 一弹性体的平衡构形称为是**可控制的**,如果这种平衡只能够由表面外力来维持. 试求在本章中未论及的弹性固体的可控制状态,并决定应力场.

6.23 一种变形称作是表征物体自然状态的对称群的**静态普适解**,如果对属于这个给定群的每一个响应函数,平衡方程都能被满足. 试证明均匀各向同性弹性体的所有普适解(由问题 6.22 所定义)是偏离无歪斜构形的均匀变形.

6.24 如果在每一时刻,物体在表面外力作用下的瞬时构形都是一个可能的平衡构形, 则这种运动称作是**拟平衡的**. 试证明对不可压缩弹性体, 拟平衡的必要和充分条件为平衡构形是可控制的, 加速度必须具有势, 即 $\mathbf{a}=\operatorname{grad}\zeta$, $\zeta=(\bar{p}-p)/\rho$, 式中 $p,\bar{p}$ 是压力,而 ρ 是密度.

6.25 对各向同性弹性固体的均匀等容运动,试证明变形梯度 $\mathbf{F}$ 必须满足

$$\ddot{\mathbf{F}}^T=\mathbf{F}^T\ddot{\mathbf{F}}\mathbf{F}^{-1}$$

当这个条件被满足时,试证明加速度势 ζ 为

$$\zeta=\frac{1}{2}(\ddot{\mathbf{F}}\mathbf{F}^{-1}\mathbf{x})\cdot\mathbf{x}+(\ddot{\mathbf{C}}-\ddot{\mathbf{F}}\mathbf{F}^{-1}\mathbf{c})\cdot\mathbf{x}+\zeta_0(t)$$

式中 $\mathbf{x}$ 是位置矢量,而 $\zeta_0(t)$ 是 t 的任意函数.

6.26 (短文)在下列各种坐标系中试写出应变和变形的关系式以及 Cauchy 运动方程:

(a) 椭圆坐标;

(b) 圆锥坐标;

(c) 抛物面坐标;

(d) 双极坐标;

(c) 圆环坐标。

6.27 (短文) 试阅读文献并介绍求解弹性静力学的二维问题的复变函数方法.

6.28 (短文)具有一有限长裂缝(裂纹)的无限薄板在无限远处承受垂直于裂纹方向的均匀轴向拉伸. 裂纹在拉力作用下开始扩展,试决定应力场.

6.29(短文)试研究一些文献,并提出一种求解沿边界的一部份给定外力而其余部份给定位移的(例如,冲孔问题)混合边界值问题的数学方法.

第七章 流 体 力 学

7.1 本章的范围

本章将推导线性 Stokes 流体的基本方程和某些例证性的解.在第 7.2 节中介绍可压缩和不可压缩粘性流体的线性本构理论.在第 7.3 节中介绍粘性的实验起因以及测定粘性的方法.第 7.4 节中汇集了 Navier-Stokes 理论的基本方程以及边界和初始条件.在第 7.5 节中,我们给出正交曲线坐标中的基本方程. 其余各节,即第 7.6 节到第 7.15 节,我们则致力于若干例证性问题的解法.第 7.6 节讨论某些简单的流体运动,如无旋运动、等容运动以及平面运动.在第 7.7 节中,我们讨论圆管中 Navier-Stokes 流体的缓慢运动.第 7.8 节讨论某些一维非定常问题,这些问题是某些简单边值和初值问题的典型例子. 第 7.9 节中的 Taylor 运动是精确解的另一个典型例子. 在第 7.10 节中,我们介绍平面停滞运动,在这里揭示出流体的非线性特性的重要性,同时我们将会了解到导致在经典流体力学中非常重要的边界层理论这一概念的起因.至此,我们都假设流体是不可压缩的.在第 7.11 节中,我们转向可压缩流体的研究.对于非粘性流体,根据两个典型问题,一个是关于振动球的辐射(第 7.12 节),另一个是衍射问题(第 7.13 节),介绍了声近似.在第 7.14 节中,我们将研究冲击间断性的传播问题.当然,在这里我们会首次看到通过运动间断面(冲击波)的跳变条件的真正应用.最后一节,即第 7.15 节,是关于球面爆炸波的讨论. 每当我们回忆线性弹性理论中的相应问题(第 6.12 节)时,我们就会感到由于这类问题的非线性特性所引起的特殊困难.

本章所讨论的问题只不过是这个领域中的少数几个精确解.介绍它们的目的是为了使学生了解如何推导这些方程.不言而喻,

即使对于有代表性的解法或对各种精确解和近似解的解释都已超出了本章的范围。

7.2 线性本构方程

在第5.7节中，我们已经得到 Stokes 流体的本构方程，它们的一般形式由(5.7.28)—(5.7.34)给出，即

$$t_{kl} = -\pi(\rho^{-1},\theta)\delta_{kl} + {}_D f_{kl}(\mathbf{d},\rho^{-1},\theta) \tag{7.2.1}$$

$$q_k = 0 \tag{7.2.2}$$

$$\varepsilon = \psi(\rho^{-1},\theta) - \theta\frac{\partial\psi}{\partial\theta} \tag{7.2.3}$$

$$\eta = -\frac{\partial\psi}{\partial\theta} \tag{7.2.4}$$

式中 π 是热力学压力，它定义为

$$\pi(\rho^{-1},\theta) \equiv -\frac{\partial\psi}{\partial\rho^{-1}} \tag{7.2.5}$$

${}_D\mathbf{f}$ 还应受到下列客观性公理和 Clausius-Duhem 不等式所加的限制：

$$\mathbf{Q}(t)\,{}_D\mathbf{f}(\mathbf{d},\rho^{-1},\theta)\mathbf{Q}^T(t) = {}_D\mathbf{f}(\mathbf{Q}\mathbf{d}\mathbf{Q}^T,\rho^{-1},\theta) \tag{7.2.6}$$

$${}_D f_{kl} d_{lk} \geqslant 0 \tag{7.2.7}$$

式中 $\{\mathbf{Q}(t)\}$ 是所有正交变换的完全群。因此，这种流体是**各向同性的**。当对称张量 $\mathbf{d}$ 的各向同性张量函数 ${}_D\mathbf{f}$ 是 $\mathbf{d}$ 的多项式时，本构方程可以得到进一步的简化。在这种情况下，${}_D\mathbf{f}$ 可以表示成为

$${}_D\mathbf{f} = \sum_{\alpha=0}^{N} a_\alpha(\rho^{-1},\theta)\mathbf{d}^\alpha \tag{7.2.8}$$

利用三维的 Cayley-Hamilton 定理(1.10.32)

$$\mathbf{d}^3 - \mathrm{I}_d\mathbf{d}^2 + \mathrm{II}_d\mathbf{d} - \mathrm{III}_d = \mathbf{0} \tag{7.2.9}$$

我们可以把(7.2.8)中所有大于 $\mathbf{d}$ 的二次幂以上的项加以替换。因此，(7.2.8)可以写成形式(参见附录表 B.3)

$${}_D\mathbf{f} = \alpha_0\mathbf{I} + \alpha_1\mathbf{d} + \alpha_2\mathbf{d}^2 \tag{7.2.10}$$

式中 α_k 是 $\mathbf{d}$ 的不变量以及 ρ^{-1} 和 θ 的函数，即

(7.2.11) $$\alpha_k = \alpha_k(\rho^{-1},\theta;\mathrm{I}_d,\mathrm{II}_d,\mathrm{III}_d) \quad (k=0,1,2)$$

不等式(7.2.7)对所有的 $\mathbf{d}$ 都是成立的．如果 ${}_D\mathbf{f}(\rho^{-1},\theta,\mathbf{d})$ 对 $\mathbf{d}$ 是连续的，则必须有 ${}_D\mathbf{f}(\rho^{-1},\theta,\mathbf{0})=\mathbf{0}$． 因此有

(7.2.12) $$\alpha_0(\rho^{-1},\theta,0,0,0)=0$$

从而，对一般非线性应力给出下列本构方程：

(7.2.13) $$t_{kl}=(-\pi+\alpha_0)\delta_{kl}+\alpha_1 d_{kl}+\alpha_2 d_{km}d_{ml}$$

我们将此叙述为下面的定理．

定理 当 ${}_D\mathbf{f}$ 是 $\mathbf{d}$ 的多项式时，Stokes 流体的应力本构方程(7.2.1)等价于(7.2.13)，并且 α_k 满足(7.2.12)和不等式

(7.2.14) $$\alpha_0\mathrm{tr}\mathbf{d}+\alpha_1\mathrm{tr}\mathbf{d}^2+\alpha_2\mathrm{tr}\mathbf{d}^3\geqslant 0$$

此不等式是在(7.2.7)中代入由(7.2.10)给出的 ${}_D\mathbf{f}$ 而得到的． 利用等式

(7.2.15) $$\begin{aligned}\mathrm{tr}\mathbf{d}&=\mathrm{I}_d\\ \mathrm{tr}\mathbf{d}^2&=\mathrm{I}_d^2-2\mathrm{II}_d\\ \mathrm{tr}\mathbf{d}^3&=\mathrm{I}_d^3-3\mathrm{II}_d\mathrm{I}_d+3\mathrm{III}_d\end{aligned}$$

我们还可以把(7.2.14)表成下列形式：

(7.2.16) $$\alpha_0\mathrm{I}_d+\alpha_1(\mathrm{I}_d^2-2\mathrm{II}_d)+\alpha_2(\mathrm{I}_d^3-3\mathrm{I}_d\mathrm{II}_d+3\mathrm{III}_d)\geqslant 0$$

线性理论 利用本构方程(7.2.13)可以推导出各种近似理论[1]．这里我们只考虑线性理论．在这种情况下，我们有

(7.2.17) $$\alpha_0=\lambda_v(\rho^{-1},\theta)\mathrm{I}_d,\quad \alpha_1=2\mu_v(\rho^{-1},\theta),\quad \alpha_2=0$$

式中 λ_v 和 μ_v 分别称为**膨胀粘性**和**剪切粘性**．因此，我们有应力本构方程

(7.2.18) $$t_{kl}=(-\pi+\lambda_v\mathrm{I}_d)\delta_{kl}+2\mu_v d_{kl}$$

把这个结果代入(7.2.16)中，我们得到对这种流体必须施加的限制

(7.2.19) $$(\lambda_v+2\mu_v)\mathrm{I}_d^2-4\mu_v\mathrm{II}_d\geqslant 0$$

这个不等式要求对所有的运动都成立．因此，用和第 6.3 节中相同的方法可以得到下列结果：

---

1) 参见 Eringen [1962 Art. 49 和第七章]．

(7.2.20) $$0 \leqslant 3\lambda_v + 2\mu_v < \infty, \quad 0 \leqslant \mu_v < \infty$$

定理 线性 Stokes 流体具有 (7.2.18) 形式的应力本构方程，其中粘性系数 λ_v 和 μ_v 应服从 (7.2.20) 的限制，而热力学压力 π 则由(7.2.5)给定.

在这种流体中，因为具有耗散功率和内部热源，所以熵是变化的. 根据(5.7.26)，熵的变化由下式计算:

(7.2.21) $$\rho\theta\dot{\eta} = {}_Dt_{kl}d_{lk} + \rho h$$

在线性理论的情况下，利用(7.2.18)，我们可以把上式化为

(7.2.22) $$\rho\theta\dot{\eta} = (\lambda_v + 2\mu_v)\mathrm{I}_d^2 - 4\mu_v\mathrm{II}_d + \rho h$$

不可压缩流体 令 $\mathrm{I}_d = 0$，并用未知压力 $p(\mathbf{x}, t)$ 代替 π，就可得到不可压缩性的限制. 因此，对线性理论，我们有

(7.2.23) $$t_{kl} = -p\delta_{kl} + 2\mu_v d_{kl}$$

(7.2.24) $$d_{kk} = 0$$

(7.2.25) $$0 \leqslant \mu_v(\theta) < \infty$$

(7.2.26) $$\rho\theta\dot{\eta} = -4\mu_v\mathrm{II}_d + \rho_o h$$

压力 $p(\mathbf{x}, t)$ 是本理论的一个未知量. 在给定边界条件下，它可以根据每一个具体问题的解来决定. 在这种情况下，因为 $\rho =$ const. $= \rho_o$，所以 μ_v 只是温度 θ 的一个函数.

7.3 粘性的实验根据

前节所得到的线性本构方程在处理一大类流体运动时具有广泛的应用. 对于水、空气和各种润滑油的运动的应用是那样成功，以致使得现在大多数流体力学家还把这些方程看作是自然规律！但是我们必须指出，各种重要的物理现象，如 Poynting 效应或正应力效应和 Kelvin 效应等，却不能由这些线性方程得到. 在高粘性流体中以及具有大的变形率的运动中，某些流体将显示出这些效应. 例如，在两个共轴的圆柱体(其中内圆柱体旋转，而外圆柱体固定）之间的加糖乳液沿内圆柱体的表面所观察到的爬升现象就与 Navier-Stokes 流体的性态相矛盾. 类似地，在管道流动孔口处发生的膨胀也不能用线性的应力本构方程来解释. 对这些

和其它有意义的非线性现象，我们建议读者参见 Eringen [1962，第七章].

在线性理论的范围内，我们有两个粘性数统 λ_v 和 μ_v，它们对于表征 Navier-Stokes 流体的性态是适宜的. λ_v 引起膨胀运动中的耗散，而 μ_v 则是造成等积运动的原因. 这样，我们可考虑下面两种简单实验.

(i) 静水压力 在物体中的应力状态被说成是静水压力的，如果

$$t_{kl} = -\bar{p}\delta_{kl} \tag{7.3.1}$$

把此式代入(7.2.18)，并令 $k=l$，我们得到

$$\pi - \bar{p} = \left(\lambda_v + \frac{2}{3}\mu_v\right)\mathrm{I}_d \tag{7.3.2}$$

和

$$d_{kl} = 0 \quad \text{当 } k \neq l$$

对不可压缩流体，$\mathrm{I}_d = 0$，我们有

$$\bar{p} = \pi \tag{7.3.3}$$

应当指出，当流体发生刚性运动时，即 $\mathbf{d}=\mathbf{0}$ 时，式(7.3.3)也是成立的. 在这种情况下，"静水压力"这一术语对于 $\bar{p}$ 必定是合适的. 已经证明，对可压缩流体 $\bar{p}$ 也必须和 π 相同. 因此，在经典流体力学中几乎所有的工作都是以下列条件为基础的：

$$\lambda_v + \frac{2}{3}\mu_v = 0 \quad (\text{可压缩}) \tag{7.3.4}$$

这个条件称为 **Stokes 条件**. Stokes 本人并不十分相信这个条件. 动力学理论支持条件(7.3.4)；然而，对稠密的气体和液体，并没有根据能够说明这个条件是成立的. 已发现有些实验结果与这个条件相矛盾[1]. 如果问题的选择不致把 μ_v 的效应消除，那么，对于大多数问题的计算来说，Stokes 条件并不导致很大的偏差. 例如，如果流体的变形是由在所有的方向都相同的，脉动的膨胀和

---

1) 对于各种实验结果的讨论，参见 Truesdell [1952, p. 228].

收缩形成的，则在条件(7.3.4)下，耗散功率为零．在这种情况下，不管 λ_v 如何接近 $-\frac{2}{3}\mu_v$，但是没有耗散的结论在物理上却似乎是不够合理的．然而，对某些流体，实验指出，$\lambda_v > 0$．λ_v 的精确测定存在一定的困难，因为在球对称波动中，测定振幅的衰减是很困难的．

(ii) 直线剪切流动　在两个平行的刚性壁（其中一个是固定的，另一个以速度 u_0 而运动）之间的流体定常流动对解释剪切粘性 μ_v 的效应的实验观察是重要的．若取直角坐标(x,y,z)，使 x 轴沿固定壁的方向，而 y 和 z 轴垂直于 x 轴(图 7.3.1)，则我

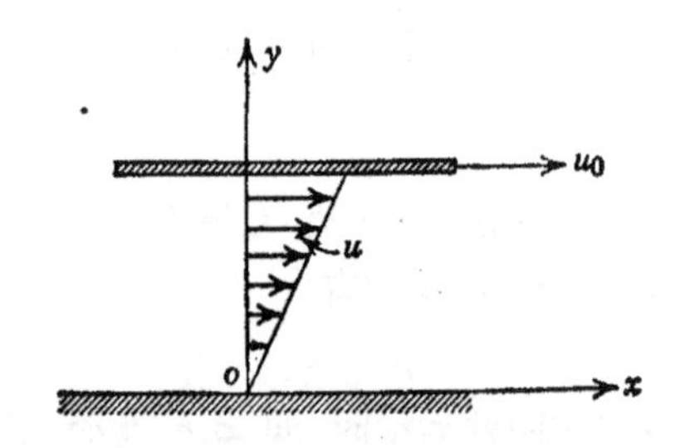

图 7.3.1　直线流动

们希望下面的一维速度场是本问题的解：

(7.3.5)
$$\dot{x} = u(y),\quad \dot{y} = \dot{z} = 0$$

由(7.2.18)和(7.3.5)，我们可得到应力

$$t_{xx} = t_{yy} = t_{zz} = -\pi$$

(7.3.6)
$$t_{xy} = \mu_v \frac{du}{dy},\quad t_{xz} = t_{yz} = 0$$

无体力的 Cauchy 运动方程为

$$-\frac{\partial \pi}{\partial x} + \mu_v \frac{d^2 u}{dy^2} = 0,\quad \frac{\partial \pi}{\partial y} = \frac{\partial \pi}{\partial z} = 0$$

于是，$\pi = \pi(x)$，并且

$$\frac{d\pi}{dx} = \mu_v \frac{d^2 u}{dy^2} = A$$

因为 u 只是 y 的函数，所以 A 是常数。上式的积分为

$$\mu_v u = A\frac{y^2}{2} + By + C, \quad \pi = Ax + D$$

假设流体附着在刚性壁上，于是我们有边界条件

$$u = 0 \quad 当 \quad y = 0$$

$$u = u_0 \quad 当 \quad y = h$$

由此可以决定常数 B 和 C。把所得的结果代入解中，则有

$$\mu_v u = \frac{A}{2}(y^2 - hy) + \mu_v \frac{u_0}{h} y$$

(7.3.7) $$t_{xy} = \frac{A}{2}(2y - h) + \mu_v \frac{u_0}{h}, \quad \pi = Ax + D$$

$$t_{xx} = t_{yy} = t_{zz} = -\pi, \quad t_{xz} = t_{yz} = 0$$

当压力梯度 $A = 0$ 时，我们得到

(7.3.8) $$u = \frac{u_0}{h} y, \quad t_{xy} = \mu_v \frac{u_0}{h}$$

因此，通过管道，水平速度分量线性地变化，并在运动壁 $y = h$ 上达到最大值(图 7.3.1). 从而，在上面的平板上发生的阻力(水平力)就可以给出粘性的度量，即

$$\mu_v = t_{xy} h / u_0$$

可以用上述管道流动来测量剪切粘性。因为实际的管道具有有限的宽度，所以维持这种管道流动的条件(7.3.5)是很困难的.作为一种粘度计，宁可用圆管内的粘性流体的流动来代替直线流动.这个问题的解将在第7.7节中给出。根据 Poiseuille [1840][1]最初所用的毛细管(直径在 0.001—0.014 厘米之间变化)，可以得到很高的精度.例如，在大气压下，水的粘性大约在 0.1% 的精度之内.

还有其它根据 Couette 流动(扭转流动)作成的粘度计，平行板粘度计等等。对这些情况的一些讨论可参见 Michell [1946，第三章].

---

1) 一个对血液循环有兴趣的内科医生根据实验建立了流体通过毛细管的排出规律，并在这个方面完成了第一批有意义的实验.

还有粘性依赖于温度和压力的一些经验公式．例如，Lamb 书中 [1952, Art. 326] 给出的 Helmholtz 公式．在 CGS 单位制中，当温度以摄氏温度测量时，水的粘性为

$$\mu_v = \frac{0.01779}{1 + 0.033680\theta + 0.000220990\theta^2} \tag{7.3.9}$$

对空气，他提供的方程是

$$\mu_v = 0.0001702(1 + 0.0329\theta + 0.0000070\theta^2) \tag{7.3.10}$$

通过 $\pi = \pi(\rho^{-1}, \theta)$，即 $\rho^{-1} = f(\pi, \theta)$ 这一事实，可以了解到压力的相关性．因而

$$\mu_v = \mu_v[f(\pi, \theta), \theta] = \hat{\mu}_v(\pi, \theta) \tag{7.3.11}$$

在流体和空气中，已经发现，μ_v 随压力而递增．在空气中，**动粘性** $\nu_v \equiv \mu_v/\rho$ 与压力成反比地变化．在表 7.3.1 中，我们提供了在大气压下一些流体的粘性[1]．

表 7.3.1　在 CGS 单位制(克/厘米·秒)中流体的粘性(在大气压下)

	0℃	20℃	40℃	60℃	80℃	100℃
水*	0.01792	0.01005	0.00656	0.00469	0.00356	0.00284
汞	0.0170	0.0157	—	—	0.00122	—
	0.0044	0.0038	0.0032	—	—	—
甘油	4.6	8.7	—	—	—	—
鲸脑油	1.13	0.335	0.173	0.009	0.040	—
蓖麻油	—	7.24	2.23	0.68	0.28	0.12
汽油 BB	—	9.47	1.30	0.54	0.26	0.12
空气*	1.709 $\times 10^{-4}$	1.808 $\times 10^{-4}$	1.904 $\times 10^{-4}$	1.997 $\times 10^{-4}$	2.088 $\times 10^{-4}$	2.175 $\times 10^{-4}$

* 关于其它物质的粘性，读者可参见国际准则表．

7.4　流体力学基本方程的汇总

线性应力本构关系的流体力学是以下述方程为基础的．

---

1) 除了水和空气的 μ_v 值(用星号标明)之外，其它的 μ_v 值摘自 Michell [1946, p. 118]，而水和空气的 μ_v 值摘自 Goldstein [1938, pp. 5—7]．

平衡方程

(7.4.1) $$\frac{\partial\rho}{\partial t}+(\rho v_k)_{,k}=0$$

(7.4.2) $$t_{kl,k}+\rho(f_l-\dot{v}_l)=0$$

(7.4.3) $$t_{kl}=t_{lk}$$

(7.4.4) $$\rho\theta\dot{\eta}=(\lambda_v+2\mu_v)\mathrm{I}_d^2-4\mu_v\mathrm{II}_d+\rho h$$

(7.4.5) $$0\leqslant 3\lambda_v+2\mu_v<\infty,\ 0\leqslant\mu_v<\infty$$

最后两个条件对于满足 Clausius-Duhem 不等式是必要和充分的。

跳变条件 如果间断面 $\sigma(t)$ 在其正法线 $\mathbf{n}$ 的方向以速度 $\boldsymbol{\nu}$ 掠过物体,则在 $\sigma(t)$ 上必须满足下面的跳变条件:

(7.4.6) $$[\rho(\mathbf{v}-\boldsymbol{\nu})]\cdot\mathbf{n}=0$$

(7.4.7) $$-[t_{kl}]n_k-[\rho v_l(\mathbf{v}-\boldsymbol{\nu})]\cdot\mathbf{n}=0$$

(7.4.8) $$\left[\left(\varepsilon+\frac{1}{2}v^2\right)\rho(\mathbf{v}-\boldsymbol{\nu})\right]\cdot\mathbf{n}-[t_{kl}v_l+q_k]n_k=0$$

(7.4.9) $$\left[\rho\eta(\mathbf{v}-\boldsymbol{\nu})-\frac{\mathbf{q}}{\theta}\right]\cdot\mathbf{n}\geqslant 0$$

本构方程(可压缩流体)

(7.4.10) $$t_{kl}=(-\pi+\lambda_v I_d)\delta_{kl}+2\mu_v d_{kl}$$

(7.4.11) $$q_k=0$$

(7.4.12) $$\varepsilon=\psi(\rho^{-1},\theta)-\theta\frac{\partial\psi}{\partial\theta}$$

(7.4.13) $$\eta=-\frac{\partial\psi}{\partial\theta},\ \pi=-\frac{\partial\psi}{\partial\rho^{-1}}$$

式中自由能 $\psi(\rho^{-1},\theta)$ 表征系统的热力学状态。

本构方程(不可压缩流体)

(7.4.14) $$t_{kl}=-p\delta_{kl}+2\mu_v d_{kl}$$

(7.4.15) $$q_k=0$$

(7.4.16) $$\varepsilon=\psi(\theta)-\theta\frac{\partial\psi}{\partial\theta}$$

$$\eta = -\frac{\partial \psi}{\partial \theta} \tag{7.4.17}$$

在这种情况下，$\rho = \rho_0 = \text{const.}$，所以还必须有

$$v_{k,k} = 0 \tag{7.4.18}$$

此式可由(7.4.1)得出．函数 $p(\mathbf{x}, t)$ 是本理论的未知量，它由场方程的积分和边界条件来决定．在这种情况下，根据系统的力学状态，ε 和 η 是非耦合的，所以，为了决定不可压缩流体的运动，我们不需要给定 ψ.

运动学关系

$$a_k = \dot{v}_k = \frac{\partial v_k}{\partial t} + v_{k,l} v_l \quad \text{（加速度）} \tag{7.4.19}$$

$$d_{kl} = \frac{1}{2}(v_{k,l} + v_{l,k}) \quad \text{（变形率）} \tag{7.4.20}$$

$$w_{kl} = \frac{1}{2}(v_{k,l} - v_{l,k}) \quad \text{（自　旋）} \tag{7.4.21}$$

$$w_k = e_{klm} w_{ml} \quad \text{（旋　度）} \tag{7.4.22}$$

$$\mathrm{I}_d = v_{k,k}, \quad \mathrm{II}_d = \frac{1}{2}(d_{kk} d_{ll} - d_{kl} d_{lk}) \tag{7.4.23}$$

Navier-Stokes 方程　把由方程(7.4 10)和(7.4.14)得到的 $\mathbf{t}$ 代入(7.4.2)，我们便可得到著名的 Navier-Stokes 方程如下：

$$(\lambda_v + \mu_v) v_{k,kl} + \mu_v v_{l,kk} - \pi_{,l} + \rho(f_l - \dot{v}_l) = 0 \quad \text{（可压缩流体）} \tag{7.4.24}$$

$$\mu_v v_{l,kk} - p_{,l} + \rho_0(f_l - \dot{v}_l) = 0 \quad \text{（不可压缩流体）} \tag{7.4.25}$$

对可压缩流体，除 Navier-Stokes 方程(7.4.24)外还必须补充连续性方程(7.4.1)，能量方程(7.4.4)，状态方程 $\psi(\rho^{-1}, \theta)$ 或(7.4.13)，这样便提供了决定五个未知量 v_k, ρ 和 θ 的五个偏微分方程．对不可压缩流体，不需要能量方程和状态方程．但我们还需要不可压缩性条件(7.4.18)来补充(7.4.25)，这样便得到决定四个未知量 v_k 和 p 的四个偏微分方程．于是，对这两种流体，在边界条件和

初始条件为"适当"的情况下，问题是确定的。

我们强调指出，Navier-Stokes 方程和 Navier 方程(6.5.20)与(6.5.21)之间的差别．在前者中，我们不仅看到附加的压力项，而且这些方程是非线性的．这一点可从加速度的表达式(7.4.19)和在(7.4.24)以及连续性方程(7.4.1)中出现 ρ 和 v 的乘积项看出．在线性弹性理论中，考虑到加速度是由近似式(6.5.17)给出的，而且在(6.5.20)中的密度看成是常数，所以，非线性项是不出现的．

边界条件　如果在边界 $\mathscr{S}$ 的一部份表面 $\mathscr{S}_t$ 上给定外力，而在其余部份 $\mathscr{S}_v \equiv \mathscr{S} - \mathscr{S}_t$ 上给定速度，则我们有

$$t_{kl}n_k = \bar{t}_l \text{ 在 } \mathscr{S}_t \text{ 上}$$

$$(7.4.26) \qquad v_k = \bar{v}_k \text{ 在 } \mathscr{S}_v \text{ 上}$$

这里，$\mathscr{S}_t$ 和 $\mathscr{S}_v$ 是不重迭的．根据 Lamb 的观点，在自由表面上，或在两种不同流体的接触面上，外力 $\bar{t}_l$ 应是连续的．从这里并看不出通过表面或交界面的速度是否连续，尽管一些具体的例子具有这种连续性．

在固体与流体介质接触的边界上所要满足的条件这一问题上存在着更多的争论．根据 Stokes 的观点，流体必须附着于固体，即，在接触面上必须满足条件$(7.4.26)_2$，其中 $\bar{v}_k$ 是固体的表面速度，或者满足

$$(7.4.27) \qquad \Delta \mathbf{v} = 0 \text{ 在固体表面 } \mathscr{S} \text{ 上}$$

式中 $\Delta \mathbf{v}$ 表示流体和固体边界的速度差．但是已经知道，在高速空气动力学中，附着条件是不成立的．在已提出的各种滑移条件中，最重要的一个条件是

$$(7.4.28) \qquad \Delta v_n = 0,\ \Delta \mathbf{v}_t = k\mathbf{t}_t$$

其中指标 n 和 t 分别表示边界处速度的法线和切线分量，k 是可能与 ρ^{-1} 和 θ 相关的系数．这些条件已得到动力学理论的一些证实。除了很低的压力之外，系数 k 接近于零．

初始条件　初始条件即在初始时刻时物体内各点的速度场和密度场

$$
\begin{aligned}
&\mathbf{v}(\mathbf{x},0)=\mathbf{v}_0(\mathbf{x}) \\
&\rho(\mathbf{x},0)=\rho_0(\mathbf{x})
\end{aligned}
\qquad t=0,\ \mathbf{x}\in\mathscr{V} \tag{7.4.29}
$$

边界条件和初始条件必须合理地表示流体的物理情况．在一个适定的理论中，在存在性和唯一性定理[1]的基础上，这些条件才是可容许的．然而，一个理论的最后成功还在于所预示的现象必须被实验所证实．迄今为止，Navier-Stokes 理论的成功无疑已超过了它的开创者们的期望．

7.5 曲线坐标

为了得到各种方程在曲线坐标中的表达式，我们将采用第 6.6 节中介绍的步骤．在**正交曲线坐标**中，弧长平方 ds^2 为

$$
ds^2=g_{11}(dx^1)^2+g_{22}(dx^2)^2+g_{33}(dx^3)^2
$$

度量张量 g_{kl} 只有三个非零的分量 g_{11},g_{22},g_{33}．Cauchy 运动方程的形式已由(6.6.8)给出． 只要在(6.6.11)和(6.6.12)中用 $\mathbf{v}$ 代替 $\mathbf{u}$ 即可得到变形率，自旋和旋度的物理分量．于是，

$$
d_{(l)}^{(k)}=d_l^k\frac{\sqrt{g_{\underline{kk}}}}{\sqrt{g_{\underline{ll}}}}=\frac{1}{2}\left[\frac{\sqrt{g_{\underline{kk}}}}{\sqrt{g_{\underline{ll}}}}\frac{\partial}{\partial x^l}\left(\frac{v^{(k)}}{\sqrt{g_{\underline{kk}}}}\right)+\frac{\sqrt{g_{\underline{ll}}}}{\sqrt{g_{\underline{kk}}}}\frac{\partial}{\partial x^k}\right.
$$
$$
\left.\times\left(\frac{v^{(l)}}{\sqrt{g_{\underline{ll}}}}\right)+\frac{1}{\sqrt{g_{\underline{kk}}g_{\underline{kk}}}}\sum_{m=1}^{3}\frac{\partial g_{\underline{kk}}}{\partial x^m}\frac{v^{(m)}}{\sqrt{g_{mm}}}\delta_{kl}\right] \tag{7.5.1}
$$

$$
w_{(l)}^{(k)}=\frac{1}{2\sqrt{g_{\underline{kk}}g_{\underline{ll}}}}\left[\frac{\partial}{\partial x^l}(\sqrt{g_{\underline{kk}}}\,v^{(k)})-\frac{\partial}{\partial x^k}(\sqrt{g_{\underline{ll}}}v^{(l)})\right] \tag{7.5.2}
$$

$$
w^{(m)}=\sum_{k,l}e^{mlk}w_{(l)}^{(k)}\quad\text{或者}\quad\mathbf{w}=\nabla\times\mathbf{v} \tag{7.5.3}
$$

应力本构方程为

$$
t_{(l)}^{(k)}=(-\pi+\lambda_v d_{(m)}^{(m)})\delta_l^k+2\mu_v d_{(l)}^{(k)} \tag{7.5.4}
$$

Navier-Stokes 方程可以用与第 6.6 节相同的方法推出，其矢量形式可以表示为

---

[1] 有关存在性和唯一性定理的论述，可参见 Eringen [1959, Art. 72] 以及其中的参考文献．

$$(7.5.5)\quad (\lambda_v + 2\mu_v)\nabla\nabla\cdot\mathbf{v} - \mu_v\nabla\times\nabla\times\mathbf{v} - \nabla\pi + (\mathbf{f} - \dot{\mathbf{v}}) = \mathbf{0}$$

如果将曲线坐标中的梯度、散度和旋度算子代入(7.5.5)，则我们就可以得到该方程在曲线坐标中的表达式。

加速度 $\dot{\mathbf{v}}$ 的表达式可如下得到．首先写出

$$\dot{v}_k = \frac{\partial v_k}{\partial t} + v_{k,l}v^l = \frac{\partial v_k}{\partial t} + (v_{k,l} - v_{l,k})v^l + v_{l,k}v^l$$

$$= \frac{\partial v_k}{\partial t} + 2w_{kl}v^l + \frac{1}{2}(v_l v^l)_{,k}$$

我们可用其物理分量来表示出现在最后一个等式中的各个量，即

$$\dot{v}_k = \sqrt{g_{\underline{k}\underline{k}}}\,\dot{v}^{(k)},\quad v_k = \sqrt{g_{\underline{k}\underline{k}}}\,v^{(k)},\quad v^l = v^{(l)}/\sqrt{g_{ll}}$$

$$w_{kl} = w\binom{k}{l}\sqrt{g_{\underline{k}\underline{k}}g_{ll}}$$

因此得到

$$(7.5.6)\qquad \dot{v}^{(k)} = \frac{\partial v^{(k)}}{\partial t} + 2w\binom{k}{l}v^{(l)} + \frac{1}{2\sqrt{g_{\underline{k}\underline{k}}}}(\mathbf{v}\cdot\mathbf{v})_{,k}$$

这里，因为 $v_l v^l$ 是绝对标量，所以它的协变导数和偏导数是相同的．表达式(7.5.6)也可写成

$$(7.5.7)\qquad \dot{\mathbf{v}} = \frac{\partial\mathbf{v}}{\partial t} - \mathbf{v}\times\mathbf{w} + \frac{1}{2}\nabla(v^2)$$

式中 $\mathbf{w}$ 是旋度矢量，它的物理分量由(7.5.3)给出．(7.5.7)的更明确的形式为

$$(7.5.8)\qquad \dot{\mathbf{v}} = \frac{\partial\mathbf{v}}{\partial t} - \mathbf{v}\times(\nabla\times\mathbf{v}) + \frac{1}{2}\nabla(v^2)$$

因此，Navier-Stokes 方程的矢量形式为

$$(7.5.9)\quad (\lambda_v + 2\mu_v)\nabla\nabla\cdot\mathbf{v} - \mu_v\nabla\times\nabla\times\mathbf{v} - \nabla\pi + \rho\mathbf{f} = \rho\left[\frac{\partial\mathbf{v}}{\partial t} - \dot{\mathbf{v}}\times(\nabla\times\mathbf{v}) + \frac{1}{2}\nabla(v^2)\right]\quad \text{（可压缩流体）}$$

对不可压缩流体 $\nabla\cdot\mathbf{v} = 0$，我们用 p 代替 π，则得

$$(7.5.10)\qquad -\mu_v\nabla\times\nabla\times\mathbf{v} - \nabla p + \rho_0\mathbf{f}$$

$$= \rho_0 \left[\frac{\partial \mathbf{v}}{\partial t} - \mathbf{v} \times (\nabla \times \mathbf{v}) + \frac{1}{2} \nabla (v^2) \right]$$

（不可压缩流体）

连续性方程在曲线坐标中的矢量形式为

(7.5.11) $$\frac{\partial \rho}{\partial t} + \mathbf{v} \cdot \nabla \rho + \rho \nabla \cdot \mathbf{v} = 0$$

对不可压缩流体，$\rho = \text{const.} = \rho_0$，因而(7.5.11)化为

(7.5.12) $$\nabla \cdot \mathbf{v} = 0$$ （不可压缩流体）

在(7.4.26)中用矢量和张量的物理分量来代替它们的张量分量，则可把边界条件用矢量形式表示出来，即

(7.5.13) $$t_{(l)}^{(k)} n_{(k)} = \bar{t}_{(l)} \text{ 在 } \mathscr{S}_t \text{ 上}$$
$$v^{(k)} = \bar{v}^{(k)} \text{ 在 } \mathscr{S}_v \text{ 上}$$

如果我们把(7.5.4)代入(7.5.13)，则可以整理成为

(7.5.14) $$-\pi \mathbf{n} + \lambda_v (\nabla \cdot \mathbf{v}) \mathbf{n} + 2\mu_v (\mathbf{n} \cdot \nabla) \mathbf{v} + \mu_v \mathbf{n} \times (\nabla \times \mathbf{v}) = \bar{\mathbf{t}}(\mathbf{x}, t) \quad \text{在 } \mathscr{S}_t \text{ 上}, \quad t \geqslant 0$$
$$\mathbf{v} = \bar{\mathbf{v}}(\mathbf{x}, t) \text{ 在 } \mathscr{S}_v \text{ 上},$$ （可压缩流体）

(7.5.15) $$-p\mathbf{n} + 2\mu_v (\mathbf{n} \cdot \nabla) \mathbf{v} + \mu_v \mathbf{n} \times (\nabla \times \mathbf{v}) = \bar{\mathbf{t}}(\mathbf{x}, t) \quad \text{在 } \mathscr{S}_t \text{ 上}, \quad t \geqslant 0$$
$$\mathbf{v} = \bar{\mathbf{v}}(\mathbf{x}, t) \text{ 在 } \mathscr{S}_v \text{ 上},$$ （不可压缩流体）

初始条件的矢量形式为

(7.5.16) $\mathbf{v}(\mathbf{x}, 0) = \mathbf{v}_0(\mathbf{x})$，$\rho(\mathbf{x}, 0) = \rho_0(\mathbf{x})$，$\mathbf{x} \in \mathscr{V}$，$t = 0$

利用正交曲线坐标中的梯度、散度和旋度算子的表达式，我们就可以得到处理流体力学问题所必需的全部方程(7.5.9)—(7.5.12)和(7.5.14)—(7.5.16).

7.6 特殊类型的流体运动

在本节中，我们将推导场方程（Navier-Stokes 方程和连续性方程）

(7.6.1) $(\lambda_v + 2\mu_v) \nabla \nabla \cdot \mathbf{v} - \mu_v \nabla \times \nabla \times \mathbf{v} - \nabla \pi + \rho \mathbf{f}$

$$= \rho\left[\frac{\partial \mathbf{v}}{\partial t} - \mathbf{v}\times(\nabla\times\mathbf{v}) + \nabla\left(\frac{v^2}{2}\right)\right]$$

(7.6.2) $$\frac{\partial \rho}{\partial t} + \mathbf{v}\cdot\nabla\rho + \rho\nabla\cdot\mathbf{v} = 0$$

的某些简化形式，它们对于描述某些特殊类型的运动将是有用的.

(i) **无旋运动** 如果速度可由一个势得到，即

(7.6.3) $$\mathbf{v} = \nabla\phi$$

则我们有 $\mathbf{w} = \nabla\times\mathbf{v} = \mathbf{0}$. 这种运动称为无旋运动. 我们可以把体力分解为两部分

(7.6.4) $$\mathbf{f} = -\nabla g - \nabla\times\mathbf{h},\ \nabla\cdot\mathbf{h} = 0$$

式中 g 和 $\mathbf{h}$ 分别是标量势和矢量势. 把(7.6.3)和(7.6.4)代入(7.6.1)和(7.6.2)，我们则得到

(7.6.5) $$\frac{\lambda_v + 2\mu_v}{\rho}\nabla\nabla^2\phi - \nabla\times\mathbf{h} - \nabla\left[\frac{\partial\phi}{\partial t} + \frac{1}{2}(\nabla\phi)^2 + \int\frac{d\pi}{\rho} + g\right] = \mathbf{0}$$

(7.6.6) $$\frac{\partial\rho}{\partial t} + \nabla\phi\cdot\nabla\rho + \rho\nabla^2\phi = 0$$

当 $(\lambda_v + 2\mu_v)/\rho$ 为常数和 $\nabla\times\mathbf{h} = \mathbf{0}$ 时，还可能作出进一步有意义的讨论. 前者表示一种很特殊的情况，相当于对 $\lambda_v + 2\mu_v$ 加上一个条件. 这时，在(7.6.5)中，我们必须有 $\lambda_v + 2\mu_v = k\rho$，式中 k 为一个常数. 在这种情况下，积分(7.6.5)可得到

(7.6.7) $$-\frac{\lambda_v + 2\mu_v}{\rho}\nabla^2\phi + \frac{\partial\phi}{\partial t} + \frac{1}{2}(\nabla\phi)^2 + \int\frac{d\pi}{\rho} + g = K_1(t)$$

另一个有意义的情况是非粘性流体的情形，即 $\lambda_v = \mu_v = 0$. 在这种情况下，(7.6.5)的积分为

(7.6.8) $$\frac{\partial\phi}{\partial t} + \frac{1}{2}(\nabla\phi)^2 + \int\frac{d\pi}{\rho} + g = K_1(t)$$

式中 $K_1(t)$ 是时间 t 的函数. 在一个固定的时刻，在物体的所有

空间点处，(7.6.8) 的左端是一个常数．在一个物质点上计算出(7.6.8)左端的值我们就可以消去 $K_1(t)$．方程(7.6.8)就是著名的非粘性的无旋可压缩流体的 **Bernoulli** 方程．

(ii) 等容运动　对于这种运动，体积是不变的，于是我们有 $\nabla\cdot\mathbf{v}=0$．把此式和(7.6.4)代入(7.6.1)和(7.6.2)，我们得到

$$
-\nabla\left(\int\frac{d\pi}{\rho}+g+\frac{v^2}{2}\right)-\frac{\mu_v}{\rho}\nabla\times\nabla\times\mathbf{v}-\nabla\times\mathbf{h}=\frac{\partial\mathbf{v}}{\partial t}-\mathbf{v}\times(\nabla\times\mathbf{v}) \tag{7.6.9}
$$

$$
\frac{d\rho}{dt}=0 \tag{7.6.10}
$$

由(7.6.10)可得到

$$
\rho=\text{const.}\qquad(\text{沿一物质线}) \tag{7.6.11}
$$

对在整个物体中 $\rho=\text{const.}=\rho_0$ 的情况，我们在(7.6.9)两边取旋度和散度，则得

$$
\nabla\times(\nu_v\nabla\times\mathbf{w})+\nabla\times\nabla\times\mathbf{h}+\frac{\partial\mathbf{w}}{\partial t}+\nabla\times(\mathbf{w}\times\mathbf{v})=\mathbf{0} \tag{7.6.12}
$$

$$
\nabla^2\left(\frac{\pi}{\rho_0}+g+\frac{v^2}{2}\right)=\nabla\cdot(\mathbf{v}\times\mathbf{w}) \tag{7.6.13}
$$

式中，我们已令

$$
\mathbf{w}=\nabla\times\mathbf{v},\quad \nu_v\equiv\frac{\mu_v}{\rho} \tag{7.6.14}
$$

现在，我们考虑非粘性情况，即 $\nu_v=0$，并且取 $\mathbf{h}=\mathbf{0}$．在这种情况下，则有

$$
\frac{\partial\mathbf{w}}{\partial t}+\nabla\times(\mathbf{w}\times\mathbf{v})=\mathbf{0} \tag{7.6.15}
$$

根据 Zorawski 准则(2.5.6)，我们看到，在这种情况下，通过每一物质面，旋度 $\mathbf{w}$ 的通量保持为常数．于是，旋度是随流体而迁移的．当 ν_v 和 $\mathbf{h}$ 不为零时，则旋度是由粘性摩擦力和体力所引起的．

引入矢量旋度势

$$\mathbf{v} = \nabla \times \boldsymbol{\phi} \tag{7.6.16}$$

我们看到，$\nabla \cdot \mathbf{v} = 0$ 是自动满足的. 因而，(7.6.12)和(7.6.13)可以写成

$$\nabla \times \left[\nu_v \nabla \times \nabla \times \nabla \times \boldsymbol{\phi} + \nabla \times \mathbf{h} + \frac{\partial}{\partial t}(\nabla \times \boldsymbol{\phi}) + (\nabla \times \nabla \times \boldsymbol{\phi}) \times (\nabla \times \boldsymbol{\phi})\right] = 0 \tag{7.6.17}$$

$$\nabla^2\left[\frac{\pi}{\rho_0} + \frac{1}{2}(\nabla \times \boldsymbol{\phi})^2 + g\right] = \nabla \cdot [(\nabla \times \boldsymbol{\phi}) \times (\nabla \times \nabla \times \boldsymbol{\phi})] \tag{7.6.18}$$

遗憾的是，和线弹性情况相反，方程(7.6.1)和(7.6.2)的非线性特性不允许将上面的情况（i）和（ii）相迭加来得到一般流体运动的解.

(iii) 不可压缩流体　在这种情况下，应以 p 来代替(7.6.17)和(7.6.18)中的 π.

(iv) 不可压缩流体的平面运动　对于在平面 $x^3 \equiv z = 0$ 内的平面运动，速度的 z 分量为零，而其余两个分量与 z 无关。于是有

$$\begin{aligned} \mathbf{v}(x^1, x^2, t) &= \nabla \times \boldsymbol{\phi}(x^1, x^2, t) = (v^{(1)}, v^{(2)}, 0) \\ \mathbf{w}(x^1, x^2, t) &= \nabla \times \nabla \times \boldsymbol{\phi} = (0, 0, w^{(3)}) \end{aligned} \tag{7.6.19}$$

因此，我们可以取

$$\boldsymbol{\phi} = \phi(x^1, x^2, t)\mathbf{e}_z \tag{7.6.20}$$

式中 $\mathbf{e}_z$ 是 z 方向的单位矢量. 在这种情况下，方程(7.6.17)和(7.6.18)可以大为简化. 当 $\nu_v = \text{const.}$ 和 $\mathbf{h} = 0$ 时，我们给出不可压缩流体情况在直角坐标和平面极坐标下的相应表达式.

(a) 直角坐标 (x, y)

$$\mathbf{v} = \nabla \times \boldsymbol{\phi} = \frac{\partial \phi}{\partial y}\mathbf{i}_1 - \frac{\partial \phi}{\partial x}\mathbf{i}_2, \quad \mathbf{w} = \nabla \times \mathbf{v} = -\nabla^2 \phi \mathbf{i}_3 \tag{7.6.21}$$

$$-\frac{\partial}{\partial t}(\nabla^2 \phi) - \left(\frac{\partial \phi}{\partial y}\frac{\partial}{\partial x} - \frac{\partial \phi}{\partial x}\frac{\partial}{\partial y}\right)\nabla^2 \phi + \nu_v \nabla^4 \phi = 0 \tag{7.6.22}$$

$$\text{(7.6.23)} \quad \nabla^2\left[\frac{p}{\rho_0}+\frac{1}{2}\left(\frac{\partial\psi}{\partial x}\right)^2+\frac{1}{2}\left(\frac{\partial\psi}{\partial y}\right)^2+g\right]$$
$$=(\nabla^2\psi)^2+(\nabla\psi)\cdot\nabla(\nabla^2\psi)$$

式中

$$\text{(7.6.24)} \qquad \nabla^2\psi\equiv\frac{\partial^2\psi}{\partial x^2}+\frac{\partial^2\psi}{\partial y^2}$$

(b) 平面极坐标 (r,θ)

$$\text{(7.6.25)} \quad -\frac{\partial}{\partial t}(\nabla^2\psi)-\frac{1}{r}\left(\frac{\partial\psi}{\partial\theta}\frac{\partial}{\partial r}-\frac{\partial\psi}{\partial r}\frac{\partial}{\partial\theta}\right)\nabla^2\psi+\nu_v\nabla^4\psi=0$$

$$\text{(7.6.26)} \quad \nabla^2\left[\frac{p}{\rho_0}+\frac{1}{2}\left(\frac{\partial\psi}{\partial r}\right)^2+\frac{1}{2}\left(\frac{1}{r}\frac{\partial\psi}{\partial\theta}\right)^2+g\right]$$
$$=(\nabla^2\psi)^2+(\nabla\psi)\cdot\nabla(\nabla^2\psi)$$

式中

$$\text{(7.6.27)} \qquad \nabla\psi=\frac{\partial\psi}{\partial r}\mathbf{e}_r+\frac{1}{r}\frac{\partial\psi}{\partial\theta}\mathbf{e}_\theta$$

当解出(7.6.22)或(7.6.25)时，我们就可以决定ψ. 把所得的ψ代入(7.6.23)或(7.6.26),同时利用边界条件，就可以决定 p.

7.7 Poiseuille 流动

在一个半径为 a 的等圆截面直管中粘性流体的定常运动称为 Poiseuelle 流动. 取 z 轴为柱体的轴,在圆柱坐标 (r,θ,z) 中,我们考虑由下列关系给定的一维运动:

$$\text{(7.7.1)} \qquad \dot{r}=\dot{\theta}=0,\ \dot{z}=w(r),\ 0\leqslant r\leqslant a$$

我们假设流体附着在柱体壁 $r=a$ 上,故有边界条件

$$\text{(7.7.2)} \qquad w(a)=0$$

由(7.5.10)可得到运动微分方程. 对于这种运动,根据(7.7.1)和附录 C5.26，我们有

$$\nabla\cdot\mathbf{v}=0,\ \nabla\times\nabla\times\mathbf{v}=-\frac{1}{r}\frac{\partial}{\partial r}\left(r\frac{\partial w}{\partial r}\right)\mathbf{e}_z$$

$$\mathbf{v}\times(\nabla\times\mathbf{v})+\frac{1}{2}\nabla(v^2)=0,\quad \frac{\partial\mathbf{v}}{\partial t}=0$$

因此，运动是等容的．与此相应，我们还可认为流体是不可压缩的．因而

$$\mu_v \frac{1}{r}\frac{\partial}{\partial r}\left(r\frac{\partial w}{\partial r}\right)\mathbf{e}_z - \nabla p + \rho\mathbf{f} = \mathbf{0}$$

如果不计体力 $\mathbf{f}$，则我们有 $\partial p/\partial r = \partial p/\partial\theta = 0$ 和 $p = p(z)$，因此

$$\mu_v \frac{1}{r}\frac{\partial}{\partial r}\left(r\frac{\partial w}{\partial r}\right) = \frac{\partial p}{\partial z} \tag{7.7.3}$$

此方程的积分为

$$w = \frac{r^2}{4\mu_v}\frac{\partial p}{\partial z} + A\log r + B \tag{7.7.4}$$

在柱体的轴 $r = 0$ 上，速度必须是有限的，所以 $A = 0$．B 可由条件(7.7.2)来决定．因此有

$$w = \frac{r^2 - a^2}{4\mu_v}\frac{\partial p}{\partial z} \tag{7.7.5}$$

这样，轴向速度分布沿 r 方向是抛物线的，并在柱体的轴 $r = 0$ 上达到最大值(图 7.7.1)

$$w_{\max} = -\frac{a^2}{4\mu_v}\frac{\partial p}{\partial z} \tag{7.7.6}$$

这里，我们已取用 $\partial p/\partial z < 0$，以便使得流动沿 z 轴的正向进行．流体通过任一横截面的流量可由下式计算：

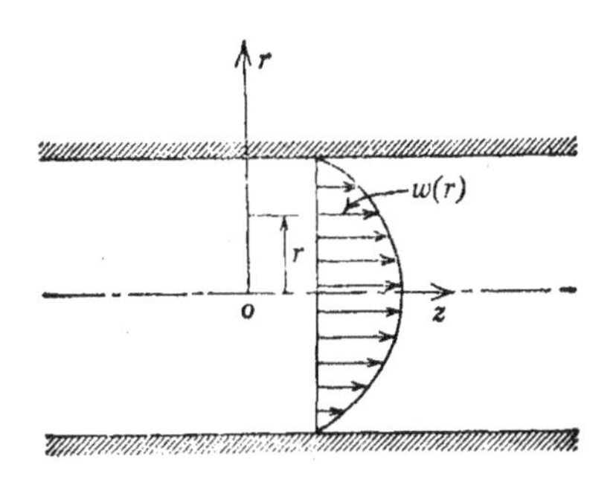

图 7.7.1 Poiseuille 流动

(7.7.7)
$$\mathscr{M}=\int_0^a \rho_0 w 2\pi r dr=-\rho_0 \frac{\pi}{8}\frac{a^4}{\mu_v}\frac{\partial p}{\partial z}$$

式中 ρ_0 为流体的常值密度．应力张量的物理分量为

(7.7.8)
$$t_{rr}=t_{\theta\theta}=t_{zz}=-p$$

$$t_{rz}=\mu_v \frac{\partial w}{\partial r}=\frac{r}{2}\frac{\partial p}{\partial z},\quad t_{r\theta}=t_{\theta z}=0$$

方程(7.7.7)和 Poiseuille [1840-1] 以及其他学者所得的结果完全一致．这些结果对流体的缓慢运动是成立的．在高速时，流动将变得不稳定，并且在壁上的附着条件也不再成立．要想分离开壁上的流动和随后的湍流，这无论是在数学上还是在概念上都是很难进行分析的．

对某些高粘性流体，如像熟知的非牛顿流体，则出现完全不同的物理现象． Merrington [1943] 关于管道流动的实验指出：流体在粘度计的出口截面处发生膨胀．这种现象不能用本构上线性的粘性流体理论来解释．必须考虑本构方程中的非线性项．这些附加项可以用来考虑上述现象，如 Merrington 效应或正应力效应．有关这方面的论述可以参见 Eringen [1962,Ch.7]．

7.8 不可压缩粘性流体的一维运动

这里，我们考虑不可压缩粘性流体沿直角坐标 (x,y,z) 的 x 轴方向的运动．我们研究具有下列形式的速度分量的一维运动：

(7.8.1)
$$v_1=u(x,y,t),\quad v_2=v_3=0$$

于是，连续性方程(7.4.1)化为

$$\frac{\partial u}{\partial x}=0$$

因而，$u=u(y,t)$．在无体力 $(\mathbf{f}=\mathbf{0})$ 时，运动方程(7.4.25)化为

$$\mu_v \frac{\partial^2 u}{\partial y^2}-\frac{\partial p}{\partial x}-\rho_0 \frac{\partial u}{\partial t}=0$$

$$\frac{\partial p}{\partial y}=0,\qquad \frac{\partial p}{\partial z}=0$$

由最后两个方程，我们可见 $p=p(x,t)$．因为 u 不是 x 的函数，

所以由第一个方程得到

$$\nu_v \frac{\partial^2 u}{\partial y^2} - \frac{\partial u}{\partial t} = K(t)$$

$$\frac{1}{\rho_0} \frac{\partial p}{\partial x} = K(t)$$

式中 $\nu_v \equiv \mu_v/\rho_0$. 这里,第二个方程给出

$$\frac{p}{\rho_0} = K(t)x + K_1(t)$$

如果所考虑的运动延伸到无穷远 $x=\infty$处，则当 $x\to\infty$时，$p\to\infty$。为了防止这样大的压力出现，我们必须令 $K(t)=0$，于是，所要研究的最后方程为

$$\nu_v \frac{\partial^2 u}{\partial y^2} = \frac{\partial u}{\partial t}, \quad \nu_v \equiv \frac{\mu_v}{\rho_0} \tag{7.8.2}$$

$$p = \rho_0 K_1(t) \tag{7.8.3}$$

式中 $K_1(t)$ 由边界条件决定. 这种运动的速度分布是 $(7.8.2)_1$ 在边界条件和初始条件下的积分. 方程 $(7.8.2)_1$ 与刚性固体中的热传导方程是相同的. 为了说明这个问题，我们现在给出几个解.

探讨下列形式的解:

$$u = u(\eta), \quad \eta \equiv y^2/4\nu_v t \tag{7.8.4}$$

则可得到$(7.8.2)_1$的“相似性解”.

把(7.8.4)代入$(7.8.2)_1$, 则给出

$$\eta u'' + \left(\eta + \frac{1}{2}\right)u' = 0$$

此方程的解为

$$u(\eta) = A_1 \int_0^\eta e^{-\zeta}\zeta^{-1/2} d\zeta + B_1$$

式中 A_1 和 B_1 为常数. 利用变量变换

$$\eta \equiv \xi^2 = y^2/4\nu_v t \tag{7.8.5}$$

我们可以把这个结果写成

$$u(y,t) = A \operatorname{erf} \xi + B \tag{7.8.6}$$

式中 erf ξ 为误差函数,定义为

$$\text{(7.8.7)} \qquad \operatorname{erf} \xi = \frac{2}{\sqrt{\pi}} \int_0^\xi e^{-x^2} dx$$

这个函数在热传导和扩散问题中是经常出现的．它具有下列一些重要性质：

$$\text{(7.8.8)} \qquad \begin{gathered} \operatorname{erf} 0 = 0, \quad \operatorname{erf} \infty = 1 \\ \operatorname{erf}(-\xi) = -\operatorname{erf} \xi \end{gathered}$$

利用边界条件可以定出(7.8.6)中的常数 A 和 B．下面，我们给出两个例子．

(i) 在 $y=0$ 平面上具有常速度的运动　　考虑占有半空间 $y \geqslant 0$ 的流体．当 $t=0$ 时，流体是静止的，而对于所有 $t \geqslant 0$ 的时刻，流体的边界 $y=0$ 以常速度 u_0 沿 x 轴运动，即

$$\text{(7.8.9)} \qquad \begin{gathered} u(0,t) = u_0, \quad y=0, \quad t \geqslant 0 \\ u(y,0) = 0, \quad y > 0, \quad t = 0 \end{gathered}$$

把(7.8.6)代入(7.8.9)，我们就可以决定 A 和 B，于是得到解

$$\text{(7.8.10)} \qquad u = u_0 - u_0 \operatorname{erf}(y/2\sqrt{\nu_v t})$$

(ii) 由初始速度分布产生的运动　　考虑占有无限区域流体的二维运动，其初始条件为

$$\text{(7.8.11)} \qquad u(y,0) = u_0(y), \quad -\infty < y < \infty, \quad t = 0$$

利用 Fourier 积分容易得到这个问题的解，即

$$\text{(7.8.12)} \qquad u(y,t) = \frac{1}{2\pi} \int_{-\infty}^{\infty} \bar{u}(\eta,t) e^{-i\eta y} d\eta$$

它的逆为 Fourier 变换，定义为

$$\text{(7.8.13)} \qquad \bar{u}(\eta,t) = \int_{-\infty}^{\infty} u(y,t) e^{i\eta y} dy$$

把(7.8.12)代入 $(7.8.2)_1$ 得到

$$\int_{-\infty}^{\infty} [-\dot{\bar{u}}(\eta,t) - \eta^2 \nu_v \bar{u}(\eta,t)] e^{-i\eta y} d\eta = 0$$

若方程

$$\dot{\bar{u}} + \eta^2 \nu_v \bar{u} = 0$$

成立，则上述积分式被满足．这个微分方程在条件(7.8.11)下的解

为

$$\bar{u}(\eta,t)=\bar{u}_0(\eta)e^{-\nu_v\eta^2 t}$$

式中 $\bar{u}_0(\eta)$ 是 $t=0$ 时由 (7.8.13) 定义的 $u_0(y)$ 的 Fourier 变换. 于是,(7.8.12)变为

$$u(y,t)=\frac{1}{2\pi}\int_{-\infty}^{\infty}\bar{u}_0(\eta)e^{-\nu_v\eta^2 t-i\eta y}d\eta \tag{7.8.14}$$

如果 $\bar{f}$ 和 $\bar{g}$ 是 f 和 g 的 Fourier 变换,则由卷积定理[1]得

$$\int_{-\infty}^{\infty}f(\eta)g(y-\eta)d\eta=\frac{1}{2\pi}\int_{-\infty}^{\infty}\bar{f}(\eta)\bar{g}(\eta)e^{-i\eta y}d\eta \tag{7.8.15}$$

于是,选 $\bar{f}(\eta)=\bar{u}_0(\eta)$, $\bar{g}(\eta)=\exp(-\nu_v\eta^2 t)$, 我们便有逆变换

$$f(y)=u_0(y),\quad g(y)=\frac{1}{\sqrt{4\pi\nu_v t}}e^{-y^2/4\nu_v t}$$

因此,由(7.8.15)式,我们得到

$$u(y,t)=\frac{1}{\sqrt{4\pi\nu_v t}}\int_{-\infty}^{\infty}u_0(\eta)\exp[-(y-\eta)^2/4\nu_v t]d\eta \tag{7.8.16}$$

这就是我们问题的解。利用变量变换 $\xi=(\eta-y)/2\sqrt{\nu_v t}$, 这个结果还可以表示成形式

$$u(y,t)=\frac{1}{\sqrt{\pi}}\int_{-\infty}^{\infty}u_0(y+2\sqrt{\nu_v t}\xi)e^{-\xi^2}d\xi \tag{7.8.17}$$

这也是无限固体中热传导问题的相应解(参见 Carslaw 和 Jaeger [1959, Art. 2.3])。

7.9 Taylor 运动

当(7.6.22)中的非线性项分别为零时,亦即,当

$$-\frac{\partial}{\partial t}\nabla^2\psi+\nu_v\nabla^4\psi=0 \tag{7.9.1}$$

$$\frac{\partial\psi}{\partial y}\frac{\partial}{\partial x}\nabla^2\psi-\frac{\partial\psi}{\partial x}\frac{\partial}{\partial y}\nabla^2\psi=0 \tag{7.9.2}$$

---

1) 参见 Sneddon [1951, p.24].

时，可以得到一大类特殊的平面运动．其中包括下列运动[1]：

(7.9.3) $\nabla^2\psi = T(t)F(x,y)$ 和 $\nabla^2\psi = K$

式中 $T(t)$ 只是时间 t 的函数，K 是常数．当把第一个方程代入(7.9.1)时，则通过分离变量给出

$$\frac{\dot{T}}{\nu_v T} = \frac{\nabla^2 F}{F} = -k^2$$

所以有

$$T = Ce^{-\nu_v k^2 t}, \quad \nabla^2 F + k^2 F = 0$$

因而

$$\nabla^2\psi = Ce^{-\nu_v k^2 t} \qquad (7.9.4)$$
$$\nabla^2 F + k^2 F = 0$$

由此还可得到

$$\psi = -\frac{C}{k^2}e^{-\nu_v k^2 t}F + G \qquad (7.9.5)$$
$$\nabla^2 F + k^2 F = 0, \quad \nabla^2 G = 0$$

Taylor [1923] 首先发现这类运动的特殊情况，即 $G = 0$，所以这种运动

$$\psi(x,y,t) = -\frac{C}{k^2}e^{-\nu_v k^2 t}F(x,y), \quad \nabla^2 F + k^2 F = 0 \qquad (7.9.6)$$

称为 **Taylor 运动．**

著名的 Helmholtz 方程(7.9.4)$_2$ 具有许多有意义的解．例如，Taylor 给出一个解，其形式为

$$\psi = A\exp(-2\pi^2\nu_v t/a^2)\cos\frac{\pi x}{a}\cos\frac{\pi y}{a} \qquad (7.9.7)$$

这是在边长为 a 的正方形内以正方向转动的涡旋系统的一个模型(图 7.9.1)．涡量的大小随时间衰减．在一个特征时间 $t_1 = a^2/2\pi^2\nu_v$ 内，涡量的大小减少 $1/e$．对于 20℃ 时的空气，$\nu_v = 0.15$ 平方厘米/秒；而具有直径 $a = 1$ 厘米的涡旋的特征时间是 $t_1 = 1/3$ 秒．

---

1) Kampé de Fériet [1932] 给出了满足(7.9.1)和(7.9.2)的所有解．

利用(7.9.4)的解，可以求解许多其它有意义的问题．我们给出与涡旋运动[1]有关的另一个例子．

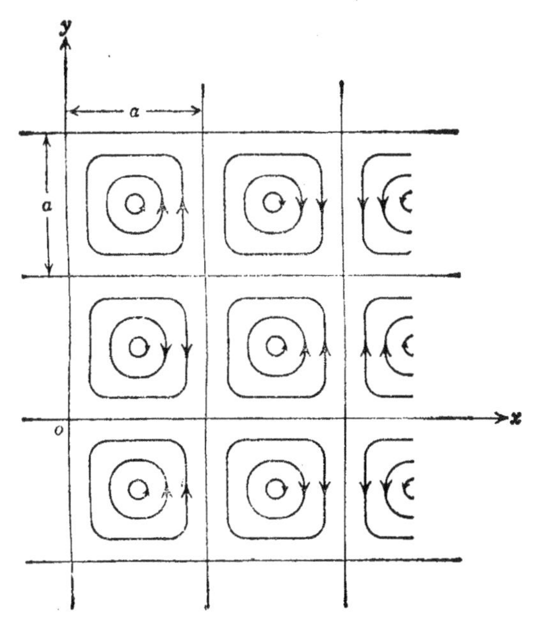

图 7.9.1 Taylor 涡旋

由初始涡旋引起的运动　　如果我们的兴趣是在 $0 \leqslant r \leqslant a$ 内由常量的涡量 $w_z(r,t)$ 引起的运动，则我们有初始条件

(7.9.8)
$$2w_z = \Omega(r,0) = K \quad 当\ 0 \leqslant r \leqslant a$$
$$2w_z = \Omega(r,0) = 0 \quad 当\ r > a$$

式中 r 是从原点量起的径向距离．在这种情况下，我们可以在柱坐标中求解方程$(7.9.4)_2$．方程

$$F'' + \frac{1}{r}F' + k^2F = 0$$

有解

1) 有关这种类型的问题可参见 Berker [1963, Arts. 33—39,41].

$$F(r)=A_0J_0(kr)+BY_0(kr)$$

式中 J_0 和 Y_0 是零阶第一类和第二类 Bessel 函数。 因为当 $r\to 0$ 时,函数 $Y_0(kr)\to -\infty$, 所以我们必须令 $B=0$。因此,由(7.6.21)$_1$和(7.9.4)$_1$,我们有

(7.9.9) $$\Omega(r,t)=-\nabla^2\psi(r,t)=-Ae^{-\nu_\nu k^2 t}J_0(kr)$$

由(7.6.21)$_2$,我们有 $w_z=-\nabla^2\psi$。在 $t=0$ 时,w_z 并不是常数,因此,我们需要一般解

(7.9.10) $$\Omega(r,t)=-\int_0^\infty A(k)e^{-\nu_\nu k^2 t}J_0(kr)dk$$

由初始条件给出

(7.9.11) $$-\int_0^\infty A(k)J_0(kr)dk=\begin{cases}K & 当\ 0\leqslant r\leqslant a\\ 0 & 当\ r>a\end{cases}$$

利用熟知的 Hankel 公式可以求出函数 $A(k)$, 即,如果

(7.9.12) $$\bar{f}(k)=\int_0^\infty f(r)J_0(kr)rdr$$

则有

(7.9.13) $$f(r)=\int_0^\infty \bar{f}(k)J_0(kr)kdk$$

利用此式,我们得到

(7.9.14) $$A(k)=-Kk\int_0^a J_0(kr)rdr=-aKJ_1(ka)$$

于是,(7.9.10)化为

(7.9.15) $$\Omega(r,t)=aK\int_0^\infty J_1(ka)e^{-\nu_\nu k^2 t}J_0(kr)dk$$

速度场为

(7.9.16) $$\begin{aligned}&v_r=0\\&v_\theta=aK\int_0^\infty J_1(ka)e^{-\nu_\nu k^2 t}J_1(kr)dk\end{aligned}$$

如果把(7.9.14)的积分代入(7.9.10),并利用表达式[1)]

---

1) 参见 Watson [1958, p.395].

(7.9.17) $\int_0^\infty e^{-p^2t^2}J_0(at)J_0(bt)tdt = \frac{1}{2p^2}\exp\left(-\frac{a^2+b^2}{4p^2}\right)I_0\left(\frac{ab}{2p^2}\right)$

式中 I_0 是零阶修正的 Bessel 函数，则我们可以得到 $\Omega(r,t)$ 的不同表达式，即

(7.9.18) $\Omega(r,t) = \frac{K}{2\nu_v t}\exp\left(-\frac{r^2}{4\nu_v t}\right)\int_0^a \exp\left(-\frac{\rho^2}{4\nu_v t}\right)I_0\left(\frac{r\rho}{2\nu_v t}\right)\rho d\rho$

在 $r=0$ 处，涡量值随时间的变化为

(7.9.19) $$\Omega(0,t) = K\left[1-\exp\left(-\frac{a^2}{4\nu_v t}\right)\right]$$

7.10 平面的停滞流动

为了说明非线性效应，这里我们介绍一个可以给出精确解的流动问题．这就是近似垂直于平坦壁 $y=0$ 的不可压缩流体的定常流动．流动由 y 轴分隔为两个对称的区域． 在 $x>0$ 的一边，它沿着壁向右运动，而在 $x<0$ 的一边，则沿着壁向左侧运动(图 7.10.1)．当然，当流动方向相反时，流线也是反向的．

这个问题的解是解(7.6.22)中的一类，其形式为

(7.10.1) $$\psi(x,y) = F(y)x + G(y)$$

此解是 Riabouchinsky [1924] 得到的，式中 $F(y)$ 和 $G(y)$ 由

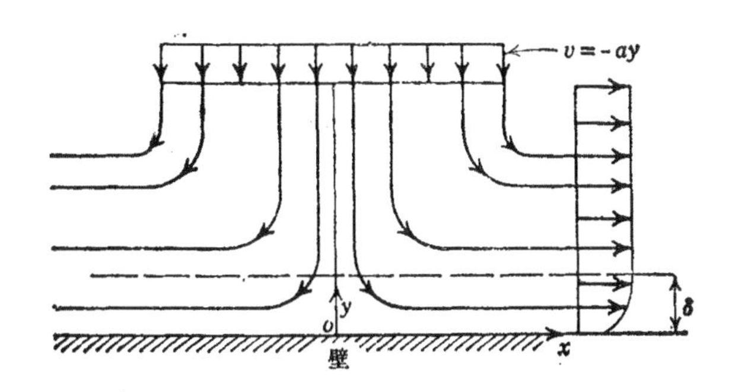

图 7.10.1 平面的停滞流动

(7.6.22)和边界条件决定．对于目前的问题来说，宜取 $G=0$．由(7.6.21)—(7.6.23)，我们得到

$$u = xF'(y), \quad v = -F(y), \quad w = 0 \tag{7.10.2}$$
$$w_x = w_y = 0, \quad w_z = -xF''(y)$$

和

$$\frac{p}{\rho_0} + \frac{1}{2}(F^2 + x^2F'^2) = K_1 = \text{const.} \tag{7.10.3}$$
$$\nu_v F^{IV} + FF''' - F'F'' = 0$$

后一个方程可直接积分,于是得到

$$\nu_v F''' - F'^2 + FF'' + K^2 = 0 \tag{7.10.4}$$

式中 K^2 是常数. 为了求出此方程的数值解，最为方便的方法是消去常数 K^2。令

$$\eta = \alpha y, \quad F(y) = \beta f(\eta) \tag{7.10.5}$$

把此式代入(7.10.4),并令

$$\alpha = (-K/\nu_v)^{1/2}, \quad \beta = (-K\nu_v)^{1/2} \tag{7.10.6}$$

我们得到

$$f''' + ff'' - f'^2 + 1 = 0 \tag{7.10.7}$$

边界条件要求在平坦壁 $y = 0$ 处的速度分量为零，并且在离开平坦壁很远的距离处（$y \to \infty$），$u = ax$（这里，a 是一个常数).因此,有

$$f(0) = f'(0) = 1 \quad \text{在 } y = 0 \text{ 处} \tag{7.10.8}$$
$$f'(\infty) = 1 \quad \text{在 } y = \infty \text{ 处}$$

这里,不失一般性,我们已令

$$K = -a \tag{7.10.9}$$

用 $f(\eta)$ 表示的速度分量和旋量分量为

$$u = axf'(\eta), \quad v = -\sqrt{a\nu_v}\, f(\eta) \tag{7.10.10}$$
$$w_x = w_y = 0, \quad w_z = -\sqrt{a/\nu_v}\, axf''(\eta)$$

压力 p 由$(7.10.3)_1$决定. 如果我们令 p_0 表示 $x = y = 0$ 处的**滞止压力** (stagnation pressure)，则 $K_1 = p_0/\rho_0$。于是，我们有

$$\frac{p - p_0}{\rho_0} + \frac{1}{2}a^2\left(\frac{\nu_v}{a}f^2 + x^2f'^2\right) = 0 \tag{7.10.11}$$

这样,一旦由(7.10.7)求出了 $f(\eta)$，则由(7.10.10)和(7.10.11),我

们就可分别得到速度、旋量和压力场。

方程(7.10.7)的解首先由 Hiemenz [1911] 给出，后来又被 Howarth [1935] 加以改进。有关 f, f', f'' 的结果示于图 7.10.2 中。由图看到，在近似 $\eta = 2.4$ 处，有 $f' = 0.99$，所以在 $y = \infty$ 处速度 $u = ax$ 和

$$y = \delta = 2.4\sqrt{\nu_v/a} \tag{7.10.12}$$

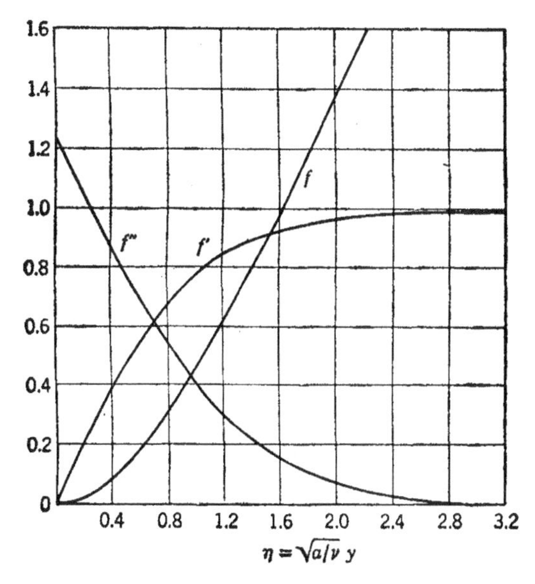

图 7.10.2 平面停滞流动的速度分布

处的速度相差 1%以内.这表明，对于低的 ν_v 值，δ 是小的，所以粘性的影响限制在壁附近的薄层。压力梯度 $\partial p/\partial y$ 与 $\rho_0 a\sqrt{\nu_v a}$ 成比例，当 ν_v 值很小时，它也很小。这些认识是我们直觉的基础，即 Navier-Stokes 方程可以用一组比较简单的方程来代替，而这组方程能够正确描述物体附近的粘性效应，并在远离物体处，由令 $\nu_v = 0$ 便可得到更为简单的可以用来求解流动问题的**理想流动理论**。这样一种理论就是由 Prandtl [1904] 创立的边界层理论，它在流体力学问题以及在连续统物理学的许多其它分支问题的求解

中已发展成为强有力的数学工具.在这个领域中近 60 年来的发展是很快的，当然，这些已超出了本书的范围. 我们建议读者参见 Dryden, Murnaghan 和 Bateman [1932], Goldstein [1938], Howarth[1953], Schlichting [1955] 以及 Serrin [1959] 和 Berker [1963] 等具有代表性的论述.

7.11 可压缩非粘性流动、声

当流体的粘性相当的小以致可以令 $\lambda_v = \mu_v = 0$ 时，Stokes 流体的基本方程就化为可压缩的非粘性流体的方程. 它们分别是动量平衡和质量守恒方程,即

$$\rho\left(\frac{\partial v_k}{\partial t} + v_{k,l}v_l\right) = \rho f_k - \pi_{,k} \tag{7.11.1}$$

$$\frac{\partial \rho}{\partial t} + (\rho v_k)_{,k} = 0 \tag{7.11.2}$$

式中热力学压力 π 由状态方程给定,即

$$\pi = \pi(\rho,\theta) \text{ 或 } \pi = \pi(\rho,\eta) \tag{7.11.3}$$

对于导热气体，在这些方程之外还必须补充热传导方程，参见第 5.8 节. 这里，我们只讨论没有热源的绝热情况,因此，$\mathbf{q} = \mathbf{0}$ 和 $\dot{\eta} = 0$，或者

$$\frac{\partial \eta}{\partial t} + \eta_{,k}v_k = 0 \tag{7.11.4}$$

我们可以采用下述状态方程之一:

$$\begin{aligned} &\pi = \pi(\rho) \quad \text{正压气体} \\ &\pi = p_0\rho^{\gamma} \quad \text{多方气体} \\ &\pi = R\rho\theta \text{ 理想气体 } (\theta = \text{const.}) \end{aligned} \tag{7.11.5}$$

边界条件要求我们只给定固体表面上的法向速度分量和/或压力

$$\begin{aligned} &v_k n_k = v_{(n)} \quad \text{在 } \mathscr{S}_v \text{ 上} \\ &\pi = \pi_{(n)} \quad \text{在 } \mathscr{S}_t = \mathscr{S} - \mathscr{S}_v \text{ 上} \end{aligned} \tag{7.11.6}$$

这是因为偏微分方程的阶被降为一阶.边界层的厚度现在变为零,

而且流体不附着于固体的表面上．但是速度的法向分量必须与固体表面上任一点的法向速度相同．有时，也可以给定流体表面上的压力．

初始条件为

$$\begin{aligned}\mathbf{v}(\mathbf{x},0) &= \mathbf{v}_0(\mathbf{x}) \\ \rho(\mathbf{x},0) &= \rho_0(\mathbf{x})\end{aligned} \qquad \mathbf{x}\in\mathscr{V},\ t=0 \tag{7.11.7}$$

因此，在绝热过程中，非粘性可压缩气体的全部特性可由方程(7.11.1)，(7.11.2)，(7.11.4)和(7.11.5)之一，并满足边界条件(7.11.6)和初始条件(7.11.7)的解来描述．

声近似 当处于静止的气体中发生一个微小的声扰动时，我们可以采用摄动方法来线性化上述运动方程．在这种情况下，我们令

$$\begin{aligned}&\rho = \rho_0 + \varepsilon\rho_a + 0(\varepsilon^2),\ \mathbf{v} = \varepsilon\mathbf{u} + 0(\varepsilon^2) \\ &\pi = \pi_0 + \varepsilon\pi_a + 0(\varepsilon^2),\ \mathbf{f} = \varepsilon\bar{\mathbf{f}} + 0(\varepsilon^2)\end{aligned} \tag{7.11.8}$$

其中 $\varepsilon \ll 1$ 是小摄动参数，而 ρ_0 和 π_0 分别是大气的常值密度和压力．把(7.11.8)代入(7.11.1)和(7.11.2)，并令 ε 的系数等于零,我们得到

$$\rho_0\frac{\partial u_k}{\partial t} = -c_0^2\frac{\partial\rho_a}{\partial x_k} + \rho_0\bar{f}_k \tag{7.11.9}$$

$$\frac{\partial\rho_a}{\partial t} + \rho_0\frac{\partial u_k}{\partial x_k} = 0 \tag{7.11.10}$$

式中

$$c_0^2 \equiv \left.\frac{\partial\pi}{\partial\rho}\right|_{\rho=\rho_0} \tag{7.11.11}$$

是声速的平方．由这些方程消去 u_k，我们得到

$$\frac{\partial^2\rho_a}{\partial t^2} - c_0^2\nabla^2\rho_a = -\rho_0\bar{f}_{k,k} \tag{7.11.12}$$

这就是熟知的声波方程．

声波的另一种等价方程包含有速度和体力势

$$u_k = -\phi_{,k},\ \bar{f}_k = -g_{,k} \tag{7.11.13}$$

把这些表达式代入(7.11.9)并积分，我们得到

$$c_0^2\rho_a + \rho_0(g - \dot{\phi}) = K(t)$$

重新定义 ϕ，我们可以由这个方程消去 $K(t)$. 因此有

$$c_0^2\rho_a + \rho_0(g - \dot{\phi}) = 0 \tag{7.11.14}$$

在(7.11.10)中利用此方程和(7.11.13)，我们得到

$$\frac{\partial^2\phi}{\partial t^2} - c_0^2\nabla^2\phi = \dot{g} \tag{7.11.15}$$

这个方程适合于含有速度的边值和初值问题；而(7.11.12)则更适合于含有密度或压力变化的边值和初值问题。

适合于(7.11.15)的边界条件和初始条件为

$$A\phi(\mathbf{x}',t) + B\phi_{,k}n_k = F(\mathbf{x}',t), \quad \mathbf{x}' \in \mathscr{S}, \ t > 0 \tag{7.11.16}$$

$$\left.\begin{array}{l}\phi(\mathbf{x},0) = \phi_0(\mathbf{x}) \\ \dot{\phi}(\mathbf{x},0) = \phi_1(\mathbf{x})\end{array}\right\} \quad \mathbf{x} \in \mathscr{V}, \ t = 0 \tag{7.11.17}$$

式中 $A = A(\mathbf{x}')$ 和 $B = B(\mathbf{x}')$ 可以是$\mathbf{x}'$ 的任意函数. 由于包含了间断函数，如 Heaviside 函数，所以在(7.11.16)中适当选取A和 B，我们就可以处理包含在(7.11.16)中的各种混合边界条件. 一旦决定了 ϕ，由(7.11.13)和(7.11.14)，我们就可得到速度场和密度场. 于是很清楚，在小振幅的范围内，可压缩流动问题的解可由声学中相应问题的解给出.

最后，我们简短地陈述一下各种气体中的声速

$$c_0 = (R\theta)^{1/2} = (\pi_0/\rho_0)^{1/2} \qquad \text{理想气体} \tag{7.11.18}$$

$$c_0 = (p_0\gamma\rho_0^{\gamma-1})^{1/2} = (\pi_0\gamma/\rho_0)^{1/2} \qquad \text{多方气体}$$

式中 $\gamma = c_p/c_v$，而R为气体常数.

理想气体中的声速首先由 Newton 给出. 对于空气，他给出的值低于实验值的 20%. 由 Laplace 首先给出的多方气体的声速值，在低频的情况下，与实验值非常一致，因此，它可以用来精确决定 γ.

关于液体，情况更为复杂，它要求有一个更复杂的关系 $\pi = \pi(\rho,\theta)$. 对于范德瓦尔气体，我们有

$$(7.11.19)\qquad \pi = \frac{R\rho\theta}{1 - b\rho} - a\rho^2$$

利用此式,并把 a 和 b 看成是 ρ 和 θ 的函数, Schaaffs [1940] 给出了范德瓦尔气体声速的一个半经验公式

$$(7.11.20)\qquad c_0^2 \cong \frac{\gamma R\theta}{1 - b}\left[\frac{1}{3(1 - b\rho)} - 2\right]$$

式中

$$(7.11.21)\qquad b \cong \frac{b_1}{1 + (b_1 - b_0)\rho}$$

而 b_0 和 b_1 是常数(它们分别是 $\theta = \pi = 0$ 和 $\rho = \infty$ 时的 b 值). 对于某些有机的液体, 如甲醇和石脑油,在 20℃时, 上式给出与实验非常一致的结果. 关于进一步的论述可参见 Schaaffs [1940] 和 Bergmann [1954].

7.12 振动球的辐射

作为一个典型的例子, 我们将处理振动球的声辐射问题. 它是声纳仪器的数学模型. 这个数学问题要求方程

$$(7.12.1)\qquad \frac{\partial^2\phi}{\partial t^2} - c_0^2\nabla^2\phi = 0$$

的解,并满足条件

$$(7.12.2)\qquad \phi_{,k}n_k = -U \qquad r = a,\ t > 0$$

$$(7.12.3)\qquad \phi(\mathbf{x},0) = \dot{\phi}(\mathbf{x},0) = 0 \qquad r > a,\ t = 0$$

式中 r 为径向距离,而 $r = a$ 是球的表面. 应指出, U 正好就是球面上点的垂直于球面的速度.

对于在 $r > 0$ 的方向扩散的声波,(7.12.1)的解为

$$(7.12.4)\qquad \phi(r,t) = \frac{1}{r}F(\tau),\ \tau \equiv t - \frac{r - a}{c_0} > 0$$

$$F(0) = 0$$

例如, 参见第 6.12 节. 为了决定 $F(\tau)$ 的具体形式, 我们将(7.12.4),代入(7.12.2),因此有

$$-\frac{1}{a^2}F(\tau)-\frac{1}{c_0 a}F'(\tau)=-U(\tau),\ r=a,\ \tau>0$$

因为对于 $t\leqslant(r-a)/c_0$，ϕ 和 $\dot{\phi}$ 必须对所有的 r 都为零，所以必定能够求得上列方程在 $t=0$ 时 $F=0$ 的解．于是

$$F(\tau)=c_0 a\int_0^\tau U(s)\exp\left[\frac{c_0}{a}(s-\tau)\right]ds,\ \tau\geqslant 0 \tag{7.12.5}$$

因此，问题的解为

$$\phi(r,t)=\frac{c_0 a}{r}\int_0^\tau U(s)\exp\left[\frac{c_0}{a}(s-\tau)\right]ds,\ \tau\geqslant 0 \tag{7.12.6}$$

$$\phi(r,t)=0,\ \tau<0$$

式中 τ 由$(7.12.4)_2$定义．这样，我们便得到了本问题的解．应指出，这个解也是在球腔 $r=a$ 的表面上具有给定位移 $u_r=U$ 的球形空腔所引起的弹性波辐射的类似问题的解．

作为一个例子，我们研究球的径向正弦振动．在这种情况下，

$$U=U_0\sin\lambda t,\ r=a,\ t>0 \tag{7.12.7}$$

式中 U_0 和 λ 是常数．把此式代入(7.12.6)得到

$$\begin{aligned}\phi(r,t)=\frac{U_0 c_0 a}{r\sqrt{(c_0/a)^2+\lambda^2}}\Bigg\{&\sin\left[\lambda\left(t-\frac{r-a}{c_0}\right)-\delta\right]\\&+\frac{\lambda}{\sqrt{(c_0/a)^2+\lambda^2}}\exp\left[-\frac{c_0}{a}\left(t-\frac{r-a}{c_0}\right)\right]\Bigg\}\end{aligned} \tag{7.12.8}$$

$$t\geqslant(r-a)/c_0$$

$$\phi(r,t)=0,\ 当\ t<(r-a)/c_0$$

式中

$$\delta=\arcsin\left[\lambda/\sqrt{(c_0/a)^2+\lambda^2}\right] \tag{7.12.9}$$

我们看到，在经过很长的时间之后，在点 $r<c_0 t+a$ 处，$(7.12.8)_1$ 的花括号内的第二项迅速地趋于零，而速度势仅由其中的第一个正弦项所制约，这时波动有一个相角 δ．

在(7.11.13)和(7.11.14)中利用(7.12.6)或(7.12.8)式，可以分别得到位移 $u_r(r,t)$ 和密度变化 ρ_e．

7.13 由圆柱体所引起的平面声波的衍射

作为声波方程的解的另一个例子，我们考虑垂直于某一圆柱体的轴而传播并由该圆柱体所引起的平面简谐声波的衍射(散射)．因为速度场与轴的方向无关，所以，我们得到一个由圆盘引起的平面波的二维衍射问题(图 7.13.1)．

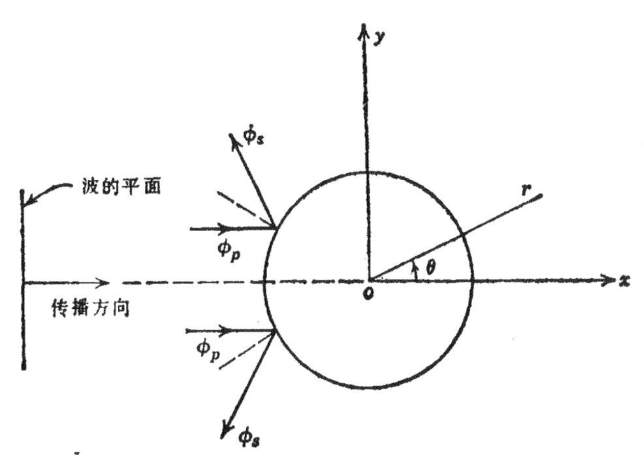

图 7.13.1 由圆柱体所引起的平面波的衍射

沿 x 轴传播的平面简谐波可以用一个速度势来表示，即

(7.13.1) $$\phi_p = A_p e^{ikx - i\omega t}$$

当此波碰到圆柱体时，便产生一个散射波．对这种波，速度势 ϕ_s 必须满足波动方程

(7.13.2) $$\frac{\partial^2 \phi_s}{\partial t^2} - c_0^2 \nabla^2 \phi_s = 0$$

相应的边界条件要求在圆柱体的表面 $r = a$ 上法向速度为零，即

(7.13.3) $$\frac{\partial}{\partial r}(\phi_s + \phi_p) = 0$$

当然，散射波必须沿 $r > 0$ 的方向辐射．因为我们处理的是简谐波，而且因为解关于 θ 必定是周期的，它的周期是 2π，所以可设解的形式为

$$\phi_s = R(r)e^{im\theta - i\omega t} \tag{7.13.4}$$

式中m是整数. 把此式代入(7.13.2),并利用平面极坐标(r,θ)中的 Laplace 算子的表达式,我们得到

$$R'' + \frac{1}{r}R' + \left(k^2 - \frac{m^2}{r^2}\right)R = 0 \tag{7.13.5}$$

式中

$$k = \omega / c_0 \tag{7.13.6}$$

微分方程(7.13.5)是 Bessel 方程, 它的通解为m阶第一类和第二类 Bessel 函数 $J_m(kr)$ 和 $Y_m(kr)$ 的线性组合,即

$$R(r) = AJ_m(kr) + BY_m(kr) \tag{7.13.7}$$

式中A和B是任意常数. 这些函数的幂级数展式为

$$J_m(x) = \sum_{j=0}^{\infty} \frac{(-1)^j x^{m+2j}}{2^{m+2j} j!(m+j)!}$$

$$Y_m(x) = J_m(x)\log x - \frac{x^{-m}}{2^{1-m}} \sum_{j=0}^{\infty} \frac{(m-j-1)!x^{2j}}{2^{2j} j!} - \frac{x^m}{2^{1+m}} \sum_{j=0}^{\infty} \frac{(-1)^j}{(m+j)!j!}\left[\Omega_j + \Omega_{j+1}\left(\frac{x}{2}\right)^{2j}\right] \tag{7.13.8}$$

式中

$$\Omega_j = 1 + \frac{1}{2} + \frac{1}{3} + \cdots + \frac{1}{j} \tag{7.13.9}$$

对于大的x值,这些函数的渐近值为

$$\begin{aligned} J_m(x) &\cong \left(\frac{2}{\pi x}\right)^{1/2} \cos\left(x - \frac{2m+1}{4}\pi\right) \\ Y_m(x) &\cong \left(\frac{2}{\pi \alpha}\right)^{1/2} \sin\left(x - \frac{2m+1}{4}\pi\right) \end{aligned} \tag{7.13.10}$$

如果波是沿 $r > 0$ 的方向传播的, 则不能采用 $J_m(kr)$ 或 $Y_m(kr)$ 来表示我们问题的解. 因为根据二维 Sammerfeld 辐射条件,我们必须有

$$\lim_{r\to\infty} \sqrt{r}\left(\frac{\partial\phi}{\partial r} - ik\phi\right) = 0 \tag{7.13.11}$$

利用 $J_m(x)$ 和 $Y_m(x)$ 的组合即可得到这样一个解。现在，定义 Hankel 函数为

$$H_m^{(1)}(x) = J_m(x) + iY_m(x) \tag{7.13.12}$$
$$H_m^{(2)}(x) = J_m(x) - iY_m(x)$$

把(7.13.10)代入(7.13.12)，并把所得结果代入(7.13.11)即可看出函数 $H_m^{(1)}$ 满足(7.13.11)。因为我们还有 $\phi_s(r,\theta,t) = \phi(r,-\theta,t)$，所以，由迭加法，我们可给出问题的通解

$$\phi_s(r,\theta,t) = e^{-i\omega t}\sum_{m=0}^{\infty} B_m H_m^{(1)}(kr)\cos m\theta \tag{7.13.13}$$

当 $r \to \infty$ 时，这个解按 $1/\sqrt{r}$ 衰减，并满足辐射条件。常数 B_m 必须由边界条件(7.13.3)来决定。为此，将 ϕ_p 表示成三角级数，我们令

$$e^{ikr\cos\theta} = \sum_{m=0}^{\infty} C_m(r)\cos m\theta$$

现在，在等式两边乘以 $\cos m\theta$，并对 θ 从 0 到 2π 积分，则可得到 $C_m(r)$，即

$$C_m(r) = \frac{1}{\pi}\int_0^{2\pi} e^{ikr\cos\theta}\cos m\theta d\theta$$

$$C_m(r) = 2i^m J_m(kr) \quad m \geqslant 1$$
$$C_m(r) = J_0(kr) \qquad m = 0$$

于是，一个平面波可以通过级数

$$e^{ikr\cos\theta} = J_0(kr) + 2\sum_{m=1}^{\infty} i^m J_m(kr)\cos m\theta \tag{7.13.14}$$

用柱形波来表示。把此式代入(7.13.1)，并把所得结果和(7.13.13)代入(7.13.3)，则我们得到

$$kA_p\left[J_0'(ka) + 2\sum_{m=1}^{\infty} i^m J_m'(ka)\cos m\theta\right]$$
$$+ k\left[B_0 H_0'^{(1)}(ka) + \sum_{m=1}^{\infty} B_m H_m'^{(1)}(ka)\cos m\theta\right] = 0$$

式中一撇表示函数对其自变量的微分。因为这个方程必须对所有的 θ 都成立，因此得到

$$B_0 = -A_p \frac{J_0'(ka)}{H_0'^{(1)}(ka)}$$

(7.13.15)

$$B_m = -2A_p \frac{i^m J_m'(ka)}{H_m'^{(1)}(ka)}, \quad m > 0$$

原则上，这已完成了我们对问题的求解，因为在(7.13.13)中，我们已用入射平面波的振幅 A_p 完全决定了 B_m。

在(7.13.15)中利用(7.13.12)，我们可以把上式写成等价形式

$$B_0 = -iA_p e^{-i\gamma_0} \sin\gamma_0$$

$$B_m = -2i^{m+1} A_p e^{-i\gamma_m} \sin\gamma_m, \quad m \geqslant 0$$

式中

(7.13.16) $$\tan\gamma_m = -J_m'(ka)/Y_m'(ka)$$

于是，解 ϕ_s 具有形式

(7.13.17) $$\phi_s(r,\theta,t) = A_p e^{-i\omega t}\left[-ie^{-i\gamma_0}\sin\gamma_0 H_0^{(1)}(kr) - 2\sum_{m=1}^{\infty} i^{m+1} e^{-i\gamma_m}\sin\gamma_m H_m^{(1)}(kr)\cos m\theta\right]$$

对于大的 kr 值，即 $kr \gg 1$，利用渐近公式(7.13.10)，我们得到

(7.13.18) $$\phi_s(r,\theta,t) \cong A_p\left(\frac{2}{\pi kr}\right)^{1/2} \psi_s(\theta) e^{ik(r-c_0t)-\frac{3i\pi}{4}}$$

式中

(7.13.19) $$\psi_s(\theta) = \sin\gamma_0 e^{-i\gamma_0} + 2\sum_{m=1}^{\infty} \sin\gamma_m e^{-i\gamma_m}\cos m\theta$$

ψ_s 的大小 $|\psi_s(\theta)|$ 在某种尺度上表示声波强度的角分布。对于 ka 的几个值，$|\psi_s(\theta)|^2$ 的极曲线示于图 7.13.2 中。

积分

$$P_s = \int_0^{2\pi} \frac{1}{\rho_0 c_0} |\phi_s|^2 r d\theta = \frac{A_p^2}{\pi\rho_0\omega}\int_0^{2\pi} |\psi_s(\theta)|^2 d\theta$$

是散射声能量的总平均率的度量。对于不同的 ka 值，我们有

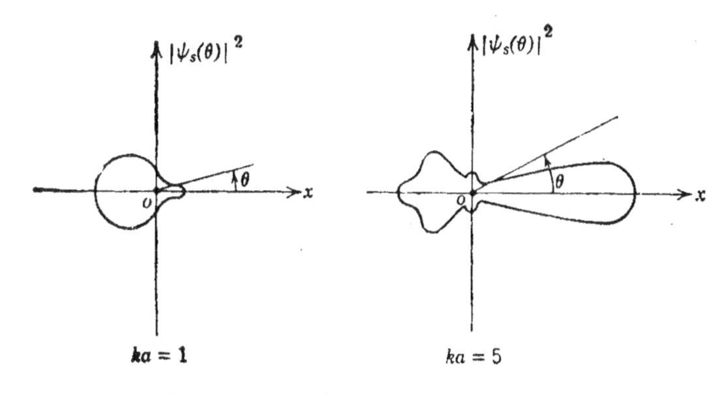

图 7.13.2 在由圆柱体引起的散射中的角分布

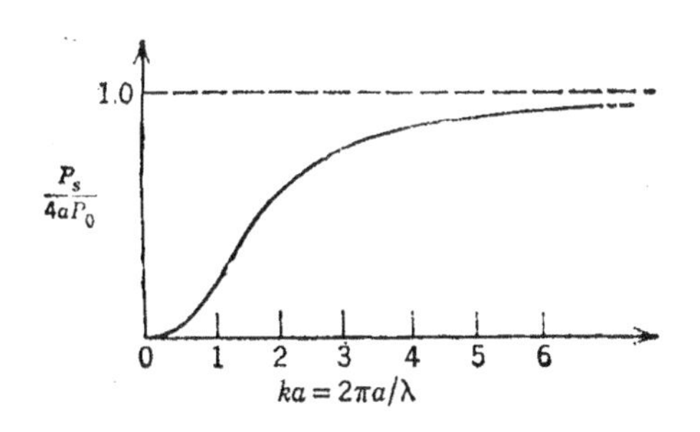

图 7.13.3 总的散射功率

$$P_s \cong \frac{6\pi^5 a^4}{\lambda^3} P_0, \quad ka \ll 1 \tag{7.13.20}$$

$$P_s \cong 4aP_0, \qquad ka \gg 1$$

式中 $\lambda = 2\pi/k$ 为波长，而

$$P_0 = A_p^2/2c_0\rho_0 \tag{7.13.21}$$

是平面波的强度．作为 $ka = 2\pi a/\lambda$ 的函数，$P_s/4aP_0$ 的曲线示于图 7.13.3 中．由图可见，总的散射功率随波长的减少而增加．图 7.13.2 指出：对于大的波长（$ka = 1$），散射主要地是在入射波的方向．随着波长的减少（频率的增加），向前的散射开始增加，并出现了复杂的波峰．对于非常大的波长，散射强度变为零，亦即，波在碰到障碍物后并不反回．另一方面，对于非常小的波长，我们

可以利用光线的反射原理(几何声学)来推导波的传播. 事实上,对于这种情况,存在一些渐近理论[1], 利用它们可以得到足够精确的结果.

7.14 冲击波的传播

通过以速度 $\boldsymbol{\nu}$ 运动的表面 $\sigma(t)$ 上的跳变条件已在第 7.4 节中列出. 它们给出了下列的局部质量守恒,局部动量平衡,局部能量守恒以及 Clausius-Duhem 不等式:

$$[\rho(\mathbf{v}-\boldsymbol{\nu})]\cdot\mathbf{n}=0 \qquad \text{(质量守恒)} \tag{7.14.1}$$

$$[-t_{kl}]n_k+[\rho v_l(\mathbf{v}-\boldsymbol{\nu})]\cdot\mathbf{n}=0 \qquad \text{(动量平衡)} \tag{7.14.2}$$

$$\left[\left(6+\frac{1}{2}v_l v_l\right)\rho(\mathbf{v}-\boldsymbol{\nu})\right]\cdot\mathbf{n}-[t_{kl}v_l+q_k]n_k=0 \tag{7.14.3}$$

(能量守恒)

$$\left[\rho\eta(\mathbf{v}-\boldsymbol{\nu})-\frac{\mathbf{q}}{\theta}\right]\cdot\mathbf{n}\geqslant 0 \tag{7.14.4}$$

(Clausius-Duhem 不等式)

这里 $\mathbf{n}$ 是 $\sigma(t)$ 的单位法线, 它与 P 点的速度 $\boldsymbol{\nu}$ 构成锐角(图 7.14.1). 粗体方括号表示括号中的量在 $\sigma(t)$ 上任意一点处, $\mathbf{n}$ 的正向和负向的值之差,即

$$[A]=A_1-A_0$$

式中 A_0 是 $\mathscr{V}_0$ 中接近于 $\sigma(t)$ 时的 A 值,而 A_1 是 $\mathscr{V}_1$ 中接近于 $\sigma(t)$ 时的 A 值. 通过 $\sigma(t)$, 法线 $\mathbf{n}$ 是连续的,所以如果必要的话,可以把它移到括号中去. 我们处理可压缩非粘性流体,所以

$$t_{kl}=-\pi\delta_{kl} \tag{7.14.5}$$

此外,如果我们令 m 为通过 $\sigma(t)$ 的**质量通量**

$$m\equiv\rho(\mathbf{v}-\boldsymbol{\nu})\cdot\mathbf{n} \tag{7.14.6}$$

并令 $\mathbf{u}$ 为表面的相对速度

$$\mathbf{u}\equiv\mathbf{v}-\boldsymbol{\nu} \tag{7.14.7}$$

---

1) 参见 Kline [1951], [1954], Keller[1953], [1962], Keller 等[1956]. 有关弹性固体的情况,参见 Karal 和 Keller [1959].

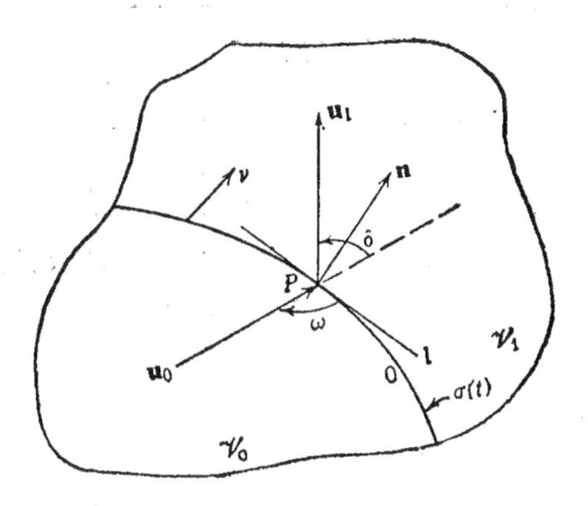

图 7.14.1　运动间断面

则我们发现,上述跳变条件可简化为

(7.14.8)
$$[\rho\mathbf{u}\cdot\mathbf{n}]=0 \text{ 或 } [m]=0$$

(7.14.9)
$$[\pi\mathbf{n}+m\mathbf{u}]=\mathbf{0}$$

(7.14.10)
$$\left[m\left(\varepsilon+\frac{u^2}{2}+\frac{\pi}{\rho}\right)-\mathbf{q}\cdot\mathbf{n}\right]=0$$

(7.14.11)
$$\left[\rho\eta\mathbf{u}-\frac{\mathbf{q}}{\theta}\right]\cdot\mathbf{n}\geqslant 0$$

这些关系对于通过任何的间断面都是成立的. 如果间断面是**接触面**,则质量通量 $m=0$. 然而如果间断面不是接触面,则 $m\neq 0$,这样的间断面称为**冲击阵面**.

为了简便起见,我们只研究没有热能通量的情况, 即 $\mathbf{q}=\mathbf{0}$. 此外,当比热与温度无关时,我们将给出理想气体的解. 这样, 状态方程为

(7.14.12)
$$\pi=(c_p-c_v)\rho\theta,\ \varepsilon=c_v\theta$$

对于多方理想气体,压力 π 具有形式

(7.14.13)
$$\pi=s(\eta)\rho^{\gamma},\ \gamma=c_p/c_v$$

式中 s 是熵 η 的函数; γ 是常数. 对于大多数气体而言, γ 在 1 和 5/3 之间. 在适当的温度下,空气的 $\gamma=1.4$. 当 c_p 和 c_v 为常

数时，容易证明

$$s(\eta)=(\gamma-1)\exp[(\eta-\eta_0)/c_v] \tag{7.14.14}$$

式中 η_0 是常数. 利用(7.14.12)和(7.14.13)$_2$，我们得到

$$i=\varepsilon+\frac{\pi}{\rho}=\frac{\gamma}{\gamma-1}\frac{\pi}{\rho}=\frac{c^2}{\gamma-1} \tag{7.14.15}$$

i 称为**比焓**，而 c 是多方气体的声速(参见(7.11.18)). 用指标 0 和 1 分别表示在冲击阵面前后各量的值，用 ω 表示 $\mathbf{u}_0$ 与表面 $\sigma(t)$ 上点 P 处的切线所夹的角，用 δ 表示点 P 处 $\mathbf{u}_1$ 和 $\mathbf{u}_0$ 的偏差角，所有这些量都认为是在 $\mathbf{u}_0$ 和 $\mathbf{n}$ 张成的平面内的. 于是，(7.14.8)—(7.14.11)具有下列显式：

$$\begin{aligned}
&\rho_0u_0\sin\omega=\rho_1u_1\sin(\omega-\delta)=m\\
&u_0\cos\omega=u_1\cos(\omega-\delta)\\
&\pi_0-\pi_1=m[u_1\sin(\omega-\delta)-u_0\sin\omega]\\
&i_0+\frac{1}{2}u_0^2\sin^2\omega=i_1+\frac{1}{2}u_1^2\sin^2(\omega-\delta)\\
&\eta_0\leqslant\eta_1
\end{aligned} \tag{7.14.16}$$

对于 i_0 和 i_1，我们应取用(7.14.15). 应指出，(7.14.16)的第二式和第三式是(7.14.9)在 $\sigma(t)$ 上点 P 处的切线和法线上所取的切向和法向投影的结果.

利用(7.14.12)—(7.14.15)，我们可以决定在冲击阵面前后各量的比以及熵的变化和偏差角 δ. 于是有

$$\begin{aligned}
&\frac{\rho_1}{\rho_0}=\frac{(\gamma+1)\sigma}{2+(\gamma-1)\sigma}\\
&\frac{\pi_1}{\pi_0}=\frac{2\gamma\sigma-\gamma+1}{\gamma+1}\\
&\frac{\theta_1}{\theta_0}=\frac{(2\gamma\sigma-\gamma+1)[2+(\gamma-1)\sigma]}{(\gamma+1)^2\sigma}\\
&\left(\frac{u_1}{u_0}\right)^2=\cos^2\omega+\left[\frac{2+(\gamma-1)\sigma}{(\gamma+1)\sigma}\right]^2\sin^2\omega\\
&\eta_1-\eta_0=c_v\log(\pi_1\rho_0^\gamma/\pi_0\rho_1^\gamma)
\end{aligned} \tag{7.14.17}$$

$$\cot\sigma = \left[\frac{(\gamma+1)\sigma\operatorname{cosec}^2\omega}{2(\sigma-1)} - 1\right]\tan\omega$$

式中

(7.14.18) $$\sigma \equiv \left(\frac{u_0}{c_0}\right)^2 \sin^2\omega = M_0^2 \sin^2\omega$$

量 $M \equiv v/c$ 称为 **Mach** 数。能够证明，由 Clausius-Duhem 不等式(7.14.16)$_5$ 可以推知，σ 的容许值满足条件

(7.14.19) $$\sigma > 1$$

否则的话，通过冲击，熵要减少。当然，这在物理上是不允许的。为了证明(7.14.19)，由(7.14.17)$_5$，我们得出

$$\frac{d}{d\sigma}(\eta_1 - \eta_0) = c_p \frac{2(\gamma-1)(\sigma-1)^2}{\sigma(2\gamma\sigma - \gamma + 1)[2 + (\gamma-1)\sigma]}$$

因为根据(7.14.17)$_2$，$\pi_1/\pi_0 \geqslant 0$ 意味着 $\sigma \geqslant (\gamma-1)/2\gamma$，所以上式不能是负的。因而，$\eta_1 - \eta_0$ 随 σ 而增加，并当 $\sigma = 1$ 时，$\eta_1 - \eta_0 = 0$。因此，仅当 $\sigma > 1$ 时，$\eta_1 - \eta_0$ 才是正的。这表明，$\pi_1 \geqslant \pi_0$，因而，间断面是压缩波。$\pi_1/\pi_0, \theta_1/\theta_0$ 以及 $\eta_1 - \eta_0$ 的值没有上限。然而，ρ_1/ρ_0 被限制在

$$1 < \rho_1/\rho_0 < \frac{\gamma+1}{\gamma-1}$$

范围之内。当 $\gamma = 1.4$ 时，我们有 $(\rho_1/\rho_0)_{\max} = 6$。

条件 $\sigma \geqslant 1$ 意味着，在冲击波前面的流动是超音速的。在冲击波后面的流动可以是超音速的或亚音速的，这取决于 M_0 和 σ。这可由下式看出：

(7.14.20) $$\begin{aligned} M_1^2 &\equiv (u_1/c_1)^2 \\ &= [2 + (\gamma-1)M_0^2]\left\{\frac{1}{2\gamma\sigma - \gamma + 1} + \frac{2}{(\gamma-1)[2 + (\gamma-1)\sigma]}\right\} \\ &\quad - \frac{2}{\gamma-1} \end{aligned}$$

对于 σ 的最小值 $\sigma = 1$，我们有 $M_1 = M_0 \geqslant 1$ 和 $\omega = \mu_0 =$

Mach 角．对一个给定的 M_0，σ 的最大值 $\sigma = M_0^2$ 是**法向冲击波**的条件．在这种条件下，

$$M_1^2 = \frac{2 + (\gamma - 1)M_0^2}{2\gamma M_0^2 - \gamma + 1} \leqslant 1,\ \omega = \frac{\pi}{2}$$

如果对一个给定的 M_0，ω 增加，则 σ 增加，并且 M_1 减少．于是，由于 ω 从 μ_0 增加到 $\frac{\pi}{2}$，冲击波后面的流动便由具有 Mach 数 M_0 的超音速流动单调地变为具有 Mach 数

$$M_1 = \left[\frac{2 + (\gamma - 1)M_0^2}{2\gamma M_0^2 - \gamma + 1}\right]^{1/2}$$

的亚音速流动．这也表明，在法向冲击波后面的流动是亚音速的，并且在任何冲击波后面的流动的 Mach 数都不能低于 $[(\gamma - 1)/2\gamma]^{1/2}$． 当 $\gamma = 1.4$ 时，其最小值为 $1/\sqrt{7}$．

当 $\gamma = 1.4$ 时，我们把作为 σ 的函数的比值 $\rho_1/\rho_0, \pi_1/\pi_0$ 和 θ_1/θ_0 列于表 7.14.1 中，同时把以 M_0 为参数、作为 ω 的函数的偏

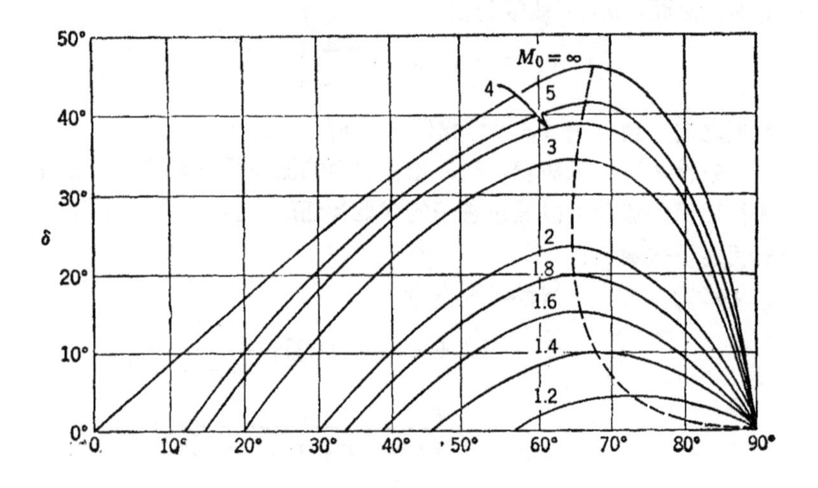

图 7.14.2 $\gamma = 1.4$ 时的偏差角 δ

差角 δ 绘于图 7.14.2 中 (Howarth [1953])．

还有一些几何方法，例如，冲击波的极性图。利用这些方法，对于给定的 u_0 和 ω，可以决定 u_1 和偏差角 δ。对此理论以及冲击波理论的其它细节，我们建议读者参见可压缩流动理论的基本著作；例如，参见 Courant 和 Friedrichs [1948]，Howarth [1953, I]，Shapiro [1953, I] 和 Stanyukovich [1960]。

表7.14.1 $\gamma=1.4$ 时冲击波后的条件

$M_0\sin\omega$	π_1/π_0	ρ_1/ρ_0	θ_1/θ_0	$M_0\sin\omega$	π_1/π_0	ρ_1/ρ_0	θ_1/θ_0
1.0	1	1	1	3.0	10.33	3.857	2.679
1.2	1.51	1.342	1.128	3.2	11.78	4.031	2.922
1.4	2.12	1.690	1.255	3.4	13.32	4.188	3.180
1.6	2.82	2.032	1.388	3.6	14.95	4.330	3.454
1.8	3.61	2.359	1.532	3.8	16.68	4.457	3.743
2.0	4.5	2.667	1.688	4.0	18.50	4.571	4.047
2.2	5.48	2.951	1.857	4.2	20.41	4.675	4.366
2.4	6.55	3.212	2.040	4.4	22.42	4.768	4.702
2.6	7.72	3.449	2.238	4.6	24.52	4.853	5.052
2.8	8.98	3.664	2.451	4.8	26.71	4.930	5.418
3.0	10.33	3.857	2.679	5.0	29	5	5.8
				∞	∞	6	∞

冲击波的结构　根据可压缩粘性流动理论的方程的解来说明一维定常法向冲击波是有指导意义的。对于在 x 方向的一维运动，连续性方程，动量平衡方程以及能量守恒方程(当 $\lambda_v=-\frac{2}{3}\mu_v$ 时)分别为

$$\frac{d}{dx}(\rho u)=0$$

(7.14.21)
$$\rho u\frac{du}{dx}=-\frac{d}{dx}\left(-\pi-\frac{4}{3}\mu_v\frac{du}{dx}\right)$$

$$\rho u\frac{di}{dx}-u\frac{d\pi}{dx}=\frac{d}{dx}\left(\kappa\frac{d\theta}{dx}\right)+\frac{4}{3}\mu_v\left(\frac{du}{dx}\right)^2$$

联立后两个方程，我们可用下列方程代替能量方程：

$$\rho u\frac{d}{dx}\left(i+\frac{1}{2}u^2\right)=\frac{d}{dx}\left[\mu_v\left(\frac{1}{\sigma_p}\frac{di}{dx}+\frac{4}{3}u\frac{du}{dx}\right)\right]$$

式中 $\sigma_p=\mu_v c_p/\kappa$ 是 Prandtl 数，它不一定是常数。现在，我们可以积分

(7.14.21)的前两个方程和上一方程,得到

$$\rho u = \rho_0 u_0 = \rho_1 u_1 = m$$

(7.14.22)
$$mu + \pi - \frac{4}{3}\mu_v \frac{du}{dx} = mu_0 + \pi_0 = mu_1 + \pi_1 \equiv mV$$

$$m\left(i + \frac{1}{2}u^2\right) - \mu_v\left(\frac{1}{\sigma_p}\frac{di}{dx} + \frac{4}{3}u\frac{du}{dx}\right) = m\left(i_0 + \frac{1}{2}u_0^2\right)$$

$$= m\left(i_1 + \frac{1}{2}u_1^2\right) \equiv mI$$

由后两个方程,并利用下面的状态方程:

$$\pi = (c_p - c_v)\rho\theta = (m/u)(i - \varepsilon)$$

我们得到

(7.14.23)
$$\frac{4}{3}\mu_v u\frac{du}{dx} = m[i - \varepsilon + u(u - V)]$$

$$\frac{\mu_v}{\sigma_p}\frac{di}{dx} = m\left(\varepsilon + Vu - \frac{1}{2}u^2 - I\right)$$

对于 c_p 和 c_v 为常数,因而 $i = c_p\theta$ 和 $\varepsilon = c_v\theta$ 的理想气体，这些方程已被积分. 对 μ_v, κ 和 σ_p 为常数的弱冲击波，Taylor [1910] 给出 (7.14.23) 的一个解. 这里我们介绍 Becker [1921] 的解,当 μ_v 与温度有关时，Thomas [1944] 改进了这个解. 数值 $\sigma_p = \frac{3}{4}$ 非常接近于双原子气体. 对于这种情况,将(7.14.23)两式相加得到

$$\frac{4}{3}\mu_v\frac{d}{dx}\left(i + \frac{1}{2}u^2\right) = m\left(i + \frac{1}{2}u^2 - I\right)$$

这说明

(7.14.24)
$$i + \frac{1}{2}u^2 = I$$

因为含有$\exp[(3m/4)\int dx/\mu_v]$ 的解是不允许的. 所以,在整个波动中，能量为常数. 利用(7.14.24),$(7.14.23)_1$可以写为

(7.14.25)
$$\frac{D}{M_0}\frac{\mu_v}{\mu_0}u\frac{du}{dx} = -(u_0 - u)(u - u_1)$$

式中

(7.14.26)
$$D \equiv \frac{8\gamma}{3(\gamma + 1)}\frac{u_1}{c_1}$$

根据动力学理论，μ_v 与 $\sqrt{\theta}$ 成比例，所以 $\mu_v/\mu_0 = \sqrt{i/i_1}$. 利用此式，

我们积分(7.14.25),则得

$$x=\frac{D}{M_0}\left(1+\frac{\gamma-1}{2}M_0\right)^{1/2}[(U_0+U_1)\arccos U+(1-U^2)^{1/2}-U_0F(U_0,U)+U_1F(U_1,U)]+\text{const}. \tag{7.14.27}$$

式中

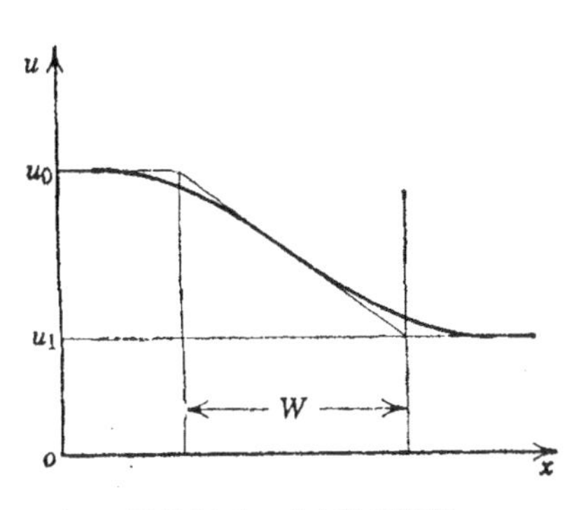

图 7.14.3 冲击波的宽度

$$U\equiv\frac{u}{\sqrt{2I}}\left[\frac{(\gamma-1)M^2}{2+(\gamma-1)M^2}\right]^{1/2}$$

$$U_i\equiv\left[\frac{(\gamma-1)M_i^2}{2+(\gamma-1)M_i^2}\right]^{1/2}\qquad(i=0,1) \tag{7.14.28}$$

$$F(w,v)\equiv\frac{2(1-w^2)^{1/2}}{v_0-v_1}\arctan\left[\frac{(1+w)(1-v)}{(1-w)(1+v)}\right]^{1/2}$$

冲击波的宽度W常定义为(图 7.14.3)为

$$W\equiv-\frac{u_0-u_1}{|du/dx|_{\max}}$$

计算给出的结果示于表 7.14.2 中. 由这些结果清楚地看出，当入射流动的 Mach 数超过 2 时,宽度W是非常小的. 因此，把冲击波当成运动间断面的看法是恰当的.

Navier-Stokes 方程预示出冲击波的厚度值很小,它们是可以和分子的平均自由程相比较的. 据此，以及由于 Navier-Stokes 方程在应用于动力学理论的 Boltzmann 方程的摄动法中是作为低阶近似的缘故,所以在计算冲击波的厚度时,这些方程的有效性是令人怀疑的. 已有若干基于动力学理论的工作，参见 Wang Chang [1948]，Mott-Smith [1951]，Zoller [1951]，Grad [1952] 和其它文献. 也有赞同 Navier-Stokes 和连续统理论的反面论证，参见 Gibarg 和 Paolucci [1953]. 这些作者还给出了在更一般的形式 $\mu/\mu_0=$

表 7.14.2　冲击波的结构(摘自 Howarth [1953])

人射流动的 Mach 数	在 300 K 时空气中的冲击波宽度 ($\gamma=1.4$)	
	毫米	平均自由程
1	∞	∞
2	17.38×10^{-5}	3.98
3	10.66×10^{-5}	2.69
4	8.76×10^{-5}	2.28
5	7.95×10^{-5}	2.09
∞	6.58×10^{-5}	1.74

$(\theta/\theta_0)^s$ 下，粘性 μ_v 与温度有关的情形的数值解．这里 s 为指数，对于氦 $s=0.647$，对于氩 $s=0.816$．根据这些结果以及 Thomas $\left(s=\frac{1}{2}\right)$给出

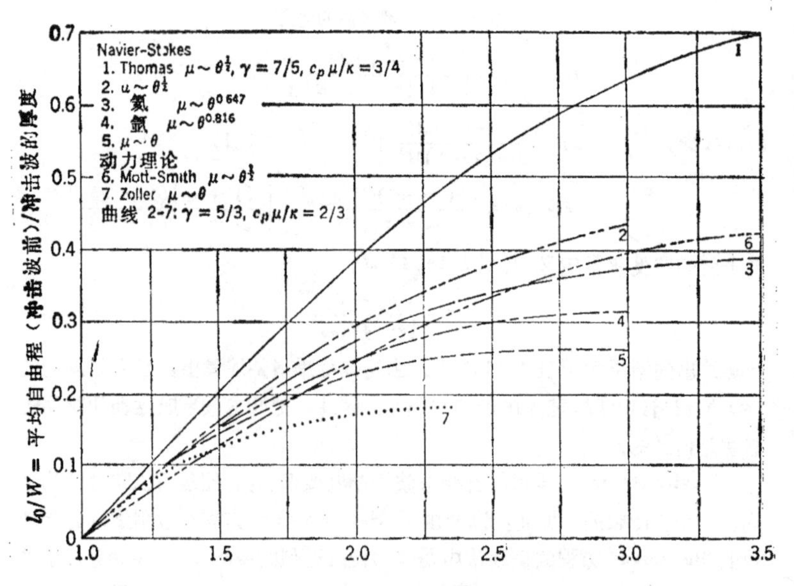

图 7.14.4　Navier-Stokes 冲击波厚度与动力学结果的比较

(摘自 Gilbarg 和 Paolucci [1953])

的上述结果，在冲击波前面的 Maxwell 平均自由程 l_0 与上面定义的冲击波宽度 W 之比 l_0/W 列于表 7.14.3 中．对于 l_0，我们有

$$l_0 = \frac{16}{5} \frac{\mu_0}{\rho\sqrt{2\pi R\theta_0}}$$

在图 7.14.4 中，对不同的指数 s，画出了冲击波前面的平均自由程与冲击波厚度之比(作为 Mach 数的函数)的曲线 .如同我们所看到的，这些结果是不能作为支持 Navier-Stokes 方程不适于处理冲击波现象这样论点的结论的.

表 7.14.3 当 $\mu \propto \theta^s$ 时的 l_0/W 值

(摘自 Gilbarg 和 Paolucci [1953])

M_0/s	0.500	0.647(氦)	0.816(氩)	1.000
1.2	0.070	0.068	0.067	0.067
1.4	0.136	0.132	0.128	0.122
1.7	0.222	0.210	0.199	0.187
2.0	0.292	0.270	0.248	0.224
2.5	0.381	0.344	0.303	0.264
3.0	0.437	0.377	0.314	0.261
4.0	—	0.410	—	—

7.15 球面爆炸波

本节中，我们将给出可压缩非粘性流体的球面爆炸问题的基本方程的解. 假设在气体中的一点处，瞬时地释放出有限的能量. 则因为初始压力和温度在理论上是无限大，所以一个强烈的球面冲击波就开始传播. 作为时间的函数，我们希望决定冲击阵面内一点处的压力、密度和速度. 关于中心对称的球坐标中的运动方程为

$$\begin{aligned} &\frac{\partial v}{\partial t} + v\frac{\partial v}{\partial r} + \frac{1}{\rho}\frac{\partial \pi}{\partial r} = 0 \\ &\frac{\partial \rho}{\partial t} + v\frac{\partial \rho}{\partial r} + \rho\frac{\partial v}{\partial r} + 2\rho\frac{v}{r} = 0 \qquad (7.15.1) \\ &\frac{\partial \eta}{\partial t} + v\frac{\partial \eta}{\partial r} = 0 \end{aligned}$$

其中，第一个方程是动量平衡方程，第二个是连续性方程，而第三个是等熵流动方程. 理想多方气体的状态方程为

$$(7.15.2)\qquad \pi = S(\eta)\rho^{\gamma}$$

$$S(\eta) = (\gamma - 1)\exp[(\eta - \eta_0)/c_v]$$

由(7.15.2),我们得到

$$d\log S = d\eta/c_v = d\log c^2 - (\gamma - 1)d\log\rho$$

$$(7.15.3)\qquad d\pi/\rho = \frac{1}{\gamma}(dc^2 + c^2 d\log\rho)$$

$$c^2 = \gamma S\rho^{\gamma-1}$$

利用这些方程,我们可把(7.15.1)表示成形式

$$\frac{\partial v}{\partial t} + v\frac{\partial v}{\partial r} + \frac{1}{\gamma}\left(\frac{\partial c^2}{\partial r} + c^2\frac{\partial}{\partial r}\log\rho\right) = 0$$

$$(7.15.4)\qquad \frac{\partial}{\partial t}(\log\rho) + v\frac{\partial}{\partial r}(\log\rho) + \frac{\partial v}{\partial r} + \frac{2v}{r} = 0$$

$$\frac{\partial c^2}{\partial t} + v\frac{\partial c^2}{\partial r} + (\gamma - 1)c^2\left(\frac{\partial v}{\partial r} + \frac{2v}{r}\right) = 0$$

我们寻求系统的一个称为**自型运动**的解,其形式为

$$(7.15.5)\qquad v = x(z)\frac{r}{t},\quad c^2 = y(z)\frac{r^2}{t^2}$$

式中 x 和 y 分别是单参数

$$(7.15.6)\qquad z = r/t^{\alpha}$$

的函数,α 为常数。在(7.15.4)中利用(7.15.5),则可看到,这个方程不显含 r 和 t. 所以,我们必须有

$$(7.15.7)\qquad \rho = t^{\beta}\xi(z)$$

把(7.15.5)—(7.15.7)代入(7.15.4),则给出

$$x'(x - \alpha) + x^2 - x + \frac{1}{\gamma}[2y + y' + y(\log\xi)] = 0$$

$$(7.15.8)\qquad (\log\xi)'(x - \alpha) + \beta + x' + 3x = 0$$

$$\frac{y'}{y}(x - \alpha) + (\gamma - 1)x' + (3\gamma - 1)x - 2$$

$$= 0$$

式中一撇表示对 $\log z$ 的微分,例如

$$x' = \frac{dx}{d\log z} \tag{7.15.9}$$

由$(7.15.8)_2$，对 $(\log\xi)'$ 求解，并把结果代入$(7.15.8)_3$ 中，则方程组(7.15.8)变成

$$(\log\xi)' = -\frac{3x+\beta+x'}{x-\alpha}$$

$$\frac{d\log z}{dx} = \frac{(\alpha-x)(d\log y/dx)-(\gamma-1)}{(3\gamma-1)x-2} \tag{7.15.10}$$

$$\frac{d\log z}{dx} = \frac{(\alpha-x)^2-y}{y\{[2(\alpha-1)+\beta]\gamma^{-1}+3x\}-x(1-x)(\alpha-x)}$$

因此，问题化为求解形如

$$\frac{dy}{dx} = y\frac{F_1(x,y)}{F_2(x,y)}$$

的一阶微分方程和求两个积分。因而，最后的解包含三个附加的常数 C_1, C_2 和 C_3。因为我们总可以用 $t+\tau$ 代替 t，所以，在方程组的通解中，我们总共有六个积分常数 $\alpha, \beta, \tau, C_1, C_2$ 和 C_3。这些常数的决定必须使得 π, ρ 和 v 在冲击波阵面取值，并使总能量和初始能量相同。

现在，我们决定在冲击波球面内部的速度、压力和密度。对一个强烈的法向 $\left(\omega = \frac{\pi}{2}\right)$ 冲击波，由$(7.14.17)_4$，我们有

$$\frac{u_1}{u_0} = \frac{2+(\gamma-1)(u_0/c_0)^2}{(\gamma+1)(u_0/c_0)^2} \tag{7.15.11}$$

根据(7.14.7)，$u_1 = v_1 - U, u_0 = v_0 - U$，式中 $U = \boldsymbol{\nu}\cdot\mathbf{n}$ 是冲击波阵面的法向速度。在目前情况下，v_1 和 v_0 分别是球面冲击波阵面内部和外部的径向流动速度。于是，$v_0 = 0$，而且由上述方程，我们可以解出冲击波阵面的速度

$$\frac{U}{c_0} = \frac{\gamma+1}{4}\cdot\frac{v_1}{c_0} + \left[\left(\frac{\gamma+1}{4}\cdot\frac{v_1}{c_0}\right)^2+1\right]^{1/2} \tag{7.15.12}$$

对非常大的 v_1/c_0，即 $v_1/c_0 \gg 1$，此式给出

$$U \cong \frac{\gamma+1}{2} v_1$$

因此，对这个U值和 $v_0=0$，由(7.14.17)，我们有

$$\pi_1 \cong \frac{2}{\gamma+1} \rho_0 U^2, \quad \frac{\rho_1}{\rho_0} \cong \frac{\gamma+1}{\gamma-1}, \quad v_1 \cong \frac{2}{\gamma+1} U \tag{7.15.13}$$

回到原来的问题，由(7.15.7)我们看到，当 $\rho_1=\text{const.}$ 时，必须有$\beta=0$。根据(7.15.5)和(7.15.13)式，在冲击波阵面上的条件是

$$x_1 = v_1 \frac{t}{r} = \frac{2}{\gamma+1} U \frac{t}{r}$$

$$y_1 = c_1^2 \frac{t^2}{r^2} = \frac{2\gamma(\gamma-1)}{(\gamma+1)^2} U^2 \frac{t^2}{r^2}$$

代入

$$U = \frac{dr}{dt} = \alpha \frac{r}{t}$$

则得到

$$x_1 = \frac{2\alpha}{\gamma+1}, \quad y_1 = \frac{2\gamma(\gamma-1)}{(\gamma+1)^2} \alpha^2 \tag{7.15.14}$$

于是，问题化为寻求$(7.15.10)_{2,3}$通过(7.15.14)所在点的解。另外，还必须决定 α。一个物理上合理的条件是在冲击波阵面 $r=r_1(t)$ 内部的总能量守恒，即

$$E = 4\pi \int_0^{r_1} \left(\frac{\pi}{\gamma-1} + \rho \frac{v^2}{2} \right) r^2 dr = \text{const.} \tag{7.15.15}$$

Sedov [1946a,b][1] 给出 $(7.15.10)_{2,3}$ 的一个满足(7.15.14)的简单解。当 $\alpha=2/5$ 时，此解具有形式

$$y = \frac{\gamma-1}{2} x^2 \frac{\alpha - x}{x-(\alpha/\gamma)}, \quad \alpha = 2/5 \tag{7.15.16}$$

对$(7.15.10)_1$和$(7.15.10)_2$进行积分，我们就可得到ρ和 z，而由(7.15.5)可得到v和 c^2。因而由 $c^2=\gamma\pi/\rho$ 可决定压力，而由状

---

1) Taylor [1950] 在 Lagrange 坐标中给出一个类似的解。对于此问题以及与之有关问题的其它讨论，可参见 Sedov [1959] 以及 Hayes 和 Probstein [1959].

态方程可得到温度．于是有

$$z = C_1 x^{-\alpha}\left(x - \frac{\alpha}{\gamma}\right)^{(\gamma-1)\alpha/2[(\gamma-2)\alpha+1]}$$

$$\times\left[x + \frac{\alpha}{\alpha(\gamma-2)+1-\gamma}\right]^{a} \equiv C_1\varphi_1(x)$$

$$\rho = C_2(\alpha - x)^{2/(\gamma-2)}\left(x - \frac{\alpha}{\gamma}\right)^{(1-\alpha)/[(\gamma-2)\alpha+1]}$$

$$\times\left[x + \frac{\alpha}{\alpha(\gamma-2)+1-\gamma}\right]^{2a/(\gamma-2)\alpha} \equiv C_2\varphi_2(x)$$

$$(7.15.17)\quad v = C_1 t^{\alpha-1}x^{1-\alpha}\left(x - \frac{\alpha}{\gamma}\right)^{(\gamma-1)\alpha/2[(\gamma-2)\alpha+1]}$$

$$\times\left[x + \frac{\alpha}{\alpha(\gamma-2)+1-\gamma}\right]^{a} \equiv C_1(x/t)^{1-\alpha}\varphi_3(x)$$

$$\pi = \frac{\gamma-1}{2\gamma}C_1^2C_2t^{2\alpha-2}x^{2-2\alpha}(\alpha-x)^{\gamma/(\gamma-2)}$$

$$\times\left[x + \frac{\alpha}{\alpha(\gamma-2)+1-\gamma}\right]^{b}$$

$$\equiv \frac{\gamma-1}{2\gamma}C_1^2C_2(x/t)^{2\alpha-2}\varphi_4(x)$$

$$\theta = \frac{\pi}{c_v(\gamma-1)\rho}$$

式中

$$(7.15.18)\quad a \equiv \frac{\alpha}{\alpha(\gamma-2)+1-\gamma}\left[\frac{\gamma-1}{2}\cdot\frac{\gamma}{\alpha(\gamma-2)+1}\right.$$

$$\left.+1\right] + \alpha$$

$$b \equiv 2a\left[1 + \frac{1}{(\gamma-2)\alpha}\right]$$

而 C_1 和 C_2 是待定常数．把 π, u 和 ρ 代入(7.15.15)中，并注意到 $\alpha = 2/5$，则我们看到，这个积分不明显地依赖于 t．

现在，根据(7.15.17)，由 $x = x_1, y = y_1$ 的条件立即可决定 C_1 和 C_2，即

(7.15.19) $C_1 = \gamma_1^{1-\alpha} v_1^{\alpha} / \varphi_3(x_1), C_2 = \rho_1 / \varphi_2(x_1)$

这就完成了问题的求解。

当 $\gamma = 7/5$ 时，压力、速度和密度的比作为 r/r_1 的函数曲线示于图 7.15.1 中，其中 r_1 是冲击波的半径。

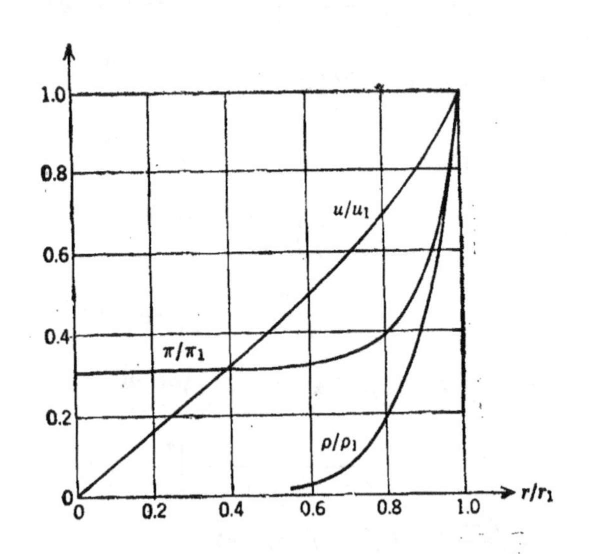

图 7.15.1 $\gamma = 7/5$ 时伴随冲击波的球面爆炸波

这种自型解没有充分考虑时间，因此，已对这种类型的解提出异议。例如，由(7.15.17)式，我们注意到，当 $\alpha = 2/5$ 时，在冲击波阵面之后的压力随时间 $t \to \infty$ 而趋于零。因此，这在时间上违背了冲击波是强烈的假设。此外，在接近爆炸中心处，实验观察到的压力与上述结果不一致。尽管如此，Taylor-Sedov 解给出了在不太强烈地受到爆炸过程影响的充分远处爆炸波的一个很好的描述。当然，冲击波仍然可以认为是很强烈的。对 γ 的特殊值，还有其它的特殊解。例如，当 $\gamma = 7$ 时，这种流体近似于水，Primakoff[1] 找到一个简单解。

1) 对这个解和其它的简单解，可参见 Courant 和 Friedrichs [1948, Arts. 159—166]. 有关其它复杂的解可参见 Stanyukovich [1960].

习题

7.1 关于变形率张量为二阶的不可压缩 Stokes 流体，试证应力为

$$t_{kl} = -p\delta_{kl} + 2\mu_v d_{kl} + 4\nu_v d_{kr} d_{rl}$$

式中 $p(\mathbf{x},t)$ 是任意的，而 μ_v 和 ν_v 只是温度的函数。试求加在这种流体上的热力学限制。

7.2 试提出一个决定可压缩二阶 Stokes 流体本构系数的试验方案。

7.3 在两个共轴长圆柱体之间的空间中充满了 Navier-Stokes 流体。两圆柱体分别以角速度 ω_1 和 ω_2 旋转，并假设流体附着于柱体上。试决定流体的速度场和应力场。

7.4 两个斜平行平面之间的不可压缩 Navier-Stokes 流体受重力的作用。如果上板以速度 $u=U(t)$ 运动，而下板固定，试决定流体的速度场。假设运动是平面的。

7.5 占有半空间 $y>0$ 的不可压缩非粘性流体从 $y=0$ 处的刚性平板上做出的长为 $2a$ 的孔口自由流出。设运动是无旋的和平面的，试决定速度场。

7.6 在无体力的不可压缩非粘性流体的二维运动中，试证明作用在一圆柱体上的合力 (F_x,F_y) 和合力偶 (M_x,M_y) 由 **Blasius 定理**给出

$$F_x - iF_y = \frac{i}{2}\rho \oint \left(\frac{d\Phi}{dz}\right)^2 dz, z = x + iy$$

$$M_x + iM_y = -\frac{\rho}{2}\oint z\left(\frac{d\Phi}{dz}\right)^2 dz,\quad i \equiv \sqrt{-1}$$

式中积分在整个柱体的表面上进行。$\Phi(z)$ 是复位势，它与速度分量 v_x 和 v_y 的关系为

$$v_x - iv_y = \frac{d\Phi}{dz}$$

7.7 利用 Blasius 定理（习题7.6），试证明由 x 方向的理想流动所引起的圆柱体上的升力 F_y 为

$$F_y = \rho U\Gamma$$

式中 U 是在 $x=-\infty$ 处速度的 x 分量，Γ 是绕圆柱中心（即坐标原点）的环流。同时证明阻力 $F_x=0$，并证在柱体上没有力偶作用。

7.8 占有半空间 $y>0$ 的不可压缩粘性流体受力到沿 x 方向作谐振动的薄板（在 $y=0$ 处）的振动运动。假设流体附着于板上，试决定速度场。

7.9 占有半空间 $z>0$ 的不可压缩粘性流体在 $z=0$ 的平板上的一无限薄层受到一旋转运动，板绕 z 轴旋转的等角速度为 Ω. 假设流体附着于 $z=0$ 的平板上，而且在 $z=\infty$ 处的速度为零. 试决定速度场. 假设速度场具有形式

$$u=f(z)r,\ v=rg(z),\ w=h(z),\ r\equiv\sqrt{x^2+y^2}$$

试决定其中的未知函数 f,g 和 h.

7.10 如果 $\phi(t)$ 表示时刻 t 声波 $\phi(\mathbf{x},t)$ 在边界面 $\mathscr{S}$ 上的值，而 $f(t)$ 表示时刻 t 声波在表面 $\mathscr{S}$ 的法向导数 $\partial\phi/\partial n$，试证明时刻 t 在 $\mathscr{S}$ 内的区域 $\mathscr{V}$ 中任一点的流动 ϕ_p 为 [Kirchhoff]

$$\phi_p(t)=-\frac{1}{4\pi}\int_{\mathscr{S}}\left\{\frac{1}{r}f\left(t-\frac{r}{c}\right)+\frac{\partial}{\partial n}\left[\frac{1}{r}\phi\left(t-\frac{r}{c}\right)\right]\right\}da$$

式中 c 为声速，因为明显地包含 r，所以 $\frac{\partial}{\partial n}$ 只对 r 作用.

7.11 作用在原点 $x=y=0$ 的一个声源 $f(t)$，在二维无限平面上产生关于原点的对称波动. 试证明速度势 $\phi(r,t)$ 为

$$\phi(r,t)=\frac{1}{2\pi}\int_0^\infty f\left(t-\frac{r}{c}\cosh u\right)du,\ r\equiv\sqrt{x^2+y^2}$$

式中 c 为声速.

7.12 一蚊蝇在时刻 $t=0$ 时落于圆形湖的中心，试决定其后的运动.

7.13 试论可压缩非粘性流体的定常二维无旋运动，其中速度场只依赖于柱坐标的 θ 角.

7.14 试求平面冲击波由一个平面刚性壁的反射所产生的压力.

7.15 试证明在非粘性可压缩流体的定常无旋运动中，速度势 ϕ 满足方程

$$(c^2-\phi_{,x}^2)\phi_{,xx}-2\phi_{,x}\phi_{,y}\phi_{,xy}+(c^2-\phi_{,y}^2)\phi_{,yy}=0$$

其中 c 为与 ϕ 有关的声速. 试决定 c^2 的表达式.

7.16 在习题 7.15 中给出的不可压缩流体的方程，利用**速矢端迹变换**

$$x=x(u,v),\quad y=y(u,v)$$

可变换成线性方程. 式中 (x,y) 为二维直角坐标，而 (u,v) 为该坐标系中的速度分量. 试决定代替习题 7.15 中所给方程的线性方程.

7.17 (短文)将不可压缩流体的 Navier-Stokes 方程关于常自由流速 $u_x=U$ (在 $x=-\infty$ 处)线性化. 对于绕球的定常流动，当

(a) $U\equiv0$ (Stokes 流动)

(b) $U\neq0$ (Oseen 流动)

时，试决定速度场和阻力．假设流体附着于球的表面上．

7.18 （短文）对边界层的近似性作一讨论．试求粘性不可压缩流体在一平板附近的边界层方程，并给出流体经过平板的解．

7.19 （短文）试对可压缩流体的二维问题的解法研究一些文献，并讨论特征线方法．

7.20 试推导不可压缩非粘性流体一维非定常运动的方程式．对在一直管中由加速柱体而引起的流动问题的解，介绍特征线方法和简单波动的概念．

7.21 （短文）试对均匀各向同性湍流作一简短的讨论．

第八章　热弹性理论

8.1　本章的范围

本章论述线性热弹性理论．在第 8.2 节中导出了各向异性固体的线性热弹性理论的各种本构方程．它们包括应力的、热传导的、内能的以及熵的本构方程．在这一节中还得到了热传导方程．在第 8.3 节中介绍了线性各向同性固体的方程．第 8.4 节汇集了在线性热弹性理论中为求解问题所必须的基本方程、跳变条件、边界条件和初始条件．在该节中还导出了 Navier-Duhamel 方程．其余的各节，亦即，第 8.5 节到第 8.8 节，致力于一些说明性的解．在第 8.5 节中，我们给出在固体的热传导理论中起重要作用的 Duhamel 定理．在第 8.6 节中求解了在半空间和球腔外部关于温度分布的几个热传导问题，而第 8.7 节讨论了热弹性波．在第 8.8 节中，我们转向受动压力和温度作用的球腔问题．关于等温弹性的球面爆炸波和热传导的相应问题已在前面作了阐述．我们准备再一次观察介质的物理本构在不同物理现象中所产生的影响．

本章不打算详尽地介绍所有的有关问题和求解方法．

8.2　线性本构方程

在第 5.9 节中我们已经得到了热弹性固体的本构方程．这些方程是用(5.9.6)到(5.9.9)以 Green 变形张量 $\mathbf{C}$ 表示的，它们服从约束条件(5.9.11)和(5.9.12)．如用 Lagrange 应变张量

$$E_{KL}=\frac{1}{2}(C_{KL}-\delta_{KL})$$

则这些方程可表示为

$$t_{kl}=\frac{\rho}{\rho_0}\frac{\partial\Sigma}{\partial E_{KL}}\,x_{(k,K}x_{l),L}\tag{8.2.1}$$

(8.2.2) $$q_k = Q_K(\mathbf{E}, \theta_{,K}; \theta, \mathbf{X}) X_{K,k}$$

(8.2.3) $$\varepsilon = \frac{1}{\rho_0}\left(\Sigma - \theta\frac{\partial\Sigma}{\partial\theta}\right)$$

(8.2.4) $$\eta = -\frac{1}{\rho_0}\frac{\partial\Sigma}{\partial\theta}$$

式中

(8.2.5) $$\frac{1}{\rho_0}\Sigma(\mathbf{E}, \theta, \mathbf{X}) \equiv \phi$$

是自由能。函数 Q_K 受到 Clausius-Duhem 不等式

(8.2.6) $$q_k\theta_{,k} \geqslant 0$$

的约束，这个约束表示热量只能从热向冷流动这一事实。如果我们假定，$\boldsymbol{q}(\mathbf{E}, \theta_{,K}, \theta, \mathbf{X})$ 关于温度梯度 $\theta_{,K}$ 是连续的，则由(8.2.6)，得出

(8.2.7) $$\boldsymbol{q}(\mathbf{E}, 0, \theta, \mathbf{X}) = \mathbf{0} \text{ 或 } Q_K(\mathbf{E}, 0, \theta, \mathbf{X}) = 0$$

对于各向异性的非均匀固体上列各式都成立。

本章关心的是线性理论，因此我们以无限小应变 $\tilde{\mathbf{E}}$，即

(8.2.8) $$\tilde{E}_{KL} \equiv \frac{1}{2}(U_{K,L} + U_{L,K})$$

来近似应变 $\mathbf{E}$。而无限小转动 $\tilde{\mathbf{R}}$，即

(8.2.9) $$\tilde{R}_{KL} \equiv \frac{1}{2}(U_{K,L} - U_{L,K})$$

采用第 6.2 节中的相同方式，并利用 $\tilde{E}, \tilde{R}$ 和 $\theta_{,K}$ 把(8.2.1)到(8.2.4)线性化。为此，我们令

(8.2.10) $$\Sigma = \Sigma_0 + \Sigma_{KL}\tilde{E}_{KL} + \frac{1}{2}\Sigma_{KLMN}\tilde{E}_{KL}\tilde{E}_{MN}$$

(8.2.11) $$Q_K = B_K + B_{KM}\theta_{,M} + B_{KLM}\tilde{E}_{LM}$$

式中 $\Sigma_0, \Sigma_{KL}, \Sigma_{KLMN}, B_K, B_{KM}$ 和 B_{KLM} 都是 θ 和 $\mathbf{X}$ 的函数，并满足对称性条件

(8.2.12) $$\Sigma_{KL} = \Sigma_{LK}, \Sigma_{KLMN} = \Sigma_{MNKL} = \Sigma_{LKMN} = \Sigma_{KLNM}$$
$$B_{KLM} = B_{KML}$$

我们把(8.2.10)和(8.2.11)代入(8.2.1)和(8.2.2)，并利用公式

(8.2.13)
$$x_{k,K}=(\delta_{MK}+\widetilde{E}_{MK}+\widetilde{R}_{MK})\delta_{Mk}$$
$$X_{K,k}=(\delta_{mk}-\tilde{e}_{mk}-\tilde{r}_{mk})\delta_{mK}$$

得出

$$t_{kl}=\frac{\rho}{\rho_0}[\Sigma_{KL}+\Sigma_{ML}(\widetilde{E}_{KM}+\widetilde{R}_{KM})+\Sigma_{KM}(\widetilde{E}_{LM}+\widetilde{R}_{LM})+\Sigma_{KLMN}\widetilde{E}_{MN}]\delta_{Kk}\delta_{Ll}$$

(8.2.14)
$$q_k=B_K(\delta_{mk}-\tilde{e}_{mk}-\tilde{r}_{mk})\delta_{mk}+(B_{KM}\theta_{,M}+B_{KLM}\widetilde{E}_{LM})\delta_{kK}$$

在线性理论中,我们有

(8.2.15)
$$\widetilde{E}_{KL}\cong\tilde{e}_{kl}\delta_{Kk}\delta_{Ll},\quad \widetilde{R}_{KL}\cong\tilde{r}_{kl}\delta_{Kk}\delta_{Ll}$$
$$\rho/\rho_0=1-\widetilde{E}_{KK}=1-\tilde{e}_{kk}$$

因此,(8.2.14)可以表成下列空间形式:

(8.2.16)
$$t_{kl}=(1-\tilde{e}_{mm})\sigma_{kl}+\sigma_{ml}(\tilde{e}_{km}+\tilde{r}_{km})+\sigma_{km}(\tilde{e}_{lm}+\tilde{r}_{lm})+\sigma_{klmn}\tilde{e}_{mn}$$

(8.2.17)
$$q_k=b_m(\delta_{mk}-\tilde{e}_{mk}-\tilde{r}_{mk})+b_{km}\theta_{,m}+b_{klm}\tilde{e}_{lm}$$

式中

(8.2.18)
$$\sigma_{kl}=\Sigma_{KL}\delta_{kK}\delta_{lL}$$
$$\sigma_{klmn}=\Sigma_{KLMN}\delta_{kK}\delta_{lL}\delta_{mM}\delta_{nN}$$
$$b_k=B_K\delta_{kK}$$
$$b_{kl}=B_{KL}\delta_{kK}\delta_{lL}$$
$$b_{klm}=B_{KLM}\delta_{kK}\delta_{lL}\delta_{mM}$$

都是 θ 和 $\mathbf{X}$ 的函数,并且满足对称性关系

(8.2.19)
$$\sigma_{kl}=\sigma_{lk},\sigma_{klmn}=\sigma_{mnkl}=\sigma_{lkmn}=\sigma_{klnm}$$
$$b_{kl}=b_{lk},b_{klm}=b_{kml}$$

条件(8.2.7)相当于

(8.2.20)
$$b_m=0,\quad b_{klm}=0$$

因此不等式(8.2.6)成为

(8.2.21)
$$b_{km}\theta_{,k}\theta_{,m}\geqslant 0$$

从而,我们证明了

定理 1 线性热弹性固体的自然状态是绝热状态,$\boldsymbol{q}$ 随 $\nabla\theta$

和 $\tilde{\mathbf{e}}$ 为零而为零，并且热传导系数矩阵 b_{km} 是非负定形式。

所以热量本构方程[1](8.2.17)简化为

$$q_k = b_{km}(\theta, \mathbf{X})\theta_{,m} \tag{8.2.22}$$

式中 b_{km} 是对称的非负定形式。

应力势Σ的形式为

$$\Sigma = \Sigma_0 + \sigma_{kl}\tilde{e}_{kl} + \frac{1}{2}\sigma_{klmn}\tilde{e}_{kl}\tilde{e}_{mn} \tag{8.2.23}$$

物质对称性条件将进一步限制独立的物质参数 $\sigma_{kl}, \sigma_{klmn}, b_{kl}$ 的个数。我们不再深入探讨这些有关的细节。这里的情况类似于在第 6.2 节所作的分析。在以后的各节中，我们将只详细研究各向同性固体的情况。

各向异性固体的热传导方程可以从(5.9.18)得到，也可以等价地从

$$\rho\theta\dot{\eta} = q_{k,k} + \rho h \tag{8.2.24}$$

得到，这里 η 由(8.2.4)给出。

由(8.2.23)和(8.2.4)，我们有

$$\eta = -\frac{1}{\rho_0}\left(\frac{\partial\Sigma_0}{\partial\theta} + \frac{\partial\sigma_{kl}}{\partial\theta}\tilde{e}_{kl} + \frac{1}{2}\frac{\partial\sigma_{klmn}}{\partial\theta}\tilde{e}_{kl}\tilde{e}_{mn}\right) \tag{8.2.25}$$

忽略应变的二次项，并将上式代入(8.2.24)，我们即可得到热传导方程

$$\frac{\rho\theta}{\rho_0}\left(\frac{\partial^2\Sigma_0}{\partial\theta^2}\dot{\theta} + \frac{\partial^2\sigma_{kl}}{\partial\theta^2}\dot{\theta}\tilde{e}_{kl} + \frac{\partial\sigma_{kl}}{\partial\theta}\dot{\tilde{e}}_{kl}\right) + (b_{kl}\theta_{,l})_{,k} + \rho h = 0 \tag{8.2.26}$$

利用(8.2.15)所给出的 ρ/ρ_0，可对上式作出进一步的线性化。

我们注意到，在这里所给出的全部方程中，本构系数 Σ_0, σ_{kl}, σ_{klmn} 和 b_{kl} 都是 θ 和 $\mathbf{X}$ 的函数。所以，它们对于任意的温度，不论是高温，还是低温都是成立的。对线性化起作用的只是温度梯度和应变。在热弹性的线性理论中，按照对自然状态的温度 T_0

1）热量本构方程在第 8.1 节中称为热传导本构方程，原文如此。——译者

的温度变化是微小的假定，可以实现进一步的线性化，亦即，我们令

(8.2.27) $$\theta = T_0 + T_1,\quad |T| \ll T_0,\quad T_0 > 0$$

在这种情况下，我们可令

(8.2.28)
$$\Sigma_0 = S_0 - \rho_0\eta_0 T - \frac{\rho_0\gamma}{2T_0}T^2$$
$$\sigma_{kl} = \alpha_{kl} - \beta_{kl}T$$

于是

(8.2.29) $$\Sigma = S_0 - \rho_0\eta_0 T - \frac{\rho_0\gamma}{2T_0}T^2 + \alpha_{kl}\tilde{e}_{kl} - \beta_{kl}\tilde{e}_{kl}T + \frac{1}{2}\sigma_{klmn}\tilde{e}_{kl}\tilde{e}_{mn}$$

式中 $S_0, \eta_0, \gamma, \alpha_{kl}, \beta_{kl}$ 和 σ_{klmn} 都只是 $\mathbf{X}$ 的函数。把(8.2.27)到(8.2.29)代入(8.2.16)，(8.2.22)，(8.2.3)和(8.2.25)中，我们可得下列各向异性热弹性固体线性理论的本构方程：

(8.2.30) $$t_{kl} = \alpha_{kl}(1 - \tilde{e}_{mm}) - \beta_{kl}T + \alpha_{ml}(\tilde{e}_{km} + \tilde{r}_{km}) + \alpha_{km}(\tilde{e}_{lm} + \tilde{r}_{lm}) + \sigma_{klmn}\tilde{e}_{mn}$$

(8.2.31) $$q_k = b_{kl}\theta_{,l}$$

(8.2.32) $$\rho_0\varepsilon = S_0 + \rho_0\eta_0 T_0 + \rho_0\gamma\left(T + \frac{T^2}{2T_0}\right) + (\alpha_{kl} + T_0\beta_{kl})\tilde{e}_{kl} + \frac{1}{2}\sigma_{klmn}\tilde{e}_{kl}\tilde{e}_{mn}$$

(8.2.33) $$\eta = \eta_0 + \frac{\gamma}{T_0}T + \frac{1}{\rho_0}\beta_{kl}\tilde{e}_{kl}$$

由(8.2.24)可得出热传导的线性方程

(8.2.34) $$-\rho_0\gamma\dot{T} - T_0\beta_{kl}\dot{e}_{kl} + (b_{kl}T_{,l})_{,k} + \rho h = 0$$

当自然状态无应力时，我们有 $\alpha_{kl} = 0$，在这种情况下，应力本构方程(8.2.30)可进一步简化为

(8.2.35) $$t_{kl} = -\beta_{kl}T + \sigma_{klmn}\tilde{e}_{mn}$$

在(8.2.32)中令 $\alpha_{kl} = 0$ 即可得到相应的 ε。

8.3 各向同性固体

各向同性固体对其物质性质来说与方向无关。 正如在第 6.2 节中所指出的，物质张量 σ_{kl}，σ_{klmn} 和 b_{kl} 都是各向同性张量。因此，它们可表示为

$$\sigma_{kl}=\alpha_e\delta_{kl},\delta_{klmn}=\lambda_e\delta_{kl}\delta_{mn}+\mu_e(\delta_{km}\delta_{ln}+\delta_{kn}\delta_{lm}) \\ b_{kl}=\kappa\delta_{kl} \tag{8.3.1}$$

应力本构方程(8.2.16)和热量本构方程(8.2.22)现取下列形式：

$$t_{kl}=\alpha_e\delta_{kl}+(\lambda_e-\alpha_e)\tilde{e}_{rr}\delta_{kl}+2(\mu_e+\alpha_e)\tilde{e}_{kl} \tag{8.3.2}$$

$$q_k=\kappa\theta_{,k} \tag{8.3.3}$$

上面的第二式就是著名的关于各向同性固体的 **Fourier 热传导定律**。不等式(8.2.21)给出

$$\kappa\geqslant 0 \tag{8.3.4}$$

应力势(8.2.23)的形式为

$$\Sigma=\Sigma_0+\alpha_e\mathrm{I}_{\tilde{e}}+\frac{1}{2}(\lambda_e+2\mu_e)\mathrm{I}_{\tilde{e}}^2-2\mu_e\mathrm{II}_{\tilde{e}} \tag{8.3.5}$$

式中 $\mathrm{I}_{\tilde{e}}$ 和 $\mathrm{II}_{\tilde{e}}$ 是应变张量 $\tilde{\mathbf{e}}$ 的不变量。

由(8.2.23)给出的熵 η，简化为

$$\eta=-\frac{1}{\rho_0}\left[\frac{\partial\Sigma_0}{\partial\theta}+\frac{\partial\alpha_e}{\partial\theta}\mathrm{I}_{\tilde{e}}+\frac{1}{2}\left(\frac{\partial\lambda_e}{\partial\theta}+2\frac{\partial\mu_e}{\partial\theta}\right)\mathrm{I}_{\tilde{e}}^2\right. \\ \left.-2\frac{\partial\mu_e}{\partial\theta}\mathrm{II}_{\tilde{e}}\right] \tag{8.3.6}$$

热传导方程(8.2.26)变成为

$$\frac{\rho\theta}{\rho_0}\left(\frac{\partial^2\Sigma_0}{\partial\theta^2}\dot{\theta}+\frac{\partial^2\alpha_e}{\partial\theta^2}\dot{\theta}\mathrm{I}_{\tilde{e}}+\frac{\partial\alpha_e}{\partial\theta}\dot{\tilde{e}}_{rr}\right)+(\kappa\theta_{,k})_{,k}+\rho h=0 \tag{8.3.7}$$

上列方程对任意的温度都成立，亦即，它们关于 θ 是非线性的。同前一节一样进行线性化。具体地，可令

$$\theta=T_0+T,\ |T|\ll T_0,\ T_0>0 \tag{8.3.8}$$

式中 T_0 是自然状态的温度，并把在(8.2.30)到(8.2.33)中出现的物质张量用它们各自的各向同性张量

(8.3.9) $$\alpha_{kl}=\alpha_e\delta_{kl},\ \beta_{kl}=\beta\delta_{kl}$$
$$b_{kl}=\kappa\delta_{kl},\sigma_{klmn}=\lambda_e\delta_{kl}\delta_{mn}+\mu_e(\delta_{km}\delta_{ln}+\delta_{kn}\delta_{lm})$$
来表示,我们就求得了线性各向同性固体的本构方程

(8.3.10) $$t_{kl}=(1-\tilde{e}_{mm})\alpha_e\delta_{kl}-\beta T\delta_{kl}+\lambda_e\tilde{e}_{mm}\delta_{kl}+2(\mu_e+\alpha_e)\tilde{e}_{kl}$$

(8.3.11) $$q_k=\kappa T_{,k}$$

(8.3.12) $$\rho_0\varepsilon=S_0+\rho_0\eta_0T_0+\rho_0\gamma\left(T+\frac{T^2}{2T_0}\right)+(\alpha_e+\beta T_0)\mathrm{I}_e+\frac{1}{2}(\lambda_e+2\mu_e)\mathrm{I}_e^2-2\mu_e\mathrm{II}_e$$

(8.3.13) $$\eta=\eta_0+\frac{\gamma}{T_0}T+\frac{\beta}{\rho_0}\mathrm{I}_e$$

热传导方程线性化为

(8.3.14) $$-\rho_0\gamma\dot{T}-\beta T_0\dot{u}_{k,k}+(\kappa T_{,k})_{,k}+\rho h=0$$

由(8.3.10)易见,当 $\tilde{\mathbf{e}}=\mathbf{0}$ 和 $T=0$ 时,我们有

(8.3.15) $$t_{kl}=\alpha_e\delta_{kl}$$

所以,我们有

定理 各向同性热弹性固体在其自然状态中只能承受静水应力的状态

考虑到非线性本构方程 (5.10.7)[1] 在 $c_{kl}^{-1}=\delta_{kl}$ 时将简化为(8.3.15),所以可以证明,这个定理对非线性固体也成立.

如果固体在其自然状态中是无应力的(亦即,当 $T=0$ 和 $\tilde{\mathbf{e}}=\mathbf{0}$ 时, $\mathbf{t}=\mathbf{0}$), 则我们有 $\alpha_e=0$. 于是应力本构方程(8.3.10)可取下列形式:

(8.3.16) $$t_{kl}=(-\beta T+\lambda_e\tilde{e}_{rr})\delta_{kl}+2\mu_e\tilde{e}_{kl}$$

与此近似相应的应力势由下式给出:

(8.3.17) $$\Sigma=S_0-\rho_0\eta_0T-\frac{\rho_0\gamma}{2T_0}T^2-\beta T\mathrm{I}_e+\frac{1}{2}(\lambda_e+2\mu_e)\mathrm{I}_e^2-2\mu_e\mathrm{II}_e$$

1) 原文这里误印为(5.10.8). ——译者

当 β 和 γ 为零时，这些方程退化为在第 6.2 节中给出的纯弹性理论的方程。

不可压物质 在这个情况下，$\tilde{e}_{rr}=0$。 方程 (8.3.10) 到 (8.3.13)分别简化为

$$t_{kl}=-(\beta T+p)\delta_{kl}+2\mu_e\tilde{e}_{kl} \tag{8.3.18}$$

$$q_k=\kappa T_{,k} \tag{8.3.19}$$

$$\rho_0\varepsilon=S_0+\rho_0\eta_0T_0+\rho_0\gamma\left(T+\frac{T^2}{2T_0}\right)-2\mu_e\mathrm{II}_{\tilde{e}} \tag{8.3.20}$$

$$\eta=\eta_0+\frac{\gamma}{T_0}T \tag{8.3.21}$$

而热传导方程(8.3.14)成为

$$-\rho_0\gamma\dot{T}+(\kappa T_{,k})_{,k}+\rho_0h=0 \tag{8.3.22}$$

我们注意到，(8.3.22)也是在刚体中的热传导方程。显然，对于刚体运动，由 Killing 定理我们有

$$\dot{e}_{kk}\equiv\dot{u}_{k,k}=0$$

从而，(8.3.14)简化为(8.3.22)。

8.4 热弹性基本方程的汇总

各向同性热弹性固体的线性理论以下列方程为基础。

平衡方程

$$\rho_0/\rho=1+\mathrm{I}_e \tag{8.4.1}$$

$$t_{kl,k}+\rho(f_l-\dot{v}_l)=0 \tag{8.4.2}$$

$$t_{kl}=t_{lk} \tag{8.4.3}$$

$$\rho\theta\dot{\eta}=q_{k,k}+\rho h \tag{8.4.4}$$

跳变方程 如果存在一个运动着的间断面 $\sigma(t)$，它在自身的法向 $\mathbf{n}$ 上以速度 $\boldsymbol{\nu}$ 扫过物体，则在此曲面 $\sigma(t)$ 上必须满足下列跳变条件：

$$[\rho(\mathbf{v}-\boldsymbol{\nu})]\cdot\mathbf{n}=0 \tag{8.4.5}$$

$$-[t_{kl}]n_k+[\rho v_l(\mathbf{v}-\boldsymbol{\nu})]\cdot\mathbf{n}=0 \tag{8.4.6}$$

(8.4.7) $$\left[\left(\varepsilon+\frac{1}{2}v_lv_l\right)\rho(\mathbf{v}-\boldsymbol{\nu})\right]\cdot\mathbf{n}-[t_{kl}v_l+q_k]n_k=0$$

(8.4.8) $$[\rho\eta(\mathbf{v}-\boldsymbol{\nu})-\mathbf{q}/\theta]\cdot\mathbf{n}\geqslant 0 \text{ 在 } \sigma(t) \text{ 上}$$

本构方程(可压缩固体)

(8.4.9) $$t_{kl}=(-\beta T+\lambda_e \mathrm{I}_{\tilde{e}})\delta_{kl}+2\mu_e\tilde{e}_{kl}$$

(8.4.10) $$q_k=\kappa T_{,k}$$

(8.4.11) $$\rho_0\varepsilon=S_0+\rho_0\eta_0T_0+\rho_0\gamma\left(T+\frac{T^2}{2T_0}\right)+\beta T_0\mathrm{I}_{\tilde{e}}+\frac{1}{2}(\lambda_e+2\mu_e)\mathrm{I}_{\tilde{e}}^2-2\mu_e\mathrm{II}_{\tilde{e}}$$

(8.4.12) $$\eta=\eta_0+\frac{\gamma}{T_0}T+\frac{\beta}{\rho_0}\mathrm{I}_{\tilde{e}}$$

本构方程(不可压固体)

(8.4.13) $$t_{kl}=-(\beta T+p)\delta_{kl}+2\mu_e\tilde{e}_{kl}$$

(8.4.14) $$q_k=\kappa T_{,k}$$

(8.4.15) $$\rho_0\varepsilon=S_0+\rho_0\eta_0T_0+\rho_0\gamma\left(T+\frac{T^2}{2T_0}\right)-2\mu_e\mathrm{II}_{\tilde{e}}$$

(8.4.16) $$\eta=\eta_0+\frac{\gamma}{T_0}T$$

运动学关系

(8.4.17) $$\dot{v}_l\cong\frac{\partial^2u_l}{\partial t^2}$$

(8.4.18) $$\tilde{e}_{kl}\equiv\frac{1}{2}(u_{k,l}+u_{l,k})$$

(8.4.19) $$\mathrm{I}_{\tilde{e}}\equiv\tilde{e}_{kk},\quad \mathrm{II}_{\tilde{e}}\equiv\frac{1}{2}(\tilde{e}_{kk}\tilde{e}_{ll}-\tilde{e}_{kl}\tilde{e}_{lk})$$

式中 u_l 是位移矢量.

场方程 热弹性理论的场方程由运动方程和热传导方程所组成. 运动方程是把(8.4.9)(对于可压缩固体)或把(8.4.13)(对于不可压固体)代入(8.4.2)而得到的.热传导方程对于可压缩固体和

不可压固体分别由(8.3.14)和(8.3.22)所给出．所以，有

$$(8.4.20)\quad (\lambda_e+\mu_e)u_{l,lk}+\mu_e u_{k,ll}-(\beta T)_{,k}+\rho(f_k-\ddot{u}_k)=0 \quad \text{在 } \mathscr{V} \text{ 内}$$

$$(8.4.21)\quad -\rho_0\gamma\dot{T}-\beta T_0\dot{u}_{k,k}+(\kappa T_{,k})_{,k}+\rho h=0 \quad (\text{可压缩固体})$$

$$(8.4.22)\quad \mu_e u_{k,ll}-(\beta T+p)_{,k}+\rho_0(f_k-\ddot{u}_k)=0, \quad u_{k,k}=0 \quad \text{在 } \mathscr{V} \text{ 内}$$

$$(8.4.23)\quad -\rho_0\gamma\dot{T}+(\kappa T_{,k})_{,k}+\rho_0 h=0 \quad (\text{不可压固体})$$

边界条件

$$(8.4.24)\quad t_{kl}n_l=\bar{t}_k \quad \text{在 } \mathscr{S}_t \text{ 上}$$

$$(8.4.25)\quad u_k=\bar{u}_k \quad \text{在 } \mathscr{S}_u=\mathscr{S}-\mathscr{S}_t \text{ 上}$$

$$(8.4.26)\quad \mathbf{q}\cdot\mathbf{n}=q_{(\mathbf{n})} \quad \text{在 } \mathscr{S}_q \text{ 上}$$

$$(8.4.27)\quad T=T_s \quad \text{在 } \mathscr{S}_T=\mathscr{S}-\mathscr{S}_q \text{ 上}$$

式中 $\bar{t}_k$ 是在表面 $\mathscr{S}\equiv\mathscr{S}_t+\mathscr{S}_u$ 的一部份 $\mathscr{S}_t$ 上给定的表面应力，而 $\bar{u}_k$ 是在与 $\mathscr{S}_t$ 不相交的其余部份 $\mathscr{S}_u$ 上给定的位移矢量．

类似地，$q_{(\mathbf{n})}$ 是在整个表面 $\mathscr{S}$ 的一部份 $\mathscr{S}_q$ 上给定的，而 T_s是在与 $\mathscr{S}_q$ 不相交的其余表面 $\mathscr{S}_T$ 上给定的．还可以有其它各种混合的边界条件．当然，这些边界条件都必须真实地反映物理条件，而且还必须与初始条件一起不违背这个理论的唯一性定理．

代替条件(8.4.26)或(8.4.27)的另一个比较重要的条件是关于通过表面 $\mathscr{S}$ 的一部份 $\mathscr{S}_r$ 的热辐射条件．在这种情况下，我们有

$$(8.4.28)\quad \mathbf{q}\cdot\mathbf{n}+a(T-T_1)=0$$

式中 $a\geqslant 0$ 是曲面坐标的适当的函数，而 T_1 是 $\mathscr{S}_r$ 附近的物体外部的温度．

初始条件

$$(8.4.29)\quad u_k(\mathbf{x},0)=u_k^0(\mathbf{x})$$

$$(8.4.30)\qquad \dot{u}_k(\mathbf{x},0)=v_k^0(\mathbf{x})$$

$$(8.4.31)\qquad T(\mathbf{x},0)=T^0(\mathbf{x})$$

式中 $\mathbf{u}^0,\mathbf{v}^0$ 和 T^0 是给定的函数.

于是，线性各向同性热弹性固体的全部理论就在于：在上面给出的边界条件和初始条件下，求解关于可压缩固体的 Navier-Duhamel 方程(8.4.20)和(8.4.21)，或求解关于不可压固体的 Navier-Duhamel 方程(8.4.22)和(8.4.23).

对于各向异性固体，场方程(8.4.20)和(8.4.21)分别为下列方程所代替:

$$(8.4.32)\qquad \sigma_{klmn}u_{m,nk}-(\beta_{kl}T)_{,k}+\rho(f_l-\ddot{u}_l)=0$$

$$(8.4.33)\qquad -\rho_0\gamma\dot{T}-\beta_{kl}T_0\dot{u}_{k,l}+(b_{kl}T_{,l})_{,k}+\rho h=0$$

由于各种的物质对称性条件，本构系数 σ_{klmn},β_{kl} 和 b_{kl} 可从它们的最多个数 $21+6+6=33$ 减少到对于各向同性物质的最少个数(5个常数). 这些对称性的限制可按第6.2节中所述方法那样应用. 只需按照第6.6节给出的各种表达式的变换即可求得上述这些方程在曲线坐标系中的形式.

8.5 固体中的热传导，Duhamel 定理

根据(8.3.22)，在 t 时刻刚性各向同性固体 $\mathscr{V}+\mathscr{S}$ 中任一点 $\mathbf{x}$ 的温度 $T(\mathbf{x},t)$ 由下列偏微分方程的解所决定:

$$(8.5.1)\qquad \dot{T}=\frac{1}{\rho_0\gamma}(\kappa T_{,k})_{,k}+h/\gamma$$

这个方程要满足对所有 $t>0$ 时刻 $\mathscr{S}$ 上的边界条件

$$(8.5.2)\qquad T=T_S(\mathbf{x},t)\qquad 在\ \mathscr{S}_T\ 上$$

$$(8.5.3)\qquad q_{(\mathbf{n})}=\kappa T_{,k}n_k=q_S(\mathbf{x},t)\qquad 在\ \mathscr{S}_q=\mathscr{S}-\mathscr{S}_T\ 上$$

和初始条件

$$(8.5.4)\qquad T(\mathbf{x},0)=T^0(\mathbf{x})\ 在\ \mathscr{V}\ 内$$

在表面附近具有温度 T_1 的介质中产生辐射是常碰到的一个重

要的混合边值问题．在这种情况下，边界条件可用(8.4.28)表示为

$$\kappa T_{,k}n_k + a(T - T_1) = 0 \text{ 在 } \mathscr{S}_r \text{ 上} \tag{8.5.5}$$

式中 $a \geqslant 0$，而 $\mathscr{S}_r$ 是从整个表面去掉由(8.5.2)或 (8.5.3) 或同时两者所规定的表面而剩下的部份．显然，在这种情况下 $\mathscr{S}_T + \mathscr{S}_q + \mathscr{S}_r = \mathscr{S}$．我们指出，如果只考虑 h 关于温度是线性相关的，亦即，如果

$$\frac{h}{\gamma} = H(\mathbf{x})T + F(\mathbf{x},t) \tag{8.5.6}$$

则上述的所有边值和初值问题均可表示成为下列紧凑的形式:

$$\begin{aligned} &\dot{T}(\mathbf{x},t) = L\{T\} + F(\mathbf{x},t), \mathbf{x} \text{ 在 } \mathscr{V} \text{ 内}, \ t > 0 \\ &l\{T(\mathbf{x}',t)\} = G(\mathbf{x}',t), \mathbf{x}' \text{ 在 } \mathscr{S} \text{ 上}, \ t > 0 \\ &T(\mathbf{x},0) = T^0(\mathbf{x}), \mathbf{x} \text{ 在 } \mathscr{V} \text{ 内}, \ t = 0 \end{aligned} \tag{8.5.7}$$

式中线性算子 L 和 l 定义为

$$\begin{aligned} &L\{T\} \equiv \frac{1}{\rho_0\gamma}(\kappa T_{,k})_{,k} + H(\mathbf{x})T \\ &l\{T\} \equiv C_0(\mathbf{X})T + C_k(\mathbf{X})T_{,k} \ (k = 1,2,3) \end{aligned} \tag{8.5.8}$$

式中 c_0, c_1, c_2, c_3 的选取应和任一上述问题相适应，而 $G(\mathbf{x}',t)$ 是个给定的函数．

一旦求出温度，则热矢量 $\mathbf{q}$ 就可由热传导的 Fourier 定律所确定，即

$$\mathbf{q} = \kappa \nabla T \tag{8.5.9}$$

在给出一些殊特解之前，我们先介绍一个在求解热传导的边值问题中非常有用的定理．实际上，我们是要把求解具有可变热源和可变边界条件的边值问题(8.5.7)简化为求解下列热源和边界条件都是不变的问题:

$$\begin{aligned} &\left(\frac{\partial}{\partial t} - L\right)\{\phi(\mathbf{x},t,t')\} = F(\mathbf{x},t') \\ &l\{\phi(\mathbf{x}',t,t')\} = G(\mathbf{x}',t') \\ &\phi(\mathbf{x},0,t') = T^0(\mathbf{x}) \end{aligned} \tag{8.5.10}$$

定理 (Duhamel) 具有可变热源以及可变边界条件和初始条

件的问题(8.5.7)的解 $T(\mathbf{x},t)$ 可用具有不变热源和不变边界条件的边值问题(8.5.10)的解 $\phi(\mathbf{x},t,t')$ 表示为

$$T(\mathbf{x},t)=\frac{\partial}{\partial t}\int_0^t\phi(\mathbf{x},t-t',t')dt' \tag{8.5.11}$$

这个定理可用由

$$\bar{\theta}(\mathbf{x},s)=\int_0^\infty e^{-st}\theta(\mathbf{x},t)dt \tag{8.5.12}$$

定义的 Laplace 变换[1)]来加以证明. 在(8.5.7)的两边乘以 e^{-st}, 然后关于 t 从0到∞求积分,我们得到

$$\begin{aligned}(s-t)\{\bar{T}(\mathbf{x},s)\}&=T^0(\mathbf{x})+\bar{F}(\mathbf{x},s)\\ l\{\bar{T}(\mathbf{x}',s)\}&=\bar{G}(\mathbf{x}',s)\end{aligned} \tag{8.5.13}$$

对(8.5.10)使用同样的方法,得出

$$\begin{aligned}(s-L)\{\bar{\phi}(\mathbf{x},s,t')\}&=T^0(\mathbf{x})+F(\mathbf{x},t')s^{-1}\\ l\{\bar{\phi}(\mathbf{x}',s,t')\}&=\bar{G}(\mathbf{x}',t')s^{-1}\end{aligned} \tag{8.5.14}$$

现在,用 $e^{-st'}$ 乘(8.5.14),并对 t' 从0到∞积分,则得

$$\begin{aligned}(s-L)\{\Phi(\mathbf{x},s)\}&=s^{-1}T^0(\mathbf{x})+s^{-1}\bar{F}(\mathbf{x},s)\\ l\{\Phi(\mathbf{x}',s)\}&=s^{-1}\bar{G}(\mathbf{x}',s)\end{aligned} \tag{8.5.15}$$

式中

$$\begin{aligned}\Phi(\mathbf{x},s)&=\int_0^\infty e^{-st'}\bar{\phi}(\mathbf{x},s,t')dt'\\ &=\int_0^\infty\int_0^\infty e^{-s(t+t')}\phi(\mathbf{x},t,t')dtdt'\\ &=\int_0^\infty e^{-st}\left[\int_0^t\phi(\mathbf{x},t-t',t')dt'\right]dt\end{aligned} \tag{8.5.16}$$

比较(8.5.13)和(8.5.15),我们看到,只要

$$\bar{T}(\mathbf{x},s)=s\Phi(\mathbf{x},s) \tag{8.5.17}$$

并且边值问题有唯一解,则这两组方程是等价的. 由(8.5.16)显然可以看出, $\Phi(\mathbf{x},s)$ 是方括号中的积分的 Laplace 变换, 所以 $s\Phi(\mathbf{x},s)$ 是函数

---

1) Bartels 和 Churchill [1942, p. 276]; 亦可参见 Sneddon [1951,p.163]. 关于另一种方法可参阅 Carslaw 和 Jaeger[1959, p.70].

$$\frac{\partial}{\partial t}\int_0^t \phi(\mathbf{x}, t-t', t')dt'$$

的 Laplace 变换．由(8.5.17)和上述论断可以得到(8.5.11)，从而定理得证．在下节中，我们将说明这个定理的应用．

8.6 半空间内和球腔外部的温度分布

在这一节中，我们研究三个简单的热传导问题．

(i) 具有不变边界温度的半空间 在这种情况下，我们在半空间 $x>0$ 的边界 $x=0$ 上，作用一个均匀的常值温度(图8.6.1)．边界条件和初始条件是

$$T(x,t)=T_0,\ x=0,\ t\geqslant 0 \\ T(x,t)=0,\ t=0,\ x>0 \tag{8.6.1}$$

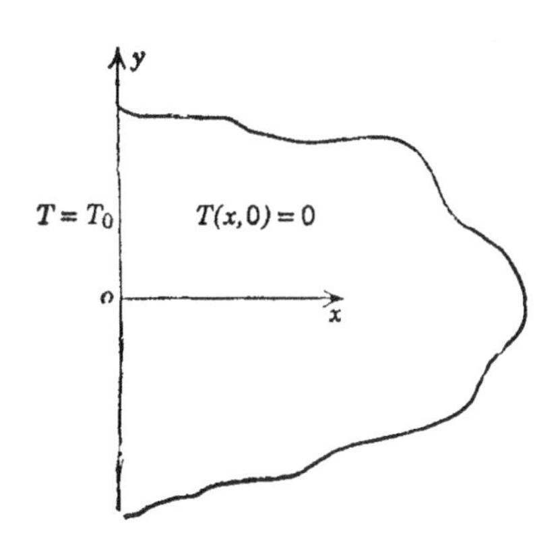

图 8.6.1 在 $x=0$ 上具有常温的半空间

因为在 x=常数的平行平面上，一切都是相同的，所以我们有 $T=T(x,t)$．于是，对于无热源的均匀介质，热传导方程(8.5.1)简化为

$$\frac{\partial T}{\partial t}=\nu\frac{\partial^2 T}{\partial x^2},\quad \nu\equiv\frac{\kappa}{\rho_0\gamma} \tag{8.6.2}$$

这个方程的解可以写成下列形式：

$$T=f(\zeta),\ \zeta\equiv\frac{x^2}{4\nu t} \tag{8.6.3}$$

以此代入(8.6.2)，我们得到

$$\zeta f''+\left(\zeta+\frac{1}{2}\right)f'=0$$

它的解是：

$$f(\zeta)=A_1\int_0^{\zeta}\frac{e^{-\eta}}{\eta^{1/2}}\ d\eta+B_1$$

式中 A_1 和 B_1 是常数．利用变量变换

$$\zeta\equiv\xi^2\equiv\frac{x^2}{4\nu t} \tag{8.6.4}$$

则得到

$$T(x,t)=A\ \mathrm{erf}\ \xi+B \tag{8.6.5}$$

式中误差函数 $\mathrm{erf}\ \xi$ 定义为

$$\mathrm{erf}\ \xi=\frac{2}{\sqrt{\pi}}\int_0^{\xi}e^{-u^2}du \tag{8.6.6}$$

这个函数在热传导问题中经常出现．它的几个重要性质是：

$$\mathrm{erf}\ 0=0,\ \mathrm{erf}\ \infty=1,\ \mathrm{erf}(-\xi)=-\mathrm{erf}\ \xi \tag{8.6.7}$$

利用这些性质，我们可以求得 A 和 B，使得(8.6.1)得到满足，

$$T(0,t)=0+B=T_0$$

$$T(x,0)=A+B=0$$

于是，有

$$T(x,t)=T_0(1-\mathrm{erf}\ \xi),\ \xi\equiv\frac{x}{2\sqrt{\nu t}} \tag{8.6.8}$$

温度随 ξ 的变化示于图 8.6.2 内。

(ii) 受均匀温度作用的球腔 在球腔 $r=a$ 上受均匀温度 T_0 的作用，在 $r>a$ 的球腔外部具有零初始温度，则球腔外部 $r>a$ 的温度分布由下列边值问题的解所确定。

$$\begin{aligned}T(r,t)&=T_0\quad r=a,\quad t\geqslant 0\\ T(r,t)&=0\quad t=0,\quad r>a\end{aligned} \tag{8.6.9}$$

对于球对称并且没有热源的均匀介质，热传导方程(8.5.1)简化为

$$\frac{\partial T}{\partial t}=\nu\frac{1}{r^2}\frac{\partial}{\partial r}\left(r^2\frac{\partial T}{\partial r}\right) \tag{8.6.10}$$

令 $T = \phi/r$；则 ϕ 满足方程

$$\frac{\partial \phi}{\partial t} = \nu \frac{\partial^2 \phi}{\partial r^2}$$

它与(8.6.2)相同．所以(8.6.10)具有解

$$T(r,t) = \frac{1}{r}(A \operatorname{erf} \xi + B) \tag{8.6.11}$$

式中 $\xi = (r-a)/2\sqrt{\nu t}$．当取 $-A = B = aT_0$ 时，条件(8.6.9)满足．于是

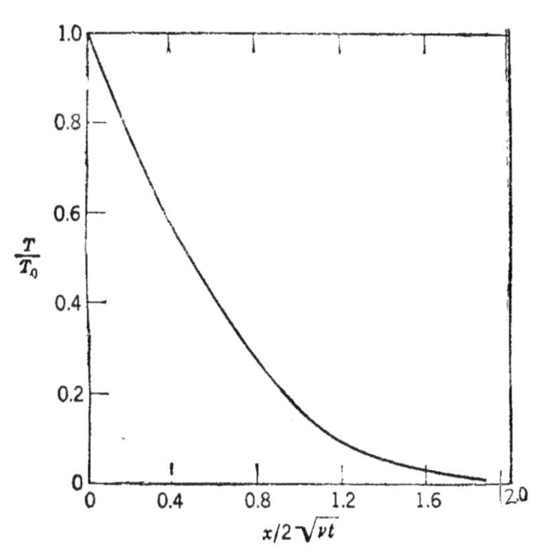

图 8.6.2　在半空间中的温度分布

$$T(r,t) = \frac{aT_0}{r}(1 - \operatorname{erf} \xi),\ \xi \equiv \frac{r-a}{2\sqrt{\nu t}} \tag{8.6.12}$$

(iii) 承受时间相关温度作用的半空间或球腔　前述的结果可用来求解那样一些问题的解，其中，半空间或球腔的边界受时间相关温度的作用，但介质初始时的温度为零，亦即，对于半空间有

$$\begin{aligned} &T(x,t) = \phi(t),\ x = 0,\ t \geqslant 0 \\ &T(x,t) = 0,\ t = 0,\ x > 0 \end{aligned} \tag{8.6.13}$$

对于球腔，x 要用 $r-a$ 代替．

如 t' 是个固定的参数，则由(8.6.8)知，满足边界条件

$$T=\phi(t') \qquad x=0, \quad t>0$$

$$T(x,0)=0 \quad x>0$$

的(8.5.1)的解为

$$T=\frac{2}{\sqrt{\pi}}\phi(t')\int_{x/2\sqrt{\nu t}}^{\infty}e^{-u^2}du$$

由 Duhamel 定理可知，满足(8.6.13)的热传导方程的解是

$$T(x,t)=\frac{2}{\sqrt{\pi}}\frac{\partial}{\partial t}\int_0^t\phi(t')dt'\int_{x/2\sqrt{\nu t-\nu t'}}^{\infty}e^{-u^2}du$$

$$=\frac{x}{2\sqrt{\pi\nu}}\int_0^t\phi(t')\frac{\exp[-x^2/4\nu(t-t')]}{(t-t')^{3/2}}dt'$$

利用变量变换

$$t'=t-\frac{x^2}{4\nu\xi^2}$$

我们可以把这个结果变换为

$$T(x,t)=\frac{2}{\sqrt{\pi}}\int_{x/2\sqrt{\nu t}}^{\infty}\phi\left(t-\frac{x^2}{4\nu\xi^2}\right)e^{-\xi^2}d\xi \tag{8.6.14}$$

对于球腔的情况，我们只需在这个方程中用 $r-a$ 来代替 x，并乘以 a/r 即可。

如果我们在(8.6.14)中取 $\phi(t')=T_0H(t')$，这里 $H(t')$ 是 Heaviside 函数[1)]，我们回到解(8.6.8)，它表明在边界上**突然作用**的温度 T_0 将立即使内部所有点 x 上都感受到。因此，热传导不象弹性波的情况那样，它**没有有限的传播速度**。所有的物质点都立即收到热作用的信息。**热量以无限速度扩散**，这样的观点必定受到来自相对论的异议，因为不存在超过光速 c 的速度。这可以用热传导起因于统计的，而不是动力的物理解释来为消除这一矛盾提供论据[2)]。

---

1) Heaviside 函数 $H(t)$ 定义为：当 $t>0$ 时它为 1，而当 $t<0$ 时它为 0，并在 $t=0$ 时有跳变1。参见图 8.6.3。

2) Sommerfeld [1949. p. 60].

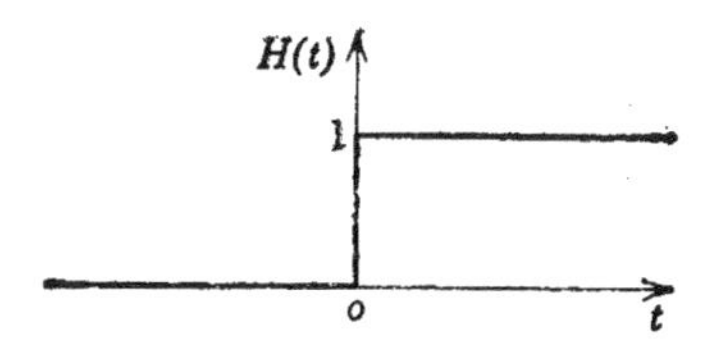

图 8.6.3 Heaviside 单位阶梯函数

8.7 热弹性波

线性各向同性均匀热弹性固体的运动和温度由 Navier-Duhamel 方程(8.4.20)和(8.4.21)所控制,即

(8.7.1) $(\lambda_e + \mu_e)u_{l,lk} + \mu_e u_{k,ll} - \beta T_{,k} + \rho(f_k - \ddot{u}_k) = 0$

(8.7.2) $-\varkappa T_{,kk} - \rho h + T_0\beta\dot{u}_{k,k} + \rho_0\gamma\dot{T} = 0$

式中本构常数 $\lambda_e, \mu_e, \beta, \varkappa$ 和 γ 满足下列约束:

(8.7.3) $0 < 3\lambda_e + 2\mu_e < \infty, 0 < \mu_e < \infty, 0 \leqslant \varkappa, \beta, \gamma < \infty$

对于不可压缩固体，这些方程由(8.4.22)和(8.4.23)替代. 对所有 $t > 0$ 边界条件为

(8.7.4) $t_{kl}n_l = \bar{t}_k$ 在 $\mathscr{S}_t$ 上

$u_k = \bar{u}_k$ 在 $\mathscr{S}_u \equiv \mathscr{S} - \mathscr{S}_t$ 上

(8.7.5) $T = T_s$ 在 $\mathscr{S}_T$ 上

$\mathbf{q} \cdot \mathbf{n} = q_{(\mathbf{n})}$ 在 $\mathscr{S}_q \equiv \mathscr{S} - \mathscr{S}_T$ 上

而当 $t = 0$ 时初始条件为

$u_k(\mathbf{x}, 0) = u_k^0(\mathbf{x})$

(8.7.6) $\dot{u}_k(\mathbf{x}, 0) = v_k^0(\mathbf{x})$ 在 $\mathscr{V}$ 内

$T(\mathbf{x}, 0) = T^0(\mathbf{x})$

当然，还可以有其它更为复杂的边界条件. 应力张量和热量矢量与位移和温度的关系由下列 Hooke-Fourier 本构方程给出:

(8.7.7) $t_{kl} = -\beta T\delta_{kl} + \lambda_e u_{m,m}\delta_{kl} + \mu_e(u_{k,l} + u_{l,k})$

(8.7.8) $q_k = \varkappa T_{,k}$

对于某些问题的论述，(8.7.1)和(8.7.2)的矢量形式比较方便. 这些矢量形式的方程可在上述方程中利用 (6.6.14) 后面的恒等式来

求得．于是有

$$(\lambda_e + 2\mu_e)\nabla(\nabla\cdot\mathbf{u}) - \mu_e\nabla\times(\nabla\times\mathbf{u}) - \beta\nabla T + \rho(\mathbf{f} - \ddot{\mathbf{u}}) = \mathbf{0} \tag{8.7.9}$$

$$-\varkappa\nabla^2 T - \rho h + T_0\beta\nabla\cdot\dot{\mathbf{u}} + \rho_0\gamma\dot{T} = 0 \tag{8.7.10}$$

式中 ∇ 是梯度算子，而 ∇^2 是 Laplace 算子．

和第 6.10 节中的方法相同，我们可以把位移场和体力场分解为

$$\mathbf{u} = \nabla\phi + \nabla\times\boldsymbol{\phi},\ \mathbf{f} = -\nabla g - \nabla\times\mathbf{h},\quad \nabla\cdot\boldsymbol{\phi} = \nabla\cdot\mathbf{h} = 0 \tag{8.7.11}$$

把上式代入(8.7.9)和(8.7.10)，我们看到，如果下列各式成立，则(8.7.9)和(8.7.10)亦成立：

$$c_1^2\nabla^2\phi - \frac{\beta}{\rho_0}T - g - \ddot{\phi} = 0 \tag{8.7.12}$$

$$c_2^2\nabla\times\nabla\times\boldsymbol{\phi} + \mathbf{h} + \ddot{\boldsymbol{\phi}} = \mathbf{0} \tag{8.7.13}$$

$$-\varkappa^2\nabla^2 T - \rho_0 h + T_0\beta\nabla^2\dot{\phi} + \rho_0\gamma\dot{T} = 0 \tag{8.7.14}$$

对于线性理论有 $\rho = \rho_0$，并且

$$c_1 \equiv \left(\frac{\lambda_e + 2\mu_e}{\rho_0}\right)^{1/2},\quad c_2 \equiv (\mu_e/\rho_0)^{1/2} \tag{8.7.15}$$

分别是无旋等温弹性波的和等容等温弹性波的波速．上述这些方程在曲线坐标系中也成立．在第 6.10 节中，我们已讨论了分别表征无旋等温弹性波和等容等温弹性波的标量势 ϕ 和矢量势 $\boldsymbol{\phi}$．例如，当 $\phi = 0$ 时，波是畸变的(剪切波)，但体积不变，而当 $\boldsymbol{\phi} = \mathbf{0}$ 时，波是无旋的，体积却发生变化．由(8.7.13)显然可知，热的变化并不影响 $\boldsymbol{\phi}$，所以**剪切波与热效应是非耦合的**．另一方面，在 ϕ 和 T 之间却存在耦合，所以**不仅热传导影响体积的变化而且体积的变化也要产生热量**．

由上可知，在与热耦合的弹性固体中 ($\beta \neq 0$)，等容波速 c_2 并不受到影响．但一般地说，当 $\beta \neq 0$ 时，不存在以速度 c_1 传播的波．

联立(8.7.12)和(8.7.14)，我们可以得出 ϕ 和 T 各自独立地满

足下列两个四阶偏微分方程：

$$(8.7.16)\quad \left(\frac{\partial}{\partial t}-\frac{\varkappa}{\rho_0\gamma}\nabla^2\right)(\ddot{\phi}-c_1^2\nabla^2\phi+g)-\frac{\beta^2 T_0}{\rho_0^2\gamma}\nabla^2\dot{\phi}+\frac{\beta}{\rho_0\gamma}h=0$$

$$(8.7.17)\quad \left(\frac{\partial}{\partial t}-\frac{\varkappa}{\rho_0\gamma}\nabla^2\right)(\ddot{T}-c_1^2\nabla^2 T)-\frac{1}{\gamma}(\ddot{h}-c_1^2\nabla^2 h)-\frac{T_0\beta^2}{\rho_0^2\gamma}\nabla^2\left(\dot{T}+\frac{\rho_0}{\beta}\dot{g}\right)=0$$

在无体力和无热源时，位移势 ϕ 和温度场 T 满足相同的场方程

$$(8.7.18)\quad \left(\frac{\partial}{\partial t}-\frac{\varkappa}{\rho_0\gamma}\nabla^2\right)\left(\frac{\partial^2}{\partial t^2}-c_1^2\nabla^2\right)\{\phi,T\}-\frac{\beta^2 T_0}{\rho_0^2\gamma}\frac{\partial}{\partial t}\nabla^2\{\phi,T\}=0$$

等容波与温度场的耦合一般通过边界条件来体现．然而，$\boldsymbol{\psi}$ 的场方程是非耦合的，并且由于它与无限介质中的弹性波满足相同的方程，所以在研究波在无限介质中传播时就不需要再给出(8.7.13)的任何解．我们只需把注意力转向 ϕ 和 T 耦合的方程(8.7.12)和(8.7.14)就可以了．

平面谐波的一般形式为

$$(8.7.19)\quad \{\phi,T\}=\{\phi_0,\theta_0\}\exp[i(k\nu_m x_m-\omega t)],\quad i=\sqrt{-1}$$

式中 ϕ_0,θ_0,k,ω 一般都是复数．波长 λ 和频率 f 一般为

$$(8.7.20)\quad \lambda=2\pi/R_e(k),\ f=R_e(\omega/2\pi)$$

选取 λ 是实的或 ω 是实的，我们可以研究给定波长或是给定频率的波的传播问题．和第 6.10 节一样，ν_m 是平面波传播方向上的单位矢量，亦即，

$$(8.7.21)\quad \nu_m\nu_m=1$$

取 x 轴的方向为波的传播方向(即 $\nu_1=1,\nu_2=\nu_3=0$)，不失一般

性，我们可试求下列形式的解[1]：

$$\{\phi, T_0\} = \{\phi_0, \theta_0\}\exp[i(kx - \omega t)] \tag{8.7.22}$$

式中我们已令 $x = x_1$. 在 $g = h = 0$ 时，将此式代入(8.7.12)和(8.7.14)，我们得到两个方程

$$\begin{aligned} &(\omega^2 - c_1^2 k^2)\phi_0 - \frac{\beta}{\rho_0}\theta_0 = 0 \\ &iT_0\beta k^2\omega\phi_0 + (\varkappa k^2 - i\rho_0\gamma\omega)\theta_0 = 0 \end{aligned} \tag{8.7.23}$$

这一组方程有非平凡解的必要条件是系数行列式为零，即

$$(K^2 - \Omega^2)(\Omega + iK^2) + \varepsilon\Omega K^2 = 0 \tag{8.7.24}$$

式中

$$\begin{aligned} &K = \frac{\varkappa}{\rho_0\gamma c_1}k, \quad \Omega = \frac{\varkappa}{\rho_0\gamma c_1^2}\omega \\ &\varepsilon = \frac{\beta^2 T_0}{\rho_0^2\gamma c_1^2} \end{aligned} \tag{8.7.25}$$

(8.7.24)关于 K 的根为 $\pm K_1$ 和 $\pm K_2$，

$$\begin{aligned} K_1 = \frac{1}{2}\sqrt{\Omega}\,\{&[\Omega + (1+i)\sqrt{2\Omega} + i(1+\varepsilon)]^{1/2} \\ &+ [\Omega - (1+i)\sqrt{2\Omega} + i(1+\varepsilon)]^{1/2}\} \\ K_2 = \frac{1}{2}\sqrt{\Omega}\,\{&[\Omega + (1+i)\sqrt{2\Omega} + i(1+\varepsilon)]^{1/2} \\ &- [\Omega - (1+i)\sqrt{2\Omega} + i(1+\varepsilon)]^{1/2}\} \end{aligned} \tag{8.7.26}$$

我们分两种情况：

(i) 非耦合波　如我们在(8.7.26)或(8.7.24)中取 $\varepsilon = 0$，对于实数 Ω，我们得到热弹性波的相速度为

$$c = \frac{\omega}{R_e K_1} = \pm c_1, \quad c_T = \frac{\omega}{R_e K_2} = \pm(2\varkappa\omega/\rho_0\gamma)^{1/2} \tag{8.7.27}$$

在这个情况下，温度场与位移场是非耦合的．普通的无旋弹性波沿 x 轴的正向和负向传播，其相速度为 c_1．另外，我们还有一个

1) 平面热弹性波在无限介质中的传播已由 Deresiewicz [1951] 和 Chadwick 与 Sneddon [1958] 作了研究．关于其它的论述，参见 Boley 和 Weiner [1960], Nowacki [1962,第五章]以及 Sneddon 和 Hill [1960,第六章].

新的波，称为**热波**，它以(8.7.27)₂式给出的相速度 c_T 在相同的方向上传播．因为这个波的相速度依赖于频率，所以热波是**弥散的**．对于 ω 为实数的情况，位移势和温度场由下式给出：

$$\phi = \phi_0^+ \exp\left[-i\omega\left(t - \frac{x}{c_1}\right)\right]$$

(8.7.28)
$$+ \phi_0^- \exp\left[-i\omega\left(t + \frac{x}{c_1}\right)\right]$$

$$T = \theta_0^+ \exp\left[-\frac{\omega x}{c_T} - i\omega\left(t - \frac{x}{c_T}\right)\right]$$

$$+ \theta_0^- \exp\left[\frac{\omega x}{c_T} - i\omega\left(t + \frac{x}{c_T}\right)\right]$$

这里我们还可了解到热波的振幅将随距离而变化． 对于任一 ω，非耦合波的解是

$$\phi = \phi_0^+ \exp[ik(x - c_1 t)] + \phi_0^- \exp[ik(x + c_1 t)]$$

(8.7.29)
$$T = \theta_0 \exp\left[-\frac{\chi}{\rho_0\gamma}k^2 t + ikx\right]$$

在这种情况下，弹性波有相同的特性；然而，温度分布现在成为驻波形式，它的振幅随时间而衰减．

(ii) 耦合波　　在这种情况下，$\varepsilon \neq 0$，所以我们在计算时必须使用(8.7.26)式．对一指定的实数 ω，如我们令

(8.7.30)
$$K_j = c_1\left(\frac{\Omega}{v_j} + i\frac{q_j}{\omega^*}\right),\ j = 1,2$$

式中 $c_1\Omega/v_j$ 和 $c_1 q_j/\omega^*$ 分别是 K_1 和 K_2 的实部和虚部，且

(8.7.31)
$$\omega^* \equiv \frac{\rho_0\gamma c_1^2}{\chi}$$

则热弹性波的平面波解可表为[1)]

$$\phi = \phi_0^+ \exp\left[-q_1 x - i\omega^*\Omega\left(t - \frac{x}{v_1}\right)\right]$$

$$+ \phi_0^- \exp\left[q_1 x - i\omega^*\Omega\left(t + \frac{x}{v_1}\right)\right]$$

---

1) Chadwick [1960].

$$+\frac{\beta}{\rho_0}\frac{v_2^2}{(\omega^*\Omega v_2)^2-c_1^2(\Omega\omega^*+iq_2v_2)^2}$$

$$\times\left\{\theta_0^+\exp\left[-q_2x-i\omega^*\Omega\left(t-\frac{x}{v_2}\right)\right]\right.$$

$$\left.+\theta_0^-\exp\left[q_2x-i\omega^*\Omega\left(t+\frac{x}{v_2}\right)\right]\right\}$$

(8.7.32) $$T=\frac{\rho_0}{\beta v_1^2}[(v_1\omega^*\Omega)^2-c_1^2(\Omega\omega^*+iq_1v_1)^2]$$

$$\times\left\{\phi_0^+\exp\left[-q_1x-i\omega^*\Omega\left(t-\frac{x}{v_1}\right)\right]\right.$$

$$\left.+\phi_0^-\exp\left[q_1x-i\omega^*\Omega\left(t+\frac{x}{v_1}\right)\right]\right\}$$

$$+\theta_0^+\exp\left[-q_2x-i\omega^*\Omega\left(t-\frac{x}{v_1}\right)\right]$$

$$+\theta_0^-\exp\left[q_2x-i\omega^*\Omega\left(t+\frac{x}{v_2}\right)\right]$$

由(8.7.32)，ϕ 对 x 求偏导数即可得到位移场．这些方程表明，存在以速度 v_1 和 v_2 传播的两种类型的波．因为 v_1 和 v_2 是 ω 的函数，所以这些波是弥散的；并且它们按照 q_1 和 q_2 的值衰减．对于小的 ε 值，可以把 v_1,v_2,q_1 和 q_2 展成 ε 的幂级数来研究热耦合的效应．关于这方面的结果，建议读者参看 Sneddon 和 Hill [1960] 书中的 Chadwick 的文章．

对给定波长的波，可以 K 取实值并用确定(8.7.24)的根的相似的方法进行研究．在这种情况下，方程关于 Ω 是三次的．尽管三次方程的解是很麻烦的，但对于小的 ε，可以用通常的摄动法很容易求得这个方程的根．关于这个问题我们不想再作进一步的探讨，但是我们要给出热耦合波对波速和波幅衰减效应大小的估计．为此，对实的 Ω 我们定义

(8.7.33) $$q_\infty=\lim_{\Omega\to\infty}q_1=\varepsilon\omega^*/2c_1$$

q_1/q_∞ 和 v_1/c_1 作为 Ω 的函数的曲线示于图 8.7.1 和 8.7.2 中和表

8.7.1 中.

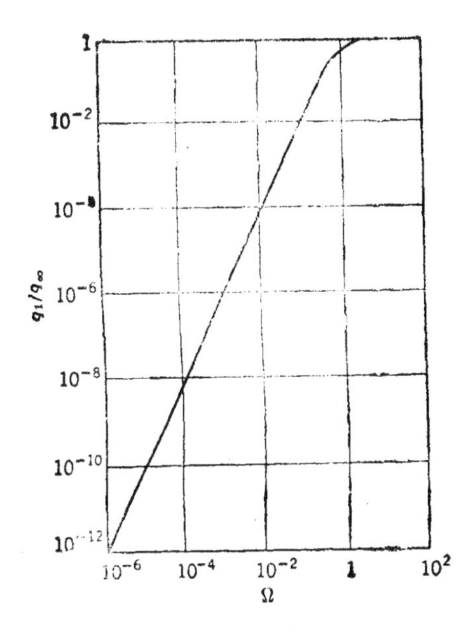

图 8.7.1 在 20℃的铜中，作为 Ω 的函数的衰减系数
(引自 Chadwick [1960])

表 8.7.1 在 20℃的铜中,波速和衰减系数随频率的变化

(引自 Chadwick [1960])

Ω	q_1/q_∞	v_1/c_1	Ω	q_1/q_∞	v_1/c_1
10^{-2}	0.0001	1.0084	3	0.9033	1.0009
10^{-1}	0.0095	1.0083	7	0.9822	1.0002
0.3	0.0800	1.0077	10	0.9921	1.0001
0.7	0.3250	1.0057	10^2	1.0000	1.0000
1	0.4987	1.0043			

弹性固体中可以达到的频率区域的上限是 Debye 截止频率 [Brillouin 1938, p. 324],

(8.7.34) $$\omega_c = 2\pi c_2(3\rho_0/4\pi M)^{1/3}$$

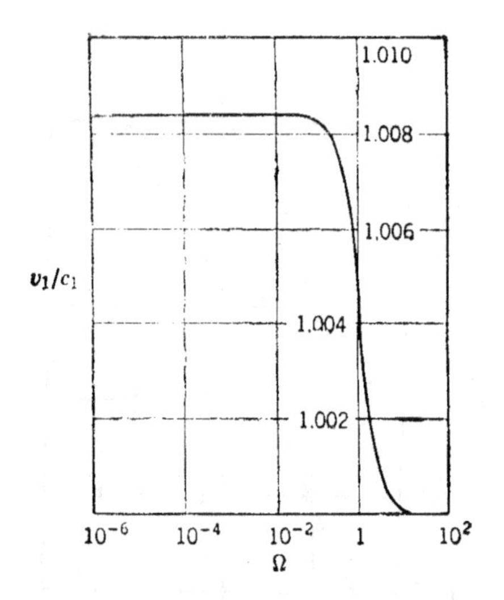

图 8.7.2　在 20℃的铜中，作为 Ω 的函数的波速
（引自 Chadwick [1960]）

式中M是组分原子的质量． 在表 8.7.2 中，我们给出各种物质的 $c_1,\varepsilon,\omega^*,q_\infty$ 和 ω_c. 由此表可明显看出，ω^* 小于 ω_c 一百倍. 因此，在弹性固体中能达到的上限并不决定于物质的原子特性，而决定于热阻尼. 这个表还表明，热弹性耦合的系数是很小的. 所以对于大多数力学问题，非耦合的热弹性方程或这些方程关于 ε 的摄动用来处理热应力问题是合理的. 但是，在电子仪器中就必须考虑全部的耦合.

表 8.7.2　在 20℃时，物质的热弹性系数
（引自 Chadwick 和 Sneddon [1958]）

物理量	单位	铝	铜	铁	铅
c_1	厘米/秒	6.32×10^5	4.36×10^5	5.80×10^5	2.14×10^5
ε	—	3.56×10^{-2}	1.68×10^{-2}	2.97×10^{-4}	7.33×10^{-2}
ω^*	1/秒	4.66×10^{11}	1.73×10^{12}	1.75×10^{12}	1.91×10^{11}
q_∞	1/厘米	1.31×10^4	3.29×10^3	4.48×10^2	3.27×10^4
ω_c	1/秒	9.80×10^{13}	7.55×10^{13}	9.95×10^{13}	3.69×10^{13}

8.8 承受动压力和变温作用的球腔

这里我们将确定占有球腔外部空间的无限热弹性固体在它表面上受有动压力和可变温度作用时的位移场 $\mathbf{u}$ 和温度场 T. 合适的坐标系是球坐标系 r,θ,ϕ, $r=0$ 是球腔的中心,而 $r=a$ 是它的表面. 因为扰动是径向对称的,并且 $g,\mathbf{h}$ 和 h 为零,所以 u_θ 和 u_ϕ 为零,而 u_r 由下式确定:

(8.8.1)
$$u_r=\frac{\partial\phi}{\partial r},\ u_\theta=u_\phi=0$$

这也表明 $\boldsymbol{\psi}=\mathbf{0}$,我们只需求解(8.7.12)和(8.7.14)便可确定 u_r 和 T. 令

(8.8.2)
$$\phi=\psi/r,T=\theta/r$$
$$u_r=\frac{\partial}{\partial r}\left(\frac{\psi}{r}\right)$$

可实现进一步的简化,使得

(8.8.3)
$$c_1^2\frac{\partial^2\psi}{\partial r^2}-\frac{\beta}{\rho_0}\theta-\frac{\partial^2\psi}{\partial t^2}=0$$
$$-\varkappa\frac{\partial^2\theta}{\partial r^2}+T_0\beta\frac{\partial^3\psi}{\partial t\partial r^2}+\rho_0\gamma\frac{\partial\theta}{\partial t}=0$$

边界条件是

(8.8.4)
$$t_{rr}(a,t)=\left[(\lambda_e+2\mu_e)\left(\frac{\psi}{r}\right)_{,rr}+2\frac{\lambda_e}{r}\left(\frac{\psi}{r}\right)_{,r}-\frac{\beta\theta}{r}\right]_{r=a}=-p(t)$$
$$T(a,t)=\frac{\theta(a,t)}{a}=f(t)$$

显然, 当 $r=\infty$时, $T=t_{rr}=0$, 而波必须向 $r>a$ 方向进行.

当初始条件是

(8.8.5)
$$\psi=\frac{\partial\psi}{\partial t}=\theta=0,\ \text{对}\ r>a,\quad t=0$$

时,最好是利用 Laplace 变换

$$\{\bar{\phi},\bar{\theta}\} = \int_0^\infty \{\phi,\theta\} e^{-st} dt \tag{8.8.6}$$

来求解这个问题．对(8.8.3)应用 Laplace 变换，并利用(8.8.5)，我们得

$$\begin{gathered} c_1^2 \frac{d^2\bar{\phi}}{dr^2} - s^2\bar{\phi} - \frac{\beta}{\rho_0}\bar{\theta} = 0 \\ -\varkappa\frac{d^2\bar{\theta}}{dr^2} + \rho_0\gamma s\bar{\theta} + T_0\beta s\frac{d^2\bar{\phi}}{dr^2} = 0 \end{gathered} \tag{8.8.7}$$

这是一组线性微分方程，它的一般解是

$$\begin{aligned} \bar{\phi} &= A\exp(-\zeta_1 r) + B\exp(-\zeta_2 r) \\ \bar{\theta} &= \frac{\rho_0}{\beta}c_1^2\left[A\left(\zeta_1^2 - \frac{s^2}{c_1^2}\right)\exp(-\zeta_1 r)\right. \\ &\quad \left. + B\left(\zeta_2^2 - \frac{s^2}{c_1^2}\right)\exp(-\zeta_2 r)\right] \end{aligned} \tag{8.8.8}$$

式中 ζ_1 和 ζ_2 是下列具有正实部的双二次方程的根：

$$\zeta^4 - \left[\frac{s^2}{c_1^2} + \frac{\rho_0\gamma}{\varkappa}(1+\varepsilon)s\right]\zeta^2 + \frac{\rho_0 r}{\varkappa c_1^2}s^3 = 0, \tag{8.8.9}$$

$$\varepsilon = \frac{T_0\beta^2}{\gamma\rho_0^2 c_1^2} \geqslant 0$$

如果用 ik 和 $-i\omega$ 分别替代 ζ 和 s，则这个方程和以前求得的频率方程(8.7.24)是相同的．

把(8.8.8)代入边界条件(8.8.4)，我们得到关于 A 和 B 的两个线性方程，它们的解是

$$\begin{aligned} A &= \frac{\exp(\zeta_1 a)}{\Delta(s)}\left\{\frac{a^3}{\rho_0}\left(\zeta_2^2 - \frac{s^2}{c_1^2}\right)\bar{p}(s)\right. \\ &\quad \left. + \frac{a\beta}{\rho_0 c_1^2}[s^2a^2 + 4c_2^2(a\zeta_2 + 1)]\bar{f}(s)\right\} \\ B &= -\frac{\exp(\zeta_2 a)}{\Delta(s)}\left\{\frac{a^3}{\rho_0}\left(\zeta_1^2 - \frac{s^2}{c_1^2}\right)\bar{p}(s)\right. \\ &\quad \left. + \frac{a\beta}{\rho_0 c_1^2}[s^2a^2 + 4c_2^2(a\zeta_1 + 1)]\bar{f}(s)\right\} \end{aligned} \tag{8.8.10}$$

式中

$$(8.8.11)\qquad \Delta(s)=(\zeta_1-\zeta_2)\Big[(\zeta_1+\zeta_2)(s^2a^2+4c_2^2)+4ac_2^2\Big(\zeta_1\zeta_2+\frac{s^2}{c_1^2}\Big)\Big]$$

方程(8.8.8)到(8.8.11)给出了所考虑问题的完整的算子解。$\bar{\phi}$ 和 $\bar{\theta}$ 的逆由下列积分给出:

$$(8.8.12)\qquad \{\phi(r,t),\theta(r,t)\}=\frac{1}{2\pi i}\int_{c-i\infty}^{c+i\infty}\{\bar{\phi}(r,s),\bar{\theta}(r,s)\}\times\exp(st)ds$$

这里,围道 $R_e s=c$ 使被积函数在复 s-平面上的所有奇点都在其右边。函数 $\bar{\phi}$ 和 $\bar{\theta}$ 在 $s/\omega^*=1-\varepsilon\pm 2i\sqrt{\varepsilon}$ 处具有分枝点,这是所有热弹性边值问题算子解的一个基本特征。(8.8.12)的积分计算是个难题,至今仍未得到解决。但是,以 $\varepsilon=0$ 附近的摄动展开为基础的并且是短时行为的近似解却是存在的[1)]。于是,在初瞬时,将 $\bar{\phi}$ 和 $\bar{\theta}$ 展成幂级数

$$(8.8.13)\qquad \begin{aligned}\bar{\phi}&=\bar{\phi}_0+\varepsilon\bar{\phi}_1+0(\varepsilon^2)\\ \bar{\theta}&=\bar{\theta}_0+\varepsilon\bar{\theta}_1+0(\varepsilon^2)\end{aligned}$$

式中 $\bar{\Phi}_0$ 和 $\bar{\Phi}_1$ 等都与 ε 无关,则易看出,ϕ_0 是非热耦合问题的解(亦即,在$(8.8.3)_2$中忽略第二项),而 ϕ_1 是由于耦合而产生的一阶修正。对于 $f(t)=0$ 的情况,ϕ_0 是由于在球腔上作用的动压力而产生的等温弹性波的解。 这个问题已在第 6.12 节中作了论述。所以,我们不再重复这一结果。Chadwick 在上面所引的参考文献中给出了动压力型式为 $p(t)=p_0H(t)$ 时在球腔表面上 $\phi_1(a,t)$ 的近似结果,式中的 $H(t)$ 是 Heaviside 单位函数。在这里,我们也不再重述这一结果。在同一参考文献中还给出了关于 ϕ 的短时行为的渐近解。

对于 $\varepsilon=0$,但 $f(t)\neq 0$ 的情况,通过(8.8.12)中的积分反

---

1) 参见在 Sneddon 和 Hill [1960] 书中的 Chadwick 的文章。

演可得非耦合的动力问题的解 (ϕ_0,θ_0). 这个解相当于忽略由于局部体积变化而产生的热量. 在某些情况下,已经知道,这种效应是非常小的[1]. 在这样的简化下,可以处理下列情况的问题:

$$p(t)=0, T(a,t)=f(t)=T_aH(t) \tag{8.8.14}$$

此时,温度场 $T(r,t)$ 可直接求得. 事实上,在热传导中的相应问题早已这样作了,现说明如下: 对于 $s=0$, 由(8.8.9)我们得到所要求的根

$$\zeta_1=\frac{s}{c_1},\ \zeta_2=\left(\frac{\rho_0\gamma}{x}s\right)^{1/2} \tag{8.8.15}$$

由此,(8.8.8)的形式为

$$\begin{aligned}\phi=&\frac{a\beta}{\rho_0c_1^2s}\frac{T_a}{(s/c_1)^2-(\rho_0\gamma/x)s}\\&\times\left\{\frac{a^2s^2+4c_2^2\left[a\left(\dfrac{\rho_0\gamma}{x}s\right)^{1/2}+1\right]}{a^2s^2+4c_2^2a(s/c_1)+4c_2^2}\right.\\&\left.\times\exp\left[-\frac{s}{c_1}(r-a)\right]-\exp\left[-\left(\frac{\rho_0\gamma s}{x}\right)^{1/2}(r-a)\right]\right\}\end{aligned} \tag{8.8.16}$$

$$\bar{\theta}=\frac{aT_a}{s}\exp\left[-\left(\frac{\rho_0\gamma}{x}s\right)^{1/2}(r-a)\right]$$

$\bar{\theta}$ 的逆是立即可得的,它给出了在第 8.6 节中已经得到的结果,亦即

$$\frac{T}{T_a}=\frac{a}{r}\operatorname{erfc}\left(\frac{r-a}{\sqrt{4vt}}\right) \tag{8.8.17}$$

式中

$$v=\frac{x}{\rho_0\gamma},\ \operatorname{erfc}(x)=1-\operatorname{erf}(x) \tag{8.8.18}$$

ϕ 的逆要稍微麻烦些. 对这种情况的问题已由 Katasanov [1957], 后来又由 Sternberg 和 Chakravorty [1959] 作了处理. 利用(8.8.2),得到的位移场由下式给出:

---

1) 关于这种效应的估计可参见 Boley 和 Weiner [1960, Art. 2.2].

$$(8.8.19)\quad u_r(R,t)=\frac{\beta}{\rho_0 c_1^2}aT_a\{V(R,\tau)+W(R,\tau)H[\tau-m(R-1)]\}$$

式中

$$V(R,\tau)=\frac{1}{2R^2}\Big[(R^2-2\tau-1-2m^2)\mathrm{erfc}(\xi)-2(R+1)\sqrt{\frac{\tau}{\pi}}\exp(-\xi^2)+m^2\exp\left(\frac{\tau}{m^2}+\frac{R-1}{m}\right)\mathrm{erfc}\left(\xi+\frac{\sqrt{\tau}}{m}\right)+m^2\exp\left(\frac{\tau}{m^2}-\frac{R-1}{m}\right)\mathrm{erfc}\left(\xi-\frac{\sqrt{\tau}}{m}\right)-mR\exp\left(\frac{\tau}{m^2}+\frac{R-1}{m}\right)\mathrm{erfc}\left(\xi+\frac{\sqrt{\tau}}{m}\right)+mR\exp\left(\frac{\tau}{m^2}-\frac{R-1}{m}\right)\mathrm{erfc}\left(\xi-\frac{\sqrt{\tau}}{m}\right)\Big]$$

$$(8.8.20)\quad W(R,\tau)=-\frac{m}{R^2}(m+R)\exp\left(\frac{\omega}{m^2}\right)-\frac{A}{R^2}R_e\Big\{F(R)\times\Big[m^3\exp\left(\frac{\omega}{\gamma^2}\right)\mathrm{erfc}\left(\frac{\sqrt{\omega}}{m}\right)-K^{-1/2}\exp(K\omega)\times\mathrm{erfc}(\sqrt{K\omega})+B\exp(K\omega)+C\left(\omega+2\sqrt{\frac{\omega}{\pi}}\right)+D\Big]\Big\}$$

$$R\equiv r/a,\ \tau\equiv\nu\frac{t}{a^2},\ \xi\equiv\frac{R-1}{2\sqrt{\tau}}$$

$$m\equiv\frac{\nu}{ac_1},\ \omega\equiv\tau-m(R-1)$$

$$K\equiv\frac{1}{m}(-p+iq),\quad p\equiv\frac{1-2\nu_e}{1-\nu_e},\ q\equiv\frac{\sqrt{1-2\nu_e}}{1-\nu_e}$$

$$A\equiv\frac{2p}{mq(1+2mp+2m^2p)},\ B\equiv\frac{m^2}{2p}+K^{-2}+K^{-3/2}$$

$$C\equiv m^2-K^{-1},\ D\equiv m^4-K^{-2}$$

$$F(R) = -q(m + R) + i[1 + p(m - 2mR - R)]$$

ν_e 是 Poisson 比. $\sqrt{K}$ 取主值. 应力可通过下式确定

$$t_{rr} = -\beta T + (\lambda_e + 2\mu_e)\frac{\partial u}{\partial r} + 2\lambda_e \frac{u}{r}$$

$$t_{\theta\theta} = t_{\varphi\varphi} = -\beta T + \lambda_e \frac{\partial u}{\partial r} + 2(\lambda_e + \mu_e)\frac{u}{r} \tag{8.8.21}$$

$$t_{r\varphi} = t_{r\theta} = t_{\theta\varphi} = 0$$

这里我们不再重写应力的表示式.

根据(8.8.19),当 $m > 0$ 时,位移场包含一个由含有 Heaviside 阶梯函数 H 项表示的阶梯载荷. 当 $m > 0$ 时, 这些项表示在球腔边界上, 在 $t = 0_+$ 时发出一个球面冲击波, 并以无旋波的速度 c_1 向外传播. 从性质上看,其余的项是扩散的,正如在所有的热传

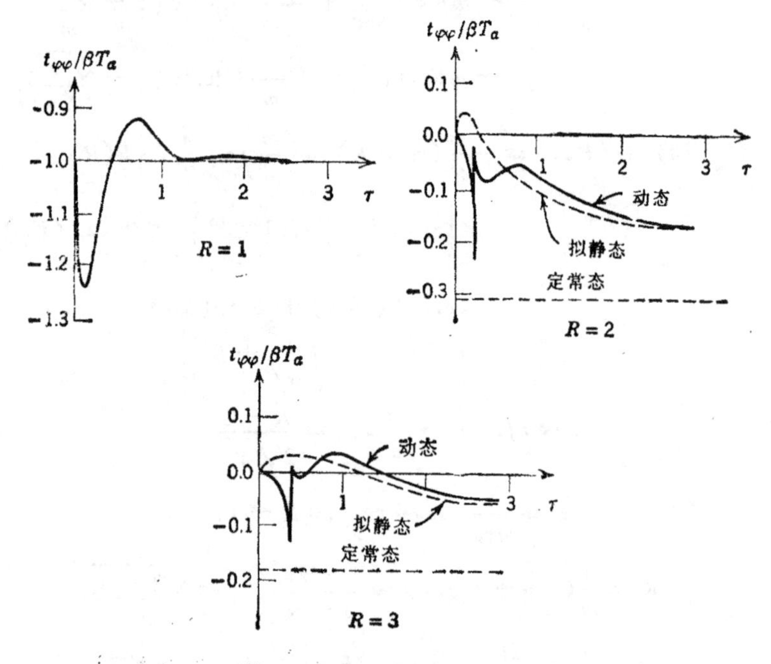

图 8.8.1 环向应力随时间的变化

$\nu_e = 0.25 \quad m = 0.20$

(引自 Sternberg 和 Chakravorty [1959])

导问题中那样，它们是瞬时地遍及整个介质的．当 $1 < R < \infty$，$0 < \tau < \infty$ 时，位移场关于 R 和 τ 是连续的，这是因为物质的连续性公理必须满足，所以这个结论必然如此．但是，在**波阵面** $\tau = \tau^* = m(R-1)$，位移场和应力的时间和空间的导数却是间断的．在波阵面处，应力的跳变可表示成为

$$
\begin{aligned}
&t_{rr}(R,\tau^*_+) - t_{rr}(R,\tau^*_-) = \frac{\beta T_a}{R} \\
&t_{\varphi\varphi}(R,\tau^*_+) - t_{\varphi\varphi}(R,\tau^*_-) = \frac{\nu_e}{1-\nu_e}\frac{\beta T_a}{R}
\end{aligned}
\tag{8.8.22}
$$

它们与 m 无关．跳变间断随距离而衰减．

令 $m \to 0$，我们得到忽略惯性项的拟静力问题的解．另一方面，当 $\tau \to \infty$ 时，就得到定常问题的解．对于 Poisson 物质 $\nu_e = 0.25$，且 $m = 0.20$ 时，应力分量 $t_{\varphi\varphi}$ 与 τ 对 $R = 1, 2, 3$ 三个 R 值的关系曲线示于图 8.8.1．

习题

8.1 试导出包含应变与温度梯度二次项的各向同性热弹性固体的本构方程．给出热传导方程．

8.2 试导出线性正交各向同性热弹性固体的本构方程．

8.3 试证

$$
T(x,t) = \frac{1}{8(\pi K t)^{3/2}}\int_{-\infty}^{\infty}\int_{-\infty}^{\infty}\int_{-\infty}^{\infty} f(y_1,y_2,y_3) \times \exp[-(x_k - y_k)(x_k - y_k)/4Kt]\,dy_1 dy_2 dy_3
$$

是无限刚性固体的热方程的解． 求出热能．在 $t = 0$ 时的热能值是什么？

8.4 试确定在一个无限长的厚圆管中的应力和位移场，管的表面外力为零．圆管承受定常温度分布 $T = T(r)$ 的作用．

8.5 求出无表面外力的厚球壳的应力和位移场． 这个壳承受中心对称(径向)的温度分布的作用．

8.6 试证当温度定常时，在表面外力为零的热弹性固体中，总体积变化为

$$
\Delta V = \int_{\mathscr{V}} \frac{3\beta}{3\lambda_e + 2\mu_e} T\,dv
$$

式中 β 是热膨胀系数(见方程(8.4.9)). 计算具有同心表面 $r=a, b$ 的空心球在温升是 $T(x,y,z)$ 时的体积的变化.

8.7 一个外径为 r_0 的弹性各向同性的圆柱壳，嵌入另一个具有同一内径的圆柱壳中. 这两个圆柱壳是由不同材料制成的. 内壳和外壳的温度分别为 $T_0(r)$ 和 $T_1(r)$. 两个圆柱的接触面假定是密接的,并且彼此并不相互滑动. 试求应力和位移场.

8.8 在一个刚性杆中，在时刻 $t=0$ 时的温度分布是 x 的函数. 杆的两端是绝热的,而热传导是一维的并沿 x 方向. 试确定在所有 $t>0$ 的时刻的温度分布.

8.9 一个刚性的无限圆柱体在其外表面承受常温 T_0 的作用. 初始时柱体内温度为零. 试确定温度分布.

8.10 初始时,一个刚性球的温度为零. 这个球在其表面上承受常值的温度跳变. 试确定温度分布.

8.11 弹性杆的两端固支. 此杆突然受到一个常值的均匀温度作用. 试确定应力.

8.12 (短文)阐述杆的热弹性弯曲问题.

8.13 (短文)阐述薄板的热弹性弯曲问题.

8.14 (短文) 研究文献并估计热膨胀生成项 $\beta T_0\dot{u}_{k,k}$ 的大小的阶 (见方程(8.3.14)).

8.15 (短文)从各向同性热弹性半空间的平直边界上反射一平面波. 试确定反射角和各种类型反射波的振幅.

8.16(短文)讨论各向同性热弹性半空间的 Rayleigh 表面波.

第九章 粘弹性理论

9.1 本章的范围

本章着手研究更为复杂的介质,亦即粘弹性物质.流体与固体之间的差别可以很大,亦可以很小,有时还不很明显. 所有固体在外部载荷作用下,不仅会变形而且在一定程度上可以发生流动并伴有能量耗散. 流动的物体也会有某些刚性.另外,流动和变形都会产生热量,反之,物体受热也会产生变形和流动. 因此,物理世界中的物体都具有固体和流体两者的特性.

粘弹性理论由 Maxwell [1867], Meyer [1874a, b, 1875] 和 Boltzmann [1874] 所创立,后来,在几乎停滞了五十年之后的两个世纪的交接时期又由 Voigt [1889], [1892a, b, 1910], Kelvin [1895], Duhem[1903a, b, c, d, e, f, 1904], Natanson [1901a, b], Zaremba [1903a, b, c, 1937], Volterra [1930] 和其他一些学者进行了研究. 技术的发展以及固体燃料工业的需要,又一次激起了理论工作者的兴趣,其结果是近来高水平的文献与日俱增.

关于非线性理论,直到 1961 年才由 Eringen [1962. 第十章] 所提出.从那以后的主要进展的评论也由 Eringen 和 Grot [1965] 作出的. 关于线性理论, 我们推荐 Hunter [1960], Gurtin 和 Sternberg [1962] 以及 Sternberg [1964] 的著作. 由 Eirich [1956, 1958], Staverman 和 Schwarzl [1956] 以及 Eringen, Liebowitz, Crowley 和 Koh [1967] 等人编辑的各种丛书包含了内容广泛的最新理论和实验结果.

这里,我们将只给出非线性理论的初步阐述,而对于有很多的重要工作未能被引用的作者顺致歉意.

本章的前十一节致力于推导和讨论各种类型粘弹性物质的本

构方程，而其余六节则阐述例证性的具体问题。只有首先理解更为精确的非线性理论后才能对线性理论给出最恰当的评价，因此，我们决定给出在最简单情况下——Kelvin-Voigt 固体的非线理论的基本阐述(第 9.2 节)。第 9.3 节专门讨论各向异性和各向同性的 Kelvin-Voigt 固体的线性理论。在第 9.4 节中，我们介绍与 Maxwell 固体相应的物质。在此基础上，我们在第 9.5 节中阐明关于一般的应变率相关的物质的理论。第 9.6 节回到在第五章中讨论过的泛函本构方程理论，并继续进行关于粘弹性的线性泛函理论的讨论。这个理论最终导致所谓线性粘弹性的 Boltzmann-Volterra 理论。在第 9.7 节中建立关于变率理论与泛函理论之间的关系。

实验表明，在粘弹性物质的物理行为中，热效应是重要的。因此，我们必须考虑温度梯度所产生的影响，这将在第 9.8 节的热粘弹性理论中论述。第 9.9 节讨论热粘弹性流体。在第 9.10 节中，我们简略地叙述确定表征各向同性粘弹性物质的记忆泛函的方法。线性粘弹性理论的基本方程汇总在第 9.11 节中。

由于数学上的困难，在粘弹性理论中有关问题的精确解是很难得到的。在第 9.12 节中提出了当对应的弹性理论问题的解为已知时，对应定理常在求解线性粘弹性的某些问题中的重要应用。第 9.13 节介绍某些拟静力解。它们可以处理承受到压力的半空间和圆柱管的问题。粘弹性的动力问题更加难以处理。在第 9.14 节中讨论了波的传播。在第 9.15 节中，我们详细地研究在 Kelvin-Voigt 和 Maxwell 固体中的一维波。尽管这些模型并不是真实的，但是它们对于认识粘弹性固体中波的特性，是有益的。第 9.16 节包括了关于半空间的讨论，而在第 9.17 节中则研究承受到脉冲压力的球腔问题。这些讨论是在前一章中处理过的类似问题的继续。

粘弹性理论是目前正在发展的课题。这一章的内容是有限的，基本上它只是打算推导这个理论的基本方程，介绍一些例证性的解是为了权衡这个理论，并使之更富有意义。

9.2 非线性 Kelvin-Voigt 固体

最简单的变率相关固体之一是 Kelvin-Voigt 固体。这种物质的基本特征是应力依赖于应变张量和变形率张量。对于一维的线性理论

$$t = E\tilde{e} + E_v \dot{\tilde{e}}$$

式中 t 是杆中的拉力，$\tilde{e}$ 是应变，E 和 E_v 是物质常数，我们看出，这个模型是弹性固体与粘性流体的一种组合。它常用如图 9.2.1 中所示的弹簧-缓冲器的并联模型来表示，图中 E 是弹簧常数，E_v 是缓冲器的粘性。

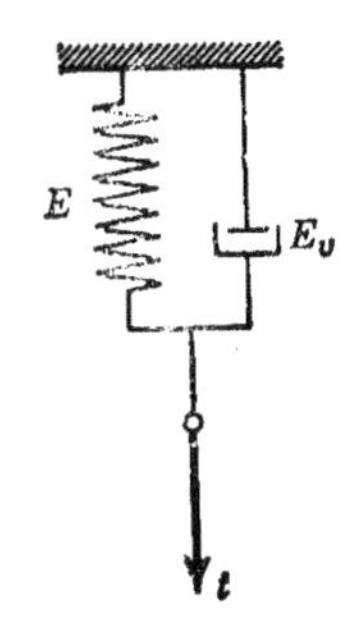

图 9.2.1 线性 Kelvin-Voigt 固体的力学模型

这种思想向非线性的三维固体推广要从下列形式的本构方程

$$t_{kl} = f_{kl}(\mathbf{x}_{,K}, \dot{\mathbf{x}}_{,K}, \theta, \mathbf{X})$$

以及关于热矢量 $\mathbf{q}$，内能 ε 和熵 η 的类似表达示开始。这些方程是方程 (5.4.22) 的特殊形式。在现在的情形下，它们具有下列显式表示：

(9.2.1) $$t_{kl} = F_{KL}(\mathbf{C}, \dot{\mathbf{C}}, \theta, \mathbf{X}) X_{K,k} X_{L,l}$$

(9.2.2) $$q_k = Q_K(\mathbf{C}, \dot{\mathbf{C}}, \theta, \mathbf{X}) X_{K,k}$$

(9.2.3) $$\varepsilon = e(\mathbf{C}, \dot{\mathbf{C}}, \theta, \mathbf{X})$$

(9.2.4) $$\eta = n(\mathbf{C}, \dot{\mathbf{C}}, \theta, \mathbf{X})$$

我们已经略去 ρ^{-1}，因为它可通过对变量 $\mathbf{C}$ 的依赖性而推导出来。这里 $\mathbf{F}$ 和 $\mathbf{Q}$ 分别是张量函数和矢量函数，而 e 和 n 是标量函数，它们都是张量变量 $\mathbf{C}$，$\dot{\mathbf{C}}$，标量变量 θ 和物质点位置 $\mathbf{X}$ 的函数。独立变量 $\mathbf{C}$ 和 $\dot{\mathbf{C}}$ 是 Green 变形张量和它的变率，即

(9.2.5) $$C_{KL} \equiv x_{k,K} x_{k,L}$$
$$\dot{C}_{KL} \equiv \frac{DC_{KL}}{Dt} = 2d_{kl} x_{k,K} x_{l,L}$$

式中 $\mathbf{d}$ 是变形率张量

$$d_{kl} \equiv \frac{1}{2}\left(v_{k,l} + v_{l,k}\right) \tag{9.2.6}$$

如果我们令

$$\begin{aligned} &F_{KL} = j^{-1} T_{MN} C_{MK} C_{NL} \\ &Q_K = j^{-1} G_L C_{LK}, \quad j^{-1} = [\det(C_{KL})]^{-1/2} = \rho/\rho_0 > 0 \end{aligned} \tag{9.2.7}$$

则可得到 (9.2.1) 到 (9.2.4) 更为方便的形式. 在 (9.2.1) 到 (9.2.4) 中利用 (9.2.5) 和 (9.2.7), 我们得出

$$t_{kl} = j^{-1} T_{KL}(\mathbf{C}, \dot{\mathbf{C}}, \theta, \mathbf{X}) x_{k,K} x_{l,L} \tag{9.2.8}$$

$$q_k = j^{-1} G_K(\mathbf{C}, \dot{\mathbf{C}}, \theta, \mathbf{X}) x_{k,K} \tag{9.2.9}$$

$$\varepsilon = e(\mathbf{C}, \dot{\mathbf{C}}, \theta, \mathbf{X}) \tag{9.2.10}$$

$$\eta = n(\mathbf{C}, \dot{\mathbf{C}}, \theta, \mathbf{X}) \tag{9.2.11}$$

式中 T_{KL} 和 G_K 分别是张量变量 $\mathbf{C}$, $\dot{\mathbf{C}}$ 和标量 θ 和 $\mathbf{X}$ 的张量函数和矢量函数. 我们可用这些方程作为定义 Kelvin-Voigt 固体的方程.

定义 1 Kelvin-Voigt 固体是具有满足相容性公理,客观性公理和物质不变性公理的本构方程 (9.2.8) 到 (9.2.11) 的热力物质.

如果愿意的话,我们也可以从更一般的形式 (5.4.22) 出发来定义. 当然, 利用客观性公理后, 我们最终仍将得到 (9.2.1)—(9.2.4), 或者得到等价的 (9.2.8)—(9.2.11).

响应函数 $\mathbf{T}$, $\mathbf{G}$, e 和 n 还要进一步受到相容性 (要求热力学相容),客观性和物质不变性公理的限制.

(i) Clausius-Duhem 不等式的推论

根据熵公理, 对于所有的独立过程, $\mathbf{t}$, $\mathbf{q}$, ε 和 η 必须满足不等式

$$-\frac{\rho}{\theta}\left(\dot{\psi} + \eta\dot{\theta}\right) + \frac{1}{\theta} t_{kl} v_{l,k} + \frac{1}{\theta^2} q_k \theta_{,k} \geqslant 0 \tag{9.2.12}$$

这里 ψ 是 Helmholtz 自由能函数,它定义为

$$\psi \equiv \varepsilon - \theta\eta \tag{9.2.13}$$

把 (9.2.8) 到 (9.2.11) 代入 (9.2.12)，我们得到

$$(9.2.14)\qquad -\frac{\rho_0}{\theta}\left(n+\frac{\partial\psi}{\partial\theta}\right)\dot{\theta}+\frac{1}{2\theta}\left(T_{KL}-2\rho_0\frac{\partial\psi}{\partial C_{KL}}\right)\dot{C}_{KL}$$

$$-\frac{\rho_0}{\theta}\frac{\partial\psi}{\partial\dot{C}_{KL}}\ddot{C}_{KL}+\frac{1}{\theta^2}G_K\theta_{,K}\geqslant 0$$

这里我们使用了 (9.2.5) 和由 $(9.2.7)_3$ 所给出的质量守恒 $\rho_0=\rho j$ $(j>0)$. 不等式 (9.2.14) 要求对所有的 $\dot{\theta}$, $\dot{C}_{KL}$, $\ddot{C}_{KL}$ 和 $\theta_{,K}$ 的独立变化都成立,因为在 (9.2.14) 中 $\dot{\theta}$, $\ddot{C}_{KL}$, $\theta_{,K}$ 的系数以及其它项都与 $\dot{\theta}$, $\ddot{C}_{KL}$, $\theta_{,K}$ 无关,所以我们导出 (9.2.14) 对这些变量的所有可能值都成立的必要充分条件是

$$n=-\frac{\partial\psi}{\partial\theta},\quad \frac{\partial\psi}{\partial\dot{C}_{KL}}=0,\ G_K=0$$

因此，$\psi=\psi(\mathbf{C},\ \theta,\ \mathbf{X})$ 和 (9.2.14) 简化为

$$\frac{1}{2\theta}\left(T_{KL}-2\rho_0\frac{\partial\psi}{\partial C_{KL}}\right)\dot{C}_{KL}\geqslant 0$$

这表明 T_{KL} 可以分两部分来表示

$$\mathbf{T}={}_E\mathbf{T}(\mathbf{C},\ \theta,\ \mathbf{X})+{}_D\mathbf{T}(\mathbf{C},\ \dot{\mathbf{C}},\ \theta,\ \mathbf{X})$$

式中

$${}_ET_{KL}\equiv 2\rho_0\frac{\partial\psi}{\partial C_{KL}}$$

于是,前面的不等式变成为

$$\frac{1}{2\theta}{}_DT_{KL}\dot{C}_{KL}\geqslant 0$$

因为 $C_{KL}=C_{LK}$，所以 ${}_E\mathbf{T}$ 和 ${}_D\mathbf{T}$ 两者都是对称张量. 于是,我们得到下述结论,即

定理 Kelvin-Voigt 固体是热力学相容的,当且仅当它可用下列形式的一组本构方程来表征:

$$(9.2.15)\qquad t_{kl}=2\frac{\rho}{\rho_0}\frac{\partial\Sigma}{\partial C_{KL}}x_{k,K}x_{l,L}$$

$$+\frac{\rho}{\rho_0}{}_DT_{KL}(\mathbf{C},\ \mathbf{C},\ \vartheta,\ \mathbf{X})x_{k,K}x_{l,L}$$

$$(9.2.16)\qquad q_k = 0$$

$$(9.2.17)\qquad s = \frac{1}{\rho_0}\left[\Sigma(\mathbf{C}, \theta, \mathbf{X}) - \theta\,\frac{\partial \Sigma}{\partial \theta}\right]$$

$$(9.2.18)\qquad \eta = -\frac{1}{\rho_0}\frac{\partial \Sigma}{\partial \theta}$$

式中

$$(9.2.19)\qquad \frac{1}{\rho_0}\Sigma(\mathbf{C}, \theta, \mathbf{X}) \equiv \psi$$

是 Helmholtz 自由能，它满足[1]

$$(9.2.20)\qquad 2\,\frac{\rho}{\rho_0}\frac{\partial \Sigma}{\partial C_{KL}}\,x_{[k,K}x_{l],L} = 0$$

${}_D\mathbf{T}$ 对 $\dot{\mathbf{C}}$ 的所有独立变化满足

$$(9.2.21)\qquad \frac{1}{2\theta}\,{}_DT_{KL}\dot{C}_{KL} \geqslant 0,\quad {}_DT_{KL} = {}_DT_{LK}$$

假如 ${}_D\mathbf{T}$ 关于 $\dot{\mathbf{C}}$ 是连续的，则不等式 (9.2.21) 实际上相当于

$$(9.2.22)\qquad {}_D\mathbf{T}(\mathbf{C}, \mathbf{0}, \theta, \mathbf{X}) = \mathbf{0}$$

为证实这一点，我们假设除 $\dot{C}_{11}$ 以外，所有其它的 $\dot{C}_{KL}=0$，则由 (9.2.21)，必须有 ${}_DT_{11}\dot{C}_{11} \geqslant 0$。如果 $\dot{C}_{11} > 0$，则 ${}_DT_{11} > 0$；如果 $\dot{C}_{11} < 0$，则 ${}_DT_{11} < 0$。所以，当 $\dot{C}_{11} = 0$ 时，${}_DT_{11} = 0$。把这个论据应用到 $\dot{C}_{KL}$ 的其它分量就得到 (9.2.22) 的证明。

可以作出下列一些推论

(a) 应力张量由**纯弹性**部分 ${}_E\mathbf{T}$ 和**耗散**部分 ${}_D\mathbf{T}$ 所构成。根据 (9.2.21)，相应于 ${}_D\mathbf{T}$ 的耗散能量必须是非负的。

(b) 根据 (9.2.21)，耗散应力包括非纯弹性效应。

(c) 由 (9.2.16)，热量矢量必为零。当然，这是没有把 $\theta_{,K}$ 作为本构函数的变量的结果。若 $\theta_{,K}$ 包含在变量中，我们就得到热粘弹性固体。

---

1) 根据 T_{KL} 和 t_{kl} 的对称性得出的条件 (9.2.20) 是恒等式，因为 $C_{KL}=C_{LK}$。

(d) 内能和熵与变率变量 $\dot{\mathbf{C}}$ 无关. 而且，它们是由一个势(Helmholtz 自由能)导出的. 这个结论与经典热力学相符.然而，在更为一般的情况下,Σ 可以依赖于变率变量,参见第 9.5 节[1].

(ii) 物质对称性的限制 根据物质不变性公理 ψ 和 ${}_D\mathbf{T}$ 的形式还依赖于物质对称性. 物质对称性是在物质轴 $\mathbf{X}$ 的变换群 $\{\mathbf{S}\}$ 下，用响应函数的不变性形式来表示的. 为了表征一个已给物质所具有的物质对称性，须要构造群 $\{\mathbf{S}\}$. 在这样的无限多个变换群中，只要有 12 个特殊的变换群就足以描述 32 种已知晶体类的物质对称性. 关于弹性物质的论述可在 Green 和 Adkins [1960] 的著作中查到. 对于粘弹性物质,似乎还没有文献作过类似的归纳[2]. 对于均匀物质，ψ 和 ${}_D\mathbf{T}$ 对 $\mathbf{X}$ 的依赖性消失，而对于各向同性固体，根据不变量理论，ψ 和 ${}_D\mathbf{T}$ 的形式是已知的(见附录 B). 对于各向同性固体，ψ 和 ${}_D\mathbf{T}$ 在物质标架 $\mathbf{X}$ 的满正交变换群下是形式不变的,也就是说，它们分别是 $\mathbf{C}$ 的各向同性标量函数和张量函数. 由表 B.1，我们得知 ψ 只依赖于 $\mathbf{C}$ 的不变量,或等价地,只依赖于 $\overset{-1}{\mathbf{c}}$ 的不变量,即

$$\psi=\psi(\mathrm{I}_1,\ \mathrm{I}_2,\ \mathrm{I}_3,\ \theta) \tag{9.2.23}$$

式中

$$\mathrm{I}_1\equiv \mathrm{tr}(\overset{-1}{\mathbf{c}}),\ \mathrm{I}_2\equiv \mathrm{tr}(\overset{-1}{\mathbf{c}})^2,\ \mathrm{I}_3\equiv \mathrm{tr}(\overset{-1}{\mathbf{c}})^3 \tag{9.2.24}$$

$$\overset{-1}{c}_{kl}\equiv x_{k,K}x_{l,K} \tag{9.2.25}$$

把 (9.2.23) 代入 (9.2.15)，并利用微分的链式法则,我们得到

$$\mathbf{t}=\alpha_0\mathbf{I}+\alpha_1\overset{-1}{\mathbf{c}}+\alpha_2(\overset{-1}{\mathbf{c}})^2+{}_D\mathbf{t}(\overset{-1}{\mathbf{c}},\ \mathbf{d},\ \theta) \tag{9.2.26}$$

式中

$$\alpha_0\equiv\rho\,(\mathrm{I}_1^3+2\mathrm{I}_3-3\mathrm{I}_1\mathrm{I}_2)\ \frac{\partial\psi}{\partial\mathrm{I}_1}$$

---

1) 关于这一点的讨论,见 Eringen 和 Grot [1965, Art.5 和附录].

2) 利用不变量理论中的已知结果(Smith 和 Rivlin [1964], Spencer [1966]),可以构造在所有对称规则下的本构方程.

$$
(9.2.27)\qquad \alpha_1 \equiv 2\rho \frac{\partial\psi}{\partial \mathrm{I}_1} - 3\rho(\mathrm{I}_1^2 - \mathrm{I}_2)\frac{\partial\psi}{\partial \mathrm{I}_3}
$$

$$
\alpha_2 \equiv 4\rho \frac{\partial\psi}{\partial \mathrm{I}_2} + 6\rho \mathrm{I}_1 \frac{\partial\psi}{\partial \mathrm{I}_3}
$$

如果我们假定 ${}_D\mathbf{t}$ 是矩阵 $\overset{-1}{\mathbf{c}}$ 和 $\mathbf{d}$ 的多项式，则可以得到进一步简化。在这种情况下，根据表 B.3[1]我们可写出

$$
\begin{aligned}
{}_D\mathbf{t} = {} & \kappa_0\mathbf{I} + \kappa_1\overset{-1}{\mathbf{c}} + \kappa_2\overset{-2}{\mathbf{c}} + \kappa_3\mathbf{d} + \kappa_4\mathbf{d}^2 \\
(9.2.28)\qquad & + \kappa_5(\overset{-1}{\mathbf{c}}\mathbf{d} + \mathbf{d}\overset{-1}{\mathbf{c}}) + \kappa_6(\overset{-2}{\mathbf{c}}\mathbf{d} + \mathbf{d}\overset{-2}{\mathbf{c}}) \\
& + \kappa_7(\overset{-1}{\mathbf{c}}\mathbf{d}^2 + d^2\overset{-1}{\mathbf{c}}) + \kappa_8(\overset{-2}{\mathbf{c}}\mathbf{d}^2 + \mathbf{d}^2\overset{-2}{\mathbf{c}})
\end{aligned}
$$

式中 κ_0 到 κ_8 是 $\overset{-1}{\mathbf{c}}$ 和 $\mathbf{d}$ 的联合不变量的多项式，亦即，

$$
(9.2.29)\qquad \begin{aligned} & \mathrm{I}_1,\ \mathrm{I}_2,\ \mathrm{I}_3,\ \mathrm{tr}\mathbf{d},\ \mathrm{tr}\mathbf{d}^2,\ \mathrm{tr}\mathbf{d}^3 \\ & \mathrm{tr}\overset{-1}{\mathbf{c}}\mathbf{d},\ \mathrm{tr}\overset{-1}{\mathbf{c}}\mathbf{d}^2,\ \mathrm{tr}\overset{-2}{\mathbf{c}}\mathbf{d},\ \mathrm{tr}\overset{-2}{\mathbf{c}}\mathbf{d}^2 \end{aligned}
$$

而

$$
(9.2.30)\qquad \kappa_0 = \kappa_1 = \kappa_2 = 0 \text{ 当 } \mathbf{d} = \mathbf{0} \text{ 时}
$$

在这些方程中，我们以 $\overset{-2}{\mathbf{c}}$ 表示 $(\overset{-1}{\mathbf{c}})^2$.

9.3 线性 Kelvin-Voigt 固体

在第 9.2 节中给出的理论对于大多数的应用而言是太复杂了. 但是，它却提供了建立其它各种理论的根据. 最常见的实用理论是用 (9.2.15) 或 (9.2.26) 中的系数函数的多项式展开，并且不论采用什么应变和变形率度量，都只保留到某阶幂次的项而得到的.

对于一般的各向异性固体，宜用 Lagrange 应变度量 $\mathbf{E}$，它定义为

$$
(9.3.1)\qquad 2E_{KL} \equiv C_{KL} - \delta_{KL}
$$

---

1) 在 (9.2.28) 中的最后一项是由于 ${}_D\mathbf{t}$ 的多项式特性而得的（见 Spencer [1971, 325]）. ——译者

对于线性理论，应用无限小应变度量 $\tilde{\mathbf{E}}$ 取代 $\mathbf{E}$:

$$(9.3.2)\qquad 2E_{KL}\cong 2\tilde{E}_{KL}=U_{K,L}+U_{L,K}$$

式中 U_K 是位移矢量。我们还需要表达式

$$(9.3.3)\qquad \begin{aligned} x_{k,K} &= (\delta_{MK}+U_{M,K})\delta_{Mk} \\ &= (\delta_{MK}+\tilde{E}_{MK}+\tilde{R}_{MK})\delta_{Mk} \end{aligned}$$

对于应力的线性理论，要求 Σ 关于 $\mathbf{E}$ 的二阶展开式。所以有

$$(9.3.4)\qquad \begin{aligned} \Sigma(\mathbf{E},\ \theta) \equiv \rho_0\psi(\mathbf{E},\ \theta) &= \Sigma_0(\theta)+\Sigma_{KL}(\theta)E_{KL} \\ &+\frac{1}{2}\Sigma_{KLMN}(\theta)E_{KL}E_{MN} \end{aligned}$$

我们得出

$$(9.3.5)\qquad {}_ET_{KL}(\mathbf{E},\ \theta)=\frac{\partial\Sigma}{\partial E_{KL}}=\Sigma_{KL}(\theta)+\Sigma_{KLMN}(\theta)E_{MN}$$

${}_D\mathbf{T}$ 的线性理论要求有下列形式的展开式:

$$(9.3.6)\qquad {}_DT_{KL}(\dot{\mathbf{E}},\ \theta)=\Gamma_{KLMN}(\theta)\dot{E}_{MN}$$

在这些方程中，本构系数 Σ_{KL}，Σ_{KLMN} 和 Γ_{KLMN} 都可能依赖于温度 θ。由于应力张量和应变张量的对称性，我们也有

$$(9.3.7)\qquad \begin{aligned} &\Sigma_{KL}=\Sigma_{LK} \\ &\Sigma_{KLMN}=\Sigma_{MNKL}=\Sigma_{LKMN}=\Sigma_{KLNM} \\ &\Gamma_{KLMN}=\Gamma_{LKMN}=\Sigma_{KLNM} \end{aligned}$$

所以独立的 Σ_{KL} 的个数是 6，而 Σ_{KLMN} 的独立的个数是 21，对于 Γ_{KLMN}，独立的个数则是 36[1]。

如参考状态是无应力的，则我们还有

$$(9.3.8)\qquad \Sigma_{KL}=0$$

根据线性理论的思想，以 $\tilde{\mathbf{E}}$ 代 $\mathbf{E}$，并利用 (9.3.3)，我们得出应力本构方程 (9.2.15) 的形式为

$$(9.3.9)\qquad t_{kl}=\frac{\rho}{\rho_0}\ [\Sigma_{KL}+\Sigma_{KL}(\tilde{E}_{KM}+\tilde{R}_{KM})+\Sigma_{KM}(\tilde{E}_{LM}$$

---

1) 如果还假定，应力部分 ${}_D\Gamma_{KL}$ 为零即对耗散没有贡献，则 $\Gamma_{KLMN}=\Gamma_{MNKL}$. 这将使 Γ_{KLMN} 的独立个数减到 21. 这个假定相当于应用线性不可逆热力学的 Onsager 原理。——译者

$$+ \tilde{R}_{LM}) + \Sigma_{KLMN}\tilde{E}_{MN} + \Gamma_{KLMN}\dot{\tilde{F}}_{MN}]\delta_{Kk}\delta_{Ll}$$

在线性理论中，我们有近似式（8.2.15），所以（9.3.9）可以写成（用 Euler 表示法）

$$t_{kl} = (1 - \tilde{e}_{mm})\sigma_{kl} + \sigma_{ml}(\tilde{e}_{km} + \tilde{r}_{km}) + \sigma_{km}(\tilde{e}_{lm} + \tilde{r}_{lm}) + \sigma_{klmn}\tilde{e}_{mn} + \gamma_{klmn}\dot{\tilde{e}}_{mn} \tag{9.3.10}$$

式中

$$\begin{aligned} \sigma_{kl} &= \Sigma_{KL}\delta_{Kk}\delta_{Ll} \\ \sigma_{klmn} &= \Sigma_{KLMN}\delta_{Kk}\delta_{Ll}\delta_{Mm}\delta_{Nn} \\ \gamma_{klmn} &= \Gamma_{KLMN}\delta_{Kk}\delta_{Ll}\delta_{Mm}\delta_{Nn} \end{aligned} \tag{9.3.11}$$

都是 θ 和 $\mathbf{X}$ 的函数，并满足对称性条件

$$\begin{aligned} &\sigma_{kl} = \sigma_{lk}, \quad \sigma_{klmn} = \sigma_{mnlk} = \sigma_{lkmn} = \sigma_{klnm} \\ &\gamma_{klmn} = \gamma_{lkmn} = \gamma_{klnm} \end{aligned} \tag{9.3.12}$$

另外，不等式（9.2.21）要求耗散能量是非负的，亦即

$$\gamma_{klmn}\dot{\tilde{e}}_{kl}\dot{\tilde{e}}_{mn} \geqslant 0 \tag{9.3.13}$$

此式对粘性 γ_{klmn} 所加的限制，相当于要求它们是**正半定的**。关于 ε 和 η 的表达式很容易用同样的方法得到。因为在非热粘弹性理论的论述中并不需要这些表达式，所以我们不再给出。

各向同性固体　物质对称性将进一步在各向异性固体的本构系数 σ_{kl}，σ_{klmn}，和 γ_{klmn} 上加以限制。这些限制可象第 6.2 节中那样加以讨论。这里我们给出关于各向同性固体的结果。在这种情况下，本构系数是各向同性张量，所以我们可写出

$$\begin{aligned} \Sigma_{KL} &= \alpha_E\delta_{KL} \\ \Sigma_{KLMN} &= \lambda_E\delta_{KL}\delta_{MN} + \mu_E(\delta_{KM}\delta_{LN} + \delta_{KN}\delta_{LM}) \\ \Gamma_{KLMN} &= \lambda_v\delta_{KL}\delta_{MN} + \mu_v(\delta_{KM}\delta_{LN} + \delta_{KN}\delta_{LM}) \end{aligned} \tag{9.3.14}$$

式中的 α_E，λ_E，μ_E，λ_v 和 μ_v 一般说来都是 θ 和 $\mathbf{X}$ 的函数。应力势（9.3.4）和应力本构方程（9.3.10）分别取形式为

$$\Sigma = \rho_0\psi = \Sigma_0(\theta) + \alpha_e \mathrm{I}_{\tilde{e}} + \frac{1}{2}(\lambda_e + 2\mu_e)\mathrm{I}_{\tilde{e}}^2 - 2\mu_e \mathrm{II}_{\tilde{e}} \tag{9.3.15}$$

$$t_{kl} = \alpha_e\delta_{kl} + (\lambda_e - \alpha_e)\mathrm{I}_{\tilde{e}}\delta_{kl} + 2(\mu_e - \alpha_e)\tilde{e}_{kl} + \lambda_v\dot{\mathrm{I}}_{\tilde{e}}\delta_{kl} + 2\mu_e\dot{\tilde{e}}_{kl} \tag{9.3.16}$$

这里我们已令

$$\alpha_e = \alpha_E, \quad \lambda_e = \lambda_E, \quad \mu_e = \mu_E + 2\alpha_E \tag{9.3.17}$$

我们注意到，Σ的表示式（9.3.15）和在第6.2节中求得的（6.2.30）是相同的，而对于应力的表达式除了含有 λ_v 和 μ_v 的变率项以外，也与（6.2.27）相同.

若自然状态是**无应力**的，则我们有 $\alpha_e = 0$.

对于**不可压固体**，我们令 $I_{\bar{e}} = 0$，并在 t_{kl} 的右端附加一项未知压力项$-p\delta_{kl}$. 于是有

$$\Sigma = \rho_0\psi = -2\mu_e II_{\bar{e}} \tag{9.3.18}$$

$$t_{kl} = -p\delta_{kl} + 2\mu_e\tilde{e}_{kl} + 2\mu_v\dot{\tilde{e}}_{kl} \tag{9.3.19}$$

（不可压缩）

9.4 Maxwell 固体

Maxwell [1867] 曾提出一类粘弹性固体的不同的模型，它包含应力的物质时间变率. 对于一维线性理论，这一类固体的应力本构方程可表示为

$$\dot{t} + kt = E\dot{e}$$

这类固体可用一个线性弹簧与一个缓冲器的串联模型来表示（图9.4.1）.

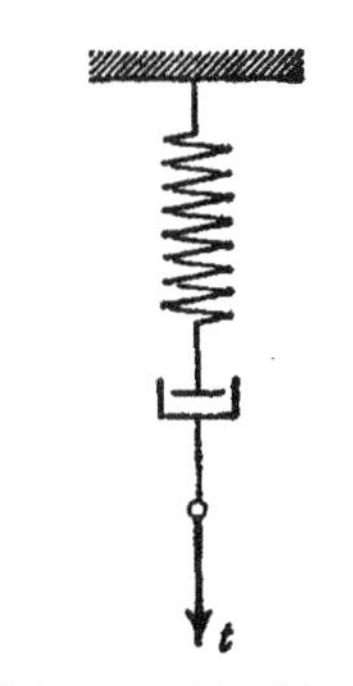

图 9.4.1　线性 Maxwell 固体的力学模型

对上列方程有各种非线性推广，关于这一课题的论述以及各种历史性文献可在 Eringen [1962, Ch. 10] 中找到. 这里我们只讨论一种最简单的情况. Maxwell 固体理论可以作为由（5.3.12）表示的一般理论在 $p = 1$ 时的特殊情况，它具有形式

$$\dot{\mathbf{t}}(\mathbf{X}, t) = \mathbf{f}(\mathbf{t}, \dot{\mathbf{x}}_{,k}, \theta, \mathbf{X}) \tag{9.4.1}$$

本构公理要对(9.4.1)加以限制. 特别是，根据客观性公理，在与标架 $\mathbf{x}$ 差一个刚性运动的标架 $\bar{\mathbf{x}}$ 中，(9.4.1) 的形式应保持不变，亦即，

(9.4.2) $$\dot{\bar{\mathbf{t}}} = \mathbf{f}(\bar{\mathbf{t}}, \dot{\bar{\mathbf{x}}}_{,k}, \theta, \mathbf{X})$$

式中

(9.4.3) $$\bar{\mathbf{t}} = \mathbf{QtQ}^T \quad \bar{\mathbf{x}} = \mathbf{Qx} + \mathbf{b}$$

$\mathbf{Q}(t)$ 是空间标架 $\mathbf{x}$ 的一个任意与时间相关的转动，它满足 (5.3.15) 式，而 $\mathbf{b}(t)$ 是个平移．把 (9.4.3) 代入 (9.4.2)，我们得到关系式

(9.4.4) $$\mathbf{Qf}(\mathbf{t}, \dot{\mathbf{x}}_{,k}, \theta, \mathbf{X})\mathbf{Q}^T + \dot{\mathbf{Q}}\mathbf{f}\mathbf{Q}^T + \mathbf{Qf}\dot{\mathbf{Q}}^T = \mathbf{f}(\mathbf{QtQ}^T, \mathbf{Q}\nabla\dot{\mathbf{x}}\mathbf{Q}^T + \dot{\mathbf{Q}}\mathbf{Q}^T, \theta, \mathbf{X})$$

此式必须对满足 (5.3.15) 的所有 $\mathbf{Q}(t)$ 都成立．这里 $\nabla\dot{\mathbf{x}} = \dot{\mathbf{x}}_{,k}\mathbf{i}_k$．在任一点 $\mathbf{X}$ 和任一时刻 t 取一特殊的刚性转动标架，使得 $\mathbf{Q} = \mathbf{1}$, $\dot{\mathbf{Q}} = -\mathbf{w}$, 这里 $\mathbf{w}$ 是旋度张量，即

(9.4.5) $$w_{kl} = \frac{1}{2}(v_{k,l} - v_{l,k})$$

我们看到，(9.4.4) 可简化为

(9.4.6) $$\hat{\mathbf{t}} = \mathbf{f}(\mathbf{t}, \mathbf{d}, \theta, \mathbf{x})$$

式中 $\hat{\mathbf{t}}$ 是由下式定义的应力通量：

(9.4.7) $$\hat{\mathbf{t}} = \dot{\mathbf{t}} + \mathbf{tw} - \mathbf{wt}$$

当然，也可以用 (3.9.6) 中列出的其它形式的应力通量的定义来代替 $\hat{\mathbf{t}}$．关于这一点已在第 3.9 节中作了详细的讨论．从这里我们可以看出，Maxwell 固体理论需要写出作为应力 $\mathbf{t}$，变形率 $\mathbf{d}$，θ 和 $\mathbf{X}$ 的张量函数的应力通量 $\hat{\mathbf{t}}$ 的本构方程．这似乎相当于在 Kelvin-Voigt 固体的应力本构方程 (9.2.8) 的左边以 $\hat{\mathbf{t}}$ 代替 $\mathbf{t}$，而在它的右边以 $\mathbf{t}$ 代替 $\mathbf{C}$ 和以 $\mathbf{d}$ 代 $\dot{\mathbf{C}}$ 而得到的．遗憾的是，这个形式上的等价只是一种表面现象．目前还没有 Maxwell 固体的热力学论述，而且对所有与应力率有关的理论也是如此．然而，如果我们放弃热力学的相容性条件的话，我们就可以写出关于这种固体的本构方程．因为 $\hat{\mathbf{t}}$ 是客观的，所以由 (9.4.6) 可知，对满足 (5.3.15) 的任意刚性转动 $\mathbf{Q}(t)$ 下式成立：

(9.4.8) $$\mathbf{Qf}(\mathbf{t}, \mathbf{d}, \theta, \mathbf{x})\mathbf{Q}^T = \mathbf{f}(\mathbf{QtQ}^T, \mathbf{QdQ}^T, \theta, \mathbf{X})$$

这表明，$\mathbf{f}$ 是 $\mathbf{t}$ 和 $\mathbf{d}$ 的半各向同性张量函数．如果 $\mathbf{f}$ 还是这

些矩阵的多项式，则方程还可以进一步简化. 我们假定 $\mathbf{f}$ 可表示为 $\mathbf{t}$ 和 $\mathbf{d}$ 的多项式. 另外为了简单起见，我们还假定在群 $\{\mathbf{Q}\}$ 中包含反演，即 $\det\mathbf{Q}=\pm 1$. 在这种情况下，$\mathbf{f}$ 是一个各向同性矩阵多项式，并可简化为下列形式（表 B.3，并参见本章 348 页的注＊）:

$$
\begin{aligned}
\hat{\mathbf{t}} = {} & \kappa_0\mathbf{I} + \kappa_1\mathbf{t} + \kappa_2\mathbf{t}^2 + \kappa_3\mathbf{d} + \kappa_4\mathbf{d}^2 \\
& + \kappa_5(\mathbf{td} + \mathbf{dt}) + \kappa_6(\mathbf{dt}^2 + \mathbf{t}^2\mathbf{d}) \\
& + \kappa_7(\mathbf{d}^2\mathbf{t} + \mathbf{td}^2) + \kappa_8(\mathbf{t}^2\mathbf{d}^2 + \mathbf{d}^2\mathbf{t}^2)
\end{aligned}
\tag{9.4.9}
$$

式中 κ_0 到 κ_8 是联合不变量

$$
\begin{gathered}
\operatorname{tr}\mathbf{t},\ \operatorname{tr}\mathbf{t}^2,\ \operatorname{tr}\mathbf{t}^3 \\
\operatorname{tr}\mathbf{d},\ \operatorname{tr}\mathbf{d}^2,\ \operatorname{tr}\mathbf{d}^3 \\
\operatorname{tr}\mathbf{dt},\ \operatorname{tr}\mathbf{dt}^2,\ \operatorname{tr}\mathbf{d}^2\mathbf{t},\ \operatorname{tr}\mathbf{d}^2\mathbf{t}^2
\end{gathered}
\tag{9.4.10}
$$

的多项式，而多项式的系数都是 θ 和 $\mathbf{X}$ 的函数.

低弹性[1)] 如果 Maxwell 固体的应力本构方程对变形率 $\mathbf{d}$ 而言是线性的，则它称为低弹性的. 它的本构方程的显式可由 (9.4.9) 对 $\mathbf{d}$ 线性化而得. 显然，在这种情况下，$\kappa_4=\kappa_7=\kappa_8=0$，而其它的诸 κ 关于 $\mathbf{d}$ 是线性的. 于是，可得下列的一般形式:

$$
\begin{aligned}
\hat{\mathbf{s}} = {} & \mathrm{I}_d\alpha_0\mathbf{I} + \alpha_1\mathbf{d} + \mathrm{I}_d\alpha_2\mathbf{s} + M\alpha_3\mathbf{I} + \frac{1}{2}\alpha_4(\mathbf{ds} + \mathbf{sd}) \\
& + \mathrm{I}_d\alpha_5\mathbf{s}^2 + M\alpha_6\mathbf{s} + N\alpha_7\mathbf{I} + \frac{1}{2}\alpha_8(\mathbf{ds}^2 + \mathbf{s}^2\mathbf{d}) \\
& + M\alpha_9\mathbf{s}^2 + N\alpha_{10}\mathbf{s} + N\alpha_{11}\mathbf{s}^2
\end{aligned}
\tag{9.4.11}
$$

这里我们已假定在 $\mathbf{d}=\mathbf{0}$ 时 $\hat{\mathbf{s}}=\mathbf{0}$，并有

$$
\begin{gathered}
\mathbf{s} \equiv \mathbf{t}/2\mu \\
M \equiv \operatorname{tr}\mathbf{sd},\quad N \equiv \operatorname{tr}\mathbf{s}^2\mathbf{d} \\
\alpha_k = \alpha_k(\operatorname{tr}\mathbf{s},\ \operatorname{tr}\mathbf{s}^2,\ \operatorname{tr}\mathbf{s}^3),\quad (k=0,\ 1,\ 2,\cdots,\ 11)
\end{gathered}
\tag{9.4.12}
$$

μ 是无量纲应力的 Lamé 剪切模量.

---

1) 这个理论首先为 Truesdell [1955a,b] 所引入. 该课题的论述可参见 Eringen [1962, 第八章]. 在该文献中附注的证明建议读者参阅 Truesdell 和 Noll [1965, DIV].

对于不可压缩的物体 $I_d = 0$，而 $\mathbf{s}$ 要用 $\mathbf{s} + (p/2\mu)\mathbf{I}$ 来代替，这里 p 是未知压力.

低弹性理论具有某些潜在的应用. 例如，可以用来研究不具有时间常数(例如松弛时间)的固体的大变形. 也可以用来处理某些具有初应力的固体. 在某些情况下，运动微分方程和 (9.4.11) 的积分可以给出表示**类屈服**现象的应力应变曲线. 但到目前为止，还不知道什么样的固体可用低弹性的模型来描述，因此，这个理论的潜力仍然没有显露出来.

Maxwell 固体的线性理论　　方程(9.4.9)可以线性化而给出

$$\dot{t}_{kl} = (\alpha_0 + \alpha t_{rr} + \lambda d_{rr})\delta_{kl} + 2\beta t_{kl} + 2\mu d_{kl} \tag{9.4.13}$$

式中 α_0，α，λ，μ 和 β 一般说来是 θ 和 $\mathbf{X}$ 的函数. 对于在均匀温度下的均匀固体，它们都是常数. 这里系数 λ 和 μ 取为线弹性的 Lamé 常数，所以在 $\alpha_0 = \alpha = \beta = 0$ 的情况下，(9.14.13) 的积分给出弹性理论.

不可压缩固体的情况由 $d_{rr} = 0$，并以 $\mathbf{t} + p\mathbf{I}$ 代替 $\mathbf{t}$ 而得到，这里 $p(\mathbf{X}, t)$ 是未知压力.

9.5　一般的应变率相关的物质

Kelvin-Voigt 物质和 Maxwell 物质具有一定的简单性，这一点对粘弹性理论的专业工作者是有吸引力的. 但在同时在涉及应变率变化剧烈的物理问题中，这些理论的适用性却受到了限制. 这种状况可用应力依赖于高阶应变率的假定来予以补救. 在完全一般化的情况下，一般的应变率相关物质的理论是非常复杂的，因此，我们只简述该理论的出发点和步骤[1]，并把我们的注意力只放在线性理论上.

根据变率相关热力物质的一般理论，应力本构方程具有 (5.4.25) 的形式. 因为我们不考虑热传导，所以我们可以把本构方程表示成为

---

1) 关于这个理论的说明和评论请参见 Eringen [1962, 第十章] 以及 Eringen 和 Grot [1965].

$$(9.5.1)\qquad t_{kl} = \overset{-1}{j}\, x_{k,K} x_{l,L} T_{KL}(\mathbf{C}, \dot{\mathbf{C}}, \ddot{\mathbf{C}}, \cdots, \overset{(p)}{\mathbf{C}}; \theta, \mathbf{X})$$

$$(9.5.2)\qquad q_k = \overset{-1}{j}\, x_{k,K} G_K(\mathbf{C}, \dot{\mathbf{C}}, \ddot{\mathbf{C}}, \cdots, \overset{(p)}{\mathbf{C}}; \theta, \mathbf{X})$$

$$(9.5.3)\qquad \varepsilon = e(\mathbf{C}, \dot{\mathbf{C}}, \ddot{\mathbf{C}}, \cdots, \overset{(p)}{\mathbf{C}}; \theta, \mathbf{X})$$

$$(9.5.4)\qquad \eta = n(\mathbf{C}, \dot{\mathbf{C}}, \ddot{\mathbf{C}}, \cdots, \overset{(p)}{\mathbf{C}}; \theta, \mathbf{X})$$

式中 $\overset{(p)}{\mathbf{C}} \equiv D^p\mathbf{C}/Dt^p$. 把它们代入 Clausius-Duhem 不等式(9.2.12)，如同在第 9.2 节中所做的那样,即可证明

$$(9.5.5)\qquad t_{kl} = 2\rho \frac{\partial \psi}{\partial C_{KL}} x_{k,K} x_{l,L} + \frac{\rho}{\rho_0} {}_D T_{KL} x_{k,K} x_{l,L}$$

$$(9.5.6)\qquad q_k = 0$$

$$(9.5.7)\qquad \varepsilon = \psi - \theta \frac{\partial \psi}{\partial \theta}$$

$$(9.5.8)\qquad \eta = -\frac{\partial \psi}{\partial \theta}$$

式中 ψ 和 ${}_D\mathbf{T}$ 服从

$$(9.5.9)\qquad \frac{\partial \psi}{\partial \overset{(p)}{C}_{KL}} = 0$$

$$(9.5.10)\qquad {}_D T_{KL} \dot{C}_{KL} - 2\rho_0 \sum_{\alpha=1}^{p-1} \frac{\partial \psi}{\partial \overset{(\alpha)}{C}_{KL}} \overset{(\alpha+1)}{C}_{KL} \geqslant 0$$

这里 ${}_D\mathbf{T}$ 是 $\mathbf{C}, \dot{\mathbf{C}}, \cdots, \overset{(p)}{\mathbf{C}}, \theta$ 和 $\mathbf{X}$ 的张量函数,亦即,

$$(9.5.11)\qquad {}_D\mathbf{T} = {}_D\mathbf{T}(\mathbf{C}, \dot{\mathbf{C}}, \ddot{\mathbf{C}}, \cdots, \overset{(p)}{\mathbf{C}}; \theta, \mathbf{X})$$

ψ 是 $\mathbf{C}, \dot{\mathbf{C}}, \cdots, \overset{(p-1)}{\mathbf{C}}, \theta$ 和 $\mathbf{X}$ 的标量函数,亦即,

$$(9.5.12)\qquad \psi = \psi(\mathbf{C}, \dot{\mathbf{C}}, \ddot{\mathbf{C}}, \cdots, \overset{(p-1)}{\mathbf{C}}; \theta, \mathbf{X})$$

于是我们第一次看到,热力学状态函数 ψ 也可以是变率相关的.在函数 ${}_D T_{KL}$ 和 ψ 连续的假定下,由 (9.5.10) 我们还可导出

(9.5.13) $_DT_{KL}=0,\ \frac{\partial\psi}{\partial \overset{(n)}{C}_{KL}}=0$,当 $\dot{C}_{KL}=\ddot{C}_{KL}=\cdots=\overset{(p)}{C}_{KL}=0$

$$(n=1,\ 2,\cdots,\ p-1)$$

如果 $_D\mathbf{T}$ 和ψ是应变率的多项式，则 (9.5.13) 表明，$_D\mathbf{T}$ 关于应变率可以是线性的，但ψ却不含有应变率的线性项．这一点为建立近似理论提供一个有用的指导原则．如ψ和 $_D\mathbf{T}$ 是应变率的多项式,则可作进一步的讨论．为了避免写出繁冗的表达式,我们在这里只介绍线性理论．

线性理论　我们给出用 Lagrange 应变

(9.5.14) $$2E_{KL}=C_{KL}-\delta_{KL}$$

表示的线性理论．照例,应力势定义为

(9.5.15) $$\Sigma=\rho_0\psi$$

记因此,可以写出

(9.5.16) $$\Sigma=\Sigma_0(\theta)+\Sigma_{KL}(\theta)E_{KL}+\frac{1}{2}\Sigma_{KLMN}(\theta)E_{KL}E_{MN}$$
$$+\frac{1}{2}\sum_{\alpha,\beta=1}^{p-1}F^{\alpha\beta}_{KLMN}\overset{(\alpha)}{E}_{KL}\overset{(\beta)}{E}_{MN}$$

(9.5.17) $$_ET_{KL}=\frac{\partial\Sigma}{\partial E_{KL}}=\Sigma_{KL}(\theta)+\Sigma_{KLMN}(\theta)E_{MN}$$

(9.5.18) $$_DT_{KL}=\sum_{\alpha=1}^{p}\Gamma^{\alpha}_{KLMN}\overset{(\alpha)}{E}_{MN}$$

把这些表达式代入 (9.5.5)，再以 $\mathbf{E}$ 代替 $\mathbf{E}$ 并利用 (9.3.3)，我们就得到各向异性固体的应力本构方程

(9.5.19) $$t_{kl}=(1-\tilde{e}_{mm})\sigma_{kl}+\sigma_{ml}(\tilde{e}_{km}+\tilde{r}_{km})$$
$$+\sigma_{km}(\tilde{e}_{lm}+\tilde{r}_{lm})+\sigma_{klmn}\tilde{e}_{mn}$$
$$+\sum_{\alpha=1}^{p}\gamma^{\alpha}_{klmn}\overset{(\alpha)}{\tilde{e}}_{mn}$$

式中 σ_{kl}, σ_{klmn} 和 γ^{α}_{klmn} 象 (9.3.11) 那样定义，它们具有由 (9.3.12) 表示的那样对称性条件,亦即,

$$(9.5.20)\quad \begin{aligned}&\sigma_{kl}=\sigma_{lk},\ \sigma_{klmn}=\sigma_{mnkl}=\sigma_{lkmn}=\sigma_{klnm}\\&\gamma^{a}_{klmn}=\gamma^{a}_{lkmn}=\gamma^{a}_{klnm}\quad(\alpha=1,2,\cdots,p)\end{aligned}$$

根据（9.5.10）可对这些系数作进一步的限制。于是

$$(9.5.21)\quad \sum_{\alpha=1}^{p}\gamma^{a}_{klmn}\overset{(\alpha)}{\tilde{e}}_{mn}\dot{\tilde{e}}_{kl}-\sum_{\alpha,\beta=1}^{p-1}f^{\alpha\beta}_{klmn}\overset{(\alpha+1)}{\tilde{e}_{kl}}\overset{(\beta)}{\tilde{e}_{mn}}\geqslant 0$$

式中

$$(9.5.22)\quad f^{\alpha\beta}_{klmn}=F^{\alpha\beta}_{KLMN}\delta_{Kk}\delta_{Ll}\delta_{Mm}\delta_{Nn}$$

各向同性固体 在各向同性固体的情况下，弹性模量和粘性模量都是各向同性张量。把这些张量的表示式（9.3.14）代入（9.5.16）和（9.5.19）中，我们得到

$$(9.5.23)\quad \begin{aligned}\Sigma\equiv\rho_0\psi=\Sigma_0(\theta)+\alpha_e I_{\tilde{e}}+\frac{1}{2}(\lambda_e+2\mu_e)\mathrm{I}^2_{\tilde{e}}-2\mu_e\mathrm{II}_{\tilde{e}}\\+\frac{1}{2}\sum_{\alpha,\beta=1}^{p-1}[f_{\alpha\beta}\mathrm{tr}\overset{(\alpha)}{\tilde{\mathbf{e}}}\mathrm{tr}\overset{(\beta)}{\tilde{\mathbf{e}}}+2h_{\alpha\beta}\mathrm{tr}(\overset{(\alpha)}{\tilde{\mathbf{e}}}\overset{(\beta)}{\tilde{\mathbf{e}}})]\end{aligned}$$

$$(9.5.24)\quad \begin{aligned}t_{kl}=\alpha_e\delta_{kl}+(\lambda_e-\alpha_e)\tilde{e}_{rr}\delta_{kl}+2(\mu_e-\alpha_e)\tilde{e}_{kl}\\+\sum_{\alpha=1}^{p}[\lambda_\alpha\overset{(\alpha)}{\tilde{e}}_{rr}\delta_{kl}+2\mu_e\overset{(\alpha)}{\tilde{e}}_{kl}]\end{aligned}$$

式中 α_e，λ_e，μ_e，$f_{\alpha\beta}=f_{\beta\alpha}$，$h_{\alpha\beta}=h_{\beta\alpha}$，$\lambda_\alpha$ 和 μ_α 都是 θ 和 $\mathbf{X}$ 的函数。

当自然状态无应力时，亦即，当 $\tilde{\mathbf{e}}=\overset{(\alpha)}{\tilde{\mathbf{e}}}=\mathbf{0}$ 时，$\mathbf{t}=\mathbf{0}$，则这些方程简化为

$$(9.5.25)\quad \begin{aligned}\Sigma=\frac{1}{2}(\lambda_e+2\mu_e)\mathrm{I}^2_{\tilde{e}}-2\mu_e\mathrm{II}_{\tilde{e}}\\+\frac{1}{2}\sum_{\alpha,\beta=1}^{p-1}[f_{\alpha\beta}\mathrm{tr}\overset{(\alpha)}{\tilde{\mathbf{e}}}\mathrm{tr}\overset{(\beta)}{\tilde{\mathbf{e}}}+2h_{\alpha\beta}\mathrm{tr}(\overset{(\alpha)}{\tilde{\mathbf{e}}}\overset{(\beta)}{\tilde{\mathbf{e}}})]\end{aligned}$$

$$(9.5.26)\quad \begin{aligned}t_{kl}=\lambda_e\tilde{e}_{rr}\delta_{kl}+2\mu_e\tilde{e}_{kl}\\+\sum_{\alpha=1}^{p}[\lambda_e\overset{(\alpha)}{\tilde{e}}_{rr}\delta_{kl}+2\mu_e\overset{(\alpha)}{\tilde{e}}_{kl}]\end{aligned}$$

由（9.5.21）给出的对称性系数 λ_α，μ_α，$f_{\alpha\beta}$ 和 $h_{\alpha\beta}$ 的限制现在简化为对所有的 $\overset{(\alpha)}{\tilde{\mathbf{e}}}(\alpha=1,2,\cdots,p)$都必须成立的

$$(9.5.27)\quad \sum_{\alpha=1}^{p}\left[\lambda_\alpha \operatorname{tr}\overset{(\alpha)}{\tilde{\mathbf{e}}}\operatorname{tr}\dot{e}+2\mu_\alpha \operatorname{tr}\left(\overset{(\alpha)}{\tilde{\mathbf{e}}}\dot{e}\right)\right]$$

$$-\sum_{\alpha,\beta=1}^{p-1}\left[f_{\alpha\beta}\operatorname{tr}\overset{(\alpha+1)}{\tilde{\mathbf{e}}}\operatorname{tr}\overset{(\beta)}{\tilde{\mathbf{e}}}+2h_{\alpha\beta}\operatorname{tr}\left(\overset{(\alpha+1)}{\tilde{\mathbf{e}}}\ \overset{(\beta)}{\tilde{\mathbf{e}}}\right)\right]\geqslant 0$$

我们看到，在这种类型的理论中，应力本构方程的弹性部分加上了含有直到 p 阶的应变 $\tilde{e}_{kl}$ 的时间变率的粘性项的级数。在文献中，本构方程（9.5.26）常以下列微分算子的形式表示；

$$(9.5.28)\qquad t_{kl}=P\tilde{e}_{rr}\delta_{kl}+2Q\tilde{e}_{kl}$$

式中

$$(9.5.29)\qquad \begin{aligned} P&=\lambda_e+\sum_{\alpha=1}^{p}\lambda_\alpha\frac{\partial^\alpha}{\partial t^\alpha}\\ Q&=\mu_e+\sum_{\alpha=1}^{p}\mu_\alpha\frac{\partial^\alpha}{\partial t^\alpha}\end{aligned}$$

关于应力率的理论　　如果关于变率理论的出发点是有关应力通量和各阶应变率的本构方程，则本构方程还应包含应力的各阶时间变率．但是，正如最简单的 Maxwell 固体的情况那样，对这样的固体还没有找到热力学相容条件．然而在线性粘弹性的文献中却有很多这样的方程．这里，我们只给出包含直到 r 阶的应力率的这种固体的线性本构方程．根据（9.5.28）和 Maxwell 固体的（9.4.13），可以推出关于各向同性固体的线性应力本构方程的形式为

$$(9.5.30)\qquad Rt_{rr}\delta_{kl}+2St_{kl}=P\tilde{e}_{rr}\delta_{kl}+2Q\tilde{e}_{kl}$$

式中 P 和 Q 是由（9.5.29）给出的线性算子，而 R 和 S 是下列形式的线性微分算子；

$$(9.5.31)\qquad R=-\alpha+\sum_{\kappa=1}^{r}\alpha_\kappa\frac{\partial^\kappa}{\partial t^\kappa}$$

$$S = -\beta + \sum_{\kappa=1}^{r} \beta_\kappa \frac{\partial^\kappa}{\partial t^\kappa}$$

式中 α, β, α_κ, $\beta_\kappa(\kappa = 1, 2, \cdots, r)$ 一般地是 θ 和 $\mathbf{X}$ 的函数。显然，如果 $\mu_1 = \mu$, $\lambda_1 = \lambda$, $\beta_1 = \frac{1}{2}$，并且只有 α 和 β 的系数不为零，则我们就得出 Maxwell 固体的(9.4.13)。当 $\alpha = \alpha_\kappa = \beta_\kappa = 0$, $\beta = -\frac{1}{2}$ 时，(9.5.30) 就成为 (9.5.28)。但是，如前所述，支持 (9.5.28) 的理论基础在目前要比更一般的理论 (9.5.30) 更为坚固。由 (9.5.30) 与泛函理论的关系(参见 Eringen [1955 a])，有充分的理由可以确信，形如 (9.5.30) 的理论一般说来是可以接受的。然而，在某些情况下，由微分方程 (9.5.30) 解出的应力包含某些强 δ 函数的奇异性。

9.6 泛函本构方程

粘弹性物质可用热力物质的控制方程 (5.4.24) 给出的泛函本构方程来表征。在非热传导物质的特殊情况下，我们不考虑对温度梯度的依赖性，于是这些物质的本构方程可表示为

$$(9.6.1) \quad t_{kl}(\mathbf{X}, t) = \overset{-1}{j}\, x_{k,K} x_{l,L} T_{KL}[\mathbf{C}(t-\tau'), \theta(t-\tau'), \mathbf{X}]$$

$$(9.6.2) \quad q_k(\mathbf{X}, t) = \overset{-1}{j}\, x_{k,K} G_K[\mathbf{C}(t-\tau'), \theta(t-\tau'), \mathbf{X}]$$

$$(9.6.3) \quad \varepsilon(\mathbf{X}, t) = e[\mathbf{C}(t-\tau'), \theta(t-\tau'), \mathbf{X}]$$

$$(9.6.4) \quad \eta(\mathbf{X}, t) = n[\mathbf{C}(t-\tau'), \theta(t-\tau'), \mathbf{X}]$$

式中带撇的量表示对区间 $0 \leqslant \tau' \leqslant \infty$ 内的所有函数值的依赖性。例如，T_{KL} 是函数 $\mathbf{C}(t-\tau')$ 和 $\theta(t-\tau')$ 在区间 $0 \leqslant \tau' \leqslant \infty$ 上的所有函数值的张量泛函。

为了满足热力学的相容性条件，我们把 (9.6.1) 到 (9.6.4) 代入 Clausius-Duhem 不等式 (9.2.12)。于是给出

$$(9.6.5) \qquad -\frac{\rho_0}{\theta}(\dot{\psi} + \eta\dot{\theta}) + \frac{1}{2\theta} T_{KL}\dot{C}_{KL} + \frac{1}{\theta^2} G_K \theta_{,K} \geqslant 0$$

因为 ψ, η, $\mathbf{T}$ 和 $\mathbf{G}$ 与 $\theta_{,K}$ 无关,所以由此立即得出

$$G_K = 0 \tag{9.6.6}$$

$$-\frac{\rho_0}{\theta}(\dot{\psi} + \eta\dot{\theta}) + \frac{1}{2\theta}T_{KL}\dot{C}_{KL} \geqslant 0 \tag{9.6.7}$$

为了简单起见,我们进一步假定 (9.6.1) 到 (9.6.4) 不具有温度记忆.这相当于在这些方程中用 $\theta(t)$ 来代替 $\theta(t-\tau')$[1]. 为了得到 (9.6.7) 的推论,我们引入下列差历史;

$$\mathbf{C}^t(\tau') = \mathbf{C}(t-\tau') - \mathbf{C}(t) \tag{9.6.8}$$

于是 (9.6.1), (9.6.3) 和 (9.6.4) 以及 ψ 可表示为

$$t_{kl} = j^{-1}x_{k,K}x_{l,L}T_{KL}[\mathbf{C}^t(\tau');\ \mathbf{C},\ \theta] \tag{9.6.9}$$

$$\varepsilon = e[\mathbf{C}^t(\tau');\ \mathbf{C},\ \theta] \tag{9.6.10}$$

$$\eta = n[\mathbf{C}^t(\tau');\ \mathbf{C},\ \theta] \tag{9.6.11}$$

$$\psi = \varepsilon - \theta\eta = \psi[\mathbf{C}^t(\tau');\ \mathbf{C},\ \theta] \tag{9.6.12}$$

在适当的光滑性条件下,响应泛函可展开成幂级数.这种级数取多重积分的形式,参见 Volterra [1930, Art. 3]. 因为我们只关心线性理论,所以在这里我们考虑直到二阶近似的自由能展开式

$$\rho_0\psi = \Sigma(\mathbf{C},\ \theta) + \int_0^\infty F_{KL}(s)C^t_{KL}(s)ds + \int_0^\infty\int_0^\infty F_{KLMN}(s_1,\ s_2)C^t_{KL}(s_1)C^t_{MN}(s_2)ds_1ds_2 \tag{9.6.13}$$

式中的核 $F_{KL}(s)$ 和 $F_{KLMN}(s_1,\ s_2)$ 满足对称性条件

$$\begin{aligned} &F_{KL}(s) = F_{LK}(s) \\ &F_{KLMN}(s_1,\ s_2) = F_{MNKL}(s_2,\ s_1) \\ &F_{KLMN}(s_1,\ s_2) = F_{LKMN}(s_1,\ s_2) = F_{KLNM}(s_1,\ s_2) \end{aligned} \tag{9.6.14}$$

假定存在具有 (9.6.13) 形式的自由能的一类物质,则问题可以精确地处理.由 (9.6.13) 我们可以算得 $\dot{\psi}$ 为

$$\rho_0\dot{\psi} = \frac{\partial\Sigma}{\partial\theta}\dot{\theta} + \left[\frac{\partial\Sigma}{\partial C_{KL}} - \int_0^\infty F_{KL}(s)ds - 2\int_0^\infty\int_0^\infty F_{KLMN}(s_1,\ s_2)C^t_{MN}(s_1)ds_1ds_2\right]\dot{C}_{KL}$$

---

1) 放松这一假定也不会有困难(见 Coleman [1964]).

$$-\int_0^\infty F_{KL}(s)\frac{d}{ds}C_{KL}(t-s)ds$$

$$-2\int_0^\infty\int_0^\infty F_{KLMN}(s_1, s_2)C^t_{KL}(s_1)\cdot\frac{d}{ds_2}C_{MN}(t-s_2)ds_1ds_2$$

把上式代入 (9.6.7)，得

$$-\frac{\rho_0}{\theta}\left(\frac{1}{\rho_0}\frac{\partial\Sigma}{\partial\theta}+\eta\right)\dot{\theta}+\frac{1}{2\theta}\left[T_{KL}-2\frac{\partial\Sigma}{\partial C_{KL}}\right.$$
$$+2\int_0^\infty F_{KL}(s)ds$$
$$\left.+4\int_0^\infty\int_0^\infty F_{KLMN}(s_1, s_2)C^t_{MN}(s_1)ds_1ds_2\right]\dot{C}_{KL}$$
$$+\frac{1}{\theta}\int_0^\infty F_{KL}(s)\frac{d}{ds}C_{KL}(t-s)ds$$
$$+\frac{2}{\theta}\int_0^\infty\int_0^\infty F_{KLMN}(s_1, s_2)C^t_{KL}(s_1)$$
$$\times\frac{d}{ds_2}C_{MN}(t-s_2)ds_1ds_2\geqslant 0 \tag{9.6.15}$$

上式对于 $\dot{\theta}$ 是线性的．因此除非 $\dot{\theta}$ 的系数为零，否则上述不等式不可能对 $\dot{\theta}$ 的任意变化都成立．还可以证明，对任一历史 $C_{KL}(\tau)$ 都存在很多非常足够接近的历史，使得 $\dot{C}_{KL}(\tau)$ 是任意的．这相当于 $\dot{C}_{KL}$ 的系数必须为零．于是

$$\eta=-\frac{1}{\rho_0}\frac{\partial\Sigma}{\partial\theta} \tag{9.6.16}$$

$$T_{KL}=2\frac{\partial\Sigma}{\partial C_{KL}}-2\int_0^\infty F_{KL}(s)ds$$
$$-4\int_0^\infty\int_0^\infty F_{KLMN}(s_1, s_2)C^t_{MN}(s_2)ds_1ds_2 \tag{9.6.17}$$

$$\frac{1}{\theta}\int_0^\infty F_{KL}(s)\frac{d}{ds}C_{KL}(t-s)ds$$
$$+\frac{2}{\theta}\int_0^\infty\int_0^\infty F_{KLMN}(s_1, s_2)C^t_{KL}(s_1) \tag{9.6.18}$$

$$\cdot \frac{d}{ds_2} C_{NN}(t-s_2)ds_1ds_2 \geqslant 0$$

这个不等式相当于

(9.6.19) $$F_{KL}(s) = 0$$

(9.6.20) $$\frac{1}{\theta}\int_0^\infty\int_0^\infty \phi_{KLMN}(s_1, s_2)\dot{C}^t_{KL}(s_1)\dot{C}^t_{MN}(s_2)ds_1ds_2 \geqslant 0$$

这里我们已经利用了 (9.6.8) 和下列定义

(9.6.21)
$$\phi_{KLMN}(s_1, s_2) \equiv \int_{s_1}^\infty F_{KLMN}(s_3, s_2)ds_3$$
$$\dot{C}^t_{MN}(s) = \frac{d}{d\tau} C_{MN}(\tau)|_{\tau=t-s}$$

引入记号

(9.6.22) $$\Phi_{KLMN}(s) \equiv \int_s^\infty \phi_{KLMN}(0, s_2)ds_2$$

则应力本构方程变成为

(9.6.23) $$T_{KL} = 2\frac{\partial\Sigma}{\partial C_{KL}} + 4\int_0^\infty \Phi_{KLMN}(s)\dot{C}^t_{MN}(s)ds$$

于是本构方程方程 (9.6.1) 具有下列形式;

(9.6.24)
$$t_{kl} = 2\frac{\rho}{\rho_0}x_{k,K}x_{l,L}\frac{\partial\Sigma}{\partial C_{KL}} + 4\frac{\rho}{\rho_0}x_{k,K}x_{l,L}\int_0^\infty \Phi_{KLMN}(s)\dot{C}^t_{MN}(s)ds$$

我们指出,这个表达式对于大应变,但运动是缓慢的情况成立. 方程 (9.6.24) 对于应变是非线性的,但对于应变率却是线性的. 正是由于这个原因,它被称为**有限线性粘弹性**理论 (Coleman 和 Noll [1961]).

Boltzmann-Volterra 理论 (9.6.24) 可以关于应变 E_{KL} 进一步线性化. 在 Σ 的展开式 (9.3.4) 中以 $\tilde{\mathbf{E}}$ 代替 $\mathbf{E}$, 并利用 (9.3.3), 我们可把 (9.6.24) 线性化为

(9.6.25)
$$t_{kl} = (1-\tilde{e}_{mm})\sigma_{kl} + \sigma_{ml}(\tilde{e}_{km} + \tilde{r}_{km}) + \sigma_{km}(\tilde{e}_{lm} + \tilde{r}_{lm}) + \sigma_{klmn}\tilde{e}_{mn}$$

$$+\int_{-\infty}^{t}\gamma_{klmn}(t-s)\frac{\partial\tilde{e}_{mn}(s)}{\partial s}ds$$

式中物质模量 σ_{kl} 和 σ_{klmn} 的定义与（9.3.11）相同，它们具有（9.3.12）所给出的对称性，而

(9.6.26) $$\gamma_{klmn}(t)\equiv 8\Phi_{KLMN}(t)\delta_{Kk}\delta_{Ll}\delta_{Mm}\delta_{Nn}$$

也满足对称性条件（9.3.12），亦即，

(9.6.27) $$\gamma_{klmn}=\gamma_{lkmn}=\gamma_{klnm}$$

此外，这些模量还受到热力学条件（9.6.20）的限制．了解到 $\gamma_{klmn}(t)$ 就相当于了解到 $\Phi_{KLMN}(s)$．通过对（9.6.22）的微分可以给出 $\phi_{KLMN}(0,s)=-\partial\Phi_{KLMN}/\partial s$．

然而，这并不适用于全面了解函数 $\phi_{KLMN}(s_1,s_2)$．因此，条件（9.6.22）并不能对 γ_{klmn} 导出确定的结论．如果我们考虑到为了表征自由能需要 $\phi_{KLMN}(s_1,s_2)$ 的全部结构，但对于应力则只需要 $\phi_{KLMN}(0,s)$，那末这一点是容易理解的．

利用应变 $\mathbf{E}$，(9.6.20) 可写成

(9.6.28) $$\int_{-\infty}^{t}\int_{-\infty}^{t}\phi_{KLMN}(t-s_1,t-s_2)\frac{dE_{KL}(s_1)}{ds_1}\times\frac{dE_{MN}(s_2)}{ds_2}ds_1ds_2\geqslant 0$$

如果我们类似于（9.6.26）定义

(9.6.29) $$\Gamma_{klmn}(s_1,s_2)\equiv 8\phi_{KLMN}(s_1,s_2)\delta_{Kk}\delta_{Ll}\delta_{Mm}\delta_{Nn}$$

则不等式（9.6.28）可用小 Euler 应变近似表示为

(9.6.30) $$\int_{-\infty}^{t}\int_{-\infty}^{t}\Gamma_{klmn}(t-s_1,t-s_2)\frac{d\tilde{e}_{kl}(s_1)}{ds_1}\times\frac{d\tilde{e}_{mn}(s_2)}{ds_2}ds_1ds_2\geqslant 0$$

由 (9.6.22) 和 (9.6.26) 可以给出**记忆函数** $\gamma_{klmn}(t)$ 与 $\Gamma_{klmn}(s_1,s_2)$ 的关系

(9.6.31) $$\gamma_{klmn}(s)=\int_{s}^{\infty}\Gamma_{klmn}(0,s_2)ds_2$$

显然，在可能满足热力学不等式（9.6.30）以前，我们需要完全确定 Γ_{klmn}，而 $\gamma_{klmn}(s)$ 的确定并不能导致 $\Gamma_{klmn}(s_1, s_2)$ 的唯一确定。

各向同性固体 各向同性固体的 Boltzmann-Volterra 理论的本构方程是把物质模量用它们的各向同性表达示来代替而得到的。利用二阶和四阶各向同性张量的表达式（9.3.14），应力本构方程（9.6.25）可简化为

$$t_{kl} = \alpha_e \delta_{kl} + (\lambda_e - \alpha_e)\tilde{e}_{rr}\delta_{kl} + 2(\mu_e - \alpha_e)\tilde{e}_{kl} + \int_{-\infty}^{t} \left[\lambda_v(t-s)\frac{\partial \tilde{e}_{rr}(s)}{\partial s}\delta_{kl} + 2\mu_v(t-s)\frac{\partial \tilde{e}_{kl}(s)}{\partial s}\right] ds \tag{9.6.32}$$

式中 α_e，λ_e 和 μ_e 是弹性模量，$\lambda_v(t)$ 和 $\mu_v(t)$ 是记忆函数，它们也还都可以是 θ 和 $\mathbf{X}$ 的函数。这些模量由实验确定。对于没有初应力的各向同性固体，我们还可令 $\alpha_e = 0$。

减退记忆公理 到此为止还没有涉及诸如各向同性固体中的 $\lambda_v(t)$ 和 $\mu_v(t)$ 以及各向异性固体中的 $\gamma_{klmn}(t)$ 等记忆函数的特性。根据第 5.3 节中所述的减退记忆公理，这些函数要受到进一步的限制。这个公理的物理意义是，在较远过去的应变值对应力不产生明显的影响。考虑衰减的指数型记忆函数就可达到这个目的。一般地，我们可取这些函数为 Prony 级数，例如，取

$$\lambda_v = \sum_{r=1}^{N} a_r e^{-k_r t}, \quad k_r > 0 \tag{9.6.33}$$

式中 a_r，k_r 和 N 可用任意所希望阶次的近似曲线来拟合 $\lambda_v(t)$ 的实验曲线来加以确定。当然，还可能有规定减退记忆函数的其它型式的展开式。因为遥远过去的记忆是要消失的，所以还可以把时间区间 $(-\infty, t)$ 限制到 $(-T, t)$，这里 $t < T < \infty$。当初始状态 $t = 0$ 时物体是无应力的，则（9.6.32）中的积分限为 0 到 t。

9.7 变率理论与泛函理论的关系

对响应函数加上适当的光滑性条件，就可以从变率理论过渡到泛函理论，反之亦然。在第 5.3 节我们已经知道，只要光滑记忆的假定成立，变率型本构方程就可由泛函方程求得。按照这些光滑性条件，我们可以把幂级数展开式

$$\mathbf{C}(t-\tau')=\mathbf{C}(t)-\tau'\dot{\mathbf{C}}(t)+\frac{\tau'^2}{2}\ddot{\mathbf{C}}(t)+\cdots \tag{9.7.1}$$

代入泛函 $\mathbf{T}$ 中，于是得

$$\mathbf{T}[\mathbf{C}(t-\tau')]=\mathbf{F}(\mathbf{C},\ \dot{\mathbf{C}},\ \ddot{\mathbf{C}},\ \cdots) \tag{9.7.2}$$

如果允许 (9.7.2) 的泛函是充分光滑的，则我们就说记忆有一个光滑的邻域。关于泛函 $\mathbf{T}$ 满足这个要求的条件是泛函理论中的一个课题。类似地，从 $\mathbf{F}(\mathbf{C},\ \dot{\mathbf{C}},\ \ddot{\mathbf{C}},\cdots)$ 到泛函 $T[\mathbf{C}(t-\tau')]$ 的过渡需要一些表示定理和收敛性条件。这里我们不准备探讨这些数学问题[1]。我们只对线性理论进行说明如何具体地实现这一过程；参见 Eringen [1955a]。

考虑由方程 (9.5.30) 所表征的线性各向同性固体，亦即，

$$Rt_{rr}\delta_{kl}+2St_{kl}=P\tilde{e}_{rr}\delta_{kl}+2Q\tilde{e}_{kl} \tag{9.7.3}$$

式中

$$\begin{aligned}R&=-\alpha+\sum_{\kappa=1}^{r}\alpha_\kappa\frac{\partial^\kappa}{\partial t^\kappa},\quad S=-\beta+\sum_{\kappa=1}^{r}\beta_\kappa\frac{\partial^\kappa}{\partial t^\kappa}\\ P&=\lambda_e+\sum_{\kappa=1}^{p}\lambda_\kappa\frac{\partial^\kappa}{\partial t^\kappa},\quad Q=\mu_e+\sum_{\kappa=1}^{p}\mu_\kappa\frac{\partial^\kappa}{\partial t^\kappa}\end{aligned} \tag{9.7.4}$$

我们假定，在时刻 $t=0$ 时，应力，应变以及它们的时间变率都为零。我们着手从这些微分方程中解出应力 $t_{kl}(t)$。为此，我们把由下式定义的 Laplace 变换

$$\bar{t}_{kl}(\zeta)=\int_0^\infty e^{-\zeta t}t_{kl}(t)dt \tag{9.7.5}$$

---

1) 有兴趣的读者可参看 Volterra [1930]，Coleman 和 Noll [1960] 以及 Chacon 和 Rivlin [1964]。

$$\bar{e}_{kl}(\zeta) = \int_0^\infty e^{-\zeta t} e_{kl}(t) dt$$

应用到 (9.7.3)，亦即，我们在该式的两端乘以 $\exp(-\zeta t)$，然后对 t 从 0 到∞积分. 因为在 $t = 0$ 时 $\mathbf{T}$，$\tilde{\mathbf{e}}$ 和它们的时间变率都为零，这就给出

$$\bar{R}(\zeta)\bar{t}_{rr}\delta_{kl} + 2\bar{S}(\zeta)\bar{t}_{kl} = \bar{P}(\zeta)\bar{\tilde{e}}_{rr}\delta_{kl} + 2\bar{Q}(\zeta)\bar{\tilde{e}}_{kl} \tag{9.7.6}$$

$$\begin{aligned} \bar{R}(\zeta) &= -\alpha + \sum_{\kappa=1}^{r} \alpha_\kappa \zeta^\kappa, \bar{S}(\zeta) = -\beta + \sum_{\kappa=1}^{r} \beta_\kappa \zeta^\kappa \\ \bar{P}(\zeta) &= \lambda_e + \sum_{\kappa=1}^{p} \lambda_\kappa \zeta^\kappa, \ \bar{Q}(\zeta) = \mu_e + \sum_{\kappa=1}^{p} \mu_\kappa \zeta^\kappa \end{aligned} \tag{9.7.7}$$

为了从 (9.7.6) 解出 $\bar{t}_{kl}$，我们缩并指标 k，并解出 $\bar{t}_{kk}$。因而

$$\bar{t}_{kk} = \frac{(3\bar{P} + 2\bar{Q})}{(3\bar{R} + 2\bar{S})} \bar{\tilde{e}}_{kk} \tag{9.7.8}$$

将它代入 (9.7.6)，我们就可解出 $\bar{t}_{kl}$

$$\bar{t}_{kl} = \lambda_e \bar{\tilde{e}}_{rr}\delta_{kl} + 2\mu_e \bar{\tilde{e}}_{kl} + \bar{\lambda}_v \zeta \bar{\tilde{e}}_{rr}\delta_{kl} + 2\bar{\mu}_v \zeta \bar{\tilde{e}}_{kl} \tag{9.7.9}$$

式中 λ_e 和 μ_e 是 Lamé 弹性常数，而

$$\begin{aligned} \bar{\lambda}_v(\zeta) &= \frac{1}{\zeta\bar{S}} \frac{\bar{P}\bar{S} - \bar{R}\bar{Q}}{3\bar{R} + 2\bar{S}} - \frac{\lambda_e}{\zeta} \\ \bar{\mu}_v(\zeta) &= \frac{\bar{Q}}{2\zeta\bar{S}} - \frac{\mu_e}{\zeta} \end{aligned} \tag{9.7.10}$$

(9.7.10) 的逆变换——假如它存在的话——可以利用卷积定理给出

$$\begin{aligned} t_{kl} = {} & \lambda_e \tilde{e}_{rr}\delta_{kl} + 2\mu_e \tilde{e}_{kl} \\ & + \int_0^t \left[\lambda_v(t-s) \frac{\partial \tilde{e}_{rr}(s)}{\partial s} \delta_{kl} \right. \\ & \left. + 2\mu_v(t-s) \frac{\partial \tilde{e}_{kl}(s)}{\partial s} \right] ds \end{aligned} \tag{9.7.11}$$

式中 $\lambda_v(t)$ 和 $\mu_v(t)$ 分别是 $\bar{\lambda}_v(\zeta)$ 和 $\bar{\mu}_v(\zeta)$ 的逆 Laplace 变换. 显然，这一结果与在初始状态 $t = 0$ 时是无应力的泛函形式 (9.6.32) 是相同的. 这个过程引起一个直接的问题，即在什么样

的条件下存在 $\lambda_\nu(\zeta)$ 和 $\bar{\mu}_\nu(\zeta)$ 的逆变换？显然，这些条件将对函数 P，Q，R 和 S 加上一些限制。

在 Laplace 变换理论中有一个提供逆变换存在的充分条件的定理 (Churchill [1958, Art. 63])。按照这个定理，对于在右半平面 $\mathrm{Re}\zeta \geqslant t_0$ 上的所有的 ζ，$\lambda_\nu(\zeta)$ 和 $\bar{\mu}_\nu(\zeta)$ 必须是 $O(\zeta^{-k})$ 阶的，$k>1$，而且在 $\mathrm{Re}\zeta \geqslant t_0$ 上，$\lambda_\nu(\zeta)$ 和 $\bar{\mu}_\nu(\zeta)$ 必须是实的。对 (9.7.10) 的研究表明，这种情况的充分条件是

(9.7.12) $$p \leqslant r$$

但是这个条件不是必要的，所以在很多情况下它可以放松，例如在所有的应变率相关的物质情况下就是如此。

9.8 热粘弹性理论

在前面阐述粘弹性物质的各节中，热传导影响是忽略不计的。对于物质的低速变形和运动，或者对于物质的高速运动可以忽略热传导的原因是前者温度变化太慢，而后者则是因为来不及产生热传导。处于上述两种极端之间的情况，在运动过程中有显著的热变化，或者系统本身受到热梯度的作用，这时热传导效应就不能忽略不计。我们已经看到，当热梯度不是作为一个独立变量被包含在本构方程中时，即使物质系数依赖于局部温度，热传导也不是热力学相容的。另外，为了考虑热传导现象，必须利用能量守恒方程。

这里我们将说明热弹性 Kelvin-Voigt 固体怎样可以用与第 9.2 节中类似的分式加以表述。其次，我们将对更为一般的变率型物质和泛函型物质作一概述。

(i) 热弹性 Kelvin-Voigt 固体[1] 热弹性 Kelvin-Voigt 固体由下列一组本构方程定义；

(9.8.1) $$t_{kl} = j^{-1}T_{KL}(\mathbf{C},\ \dot{\mathbf{C}},\ \theta_{,K};\ \theta,\ \mathbf{X})x_{k,K}x_{l,L}$$

(9.8.2) $$q_k = j^{-1}G_K(\mathbf{C},\ \dot{\mathbf{C}},\ \theta_{,K};\ \theta,\ \mathbf{X})x_{k,K}$$

1) 非线性理论首先由 Koh 和 Eringen [1963] 稍后由 Coleman 和 Mizel [1964] 给出。

(9.8.3) $$\varepsilon = e(\mathbf{C},\ \dot{\mathbf{C}},\ \theta_{,K};\ \theta,\ \mathbf{X})$$

(9.8.4) $$\eta = n(\mathbf{C},\ \dot{\mathbf{C}},\ \theta_{,K};\ \theta,\ \mathbf{X})$$

它们是由 (5.4.25) 表征的一般的变率相关物质的特殊形式。这些方程服从本构公理。把这些表达式代入 (9.2.12)，我们求得

(9.8.5) $$-\frac{\rho_0}{\theta}\left(\frac{\partial\psi}{\partial\theta}+\eta\right)\dot{\theta}+\frac{1}{2\theta}\left(T_{KL}-2\rho_0\frac{\partial\psi}{\partial C_{KL}}\right)\dot{C}_{KL}$$
$$-\frac{\rho_0}{\theta}\frac{\partial\psi}{\partial\dot{C}_{KL}}\ddot{C}_{KL}-\frac{\rho_0}{\theta}\frac{\partial\psi}{\partial\theta_{,K}}\dot{\theta}_{,K}$$
$$+\frac{1}{\theta^2}G_K\theta_{,K}\geqslant 0$$

这个不等式对 $\dot{\theta}$，$\dot{\mathbf{C}}$，$\ddot{\mathbf{C}}$，$\theta_{,K}$ 和 $\dot{\theta}_{,K}$ 的所有独立变化都成立。因为它关于 $\dot{\theta}$，$\ddot{\mathbf{C}}$ 和 $\dot{\theta}_{,K}$ 是线性的，所以当且仅当

(9.8.6) $$\eta=-\frac{\partial\psi}{\partial\theta},\quad \frac{\partial\psi}{\partial\dot{C}_{KL}}=\frac{\partial\psi}{\partial\theta_{,K}}=0$$

和

(9.8.7) $$\frac{1}{2\theta}\left(T_{KL}-2\rho_0\frac{\partial\psi}{\partial C_{KL}}\right)\dot{C}_{KL}+\frac{1}{\theta^2}G_K\theta_{,K}\geqslant 0$$

时，这才是可能的。结论 (9.8.6) 相当于

(9.8.8) $$\psi\equiv\varepsilon-\theta\eta=\psi(\mathbf{C};\ \theta,\ \mathbf{X})$$

(9.8.7) 的组成提示我们可以把 T_{KL} 分成两部份

(9.8.9) $$T_{KL}={}_ET_{KL}(\mathbf{C},\ \theta,\ \mathbf{X})+{}_DT_{KL}(\mathbf{C},\ \dot{\mathbf{C}},\ \theta_{,K};\ \theta,\ \mathbf{X})$$

于是由 (9.8.7) 可得

(9.8.10) $${}_ET_{KL}=2\rho_0\frac{\partial\psi}{\partial C_{KL}}$$

(9.8.11) $$\frac{1}{2\theta}\,{}_DT_{KL}\dot{C}_{KL}+\frac{1}{\theta^2}G_K\theta_{,K}\geqslant 0$$

由于 ${}_D\mathbf{T}$ 和 G_K 的连续性条件，上列不等式要求

(9.8.12) $${}_DT_{KL}(\mathbf{C},\ \mathbf{0},\ \mathbf{0};\ \theta,\ \mathbf{X})=0$$

(9.8.13) $$G_K(\mathbf{C},\ \mathbf{0},\ \mathbf{0};\ \theta,\ \mathbf{X})=0$$

综合上述结论，我们把本构方程 (9.8.1) 到 (9.8.4) 简化为

(9.8.14) $$t_{kl}=2\,\frac{\rho}{\rho_0}\frac{\partial\Sigma}{\partial C_{KL}}\,x_{k,K}x_{l,L}+\frac{\rho}{\rho_0}\,{}_DT_{KL}x_{k,K}x_{l,L}$$

(9.8.15) $$q_k=\frac{\rho}{\rho_0}\,G_Kx_{k,K}$$

(9.8.16) $$\varepsilon=\frac{1}{\rho_0}\left(\Sigma-\theta\frac{\partial\Sigma}{\partial\theta}\right)$$

(9.8.17) $$\eta=-\frac{1}{\rho_0}\frac{\partial\Sigma}{\partial\theta}$$

这里 $\Sigma(\mathbf{C},\ \theta,\ \mathbf{X})/\rho_0\equiv\varepsilon-\theta\eta$，而 ${}_D\mathbf{T}(\mathbf{C},\ \dot{\mathbf{C}},\ \theta_{,K};\ \theta,\ \mathbf{X})$ 和 $G_K(\mathbf{C},\ \dot{\mathbf{C}},\ \theta_{,K};\ \theta,\ \mathbf{X})$ 满足

(9.8.18) $$\frac{1}{2\theta}\,{}_DT_{KL}\dot{C}_{KL}+\frac{1}{\theta^2}\,G_K\theta_{,K}\geqslant 0$$

(9.8.19) $${}_DT_{KL}(\mathbf{C},\ \mathbf{0},\ \mathbf{0};\ \theta,\ \mathbf{X})=0$$

(9.8.20) $$G_K(\mathbf{C},\ \mathbf{0},\ \mathbf{0};\ \theta,\ \mathbf{X})=0$$

可以按照过去所述的方式应用物质对称性的限制。但是，在这里讨论这个问题太占篇幅．在下面我们只给出关于变率 $\dot{C}_{KL}$ 是线性的理论。对于这种情况

(9.8.21) $${}_DT_{KL}=G_{KLMN}\dot{C}_{MN}+H_{KLM}\theta_{,M}$$

(9.8.22) $$G_K=K_{KL}\theta_{,L}+J_{KLM}\dot{C}_{LM}$$

式中 G_{KLMN}，H_{KLM} 和 J_{KLM} 是 θ，$\mathbf{C}$ 和 $\mathbf{X}$ 的函数。对于均匀物质，还与 $\mathbf{X}$ 无关。对于各阶次的理论，与 Σ 有关的应力的弹性部分可展成 $\mathbf{C}$ 的级数。这里的方法和以前给出的类似。

对于**线性各向同性物质**，把 (9.8.21) 和 (9.8.22) 代入(9.8.14) 和 (9.8.15)，并利用系数的各向同性张量，我们可得下列结果；

(9.8.23) $$t_{kl}=\alpha_0\delta_{kl}+\left(\lambda+\lambda_v\frac{\partial}{\partial t}\right)\tilde{e}_{rr}\delta_{kl}+2\left(\mu+\mu_v\frac{\partial}{\partial t}\right)\tilde{e}_{kl}$$

(9.8.24) $$q_k=\kappa\theta_{,k}$$

式中 α_0，λ，λ_v，μ，μ_v 和 κ 都是 θ 和 $\mathbf{X}$ 的函数.由 (9.8.11) 我们还可推出,这些方程在热力学上是容许的,当且仅当

(9.8.25) $$3\lambda_v + 2\mu_v \geqslant 0,\quad \mu_v \geqslant 0,\quad \kappa \geqslant 0$$

于是我们得出,**在线性各向同性物质的情况下,应力与温度梯度无关,热量与应变无关.**

因为 ε 和 η 只是 $\tilde{\mathbf{e}}$ 和 θ 的函数,所以第 8.3 节中处理微小温度变化的方法可用来导出零初始应力的本构方程的最终形式

(9.8.26) $$t_{kl} = -\beta T\delta_{kl} + \left(\lambda_e + \lambda_v \frac{\partial}{\partial t}\right)\tilde{e}_{rr}\delta_{kl} + 2\left(\mu_e + \mu_v \frac{\partial}{\partial t}\right)\tilde{e}_{kl}$$

(9.8.27) $$q_k = \kappa\theta_{,k}$$

(9.8.28) $$\Sigma = S_0 - \rho_0\eta_0 T - \frac{\rho_0\gamma}{2T_0}T^2 - \beta T \mathrm{I}_{\tilde{e}} + \frac{1}{2}(\lambda_e + 2\mu_e)\mathrm{I}_{\tilde{e}}^2 - 2\mu_e \mathrm{II}_{\tilde{e}}$$

(9.8.29) $$\eta = \eta_0 + \frac{\gamma}{T_0}T + \frac{\beta}{\rho_0}\mathrm{I}_{\tilde{e}}$$

式中 T 是从自然状态 T_0 开始的温度变化,亦即,

(9.8.30) $$\theta = T_0 + T$$

β，λ_e，λ_v，μ_e，μ_v，κ，S_0，ρ_0，η_0 和 γ 是物质常数，它们都可能依赖于 T 和 $\mathbf{X}$. 显然，对于均匀固体，它们都与 $\mathbf{X}$ 无关. 用第 8.3 节中相同的方法可由能量方程导出热传导方程

(9.8.31) $$-\rho_0\gamma\dot{T} - \beta T_0\dot{u}_{k,k} + (\kappa T_{,k})_{,k} + \rho h = 0$$

因为是线性理论,所以在 (9.8.31) 中忽略了粘性耗散的影响.我们指出,对于粘弹性流体,这种粘性耗散可以变得非常重要，因而一般地不能将其忽略.

方程 (9.8.26)，(9.8.27) 和 (9.8.31) 连同动量平衡方程一起构成该理论的场方程. 我们注意到，这个理论与线性各向同性热

弹性理论之间唯一的差别是应力本构方程（9.8.26）。但是，对于各向异性固体，主要的差别在于应力方程和热传导方程中包含了应变率和温度梯度。这可由（9.8.21）和（9.8.22）明显地看出。

（ii）线性变率理论 在这个理论中，响应函数 T_{KL}, G_K, e 和 n 还依赖于高阶变率 $\ddot{\mathbf{C}}, \dddot{\mathbf{C}}, \cdots, \overset{(p)}{\mathbf{C}}$. 热力学相容性公理将导出 ψ 不依赖于 $\theta_{,K}$ 和最高阶变率 $\overset{(p)}{\mathbf{C}}$ 的结论。当初始应力为零时，线性各向同性理论的应力和热传导方程为

$$t_{kl} = -\beta T \delta_{kl} + \lambda_e \tilde{e}_{rr} \delta_{kl} + 2\mu_e \tilde{e}_{kl} + \sum_{\alpha=1}^{p} \left(\lambda_\alpha \frac{\partial^\alpha \tilde{e}_{rr}}{\partial t^\alpha} \delta_{kl} + 2\mu_\alpha \frac{\partial^\alpha \tilde{e}_{kl}}{\partial t^\alpha} \right) \tag{9.8.32}$$

$$q_k = \kappa T_{,k} \tag{9.8.33}$$

在（9.8.28）中 Σ 的右端加上（9.5.23）的右端求和号中诸变率项就可得到 Σ 的表示式。η 的表示式与（9.8.29）相同，对于线性理论，热传导方程与（9.8.31）相同。

在各向同性固体的线性理论中，热弹性理论与热粘弹性理论之间的差别仍然只是表现在应力本构方程上。对于各向异性理论的情况就不同了，应力和热量本构方程都依赖于温度梯度和所有的应变率(参见 Eringen 和 Grot [1965、Art. 11])。

（iii）泛函本构方程 我们从下列泛函方程出发：

$$t_{kl} = j^{-1} T_{KL}[\mathbf{C}(t-\tau), \theta_{,K}(t-\tau), \theta(t-\tau); \theta, \mathbf{X}] x_{k,K} x_{l,L} \tag{9.8.34}$$

$$q_k = j^{-1} G_K[\mathbf{C}(t-\tau), \theta_{,K}(t-\tau), \theta(t-\tau); \theta,] x_{k,K} \tag{9.8.35}$$

$$\varepsilon = e[\mathbf{C}(t-\tau), \theta_{,K}(t-\tau), \theta(t-\tau); \theta, \mathbf{X}] \tag{9.8.36}$$

$$\eta = n[\mathbf{C}(t-\tau), \theta_{,K}(t-\tau), \theta(t-\tau); \theta, \mathbf{X}] \tag{9.8.37}$$

在这种一般的情况下，关于具有连续记忆的物质的热传导理论还

没有取得全面的进展[1]. 对于不具有温度梯度记忆（即不依赖于$\theta_{,K}(t-\tau)$）的物质的理论比较简单. 在这种情况下,热力学相容性公理导致在第 9.3 节中对于具有线性记忆物质所得的相同的结论. 对于线性各向同性固体,应力和热量本构方程具有形式

$$
\begin{aligned}
t_{kl} = & -\beta T\delta_{kl} + \lambda_e \tilde{e}_{rr}\delta_{kl} + 2\mu_e \tilde{e}_{kl} \\
& + \int_{-\infty}^{t}\left[\lambda_v(t-s)\frac{\partial \tilde{e}_{rr}(s)}{\partial s}\delta_{kl} + 2\mu_v(t-s)\right. \\
& \left. \cdot \frac{\partial \tilde{e}_{kl}(s)}{\partial s}\right] ds
\end{aligned} \tag{9.8.38}
$$

$$
q_k = \kappa\theta_{,k} \tag{9.8.39}
$$

在线性各向同性固体的框架中,我们再一次发现,热弹性理论和热粘弹性理论之间只在应力本构方程方面存在差异. 对于各向异性的情况, **t** 和 **q** 都依赖于应变的历史（参见 Eringen 和 Gort [1965]）. 物质模量 $\beta(T)$, $\lambda_e(T)$, $\mu_e(T)$, $\lambda_v(t, T)$, $\mu_v(t, T)$ 和 $\kappa(T)$ 都是温度 T 的函数. 对于非均匀物质,它们还依赖于 **X**. 此外,与等温情况一样,记忆函数 $\lambda_v(t, T)$ 和 $\mu_v(t, T)$ 必须满足如第 9.6 节中所阐述的减退记忆原理.

9.9 热粘弹性流体

热粘弹性流体的本构方程和热传导方程可通过一些观察由热弹性固体的方程求得. 对于流体, 所有保持密度相同的构形都可以作为参考构形(参见第 5.7 节). 因此, 空间参考标架 **x** 可以取作 ρ 为不变的参考标架. 对此

$$
\begin{aligned}
C_{KL} &= x_{k,K}x_{k,L} \to \delta_{kl} \\
\dot{C}_{KL} &= 2d_{kl}x_{k,K}x_{l,L} \to 2d_{kl} \equiv A_{kl}^{(1)}
\end{aligned} \tag{9.9.1}
$$

---

1) Eringen [1960] 在线性不可逆过程的框架中给出了一个线性理论. 对于非线性理论的一般介绍包含在 Eringen [1965] 的著作中. 但是, 对于完全非线性的热力学论述尚未完成. Coleman [1964a, 1964b] 论述了不具有温度梯度记忆的物质的理论.

$$\overset{(p)}{C}_{KL} \to A^{(p)}_{KL}, \quad \theta_{,K} \to \theta_{,k}$$

式中 $\mathbf{A}^{(p)}$ 称为 Rivlin-Ericksen 张量；它们是通过先计算 $\overset{(p)}{C}_{KL}$，然后令 $\mathbf{X}=\mathbf{x}$ 而得到的，或由递推公式（参见（2.4.11））得出。

$$A^{(1)}_{km} = 2d_{km} = v_{k,m} + v_{m,k}$$
$$A^{(p)}_{km} = \dot{A}^{(p-1)}_{km} + A^{(p-1)}_{kl} v_{l,m} + A^{(p-1)}_{lm} v_{l,k} \tag{9.9.2}$$

此外，本构函数可以依赖于 ρ^{-1}. 由于一般非线性理论过于复杂（参看 Eringen [1962，第十章]），所以在这里不作介绍。我们只介绍线性理论。对于线性理论，我们有

$$\mathbf{A}^{(p+1)} \to 2\mathbf{d}^{(p)} = 2D^p\mathbf{d}/Dt^p \simeq 2D^{p+1}\tilde{\mathbf{e}}/Dt^{p+1} \tag{9.9.3}$$

因此，如果在第 9.5 节所导出的本构方程中我们用压力来代替应力的弹性部份，并用 $\overset{(\alpha-1)}{\mathbf{d}}$ 代替应变率 $\overset{(\alpha)}{\mathbf{e}}$，则得到相应的热粘弹性流体的本构方程。即，

$$t_{kl} = -\pi(\rho^{-1}, \theta)\delta_{kl} + \sum_{\alpha=0}^{p-1} (\lambda_\alpha \overset{(\alpha)}{d}_{rr}\delta_{kl} + 2\mu_\alpha \overset{(\alpha)}{d}_{kl}) \tag{9.9.4}$$

$$q_k = \kappa(\rho^{-1}, \theta)\theta_{,k} \tag{9.9.5}$$

式中 $\overset{(0)}{\mathbf{d}} \equiv \mathbf{d}$，压力 $\pi(\rho^{-1}, \theta)$ 定义为

$$\pi \equiv -\left.\frac{\partial \psi_0(\rho^{-1}, \theta)}{\partial \rho^{-1}}\right|_\theta \tag{9.9.6}$$

Helmholtz 自由能（9.5.23）由下式来代替：

$$\psi = \psi_0(\rho^{-1}, \theta) + \frac{1}{2}\sum_{\alpha,\beta=0}^{p-2} [f_{\alpha\beta}\operatorname{tr}\overset{(\alpha)}{\mathbf{d}}\operatorname{tr}\overset{(\beta)}{\mathbf{d}} + 2h_{\alpha\beta}\operatorname{tr}(\overset{(\alpha)}{\mathbf{d}}\overset{(\beta)}{\mathbf{d}})] \tag{9.9.7}$$

能量和熵分别为

$$\varepsilon = \psi - \theta\frac{\partial \psi}{\partial \theta} \tag{9.9.8}$$

$$\eta = -\frac{\partial \psi}{\partial \theta} \tag{9.9.9}$$

粘性 $\lambda_\alpha(\rho^{-1}, \theta)$，$\mu_\alpha(\rho^{-1}, \theta)$，$f_{\alpha\beta}(\rho^{-1}, \theta) = f_{\beta\alpha}$ 和 $h_{\alpha\beta}(\rho^{-1},$

$\theta) = h_{\beta\alpha}$ 受到 (9.5.27) 的约束,这时 (9.5.27) 中的 $\overset{(\alpha)}{\tilde{\mathbf{e}}}$ 要用 $\overset{(\alpha-1)}{\mathbf{d}}$ 来代替.

由能量方程得到热传导方程

(9.9.10) $$\rho\dot{\varepsilon} = t_{kl}d_{kl} + q_{k,k} + \rho h$$

借助于 (9.9.4) 到 (9.9.8), 上式可表示为

(9.9.11) $$-\rho\gamma\dot{\theta} - \beta\theta v_{k,k} + (\kappa\theta_{,k})_{,k} + \rho h = \Phi(\theta, \overset{(\nu)}{\mathbf{d}}), \quad \nu = 0, 1, \cdots, p-1$$

式中

(9.9.12) $$\gamma \equiv -\theta\frac{\partial^2\psi_0}{\partial\theta^2} - \frac{\theta}{2}\sum_{\alpha,\beta=0}^{p-2}\left[\frac{\partial^2 f_{\alpha\beta}}{\partial\theta^2}\mathrm{tr}\overset{(\alpha)}{\mathbf{d}}\,\mathrm{tr}\overset{(\beta)}{\mathbf{d}} + 2\frac{\partial^2 h_{\alpha\beta}}{\partial\theta^2}\mathrm{tr}(\overset{(\alpha)}{\mathbf{d}}\overset{(\beta)}{\mathbf{d}})\right]$$

(9.9.13) $$\beta \equiv -\frac{\partial^2\psi_0}{\partial\theta\,\partial\rho^{-1}} - \frac{1}{2}\sum_{\alpha,\beta=0}^{p-2}\left[\left(\frac{\partial^2 f_{\alpha\beta}}{\partial\theta\,\partial\rho^{-1}} - \frac{1}{\theta}\frac{\partial f_{\alpha\beta}}{\partial\rho^{-1}}\right)\mathrm{tr}\overset{(\alpha)}{\mathbf{d}}\,\mathrm{tr}\overset{(\beta)}{\mathbf{d}} + 2\left(\frac{\partial^2 h_{\alpha\beta}}{\partial\theta\,\partial\rho^{-1}} - \frac{1}{\theta}\frac{\partial h_{\alpha\beta}}{\partial\rho^{-1}}\right)\mathrm{tr}(\overset{(\alpha)}{\mathbf{d}}\overset{(\beta)}{\mathbf{d}})\right]$$

(9.9.14) $$\Phi(\theta, \overset{(\nu)}{\mathbf{d}}) \equiv \rho\sum_{\alpha,\beta=0}^{p-2}\left\{\left(f_{\alpha\beta} - \theta\frac{\partial f_{\alpha\beta}}{\partial\theta}\right)\mathrm{tr}\overset{(\alpha+1)}{\mathbf{d}}\,\mathrm{tr}\overset{(\beta)}{\mathbf{d}} + 2\left(h_{\alpha\beta} - \theta\frac{\partial h_{\alpha\beta}}{\partial\theta}\right)\mathrm{tr}(\overset{(\alpha+1)}{\mathbf{d}}\overset{(\beta)}{\mathbf{d}})\right\} - \sum_{\alpha=0}^{p-1}[\lambda_\alpha\mathrm{tr}\overset{(\alpha)}{\mathbf{d}}\,\mathrm{tr}\mathbf{d} + 2\mu_\alpha\mathrm{tr}(\overset{(\alpha)}{\mathbf{d}}\mathbf{d})]$$

对分析工作而言,热传导方程 (9.9.11) 仍然过于复杂. 进一步的近似要求对 θ 和 $\overset{(\alpha)}{\mathbf{d}}$ 的大小作出某些假定. 一般地, 可取 $f_{\alpha\beta}$ 和 $h_{\alpha\beta}$ 为零来简化这些方程. 然而, 在 Φ 的表达式的第二个求和项是粘性耗散能 ${}_Dt_{kl}d_{lk}$, 一般地不能像在固体的情况下那样把

它忽略不计。

对于泛函理论，类似的修正导出应力和热量的本构方程为

$$t_{kl} = -\pi(\rho^{-1}, \theta)\delta_{kl} + \int_{-\infty}^{t} [\lambda_v(t-s)d_{rr}(s)\delta_{kl} + 2\mu_v(t-s)d_{kl}(s)]ds \tag{9.9.15}$$

$$q_k = \kappa(\rho^{-1}, \theta)\theta_{,k} \tag{9.9.16}$$

式中 π 是由（9.9.6）所定义的压力。

利用第 9.6 节中所述的方法可得到关于 ψ 的表达式. 如果我们略去变率项（相当于在上述变率理论中令 $f_{\alpha\beta} = h_{\alpha\beta} = 0$），则可近似地写出

$$\psi \cong \psi_0(\rho^{-1}, \theta) \tag{9.9.17}$$

$$\varepsilon \cong \psi_0 - \theta \frac{\partial \psi_0}{\partial \theta} \tag{9.9.18}$$

$$\eta \cong -\frac{\partial \psi_0}{\partial \theta} \tag{9.9.19}$$

由此得出近似的热传导方程

$$-\rho\gamma\dot{\theta} - \beta\theta v_{k,k} + (\kappa\theta_{,k})_{,k} + \rho h = \Phi \tag{9.9.20}$$

式中

$$\gamma \cong -\theta \frac{\partial^2 \psi_0}{\partial \theta^2}, \quad \beta \cong -\frac{\partial^2 \psi_0}{\partial \rho^{-1} \partial \theta} \tag{9.9.21}$$

$$\Phi \cong {}_D t_{kl} d_{lk} = \int_{-\infty}^{t} [\lambda_v(t-s)\mathrm{tr}\mathbf{d}(s)\mathrm{tr}\mathbf{d}(t) + 2\mu_v(t-s)\mathrm{tr}\mathbf{d}(s)\mathbf{d}(t)]ds \tag{9.9.22}$$

记忆函数 $\lambda_v(t, \theta)$ 和 $\mu_v(t, \theta)$ 一般地要受减退记忆假设的限制。

9.10 粘弹性模量的实验测定

出现在变率理论（9.7.3）中的粘弹性模量 α_κ，β_κ，λ_κ，μ_κ 或者各向同性粘弹性物质的线性理论的记忆函数 $\lambda_v(t)$ 和 $\mu_v(t)$ 可用实验或用统计力学方法加以确定. 后一种方法在一维模型中已经取得一些成果，但它的适用范围是有限的. 由于在固体燃料工

业中存在一些急待解决的问题，所以在这个领域中进行了广泛实验工作。但是在这方面的大量工作都是保密的，并未出版. 出版了的那些工作通常局限于某些范围内，例如，拟静力的，一维或二维的，温度和时间区间是有限的等等。关于热问题，成果就更少，而且一般只限于所谓**热流变简单**物质。对于各向异性粘弹性物质还没有合理的实验方法。罗列这个课题的完整的参考文献已超出了本节的范围。关于方法的各种评论和详细讨论，请读者可参阅 Zener [1948]、Nolle [1948, 1949], Fletcher 和 Gent [1957], Marvin [1952,1954], Kolsky [1956], Sherhy 和 Dorn [1958], Payne [1958], Hunter [1960], Britton [1965] 和 Fitzgerald [1967]. 试验过程和求解的论述登载于 ICRPC，**固体燃料力学性能**手册中。

早期的实验已经证明，如象 Kelvin-Voigt 固体和 Maxwell 固体那样的简单模型只在非常有限的范围内适用，而对于在工程问题中有实用意义的变率理论则需要在（9.7.3）中取很多项。因此，目前的实验主要限于确定记忆函数 $\lambda_v(t)$ 和 $\mu_v(t)$ 的。实验可分为两类：(a) 拟静力试验，(b) 动力试验。下面我们对这两类试验作一简短说明。

首先，我们给出 Boltzmann-Volterra 理论的本构方程（9.6.32）在 $\alpha_e = 0$ 时的其它两个等价的表达式。它们是

$$t_{kl} = \delta_{kl}\int_{-\infty}^{t} K(t-\tau)\dot{\tilde{e}}_{rr}(\tau)d\tau + 2\int_{-\infty}^{t} G(t-\tau)\dot{\tilde{e}}'_{kl}(\tau)d\tau \tag{9.10.1}$$

$$\tilde{e}_{kl} = \frac{1}{9}\,\delta_{kl}\int_{-\infty}^{t} B(t-\tau)\dot{t}_{rr}(\tau)d\tau + \frac{1}{2}\int_{-\infty}^{t} J(t-\tau)\dot{t}'_{kl}(\tau)d\tau \tag{9.10.2}$$

式中

$$\tilde{e}'_{kl} \equiv \tilde{e}_{kl} - \frac{1}{3}\,\tilde{e}_{rr}\delta_{kl}, \quad t'_{kl} \equiv t_{kl} - \frac{1}{3}\,t_{rr}\delta_{kl} \tag{9.10.3}$$

分别是应变和应力的偏量部份。显然我们有

$$\tilde{e}'_{kk}=0,\quad t'_{kk}=0 \tag{9.10.4}$$

比较 (9.10.1) 与 (9.6.32)，我们看到，新的记忆函数 $K(t)$, $G(t)$ 与 λ_e, μ_e, λ_v, μ_v 的关系为

$$\begin{aligned}K(t)&\equiv\lambda_e+\frac{2}{3}\mu_e+\lambda_v(t)+\frac{2}{3}\mu_v(t)\\G(t)&\equiv\mu_e+\mu_v(t)\end{aligned} \tag{9.10.5}$$

一般地，这些函数还依赖于温度 T. 在时间区间 $(0, t)$ 内应变分量保持不变，而当 $\tau<0$ 时，应变分量为零的**松弛试验**中，表示式 (9.10.1) 是有用的. 本构方程的形式(9.10.2)对于应力保持不变的**蠕变试验**更为适用. 所以 $K(t)$ 和 $G(t)$ 分别称为**松弛体积模量**和**松弛剪切模量**；而 $B(t)$ 称为**蠕变体积柔量**；$J(t)$ 称为**蠕变剪切柔量**. 这些量的 Fourier 变换和它们的各种组合还有其它名字[1].

在进行试验时，物质在初始时刻 $t=0$ 之前通常是无应力的，亦即，当 $t<0$ 时，$t_{kl}(t)=\tilde{e}_{kl}(t)=0$. 今后我们假定上述条件成立. 因而在 (9.10.1) 和 (9.10.2) 中的积分下限可取为零. 因为应变必须从 (9.10.1) 中解出，所以很显然，在函数对 K, G 与函数对 B, J 之间必定是彼此相关的. 具体说明这种关系的最好方法是对 (9.10.1) 和 (9.10.2) 作 Laplace 变换(或作 Fourier 变换)，并令从这些方程得到的 t_{kl} 的变换相等. 因此

$$\bar{K}(\zeta)\bar{B}(\zeta)=1/\zeta^2,\quad \bar{G}(\zeta)\bar{J}(\zeta)=1/\zeta^2 \tag{9.10.6}$$

式中 ζ 是变换变量，字母上的短横表示 Laplace 变换，亦即，

$$\bar{K}(\zeta)\equiv\int_0^\infty K(t)e^{-\zeta t}dt \tag{9.10.7}$$

因此，已知 $K(t)$ 和 $G(t)$ 就可由 (9.10.6) 得到 $\bar{B}(\zeta)$ 和 $\bar{J}(\zeta)$，然后由逆变换求得 $B(t)$ 和 $J(t)$.

我们早就说过，$\lambda_v(t)$ 和 $\mu_v(t)$ 必须服从记忆公理，并且可以用 Prony 级数来表示它们，例如，我们可取

---

1) 关于常用的各种术语的汇总可参看 Leaderman [1957].

(9.10.8) $$\mu_v(t)=\sum_{\alpha=0}^{\infty}\mu_\alpha e^{-k_\alpha t},\ k_\alpha>0$$

式中 μ_α 和 k_α 也可以是温度的函数，$\mu_v(t)$ 是单调递增函数. 对 $\lambda_v(t)$ 也有类似的表达式. 也可以用一个连续的松弛谱来代替 (9.10.8)，即

(9.10.9) $$\mu_v(t)=\mu_e\int_0^\infty\phi(\alpha)(e^{-t/\alpha}-1)d\alpha$$

式中的松弛谱 $\phi(\alpha)$ 满足条件

(9.10.10) $$0\leqslant\phi(\alpha),\ \phi(\infty)\leqslant 1$$

记忆函数的这些特征与合成橡胶和线状聚合物的通用的统计力学模型是一致的（参阅 Rouse [1953], Bueche [1954], Marvin 和 Oser [1962]）. 借助于 $G(t)$，(9.10.9) 可以写成

(9.10.11) $$G(t)=\mu_e-\mu_e\int_0^\infty\phi(\alpha)(1-e^{-t/\alpha})d\alpha$$

这里 $G(t)$ 还满足不等式

$$0\leqslant G(\infty)/\mu_e$$

类似的表示式对 $K(t)$ 成立. 蠕变模量 $B(t)$ 和 $J(t)$ 的特性可由 (9.10.6) 的反演的性质得到（参阅 Hunter [1960], Gross [1953], Alfrey [1948]）.

对于单轴拉伸和单轴压缩试验，下列记忆函数是有用的

(9.10.12) $$\bar{E}(\zeta)\equiv\frac{9\bar{G}(\zeta)\bar{K}(\zeta)}{3\bar{K}(\zeta)+\bar{G}(\zeta)}$$ $$\bar{\nu}(\zeta)\equiv\frac{3\bar{K}(\zeta)-2\bar{G}(\zeta)}{6\bar{K}(\zeta)+2\bar{G}(\zeta)}$$

松弛杨氏模量 $E(t)$ 和**松弛泊松比** $\nu(t)$ 与经典弹性理论中的杨氏模量和泊松比相对应，并常在对应原理的应用中以及在过渡到弹性限等等情况下加以使用.

下面我们来概述确定粘弹性模量的实验过程.

(a) 拟静力试验 物质模量 $E(t)$ 和 $G(t)$——有时称为松弛模量——可以用常应变率试验或常应变试验来确定. 常应变试验称为**应力松弛**. 通常用单轴试验来确定 $E(t)$，而用剪切试验或

扭转试验来确定 $G(t)$. 现在我们考虑除 t_{11} 以外的其它应力分量都为零,而

$$\tilde{e}_{11}=e(t) \tag{9.10.13}$$

并且当 $t<0$ 时, $e(t)$ 也为零的实验.利用(9.10.12), 则(9.10.1)的 Laplace 变换给出 $\bar{t}_{11}=\bar{E}\zeta\bar{e}$, 或根据它们逆变换,得

$$t_{11}=\int_0^t E(t-\tau)\dot{e}(\tau)d\tau, \quad \text{其它的 } t_{kl}=0 \tag{9.10.14}$$

如果我们取轴向应变 $e(t)$ 在所有 $t>0$ 时为常数,而在所有 $t<0$ 时为零,即,

$$e(t)=eH(t)$$

(式中 $H(t)$ 是 Heaviside 单位函数,当 $t>0$ 时它定义为 1, 而当 $t<0$ 时为零),则 (9.10.14) 得出

$$t_{11}=E(t)e \tag{9.10.15}$$

在这种情况下,应变状态与单轴应力状态相对应. 所以,把一常值轴向应变作用于拉伸杆上, 并测量轴向拉伸的时间行为即可确定 $E(t)$. 实际上,阶梯函数 $H(t)$ 已被近似地得到.

同样可以应用常应变率试验. 在这种情况下,在(9.10.14)中 $\dot{e}$ 是常数,而且我们求得

$$E(t)=\frac{1}{\dot{e}}\frac{dt_{11}}{dt}=\frac{dt_{11}}{de} \tag{9.10.16}$$

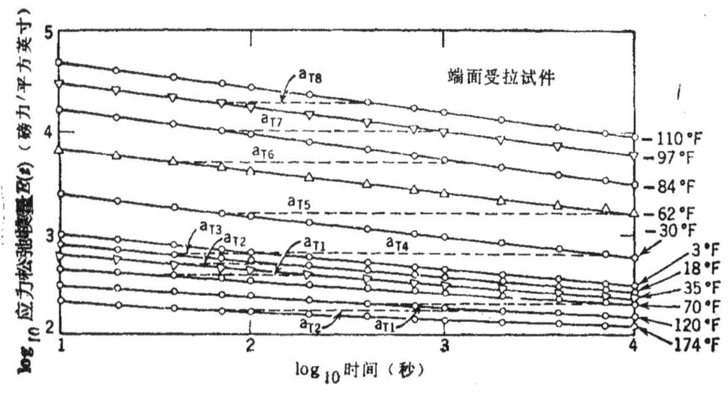

图 9.10.1 聚碳丁烯 R 燃剂应力松弛模量(引自 Jones [1963])

所以 $E(t)$ 可由在 $t = e/\dot{e}$ 时刻的应力-应变曲线的斜率来确定.

为了确定剪切模量 $G(t)$，可以利用关于简单剪切状态的松弛试验. 我们取

(9.10.17) $\qquad \tilde{e}_{12} = \gamma H(t),\ \tilde{e}_{kl} = 0\ (k,\ l \neq 1,2)$

式中 γ 是常数,我们由 (9.10.1) 得到

(9.10.18) $\qquad t_{12} = \gamma G(t),\ t_{kl} = 0\ (k,\ l \neq 1,\ 2)$

因此,在剪切应变是常值的简单剪切松弛试验中,测量 t_{12} 的时间行为就可以确定 $G(t)$. 当然，也可以利用常值剪切应变率试验.

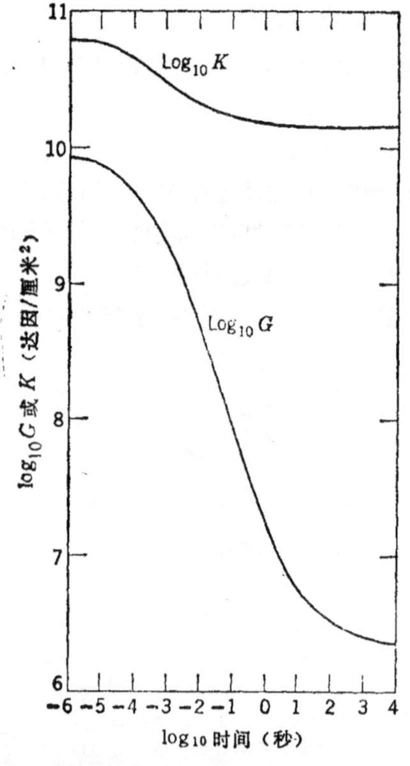

图 9.10.2 聚异丁烯在膨胀 (K) 和剪切 (G) 中的松弛模量(引自 Huang, Lee 和 Rogers [1963])

有时也用扭转试验来产生一种简单剪切状态，这可以用作用于圆柱杆上一个常值扭转，并测量作为时间函数的扭矩的方法来实现.

一旦知道 $E(t)$ 和 $G(t)$ 后,就可由 (9.10.12) 反解出 $K(t)$,以此(9.10.5) 即可给出 $\lambda_v(t)$ 和 $\mu_v(t)$, 因为 Lamé 弹性常数 λ_e 和 μ_e 已由弹性试验得到. 为了举例说明，我们把燃料剂物质在几个不同温度下的松弛杨氏模量的曲线绘于图 9.10.1 中. 聚异丁烯的松弛体积模量 $K(t)$ 和松弛剪切模量 $G(t)$ 示于图 9.10.2 中.

原则上，蠕变模量 $B(t)$ 和 $J(t)$ 可由(9.10.6) 的逆变换来确定. 但是这个过程很复杂，而且精度很差. 最好是

作蠕变试验．在这种情况下的步骤是把常值应力或常值应力率试验应用于单轴拉伸和剪切中，并利用(9.10.2)确定 $B(t)$ 和 $J(t)$．这个方法类似于前面讨论过的松弛试验．有时，应用单轴应变，并测量体积随时间的变化来确定 $\nu(t)$．

显然，所有这些拟静力试验都是根据经典弹性理论中已知的试验提出来的．一般地，为了得到可靠的数据，要在不同的时间范围内做几个不同的试验．例如，应力松弛试验可提供短时行为的可靠数据，而蠕变试验则提供长时行为的类似数据．粘弹性模量是在保持恒温的温度控制器中确定的．试验方法和测量中所涉及的困难已由 Britton [1965] 作了讨论，在该文的参考文献中还有关于其它方面的工作．

(b) 动力试验　动力试验可用来确定粘弹性模量 $\lambda_v(t, T)$ 和 $\mu_v(t, T)$ 或 $E(t, T)$ 和 $G(t, T)$．动力试验可以采用振动试验或波传播试验．动力试验适合于确定复模量

$$\bar{\lambda}_v(\omega, T),\ \bar{\mu}_v(\omega, T),\ \bar{E}(\omega, T),\ \bar{G}(\omega, T)$$

它们是相应的粘弹性模量的 Fourier 变换．这里 ω 表示圆频率．为了保持适当的精度，通常需要一个很宽的频率区域(例如，对于橡胶就需要从 0.1 到 10^5 赫兹)来表征这些函数．

下面，我们简要地给出 Hillier [1949], Kolsky [1956] 和其他一些作者所得到的一些结果．这些实验是在聚乙烯，氯丁橡胶和尼龙的预拉丝一端产生一个定常的伸长振动，然后沿丝测量若干点的振幅和相速度．

在杆中波的传播由下列一维运动方程的 Fourier 变换所决定：

$$\frac{\partial t_{11}}{\partial x} = \rho \frac{\partial^2 u}{\partial t^2} \tag{9.10.19}$$

上式是在动量平衡方程中令除 $k = l = 1$ 以外的所有 $t_{kl} = 0$ 而得到的．在这种情况下，本构方程(9.10.14)的 Fourier 变换给出

$$\bar{t}_{11} = E^*(\omega) \frac{\partial \bar{u}(x, \omega)}{\partial x} \tag{9.10.20}$$

这里我们已用到 $e = u_{,x}H(t)$，并引入了

$$E^*(\omega) \equiv -i\omega\bar{E}(\omega) \tag{9.10.21}$$

它常称为**复杨氏模量**或**动态杨氏模量**. 带一横的量表示 Fourier 变换，例如，

$$\bar{u}(x, \omega) \equiv \int_{-\infty}^{\infty} e^{i\omega t}u(x, t)dt, \quad i \equiv \sqrt{-1}$$

把(9.10.20)代入(9.10.19)，我们得到

$$\frac{\partial^2\bar{u}}{\partial x^2} + \lambda^2(\omega)\bar{u} = 0 \tag{9.10.22}$$

式中

$$\lambda(\omega) = \lambda_1(\omega) + i\lambda_2(\omega) = \omega[\rho/E^*(\omega)]^{1/2}, \quad \lambda_1 > 0 \tag{9.10.23}$$

(9.10.22)的通解具有下列形式：

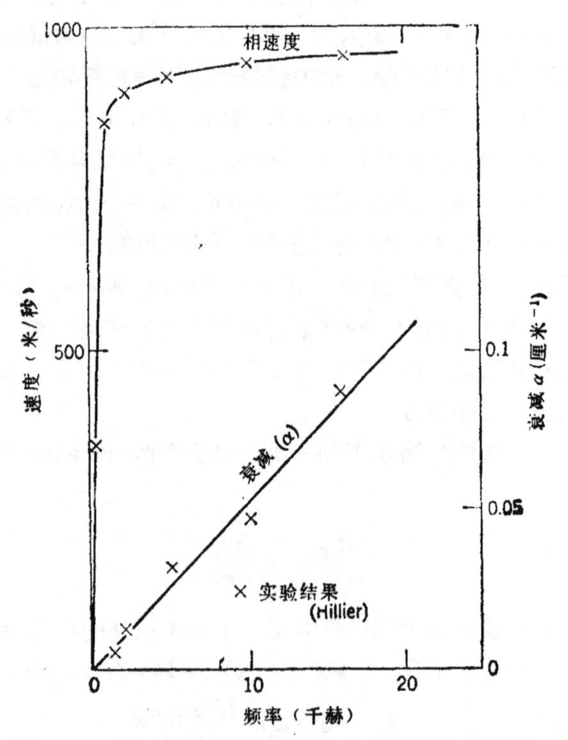

图 9.10.3 在 10℃时聚乙烯拉线中衰减和速度的实验测定

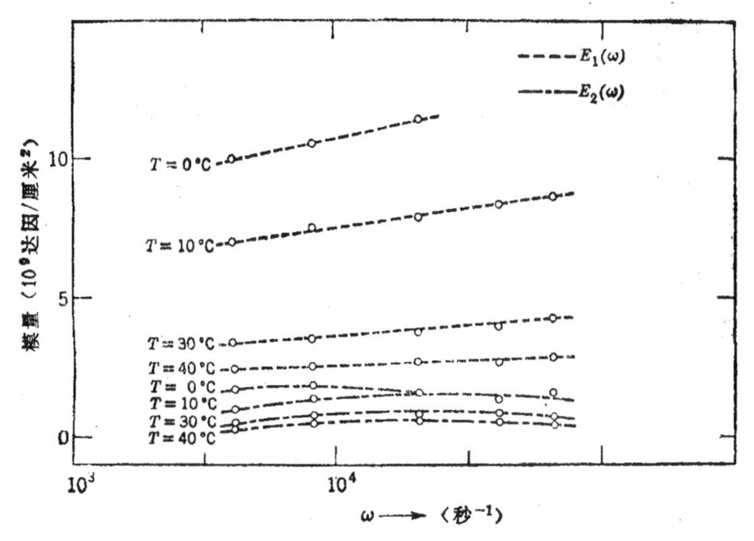

图 9.10.4 聚乙烯的复模量

(9.10.24) $$\bar{u}=A(\omega)e^{\lambda x}+B(\omega)e^{-\lambda x}$$

式中 A 和 B 由边界条件确定．在实验工作中，我们关心的只是波速和衰减．因此只有稳定态的解才是需要的．定义两个正的偶函数

(9.10.25) $$\alpha(\omega)\equiv\lambda_1(\omega),\quad c(\omega)\equiv\omega/\lambda_2(\omega)$$

指数衰减的谐波可用下列特征函数表示：

(9.10.26) $$e^{-\alpha(\omega)x}\begin{Bmatrix}\cos\\ \sin\end{Bmatrix}\omega\left[t\mp\frac{x}{c(\omega)}\right]$$

式中"－"号适用于沿 $x>0$ 方向传播的波，而"＋"号则适用于沿 $x<0$ 方向传播的波．我们令

(9.10.27) $$E^*(\omega)=E_1(\omega)+iE_2(\omega)=|E^*(\omega)|e^{i\Delta(\omega)}$$

式中 $E_1(\omega)$，$E_2(\omega)$ 和 $\tan\Delta$ 是实的，它们有时分别称为**存储模量**，**衰减模量**和**衰减正切**．衰减常数 $\alpha(\omega)$ 和相速度 $c(\omega)$ 给定为

(9.10.28) $$\frac{\alpha c}{\omega}=\tan\frac{\Delta}{2},\quad c=\left\{\frac{|E^*(\omega)|}{\rho}\right\}^{1/2}\sec\frac{\Delta}{2}$$

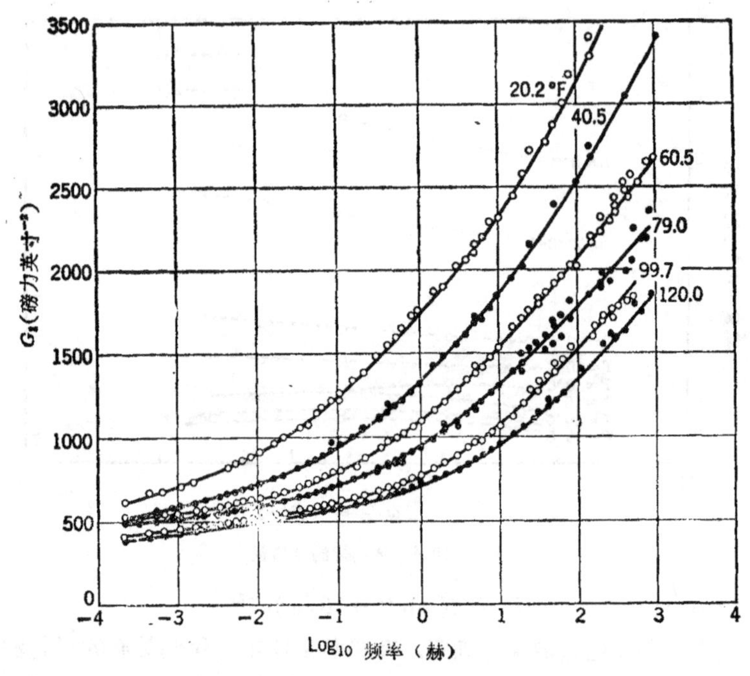

图 9.10.5　复剪切模量的实部

用实验确定 $c(\omega)$ 和 $\alpha(\omega)$，我们就可由 (9.10.28) 和 (9.10.27) 计算 E_1 和 E_2，从而得到 $\bar{E}(\omega)$.

在 0℃至 40℃的温度范围内，使用的振动频率是 1 千周/秒到 16 千周/秒.在 10℃时,聚乙烯(英国化学工业公司 Alkathene-20 级)的相速度和衰减在图 9.10.3 中给出 (Kolsky [1956]). 在 45℃时,聚乙烯的 $E_1(\omega)$ 和 $E_2(\omega)$ 示于图 9.10.4 中. 这个曲线选自 Hunter [1960]，在该文献中详细地讨论了这样的实验.

代替伸长的超声波传播，还可以用剪切振动或扭转振动来确定 $\bar{G}(\omega)$. Gottenberg 和 Christensen [1964] 对于扭转振动已经进行了这样的实验,由 20%的聚氨脂基和 80%的盐晶体和铝粉所组成的固体火箭燃料剂的结果已在图 9.10.5 和图 9.10.6 中给出. 在这些曲线的基础上,这两位作者还通过

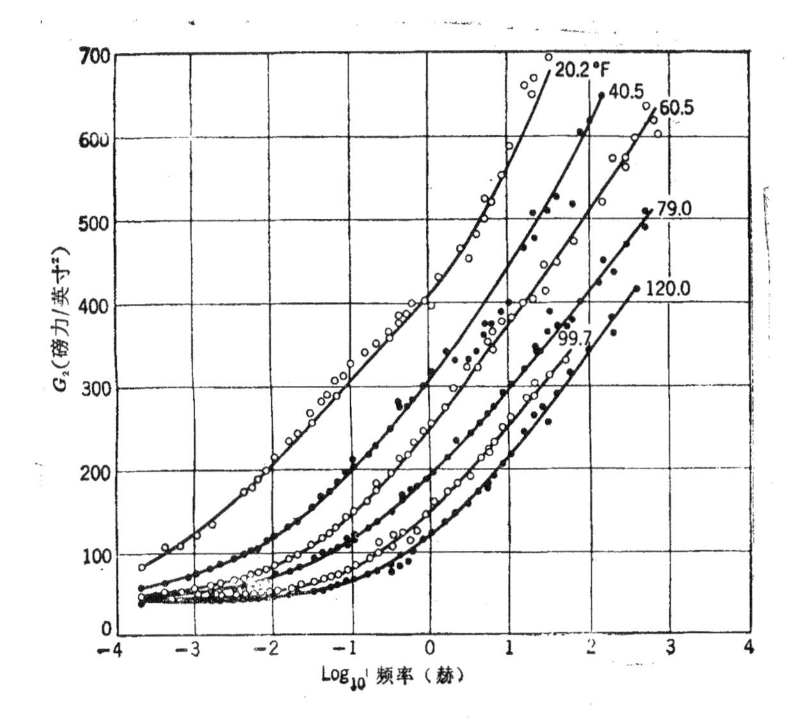

图 9.10.6 复剪切模量的虚部
(引自 Gottenberg 和 Christensen [1964])

$$(9.10.29)\quad G^*(\omega)=G_1(\omega)+iG_2(\omega)\equiv i\omega\int_0^\infty e^{-i\omega t}G(t)dt$$
$$=i\omega\overline{G}(-\omega)$$

的逆变换计算了松弛模量，式中 $\overline{G}(t)$ 是 $G(t)$ 的 Fourier 变换，当 $t<0$ 时，$G(t)=0$. $G(t)$ 的曲线示于图 9.10.7.

ICRPG 手册的第 4.6 节给出利用外缘固支沿内圆承受正弦位移振动(第 4.6.2 节)，和承受正弦剪切作用(第 4.6.3 节)的环形板来确定 $G^*(\omega)$ 的另一种方法. 在图 9.10.8 和图 9.10.9 中给出动力**剪切柔量** $J^*(\omega)$，它定义为

$$(9.10.30)\qquad J^*(\omega)=J_1(\omega)-iJ_2(\omega)\equiv i\omega\overline{J}(-\omega)$$

式中 $J_1(\omega)$ 和 $J_2(\omega)$ 都是实的，它们分别称为**存储柔量**和**衰减柔**

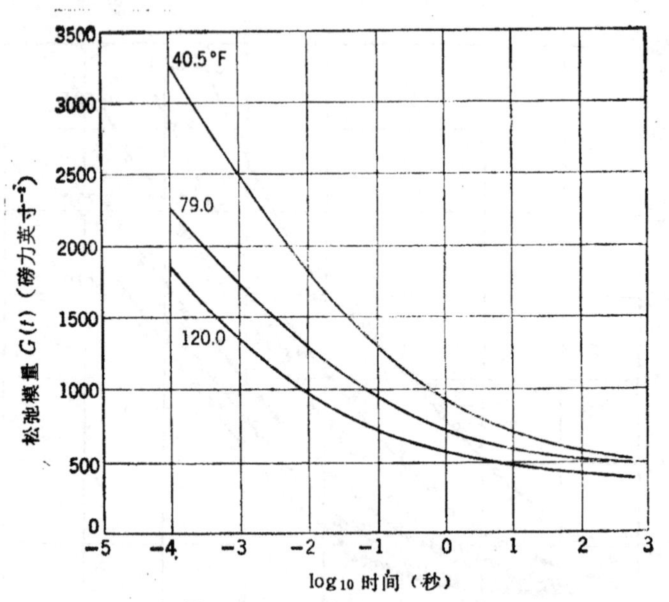

图 9.10.7 由剪切算得的松弛模量
(引自 Gottenberg 和 Christensen [1964])

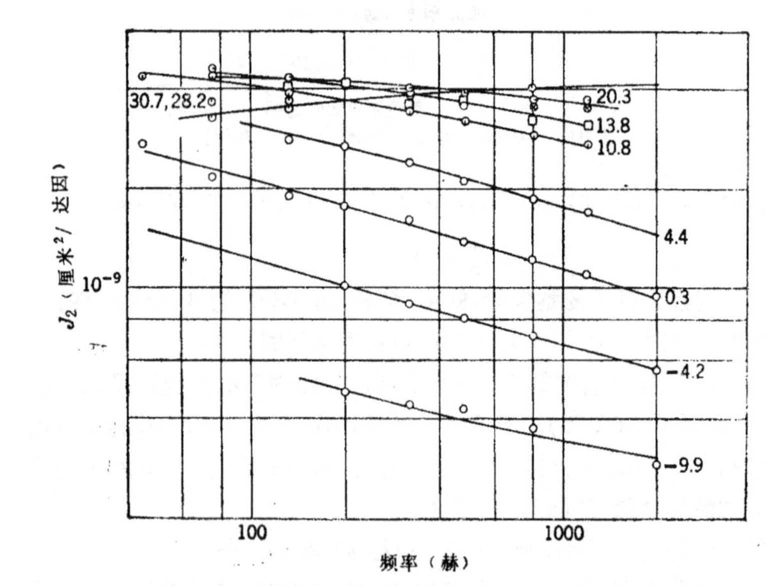

图 9.10.8 聚氨脂燃剂在各种频率和温度下的衰减模量

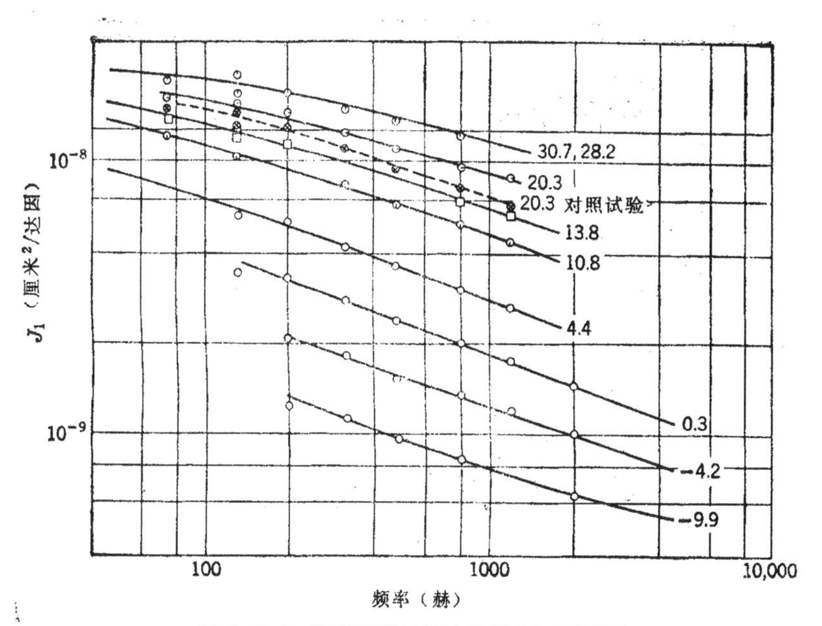

图 9.10.9 聚氨脂燃料剂在各种频率和温度下的存储柔量(引自 Landel [1963])

量. 这里带一横的字母表示 Fourier 变换. 利用 $(9.10.6)_2$ 和 $\zeta = -i\omega$, 就可从这些数据算出 $\bar{G}(\omega)$, 从而得到 $G(t)$ (图 9.10.10).

热效应 粘弹性模量对热变化非常敏感. Ferry [1950] 证实,对于大多数聚合物物质,利用时间标尺的变化,可以由固定温度 T_s 时的粘弹性模量给出在已给温度 T 时的任何粘弹性模量. 因而,如我们令

$$\xi \equiv t/a_T \tag{9.10.31}$$

式中 t 是时间, a_T 是 $T - T_s$ 的函数,则

$$E(\xi, T) = E(t, T_s) \tag{9.10.32}$$

对其它的模量也有类似的表达式. 服从这一规则的粘弹性物质有时称为**热流变简单物质**. 对于很多高弹体物质, 当温度范围为 $|T - T_s| = 50℃$ 时,下列估计式成立:

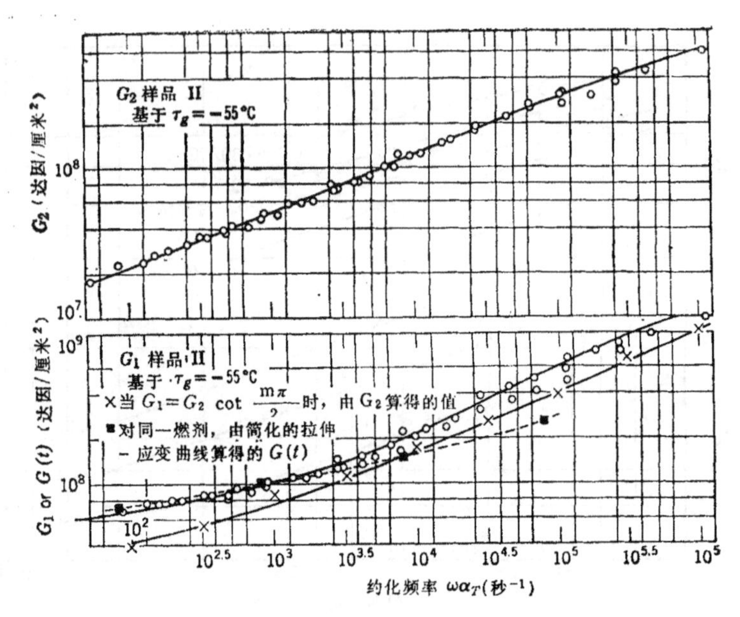

图 9.10.10　聚氨脂燃料剂的存储柔量和衰减柔量对约化频率的依赖关系(引自 Landel [1963])

$$\log_{10}a_T=\frac{-8.86(T-T_s)}{101.6+T-T_s} \tag{9.10.33}$$

当 $T_s=45$℃时，上式拟合得最好．根据 Williams, Landell 和 Ferry [1955] 所观测到的关于 T_s 与**玻璃过渡温度** T_g 相互关系

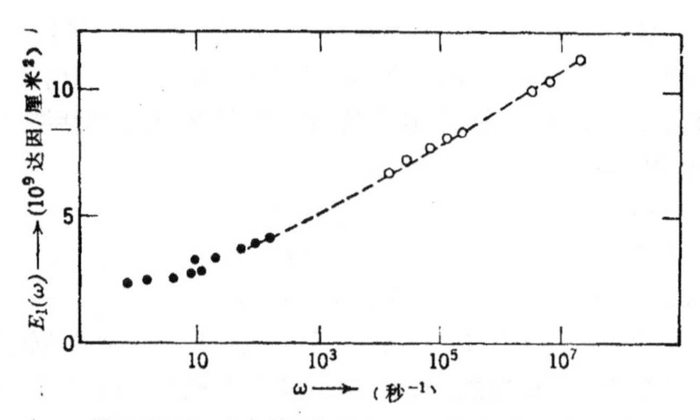

图 9.10.11　在参考温度 $T_s=45$℃时，聚乙烯的动态模量

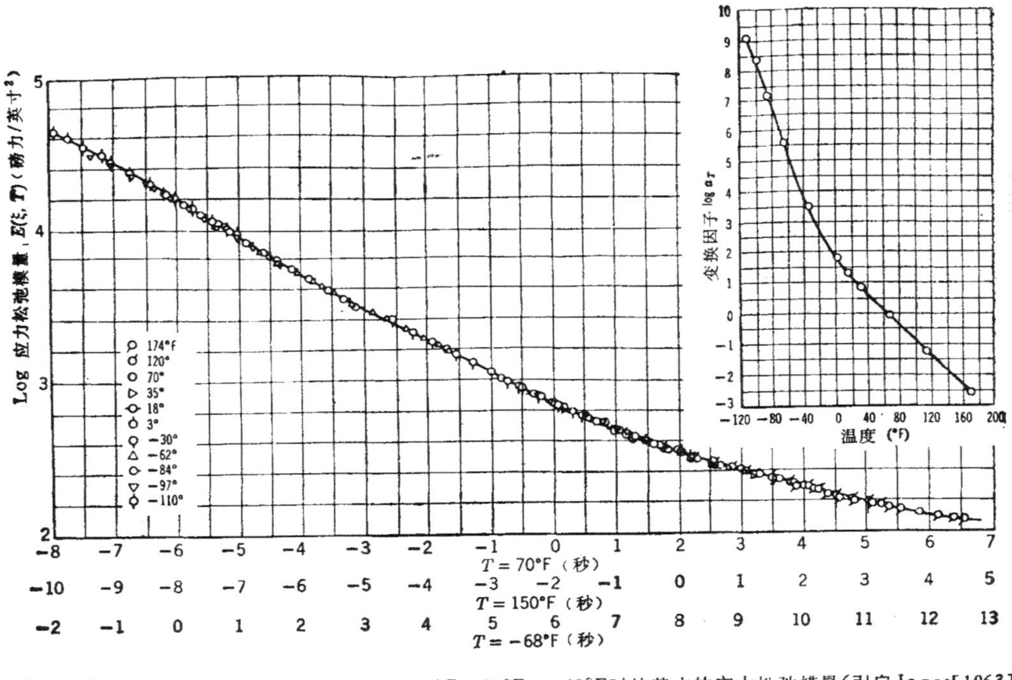

图 9.10.12. 聚碳丁烯 R 燃料剂在 $T=70°F$，$50°F$，$-68°F$ 时的基本的应力松弛模量（引自Jones[1963]）

的经验公式

(9.10.34) $$T_s = T_g + 50℃$$

已经弄清，当 $T_0 - T_g$ 从 45℃开始作比较大的变化时，则出现在(9.10.33) 中的常数 8.86 和 101.6 必须作较大的修正.

在图 9.10.11 中，我们给出利用这个变换由图 9.10.4 所求得的 $E_1(\omega)$. 类似地，图 9.10.12 是利用这一变换由 (9.10.1) 所得的. 关于聚合物物质的粘弹性性质的其它数据，请参看 Ferry [1961] 和 Eirich [1956, 1958]. 关于聚异丁烯玻璃珠的性质可参阅 Landel [1958]; 对于高度添加橡胶请参见 Schwarzl, Bree 和 Nederveen [1963]; 对于结晶的聚合物请参见 Takayanagi [1963]. 理论和实验工作的新近代评论可参阅 Eringen, Liebowitz, Crowley 和 Koh [1967].

9.11 基本方程的汇总

非热传导线性各向同性粘弹性物质的运动由下列方程组所制约:

平衡方程

(9.11.1) $$\rho_0 = \rho(1 + u_{k,k}) \quad （质量）$$

(9.11.2) $$t_{lk,l} + \rho(f_k - \ddot{u}_k) = 0 \quad （动量）$$

(9.11.3) $$t_{lk} = t_{kl} \quad （动量矩）$$

本构方程

(9.11.4) $$Rt_{rr}\delta_{kl} + 2St_{kl} = P\tilde{e}_{rr}\delta_{kl} + 2Q\tilde{e}_{kl} \quad （微分形式）$$

(9.11.5) $$t_{kl} = \lambda_e\tilde{e}_{rr}\delta_{kl} + 2\mu_e\tilde{e}_{kl}\int_{-\infty}^{t}\left[\lambda_v(t-s)\frac{\partial\tilde{e}_{rr}(s)}{\partial s}\delta_{kl} + 2\mu_v(t-s)\frac{\partial\tilde{e}_{kl}}{\partial s}\right]ds \quad （泛函形式）$$

式中 R, S, P 和 Q 是 (9.7.4) 形式的微分算子，而 $\lambda_v(t)$ 和 $\mu_v(t)$ 是记忆函数，它们都由实验确定（见第 9.10 节）. 记忆函数必须满

足记忆公理。为数学描述提供某些简化的(9.11.4)的两个特殊形式是

$$t_{kl}=\left(\lambda_e+\lambda_v\frac{\partial}{\partial t}\right)\tilde{e}_{rr}\delta_{kl}+2\left(\mu_e+\mu_v\frac{\partial}{\partial t}\right)\tilde{e}_{kl} \tag{9.11.6}$$

(Kelvin-Voigt 固体)

$$\dot{t}_{kl}+\alpha_m t_{rr}\delta_{kl}+2\beta_m t_{kl}=\lambda_m\dot{\tilde{e}}_{rr}\delta_{kl}+2\mu_m\dot{\tilde{e}}_{kl} \tag{9.11.7}$$

(Maxwell 固体)

式中物质模量 λ_e, λ_v, μ_e, μ_v, α_m, β_m, λ_m 和 μ_m 对于均匀的等温固体都是常数,对于非均匀固体它们是 $\mathbf{X}$ 的函数,对于非等温固体,它们是温度 T 的函数。

(9.11.4) 的其它特殊形式可以在算子 R, S, P 和 Q 中保留不同的项而得到。

在非热的问题中,$\mathbf{q}=\mathbf{0}$,并且不需要涉及 ε 和 η 的描述。

上面的本构方程是对于可压缩固体的.对于**不可压缩固体**,我们令 $\tilde{e}_{rr}=0$,并在这些方程中用一个未知压力项 $-p(\mathbf{X},t)$ 来代替 $\lambda\tilde{e}_{rr}$ 和 $\lambda_m\tilde{e}_{rr}$。

应变-位移关系 无限小应变 $\tilde{e}_{kl}$ 与位移 u_k 的关系为

$$2\tilde{e}_{kl}=u_{k,l}+u_{l,k} \tag{9.11.8}$$

场方程 位移场 $\mathbf{u}$ 由 (9.11.2), (9.11.8) 和 (9.11.4) 到 (9.11.7) 中的一个联立而得到的场方程组所制约。我们已经了解(参见第 9.7 节), (9.11.4) 可以过渡到泛函形式 (9.11.5), 反之亦然。因此,我们给出利用 (9.11.5) 而得到的场方程。

$$\begin{aligned}&(\lambda_e+\mu_e)u_{l,lk}+\mu_e u_{k,ll}+\rho(f_k-\ddot{u}_k)\\&+\int_{-\infty}^{t}\left\{[\lambda_v(t-s)+\mu_v(t-s)]\frac{\partial u_{l,lk}(s)}{\partial s}\right.\\&\left.+\mu_v(t-s)\frac{\partial u_{k,ll}(s)}{\partial s}\right\}ds=0\end{aligned} \tag{9.11.9}$$

在曲线坐标的情况下,(9.11.9) 的矢量形式可用第 6.6 节中相同的方式求得,即

$$(\lambda_e+2\mu_e)\nabla\nabla\cdot\mathbf{u}-\mu_e\nabla\times\nabla\times\mathbf{u}+\rho(\mathbf{f}-\ddot{\mathbf{u}}) \tag{9.11.10}$$

$$+\int_{-\infty}^{t}\left\{[\lambda_v(t-s)+2\mu_v(t-s)]\nabla\nabla\cdot\frac{\partial\mathbf{u}(s)}{\partial s}\right.$$

$$\left.-\mu_v(t-s)\nabla\times\nabla\times\frac{\partial\mathbf{u}(s)}{\partial s}\right\}ds=0$$

对于当 $t<0$ 时物体的状态是无变形和无应力的问题，这些积分的下限都要用零来代替.

边界条件 通常的一组边界条件是

$$t_{lk}n_l=s_k \quad 在\ \mathscr{S}_t\ 上 \qquad 对所有的\ t \tag{9.11.11}$$

$$u_k=w_k \quad 在\ \mathscr{S}_u\ 上 \tag{9.11.12}$$

式中 s_k 是在物体表面 $\mathscr{S}=\mathscr{S}_t+\mathscr{S}_u$ 的 $\mathscr{S}_t$ 部分上给定的表面力,而 w_k 是在其余部分 $\mathscr{S}_u$ 上给定的位移场. 也可以有其它的"混合-混合"型条件(参见第 6.5 节的脚注). 所有可能的边界条件必须与存在性和唯一性定理相容. 这样一些定理最近已由 Breuer 和 Onat [1962] 以及 Gurtin 和 Sternberg [1962] 所给出.

初始条件 通常的一组初始条件是

$$u_k(\mathbf{x},\ 0)=u_k^0(\mathbf{x}) \quad 在\mathscr{V}中 \tag{9.11.13}$$

$$\dot{u}_k(\mathbf{x},\ 0)=v_k^0(\mathbf{x}) \quad 在\mathscr{V}中 \tag{9.11.14}$$

因此，在线性各向同性粘弹性固体中位移场的确定被归结为在所要求的边界条件和初始条件下,求解三个偏微分方程 (9.11.9) 的问题. 一旦 $\mathbf{u}$ 被确定后,我们就可以通过 (9.11.5) 和 (9.11.8) 计算应力.

各向异性固体 对无初始应力($\sigma_{kl}=0$)的各向异性固体，应力本构方程 (9.6.25) 简化为

$$t_{kl}=\sigma_{klmn}\tilde{e}_{mn}+\int_{-\infty}^{t}\gamma_{klmn}(t-s)\ \frac{\partial\tilde{e}_{mn}(s)}{\partial s}ds \tag{9.11.15}$$

在这种情况下,场方程是

$$\sigma_{klmn}u_{m,nk}+\int_{-\infty}^{t}\gamma_{klmn}(t-s)\ \frac{\partial}{\partial s}\ u_{m,nk}(s)ds+\rho(f_l-\ddot{u}_l)=0 \tag{9.11.16}$$

热粘弹性固体　对于各向同性固体，唯一的差异表现在应力和热的本构方程上．它们的形式为

$$t_{kl}=-\beta T\delta_{kl}+\lambda_e\tilde{e}_{rr}\delta_{kl}+2\mu_e\tilde{e}_{kl}+\int_{-\infty}^{t}\left[\lambda_v(t-s,T)\frac{\partial\tilde{e}_{rr}(s)}{\partial s}\delta_{kl}+\mu_v(t-s,T)\frac{\partial\tilde{e}_{kl}(s)}{\partial s}\right]ds \tag{9.11.17}$$

$$q_k=\kappa T_{,k} \tag{9.11.18}$$

式中 $\beta(T)$，$\lambda_e(T)$，$\mu_e(T)$ 和 $\kappa(T)$ 都是温度 T 的函数，而 $\lambda_v(t,T)$ 和 $\mu_v(t,T)$ 是 t 和 T 的函数．对于热流变简单物质，利用时间标尺的改变 (9.10.31)，我们就可以根据在固定温度上的值得到在给定温度 T 上的任何粘弹性模量（参见 (9.10.32)）．为了方便，在热粘弹性问题的解析研究中，可以利用这样的时间变量的变换．

对于 Kelvin-Voigt 固体，方程 (9.11.17) 取特殊形式

$$t_{kl}=-\beta T\delta_{kl}+\left(\lambda_e+\lambda_v\frac{\partial}{\partial t}\right)\tilde{e}_{rr}\delta_{kl}+2\left(\mu_e+\mu_v\frac{\partial}{\partial t}\right)\tilde{e}_{kl} \tag{9.11.19}$$

式中 β，λ_e，μ_e，λ_v 和 μ_v 只是温度的函数．

对于高阶变率相关的物质，我们有公式 (9.8.32)．现在，平衡方程要用热传导方程 (9.8.31) 来补充．所以，对于各向同性固体，线性粘弹性理论的场方程是

$$-\beta T_{,k}+(\lambda_e+\mu_e)u_{l,lk}+\mu_e u_{k,ll}+\int_{-\infty}^{t}\left\{[\lambda_v(t-s,T)+\mu_v(t-s,T)]\frac{\partial u_{l,lk}(s)}{\partial s}+\mu_v(t-s,T)\frac{\partial u_{k,ll}(s)}{\partial s}\right\}ds+\rho(f_k-\ddot{u}_k)=0 \tag{9.11.20}$$

$$-\rho_0\gamma\dot{T}-\beta T_0\dot{u}_{k,k}+(\kappa T_{,k})_{,k}+\rho h=0 \tag{9.11.21}$$

边界条件和初始条件（9.11.11)—(9.11.14）要用下列条件来补充:

$$\mathbf{q}\cdot\mathbf{n}=q_{(n)} \quad 在\ \mathscr{S}_q\ 上 \qquad (9.11.22)$$
$$T=T_s \quad 在\ \mathscr{S}_T=\mathscr{S}-\mathscr{S}_q\ 上$$

以及

$$T(\mathbf{x},\ 0)=T^0(\mathbf{x}) \quad 在\ \mathscr{V}\ 中 \qquad (9.11.23)$$

式中 $q_{(n)}$，T_s 和 T^0 是给定的．型如（8.4.28）的其它类型的混合条件也是可能的．

热粘弹性流体　关于热粘弹性流体的本构方程和热传导方程，请参见第 9.9 节．关于非线性 Stokes 热流体，请参见第 5.7 节．

9.12 对应定理

对于边界与时间无关的线性粘弹性固体的所有边值问题的解都可由对应的弹性理论问题的解来求得．这就是**对应定理**．这个定理有很多应用．我们对非热传导固体给出这个定理，它可以很容易地推广到热粘弹性理论中去．

我们假定，在时刻 $t=0$ 之前固体是未被扰动的，对满足（9.11.13）和（9.11.14）的（9.11.10）进行 Laplace 变换．于是

$$[\lambda(\zeta)+2\mu(\zeta)]\nabla\nabla\cdot\bar{\mathbf{u}}-\mu(\zeta)\nabla\times\nabla\times\bar{\mathbf{u}} \qquad (9.12.1)$$
$$+\rho(\mathbf{F}^*-\zeta^2\bar{\mathbf{u}}+\zeta\mathbf{u}^0+\mathbf{v}^0)=\mathbf{0}$$

式中

$$\lambda(\zeta)\equiv\lambda_e+\zeta\lambda_v(\zeta),\quad \mu(\zeta)\equiv\mu_e+\zeta\bar{\mu}_v(\zeta) \qquad (9.12.2)$$

$$\rho\mathbf{F}^*\equiv\rho\bar{\mathbf{f}}-[\lambda_v(\zeta)+2\bar{\mu}_v(\zeta)]\nabla\nabla\cdot\mathbf{u}^0 \qquad (9.12.3)$$
$$+\bar{\mu}_v(\zeta)\nabla\times\nabla\times\mathbf{u}^0$$

字母上的一横表示 Laplace 变换，例如

$$\bar{\mathbf{u}}(\mathbf{x},\ \zeta)=\int_0^\infty\mathbf{u}(\mathbf{x},\ t)e^{-\zeta t}dt \qquad (9.12.4)$$

假定 $\mathscr{S}$ 不依赖于时间，考虑到由（9.11.5）给出的 t_{kl}，则边界条件（9.11.11）和（9.11.12）的 Laplace 变换为

(9.12.5) $[\lambda(\zeta)\bar{u}_{r,r}\delta_{kl}+\mu(\zeta)(\bar{u}_{k,l}+\bar{u}_{l,k})]n_k=T_l^*$ 在 $\mathscr{S}_t$ 上

(9.12.6) $\bar{u}_k=\bar{w}_k$ 在 $\mathscr{S}_u\equiv\mathscr{S}-\mathscr{S}_t$ 上

式中

(9.12.7) $T_l^*\equiv\bar{s}_l+[\bar{\lambda}_v(\zeta)u^0_{r,r}\delta_{kl}+\bar{\mu}_v(\zeta)(u^0_{k,l}+u^0_{l,k})]n_k$

把 (9.12.1) 到 (9.12.6) 与弹性理论的对应方程的 Laplace 变换进行比较就可得到

对应定理[1)] 线性各向同性粘弹性理论的任一混合边值问题(边界条件在与时间无关的表面上给出)的 Laplace 变换的解与在其中把 λ_e, μ_e, $\bar{\mathbf{f}}$ 和 $\bar{\mathbf{s}}$ 分别用 $\lambda(\zeta)$, $\mu(\zeta)$, $\mathbf{F}^*$ 和 $\mathbf{T}^*$ 来代替的线性各向同性弹性理论的相应问题的解是相同的.

当然,为了求得在时间定义域上的解,我们还须要对所求得的解作逆变换.现在已经清楚了利用弹性理论的各种问题的已知解,我们就可以构造粘弹性理论中的对应问题的解.一些说明性的例子将在下面的各节中给出.

重要的是要注意到,对应定理不适用于具有时间相关的边界的固体.这是因为在这种情况下,不可能求得边界条件的 Laplace 变换.例如,在一个刚球压紧粘弹性固体的压痕问题中,接触表面的边界线是随时间而变化的.在这种情况下,载荷和或变形的历史需要在 $\mathscr{S}_t$ 上给出,但 $\mathscr{S}_t$ 却是随时间而变化的.对应定理不能应用于这样的问题,但却可以应用于所有其它的边值问题中.尽管如此,一般说来,要实现上述替换后所得到的弹性理论问题解的逆变换还是非常困难的.积分的反演要求在复平面 ζ 上作围道积分,并且常常包含一些复杂的奇点.因此,不论对应定理提供的工具如何,解的逆仍是一个很难以计算的问题.

必须指出,为了构造对应定理,也可以用 Fourier 变换来代替 Laplace 变换,例如

(9.12.8) $$\bar{\mathbf{u}}(\mathbf{x},\omega)=\int_{-\infty}^{\infty}\mathbf{u}(\mathbf{x},t)e^{i\omega t}dt$$

---

1) 类似的定理最初是由 Alfrey [1944] 给出的.这个结果和其它一些不考虑初始条件的改进可以参看 Lee [1955] 和 Sternberg [1964]. 后一参考文献叙述了类似定理的演变过程. 也可以参看 Biot [1965 p. 349].

在这种情况下，不能考虑初始条件，我们只能处理所谓**稳定态**问题。除此以外，上述定理仍然成立，当然，这时我们要在所有函数中把 Laplace 变换的变量 ζ 都必须换成 $-i\omega$，例如，我们写成

$$\lambda_v(\omega)=\lambda_v(\zeta)|_{\zeta=-i\omega},\quad i\equiv\sqrt{-1} \tag{9.12.9}$$

Fourier 变换的逆变换为

$$\lambda_v(t)=\frac{1}{2\pi}\int_{-\infty}^{\infty}\lambda_v(\omega)e^{-i\omega t}d\omega \tag{9.12.10}$$

通过对 (9.11.6) 和 (9.11.7) 的 Laplace 变换，我们得到下列 Kelvin-Voigt 和 Maxwell 模型的 $\lambda(\zeta)$ 和 $\mu(\zeta)$ 的特殊形式：

$$\begin{aligned}\lambda(\zeta)&\equiv\lambda_e+\lambda_v\zeta\\ \mu(\zeta)&\equiv\mu_e+\mu_v\zeta\end{aligned}\qquad\text{(Kelvin-Voigt)} \tag{9.12.11}$$

$$\begin{aligned}\lambda(\zeta)&\equiv\frac{-2\alpha_m u_m+\lambda_m(\zeta+2\beta_m)}{\zeta+2\beta_m+3\alpha_m}\cdot\frac{\zeta}{\zeta+2\beta_m}\\ \mu(\zeta)&\equiv\frac{\mu_m\zeta}{\zeta+2\beta_m}\end{aligned}\qquad\text{(Maxwell)} \tag{9.12.12}$$

这里的 λ_e, μ_e, λ_v, μ_v, α_m, β_m, λ_m 和 μ_m 都是常数。

9.13 若干拟静力解

为了说明问题，在本节中我们给出两个简单的解。这些问题涉及不计惯性效应的粘弹性固体的变形。这样的解称为**拟静力解**。在粘弹性理论中，没有纯粹的静力问题，因为在本构方程以及平衡方程中都是与时间相关的。然而，对于变化缓慢的固体，惯性项可以不计，于是问题可大为简化。这些解还可应用于**蠕变**试验和**松弛**试验中。

(i) 承受均匀压力作用的半空间 我们假定在 $t=0$ 时，均匀压力 $p(t)$ 作用在半空间 $x\geqslant 0$ 的平面边界 $x=0$ 上。我们希望确定在时刻 t，任一位置 x 处的应力场和位移场。由于问题的对称性，在任一 $x=$ 常数的平面上各点的变形都是一样的。于是，对于位移分量，我们有 $u_x=u_x(x,t)$, $u_y=u_z=0$，而且问题是

一维的．略去惯性项与体力，对于在 $t=0$ 以前无应力和无变形的固体，方程 (9.11.9) 简化为

$$(9.13.1)\qquad (\lambda_e+2\mu_e)\frac{\partial^2 u_x}{\partial x^2}+\int_0^t[\lambda_v(t-s)+2\mu_v(t-s)]\frac{\partial^3 u_x(x,s)}{\partial s\,\partial x^2}ds=0$$

并满足边界条件

$$(9.13.2)\qquad t_{xx}=(\lambda_e+2\mu_e)\frac{\partial u_x}{\partial x}+\int_0^t[\lambda_v(t-s)+2\mu_v(t-s)]\frac{\partial^2 u_x(x,s)}{\partial s\,\partial x}ds=-p(t)\qquad 在\ x=0\ 上$$

我们对 $x=\infty$ 处的条件不作规定．(9.13.1) 和 (9.13.2) 的 Laplace 变换分别为

$$(9.13.3)\qquad \frac{d^2\bar{u}_x(x,\zeta)}{dx^2}=0$$

$$(9.13.4)\qquad [\lambda(\zeta)+2\mu(\zeta)]\left.\frac{d\bar{u}_x(x,\zeta)}{dx}\right|_{x=0}=-\bar{p}(\zeta)$$

式中加在量上的一横表示 Laplace 变换，ζ 是变换变量，而且

$$(9.13.5)\qquad \lambda(\zeta)=\lambda_e+\zeta\bar{\lambda}_v(\zeta),\quad \mu(\zeta)=\mu_e+\zeta\bar{\mu}(\zeta)$$

在 (9.13.4) 的条件下，(9.13.3) 的解是

$$(9.13.6)\qquad \bar{u}_x=-\frac{\bar{p}(\zeta)x}{\lambda(\zeta)+2\mu(\zeta)}+\bar{C}_1(\zeta)$$

式中 $\bar{C}_1(\zeta)$ 是 ζ 的一个任意函数．应力场的变换由 (9.11.5), (9.11.8) 和 (9.13.5) 求得，即

$$(9.13.7)\qquad \begin{gathered}\bar{t}_{xx}=-\bar{p}(\zeta),\ \bar{t}_{yy}=\bar{t}_{zz}=-\frac{\lambda(\zeta)}{\lambda(\zeta)+2\mu(\zeta)}\bar{p}(\zeta)\\ \bar{t}_{xy}=\bar{t}_{yz}=\bar{t}_{zx}=0\end{gathered}$$

结果 (9.13.6) 和 (9.13.7) 在形式上分别与弹性理论中的对应问题 (6.7.3) 和 (6.7.4) 相同．当然，根据对应定理就该如此．求出

(9.13.6) 和 (9.13.7) 的 Laplace 逆变换，即可求得位移场和应力场．形式上，通过卷积定理，我们可以写出

$$
\begin{aligned}
& u_x(x,\ t) = -x\int_0^t U(t-s)p(s)ds + C_1(t) \\
(9.13.8)\quad & t_{yy} = t_{zz} = -\int_0^t T(t-s)p(s)ds \\
& t_{xx} = -p(t),\ t_{xy} = t_{yz} = t_{xz} = 0
\end{aligned}
$$

式中

$$
(9.13.9)\quad
\begin{aligned}
U(t) &= L^{-1}\left\{\frac{1}{\lambda(\zeta)+2\mu(\zeta)}\right\} \\
T(t) &= L^{-1}\left\{\frac{\lambda(\zeta)}{\lambda(\zeta)+2\mu(\zeta)}\right\}
\end{aligned}
$$

这里 $L^{-1}\{\ \}$表示在$\{\ \}$中的量的 Laplace 逆变换．问题在形式上是完整的．但是，(9.13.9)的反演所提出的工作在不知道 $\lambda_v(t)$ 和 $\mu_v(t)$ 的特殊形式时是不能实现的．作为说明，我们给出下列 Kelvin-Voigt 模型的特殊解．

Kelvin-Voigt 模型　在这种情况下，由 (9.12.11)，我们有

$$
(9.13.10)\qquad \lambda(\zeta) = \lambda_e + \zeta\lambda_v,\ \mu(\zeta) = \mu_e + \zeta\,\mu_v
$$

式中 λ_v 和 μ_v 现在是常数．由 (9.13.9)

$$
(9.13.11)\quad
\begin{aligned}
U(t) &= L^{-1}\left\{\frac{1}{\lambda_e + 2\mu_e + (\lambda_v + \mu_v)\zeta}\right\} \\
&= \frac{1}{\lambda_v + 2\mu_v}\ e^{-t/\tau} \\
T(t) &= L^{-1}\left\{\frac{\lambda_e + \zeta\lambda_v}{\lambda_e + 2\mu_e + (\lambda_v + \mu_v)\zeta}\right\} \\
&= \frac{2(\lambda_e\mu_v - \lambda_v\mu_e)}{(\lambda_v + 2\mu_v)^2}\,e^{-t/\tau} + \frac{\lambda_v}{\lambda_v + 2\mu_v}\,\delta(t)
\end{aligned}
$$

这里 τ 是时间常数，定义为

$$
(9.13.12)\qquad \tau = \frac{\lambda_v + 2\mu_v}{\lambda_e + 2\mu_e}
$$

而 $\delta(t)$ 是 **Dirac delta** 函数，它具有性质

$$\delta(t)=\begin{cases}\infty & \text{当 } t=0\\ 0 & \text{当 } t\neq 0\end{cases}$$

(9.13.13)

$$\int_{-\infty}^{\infty}F(t)\delta(t)=F(0)$$

这里的 $F(t)$ 是个任意函数。从而我们看到，反演可以包含象 δ 函数那样的间断"函数"，有时甚至还可能包含有它的"导数"。δ 函数算子应用的合理性，请参看 Schwartz [1950]。

把 (9.13.11) 代入 (9.13.8)，并注意到这些积分的下限是 0^-，则可导出

$$u_x(x,\ t)=-\frac{x}{\lambda_v+2\mu_v}\int_0^t p(s)\exp[-(t-s)/\tau]ds$$

(9.13.14)

$$t_{yy}=t_{zz}=-\frac{\lambda_v}{\lambda_v+2\mu_v}p(t)-\frac{2(\lambda_e\mu_v-\lambda_v\mu_e)}{(\lambda_v+2\mu_v)^2}\int_0^t p(s)\exp[-(t-s)/\tau]ds$$

这就完成了求解。

(ii) 承受内压作用的柱形管 对应的弹性问题的解已由 (6.8.6) 给出。这里，没有外压力 ($p_1=0$)，并且我们记 $p_0=p(t)$。由 (6.8.6) 和对应定理，我们就可得到粘弹性问题的位移场的变换为

(9.13.15)

$$\bar{u}_r(r,\ \zeta)=\frac{a^2\bar{p}(\zeta)}{2(b^2-a^2)}\left[\frac{r}{\lambda(\zeta)+\mu(\zeta)}+\frac{b^2}{\mu(\zeta)r}\right]$$

$$u_\theta=u_z=0$$

由 (6.8.7) 所给出的应力分量 t_{rr} 和 $t_{\theta\theta}$ 对于这个粘弹性问题仍然成立，因为在这些分量的表达式中不出现物质模量。但是，对于 t_{zz}，粘弹性问题的相应变换为

(9.13.16)

$$\bar{t}_{zz}=\frac{\lambda(\zeta)}{\lambda(\zeta)+\mu(\zeta)}\cdot\frac{a^2\bar{p}(\zeta)}{b^2-a^2}$$

为了求得粘弹性问题的 $u_r(r,\ t)$ 和 $t_{zz}(r,\ t)$，我们必须求出 (9.13.15) 和 (9.13.16) 的逆。对于 Kelvin-Voigt 模型可用与问题 (i) 相同的形式求逆。结果为

$$u_r(r,t)=\frac{a^2}{2(b^2-a^2)}\int_0^t\left[\frac{r}{\lambda_v+\mu_v}e^{-(t-s)/\tau_1}+\frac{b^2}{r\mu_v}e^{-(t-s)/\tau_2}\right]p(s)ds$$

(9.13.17)

$$t_{zz}(r,t)=\frac{a^2}{b^2-a^2}\left[\frac{\lambda_v}{\lambda_v+\mu_v}p(t)+\frac{\lambda_e\mu_v-\lambda_v\mu_e}{(\lambda_v+\mu_v)^2}\int_0^t e^{-(t-s)/\tau_1}p(s)ds\right]$$

式中 τ_1 和 τ_2 是由下式定义的两个时间常数:

(9.13.18) $$\tau_1=\frac{\lambda_v+\mu_v}{\lambda_e+\mu_e},\quad \tau_2=\frac{\mu_v}{\mu_e}$$

至此，我们已经阐述了如何从弹性理论中的问题的解得到粘弹性理论中的对应问题的解的全过程。

9.14 波的传播

用和第 6.10 节中相同的方法，我们可以把位移场和体力场分为标量势和矢量势两个部分:

(9.14.1) $$\mathbf{u}=\nabla\phi+\nabla\times\boldsymbol{\psi},\quad \mathbf{f}=-\nabla g-\nabla\times\mathbf{h};\quad \nabla\cdot\boldsymbol{\psi}=\nabla\cdot\mathbf{h}=0$$

如果 ϕ 和 $\boldsymbol{\psi}$ 满足方程

(9.14.2) $$c_1^2(\zeta)\nabla^2\bar{\phi}-\bar{G}=\zeta^2\bar{\phi}-\zeta\phi(\mathbf{x},0)-\dot{\phi}(\mathbf{x},0)$$

(9.14.3) $$-c_2^2(\zeta)\nabla\times\nabla\times\bar{\boldsymbol{\psi}}-\bar{\mathbf{H}}=\zeta^2\boldsymbol{\psi}-\zeta\boldsymbol{\psi}(\mathbf{x},0)-\dot{\boldsymbol{\psi}}(\mathbf{x},0)$$

则矢量形式的场方程 (9.12.1) 就满足。

式中

(9.14.4)
$$c_1^2(\zeta)=[\lambda(\zeta)+2\mu(\zeta)]/\rho$$
$$c_2^2(\zeta)=\mu(\zeta)/\rho$$
$$\bar{G}(\zeta)=\bar{g}(\mathbf{x},\zeta)+\rho^{-1}[\lambda_v(\zeta)+2\bar{\mu}_v(\zeta)]\nabla^2\phi(\mathbf{x},0)$$
$$\bar{\mathbf{H}}(\zeta)=\bar{\mathbf{h}}(\mathbf{x},\zeta)-\rho^{-1}\bar{\mu}_v(\zeta)\nabla\times\nabla\times\boldsymbol{\psi}(\mathbf{x},0)$$

如果我们分别用 $c_1^2(\zeta)$, $c_2^2(\zeta)$, $\bar{G}$ 和 $\bar{\mathbf{H}}$ 代替 c_1^2, c_2^2, g 和 $\mathbf{h}$, 则方程 (9.14.2) 和 (9.14.3) 与对应方程 (6.10.5) 和 (6.10.6) 的 Laplace 变换是相同的。这也是对应定理的一个简单的证明。

但是，我们要指出，除非初始条件 $\phi(\mathbf{x},0)$ 和 $\boldsymbol{\psi}(\mathbf{x},0)$ 已

知，否则 $\bar{G}(\zeta)$ 和 $\bar{\mathbf{H}}(\zeta)$ 仍然是未知的，因为已知 $\mathbf{u}(\mathbf{x}, 0)$ 并不能直接用来确定这些函数。

对于稳定态的问题，初始条件是无关紧要的，而且使用 Fourier 变换更为方便。此时，只须用 $-i\omega$ 代替 ζ，并令 $\phi(\mathbf{x}, 0)=0$，$\boldsymbol{\psi}(\mathbf{x}, 0)=\mathbf{0}$ 即可得到与 (9.14.2) 到 (9.14.4) 对应的方程。

另一方面，对于体力为零的周期解，我们记

$$\phi=\phi_1(\mathbf{x})e^{i\omega t}, \quad \boldsymbol{\psi}=\boldsymbol{\psi}_1(\mathbf{x})e^{i\omega t} \tag{9.14.5}$$

因此，在这种特殊情况下，要使 (9.11.10) 得到满足，必须有

$$c_1^2(\omega)\nabla^2\phi_1+\omega^2\phi_1=0 \tag{9.14.6}$$

$$-c_2^2(\omega)\nabla\times\nabla\times\boldsymbol{\psi}_1+\omega^2\boldsymbol{\psi}_1=0 \quad \nabla\cdot\boldsymbol{\psi}_1=0 \tag{9.14.7}$$

式中

$$\begin{aligned} c_1^2(\omega) &\equiv [\lambda(\omega)+2\mu(\omega)]/\rho \\ c_2^2(\omega) &\equiv \mu(\omega)/\rho \\ \lambda(\omega) &\equiv \lambda_e+i\omega\int_0^\infty \lambda_v(s)e^{-i\omega s}ds \\ \mu(\omega) &\equiv \mu_e+i\omega\int_0^\infty \mu_v(s)e^{-i\omega s}ds \end{aligned} \tag{9.14.8}$$

下面我们来给出几个特殊解。

(i) 无旋平面波 在这种情况下，$\boldsymbol{\psi}_1=\mathbf{0}$，我们要决定 (9.14.6) 的解。这个方程的基本解可以写成

$$\phi_1=\phi_0\exp[-iP_k(\omega)x_k], \quad i\equiv\sqrt{-1} \tag{9.14.9}$$

式中 ϕ_0 是复常数，$P_k(\omega)$ 是复矢量。把 (9.14.9) 代入 (9.14.6)，我们得出 $P_k(\omega)$ 必须满足的方程

$$-c_1^2(\omega)P_k(\omega)P_k(\omega)+\omega^2=0 \tag{9.14.10}$$

我们用其实部和虚部把 $\mathbf{P}(\omega)$，$\lambda(\omega)$ 和 $\mu(\omega)$ 表示成

$$\begin{aligned} \mathbf{P}(\omega) &= \mathbf{P}_1(\omega)-i\mathbf{P}_2(\omega) \\ \lambda(\omega) &= \lambda_1(\omega)+i\lambda_2(\omega) \\ \mu(\omega) &= \mu_1(\omega)+i\mu_2(\omega) \end{aligned} \tag{9.14.11}$$

式中 $\mathbf{P}_1(\omega)$，$\mathbf{P}_2(\omega)$，$\lambda_1(\omega)$，$\lambda_2(\omega)$，$\mu_1(\omega)$ 和 $\mu_2(\omega)$ 都是实的。

把 (9.14.11) 代入 (9.14.10)，利用 $(9.14.8)_1$ 并使 (9.14.10) 两端的实部和虚部分别相等，我们得到

$$
(9.14.12)\quad
\begin{aligned}
&[\lambda_1(\omega)+2\mu_1(\omega)](P_1^2-P_2^2)+2[\lambda_2(\omega)\\
&\qquad+2\mu_2(\omega)]\mathbf{P}_1\cdot\mathbf{P}_2-\rho\omega^2=0\\
&[\lambda_2(\omega)+2\mu_2(\omega)]\ (P_1^2-P_2^2)-2[\lambda_1(\omega)\\
&\qquad+2\mu_1(\omega)]\mathbf{P}_1\cdot\mathbf{P}_2=0
\end{aligned}
$$

如果 $\mathbf{P}_1$ 和 $\mathbf{P}_2$ 之间的夹角 β 已知，则上述方程对于确定 $\mathbf{P}_1$ 和 $\mathbf{P}_2$ 的大小是充分的. 假定 $\mathbf{e}_1$ 和 $\mathbf{e}_2$ 分别是 $\mathbf{P}_1$ 和 $\mathbf{P}_2$ 的方向上的单位矢量,并且

$$
(9.14.13)\qquad \mathbf{e}_1\cdot\mathbf{e}_2=\cos\beta
$$

我们还可以定义无旋波的相速度 c_d 和**衰减系数** α_d 为

$$
(9.14.14)\qquad \mathbf{P}_1=[\omega/c_d(\omega)]\mathbf{e}_1,\ \mathbf{P}_2=\alpha_d(\omega)\mathbf{e}_2
$$

由 (9.14.12)，我们可解得 c_d 和 α_d 为

$$
(9.14.15)\quad
\begin{aligned}
&c_d^2(\omega)=\{2|\lambda(\omega)+2\mu(\omega)|\cos\beta/\rho\sin\Delta_d\}B(\Delta_d,\ \beta)\\
&\alpha_d(\omega)=[\omega/c_d(\omega)]B(\Delta_d,\ \beta)
\end{aligned}
$$

式中

$$
(9.14.16)\quad B(\Delta_d,\ \beta)\equiv(1+\cot^2\Delta_d\cos^2\beta)^{1/2}-\cot\Delta_d\cos\beta
$$

Δ_d 称为**损失角**

$$
(9.14.17)\quad \tan[\Delta_d(\omega)]=[\lambda_2(\omega)+2\mu_2(\omega)]/[\lambda_1(\omega)+2\mu_1(\omega)]
$$

对于 ω 的负值,可以证明

$$
c_d(\omega)=c_d(-\omega)>0,\ \alpha_d(\omega)=\alpha_d(-\omega)>0
$$

因为 c_d 是实的,所以 β 必须满足

$$
|\beta|\leqslant\pi/2
$$

利用 (9.14.15) 所给出的 $c_d(\omega)$ 和 $\alpha_d(\omega)$，基本解 $\mathbf{u}$ 可以写成

$$
(9.14.18)\qquad \mathbf{u}=-\left(\frac{i\omega}{c_d}\mathbf{e}_1+\alpha_d\mathbf{e}_2\right)\phi_0\exp\left[i\omega\left(t-\frac{\mathbf{e}_1\cdot\mathbf{x}}{c_d}\right)-\alpha_d\mathbf{e}_2\cdot\mathbf{x}\right]
$$

这里 ϕ_0 是个任意的常数，$\mathbf{e}_1$ 和 $\mathbf{e}_2$ 是单位矢量,它们满足约束

$$
\mathbf{e}_1\cdot\mathbf{e}_2=\cos\beta>0
$$

在特殊的情况下，$\beta=0$，$\mathbf{e}_1=\mathbf{e}_2$，(9.14.18) 简化为

$$u_x = -\left(\frac{i\omega}{c_d} + \alpha_d\right)\phi_0 \exp\left[i\omega\left(t - \frac{x}{c_d}\right) - \alpha_d x\right]$$
(9.14.19)
$$u_y = u_z = 0$$

这里的 $\mathbf{e}_1$ 沿 x 方向. 对于 $\beta = 0$ 的情况, c_d 和 α_d 也大为简化

(9.14.20)
$$c_d = \{|\lambda(\omega) + 2\mu(\omega)|/\rho\}^{1/2}\sec(\Delta_d/2)$$
$$\alpha_d = (\omega/c_d)\tan(\Delta_d/2)$$

$\beta = 0$ 的波有时称为"简单无旋波". 显然,在这种情况下,波的传播方向和衰减方向是相同的. 但在 $\beta \neq 0$ 的情况下, 这两个方向并不重合[1].

(ii) 等容波 对于这些波, $\phi = 0$, 而且 $\boldsymbol{\psi}_1$ 满足 (9.14.7). 基本解的形式为

(9.14.21)
$$\boldsymbol{\psi}_1 = \boldsymbol{\psi}_0 \exp[-iQ_k(\omega)x_k]$$

式中的 $\boldsymbol{\psi}_0$ 和 $\mathbf{Q}(\omega)$ 是复矢量,它们满足

(9.14.22)
$$-c_2^2(\omega)Q_k(\omega)Q_k(\omega) + \omega^2 = 0; \quad \boldsymbol{\psi}_0 \cdot \mathbf{Q} = 0$$

如果我们令

(9.14.23)
$$\mathbf{Q} = \mathbf{Q}_1(\omega) - i\mathbf{Q}_2(\omega)$$

并利用 $(9.14.11)_{2,3}$, 则在 $\mathbf{Q}_1$ 和 $\mathbf{Q}_2$ 两个矢量之间的夹角已知的情况下, 我们就可得到两个与 (9.14.12) 类似的求解 $|\mathbf{Q}_1|$ 和 $|\mathbf{Q}_2|$ 的方程. 应用在无旋波中所使用的同样方法,即可得出方程的解. 这里我们只给出最后的结果

(9.14.24)
$$\mathbf{u} = -\left[\frac{i\omega}{c_s(\omega)}\mathbf{e}_1 + \alpha_s(\omega)\mathbf{e}_2\right] \times \boldsymbol{\psi}_0 \cdot \exp\left[i\omega\left(t - \frac{\mathbf{e}_1 \cdot \mathbf{x}}{c_s(\omega)}\right) - \alpha_s \mathbf{e}_2 \cdot \mathbf{x}\right]$$

式中的 $\boldsymbol{\psi}_0$ 是满足 (9.14.22) 的一个任意的矢量,而 $\mathbf{e}_1$ 和 $\mathbf{e}_2$ 满足

(9.14.25)
$$\mathbf{e}_1 \cdot \mathbf{e}_2 = \cos\beta > 0$$

$c_s(\omega)$ 和 $\alpha_s(\omega)$ 由类似于 (9.14.15) 的方程给出, 这时在方程

---

1) 这些结果由 Lockett [1962] 所给出. 他还研究了由平面边界的散射问题,其中,入射波是简单的,亦即, $\mathbf{e}_1 = \mathbf{e}_2$.

(9.14.15) 中要分别用 $\mu(\omega)$ 代替 $\lambda(\omega)+2\mu(\omega)$，用 Δ_s 和 $B(\Delta_s,\beta)$ 代替 Δ_d 和 $B(\Delta_d,\beta)$，这里

$$\tan\Delta_s(\omega)\equiv\mu_2(\omega)/\mu_1(\omega) \tag{9.14.26}$$

$$B(\Delta_s,\ \beta)\equiv(1+\cot^2\Delta_s\cos^2\beta)^{1/2}-\cot\Delta_s\cos\beta$$

当 $\beta=0$ 时，我们再一次得到"简单等容波"的特殊情况。在这种情况下，$\mathbf{e}_1=\mathbf{e}_2$，而 (9.14.24) 简化为

$$(u_x,\ u_y,\ u_z)=(0,\ \psi_{0z},\ \psi_{0y}) \times\left[i\frac{\omega}{c_s(\omega)}+\alpha_s(\omega)\right] \times\ \exp\left[i\omega\left(t-\frac{x}{c_s(\omega)}\right)-\alpha_s(\omega)x\right] \tag{9.14.27}$$

这里我们已假定 $\mathbf{e}_1$ 是沿 x 轴正向的。在这种情况下，c_s 和 α_s 简化为

$$c_s=|\mu(\omega)/\rho|^{1/2}\sec(\Delta_s/2) \tag{9.14.28}$$

$$\alpha_s=(\omega/c_s)\tan(\Delta_s/2)$$

此时，波的传播方向和衰减方向又一次重合。但当 $\beta\neq0$ 时，情况就不是这样的了。

这两个问题的解表明，在粘弹性介质中的平面波的传播是以存在与传播方向不同的衰减方向为特征的。除了所谓"简单波"的情况 ($\mathbf{e}_1=\mathbf{e}_2$) 以外，这是个一般的结论。

9.15 Kelvin-Voigt 固体和 Maxwell 固体中一维波的传播

诸如 Kelvin-Voigt 固体和 Maxwell 固体这样特殊的粘弹性模型，在实用上受到一定的限制。但是，它们在数学上比较简单，而且在求解波的传播问题中，对这些固体中波的讨论具有定性的和直观的价值。这里我们给出在 Kelvin-Voigt 固体和 Maxwell固体中的波的论述。

对于一维波，我们只有一个不为零的位移分量，即，

$$u_1=u(x,\ t),\ u_2=u_3=0 \tag{9.15.1}$$

(i) **Kelvin-Voigt 固体**　　在这种情况下，场方程 (9.11.2)，

(9.11.6) 和 (9.11.8) 简化为

(9.15.2) $$c_1^2\frac{\partial^2 u}{\partial x^2}+2k\frac{\partial^3 u}{\partial x^2\partial t}-\frac{\partial^2 u}{\partial t^2}=0$$

式中

(9.15.3) $$c_1\equiv\left(\frac{\lambda_e+2\mu_e}{\rho}\right)^{1/2},\ k\equiv\frac{\lambda_v+2\mu_v}{2\rho}$$

λ_v 和 μ_v 是常数。此时应力分量为

$$t_{xx}=\left[\lambda_e+2\mu_e+(\lambda_v+2\mu_v)\frac{\partial}{\partial t}\right]\frac{\partial u}{\partial x}$$

(9.15.4) $$t_{yy}=t_{zz}=\left(\lambda_e+\lambda_v\frac{\partial}{\partial t}\right)\frac{\partial u}{\partial x}$$

$$t_{xy}=t_{yz}=t_{zx}=0$$

当我们讨论杆中的波的传播时，必须令 $t_{yy}=t_{zz}=0$，并用对应定理来修改 (9.15.3) 和 (9.15.4).在这种情况下，t_{xx} 的 Laplace 变换 $\bar{t}_{xx}$ 的形式为

$$\bar{t}_{xx}=\bar{E}\bar{e}_{xx}$$

式中 $\bar{E}$ 由 $(9.10.12)_1$ 给出。在 $\lambda_e/\mu_e=\lambda_v/\mu_v$ 这样一类特殊的物质(通常用于解析工作)中，$\bar{E}$ 取简单的形式，于是 t_{xx} 的表达式与分别用

(9.15.5) $$E\equiv\frac{(3\lambda_e+2\mu_e)}{\lambda_e+\mu_e}\mu_e,\ E_v\equiv\frac{(3\lambda_v+2\mu_v)}{\lambda_v+\mu_v}\mu_v$$

代替 $\lambda_e+2\mu_e$ 和 $\lambda_v+2\mu_v$ 的 (9.15.4) 相同。

(9.15.2) 的平面谐波解具有下列形式：

(9.15.6) $$u=U\exp[i(\omega t-\lambda x)]$$

式中的 U, ω 和 λ 都是常数。把 (9.15.6) 代入 (9.15.2) 得出，关于 ω 和 λ 的二次方程，即

(9.15.7) $$\omega^2-2ik\lambda^2\omega-\lambda^2c_1^2=0$$

我们讨论两类不同的问题：(1) 波长 $L=2\pi/\lambda$，从而 λ 也是实数；(2) 频率 ω 是实数。

(1) 波长是实数　在这种情况下，频率方程的解是

$$\omega = ik\lambda^2 \pm \Omega_v \tag{9.15.8}$$
$$\Omega_v \equiv (\lambda^2 c_1^2 - k^2\lambda^4)^{1/2}$$

因而，一般解具有形式

$$u = \exp(-k\lambda^2 t - i\lambda x)[U_1 \exp(i\Omega_v t) + U_2 \exp(-i\Omega_v t)] \tag{9.15.9}$$

式中 U_1 和 U_2 是常数．我们来观察这个解的几个特点：

(a) 当 $k = 0$ 时，我们得出无阻尼弹性波的平面谐波解，亦即，$\omega/\lambda = c_1$ 的方程 (9.15.6)．纯弹性波以无旋波的不变相速度 c_1 传播(相速度$\equiv c \equiv \mathrm{Re}\omega/\mathrm{Re}\lambda$)，而且对于所有的波长 $L = 2\pi/\lambda$ 和频率，波幅在时间和空间中保持不变．

(b) 由于 (9.15.9) 中存在 $\exp(-k\lambda^2 t)$ 项，其中 $k > 0$，故知粘弹性波将随时间而衰减．

(c) 粘弹性波的频率以非线性形式依赖于波长（见方程 (9.15.8)）．这表示，不同的波长以不同的相速度传播．这个现象称为**弥散**．所以粘弹性波是弥散的．

(d) 每当固体的内部粘性大到足以使得

$$k \geqslant c_1/\lambda \tag{9.15.10}$$

时，波的振动特征就要破坏．因此，当 k 取 $k_{cr} \equiv c_1/\lambda$，或超过这个值时，波将不是随时间而谐和的了．

(e) 当波长很大时，即 $k^2\lambda^2/c_1^2 \ll 1$ 时，我们可把 Ω_v 近似地表示为

$$\Omega_v = \lambda c_1 + O(k^2\lambda^2/c_1^2)$$

于是 (9.15.9) 可近似地写成

$$u = \exp(-k\lambda^2 t)\{U_1 \exp[i\lambda(c_1 t - x)] + U_2 \exp[-i\lambda(c_1 t + x)]\} \tag{9.15.11}$$

所以，波长很大的波以无旋波的相速度向前和向后传播．这些波的波幅随时间以指数正比于波长平方的指数形式衰减．

(2) 频率 ω 是实数　在这种情况下，(9.15.8)关于 λ 的解为

$$\lambda^2 = \frac{\omega^2}{c_1^2(1 + ik_1\omega)} \tag{9.15.12}$$

$$k_1 \equiv \frac{\lambda_v + 2\mu_v}{\lambda_e + 2\mu_e} \text{ 或 } k_1 = \frac{E_v}{E} \text{（束）}$$

现在记

(9.15.13) $$\lambda = \pm(\Omega_1 - i\alpha_1)$$

式中

(9.15.14)
$$\Omega_1 \equiv \frac{\omega}{\sqrt{2}\ c_1}\left[\frac{(1 + k_1^2\omega^2)^{1/2} + 1}{1 + k_1^2\omega^2}\right]^{1/2}$$
$$\alpha_1 \equiv \frac{\omega}{\sqrt{2}\ c_1}\left[\frac{(1 + k_1^2\omega^2)^{1/2} - 1}{1 + k_1^2\omega^2}\right]^{1/2}$$

$$c/c_1 \equiv \omega/c_1\Omega_1 = (\sqrt{2}/k_1\omega)(1 + k_1^2\omega^2)^{1/2} [(1 + k_1^2\omega^2)^{1/2} - 1]^{1/2}$$

这里 c 是相速度．显然，对于很小的 $k_1\omega$，由这些表达式我们可得

(9.15.15)
$$\Omega_1 = \frac{\omega}{c_1}\left[1 - \frac{3}{8}\ k_1^2\omega^2 + O(k_1^4\omega^4)\right]$$
$$\alpha_1 = \frac{k_1\omega^2}{2c_1}\ [1 + O(k_1^2\omega^2)]$$
$$c/c_1 = 1 + \frac{3}{8}\ k_1^2\omega^2 + O(k_1^4\omega^4)$$

因此，对于小的 $k_1\omega$，相速度 $c = \omega/\Omega_1$ 几乎与在纯弹性固体中的 c_1 相同。但是，波却以正比于 $k_1\omega^2/2c_1$ 的衰减因子成指数规律地衰减。另一方面，对于高频的情况，$k_1\omega \gg 1$，而（9.15.14）给出

(9.15.16)
$$\Omega_1 = \alpha_1 = (\omega/2k_1c_1^2)^{1/2}$$
$$c/c_1 = (2k_1\omega)^{1/2}$$

因为相速度是 ω 的非线性函数，所以波是弥散的．对于弥散波，定义**群速度** c_g 为

$$c_g \equiv \frac{\partial\omega}{\partial\lambda}$$

粗略地说，它是体现能量传播速率的特征速度[1]．因为 $c \equiv \omega/\lambda$，

1）关于群速度概念的评论和发展，请参见 Whitham [1961].

所以我们也有

$$c_g = c\left(1 - \frac{\omega}{c}\frac{dc}{d\omega}\right)^{-1} \tag{9.15.17}$$

对于这种情况，利用 (9.15.14)₃，我们可得

$$c_g/c_1 = (2c/c_1)(1 + k_1^2\omega^2)\left[3 + k_1^2\omega^2 - (1 + k_1^2\omega^2)^{1/2}\right]^{-1} \tag{9.15.18}$$

相速度 c_1，群速度 c_g 和衰减因子 α_1 作为 $k_1\omega$ 的函数绘于图 9.15.1 中。对于很小的 $k_1\omega$，我们得到 $c_g = c_1$，对很大的 $k_1\omega$，$c_g = 2c = 2c_1\sqrt{2k_1\omega}$。显然，这在物理上是荒谬的，因为这意味着，由无限短的波长的波所构成的波束将以无限大的速度传播。我们注意到，当 $k_1\omega$ 很大时，α_1 也很大，这表示高频波很快地衰减。于是，随着 $k_1\omega$ 而趋于无限的 c_g 在物理上是没有意义的。

(ii) Maxwell 固体 这类固体的本构方程由(9.11.7)中给

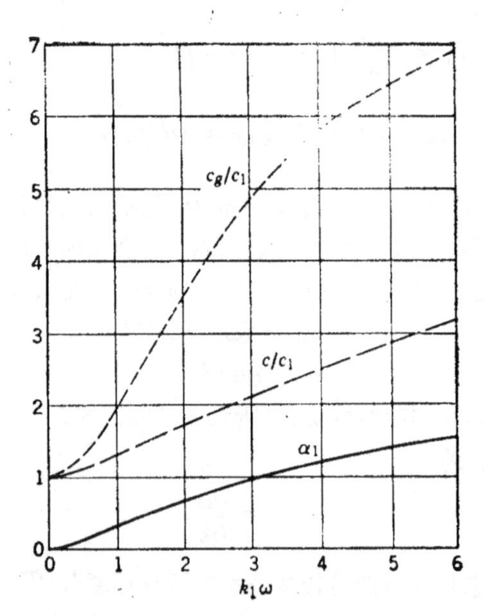

图 9.15.1 Kelvin-Voigt 固体的相速度 c，群速度 c_g 和衰减因子 α_1（引自 Davies [1956]）。

出．对于 $\alpha_m=0$ 的特殊物质，结果可以大为简化[1]．在一维运动中，除了 $t_{11}=t_{xx}$ 外，其它的 $t_{kl}=0$，而 t_{xx} 的本构方程为

$$\dot{t}_{xx}+2\beta_m t_{xx}=(\lambda_m+2\mu_m)\frac{\partial^2 u}{\partial x\partial t} \tag{9.15.19}$$

把下式

$$\begin{aligned} t_{xx}&=T\exp[i(\omega t-\lambda x)]\\ u&=U\exp[i(\omega t-\lambda x)]\end{aligned} \tag{9.15.20}$$

代入（9.15.19），这里的 T 和 U 都是常数，则得

$$T=\frac{(\lambda_m+2\mu_m)\omega\lambda U}{i\omega+2\beta_m} \tag{9.15.21}$$

把（9.15.20）代入一维运动方程

$$\frac{\partial t_{xx}}{\partial x}-\rho\frac{\partial^2 u}{\partial t^2}=0$$

我们得到

$$-iT\lambda+\rho\omega^2 U=0 \tag{9.15.22}$$

把（9.15.21）代入上式，得到频率方程

$$\omega(\omega^2-2i\beta_m\omega-c_m^2\lambda^2)=0 \tag{9.15.23}$$

式中

$$c_m\equiv\left(\frac{\lambda_m+2\mu_m}{\rho}\right)^{1/2} \tag{9.15.24}$$

是与无旋弹性波波速对应的速度．

下面我们对实数 λ 和实数 ω 两种情况分别研究（9.15.23）的根．

1．波长是实数　在这种情况下，（9.15.23）的根是

$$\omega=0,\quad \omega=i\beta_m\pm\omega_m \tag{9.15.25}$$

式中

$$\omega_m\equiv(c_m^2\lambda^2-\beta_m^2)^{1/2} \tag{9.15.26}$$

于是位移场由下式给出：

1）应变状态由（9.10.13）给出，这相当于通常的束理论的近似．

(9.15.27) $$u=\exp(-\beta_m t-i\lambda x)[U_1\exp(i\omega_m t)+U_2\exp(-i\omega_m t)]+U_3\exp(-i\lambda x)$$

除去驻波解(系数 U_3)，这个解的特点是:

(a) 平面谐波随时间而衰减.当波长很小 ($c_m^2\lambda^2>\beta_m^2$) 时,阻尼系数依赖于波长.

(b) 当波长 $\lambda\leqslant\lambda_{cr}$ 时,波的振动特性消失,这里

(9.15.28) $$\lambda_{cr}\equiv\beta_m/c_m$$

(c) 当波长很大,即 $\lambda\gg\lambda_{cr}$ 时, ω_m 及 u 可近似表示为

(9.15.29) $$\omega_m=c_m\lambda+O(\lambda_{cr}^2/\lambda^2)$$

(9.15.30) $$u=\exp(-\beta_m t-i\lambda x)[U_1\exp(ic_m\lambda t)+U_2\exp(-ic_m\lambda t)]+U_3\exp(-i\lambda x)$$

(d) 当 $\beta_m=0$, $c_m=c_1$ 和 $U_3\equiv 0$ 时,可求得弹性波解.这后一条件是由于在这种情况下,本构方程 (9.15.19) 是 Hooke 定律的变率而得到的.

2. 频率 ω 是实数 由方程 (9.15.23), 我们解出

(9.15.31) $$\lambda=\pm(\Omega_2-i\alpha_2)$$

式中

(9.15.32)
$$\Omega_2=\frac{\omega}{\sqrt{2}\,c_m}[(1+4\beta_m^2\omega^{-2})^{1/2}+1]^{1/2}$$
$$\alpha_2=\frac{\omega}{\sqrt{2}\,c_m}[(1+4\beta_m^2\omega^{-2})^{1/2}-1]^{1/2}$$

相速度 c 由下式给出:

(9.15.33) $$\frac{c}{c_m}=\frac{\omega}{c_m\Omega_2}=\sqrt{2}[(1+4\beta_m^2\omega^{-2})^{1/2}+1]^{-1/2}$$

由这些结果我们看到,当 ω 与 $2\beta_m$ 相比很大时, 衰减因子 $\alpha_2c\simeq\beta_m/c_m$ 与频率无关. 对于高频的情况,相速度 c_m 在 $\lambda_m+2\mu_m=\lambda_e+2\mu_e$ 时与弹性固体中的相速度相同. 在低频的情况 ($2\beta_m/\omega\gg 1$) 下,由 (9.15.32) 和 (9.15.33), 我们得到

(9.15.34) $$\alpha_2\simeq\sqrt{\beta_m\omega}/c_m,\quad c/c_m\simeq\sqrt{\omega/\beta_m}$$

这与 Kelvin-Voigt 模型的高频特性类似. 当 $\omega\to 0$ 时, 我们有

$\alpha_2 \to 0$，$c \to 0$，它表示虽然这些波不衰减，但它们也不移动这一事实。

由 (9.15.17) 算得群速度 c_g

$$\frac{c_g}{c_m} = 2\frac{c}{c_m}[1 + (1 + 4\beta_m^2\omega^{-2})^{-1/2}]^{-1} \tag{9.15.35}$$

对于低频，有 $c_g/c_m = 2\sqrt{\omega/\beta_m}$，对于高频，有 $c_g/c_m = 1$.

相速度 c，群速度 c_g 和衰减因子 α_2 与 $\omega/2\beta_m$ 的关系示于图 9.15.2 中。群速度在 $\omega/2\beta_m \simeq 0.57$ 处有最大值 $(c_g/c_m)_{max} = 1.08$，这表明波阵面以超过 c_m 8% 的速度移动。

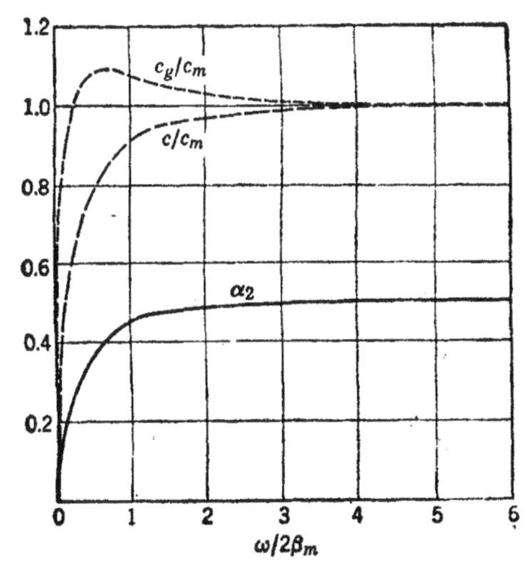

图 9.15.2 Maxwell 固体的相速度 c，群速度 c_g 和衰减因子 α_2（引自 Davies [1956]）

在这里必须指出，Kelvin-Voigt 模型和 Maxwell 模型在所有的频率范围内都不能近似为线性粘弹性物质。为了得到一个与实验更好符合的关系，对其它的模型也作了研究。Hillier [1949] 和 Kolsky [1953] 讨论了在一个**标准线性固体**中波的传播。这个模型由下列形式的本构方程来描述：

$$\left(\alpha_m + \gamma_1\frac{\partial}{\partial t}\right) t_{rr}\delta_{kl} + 2\left(\beta_m + \gamma_2\frac{\partial}{\partial t}\right) t_{kl} \tag{9.15.36}$$

$$-\left(\lambda_e+\lambda_v\frac{\partial}{\partial t}\right)\tilde{e}_{rr}\delta_{kl}+2\left(\mu_e+\mu_v\frac{\partial}{\partial t}\right)\tilde{e}_{kl}$$

它把 Kelvin-Voigt 模型和 Maxwell 模型两者的特性结合起来.

尽管在适当的频率范围内，这些模型也只给出很少的定量结果,但是这些努力在揭示粘弹性波的行为上还是富有成效的. Kolsky 的实验结果已示于图 9.10.3 中(参见第 9.10 节),该图给出聚乙烯的情况. 企图根据前面讨论的简单模型把理论结果和实验结果联系起来是不成功的. 所以,在这个领域中,近代的工作是转向利用由 (9.11.9) 表示的一般粘弹性模型，并用电子计算机进行计算，或者在实验工作的基础上近似衰减因子和相速度. 关于这方面的讨论请参见第 9.16 节.

9.16 受冲击压力的半空间

在这一节中，我们讨论在半空间 $x>0$ 的边界 $x=0$ 上受冲击压力作用的边值问题. 这个问题的解只须作极小的修正也就可以成为半无限杆在端点 $x=0$ 上受冲击荷载作用问题的解.

在一维空间方向上的粘弹性波的传播的控制方程可以由 (9.11.9) 令 $u_2=u_3=0$ 和 $u_1(x_1,t)=u(x,t)$ 而得到,这里的 u 与 x_2 和 x_3 无关,而只依赖于 $x_1\equiv x$. 于是有

$$(9.16.1)\qquad (\lambda_e+2\mu_e)\frac{\partial^2 u}{\partial x^2}+\int_0^t[\lambda_v(t-s)+2\mu_v(t-s)]\frac{\partial^3 u(s)}{\partial x^2\partial s}ds=\rho\frac{\partial^2 u}{\partial t^2}$$

这里我们已假定体力为零. 在这种情况下，关于应力分量我们有

$$t_{xx}=(\lambda_e+2\mu_e)\frac{\partial u}{\partial x}+\int_0^t[\lambda_v(t-s)+2\mu_v(t-s)]\frac{\partial^2 u(s)}{\partial x\partial s}ds$$

$$(9.16.2)\qquad t_{yy}=t_{zz}=\lambda_e\frac{\partial u}{\partial x}+\int_0^t\lambda_v(t-s)\frac{\partial^2 u(s)}{\partial x\partial s}ds$$

$$t_{xy}=t_{yz}=t_{zx}=0$$

当讨论在杆中的波的传播时，我们需要修正(9.16.1)和(9.16.2)，就象在第9.15节中所解释的那样，把 $\lambda_e+2\mu_e$ 和 $\lambda_v+2\mu_v$ 分别换成

$$E\equiv\frac{(3\lambda_e+2\mu_e)\mu_e}{\lambda_e+\mu_e},\quad E_v\equiv\frac{(3\lambda_v+2\mu_v)\mu_v}{\lambda_v+\mu_v}\tag{9.16.3}$$

并令 $t_{yy}=t_{zz}=0$. 半空间 $x>0$ 在初始时是静止的.

在边界 $x=0$ 上加上下列任意一个边界条件都可以产生波：

(a) 均匀位移场 $u(0,\ t)=u_0(t)$

(b) 均匀速度 $\dot{u}(0,\ t)=v_0(t)$

(c) 均匀压力 $t_{xx}(0,\ t)=-p_0(t)$

这些问题的解可以用 Laplace 变换和 Fourier 变换求得.我们给出使用这两种变换的例子.设 $\bar{u}(x,\zeta)$ 是 $u(x,\ t)$ 的 Laplace 变换，则在 $u(x,0)=\dot{u}(x,0)=0$ 的条件下，(9.16.1)和(9.16.2)的 Laplace 变换给出

$$c^2(\zeta)\frac{d^2\bar{u}}{dx^2}-\zeta^2\bar{u}=0\tag{9.16.4}$$

$$\bar{t}_{xx}=\rho c^2(\zeta)\frac{d\bar{u}}{dx}\tag{9.16.5}$$

式中

$$c^2(\zeta)=c_1^2[1+\zeta\bar{a}(\zeta)]\tag{9.16.6}$$

$$c_1^2\equiv\frac{\lambda_e+2\mu_e}{\rho},\quad \bar{a}(\zeta)\equiv\frac{\lambda_v+2\bar{\mu}_v}{\lambda_e+2\mu_e}\tag{9.16.7}$$

因而，在满足问题(a)到(c)的边界条件下，(9.16.4)的解为

$$\bar{u}(x,\ \zeta)=\bar{u}_0(\zeta)\exp\left[-\frac{x\zeta}{c(\zeta)}\right]\qquad\text{问题 (a)}\tag{9.16.8}$$

$$\bar{u}(x,\ \zeta)=\bar{v}_0(\zeta)\zeta^{-1}\exp\left[-\frac{x\zeta}{c(\zeta)}\right]\qquad\text{问题 (b)}\tag{9.16.9}$$

$$\bar{u}(x,\ \zeta)=\frac{\bar{p}_0(\zeta)}{\zeta\rho c(\zeta)}\exp\left[-\frac{x\zeta}{c(\zeta)}\right]\qquad\text{问题 (c)}\tag{9.16.10}$$

这些结果的 Laplace 逆变换给出在时间区域上的解。但是，除了

一些特殊情况以外，求出这些逆变换是很困难的。下面我们给出两个特殊情况。

(i) Kelvin-Voigt 物质 在这种情况下，$\bar{a}(\zeta)$ 是个常数

$$\bar{a}(\zeta)=a=\frac{\lambda_v+2\mu_v}{\lambda_e+2\mu_e} \tag{9.16.11}$$

所以

$$c^2(\zeta)=c_1^2[1+a\zeta] \tag{9.16.12}$$

对于这种情况，我们来求问题 (b) 的逆。$\bar{v}_0(\zeta)$ 的逆是 $v_0(t)$，所以根据卷积定理，(9.16.9) 的逆具有下列形式：

$$u(x,t)=a\int_0^t v_0(\sigma)G(x,t-\sigma)d\sigma \tag{9.16.13}$$

式中 $G(x,t)$ 是个函数，它的 Laplace 变换为

$$\bar{G}(x,\zeta)=\frac{1}{a\zeta}\exp\left[-\frac{x\zeta}{c_1\sqrt{1+a\zeta}}\right] \tag{9.16.14}$$

为了求得它的逆，我们引用

$$\bar{B}(y,s)\equiv\bar{G}(x,\zeta)=s^{-1}\exp(-ys/\sqrt{1+s}) \tag{9.16.15}$$
$$s\equiv a\zeta,\quad y\equiv x/ac_1$$

$\bar{B}$ 的逆可用下述方法求得 (Morrison [1956])。根据 Laplace 变换理论中的一般结论 (Carslaw 和 Jaeger [1948, p. 259])，如果 $\bar{f}(s)$ 和 $\bar{\varphi}(s,\eta)$ 分别是 $f(t)$ 和 $\varphi(t,\eta)$ 的 Laplace 变换，并且

$$\exp[-\eta h(s)]/g(s)=\bar{\varphi}(s,\eta) \tag{9.16.16}$$

则

$$L^{-1}\{\bar{f}[h(s)]/g(s)\}=\int_0^\infty \varphi(t,\eta)f(\eta)d\eta \tag{9.16.17}$$

现在令

$$\bar{f}(s)\equiv\frac{1}{\sqrt{s}}\exp[-y\sqrt{s}],\quad g(s)\equiv\sqrt{s}$$

$$h(s)\equiv(s-1)^2/s$$

$$\bar{\varphi}(s, \eta) = \frac{1}{\sqrt{s}} \exp\left[-\frac{\eta(s-1)^2}{s}\right]$$

$$= e^{2\eta} e^{-\eta s} \frac{\exp(-\eta/s)}{\sqrt{s}}$$

于是显然有

$$\bar{f}[h(s)]/g(s) = \frac{1}{s-1} \exp\left[-\frac{y(s-1)}{\sqrt{s}}\right] \tag{9.16.18}$$

$$\equiv \bar{B}(y, s-1)$$

因此,如果我们能够利用移位定理得到这个逆

$$L^{-1}\{\bar{B}(y, s-1)\} = e^{\tau} B(y, \tau) = aG(x, t)e^{t/a} \tag{9.16.19}$$

$$\tau \equiv t/a$$

我们就可得到所希望的解. 由变换表 (Churchill [1958, p. 328]),我们有

$$f(\tau) = (\pi\tau)^{-1/2} \exp\left(-\frac{y^2}{4\tau}\right)$$

$$L^{-1}\left\{\frac{1}{\sqrt{s}} \exp\left(-\frac{\eta}{s}\right)\right\} = (\pi\tau)^{-1/2} \cos(2\sqrt{\eta\tau})$$

因此由移位定理

$$\varphi(\tau, \eta) = \frac{\cos\sqrt{4\eta(\tau-\eta)}}{\sqrt{\pi(\tau-\eta)}} e^{2\eta} H(\tau-\eta)$$

这里 $H(\eta)$ 是 Heaviside 单位函数,它定义为

$$H(\eta) = \begin{cases} 1 & \text{当 } \eta > 0 \text{ 时} \\ 0 & \text{当 } \eta < 0 \text{ 时} \end{cases}$$

把 $f(\eta)$ 和 $\varphi(\tau, \eta)$ 代入 (9.16.17), 当 $s > 0$ 时,我们得到

$$L^{-1}\{\bar{B}(y, s-1)\} = \frac{1}{\pi} \int_0^{\tau} \frac{\cos\sqrt{4\eta(\tau-\eta)}}{\sqrt{\eta(\tau-\eta)}} \times \exp\left(2\eta - \frac{y^2}{4\eta}\right) d\eta$$

因此,根据 (9.16.16), 我们有

$$(9.16.20)\qquad aG(x,\ t)\equiv V(y,\ \tau)$$

$$=\frac{1}{\tau}e^{-\tau}\int_0^\tau\frac{\cos\sqrt{4\eta(\tau-\eta)}}{\sqrt{\eta(\tau-\eta)}}\times\exp\left(2\eta-\frac{y^2}{4\eta}\right)d\eta$$

$$\tau\equiv t/a,\quad y\equiv x/ac_1$$

我们指出，$V(y,\ \tau)$ 刚好就是由时刻 $t=0_+$时，在平面 $x=0$ 处突加一个单位速度（Heaviside 单位函数）作用所产生的在 $(x,\ t)$ 上的粒子速度. 为了求得在任意的时间相关的速度作用下的同样问题的解，我们把 (9.16.20) 代入到卷积定理 (9.16.13) 中. 对该式微分可得到粒子的速度 $v(x,\ t)=\dot{u}(x,\ t)$，亦即，

$$(9.16.21)\qquad v(x,\ t)=av_0(0)G(x,\ t)+a\int_0^t G(x,\ t-\sigma)\dot{v}_0(\sigma)d\sigma$$

根据上面已经得到的 $u(x,\ t)$ 和 Kelvin-Voigt 固体的本构方程，我们就可计算应力 t_{xx}. 或者，我们也可以对下式求逆:

$$(9.16.22)\qquad \bar{t}_{xx}(x,\ \zeta)=-\rho c_1(1+a\zeta)^{1/2}\bar{v}_0(\zeta)\exp[-x\zeta/c_1\sqrt{1+a\zeta}]$$

我们继续使用上述方法来确定由时刻 $t=0_+$ 时，在 $x=0$ 处一个突加的常值速度 v_0 的作用所产生的应力. 在这种情况下，$\bar{v}_0(\zeta)=v_0/\zeta$，而且 (9.16.22) 简化为

$$(9.16.23)\qquad -\frac{\bar{t}_{xx}(x,\ \zeta)}{\rho c_1 a v_0}=\frac{\sqrt{1+s}}{s}\exp\left(-\frac{ys}{\sqrt{1+s}}\right)$$

$$s\equiv a\zeta,\quad y\equiv x/c_1a$$

为了求得上式的逆，我们利用

$$\bar{\varphi}(s,\eta)\equiv\exp\left[-\eta\left(s+\frac{1}{s}-2\right)\right]=e^{2\eta}e^{-\eta s}e^{-\eta/s}$$

$$\bar{f}(s)\equiv\frac{1}{\sqrt{s}}\exp(-y\sqrt{s})$$

于是，形式上

$$L^{-1}\{\exp(-\eta/s)\}=\delta(\tau)-\sqrt{\eta/\tau}\,J_1(\sqrt{4\eta\tau}),\tau\equiv t/a$$

式中 $\delta(\tau)$ 是 Dirac δ 函数，而 J_1 是一阶的第一类 Bessel 函数。移位定理给出

$$\varphi(\tau,\ \eta)=e^{2\eta}\{\delta(\tau-\eta)-\sqrt{\eta/(\tau-\eta)}\times J_1[\sqrt{4\eta(\tau-\eta)}\,]\}H(\tau-\eta)$$

当 $s>0$ 时，利用 (9.16.17)，我们得到

$$L^{-1}\left\{\frac{\sqrt{s}}{s-1}\exp\left[-\frac{y(s-1)}{\sqrt{s}}\right]\right\}=\frac{1}{\sqrt{\pi\tau}}\exp\left(2\tau-\frac{y^2}{4\tau}\right)-\int_0^\tau\frac{J_1[\sqrt{4\eta(\tau-\eta)}\,]}{\sqrt{\pi(\tau-\eta)}}\exp\left(2\eta-\frac{y^2}{4\eta}\right)d\eta$$

以 $s-1$ 代替 s，则移位定理给出

$$-\frac{t_{xx}(x,\ t)}{\rho c_1 v_0}=\sum(y,\ \tau)=e^{\tau}\left\{\frac{1}{\sqrt{\pi\tau}}\exp\left(-\frac{y^2}{4\tau}\right)-\int_0^\tau\frac{J_1\sqrt{4\eta(\tau-\eta)}}{\sqrt{\pi(\tau-\eta)}}\exp\left[-2(\tau-\eta)-\frac{y^2}{4\eta}\right]d\eta\right\} \tag{9.16.24}$$

在原点 $x=0$ 处，上式化为

$$-\frac{t_{xx}(0,t)}{c_1 v_0}=\frac{1}{\sqrt{\pi\tau}}e^{-\tau}\mathrm{erf}(\sqrt{\tau}\,) \tag{9.16.25}$$

式中 $\mathrm{erf}\,\tau$ 是误差函数。

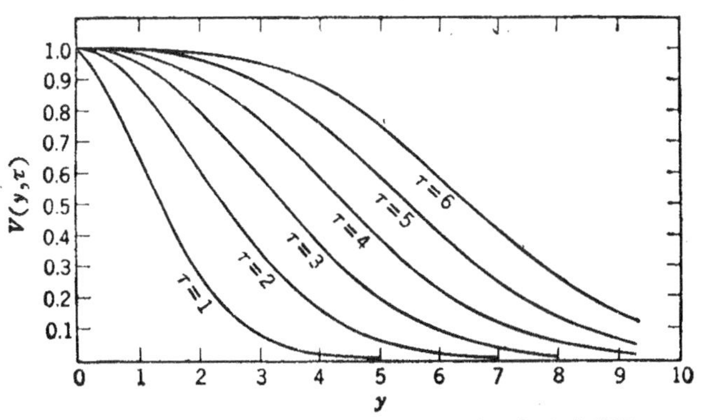

图 9.16.1 由于在 $y=0$ 处突加一单位速度的作用，在半无限 Voigt 杆中产生的粒子速度(引自 Morrison [1956])

由于在 $x=0$ 上突加一个单位速度而产生的，由 (9.16.20) 所给出的粒子速度 $V(y, \tau)$ 和由 (9.16.24) 所给出的无量纲应力 $\Sigma(y, \tau)$ 分别示于图 9.16.1 和图 9.16.2 中.

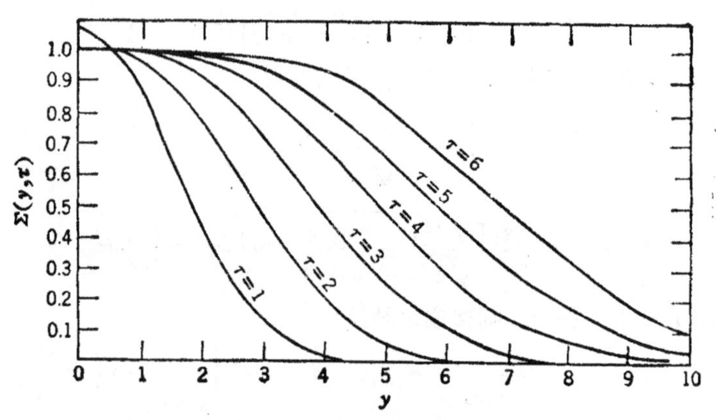

图 9.16.2 由于在 $y=0$ 处突加一常速度的作用，在半无限 Voigt 杆中产生的无量纲应力(引自 Morrison [1956])

(ii) Maxwell 固体 对于这种模型，在一维应变的情况下，t_{xx} 的应力本构方程的 Laplace 变换是

$$\bar{t}_{xx}=[\lambda(\zeta)+2\mu(\zeta)]\frac{\partial\bar{u}}{\partial x} \tag{9.16.26}$$

式中 $\lambda(\zeta)$ 和 $\mu(\zeta)$ 由 (9.12.12) 所给出. 由于冲击而在杆中引起的波的传播已经作了研究. 对于束理论，当把弹性模量和粘性模量进行适当组合[1]时，我们即可写出

$$\bar{t}_{xx}=\rho c^2(\zeta)\frac{\partial\bar{u}}{\partial x} \tag{9.16.27}$$

式中

$$c(\zeta)\equiv c_m[\zeta/(\zeta+2\beta_m)]^{1/2},\quad c_m^2\equiv E_m/\rho \tag{9.16.28}$$

由 (9.16.10) 和 (9.16.27) 得出问题 (b) 的应力为

$$-\bar{t}_{xx}(x, \zeta)/\rho c_m=\zeta\bar{v}_0(\zeta)[\zeta(\zeta+2\beta_m)]^{-1/2}\times\exp[-y\sqrt{\zeta(\zeta+2\beta_m)}] \qquad \text{问题 (b)} \tag{9.16.29}$$

1) 在这里取 $\alpha=0$，并以 E_m 代替 $\lambda+2\mu$.

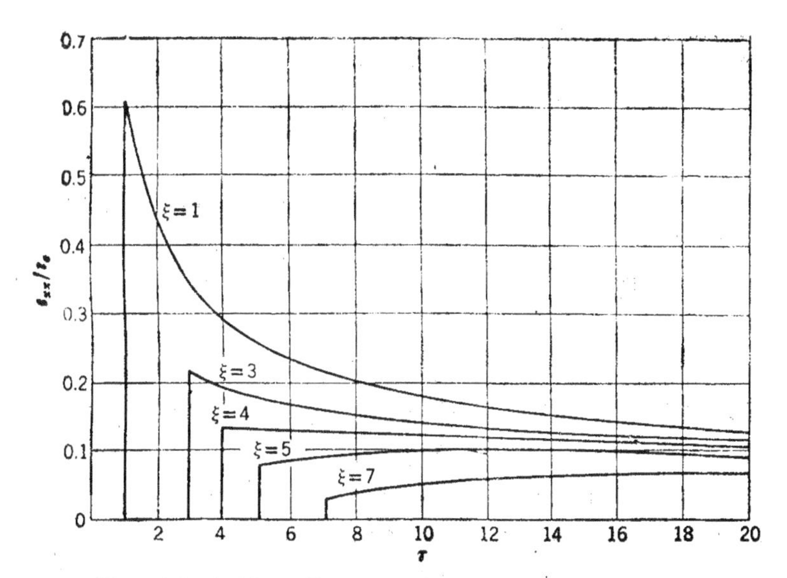

图 9.16.3 在 Maxwell 固体(杆)中，在不同位置 ξ 处应力随无量纲时间的变化. 杆在一端 $\xi=0$ 处，在时刻 $\tau=0$ 时受到一常值速度的作用而开始运动

式中

$$y \equiv x/c_m \tag{9.16.30}$$

(9.16.29) 右边 $\zeta\bar{v}_0(\zeta)$ 的系数的逆可由表查得（参见 Churchill [1958, p. 329]）. 从而，利用卷积定理，我们得到[1]

$$\begin{aligned} -t_{xx}(x,t)/\rho c_m = \{&v_0(0)e^{-\beta_m t}I_0(\beta_m\sqrt{t^2-y^2}) \\ &+\int_y^t \dot{v}_0(t-\sigma)e^{-\beta_m\sigma}I_0(\beta_m\sqrt{\sigma^2-y^2})d\sigma\}H(t-y)\end{aligned} \tag{9.16.31}$$

在没有耗散的情况下，纯弹性应力 t_e 由下式给出：

$$t_e(x,t) = -\rho c_m v_0(t-y)H(t-y) \tag{9.16.32}$$

---

1) Lee 和 Kanter [1953]. Glauz 和 Lee [1954] 论述了关于四参数模型的粘弹性物质的同样的问题. Morrison [1956] 求得了关于各种类型模型的这个问题的解. 也可参见 Lee 和 Morrison [1956]. Berry 和Hunter [1956] 研究了其它类型的端部条件，不同的模型以及具有有限长度的杆. 对于有限长的杆突然产生运动的问题，请参见 Eringen 和 Dunkin [1959].

借助于无量纲参数

$$\tau \equiv \beta_m t, \quad \xi \equiv \beta_m y = \beta_m x / c_m \tag{9.16.33}$$

当 $v_0(t) = v_0 =$ 常数时，耗散应力与弹性应力之比 t_{xx}/t_e 为

$$t_{xx}/t_e = e^{-\tau} I_0(\sqrt{\tau^2 - \xi^2}) \tag{9.16.34}$$

根据 Davies [1956] 的工作，作为无量纲时间 τ 和无量纲位置 ξ 的函数的上列比值绘于图 9.16.3 中。在冲击的前端，我们有 $\tau = \xi$，因此波阵面就象没有耗散那样用与群速度不同的速度 c_m 传播。

正如我们所看到的，除了需要计算一些比较繁杂的积分反演外，在处理这些问题中没有根本的困难。下面我们给出利用一些实验来求得逆变换的第三个例子。

(iii) Fourier 变换方法 用 Fourier 变换代替 Laplace 变换可以给出和在 (9.16.8) 到 (9.16.10) 中用 $-i\omega$ 代替 ζ 的同样结果。这种反演可以用通常的形式表示。例如，对于问题 (c) 的解，(9.16.10) 成为

$$u(x, t) = \frac{i}{2\pi} \int_{-\infty}^{\infty} \frac{\bar{p}_0(\omega)}{\rho \omega c(\omega)} \exp\left[-i\omega t + i\frac{x\omega}{c(\omega)}\right] d\omega \tag{9.16.35}$$

$$\mathrm{Im}\left[\frac{\omega}{c(\omega)}\right] > 0, \quad x > 0$$

式中字母上的一横代表 Fourier 变换，例如

$$\bar{p}_0(\omega) \equiv \int_{-\infty}^{\infty} p_0(t) e^{i\omega t} dt \tag{9.16.36}$$

而

$$\begin{aligned} c^2(\omega) &\equiv c_1^2[1 - i\omega\bar{a}(\omega)] \\ \bar{a}(\omega) &\equiv \frac{\lambda_v(\omega) + 2\bar{\mu}_v(\omega)}{\lambda_e + 2\mu_e} \end{aligned} \tag{9.16.37}$$

我们把 $\omega/c(\omega)$ 分成实部和虚部

$$\frac{\omega}{c(\omega)} = \frac{\omega}{\gamma(\omega)} + i\alpha(\omega), \quad \alpha(\omega) > 0 \tag{9.16.38}$$

式中 $\alpha(\omega)$ 和 $\gamma(\omega)$ 是实的，并有

(9.16.39) $\alpha(-\omega)=\alpha(\omega)>0,\ \gamma(\omega)=\gamma(-\omega)>0,$

$$0<\omega<\infty$$

由 (9.16.39) 和 (9.16.38) 我们得到

(9.16.40)
$$\gamma(\omega)=|c(\omega)|\sec\frac{\Delta}{2}$$
$$\alpha(\omega)=\frac{\omega}{\gamma}\tan\frac{\Delta}{2}$$

式中

(9.16.41)
$$\tan\Delta=\omega\bar{a}(\omega)$$

把 (9.16.38) 代入由 (9.15.35) 算得的速度 $v(x,\ t)=\dot{u}(x,\ t)$ 的表达式中，则我们有

(9.16.42)
$$v(x,\ t)=\frac{1}{2\pi\rho}\int_{-\infty}^{\infty}\bar{p}_0(\omega)(\gamma^{-1}+i\alpha\omega^{-1})\exp[-\alpha(\omega)x-i\omega(t-x/\gamma(\omega))]d\omega$$

由此易见，对于以频率 ω 沿正 x 轴方向传播的谐波，$\alpha(\omega)$ 起着**衰减因子**的作用，而 $\gamma(\omega)$ 则起着**相速度**的作用.

根据 Hillier 和 Kolsky [1949] 以及 Hillier [1949] 关于在 10°C 时聚乙烯的实验，在 1 千周/秒 $<\omega/2\pi<16$ 千周/秒频率区域内，关于 ω 衰减是线性的. 对应的相速度则由低频时的 3.5×10^4 厘米/秒急剧增加到 2 千周/秒时的 10^5厘米/秒，然后从 2 千周/秒到16千周/秒之间，相速度保持常值. 因此，在超过一个较大的频率区域时，$\gamma(\omega)=c_0=$ 常数，当 α_0 是常数时，$\alpha(\omega)=\alpha_0|\omega|$. 若选取

(9.16.43)
$$\gamma(\omega)\cong c_0>0,\ \alpha(\omega)=\alpha_0|\omega|>0$$

这里，按照 (9.16.40)

(9.16.44)
$$\alpha_0=c_0^{-1}\tan\frac{\Delta}{2}$$

则对于冲击压力 $p_0(t)=P\delta(t)$ 或 $\bar{p}_0(\omega)=P$ 的情况，可以实现反演 (9.16.42). 这里 P 是 $t=0$ 时作用在 $x=0$ 处的常值压力.

所以[1]

$$v(x,\ t)=\frac{P}{\pi\rho\alpha_0c_0x}\cdot\frac{1+\alpha_0c_0\tau}{1+\tau^2} \tag{9.16.45}$$

式中的 τ 是无量纲的时间变量

$$\tau\equiv\frac{t-(x/c_0)}{\alpha_0x} \tag{9.16.46}$$

这个结果与 Kolsky 在聚乙烯中传播 50 厘米以后所测得的实验脉冲符合得较好(图 9.16.4)。图中绘制的是理论最大值与实验最大值匹配以后所得的 $v/v_{\max}$ 关于 τ 的曲线. 这里 $c_0=9.5\times10^4$ 厘米/秒，$\tan\dfrac{\Delta}{2}=0.081$，以及 (9.16.43) 和 (9.16.44) 都来自于 Kolsky 的实验.

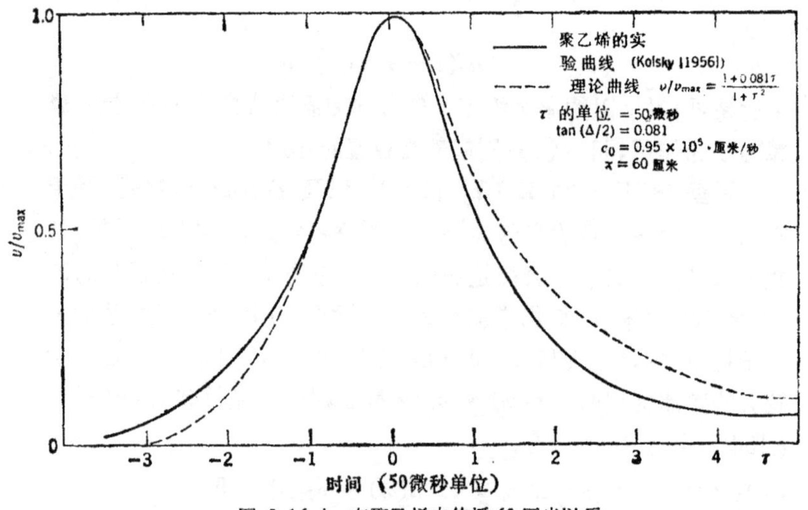

图 9.16.4 在聚乙烯中传播 60 厘米以后的速度分布曲线(引自 Hunter [1967])

这样求得的结果和关于聚乙烯的实验结果比较符合. 但是对于有机玻璃，我们有过小的值 $\tan\dfrac{\Delta}{2}=0.02$，而且理论也无法预

1) 请参见 Hunter [1960], [1967].

示由 Kolsky 得到的实验脉冲的不对称性。在假定 $\tan\Delta =$ 常数的基础上，并利用 30 个 Fourier 谐波的计算已由 Kolsky [1956] 和 Hunter [1960] 完成，而且结果与实验相当一致。

由上面的讨论可知，一般的 Boltzmann-Volterra 理论要求有冗长的计算。因此，尽管理论是完美的，但是它的实际应用却需要大量的数值计算工作。

9.17 粘弹性固体球腔中的冲击波

在第 6.12 节中，我们曾给出关于纯弹性介质的这个问题的解。利用对应定理，我们可以求得关于粘弹性固体的这个问题的解。由 (6.12.4) 和 (6.12.9) 所给出的位移场的 Laplace 变换可以写成

$$\bar{u}_r = \frac{\partial}{\partial r}\left[\frac{1}{r}\exp\left(\frac{a-r}{c_1}\zeta\right)\bar{F}(\zeta)\right] \tag{9.17.1}$$

式中

$$\begin{aligned}
\bar{F}(\zeta) &\equiv -\frac{a}{\rho}\frac{\bar{p}(\zeta)}{(\zeta+\alpha)^2+\beta^2}\\
\alpha &\equiv \frac{2}{a\sqrt{\rho}}\frac{\mu_e}{(\lambda_e+2\mu_e)^{1/2}}\\
\beta &\equiv \frac{2}{a\sqrt{\rho}}\left[\frac{(\lambda_e+\mu_e)\mu_e}{\lambda_e+2\mu_e}\right]^{1/2}\\
c_1 &\equiv \frac{(\lambda_e+2\mu_e)^{1/2}}{\sqrt{\rho}}
\end{aligned} \tag{9.17.2}$$

为了求得在粘弹性中对应解的 Laplace 变换，根据对应定理，我们分别用 $\lambda(\zeta)$ 和 $\mu(\zeta)$ 代替 λ_e 和 μ_e。于是，我们有

$$\bar{u}_r = \frac{\partial}{\partial r}\left[\frac{1}{r}\exp\left[\frac{(a-r)\zeta}{c(\zeta)}\right]\bar{F}(\zeta)\right] \tag{9.17.3}$$

式中，

$$\bar{F}(\zeta) \equiv -\frac{a}{\rho}\frac{\bar{p}(\zeta)}{[\zeta+\alpha(\zeta)]^2+\beta^2(\zeta)}$$

$$\alpha(\zeta) \equiv \frac{2}{a\sqrt{\rho}} \frac{\mu(\zeta)}{[\lambda(\zeta)+2\mu(\zeta)]^{1/2}}$$

(9.17.4) $$\beta(\zeta) \equiv \frac{2}{a\sqrt{\rho}} \frac{\{[\lambda(\zeta) + \mu(\zeta)]\mu(\zeta)\}^{1/2}}{[\lambda(\zeta) + 2\mu(\zeta)]^{1/2}}$$

$$c(\zeta) \equiv \frac{[\lambda(\zeta) + 2\mu(\zeta)]^{1/2}}{\sqrt{\rho}}$$

$$\lambda(\zeta) \equiv \lambda_e + \zeta\bar{\lambda}_v(\zeta), \quad \mu(\zeta) \equiv \mu_e + \zeta\bar{\mu}_v(\zeta)$$

如果波是向 $r>0$ 的方向传播的，并在 $r=\infty$ 处消失则当 ζ 是在 $\bar{u}_r$ 的收敛半空间时，我们必须有 $|\arg[\zeta/c(\zeta)]| \leqslant \frac{\pi}{2}$.

显然，对于任意的粘性 $\lambda_v(t)$ 和 $\mu_v(t)$，不可能得到 (9.17.3) 的逆. 所以我们只讨论对于膨胀和剪切都具有相同的松弛时间 $1/2\beta_m$ 的 Maxwell 固体。这时

$$\lambda(\zeta) = \lambda_m\zeta/(\zeta + 2\beta_m)$$
$$\mu(\zeta) = \mu_m\zeta/(\zeta + 2\beta_m)$$

把它们代入 (9.17.3) 和 (9.17.4)，则给出

(9.17.5) $$\bar{u}_r(r, \zeta) = \bar{p}(\zeta)\bar{G}(r, \zeta)$$

式中

$$\bar{G}(r, \zeta) \equiv \frac{a}{\rho r^2}\left(1 + \frac{2\beta_m}{\zeta}\right)\Phi\left(r, \sqrt{\zeta(\zeta + 2\beta_m)}\right)$$

$$\Phi(r, s) \equiv \left(1 + \frac{r}{c_m}s\right)[(s + \alpha)^2 + \beta^2]^{-1}\exp(-t_0 s)$$

(9.17.6) $$\alpha \equiv \frac{2}{a\sqrt{\rho}} \mu_m(\lambda_m + 2\mu_m)^{-1/2}$$

$$\beta \equiv \frac{2}{a\sqrt{\rho}}\left[\frac{\mu_m(\lambda_m + \mu_m)}{(\lambda_m + 2\mu_m)}\right]^{1/2}$$

$$c_m \equiv \left(\frac{\lambda_m + 2\mu_m}{\rho}\right)^{1/2}, \quad t_0 \equiv \frac{r - a}{c_m}$$

$\bar{\phi}(r, s)$ 的逆变换 $\phi(r, t)$ 可利用 Laplace 变换表求得 (Churchill [1958, p. 234]).

(9.17.7) $$\phi(r, t)=\Phi(r, t)H(t-t_0)$$

式中 $H(t)$ 是 Heaviside 单位函数,而

(9.17.8) $$\Phi(r, t)=\left\{\frac{r}{c_m}\cos[\beta(t-t_0)]+\frac{1}{\beta}\left(1-\frac{\alpha r}{c_m}\right)\cdot\sin[\beta(t-t_0)]\right\}\cdot\exp[-\alpha(t-t_0)]$$

为了求得 $\bar{G}(r, \zeta)$ 的 Laplace 逆变换,我们把它写成

$$\bar{G}(r, \zeta)=\frac{a}{\rho r^2}\left(1+\frac{2\beta_m}{\zeta}\right)\bar{\phi}\left(r, \sqrt{(\zeta+\beta_m)^2-\beta_m^2}\right)$$

并应用移位定理和结论 (12) (Erdélyi 等[1954], p. 228). 于是

(9.17.9) $$\begin{aligned}G(r, t)=\frac{a}{\rho r^2}H(t-t_0)\Big\{&e^{-\beta_m t}\Phi(r, t)\\&+\beta_m e^{-\beta_m t}\int_0^{\sqrt{t^2-t_0^2}}\Phi(r, \sqrt{t^2-\tau^2})\mathrm{I}_1(\beta_m\tau)d\tau\\&+2\beta_m\int_{t_0}^{t}e^{-\beta_m\tau}\Phi(r, \tau)d\tau\\&+2\beta_m^2\int_{t_0}^{t}\int_0^{\sqrt{\tau^2-t_0^2}}e^{-\beta_m\tau}\Phi(r, \sqrt{\tau^2-\sigma^2})\mathrm{I}_1(\beta_m\sigma)d\sigma d\tau\Big\}\end{aligned}$$

这表明，由单位冲击荷载所产生位移场是 Green 函数. (9.17.5) 的逆变换由下式给出:

(9.17.10) $$u_r(r, t)=\int_0^t G(r, t-\tau)p(\tau)d\tau$$

对于脉冲 P，亦即，$p(t)=P\delta(t)$，这里 $\delta(t)$ 是 Dirac δ 函数，我们得到

(9.17.11) $$u_r(r, t)=PG(r, t)$$

令 $\beta_m=0$，我们重新得到在弹性介质中球腔外部的位移场

(9.17.12) $$u_r=\frac{Pa}{\rho r^2}\Phi(r, t)H\left(t-\frac{r-a}{c_m}\right)$$

在作少量运算并令波阵面速度 $c_m = c_1$ 以后，则上式可能与第 6.2 节中关于脉冲荷载的结果相一致。关于 Kelvin-Voigt 固体的上述问题已由 Mattice 和 Lieber [1954] 作了论述，他们计算了由各种形式的冲击波所引起的位移。关于这个课题的其它工作，请参见 Bland [1957], Berry [1958], Lockett [1961] 以及 Chao 和 Achenbach [1964].

习题

9.1 在一个非线性 Kelvin-Voigt 固体中，耗散应力 $_D\mathbf{T}$ 用 $\dot{\mathbf{C}}$ 的二阶多项式近似。如果固体是热力学相容的，则 $_D\mathbf{T}$ 必须取什么最终形式?

9.2 试确定各向同性 Kelvin-Voigt 固体的应力 $\mathbf{t}$ 关于 $\mathbf{C}$ 和 $\dot{\mathbf{C}}$ 是二次的本构方程的最终形式.

9.3 如果问题 9.2 中的粘弹性固体是不可压缩的，则本构方程取什么形式?

9.4 各向同性 Kelvin-Voigt 固体承受定常简单剪切作用，试确定应力张量.

9.5 线性各向同性 Kelvin-Voigt 物质中承受下述类型的应力场:

(a) 持久的均匀应力 t_0;

(b) 振荡的均匀应力场.

试确定在这两种情况下的应变场.

9.6 一个具有圆形截面的各向同性的不可压缩 Kelvin-Voigt 杆承受扭矩作用. 试计算用剪切率表示的轴向荷载和扭矩.

9.7 一个具有圆形截面的线性各向同性的 Kelvin-Voigt 杆经受自由扭转振动，试确定位移场.

9.8 具有圆形截面的线性各向同性 Kelvin-Voigt 柱体承受均匀外压力作用. 试确定其位移场和应力场.

9.9 无限延伸的线性各向同性 Kelvin-Voigt 物体承受常值的集中力作用. 确定其位移场.

9.10 线性各向同性的 Kelvin-Voigt 半空间，在它边界的一个圆形区域上承受到均匀扭转. 试确定其位移场.

9.11 垂直于线性各向同性 Kelvin-Voigt 半空间的平坦自由边界而传播的平面波反射回来. 试求反射波与入射波的振幅比.

9.12　试求在无限的各向同性线性 Kelvin-Voigt 固体中传播的球面波的振幅衰减.

9.13　线性 Maxwell 固体在 $t=0$ 时承受均匀应力场作用，试确定在以后时刻中的应力场.

9.14　对于 Maxwell 固体试求习题 9.4 到习题 9.11 的任一问题的解.

9.15　试确定应力通量为零的应力场.

9.16　线性 Maxwell 固体具有下述类型的均匀应变场:

(a) 持久的常应变 ε_0;

(b) 振荡的均匀应变.

试确定这两种情况下的应力场.

9.17　变率相关的线性各向同性粘弹性物质具有均匀的定常振荡的应变场. 试确定其应力场.

9.18　如果应力本构方程只包含一阶的应力率与应变率,则这种变率相关的线性各向同性粘弹性物质称为标准固体.当这样固体受到下述任一应变场作用时,试求应力场:

(a) 均匀的持久应变场 ε_0;

(b) 振荡的均匀应变场.

9.19　用标准固体(习题 9.18) 制造的半无限圆形杆,当其一端受冲击荷载作用时,试确定杆中的轴向位移.

9.20　线性各向同性的 Boltzmann-Volterra 固体承受振荡的均匀应力场.试确定其应变场.

9.21　线性各向同性的 Boltzmann-Volterra 固体具有指数型的核

$$\lambda_v(t)=\lambda_1 e^{-\alpha t},\ \mu_v(t)=\mu_1 e^{-\alpha t}$$

这里的 λ_1, μ_1 和 $\alpha>0$ 均为常数. 用此材料制成的无限长圆形杆在其一端受冲击荷载作用,试确定其轴向应力场.

9.22　在习题 (9.21) 中所描述的 Boltzmann-Volterra 杆的一端以常值频率 ω_0 振动时,试求位移场.

9.23　以线性各向同性 Boltzmann-Volterra 固体制成的厚圆柱火箭,以角速度 ω_0 转动. 试求此圆柱外表面的位移.

9.24　线性各向同性 Boltzmann-Volterra 柱体在时刻 $t=0$ 时承受常值压力的作用. 初始时柱体是静止的. 试求以后时刻的应力场.

9.25　习题 (9.24) 中所描述的固体承受轴对称外载荷作用,试求位移场的场方程的拟静力解.

9.26（短文） 试建立在其中变形和温度历史是重要的这样一种热弹性物质的本构方程.

9.27（短文） 研究文献并对有关粘弹性物质的试验工作加以讨论. 可只限于讨论线性情况或非线性情况.

第十章　连续统电动力学

10.1　本章范围

本章对可变形物体和流动性物体的电磁理论进行系统的和理性的阐述以及为了说明这个理论而例举出若干问题的解．这个课题不仅对理解和预示一大类物理现象有重要意见，而且在技术上还有大量的实际应用．例如,压电晶体,电子工业,磁性记忆元件,电子计算机，利用可控等离子体产生能量以及在诸如地磁学和天体动力学中很多自然现象都是建立在复杂而又耐人寻味的电磁场与可变形物体和流动性物体的相互作用基础上的．本章从连续统观点来研究这一课题．但是为了给出以电磁理论为基础的基本概念，还介绍与推导了有关的微观概念．

在第 10.2 节中,我们介绍电荷和电矩的基本概念．由电荷的运动而产生的电流和磁矩在第 10.3 节中讨论．在第 10.4 节中,我们介绍在固定参考标架和运动参考标架中的 Maxwell 方程．电磁平衡定律在第 10.5 节中阐述，同时导出局部平衡定律和跳变条件．

为了建立电力 (electromechanical) 的相互影响,必须推导有质动力和有质动力偶的表达式．在第 10.6 节中根据 Lorentz 电子理论得到这些表达式．第 10.7 节的研究课题是电磁能．

为了讨论边界条件,我们在可以运动的交接面上建立电磁力、电磁力偶和电磁能的跳变间断的表达式．这些内容在第 10.8 节中讨论．接着即可建立平衡定律(第 10.9 节)．

为了处理这个领域中的问题,仅有平衡定律是不够的．为了使理论完备,还必须讨论与物质特性有关的本构方程．在第 10.10 节，我们介绍构造记忆相关物质的本构方程所需要的一般理论和基本概念．然后由此得到变率相关物质、弹性固体和粘性流体的本构方程. 电磁弹性固体的热力学在第 10.11 节中介绍.

在处理压电物质,压磁物质,铁磁物质和反铁磁物质的性状以及其它的物理现象时,物质对称性的限制具有特别重要的作用.为此,需要详尽讨论有关晶体的和磁性的对称群. 遗憾的是,由于篇幅的限制,关于这个问题只能在第10.12节中给出简短的论述. 在第 10.13 节中得到非线性各向同性电磁弹性固体的本构方程,而二次的和线性的本构方程则分别在第 10.14 节和第 10.15 节中给出. 对唯象上重要的"交叉效应",如电致伸缩效应,磁致伸缩效应,Peltier 效应,Seebech 效应,Hall 效应,Ettingshausen 效应,Righi-Leduc 效应和 Nernst 效应都作了充分的阐述.

在第 10.15 节中,我们给出各向异性的导热和导电弹性固体的本构方程. 诸如压电,压磁等出自各向异性的各种有意义的电力耦合,也都在本节中作了明确的说明. 在第 10.16 节中,我们讨论了物质模量的性质,并给出由实验确定的几种压电晶体的物质模量值的简表. 为了便于参考,在第 10.17 节中我们汇集了电磁弹性固体的基本方程.

从第 10.18 节开始,我们专门研究弹性电介质的理论,并给出若干线性和非线性问题的解,其中包括极化电介质的简单剪切(第 10.18 节),压电波(第 10.19 节)以及压电激发平板(第 10.20 节)等问题. 在第 10.21 节中,我们转向讨论磁弹性问题. 在第 10.22 节中研究无限长的导电柱体,而磁热弹性波在第 10.23 节中探讨.

在第 10.24 节中阐述电磁流体理论. 得出线性和非线性本构方程以及由热力学第二定律所给予的限制. 在第 10.25 节中汇总了基本方程. 在第 10.26 节中,我们讨论了磁流体力学(MHD)的近似并得到场方程. 在第 10.27 节和第 10.28 节中分别给出这个理论在 MHD 的渠道流动(第 10.27 节)和 Alfvén 波(第 10.28 节)中的应用.

10.2 电荷和电矩

在大量的实验根据的基础上,**电荷**的存在性是作为物理学的一个基本概念而被公设的。电流的存在是由电荷的运动而引起的。根据近代物理学的观点，物质是由基本粒子的集合所构成的，而基本粒子中的一些粒子带有电子电荷。电子电荷是大小为 $e = 1.6021917 \times 10^{-19}$ 库仑并带有“+”号或“—”号的电荷的最小可能分割。一个**稳定**粒子（例如原子）包含很多这样的量子电荷，使得在一个粒子中的总电荷是电子电荷的某个整数倍[1]。因而，如占有小体积元 Δv^α 的第 α 个稳定粒子是由 n 个位置在 $\mathbf{x}^{\alpha\beta}$ 的量子电荷 $e^{\alpha\beta}(\beta = 1, 2, \cdots, n)$ 所组成的，则在 Δv^α 中的总电荷为

$$\delta q^\alpha = e^\alpha \Delta v^\alpha = \sum_{\beta=1}^{n} e^{\alpha\beta} \tag{10.2.1}$$

此式用电荷密度 e^α 定义在 Δv^α 中的总电荷。

δq^α 的运动和与物质的相互作用产生电磁现象。这样的宏观物理现象可在任何所希望的精度下用 δq^α 的某些重要的统计矩来描述。

在本章中，我们要讨论的是电磁现象的连续统理论。连续统理论是建立在对原子尺度上表现的间断性加以光滑化的统计平均强度的基础上的。在大多数的宏观应用中，电荷的离散性可以忽略不计。这是因为，除非我们关心的物理现象是在原子和亚原子的尺度内，否则在一个微观体元内电荷数目如此之大，以致即使在非常高的精度下也可以忽略电子的个别的运动[2]。

物质含有两种类型的电荷：正电荷和负电荷。实验结果对一个孤立系统中总电荷守恒的公设给予强有力的支持。因此，如果在系统中出现（或消失）一定量的正电荷，则必在系统中同时出现（或消失）等量的负电荷，使得总电荷的代数和保持为常数。电荷

---

1) 在质子中和所有已知的粒子中的电荷都是 e 的整数倍。为验证这种倍数是严格整数而进行的实验的精度已高于 10^{-20}。

2) 在 150 伏特电位下的 1 微法拉电容器的每个电极上就有总数达 10^{15} 个基本电荷。多几千个电子或少几千个电子并不会引起注意。一个微安的电流是由每秒 6.2×10^{12} 个基本电荷的运动所产生的 (Jackson[1975], p.5).

以**束缚电荷**和**自由电荷**的形式出现．原子内层壳所带的负电荷是束缚电荷的例子，而自由电子所带的则是自由电荷的例子．

基于这些考虑，我们公设电荷的存在性如下：

对于具有边界曲面 $\partial\mathscr{V}$ 的空间区域 $\mathscr{V}$，我们赋与一个称为电荷的量，它具有与 M, L, T 无关的量纲 Q（称为库仑），使得该量是可加的，且在运动中保持不变．

如果电荷在 $\mathscr{V}$ 中和在 $\partial\mathscr{V}$ 上是绝对连续的，则存在体电荷密度 q 和面电荷密度 w，使得在 $\mathscr{V}\cup\partial\mathscr{V}$ 上的总电荷为

$$Q=\int_{\mathscr{V}} q dv+\int_{\partial\mathscr{V}} w da \tag{10.2.2}$$

电矩　最简单的复形是由单一电荷 δq 所构成的．电荷的另一种复形是由彼此相距离 d 的两组稳定电荷所构成的．考虑分别位于 $\mathbf{x}^1$ 和 $\mathbf{x}^2$ 的两个类点粒子，它们具有反号的相同电荷 δq，即 $\delta q^1=-\delta q^2=\delta q>0$．**这个复形的电矩定义为**

$$\mathbf{p}=\delta q^1\mathbf{x}^1+\delta q^2\mathbf{x}^2=\delta q(\mathbf{x}^1-\mathbf{x}^2)=\delta q\mathbf{d} \tag{10.2.3}$$
$$|\mathbf{p}|=\delta q d$$

当 $d\neq 0$ 时，它定义一个物理偶极子的电矩．理想的(数学的)偶极子是同时令 $\delta q\to\infty$ 和 $d\to 0$，并通过 $|\mathbf{p}|$ 保持常数来得到的．这样构成的电偶极子是电中性的，它的总电荷为零．

我们可以构成电矩为零的高阶复形，它可由四个电荷所构成．这就是通常所说的**四极矩**．事实上，一般的 n 阶电矩可构成如下：令 δq^α 和 δm^α 分别表示 Galileo 标架 R_G（固定的实验室标架）中位于 $\mathbf{x}^\alpha$ 处的单个粒子 p^α 的电荷和质量．包含这些粒子的体元 Δv 的**质量中心** C 的位置矢量 $\mathbf{x}$ 由下式给出：

$$\mathbf{x}=\sum_\alpha \delta m^\alpha\mathbf{x}^\alpha\Big/\sum_\alpha \delta m^\alpha \tag{10.2.4}$$

令 $\boldsymbol{\xi}^\alpha$ 表示对于 Δv 的质量中心的相对位置矢量，即，

$$\mathbf{x}^\alpha=\mathbf{x}+\boldsymbol{\xi}^\alpha,\ \sum_\alpha \delta m^\alpha\boldsymbol{\xi}^\alpha=0 \tag{10.2.5}$$

在 $\mathbf{x}$ 处的电荷密度 q 定义为

$$q\Delta v = \sum_{\alpha} \delta q^{\alpha} \tag{10.2.6}$$

如果复形是电中性的，则 $q = 0$. 复形关于 C 的**电矩**由下式给出：

$$\mathbf{p}\,\Delta v = \sum_{\alpha} \delta q^{\alpha} \boldsymbol{\xi}^{\alpha} \tag{10.2.7}$$

更一般地，n 阶电矩定义为

$$q_{kl\cdots r}\Delta v = \frac{1}{n!}\sum_{\alpha} \delta q^{\alpha} \xi_k^{\alpha} \xi_l^{\alpha} \cdots \xi_r^{\alpha} \text{ 或} \tag{10.2.8}$$

$$\mathbf{q}^{(n)}\,\Delta v = \frac{1}{n!}\sum_{\alpha} \delta q^{\alpha} (\boldsymbol{\xi}^{\alpha})^{n}$$

式中 $q_{kl\cdots r}$ 对所有的指标都是对称的，这可以用圆括号来表示，例如

$$q_{(kl)} = \frac{1}{2}(q_{kl} + q_{lk})$$

$$q_{(klm)} = \frac{1}{3!}(q_{klm} + q_{mkl} + q_{lmk} + q_{lkm} + q_{mlk} + q_{kml})$$

于是，四极矩定义为

$$q_{kl}\Delta v = \frac{1}{2}\sum_{\alpha} \delta q^{\alpha} \xi_k^{\alpha} \xi_l^{\alpha} = q_{lk}\Delta v \tag{10.2.9}$$

单位体积的**有效极化**定义为

$$\bar{p}_k = p_k - q_{lk,l} \tag{10.2.10}$$

如果考虑比四极矩更高阶的电矩，(10.2.10)的右边还要包括附加项。在本书中，我们不需要比四极矩更高阶的电矩。

10.3 电流，磁矩

在 Δv 中的电荷 δq^{α} 相对于形心 C 的**对流电流**定义为

$$\mathbf{j}^{\alpha} = \delta q^{\alpha} \dot{\boldsymbol{\xi}}^{\alpha}, \quad \dot{\xi}^{\alpha} \equiv \partial \xi^{\alpha}/\partial t \tag{10.3.1}$$

对应于 Δv 中的内部运动，δq^{α} 的**线动量**为 $\delta m^{\alpha} \dot{\boldsymbol{\xi}}^{\alpha}$，而对于 C 的**角动量** $\mathbf{S}_{(C)}^{\alpha}$ 和**磁矩** $\mathbf{m}_{(C)}^{\alpha}$ 定义为

(10.3.2) $$\mathbf{S}^{\alpha}_{(C)} = \boldsymbol{\xi}^{\alpha} \times (\delta m^{\alpha} \dot{\boldsymbol{\xi}}^{\alpha})$$

(10.3.3) $$\mathbf{m}^{\alpha}_{(C)} = \frac{1}{2c} \boldsymbol{\xi}^{\alpha} \times \mathbf{j}^{\alpha}$$

式中的常数 $c = (299,792,456 \pm 1.1$ 米/秒)是真空中的光速。把光速引入(10.3.3)中，是为了使 $\mathbf{m}^{\alpha}$ 的量纲为电荷×距离。复形电荷关于 C 的单位体积总角动量和总磁矩(或磁偶极子)分别为

(10.3.4) $$\mathbf{S}_{(e)} = \frac{1}{\Delta v} \sum_{\alpha} \delta m^{\alpha} \boldsymbol{\xi}^{\alpha} \times \dot{\boldsymbol{\xi}}^{\alpha}$$

(10.3.5) $$\mathbf{m}_{(C)} = \frac{1}{2c\Delta v} \sum_{\alpha} \delta q^{\alpha} \boldsymbol{\xi}^{\alpha} \times \dot{\boldsymbol{\xi}}^{\alpha}$$

磁 z^n **极矩**定义为

(10.3.6) $$m^{(n)}_{(C)} = \frac{n}{(n+1)!c\Delta v} \sum_{\alpha} \delta q^{\alpha} (\xi^{\alpha})^n \times \dot{\boldsymbol{\xi}}^{\alpha}$$

式中

$$(\xi^{\alpha})^n_{kl\cdots r} = (\underbrace{\xi^{\alpha} \otimes \xi^{\alpha} \otimes \cdots \otimes \xi^{\alpha}}_{n})_{kl\cdots r} = \xi^{\alpha}_k \xi^{\alpha}_l \cdots \xi^{\alpha}_r$$

表示 n 重并矢积.

传导电流 第 α 个体元 Δv^{α} 中的电子电荷 $e^{\alpha\beta}(\beta = 1, 2, \cdots)$ 相对于它们自身的位置会发生波动. $e^{\alpha\beta}$ 的速度可表示为

(10.3.7) $$\mathbf{v}^{\alpha\beta} = \dot{\mathbf{x}} + \dot{\boldsymbol{\xi}}^{\alpha} + \dot{\boldsymbol{\xi}}^{\alpha\beta}$$

式中的 $\dot{\xi}^{\alpha\beta}$ 是 $e^{\alpha\beta}$ 对于 Δv^{α} 的质量中心 C^{α} 的相对速度，参见图10.3.1. 须要着重指出的是

(10.3.8) $$|\boldsymbol{\xi}^{\alpha\beta}| \ll |\boldsymbol{\xi}^{\alpha}|$$

在 Δv 中的总电流密度 $\mathscr{J}$ 定义为

(10.3.9) $$\mathscr{J} \Delta v = \sum_{\alpha,\beta} e^{\alpha\beta} (\dot{\mathbf{x}} + \dot{\xi}^{\alpha} + \dot{\xi}^{\alpha\beta})$$

由此可见，$\mathbf{v}^{\alpha} = \dot{\mathbf{x}} + \dot{\boldsymbol{\xi}}^{\alpha}$ 只能计算总电流中的一部份(对流部份). 由 $\dot{\boldsymbol{\xi}}^{\alpha\beta}$ 产生的部份导出**传导电流**的定义. 为了说明这一点，我们注意到 Δv 是中性的，所以

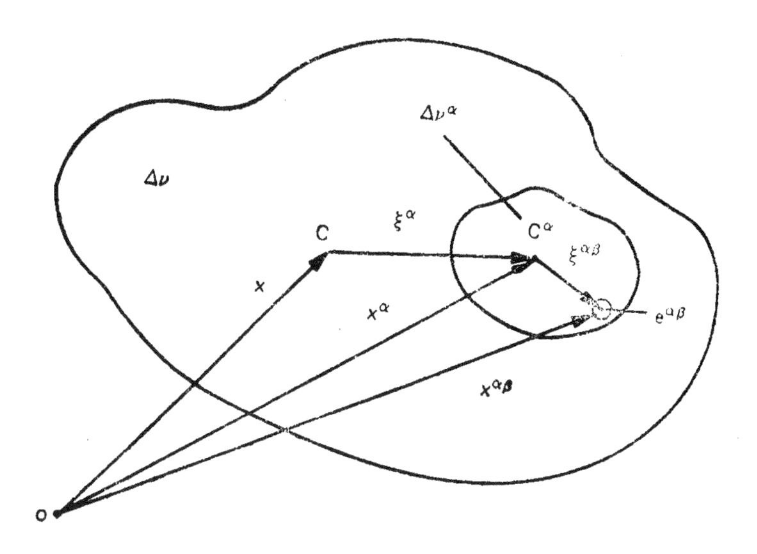

图 10.3.1 宏观体元 Δv 和具有运动电荷 $e^{\alpha\beta}$ 的微观体元 Δv^{α}

$$\sum_{\alpha,\beta} e^{\alpha\beta} = \sum_{\alpha} e^{\alpha}\Delta v^{\alpha} = \sum_{\alpha} \delta q^{\alpha} = 0$$

式中

(10.3.10) $$\delta q^{\alpha} = e^{\alpha}\Delta v^{\alpha} = \sum_{\beta} e^{\alpha\beta}$$

是在 Δv^{α} 中的总电荷．因为 $e^{\alpha\beta}$ 的位置 $\boldsymbol{\xi}^{\alpha\beta}$ 有波动，所以在 Δv^{α} 中的电荷中心 $\hat{\boldsymbol{\xi}}^{\alpha}$ 一般并不与 C^{α} 重合．我们可定义 $\hat{\boldsymbol{\xi}}^{\alpha}$ 为

(10.3.11) $$\sum_{\beta} e^{\alpha\beta}\dot{\xi}^{\alpha\beta} = e^{\alpha}\dot{\hat{\boldsymbol{\xi}}}^{\alpha}\Delta v^{\alpha} = \delta q^{\alpha}\dot{\hat{\boldsymbol{\xi}}}^{\alpha}$$

利用这些式子，(10.3.9)可写成

(10.3.12) $$\mathscr{J}\Delta v = \sum_{\alpha} \delta q^{\alpha}(\dot{\mathbf{x}} + \dot{\xi}^{\alpha} + \dot{\hat{\boldsymbol{\xi}}}^{\alpha}) = (\mathbf{j} + \hat{\mathbf{j}})\Delta v$$

式中 $\hat{\mathbf{j}}$ 是传导电流，它定义为

(10.3.13) $$\hat{\mathbf{j}}\Delta v = \sum_{\alpha} \delta q^{\alpha}\dot{\hat{\boldsymbol{\xi}}}^{\alpha} = \sum_{\alpha,\beta} e^{\alpha\beta}\dot{\xi}^{\alpha\beta}$$

10.4 电场，磁感应，Maxwell 方程

电矢量 $\mathbf{E}$ 是个每单位电荷受力大小的力场. 最初，它是在 Coulomb 的实验中作为作用在单位电荷上的力而被观测到的. 类似地，磁感应矢量 $\mathbf{B}$ 与作用在电流上的力相等. 它是在 Ampére 实验中作为载流环的相互作用力而被设想出来的. 在数值上 $|\mathbf{B}|/c$ 等于作用于单位电流上的力. 根据 Lorentz 的力方程

$$\mathbf{F}=q\left(\mathbf{E}+\frac{\mathbf{v}}{c}\times\mathbf{B}\right) \tag{10.4.1}$$

这些概念都显然地取自上述实验的结论. 在(10.4.1)中，对单位静止电荷我们有 $\mathbf{F}=\mathbf{E}$，因为 $q\mathbf{v}=\mathbf{j}$ 是对流电流，所以当力已知时第二项就具有上述的物理意义. 反之，一旦场 $\mathbf{E}$ 和 $\mathbf{B}$ 被确定，我们也可以把它们看成是属于作用在运动电荷上的力那样独立的概念.

尽管电磁场可由各种各样原因产生，但它们却可以在真空中存在，并与产生原因无关地传播能量. 因此 $\mathbf{E}$ 和 $\mathbf{B}$ 具有与原因无关的内在意义. 在电场 $\mathbf{E}$ 和磁感应 $\mathbf{B}$ 的作用下，物质体可以被极化和被磁化. 这意味着，物体的稳定粒子相互排斥(极化)，而电荷则处于产生磁场和电流的运动中. 宏观的极化和磁化分别用 $\mathbf{P}$ 和 $\mathbf{M}$ 表示，而总电流密度则用 $\mathbf{J}$ 表示. 场 $\mathbf{P}$ 和 $\mathbf{M}$ 是作为 $\mathbf{E}$ 场和 $\mathbf{B}$ 场与物质的相互作用而起作用的. 在真空中 $\mathbf{P}$ 和 $\mathbf{M}$ 为零，但是 $\mathbf{J}$ 作为自由电荷的运动的结果依然存在. 在 Maxwell 电磁理论中，为了方便，引入下面两个矢量 $\mathbf{D}$ 和 $\mathbf{H}$[1]:

$$\mathbf{D}=\mathbf{E}+\mathbf{P},\ \mathbf{B}=\mathbf{H}+\mathbf{M} \tag{10.4.2}$$

这里的 $\mathbf{D}$ 称为**电位移矢量**，而 $\mathbf{H}$ 称为**磁场**.

连续体的电磁现象是由 Maxwell 方程所控制的. 在时刻 t

---

1) 代替(10.4.2)常用的表示式是 $\mathbf{D}=\varepsilon_0\mathbf{E}+\mathbf{P},\ \mathbf{B}=\mu_0\mathbf{H}+\mathbf{M}$，式中 ε_0 是真空电介常数，μ_0 是真空磁导率. 在无线电工程师协会的标准中 (参见 IRE [1940])，$\varepsilon_0=8.854\times10^{-2}$ 法拉/米，$\mu_0=4\pi\times10^{-7}$ 亨利/米. 在本章中，只在某些问题中才偶而涉及 ε_0 和 μ_0，一般总是利用(10.4.2)式.

时，在固定的 Galileo 标架 R_G 中，应用 Lorentz-Heaviside 单位，则这些方程可表示为：

$$\nabla\cdot\mathbf{D}=q_f$$

$$\nabla\times\mathbf{E}+\frac{1}{C}\frac{\partial\mathbf{B}}{\partial t}=0$$

$$\nabla\cdot\mathbf{B}=0 \tag{10.4.3}$$

$$\nabla\times\mathbf{H}-\frac{1}{c}\frac{\partial\mathbf{D}}{\partial t}=\frac{1}{c}\mathbf{J}$$

这里 q_f 是自由电荷密度，$\mathbf{J}$ 是总电流密度．对最后一个方程取散度，并利用第一式，我们得到**电荷守恒**方程

$$\frac{\partial q_f}{\partial t}+\nabla\cdot\mathbf{J}=0 \tag{10.4.4}$$

Maxwell 方程(10.4.3)对于惯性参考架 R_G 的 Galileo 变换是不变的．Galileo 变换构成一个群，它由与时间无关的转动和纯 Galileo 变换所组成，后者可表示为

$$\mathbf{x}'=\mathbf{x}+\mathbf{V}t,\quad t'=t \tag{10.4.5}$$

式中 $\mathbf{V}$ 是个常值速度．因为(10.4.3)是以矢量形式写出的，所以转动不变性是显然的．在(10.4.5)变换下的不变性不很明显，因而需要讨论．为此，我们提出下列关系：

$$\nabla'=\nabla,\quad \frac{\partial}{\partial t'}=\frac{\partial}{\partial t}-\mathbf{V}\cdot\nabla \tag{10.4.6}$$

式中带一撇的算子是关于 Galileo 标架 $R_{G'}(\mathbf{x}',t')$ 的．注意到在第 2 节和第 3 节中给出的 q_f，$\mathbf{P}$，$\mathbf{M}$ 和 $\mathbf{J}$ 的定义，我们有

$$q_f'=q_f,\mathbf{P}'=\mathbf{P},\mathbf{J}'=\mathbf{J}+q_f\mathbf{V}, \tag{10.4.7}$$

$$\mathbf{M}'=\mathbf{M}-\frac{1}{c}\mathbf{V}\times\mathbf{P}$$

利用上列各式和(10.4.6)，我们就可得到(10.4.3)是形式不变量的$\left(\text{在}\ \frac{1}{c^2}\ \text{的范围内}\right)$充分必要条件为

$$\mathbf{E}'(\mathbf{x}',t') = \mathbf{E}(\mathbf{x},t) - \frac{1}{c}\mathbf{V}\times\mathbf{B}(\mathbf{x},t)$$

(10.4.8)

$$\mathbf{B}'(\mathbf{x}',t') = \mathbf{B}(\mathbf{x},t) + \frac{1}{c}\mathbf{V}\times\mathbf{E}(\mathbf{x},t)$$

在每个时刻,我们都可以把速度为 $\mathbf{v}$ 的连续统运动看成是一个由型如(10.4.5)所给出的局部的，瞬时 Galileo 变换．因此，我们可令 $R_{G'} = R_C$，这里的 R_C 是以前引用过的随动标架，而 $\mathbf{V} = -\mathbf{v}$．利用这些,我们可以写出

$$\mathscr{J} = \mathbf{J} - q_f\mathbf{v} = \hat{\mathbf{J}},\quad \mathscr{M} = \mathbf{M} + \frac{1}{c}\mathbf{v}\times\mathbf{P}$$

(10.4.9)

$$\mathscr{E} = \mathbf{E} + \frac{1}{c}\mathbf{v}\times\mathbf{B},\quad \mathscr{B} = \mathbf{B} - \frac{1}{c}\mathbf{v}\times\mathbf{E}$$

这里和以后,大写的手写体字母都表示在随动标架 R_C 中的场．我们还定义

$$\mathscr{H} = \mathscr{B} - \mathscr{M} = \mathbf{H} - \frac{1}{c}\mathbf{v}\times\mathbf{D} \tag{10.4.10}$$

方程(10.4.9)和(10.4.10)定义了用 R_G 中的场表示的 R_C(随动标架或**固有标架**）中的不同的电磁场．因此,例如,传导电流 $\mathscr{J}$ 是在 R_C 中的电流．显然，一个运动的磁场在 R_C 中产生电场（在(10.4.9)$_3$中的 $\mathbf{v}\times\mathbf{B}$ 项)，而一个运动的电场则在 R_C 中产生磁场．电场 $\mathscr{E}$ 通常称为**电动强度**．

Maxwell 方程(10.4.3)可以利用(10.4.9)和 (10.4.10) 变换到标架 R_C 上

$$\nabla\times\mathscr{E} + \frac{1}{c}\overset{*}{\mathbf{B}} = 0,\nabla\cdot\mathbf{B} = 0$$

(10.4.11)

$$\nabla\times\mathscr{H} - \frac{1}{c}\overset{*}{\mathbf{D}} = \frac{1}{c}\mathscr{J},\ \nabla\cdot\mathbf{D} = q_f$$

式中字母上的星号表示对流时间导数,它定义为

(10.4.12) $$\overset{*}{\mathbf{A}} = \dot{\mathbf{A}} - (\mathbf{A}\cdot\nabla)\mathbf{v} + \mathbf{A}(\nabla\cdot\mathbf{v})$$

$(10.4.11)_3$和$(10.4.11)_4$的另一种形式为

(10.4.13) $$\nabla\times\mathscr{B} - \frac{1}{c}\overset{*}{\mathbf{E}} = \frac{1}{c}\mathscr{J}^{\text{eff}},\ \nabla\cdot\mathbf{E} = q^{\text{eff}}$$

式中 q^{eff} 和 $\mathscr{J}^{\text{eff}}$ 分别是在 R_C 中的**有效电荷**和**有效电流**，它们分别定义为

(10.4.14) $$q^{\text{eff}} = q_f - \nabla\cdot\mathbf{P},\ \mathscr{J}^{\text{eff}} = \mathscr{J} + \overset{*}{\mathbf{P}} + c\nabla\times\mathscr{M}$$

必须指出，上述的变换公式在关于 $\beta \equiv v/c$ 的一阶范围内成立的，也就是说，高于一阶的 β 的高次幂项已被略去。

实际上，Maxwell 方程在 Lorentz 变换下是不变的。作为 Galileo 近似的结果，在这些方程中出现一些非相对论性的特征。按照 Galileo 相对性，极化了的运动物体将产生磁化。这可由下述事实明显看出，运动着的电荷分布将产生电流，但是运动着的磁化物体却不出现极化。除了在很高的速度以外，这样的效应是不能被发现的。然而，这种对称性的不足却在本世纪初刺激了相对论电动力学的研究。这里，我们顺便给出代替 $\mathbf{P}'$ 和 $\mathbf{M}'$ 的完全的相对论性公式

$$\mathbf{P}' = \left(1 - \frac{v^2}{c^2}\right)^{-1/2}\left\{\mathbf{P} - \frac{\mathbf{v}}{c}\times\mathbf{M} + \frac{\mathbf{v}}{c}\left(\frac{\mathbf{v}}{c}\cdot\mathbf{P}\right)\right.$$
$$\left.\times\left[\left(1 - \frac{v^2}{c^2}\right)^{1/2} - 1\right]\right\}$$

(10.4.15)
$$\mathbf{M}' = \left(1 - \frac{v^2}{c^2}\right)^{-1/2}\left\{\mathbf{M} + \frac{\mathbf{v}}{c}\times\mathbf{P}\right.$$
$$\left.+ \frac{\mathbf{v}}{c}\left(\frac{\mathbf{v}}{c}\cdot\mathbf{M}\right)\left[\left(1 - \frac{v^2}{c^2}\right)^{1/2} - 1\right]\right\}$$

10.5 电磁平衡定律

和力学平衡定律一样，连续统电动力学的合理论述要求我们陈述作为整体平衡方程的基本定律。这种陈述不仅为我们的课题

提供一个统一的方法，而且还给出场方程以及跳变条件和边界条件的系统推导．根据前面的物理的和引导性的准备，我们现在来公设有限范围的宏观物体的电动力学平衡定律[1]．

我们考虑一个嵌入在欧氏空间 E^3 中的具有正则边界曲面 $\partial\mathscr{V}$ 的区域 $\mathscr{V}$ 的单连通物质体．该物体被一个在其单位法线 $\mathbf{n}$ 方向上具有相对于 R_G 的速度 ν 的间断曲面 σ 所掠过．我们用 γ_σ 表示一条奇异线(固定在 σ 上)[2]，图 10.5.1 中的 $\mathscr{S}$ 是在 E^3 中被一个闭曲线 $\mathscr{C}$ 所围成的开物质曲面，而 γ_σ 是在具有速度 $\boldsymbol{\nu}$ 的 $\mathscr{S}$ 上的一个间断线．我们用 $d\mathbf{a}=\mathbf{n}\,da$ 表示有向面元，用

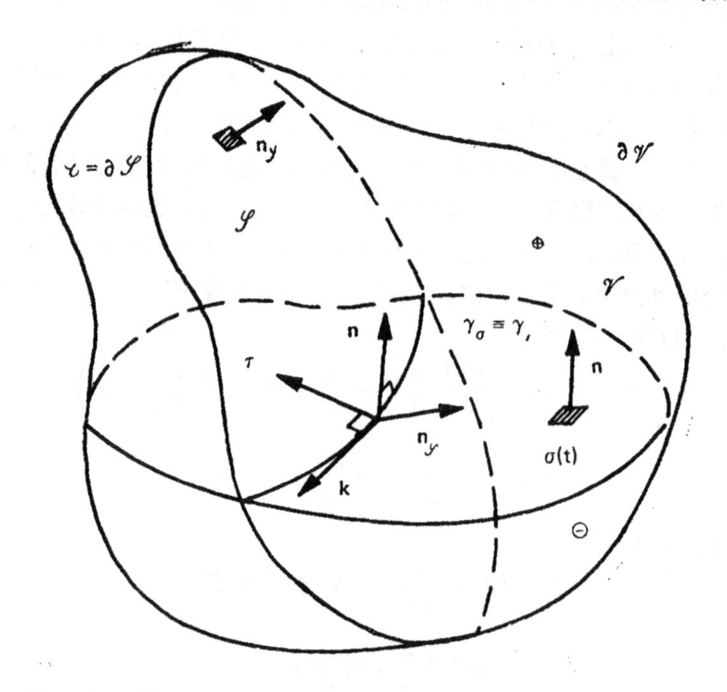

图 10.5.1 开物质体 $\mathscr{V}$ 和开物质曲面 $\mathscr{S}$．$\sigma(t)$ 是以速度 ν 掠过 $\mathscr{V}$ 的间断面；γ_σ 是 $\sigma(t)$ 和 $\mathscr{S}$ 的交线；$\mathbf{n}$ 是 $\sigma(t)$ 的单位法线矢量；$\mathbf{k}$ 是 γ_σ 的单位切向矢量，$\boldsymbol{\tau}$ 是付法向单位矢量．$\mathscr{S}$ 的单位法向矢量是 $\mathbf{n}_\mathscr{S}$．

1) 根据 Dixon 和 Eringen[1965]，Maugin 和 Eringen[1977]．
2) 间断曲面(曲线)是一个场不连续的间断面(线)．

$d\mathbf{x}=\mathbf{k}dl$ 表示线元，这里$\mathbf{k}$是间断线的单位切向矢量. 该间断线的付法线用 $\boldsymbol{\tau}=\mathbf{k}\times\mathbf{n}$ 表示.

非相对论电磁平衡定律可表述为:

Gauss 定律

$$\int_{\partial\mathscr{V}-\sigma}\mathbf{D}\cdot d\mathbf{a}=\int_{\mathscr{V}-\sigma}q_f dv+\int_{\sigma-\gamma_\sigma}w_f da+\int_{\gamma_\sigma}[\hat{\pi}\cdot\boldsymbol{\tau}]dl \tag{10.5.1}$$

Faraday 定律

$$\int_{\mathscr{S}-\gamma_{\mathscr{S}}}\mathscr{E}\cdot d\mathbf{x}+\frac{1}{c}\frac{d}{dt}\int_{\mathscr{S}-\gamma_{\mathscr{S}}}\mathbf{B}\cdot d\mathbf{a}=0 \tag{10.5.2}$$

磁通量守恒

$$\int_{\partial\mathscr{V}-\sigma}\mathbf{B}\cdot d\mathbf{a}=0 \tag{10.5.3}$$

Ampère 定律

$$\int_{\mathscr{S}-\gamma_{\mathscr{S}}}\mathscr{H}\cdot d\mathbf{x}-\frac{1}{c}\frac{d}{dt}\int_{\mathscr{S}-\gamma_{\mathscr{S}}}\mathbf{D}\cdot d\mathbf{a}=\frac{1}{c}\int_{\mathscr{S}-\gamma_{\mathscr{S}}}\mathscr{J}\cdot d\mathbf{a}-\frac{1}{c}\int_{\gamma_{\mathscr{S}}}\mathscr{K}\cdot\boldsymbol{\tau}dl \tag{10.5.4}$$

电荷守恒

$$\frac{d}{dt}\int_{\mathscr{V}-\sigma}q_f dv+\int_{\partial\mathscr{V}-\sigma}\mathscr{J}\cdot d\mathbf{a}+\frac{\delta}{\delta t}\int_{\sigma-\gamma_\sigma}w_f da-\int_{\gamma_\sigma}[\mathscr{K}\cdot\boldsymbol{\tau}]dl=0 \tag{10.5.5}$$

这里的 q_f 和 w_f 分别是体自由电荷密度和面自由电荷密度. $\hat{\pi}$ 是面极化[1]，当包括四电极时，它的存在性已被验证. $\mathscr{J}$ 和 $\mathscr{K}$ 分别是体传导电流和面传导电流. $\hat{\pi}$ 和 $\mathscr{K}$ 与它们所在的曲面相切[2]，

---

1) 如果 γ_σ 构成σ的一条边，在此边上 $\boldsymbol{\tau}$ 改变方向，则在 (10.5.1) 中的 $[\hat{\pi}\cdot\boldsymbol{\tau}]$ 应该用 $[\hat{\pi}_1\cdot\boldsymbol{\tau}_1]+[\hat{\pi}_2\cdot\boldsymbol{\tau}_2]$ 来代替，在(10.5.5)中亦应有类似的改变.

2) 我们对不同曲面的单位法线都记为 $\mathbf{n}$，而不去区分 $\mathbf{n}_\sigma$，$\mathbf{n}_{\mathscr{S}}$ 等等，因为根据场的定义域，这些曲面都可以认为是相同的.

亦即，

$$\hat{\pi}\cdot\mathbf{n}=0,\ \mathscr{K}\cdot\mathbf{n}=0 \tag{10.5.6}$$

在这些方程中，$\frac{d}{dt}$ 表示物质时间率，而 $\delta/\delta t$ 是由于间断面 σ 的运动而产生的全时间导数(参见方程(2.5.9))。我们还引入

$$\frac{\bar{\delta}}{\delta t}\equiv\frac{\partial}{\partial t}+V\frac{\partial}{\partial n},V=\boldsymbol{\nu}\cdot\mathbf{n},\ \frac{\partial}{\partial n}=\mathbf{n}\cdot\boldsymbol{\nabla} \tag{10.5.7}$$

利用定理(2.5.17),(2.5.18)和(A2.4),并引入在 R_G 中的总面电流

$$\mathbf{K}=w_f\boldsymbol{\nu}+\mathscr{K} \tag{10.5.8}$$

则方程(10.5.1)到(10.5.5)可写成

$$\int_{\mathscr{V}-\sigma}(\boldsymbol{\nabla}\cdot\mathbf{D}-q_f)dv+\int_{\sigma-\Upsilon_\sigma}([\mathbf{D}]\cdot\mathbf{n}-w_f+\boldsymbol{\nabla}_\sigma\cdot\hat{\pi})da-\int_{\partial\sigma-\Upsilon_\sigma}\hat{\pi}\cdot\boldsymbol{\tau}dl=0 \tag{10.5.9}$$

$$\int_{\mathscr{S}-\Upsilon_{\mathscr{S}}}\left(\boldsymbol{\nabla}\times\mathscr{E}+\frac{1}{c}\overset{*}{\mathbf{B}}\right)\cdot d\mathbf{a}+\int_{\Upsilon_{\mathscr{S}}}\left[\mathscr{E}+\frac{1}{c}\mathbf{B}\times(\mathbf{v}-\boldsymbol{\nu})\right]\cdot d\mathbf{x}=0 \tag{10.5.10}$$

$$\int_{\mathscr{V}-\sigma}\boldsymbol{\nabla}\cdot\mathbf{B}dv+\int_\sigma[\mathbf{B}]\cdot d\mathbf{a}=0 \tag{10.5.11}$$

$$\int_{\mathscr{S}-\Upsilon_{\mathscr{S}}}\left(\boldsymbol{\nabla}\times\mathscr{H}-\frac{1}{c}\overset{*}{\mathbf{D}}-\frac{1}{c}\mathscr{J}\right)\cdot d\mathbf{a}+\int_{\Upsilon_{\mathscr{S}}}\left(\left[\mathbf{H}-\frac{1}{c}\mathbf{D}\times(\mathbf{v}-\boldsymbol{\nu})\right]-\frac{1}{c}\mathscr{K}\times\mathbf{n}\right)\cdot d\mathbf{x}=0 \tag{10.5.12}$$

$$\int_{\mathscr{V}-\sigma}\left(\frac{\partial q_f}{\partial t}+\boldsymbol{\nabla}\cdot\mathbf{J}\right)dv-\int_{\partial\sigma-\Upsilon_\sigma}\mathscr{K}\cdot\boldsymbol{\tau}dl+\int_{\sigma-\Upsilon_\sigma}\left([\mathbf{J}-q_f\boldsymbol{\nu}]\cdot\mathbf{n}+\frac{\bar{\delta}w_f}{\delta t}+\boldsymbol{\nabla}_\sigma\cdot\mathbf{K}\right)da=0 \tag{10.5.13}$$

式中的 $\partial\sigma-\gamma_\sigma$ 表示 σ 的边界 $\partial\sigma$ 去掉它与 γ_σ 的交点. 算子 $\frac{\bar{\delta}}{\delta t}$ 表示由于 σ 沿它的法向运动而产生的时间导数,而 ∇_σ 是 σ 的曲面梯度[参见方程(2.5.9)].

如果假定这些整体平衡定律对各种流形的任意小的单元都成立,则它们就可给出局部平衡定律(**局部化公设**):

Gauss 定律:

(10.5.14)
$$\nabla\cdot\mathbf{D}=q_f \quad 在\ \mathscr{V}-\sigma\ 中$$
$$[\mathbf{D}]\cdot\mathbf{n}=w_f-\nabla_\sigma\cdot\hat{\pi} \quad 在\ \sigma-\gamma_\sigma\ 上$$
$$\hat{\pi}\cdot\boldsymbol{\tau}=0 \quad 沿\ \partial\sigma-\gamma_\sigma$$

Faraday 定律:

(10.5.15)
$$\nabla\times\mathscr{E}+\frac{1}{c}\overset{*}{\mathbf{B}}=\mathbf{0} \quad 在\ \mathscr{V}-\sigma\ 中$$
$$\mathbf{n}\times\left[\mathscr{E}+\frac{1}{c}\mathbf{B}\times(\mathbf{v}-\boldsymbol{\nu})\right]=\mathbf{0} \quad 在\ \sigma-\gamma_\sigma\ 上$$

磁通量守恒:

(10.5.16)
$$\nabla\cdot\mathbf{B}=0 \quad 在\ \mathscr{V}-\sigma\ 中$$
$$[\mathbf{B}]\cdot\mathbf{n}=0 \quad 在\ \sigma-\gamma_\sigma\ 上$$

Ampére 定律:

(10.5.17)
$$\nabla\times\mathscr{H}-\frac{1}{c}\overset{*}{\mathbf{D}}=\frac{1}{c}\mathscr{J} \quad 在\ \mathscr{V}-\sigma\ 中$$
$$\mathbf{n}\times\left[\mathscr{H}-\frac{1}{c}\mathbf{D}\times(\mathbf{v}-\boldsymbol{\nu})\right]=\frac{1}{c}\mathscr{H} \quad 在\ \sigma-\gamma_\sigma\ 上$$

电荷守恒:

(10.5.18)
$$\frac{\partial q_f}{\partial t}+\nabla\cdot\mathbf{J}=0 \quad 在\ \mathscr{V}-\sigma\ 中$$
$$[\mathbf{J}-q_f\boldsymbol{\nu}]\cdot\mathbf{n}+\frac{\bar{\delta}w_f}{\delta t}+\nabla_\sigma\cdot\mathbf{K}=0 \quad 在\ \sigma-\gamma_\sigma\ 上$$
$$\mathscr{K}\cdot\tau=0 \quad 沿\ \partial\sigma-\gamma_\sigma$$

把各组的第一个平衡方程放在一起便构成不包括间断曲面的物体

内部的 Maxwell 方程．各组的第二个方程构成不包括间断曲线 γ_σ 的越过 σ 的跳变条件，而(10.5.14)和(10.5.18)中的第三个方程则是关于由(10.5.6)给出的面极化和面电流的条件．跳变条件的另一种形式可利用(10.4.2)，(10.4.9)和(10.4.10)来求得，即

$$[\mathbf{E}]\cdot\mathbf{n}=w^{\text{eff}}$$

$$\mathbf{n}\times[\mathbf{E}]-\frac{1}{c}(\boldsymbol{\nu}\cdot\mathbf{n})[\mathbf{B}]=\mathbf{0}$$

$$\left[\mathscr{B}+\frac{1}{c}\mathbf{v}\times\mathbf{E}\right]\cdot\mathbf{n}=0 \tag{10.5.19}$$

$$\mathbf{n}\times[\mathscr{B}]-\frac{1}{c}\mathbf{n}\cdot[(\mathbf{v}-\boldsymbol{\nu})\otimes\mathbf{E}]=\frac{1}{c}\mathscr{K}^{\text{eff}}$$

式中有效面电荷密度和有效面电流密度定义为(假定 $\mathbf{v}$ 经过 σ 是连续的)：

$$\begin{aligned} w^{\text{eff}}&=w_f-[\mathbf{P}]\cdot\mathbf{n}-\nabla_\sigma\cdot\hat{\pi}\\ \mathscr{K}^{\text{eff}}&=\mathscr{K}-(w_f-\nabla_\sigma\cdot\hat{\pi})(\mathbf{v}-\boldsymbol{\nu})\\ &\quad+\mathbf{n}[(\mathbf{v}-\boldsymbol{\nu})\otimes\mathbf{P}]+c\mathbf{n}\times[\mathscr{M}] \end{aligned} \tag{10.5.20}$$

跳变条件$(10.5.19)_{1,4}$与(10.4.13)相关．当使用关于固定标架的 Maxwell 方程(10.4.3)时，则跳变条件(10.5.19)可能更为方便．

跳变条件亦可用来写出边界条件．为此，我们认为 σ 与物体的表面重合．在这种情况下，我们有 $\boldsymbol{\nu}=\mathbf{v}$ 并得出边界条件

$$\begin{aligned} &[\mathbf{D}]\cdot\mathbf{n}=w_f-\nabla_\sigma\cdot\hat{\pi}\\ &\mathbf{n}\times[\mathscr{E}]=\mathbf{0}\\ &[\mathbf{B}]\cdot\mathbf{n}=0\\ &\mathbf{n}\times[\mathscr{H}]=\frac{1}{c}\mathscr{K}\\ &[\mathscr{I}]\cdot\mathbf{n}+\frac{\bar{\delta}w_f}{\delta t}+\nabla_\sigma\cdot\mathbf{K}=0 \end{aligned} \tag{10.5.21}$$

在这里

$$(10.5.22)\quad \mathbf{K} = \mathscr{K} + w_j\mathbf{v},\ \frac{\delta}{\delta t} = \frac{\partial}{\partial t} + (\mathbf{v}\cdot\mathbf{n})\frac{\partial}{\partial n}$$

令 $\mathbf{v} = \boldsymbol{\nu}$，则易由(10.5.19)求得与它对应的另一种形式的边界条件。

10.6 电磁力和电磁力偶

这里我们寻求电磁场与有质物质相互作用所产生的力和力偶的表达式。我们根据 Dixon 和 Eringen [1965] 的文献[1]，并利用 Lorentz 的电子理论来构造这些表达式。为此，我们对包含在体元 Δv 中的非相对论性的有界点电荷的集合应用平均方法。在"微观体元" $\Delta V^\alpha \subset \Delta V$ 中的个别电荷 δq^α 所受到的 Lorentz 力是

$$(10.6.1)\qquad \delta\mathbf{f}^\alpha = \delta q^\alpha\left[\mathbf{e}(\mathbf{x}^\alpha) + \frac{1}{c}\mathbf{v}^\alpha\times\mathbf{b}(\mathbf{x}^\alpha)\right]$$

式中的 $\mathbf{e}(\mathbf{x}^\alpha)$ 和 $\mathbf{b}(\mathbf{x}^\alpha)$ 分别是在 $\mathbf{x}^\alpha\in\Delta V^\alpha$ 处的微观电场和微观磁感应，而 $\mathbf{x}^\alpha$ 的速度为

$$(10.6.2)\qquad \mathbf{v}^\alpha = \mathbf{v} + \dot{\xi}^\alpha + \dot{\boldsymbol{\xi}}^\alpha,\ \mathbf{v} = \dot{\mathbf{x}}$$

这里的 $|\dot{\boldsymbol{\xi}}^\alpha| \ll |\dot{\boldsymbol{\xi}}^\alpha|$ 是 δq^α 的具有非零平均值的涨落速度，是产生传导电流的根源(参见第10.3节)。δq^α 的平均位置通常用 $\mathbf{x}^\alpha = \mathbf{x} + \boldsymbol{\xi}^\alpha$ 表示，式中的 $\mathbf{x}$ 是 Δv 的质量中心，而 $\boldsymbol{\xi}^\alpha$ 是 δq^α 的内部坐标。力 $_M\mathbf{f}$ 和关于 $\mathbf{x}^\alpha$ 的力偶 $_M\mathbf{l}$ 由下式给出：

$$(10.6.3)\qquad {}_M\mathbf{f}\Delta v = \sum_\alpha \delta q^\alpha\mathbf{e}(\mathbf{x} + \boldsymbol{\xi}^\alpha) + \frac{1}{c}\sum_\alpha \delta q^\alpha(\mathbf{v} + \dot{\boldsymbol{\xi}}^\alpha + \dot{\boldsymbol{\xi}}^\alpha)\times\mathbf{b}(\mathbf{x} + \boldsymbol{\xi}^\alpha)$$

$$(10.6.4)\qquad {}_M\mathbf{l}\,\Delta v = \sum_\alpha \delta q^\alpha(\mathbf{x} + \boldsymbol{\xi}^\alpha)\times\mathbf{e}(\mathbf{x} + \boldsymbol{\xi}^\alpha)$$

---

1) 也可参见 Maugin 和 Eringen [1977]. 关于磁力和磁力偶的讨论，也可参见 Brown [1966].

$$+\frac{1}{c}\sum_{\alpha}\delta q^{\alpha}(\mathbf{x}+\boldsymbol{\xi}^{\alpha})$$

$$\times[(\mathbf{v}+\dot{\boldsymbol{\xi}}^{\alpha}+\dot{\boldsymbol{\xi}}^{\alpha})\times\mathbf{b}(\mathbf{x}+\boldsymbol{\xi}^{\alpha})]$$

我们假定 **e** 和 **b** 关于在 **x** 处的 Taylor 级数展开是充分正则的，并注意到，如果 L 和 T 分别是宏观长度和宏观时间标尺，则

$$\frac{1}{L}(|\boldsymbol{\xi}^{\alpha}|,\ T|\dot{\boldsymbol{\xi}}^{\alpha}|)=O(\varepsilon),\ \frac{T}{L}|\dot{\boldsymbol{\xi}}^{\alpha}|=O(\varepsilon^{2}) \tag{10.6.5}$$

式中 ε 是个无量纲的小量. 引入宏观电磁场

$$\mathbf{E}(\mathbf{x})\equiv\mathbf{e}(\mathbf{x}),\ \mathbf{B}(\mathbf{x})\equiv\mathbf{b}(\mathbf{x}) \tag{10.6.6}$$

我们就可把 $\mathbf{e}(\mathbf{x}+\boldsymbol{\xi})$ 和 $\mathbf{b}(\mathbf{x}+\boldsymbol{\xi})$ 在 **x** 处展成 Taylor 级数，并只保留到二次项 ε^2，其中，例外的是我们略去四极矩

$$Q_{kl}\Delta v\equiv\frac{1}{2}\sum_{\alpha}\delta q^{\alpha}\xi_{k}^{\alpha}\xi_{l}^{\alpha} \tag{10.6.7}$$

这里 Q_{kl} 的阶与磁偶极子和传导电流的阶(即 ε^2) 是相同的；根据物理的原因，它一般认为是可以不计的[1)].

$$\begin{aligned}{}_{M}f_{k}\Delta v=&E_{K}\left(\sum_{\alpha}\delta q^{\alpha}\right)+E_{k,m}\left(\sum_{\alpha}\delta q^{\alpha}\xi_{m}^{\alpha}\right)\\&+\frac{1}{c}\varepsilon_{klm}\Big\{v_{l}B_{m}\left(\sum_{\alpha}\delta q^{\alpha}\right)\\&+B_{m}\left(\sum_{\alpha}\delta q^{\alpha}\dot{\xi}_{l}^{\alpha}\right)\\&+v_{l}B_{m,n}\left(\sum_{\alpha}\delta q^{\alpha}\xi_{n}^{\alpha}\right)+B_{m}\left(\sum_{\alpha}\delta q^{\alpha}\dot{\xi}_{l}^{\alpha}\right)\\&+B_{m,n}\left(\sum_{\alpha}\delta q^{\alpha}\dot{\xi}_{[l}^{\alpha}\xi_{n]}^{\alpha}\right)\Big\}\end{aligned} \tag{10.6.8}$$

$$\begin{aligned}{}_{M}l_{k}\Delta v=&\varepsilon_{klm}x_{l}\,{}_{M}f_{m}\Delta v\\&+\varepsilon_{klm}\left\{E_{m}\left(\sum_{\alpha}\delta q^{\alpha}\xi_{l}^{\alpha}\right)\right.\end{aligned} \tag{10.6.9}$$

---

1) Dixon 和 Eringen [1965], Maugin 和 Eringen [1977] 给出了包含四极矩的力和力偶的表达式.

$$+\frac{1}{c}\varepsilon_{mpq}\left[v_p B_q\left(\sum_\alpha \delta q^\alpha \xi_l^\alpha\right)\right.$$

$$\left.+B_q\left(\sum_\alpha \delta q^\alpha \xi_{[l}^\alpha \dot{\xi}_{p]}^\alpha\right)\right\}$$

要注意的是，在(10.6.8)和(10.6.9)右边的最后一项是 $\sum_\alpha \delta q^\alpha \xi_k^\alpha \dot{\xi}_l^\alpha$ 的斜称部份，它们对称部份 $\sum_\alpha \delta q^\alpha \xi_{(k}^\alpha \dot{\xi}_{l)}^\alpha$ 是 $Q_{kl}\Delta v$ 的时间率，因而被忽略. 我们现在引入宏观场:

$$q_f\Delta v=\sum_\alpha \delta q^\alpha,\quad P_k\Delta v=\sum_\alpha \delta q^\alpha \xi^\alpha,$$

(10.6.10)

$$\mathscr{M}_k\Delta v=\frac{1}{2c}\varepsilon_{klm}\sum_\alpha \delta q^\alpha \xi_l^\alpha \dot{\xi}_m^\alpha,\quad \mathscr{J}_k\Delta v=\sum_\alpha \delta q^\alpha \dot{\xi}^\alpha$$

如同在第 10.2 节和第 10.3 节中所讨论过的那样，q_f 是自由电荷密度，$\mathbf{P}$ 是电偶极矩，$\mathscr{M}$ 是有效磁化，$\mathscr{J}$ 是传导电流，它们都是对单位体积而言的. 我们还要注意到下列表达式:

$$(\dot{P}_k+P_k v_{l,l})\Delta v=(\overset{*}{P}_k+P_l v_{k,l})\Delta v \tag{10.6.11}$$
$$=\sum_\alpha \delta q^\alpha \dot{\xi}_k^\alpha$$

在(10.6.8)和(10.6.9)中利用(10.6.10)和(10.6.11)，并记

$$\mathscr{E}=\mathbf{E}+\frac{1}{c}\mathbf{v}\times\mathbf{B} \tag{10.6.12}$$

我们得到

$$_M\mathbf{f}=q_f\mathscr{E}+\frac{1}{c}(\mathscr{J}+\overset{*}{\mathbf{P}})\times\mathbf{B}+(\mathbf{P}\cdot\nabla)\mathscr{E} \tag{10.6.13}$$
$$+(\nabla\mathbf{B})\cdot\mathscr{M}$$

$$_M\mathbf{c}={}_M\mathbf{l}-\mathbf{x}\times{}_M\mathbf{f}=\mathbf{P}\times\mathscr{E}+\mathscr{M}\times\mathbf{B} \tag{10.6.14}$$

利用相对于实验室标架 (R_G) 的电磁场，这两个表达式可写成

$$_M\mathbf{f}=q_f\mathbf{E}+\frac{1}{c}\mathbf{J}\times\mathbf{B}+(\nabla\mathbf{E})\cdot\mathbf{P}+(\nabla\mathbf{B})\cdot\mathbf{M} \tag{10.6.15}$$

$$+\frac{1}{c}[(\mathbf{P}\times\mathbf{B})v_k]_{,k}+\frac{1}{c}\frac{\partial}{\partial t}(\mathbf{P}\times\mathbf{B})$$

$$(10.6.16)\qquad {}_M\mathbf{c}=\mathbf{P}\times\mathbf{E}+\mathbf{M}\times\mathbf{B}+\frac{\mathbf{v}}{c}\times(\mathbf{P}\times\mathbf{B})$$

电磁张量和电磁动量的概念用下面的定理引入[1]。

定理 至少存在一个一般的二阶张量 ${}_Mt_{kl}$ 和一个矢量 G_k，使得

$$(10.6.17)\qquad {}_Mt_{kl,k}-\frac{\partial G_k}{\partial t}={}_Mf_l,\quad {}_Mc_k=\varepsilon_{klm}{}_Mt_{lm}.$$

一个解是

$$(10.6.18)\qquad {}_Mt_{kl}=P_k\mathscr{E}_l-B_k\mathscr{M}_l+E_kE_l+B_kB_l-\frac{1}{2}(E^2+B^2-2\mathscr{M}\cdot\mathbf{B})\delta_{kl}$$

$$(10.6.19)\qquad \mathbf{G}=\frac{1}{c}\mathbf{E}\times\mathbf{B}$$

事实上，只要表达式(10.6.17)与局部动量平衡定律相似，则根据电磁力和电磁力偶的表达式，它们是恒等式。

为了方便，引入单位质量的电磁动量 $\mathbf{g}$

$$(10.6.20)\qquad \mathbf{g}=\mathbf{G}/\rho$$

于是等式$(10.6.17)_1$，可以写成

$$(10.6.21)\qquad {}_Mf_l=({}_Mt_{kl}+\rho v_kg_l)_{,k}+\rho\dot{g}_l$$

引入一个称为 **Maxwell 应力张量**的 ${}_F\mathbf{t}$ 后，可将电磁应力张量 ${}_M\mathbf{t}$ 分解为一个对称张量和另一个张量之和，即

$$(10.6.22)\qquad {}_Mt_{kl}={}_Ft_{kl}+{}_M\bar{t}_{kl}$$

式中

$$(10.6.23)\qquad {}_Ft_{kl}=E_kE_l+B_kB_l-\frac{1}{2}(E^2+B^2)\delta_{kl}$$

$$(10.6.24)\qquad {}_M\bar{t}_{kl}=P_k\mathscr{E}_l-B_k\mathscr{M}_l+\mathscr{M}\cdot\mathbf{B}\delta_{kl}$$

---

1) Collet 和 Maugin [1974].

利用 ${}_M\bar{t}_{kl}$，我们有力和力偶的表达式

$$(10.6.25)\qquad {}_Mf_k = {}_Lf_k + {}_M\bar{t}_{lk,l}$$

$$ {}_MC_k = \varepsilon_{klm}{}_M\bar{t}_{lm} = (\mathbf{P}\times\mathscr{E} + \mathscr{M}\times\mathbf{B})_k$$

式中 ${}_L\mathbf{f}$ 是有效的 Lorentz 力，在磁化电介质中，它定义为

$$(10.6.26)\qquad {}_L\mathbf{f} = q^{\text{eff}}\mathscr{E} + \frac{1}{c}\mathscr{J}^{\text{eff}}\times\mathbf{B}$$

因为

$$(10.6.27)\qquad {}_Mf_k - {}_Mt_{kl,l} = {}_Lf_k - {}_Ft_{lk,l}$$

所以得出

$$(10.6.28)\qquad {}_Lf_k = {}_Ft_{kl,l} - \frac{\partial G_k}{\partial t}$$

在真空中，${}_M\mathbf{f} = {}_L\mathbf{f} = \mathbf{0}$，所以在这种情况下，可用对真空的 Maxwell 方程得到(10.6.28)。

最后我们指出，由(10.6.19)所定义的电磁动量 **G** 是在固定的 Galileo 标架 R_G 中表示的。在随动标架 R_C 中表示的电磁动量的表达式

$$(10.6.29)\qquad \mathscr{G} = \frac{1}{c}\mathscr{E}\times\mathscr{B}$$

是同样重要和有用的。我们有 $\mathscr{G}$ 和 **G** 的关系式

$$(10.6.30)\quad c^2(\mathscr{G}_k - G_k) = \left[{}_Ft_{kl} + v_kG_l - \frac{1}{2}(E^2 + B^2)\delta_{kl}\right]v_l$$

上式也可用(10.4.9)，(10.6.23)和(10.6.29)来求得。

10.7 电磁能

电磁力和电磁力偶的能量可用电荷在运动中每单位时间内所做的功的和来求到。于是，我们有

$$(10.7.1)\quad {}_Mw\,\Delta v = \sum_\alpha \delta q^\alpha(\mathbf{v} + \dot{\xi}^\alpha + \dot{\boldsymbol{\xi}}^\alpha)\cdot\mathbf{e}(\mathbf{x} + \boldsymbol{\xi}^\alpha)$$

把 $\mathbf{e}(\mathbf{x} + \boldsymbol{\xi}^\alpha)$ 展成 Taylor 级数，并保留除四极矩外的所有二次项，则我们有

$$(10.7.2)\quad {}_M w\Delta v = \mathbf{v}\cdot\mathbf{E}\left(\sum_\alpha \delta q^\alpha\right) + \mathbf{E}\cdot\left(\sum_\alpha \delta q^\alpha \dot{\xi}^\alpha\right) + \mathbf{E}\cdot\left(\sum_\alpha \delta q^\alpha \dot{\xi}^\alpha\right) + \mathbf{v}\cdot\mathbf{E}_{,k}\left(\sum_\alpha \delta q^\alpha \xi_k^\alpha\right) + E_{k,l}\left(\sum_\alpha \delta q^\alpha \xi_{[l}^\alpha \dot{\xi}_{k]}^\alpha\right)$$

利用定义(10.6.10)和表达式(10.6.11),上式给出

$$(10.7.3)\quad {}_M w = q_f\mathbf{E}\cdot\mathbf{v} + \mathbf{E}\cdot(\dot{\mathbf{P}} + \mathbf{P}\nabla\cdot\mathbf{v}) + \mathbf{E}\cdot\mathscr{J} + \mathbf{v}\cdot\mathbf{E}_{,k}P_k + \mathbf{M}\cdot(\nabla\times\mathbf{E})$$

利用$(10.4.2)_2$和$(10.4.9)_{1,2}$,上式可变换为

$$(10.7.4)\quad {}_M w = \mathbf{J}\cdot\mathbf{E} + \mathbf{E}\cdot\frac{\partial\mathbf{P}}{\partial t} - \mathbf{M}\cdot\frac{\partial\mathbf{B}}{\partial t} + (\mathbf{E}\cdot\mathbf{P}v_k)_{,k}$$

${}_M w$ 在随动参考标架 R_C 中另一种有用的形式,可利用$(10.4.2)_2$并把(10.7.3)中的 $\mathbf{E}$ 用由 $\mathscr{E}$ 表示的 $(10.4.9)_3$ 来代替而得到。注意到(10.6.13)并利用对任一矢量 $\mathbf{A}$ 都成立的等式

$$(10.7.5)\quad \overset{*}{\mathbf{A}} = \dot{\mathbf{A}} + (\nabla\cdot\mathbf{v})\mathbf{A} - (\mathbf{A}\cdot\nabla)\mathbf{v}$$

则导出

$$(10.7.6)\quad {}_M w = {}_M\mathbf{f}\cdot\mathbf{v} + \rho\mathscr{E}\cdot\dot{\pi} - \mathscr{M}\cdot\dot{\mathbf{B}} + \mathscr{J}\cdot\mathscr{E}$$

式中 π 是单位质量的极化,它定义为

$$(10.7.7)\quad \pi = \mathbf{P}/\rho$$

如果在(10.7.6)中,通过(10.7.5)用 $\overset{*}{\pi}$ 和 $\overset{*}{\mathbf{B}}$ 来代替 $\dot{\pi}$ 和 $\dot{\mathbf{B}}$, 并注意到(10.6.14)和(10.6.24),我们得到

$$(10.7.8)\quad {}_M w = {}_M\mathbf{f}\cdot\mathbf{v} + {}_M\mathbf{c}\cdot\boldsymbol{\omega} + \rho_M h$$

式中

$$(10.7.9)\quad \boldsymbol{\omega} = \frac{1}{2}\nabla\times\mathbf{v}$$

$$(10.7.10)\quad \rho_M h = \mathscr{J}\cdot\mathscr{E} + \mathscr{E}\cdot\overset{*}{\mathbf{P}} - \mathscr{M}\cdot\overset{*}{\mathbf{B}} + {}_M\bar{t}_{kl}d_{kl}$$

现在可以清楚地看出,电磁能 ${}_M w$ 是由有质动力和有质力偶所做的功以及体源 ${}_M h$ 所组成的。

最后，类似于公式(10.6.17)把力分解为一个张量的散度和一个矢量的时间率那样，我们也可把 ${}_M w$ 进行分解．为此，我们需要称为 **Poynting 定理** 的线量恒等式．这一点可以由(10.4.3)$_4$ 对 $\mathbf{E}$ 作标积，并利用下列矢量恒等式得到：

$$(10.7.11)\qquad \mathbf{H}\cdot(\nabla\times\mathbf{E})-\mathbf{E}\cdot(\nabla\times\mathbf{H})=\nabla\cdot(\mathbf{E}\times\mathbf{H})$$

即，

$$(10.7.12)\qquad \mathbf{H}\cdot\frac{\partial\mathbf{B}}{\partial t}+\mathbf{E}\cdot\frac{\partial\mathbf{D}}{\partial t}=-\mathbf{J}\cdot\mathbf{E}-\nabla\cdot\mathbf{S}$$

式中

$$(10.7.13)\qquad \mathbf{S}=c\,\mathbf{E}\times\mathbf{H}$$

是在 R_G 中表示的 Poynting 矢量．在(10.7.12)中利用(10.4.3)，我们有

$$(10.7.14)\qquad \frac{\partial}{\partial t}\left[\frac{1}{2}(E^2+B^2)\right]=\mathbf{M}\cdot\frac{\partial\mathbf{B}}{\partial t}-\mathbf{E}\cdot\frac{\partial\mathbf{P}}{\partial t}-\mathbf{J}\cdot\mathbf{E}-\nabla\cdot\mathbf{S}$$

现在，我们可以利用此式将(10.7.4)表成下列形式：

$$(10.7.15)\qquad {}_M w=-\frac{\partial}{\partial t}\left[\frac{1}{2}(E^2+B^2)\right]-\nabla\cdot[\mathbf{S}-\mathbf{v}(\mathbf{E}\cdot\mathbf{P})]$$

在随动参考架 R_C 中，Poynting 矢量定义为

$$(10.7.16)\qquad \mathscr{S}=c\mathscr{E}\times\mathscr{H}$$

利用(10.4.9)$_{3,4}$，(10.6.18)和(10.6.19)，我们得到

$$(10.7.17)\qquad \mathscr{S}_k=S_k+\left[{}_M t_{kl}+v_k G_l-\frac{1}{2}(E^2+B^2+2\mathbf{E}\cdot\mathbf{P})\delta_{kl}\right]v_l$$

利用这个表达式，在(10.7.15)中消去 $\mathbf{S}$，则得

$$(10.7.18)\qquad {}_M w=-\rho\frac{d}{dt}\left[\frac{1}{2\rho}(E^2+B^2)\right]$$

$$+[({}_Mt_{kl}+v_kG_l)v_l-\mathscr{S}_k]_{,k}$$

10.8 间断面上的电磁力，电磁力偶和电磁能

如果物体被一个在其自身的单位法线 **n** 的正向上以速度 $\boldsymbol{\nu}$ 运动的间断面 σ 所掠过，则越过这个曲面时，与重力不同，电磁力、电磁力偶和电磁能都要发生跳变．为了确定这些跳变，我们利用(10.6.17)和(10.6.18)．例如，在 $\mathscr{V}-\sigma$ 上时(10.6.17)$_1$积分，我们有

$$\int_{\mathscr{V}-\sigma}{}_Mf_l\,dv=\int_{\mathscr{V}-\sigma}{}_Mt_{kl,k}\,dv-\int_{\mathscr{V}-\sigma}\frac{\partial G_l}{\partial t}\,dv \tag{10.8.1}$$

对上式右边的第一项利用广义的 Green-Gauss 定理 (A2.3)，而对右边的第二项则利用迁移定理(2.5.13)，则得

$$\int_{\mathscr{V}-\sigma}{}_Mf_l\,dv=\frac{d}{dt}\int_{\mathscr{V}-\sigma}G_l\,dv+\int_{\partial\mathscr{V}-\sigma}({}_Mt_{kl}+v_kG_l)n_k\,da \tag{10.8.2}$$
$$-\int_\sigma[{}_Mt_{kl}+v_kG_l]n_k\,da$$

由这个表达式易见，电磁力越过 σ 得到的跳变为

$${}_M\mathbf{f}_{(\mathbf{n})}=[{}_M\mathbf{f}_k]n_k \tag{10.8.3}$$

式中

$${}_M\hat{\mathbf{f}}_k=({}_Mt_{kl}+v_kG_l)\mathbf{i}_l \tag{10.8.4}$$

类似地，在 $\mathscr{V}-\sigma$ 上积分力偶表达式 ${}_M\mathbf{l}=\mathbf{x}\times{}_M\mathbf{f}+{}_M\mathbf{c}$ 和能量表达式(10.7.18)，我们即可得到关于力偶和张量的跳变间断

$$\hat{\mathbf{c}}_{(\mathbf{n})}=[\hat{\mathbf{c}}_k]n_k=\mathbf{x}\times[{}_M\mathbf{f}_k]n_k \tag{10.8.5}$$

$${}_M\hat{w}_{(\mathbf{n})}=[\hat{w}_k]n_k \tag{10.8.6}$$

式中

$${}_M\hat{w}_k=({}_Mt_{kl}+v_kG_l)v_l-\mathscr{S}_k \tag{10.8.7}$$
$$-\frac{1}{2}(E^2+B^2)(v_k-\nu_k)$$

这些表达式在表述平衡定律时是重要的．

10.9 平衡定律

连续统电动力学的平衡定律由第10.5节中给出的 Maxwell 方程以及力学定律,即质量守恒,动量平衡,能量守恒和熵不等式所组成。不管物质的性质和几何形状如何,这些定律都成立,并且构成力学和热力学的基本公理。全局平衡定律具有与第 2.5 节中所讨论过的相同的形式,不过现在还必须补充电磁场通过 σ 的跳变间断。所以,方程(2.5.16)应修改为

$$(10.9.1)\quad \frac{D}{Dt}\int_{\mathscr{V}-\sigma}\phi dv=\int_{\partial\mathscr{V}-\sigma}\tau_k n_k da+\int_{\mathscr{V}-\sigma}(g+{}_Mg)dv+\int_\sigma[{}_M\hat{g}_k]n_k da$$

式中的 g 是 ϕ 的源,是纯力学的源,而 ${}_Mg$ 是电磁源。正如第 10.8 节中所述那样,$[{}_M\hat{g}_k]$ 是电磁源 ${}_Mg$ 通过 σ 时的跳变。(10.9.1)的局部化给出控制平衡定律:

$$(10.9.2)\quad \frac{\partial\phi}{\partial t}+(\phi v_k)_{,k}-\tau_{k,k}-g-{}_Mg=0\quad 在\ \mathscr{V}-\sigma 中$$

$$[\phi(v_k-\nu_k)-\tau_k-{}_M\hat{g}_k]n_k=0\quad 在\ \sigma 上$$

我们现在对每平衡定律来具体化这些场:

(i) 质量守恒:

在这种情况下,我们有

$$\phi=\rho,\ \tau_k={}_M\hat{g}_k=0,\ g={}_Mg=0$$

和

$$(10.9.3)\quad \frac{\partial\rho}{\partial t}+\nabla\cdot(\rho\mathbf{v})=0\quad 在\ \mathscr{V}-\sigma 中$$

$$[\rho(\mathbf{v}-\boldsymbol{\nu})]\cdot\mathbf{n}=0\quad 在\ \sigma 上$$

(ii) 动量平衡

我们有

$$\phi=\rho\mathbf{v},\ \tau_k=\mathbf{t}_k=t_{kl}\mathbf{i}_l,\ g=\rho\mathbf{f},\ {}_Mg={}_M\mathbf{f},\ {}_M\hat{g}_k={}_M\hat{\mathbf{f}}_k$$

式中的 ${}_M\mathbf{f}$ 和 ${}_M\hat{\mathbf{f}}_k$ 分别由(10.6.13)和(10.8.4)给出。局部动量平

衡由(10.9.2)得到

(10.9.4) $$t_{kl,k}+\rho(f_l-\dot{v}_l)+{}_Mf_l=0 \quad 在\ \mathscr{V}-\sigma\ 中$$

$$[\rho v_l(v_k-\nu_k)-t_{kl}-{}_Mt_{kl}-\nu_kG_l]n_k=0 \quad 在\ \sigma\ 上$$

(iii) 动量矩平衡:

在这种情况下,我们有

$$\phi=\mathbf{x}\times\rho\mathbf{v},\ \tau_k=\mathbf{x}\times\mathbf{t}_k,\ g=\mathbf{x}\times\rho\mathbf{f}$$

$$_Mg=\mathbf{x}\times{}_M\mathbf{f}+{}_M\mathbf{c},\ {}_M\hat{g}_k=\hat{\mathbf{c}}_k$$

由(10.9.2),我们得到

(10.9.5) $$\varepsilon_{klm}t_{lm}+{}_Mc_k=0 \quad 在\ \mathscr{V}-\sigma\ 中$$

式中的 ${}_Mc_k$ 由(10.6.14)给出.

(iv) 能量守恒:

我们取

$$\phi=\rho\varepsilon+\frac{1}{2}\rho v^2,\ \tau_k=\mathbf{t}_k\cdot\mathbf{v}+q_k,\ g=\rho\mathbf{f}\cdot\mathbf{v}+\rho h$$

$$_Mg={}_Mw,\ {}_M\hat{g}_k={}_M\hat{w}_k$$

得出局部平衡方程

(10.9.6) $$\rho\dot{\varepsilon}-t_{kl}v_{l,k}-\nabla\cdot\mathbf{q}-\rho h-\rho\mathscr{E}\cdot\dot{\pi}+\mathscr{M}\cdot\dot{\mathbf{B}}-\mathscr{J}\cdot\mathscr{E}=0 \quad 在\ \mathscr{V}-\sigma\ 中$$

$$\left[\left\{\rho\varepsilon+\frac{1}{2}\rho v^2+\frac{1}{2}(E^2+B^2)\right\}(v_k-\nu_k)-(t_{kl}+{}_Mt_{kl}+\nu_kG_l)v_l-q_k+\mathscr{S}_k\right]n_k=0 \quad 在\ \sigma\ 上$$

(v) 熵不等式:

在这种情况下,(10.9.2)中的等号应以≥号来代替. 令

$$\phi=\rho\eta,\ \tau_k=q_k/\theta,\ g=\rho h/\theta,\ {}_Mg=0,\ {}_M\hat{g}_k=0$$

根据热力学第二定律,我们有

(10.9.7) $$\rho\dot{\eta}-\nabla\cdot(\mathbf{q}/\theta)-\frac{\rho h}{\theta}\geqslant 0 \quad 在\ \mathscr{V}-\sigma\ 中$$

$$\left[\rho\eta(\mathbf{v}-\boldsymbol{\nu})-\frac{\mathbf{q}}{\theta}\right]\cdot\mathbf{n}\geqslant 0 \qquad \text{在 } \sigma \text{ 上}$$

这些方程完备了局部平衡定律．方程(10.9.3)到(10.9.7)的各组中的第一个方程（在 $\mathscr{V}-\sigma$ 中成立）构成了除间断曲面以外的物体所有部分上的平衡定律，而各组中的第二个方程(在 σ 上成立)构成越过 σ 的跳变条件．若令 $\boldsymbol{\nu}=\mathbf{v}$，则这些跳变条件可用来求得在物体表面上的边界条件．

由(10.9.5)和(10.6.14)得出

$$t_{[kl]}=\mathscr{E}_{[k}P_{l]}+B_{[k}\mathscr{M}_{l]} \tag{10.9.8}$$

因此，一般地说，应力张量是非对称的．如果恰好 $\mathscr{E}$ 关于 $\mathbf{P}$ 是线性的，而 $\mathbf{B}$ 关于 $\mathscr{M}$ 是线性的，则(10.9.8)的右边为零，而应力张量就成为对称张量．这个条件主要是在磁流体力学和电流体力学中的各向同性流体的情况下成立的．在 Voigt 压电学中，有质力偶被忽略．在这种情况下，应力张量也是对称的． 但是这个理论是不相容的．我们指出，若在理论包括某些其它的物理效应时，则应力张量就将是非对称的．在这样的效应中，我们可举出诸如内禀自旋效应，四电极效应，亚铁电效应和铁磁效应等．

10.10 本构方程

由第 5.3 节中讨论过的因果公理可知，可观测的量是物体的物质点的运动和温度．在处理宏观现象时，相对于宏观体元质心的"微观运动"并不明显地出现．在第 10.2 节到第 10.6 节中，我们已经知道，由于电荷的微观运动就会有极化，磁化和电流． 因而，对于电磁物体，一组自然的独立变量似乎应由这些场的并集所组成． 对于非导电物质（$\mathscr{J}=\mathbf{0}$），选取极化 $\mathbf{P}$ 和磁化 $\mathscr{M}$ 作为独立变量是和因果公理完全一致的．事实上可以证明，其它的一些配对，如 $(\mathbf{P},\mathbf{B})$，$(\mathscr{E},\mathscr{M})$ 或 $(\mathscr{E},\mathbf{B})$ 也可选为合适的独立变量．但是，对于导电物质，选取配对 $(\mathscr{E},\mathbf{B})$ 作为独立变量比较合适．实际上非导电物质的情况可以令导电物质的传导电流为零的办法得出．所以，关于独立变量，我们取

$$(10.10.1)\quad \mathscr{Y}=\{\mathbf{x}(\mathbf{X}', t'),\ \theta(\mathbf{X}',t'),\ \mathscr{E}(\mathbf{X}',t'),\ \mathbf{B}(\mathbf{X}',t')\}$$

式中 $\mathbf{x}(\mathbf{X}',t')$, $\theta(\mathbf{X}',t')$, $\mathscr{E}(\mathbf{X}',t')$ 和 $\mathbf{B}(\mathbf{X}',t')$ 分别是物体所有点 $\mathbf{X}'$ 在所有过去时刻 $t'\leqslant t$ 的运动,温度,电场和磁感应. 根据因果公理,相关变量为

$$(10.10.2)\qquad \mathscr{Z}=\{\psi,\eta,\mathbf{t},\mathbf{q},\mathbf{P},\mathscr{M}'\mathscr{J}\}$$

式中 $\psi=\varepsilon-\theta\eta$ 是 Helmhotz 自由能. 确定性公理和等存在公理要求 $\mathscr{Z}$ 是函数组 $\mathscr{Y}$ 的泛函. 对于简单物质,用第 5.4 节中讨论过的相同的方法,我们发现(10.10.1)可用下式代替:

$$(10.10.3)\qquad \mathscr{Y}(t-\tau')=\{C_{KL}(t-\tau'),\ \vartheta(t-\tau'),\ \theta_{,K}(t-\tau'),\ \mathscr{E}_K(t-\tau'),\ B_K(t-\tau'),\ \mathbf{X}\}$$

这里

$$(10.10.4)\qquad C_{KL}=x_{k,K}x_{k,L},\ \theta_{,K}=\theta_{,k}x_{k,K}$$
$$\mathscr{E}_K=\mathscr{E}_k x_{k,K},\ B_K=B_k x_{k,K}$$

对于**简单记忆相关**电磁物质,本构方程可以写成下列符号形式:

$$(10.10.5)\qquad \mathscr{Z}=\mathscr{F}_{\tau'=0}^{\infty}[\mathscr{Y}(t-\tau')]$$

这意味着,(10.10.2)的**每一个**元都是(10.10.3)的**所有**元的泛函(等存在). 这些泛函对于 ψ 和 η 是标量值的;对于 $\mathbf{q},\mathbf{P},\mathscr{M}$ 和 $\mathscr{J}$ 是矢量值的,对于 $\mathbf{t}$ 是张量值的. 利用光滑记忆公理(见第 5.4 节),(10.10.5)导出**变率相关**物质的本构方程为

$$(10.10.6)\quad \mathscr{Z}=F(\mathbf{C},\dot{\mathbf{C}},\cdots;\theta,\dot\theta\cdots;\theta_{,K},\dot\theta_{,K}\cdots;\mathscr{E},\dot{\mathscr{E}},\cdots;\mathbf{B},\dot{\mathbf{B}},\cdots;\mathbf{X})$$

上式的两个重要的特殊情况为:

(a) 弹性物质

$$(10.10.7)\qquad \mathscr{Z}=F(C_{KL},\theta,\theta_{,K},\mathscr{E}_K,B_K,\mathbf{X})$$

(b) 粘性流体

$$(10.10.8)\qquad \mathscr{Z}=F(\rho^{-1},\ \mathbf{d},\ \theta,\ \theta_{,K},\ \mathscr{E}_K,\ B_K)$$

在(10.10.7)中,根据客观性公理,我们有

$$(10.10.9)\qquad \mathscr{Z}=\{\psi,\eta,\ T_{KL},\ Q_K,\ \Pi_K,\ M_K,\ \mathscr{J}_K\}$$

式中

$$(10.10.10)\qquad T_{KL}=jX_{K,k}X_{L,l}t_{kl},\ Q_K=jX_{K,k}q_k$$

$$\Pi_K = jX_{K,k}P_k,\quad M_K = jX_{K,k}\mathscr{M}_k$$
$$\mathscr{J}_K = jX_{K,k}\mathscr{J}_k,\quad j = \det x_{k,K} = \rho_0/\rho$$
在(10.10.8) 的自变量中加进密度 ρ，这是由于流体的定义(见第5.7节)，而不依赖于 $\mathbf{X}$ 是由于客观性公理所决定的。

本构方程将进一步受到物质对称性和相容性公理的限制。后者要求本构方程必须不违背

(i) 热力学第二定律

(ii) 时间反向公理

在以前各章中我们已熟悉了上述的第一个要求。时间反向公理对于电磁现象是重要的。它可以表述为：

时间反向公理： 自由能和熵不等式在时间反向下必须是形式不变量。

正如我们将要看到的，这个公理的推论是： 某些"隐含的"效应不会从本构方程中消失。所谓隐含的效应是指那些对于熵生成没有影响的效应。

10.11 电磁弹性固体热力学

由(10.10.7)表示的导热和导电弹性物质的本构方程具有下列特殊形式：

$$
\begin{aligned}
&\phi = \phi(C_{KL},\ \theta, \theta_{,K},\ \mathscr{E}_K, B_K, \mathbf{X})\\
&\eta = \eta(C_{KL},\ \theta, \theta_{,K},\ \mathscr{E}_K,\ B_K, \mathbf{X})\\
&{}_ET_{KL} = {}_ET_{KL}(C_{KL},\ \theta,\ \theta_{,K},\ \mathscr{E}_K,\ B_K,\ \mathbf{X})\\
(10.11.1)\quad &Q_K = Q_K(C_{KL}, \theta, \theta_{,K}, \mathscr{E}_K, B_K, \mathbf{X})\\
&\Pi_K = \Pi_K(C_{KL},\ \theta, \theta_{,K},\ \mathscr{E}_K, B_K, \mathbf{X})\\
&M_K = M_K(C_{KL}, \theta, \theta_{,K}, \mathscr{E}_K, B_K,\ \mathbf{X})\\
&\mathscr{J}_K = \mathscr{J}_K(C_{KL},\ \theta, \theta_{,K},\ \mathscr{E}_K,\ B_K, \mathbf{X})
\end{aligned}
$$

这里，为了方便，我们等价地用由下式定义的对称张量 ${}_ET_{KL}$ 代替 T_{KL}：

$$(10.11.2)\quad {}_ET_{KL} = jX_{K,k}X_{L,l\,E}t_{kl},\quad {}_Et_{kl} = t_{kl} + P_k\mathscr{E}_l + \mathscr{M}_kB_l$$

为了确定由热力学第二定律加在(10.11.1)上的限制，我们首先在

(10.9.6)$_1$ 和 (10.9.7)$_1$ 之间消去 h 得到所谓广义 Clausius-Duhem (C-D) 不等式

$$-\rho/\theta(\dot{\psi}+\eta\dot{\theta})+\frac{1}{\theta}t_{kl}v_{l,k}+\frac{1}{\theta^2}q_k\theta_{,k}+\frac{\rho}{\theta}\mathscr{E}_k\dot{\pi}_k-\frac{1}{\theta}\mathscr{M}_k\dot{B}_k+\frac{1}{\theta}\mathscr{J}_k\mathscr{E}_k\geqslant 0 \tag{10.11.3}$$

我们现在用(10.10.4), (10.10.10) 和 (10.11.2)把空间量换成物质量. 计算时间率 $\dot{\pi}_k=(P_k/\rho)^{\cdot}$ 和 $\dot{B}_k$, 并利用(10.9.3)$_1$,(2.4.1), (2.4.2)和(2.4.7)我们得出

$$-\rho(\dot{\Psi}+\eta\dot{\theta})+\frac{1}{2}{}_ET_{KL}\dot{C}_{KL}+\frac{1}{\theta}Q_K\theta_{,K}-\Pi_K\dot{\mathscr{E}}_K-M_K\dot{B}_k+\mathscr{J}_K\mathscr{E}_K\geqslant 0 \tag{10.11.4}$$

这里,因为 $\theta>0$, 所以我们已把因子 $\frac{1}{\theta}$ 去掉, 另外,在上式中还引进

$$\Psi=\psi-\rho_0^{-1}\Pi_K\mathscr{E}_K=\varepsilon-\theta\eta-\rho_0^{-1}\Pi_K\mathscr{E}_K \tag{10.11.5}$$

C-D 不等式的形式(10.11.4)对于弹性固体是最方便的. 我们计算 Ψ 的时间率,这里 Ψ 是和 ψ 同样的一组变量的函数,然后把 $\dot{\psi}$ 代入(10.11.4),则得

$$-\rho_0\left(\frac{\partial\Psi}{\partial\theta}+\eta\right)\dot{\theta}+\frac{1}{2}\left({}_ET_{KL}-2\rho_0\frac{\partial\Psi}{\partial C_{KL}}\right)\dot{C}_{KL}+\frac{1}{\theta}Q_K\theta_{,K}-\left(\Pi_K+\rho_0\frac{\partial\Psi}{\partial\mathscr{E}_K}\right)\dot{\mathscr{E}}_K-\left(M_K+\rho_0\frac{\partial\Psi}{\partial B_K}\right)\dot{B}_K+\mathscr{J}_K\mathscr{E}_K-\rho_0\frac{\partial\Psi}{\partial\theta_{,K}}\dot{\theta}_{,K}\geqslant 0 \tag{10.11.6}$$

这个不等式对于变率 $\dot{\theta}, \dot{C}_{KL}, \dot{\mathscr{E}}_K$, $\dot{B}_K$ 和 $\dot{\theta}_{,K}$ 是线性的. 此不等式对这些量的所有独立变化都成立的必要充分条件是

$$\frac{\partial \Psi}{\partial \theta_{,K}} = 0$$

$$\eta = -\frac{\partial \Psi}{\partial \theta}$$

$$(10.11.7) \qquad {}_E T_{KL} = 2\rho_0 \frac{\partial \Psi}{\partial C_{KL}}$$

$$\Pi_K = -\rho_0 \frac{\partial \Psi}{\partial \mathscr{E}_K}$$

$$M_K = -\rho_0 \frac{\partial \Psi}{\partial B_K}$$

和

$$(10.11.8) \qquad \frac{1}{\theta} Q_K \theta_{,K} + \mathscr{J}_K \mathscr{E}_K \geqslant 0$$

由(10.11.7)的第一式易知, Ψ 与温度梯度无关, 这是理应如此. 其余的四个表达式利用自由能函数确定熵 η, 应力张量 ${}_E T_{KL}$, 极化矢量 Π_K 和磁化矢量 M_K. 不等式(10.11.8)表示热传导和电传导使熵增加这样的物理事实.

如果认为 Q_K 和 $\mathscr{J}_K$ 关于变量 $\theta_{,K}$ 和 $\mathscr{E}_K$ 是连续的, 则由(10.11.8)可得

$$(10.11.9) \qquad Q_K = \mathscr{J}_K = 0, \text{ 当 } \theta_{,K} = \mathscr{E}_K = 0$$

时, 从而, 我们证明了下列

定理 电磁弹性固体的本构方程由 (10.11.7), $(10.11.1)_4$ 和 $(10.11.1)_7$ 所给出, 它们必须满足 (10.11.8), 物质对称性和时间反向公理.

在 $(10.9.6)_1$ 中令

$$(10.11.10) \qquad \varepsilon = \Psi + \theta\eta + \rho_0^{-1} \Pi_K \mathscr{E}_K$$

并利用(10.11.7), 则 $(10.9.6)_1$ 将简化为

$$(10.11.11) \qquad \rho\theta\dot{\eta} - \nabla \cdot \mathbf{q} - \mathscr{J} \cdot \mathscr{E} + \rho h = 0$$

这就是热传导方程.

10.12 物质对称性

一般地,响应函数的形式依赖于参考构形 $\mathbf{X}$. 如参考构形变成 $\bar{\mathbf{X}}$, 在一般情况下,函数 Ψ, $\mathbf{Q}$ 和 $\mathscr{J}$ 的形式也要随之发生变化. 注意到 η, ${}_E\mathbf{T}$, Π 和 $\mathbf{M}$ 是可以由 Ψ 导出的. 因此,我们需要研究的就是 Ψ, $\mathbf{Q}$ 和 $\mathscr{J}$. 设两个不同的参考构形彼此之间有关系为

(10.12.1) $$\bar{\mathbf{X}}=\Lambda(\mathbf{X})$$

于是响应函数彼此之间的关系为

(10.12.2) $$\{\bar{\Psi},\ \bar{\mathbf{Q}}, \bar{\mathscr{J}}\}=\{\Psi,\ \mathbf{SQ},\ \mathbf{S}\mathscr{J}\};\ S_{KL}\equiv\Lambda_{K,L}$$

式中的 $\bar{\Psi}$, $\bar{\mathbf{Q}}$ 和 $\bar{\mathscr{J}}$ 是 $\bar{\mathbf{X}}$ 构形中的响应函数. 如果在两点 $\bar{\mathbf{X}}$ 和 $\mathbf{X}$ 的邻域中,(10.12.2)成立,并且质量密度 ρ 和 $\bar{\rho}$ 相同,则物体在 $\mathbf{X}$ 和 $\bar{\mathbf{X}}$ 处的物质性质是没有区别的. 在这种情况下,我们说 $\mathbf{X}$ 和 $\bar{\mathbf{X}}$ 是**力学上同构的**. 如果一个物体的所有点都是彼此物质上同构的,则称该物体是物质上同一的. 这样的物体是由同类物质点所组成的. 但是, 对物体的所有点的参考构形可能是不同的. 如果对于满足(10.12.2)的物体的所有点可以找到一个单一的参考构形,且 $\rho=\bar{\rho}$, 则该物体称作是**力学上均匀的**. 一个力学上均匀的物体是物质上同一的,但反过来可能不成立.

可能发生这样的情况,即,只存在一个对(10.12.2)成立的变换群$\{\Lambda(\mathbf{X})\}$. 在这种情况下,物质的性质受到该群的每一个元素的限制. 在保持密度不变的条件下, 这些变换中最简单的一种变换具有下列形式:

(10.12.3) $$\bar{\mathbf{X}}=\mathbf{SX}+\mathbf{B}$$

式中 $\mathbf{B}$ 是常矢量, $\mathbf{S}$ 是常矩阵,并且满足

(10.12.4) $$\mathbf{SS}^T=\mathbf{S}^T\mathbf{S}=1,\ \det\mathbf{S}=\pm 1$$

这样变换的全体 $\{\mathbf{S}\}$ 构成一个群,它称为**各向同性群**. 显然, 具有这种对称性的物质构成弹性物质类中的一种特殊情况. 然而, 所有的晶体类都属于这个群. 均匀物质与$\mathbf{B}$无关. 因为 $\{\mathbf{S}\}$ 的所

有元素可用一个绕轴的转动和一个在平面中的反演来表示，所以总有一个物体点是不动的. 因此这个群称为**点群**. 一般说来，这个群是穷举所有这样变换的完全正交群 O 的子群. 当 $\{\mathbf{S}\}$ 是完全群时,则物质称为**各向同性的**. 否则,它就称为**各向异性的**. 当它是**真**正交群 ($\det\mathbf{S}=1$) 时,则物质称为**半各向同性的**. 完全群具有12个元素,即 11 个转动和一个反演,它们对于描述所有 32 类结晶固体的力学性质是足够的.

点群对于描述所有物质的宏观性质可能是不够的. 例如，在使(10.12.2)成立的物体所有点处可能不存在形式为(10.12.3)的线性变换. 然而,在引入**曲线组** $\bar{\mathbf{X}}$ 后,则有可能存在形如 (10.12.3) 的变换群. 在这种情况下,如果(10.12.2)成立,则物质的对称性是曲线的. 这种情况的产生是由于物质内部各种缺陷和非直线生长所造成的.

对于电磁固体,还有附加的对称性规则. 事实上,在一般情况下,固体的磁对称性不能只用三维点群来描述. 磁性是电子的轨道运动和自旋的结果. 用 Planck 常数 $\hbar$ 的一半为测量单位测得的自旋特征值是 $+1$ 和 -1. 例如,转动群 $\{\mathbf{S}\}$ 可以使晶体具有相同的原子取向. 但每个原子的自旋却可以是反向的.因此,除几何构形外,还必须考虑晶体各部份原子运动的时间平均值. 这种情况在**铁磁性晶体,亚铁磁性晶体**和**反铁磁性晶体**中特别显著.这些晶体是用它们的自旋磁矩的有序分布来表征的. 另一方面，**抗磁晶体**和**顺磁晶体**并不呈现自旋磁矩的有序分布. 所以这些晶体称为“时间对称的”. 对于铁磁性物质、亚铁磁性物质和反铁磁性物质需要一个附加的对称算子 R. 这个算子与时间反向有关. 就其自身而言 R 可能不是一个对称算子,但当它与 $\{\mathbf{S}\}$ 点群的元素联合时就可能是一个对称算子. 算子 R 只有两种可能: (+)和(—). 例如, R 不能改变电荷的正负号,但可以改变磁化和电流矢量的正负号. 利用这个算子和点群,可以构成 90 个磁对称群,其中的 58 个具有磁原点.

在原子尺度的平移中, $\{\mathbf{B}\}$ 和 $\{\mathbf{S}\}$ 的组合产生附加的对称性．例如，我们可以转动晶体的一部份，然后平移来求得晶体的原来构形．因此，根据平移算子 $\{\mathbf{B}\}$ 的包含，我们具有一个**比较大的群**，称为**空间群**．对于非磁晶体，空间群有230个元素，而对于磁性物质，空间群有 1421 个元素．后一个群称为 **Shubnikov 群**，用以表示对在1951 年建立这个群的创始人 Shubnikov 的敬意[1]．空间群在X射线的衍射中是很重要的．在宏观尺度上，除了复合材料外，空间群可以不予考虑．根据以上的论述，我们有

物质不变性公理．本构响应函数对于表示在时刻 t，在物质点$\mathbf{X}$处物质对称性条件的物质参考标架的变换群和时间反向来说必须是形式不变量．

各向异性电磁物质的本构方程的完整研究已超出本书的范围．对于这个问题的论述建议读者参看 Kiral 和 Eringen[1976]，Eringen 和 Maugin [1981]． 在本书中，我们主要关心的是各向同性物质和线性各向异性电磁弹性物质．

10.13 各向同性电磁弹性固体

对于各向同性固体，自由能Ψ在物质参考标架的正交变换完全群下必须是不变量．于是有

$$\rho_0\Psi = \Sigma(\mathbf{C},\mathscr{E},\mathbf{B},\theta,\mathbf{X}) = \Sigma(\mathbf{SCS}^T,\mathbf{S}\mathscr{E},\mathbf{SB}\det\mathbf{S},\theta,\mathbf{X}) \tag{10.13.1}$$

这里 $\{\mathbf{S}\}$ 是 $\mathbf{X}$ 的正交变换完全群．

$$\mathbf{SS}^T = \mathbf{S}^T\mathbf{S} = \mathbf{1},\ \det\mathbf{S} = \pm 1 \tag{10.13.2}$$

如果Σ是关于张量 $\mathbf{C}$，矢量$\mathscr{E}$和矢量 $\mathbf{B}$ 的标量函数，则(10.13.1)相当于Σ只能通过这些张量的联合不变量，与$\mathbf{C}$，$\mathscr{E}$ 和 $\mathbf{B}$ 相关．总共有18个联合不变量，其中四个与其它的是**函数相关的**．$\mathbf{C}$，$\mathscr{E}$ 和 $\mathbf{B}$ 的"函数基"由附录B的表 B.1 所构成，它们是：

$$I_1 = \mathrm{tr}\mathbf{C}, I_2 = \mathrm{tr}\mathbf{C}^2, I_3 = \mathrm{tr}\mathbf{C}^3, I_4 = \mathscr{E}\cdot\mathscr{E}$$

$$I_5 = \mathbf{B}\cdot\mathbf{B}, I_6 = \mathscr{E}\mathbf{C}\mathscr{E}, I_7 = \mathbf{BCB}, I_8 = \mathscr{E}\mathbf{C}^2\mathscr{E}$$

---

1) 关于磁空间群的描述，请参见 Shubnikov 和 Belov [1964]． 也可参阅 Cracknell [1975]．

$$(10.13.3)\quad I_9 = \mathbf{B}\mathbf{C}^2\mathbf{B},\ I_{10} = (\mathscr{E}\cdot\mathbf{B})^2,\ I_{11} = \mathscr{E}\cdot(\mathbf{B}\times\mathbf{C}\mathscr{E}),$$

$$I_{12} = \mathscr{E}\cdot(\mathbf{B}\times\mathbf{C}^2\mathscr{E}),\ I_{13} = \mathbf{B}\cdot(\mathbf{C}\mathbf{B}\times\mathbf{C}^2\mathbf{B}),$$

$$I_{14} = (\mathscr{E}\cdot\mathbf{B})\mathscr{E}\cdot(\mathbf{B}\times\mathbf{C}\mathbf{B})$$

这里我们使用了关于矢量 **a** 和张量 **C** 的记号

$$\mathbf{a}\cdot\mathbf{a} = a_K a_K,\quad \mathbf{a}\mathbf{C} = a_K C_{KL},\quad \mathbf{C}\mathbf{a} = C_{KL} a_L$$

从而 Σ 必须是下列形式的函数:

$$(10.13.4)\qquad \rho_0\Psi = \Sigma(I_\alpha, \theta, \mathbf{X})$$

将此式代入(10.11.7),我们就得到除 **Q** 和 $\mathscr{J}$ 外的非线性各向同性 E-M 固体的本构方程[1].

$$(10.13.5)\qquad \eta = -\frac{1}{\rho_0}\frac{\partial\Sigma}{\partial\theta}$$

$$(10.13.6)\quad \frac{1}{2}\,{}_E\mathbf{T} = \frac{\partial\Sigma}{\partial I_\alpha}\frac{\partial I_\alpha}{\partial\mathbf{C}} = \frac{\partial\Sigma}{\partial I_1}\mathbf{1} + 2\frac{\partial\Sigma}{\partial I_2}\mathbf{C} + 3\frac{\partial\Sigma}{\partial I_3}\mathbf{C}^2$$

$$+ \frac{\partial\Sigma}{\partial I_6}\mathscr{E}\otimes\mathscr{E} + \frac{\partial\Sigma}{\partial I_7}\mathbf{B}\otimes\mathbf{B}$$

$$+ 2\frac{\partial\Sigma}{\partial I_8}[\mathscr{E}\otimes\mathbf{C}\mathscr{E}]_s + 2\frac{\partial\Sigma}{\partial I_9}[\mathbf{B}\otimes\mathbf{C}\mathbf{B}]_s$$

$$+ \frac{\partial\Sigma}{\partial I_{11}}[(\mathscr{E}\times\mathbf{B})\otimes\mathscr{E}]_s$$

$$+ \frac{\partial\Sigma}{\partial I_{12}}[(\mathscr{E}\times\mathbf{B})\otimes(\mathbf{C}\mathscr{E})$$

$$+ \mathbf{C}(\mathscr{E}\times\mathbf{B})\otimes\mathscr{E}]_s$$

$$+ \frac{\partial\Sigma}{\partial I_{13}}\{[(\mathbf{C}^2\mathbf{B})\times\mathbf{B}]\otimes\mathbf{B} + [\mathbf{B}\times(\mathbf{C}\mathbf{B})]$$

$$\otimes(\mathbf{C}\mathbf{B}) + \mathbf{C}[\mathbf{B}\times(\mathbf{C}\mathbf{B})]\otimes\mathbf{B}\}_s$$

$$+ \frac{\partial\Sigma}{\partial I_{14}}[(\mathscr{E}\cdot\mathbf{B})(\mathscr{E}\times\mathbf{B})\otimes\mathbf{B}]_s,$$

---

1) 关于弹性电介质的特殊形式由 Eringen [1961] 给出。

$$(10.13.7)\quad \mathbf{\Pi} = -\frac{\partial\Sigma}{\partial \mathrm{I}_\alpha}\frac{\partial \mathrm{I}_\alpha}{\partial \mathscr{E}} = -2\frac{\partial\Sigma}{\partial \mathrm{I}_4}\mathscr{E} - 2\frac{\partial\Sigma}{\partial \mathrm{I}_6}\mathbf{C}\mathscr{E}$$

$$-2\frac{\partial\Sigma}{\partial \mathrm{I}_8}\mathbf{C}^2\mathscr{E} - 2\frac{\partial\Sigma}{\partial \mathrm{I}_{10}}(\mathscr{E}\cdot\mathbf{B})\mathbf{B}$$

$$-\frac{\partial\Sigma}{\partial \mathrm{I}_{11}}[\mathbf{B}\times(\mathbf{C}\mathscr{E}) + \mathbf{C}(\mathscr{E}\times\mathbf{B})]$$

$$-\frac{\partial\Sigma}{\partial \mathrm{I}_{12}}[\mathbf{B}\times(\mathbf{C}^2\mathscr{E}) + \mathbf{C}^2(\mathscr{E}\times\mathbf{B})]$$

$$-\frac{\partial\Sigma}{\partial \mathrm{I}_{14}}[\mathbf{B}\mathscr{E}\cdot(\mathbf{B}\times\mathbf{C}\mathbf{B}) + (\mathscr{E}\cdot\mathbf{B})\mathbf{B}\times(\mathbf{C}\mathbf{B})],$$

$$(10.13.8)\quad \mathbf{M} = -\frac{\partial\Sigma}{\partial \mathrm{I}_\alpha}\frac{\partial \mathrm{I}_\alpha}{\partial \mathbf{B}} = -2\frac{\partial\Sigma}{\partial \mathrm{I}_5}\mathbf{B} - 2\frac{\partial\Sigma}{\partial \mathrm{I}_7}\mathbf{C}\mathbf{B}$$

$$-2\frac{\partial\Sigma}{\partial \mathrm{I}_9}\mathbf{C}^2\mathbf{B} - 2\frac{\partial\Sigma}{\partial \mathrm{I}_{10}}(\mathscr{E}\cdot\mathbf{B})\mathscr{E}$$

$$-\frac{\partial\Sigma}{\partial \mathrm{I}_{11}}(\mathbf{C}\mathscr{E})\times\mathscr{E} - \frac{\partial\Sigma}{\partial \mathrm{I}_{12}}(\mathbf{C}^2\mathscr{E})\times\mathscr{E}$$

$$-\frac{\partial\Sigma}{\partial \mathrm{I}_{13}}\{(\mathbf{C}\mathbf{B})\times(\mathbf{C}^2\mathbf{B}) + \mathbf{C}(\mathbf{C}^2\mathbf{B})$$

$$\times\mathbf{B} + \mathbf{C}^2[\mathbf{B}\times(\mathbf{C}\mathbf{B})]\}$$

$$-\frac{\partial\Sigma}{\partial \mathrm{I}_{14}}\{\mathscr{E}\mathscr{E}\cdot[\mathbf{B}\times(\mathbf{C}\mathbf{B})] + \mathscr{E}\cdot\mathbf{B}[(\mathbf{C}\mathbf{B})$$

$$\times\mathscr{E} + \mathbf{C}(\mathscr{E}\times\mathbf{B})]\}$$

这里,括号外的下标 S 表示对称化. 由附录 B 的表 B.2, 我们得到矢量值各向同性函数 $\mathbf{Q}$ 和 $\mathscr{J}$ 的生成元. 这些矢量依赖于一个对称张量 $\mathbf{C}$, 两个绝对矢量 $\nabla\theta$ 和 $\mathscr{E}$ 以及一个斜称张量 $\mathbf{B}_D$, 它定义为

$$B_{DKL} = \epsilon_{KLM}B_M$$

所以有 12 个生成元,利用它们可写出本构方程

$$(10.13.9)\quad \mathbf{Q} = \varkappa_1\nabla\theta + \varkappa_2\mathscr{E} + \varkappa_3\mathbf{C}\nabla\theta + \varkappa_4\mathbf{C}\mathscr{E} + \varkappa_5\nabla\theta$$

$$\times\mathbf{B} + \varkappa_6\mathscr{E}\times\mathbf{B} + \varkappa_7\mathbf{C}^2\nabla\theta + \varkappa_8\mathbf{C}^2\mathscr{E}$$

$$+\varkappa_9[(\mathbf{B}\cdot\nabla\theta)\mathbf{B}-(\mathbf{B}\cdot\mathbf{B})\nabla\theta]$$
$$+\varkappa_{10}[(\mathbf{B}\cdot\mathscr{E})\mathbf{B}-(\mathbf{B}\cdot\mathbf{B})\mathscr{E}]$$
$$+\varkappa_{11}[\mathbf{C}(\nabla\theta\times\mathbf{B})-(\mathbf{C}\nabla\theta)\times\mathbf{B}]$$
$$+\varkappa_{12}[\mathbf{C}(\mathscr{E}\times\mathbf{B})-(\mathbf{C}\mathscr{E})\times\mathbf{B}]$$

$$\mathscr{J}=\sigma_1\mathscr{E}+\sigma_2\nabla\theta+\sigma_3\mathbf{C}\mathscr{E}+\sigma_4\mathbf{C}\nabla\theta+\sigma_5\mathscr{E}\times\mathbf{B}$$
$$+\sigma_6\nabla\theta\times\mathbf{B}+\sigma_7\mathbf{C}^2\mathscr{E}+\sigma_8\mathbf{C}^2\nabla\theta$$
$$+\sigma_9[(\mathbf{B}\cdot\mathscr{E})\mathbf{B}-(\mathbf{B}\cdot\mathbf{B})\mathscr{E}]$$
$$+\sigma_{10}[(\mathbf{B}\cdot\nabla\theta)\mathbf{B}-(\mathbf{B}\cdot\mathbf{B})\nabla\theta]$$
$$+\sigma_{11}[\mathbf{C}(\mathscr{E}\times\mathbf{B})-(\mathbf{C}\mathscr{E})\times\mathbf{B}]$$
$$+\sigma_{12}[\mathbf{C}(\nabla\theta\times\mathbf{B})-(\mathbf{C}\nabla\theta)\times\mathbf{B}] \tag{10.13.10}$$

式中的 $\varkappa_1$ 到 $\varkappa_{12}$，σ_1 到 σ_{12} 是 $\mathbf{C},\mathbf{B},\mathscr{E}$ 和 $\nabla\theta$ 的联合不变量的函数．这些不变量可由附录 B 的表 B.1 给出．

关于 $\Psi,\mathbf{Q}$ 和 $\mathscr{J}$ 的本构方程还要服从时间反向公理．根据这个公理，在时间反向时，Ψ 必须不改变它的符号，而 $\mathbf{Q}$ 和 $\mathscr{J}$ 必须使熵不等式(10.11.8)保持不变．这意味着，Ψ 必须只含有 $\mathbf{B}$ 的偶次积，因为 $\mathbf{B}$ 在时间反向时要改变符号．同样，在时间反向时，$\mathscr{J}$ 改变它的符号，但 $\mathscr{E},\nabla\theta$ 和 $\mathbf{C}$ 却不改变符号．因此，(10.13.9)和(10.13.10)必须予以修正，使得熵不等式 (10.11.8) 在时间反向下具有相同的形式．这些限制在上面给出的最一般形式的本构方程中不能用明显地表示出来[1]． 事实上，(10.11.8) 对本构方程(10.13.9)和(10.13.10)的限制对于 $\mathbf{C},\mathscr{E},\mathbf{B}$ 和 $\nabla\theta$ 的任意变化也都成立．但对这些一般形式也不能把它们明显的表示出来．在二次理论的特殊情况下，这些将在第 10.14 节中讨论．

10.14 各向同性固体的二次本构方程

由第 10.13 节中给出的一般本构方程，我们可以导出在应用中很有用的各种各样的近似方程．这里我们将给出二次理论，在这个理论中，只保留独立变量的二次项和它们的乘积项． 这意味

1) 电磁热弹性固体（不包括热力学限制）的一般非线性本构方程由 Jordan 和 Eringen [1964] 给出．

着，Ψ 将是含有直到三阶的所有独立不变量的函数．因此，只需保留前七个不变量．为了用 Lagrange 应变张量 E_{KL} 来表示这一结果，我们在 I_1 到 I_7 的公式中用 $\mathbf{E}$[1] 来代替 $\mathbf{C}$，即，

$$
\begin{aligned}
(10.14.1)\qquad & I_1 = \operatorname{tr}\mathbf{E}, I_2 = \operatorname{tr}\mathbf{E}^2, I_3 = \operatorname{tr}\mathbf{E}^3, \\
& I_4 = \mathscr{E}\cdot\mathscr{E}, I_5 = \mathbf{B}\cdot\mathbf{B}, I_6 = \mathscr{E}\mathbf{E}\mathscr{E}, \\
& I_7 = \mathbf{BEB}
\end{aligned}
$$

现在我们写出 Σ 的三次多项式

$$
\begin{aligned}
(10.14.2)\qquad \Sigma = {} & \alpha_0 I_1 + \frac{1}{2}\alpha_1 I_1^2 + \frac{1}{3}\alpha_2 I_1^3 + \frac{1}{2}\alpha_3 I_1 I_2 \\
& + \frac{1}{2}\alpha_4 I_1 I_4 + \frac{1}{2}\alpha_5 I_1 I_5 + \frac{1}{2}\alpha_6 I_2 + \frac{1}{3}\alpha_7 I_3 \\
& + \frac{1}{2}\alpha_8 I_4 + \frac{1}{2}\alpha_9 I_5 + \frac{1}{2}\alpha_{10} I_6 + \frac{1}{2}\alpha_{11} I_7
\end{aligned}
$$

式中 α_λ 只是 θ 和 $\mathbf{X}$ 的函数．

把上式代入(10.11.7)，并注意到 $2\dfrac{\partial I_\alpha}{\partial C_{KL}} = \dfrac{\partial I_\alpha}{\partial E_{KL}}$，我们得出：

$$
\begin{aligned}
(10.14.3)\qquad {}_E\mathbf{T} = {} & \Big[\alpha_0 + \alpha_1 \operatorname{tr}\mathbf{E} + \alpha_2(\operatorname{tr}\mathbf{E})^2 + \frac{1}{2}\alpha_3 \operatorname{tr}\mathbf{E}^2 \\
& + \frac{1}{2}\alpha_4 \mathscr{E}\cdot\mathscr{E} + \frac{1}{2}\alpha_5 \mathbf{B}\cdot\mathbf{B}\Big]\mathbf{1} \\
& + (\alpha_3 \operatorname{tr}\mathbf{E} + \alpha_6)\mathbf{E} + \alpha_7 \mathbf{E}^2 \\
& + \frac{1}{2}\alpha_{10}\mathscr{E}\otimes\mathscr{E} + \frac{1}{2}\alpha_{11}\mathbf{B}\otimes\mathbf{B}
\end{aligned}
$$

$$(10.14.4)\qquad \mathbf{\Pi} = -(\alpha_4 \operatorname{tr}\mathbf{E} + \alpha_8)\mathscr{E} - \alpha_{10}\mathbf{E}\mathscr{E}$$

$$(10.14.5)\qquad \mathscr{M} = -(\alpha_5 \operatorname{tr}\mathbf{E} + \alpha_9)\mathbf{B} - \alpha_{11}\mathbf{EB}$$

因为 Σ 只含有 $\mathbf{B}$ 的二次幂，所以时间反向公理自动满足．对这些方程的研究表明，带有系数 $\alpha_4, \alpha_5, \alpha_{10}$ 和 α_{11} 的项表示由电场和磁场

1) 这里的 $\mathbf{E}$ 是 Lagrange 应变张量，不是电矢量 $\mathbf{E}$，作者没有给这两个量以形式上的区别．——译者

所产生的**电致伸缩应力**和**磁致伸缩应力**. 反之,当应变场与 $\mathscr{E}$ 和 $\mathbf{B}$ 耦合时,则应变将引起极化和磁化.

对于二次理论,(10.13.9)和(10.13.10)简化为

$$
\begin{aligned}
\mathbf{Q} &= \varkappa_1\nabla\theta + \varkappa_2\mathscr{E} + \varkappa_3\mathbf{E}\nabla\theta + \varkappa_4\mathbf{E}\mathscr{E} + \varkappa_5\nabla\theta\times\mathbf{B} \\
&\quad + \varkappa_6\mathscr{E}\times\mathbf{B} \\
\mathscr{J} &= \sigma_1\mathscr{E} + \sigma_2\nabla\theta + \sigma_3\mathbf{E}\mathscr{E} + \sigma_4\mathbf{E}\nabla\theta \\
&\quad + \sigma_5\mathscr{E}\times\mathbf{B} + \sigma_6\nabla\theta\times\mathbf{B}
\end{aligned}
\tag{10.14.6}
$$

式中的 $\varkappa_\alpha$ 和 σ_α 是 θ 和 $\mathbf{X}$ 的函数. 现在我们来研究时间反向问题. 当时间的符号反向时, $\mathbf{Q}$, $\mathscr{J}$ 和 $\mathbf{B}$ 也改变符号,但 $\mathbf{E}$, $\nabla\theta$ 和 $\mathscr{E}$ 的符号却保持不变. 因此,如果熵不等式要具有同一形式和同一符号,则需有

$$
\sigma_4 = -\varkappa_4/\theta, \quad \sigma_6 = \varkappa_6/\theta \tag{10.14.7}
$$

利用这些,则(10.14.6)具有形式

$$
\begin{aligned}
\mathbf{Q} &= \varkappa_1\nabla\theta + \varkappa_2\mathscr{E} + \varkappa_3\mathbf{E}\nabla\theta + \varkappa_4\mathbf{E}\mathscr{E} + \varkappa_5\nabla\theta \\
&\quad \times\mathbf{B} + \varkappa_6\mathscr{E}\times\mathbf{B}
\end{aligned}
\tag{10.14.8}
$$

$$
\begin{aligned}
\mathscr{J} &= \sigma_1\mathscr{E} + \sigma_2\nabla\theta + \sigma_3\mathbf{E}\mathscr{E} - \frac{\varkappa_4}{\theta}\mathbf{E}\nabla\theta \\
&\quad + \sigma_5\mathscr{E}\times\mathbf{B} + \frac{\varkappa_6}{\theta}\nabla\theta\times\mathbf{B}
\end{aligned}
\tag{10.14.9}
$$

熵不等式现在简化为

$$
\varkappa_{KL}\theta_{,K}\theta_{,L} + \sigma_{KL}\mathscr{E}_K\mathscr{E}_L + 2\tau_{KL}\theta_{,K}\mathscr{E}_L \geqslant 0 \tag{10.14.10}
$$

式中

$$
\begin{aligned}
\varkappa_{KL} &= \frac{1}{\theta}(\varkappa_1\delta_{KL} + \varkappa_3 E_{KL}) \\
\sigma_{KL} &= \sigma_1\delta_{KL} + \sigma_3 E_{KL} \\
\tau_{KL} &= \frac{1}{2}(\sigma_2 + \varkappa_2\theta^{-1})\delta_{KL}
\end{aligned}
\tag{10.14.11}
$$

不等式(10.14.10)可以写成更为紧凑的形式

$$
\lambda_{ab}y_a y_b \geqslant 0, \quad a, b = 1, 2, \cdots, 6 \tag{10.14.12}
$$

式中

$$y_1=\theta_{,1}, y_2=\theta_{,2}, y_3=\theta_{,3}, y_4=\mathscr{E}_1, y_5=\mathscr{E}_2, y_6=\mathscr{E}_3$$

(10.14.13) $$\|\lambda_{ab}\|=\left[\begin{array}{c|c}\varkappa_{KL} & \tau_{KL}\\ \hline \tau_{KL} & \sigma_{KL}\end{array}\right]$$

根据代数学的定理，不等式（10.14.12）成立的充分必要条件是由 $\varkappa_{11}$ 开始的 6×6 的矩阵 λ_{ab} 的主对角线的子行列式的所有序列都是非负的，亦即，

(10.14.14) $\det\lambda_{ab}\geqslant 0 \qquad a,b=1$

$a,\ b=1,2$

……

$a,b=1,2,3,4,5,6$

相对于 E_{KL} 的主方向，(10.14.11)具有简单的形式

$$\varkappa_{KL}=\frac{1}{\theta}(\varkappa_1+\varkappa_3 E_{\underline{K}})\delta_{\underline{K}L}$$

(10.14.15) $$\sigma_{KL}=(\sigma_1+\sigma_3 E_{\underline{K}})\delta_{\underline{K}L}$$

$$\tau_{KL}=\frac{1}{2}(\sigma_2+\varkappa_2\theta^{-1})\delta_{KL}$$

式中 $E_{\underline{K}}$ 是 E_{KL} 的特征值. 利用（10.14.15）并展开行列式(10.14.14)，我们得到

(10.14.16) $\varkappa_{\underline{K}\underline{K}}\geqslant 0, \varkappa_{\underline{K}\underline{K}}\sigma_{\underline{K}\underline{K}}-\tau^2_{\underline{K}\underline{K}}\geqslant 0, K=1,2,3$

由上列的第二式还可得出

(10.14.17) $$\sigma_{KK}\geqslant 0$$

利用(10.14.15)，我们看到，(10.14.16)$_1$，和(10.14.17)对所有的 E_K 值成立的充分必要条件是

(10.14.18) $$\varkappa_1\geqslant 0, \varkappa_3\geqslant 0, \sigma_1\geqslant 0, \sigma_3\geqslant 0$$

利用(10.14.15)后，不等式(10.14.17)的形式为

(10.14.19) $$\alpha E^2+\beta E+\gamma\geqslant 0$$

式中 E 是特征值 E_K 中的任一个，并且

$$\alpha=\frac{1}{\theta}\varkappa_3\sigma_3$$

(10.14.20)
$$\beta=\frac{1}{\theta}(\varkappa_1\sigma_3+\varkappa_3\sigma_1)$$
$$\gamma=\frac{1}{\theta}\varkappa_1\sigma_1-\frac{1}{4}(\sigma_2+\varkappa_2\theta^{-1})^2$$
不等式(10.14.19)对所有的 E 值成立,当且仅当

(10.14.21)
$$\alpha\geqslant 0,\ 4\gamma\alpha-\beta^2\geqslant 0$$
把(10.14.20)代入这些不等式,就得到在迁移系数 $\varkappa_K$ 和 σ_K 间应成立的不等式.

到此为止,我们完成了对 $\mathbf{Q}$ 和 $\mathscr{J}$ 的热力学限制的讨论.

对(10.14.8)和(10.14.9)的研究可以看出,热量可以在没有温度梯度和磁感应下由电场所产生. 这些是由具有系数 $\varkappa_2$ 和 $\varkappa_4$ 的项来表示的. 这就是 **Peltier 效应**. (10.14.9)中包含系数 σ_2 和 $\varkappa_4$ 的项表明,由于温度梯度将引起电流的流动. 这就是熟知的 **Seebeck 效应**. 具有系数 σ_5 的项代表 **Hall 效应**,它表示电流将垂直于 $\mathbf{B}$ 场和 $\mathscr{E}$ 场而流动. 与(10.14.8)中系数 $\varkappa_6$ 对应的项就是熟知的 **Ettingshausen 效应**. 最后,在(10.14.8)中具有系数 $\varkappa_5$ 的项和在(10.14.9)中具有系数 $\varkappa_6$ 的项分别代表 **Righi-Leduc 效应**和 **Nernst 效应**,它们分别表示热量和电流垂直于温度梯度和磁场而流动. 我们指出,包含系数 $\varkappa_4$ 到 $\varkappa_6$ 和 σ_5 的项对熵不等式没有贡献,所以它们被称为"隐含效应".

最后,物质稳定性要求(参见第 6.3 节)自由能必须是非负的. 这一点要对物质模量 α_λ 产生限制.

10.15 各向异性固体的线性本构方程

各向同性固体的线性本构方程可由上一节中所求得的结果直接写出. 忽略 Σ 中的三阶项和(10.14.6)中的二阶项即可得到

(10.15.1)
$$\Sigma=\alpha_0\mathrm{I}_1+\frac{1}{2}\alpha_1\mathrm{I}_1^2+\frac{1}{2}\alpha_6\mathrm{I}_2+\frac{1}{2}\alpha_8\mathrm{I}_4+\frac{1}{2}\alpha_9\mathrm{I}_5$$
(10.15.2)
$${}_E\mathbf{T}=(\alpha_0+\alpha_1\mathrm{tr}\mathbf{E})\mathbf{1}+\alpha_6\mathbf{E}$$
(10.15.3)
$$\mathbf{\Pi}=-\alpha_8\mathscr{E}$$

(10.15.4) $$\mathscr{M} = -\alpha_9 \mathbf{B}$$

(10.15.5) $$\mathbf{Q} = \varkappa_1 \nabla\theta + \varkappa_2 \mathscr{E}$$

(10.15.6) $$\mathscr{J} = \sigma_1 \mathscr{E} + \sigma_2 \nabla\theta$$

我们注意到，在这种情况下，应力、磁化和极化都是非耦合的，它是由于各向同性固体的特殊性质所造成的。 热量和电流仍有 Peltier 效应和 Seebeck 效应。

本节的主要目的是建立在固体的电磁理论中特别重要的各向异性固体的线性本构方程。很多物理现象，例如压电性，压磁性，磁电效应等等的出现都是由于各向异性所造成的。不象非线性理论那样，这里幸运的是，只要把 Σ 取为独立变量的二次多项式，并取 $\mathbf{Q}$ 和 $\mathscr{J}$ 为独立变量的线性多项式，我们就可直接写出线性本构方程。于是，对 Σ 我们可写为

(10.15.7)
$$\begin{aligned}\Sigma = \Sigma_0 &+ \Sigma_{KL}\widetilde{E}_{KL} + \frac{1}{2}\Sigma_{KLMN}\widetilde{E}_{KL}\widetilde{E}_{MN} \\ &- E_{KLM}\mathscr{E}_K\widetilde{E}_{LM} - H_{KLM}B_K\widetilde{E}_{LM} \\ &- \chi_K^E\mathscr{E}_K - \frac{1}{2}\chi_{KL}^E\mathscr{E}_K\mathscr{E}_L - \chi_K^B B_K \\ &- \frac{1}{2}\chi_{KL}^B B_K B_L - \Lambda_{KL}\mathscr{E}_K B_L\end{aligned}$$

式中 Σ_0，Σ_{KL}，Σ_{KLMN}，E_{KLM}，H_{KLM}，χ_K^E，χ_K^B，χ_{KL}^E，χ_{KL}^B 和 Λ_{KL} 只是 θ 和 $\mathbf{X}$ 的函数。此外，对于线性热传导，我们有

(10.15.8)
$$\theta = T_0 + T, |T| \ll T_0, T_0 > 0$$

$$\Sigma_0 = \sigma_0 - \rho_0\eta_0 T - \frac{\rho_0\gamma}{2T_0}T^2,\ \Sigma_{KL} = A_{KL} - B_{KL}T$$

$$\chi_K^E = \Pi_K^0 + \tilde{\omega}_K T,\ \chi_K^B = M_K^0 + \Gamma_K T$$

并且认为 $\sigma_0, \eta_0, \gamma, A_{KL}, B_{KL}, \Pi_K^0$，$\tilde{\omega}_K$，$M_K^0$，和 Γ_K 对非均匀物质只是 $\mathbf{X}$ 的函数，而对于均匀物质它们都是常数。 把(10.15.7) 和 (10.15.8)代入(10.11.7)，我们得到

(10.15.9) $$\eta = \eta_0 + \frac{\gamma}{T_0}T$$

$$+\frac{1}{\rho_0}\left(B_{KL}\tilde{E}_{KL}+\tilde{\omega}_K\mathscr{E}_K+\Gamma_K B_K\right)$$

(10.15.10) $$_{E}T_{KL}=A_{KL}-B_{KL}T+\Sigma_{KLMN}\tilde{E}_{MN}-E_{MKL}\mathscr{E}_M-H_{MKL}B_M$$

(10.15.11) $$\Pi_K=\Pi_K^0+\tilde{\omega}_K T+\chi_{KL}^E\mathscr{E}_L+E_{KLM}\tilde{E}_{LM}+\Lambda_{KL}B_L$$

(10.15.12) $$M_K=M_K^0+\Gamma_K T+\chi_{KL}^B B_L+H_{KLM}\tilde{E}_{LM}+\Lambda_{LK}\mathscr{E}_L$$

各个物质模量的物理意义为:

η_0 自然状态下的熵

γ 热容量

A_{KL} 自然状态下的应力

B_{KL} 热应力模量

Σ_{KLMN} 弹性模量

E_{MKL} 压电模量

H_{MKL} 压磁模量

Π_K^0 在自然状态下的极化

$\tilde{\omega}_K$ 热电极化率

χ_{KL}^E 电介磁化率

Λ_{KL} 磁极化率

M_K^0 自然状态下的磁化

Γ_K 热磁模量

χ_{KL}^B 磁化率

其中的 η_0,γ,A_{KL}, B_{KL} 和 Σ_{KLMN} 在第 6.2 节已作过介绍。对于非零的 E_{MKL},电场将引起应力,而应变则将引起极化。**这就是压电性**。类似地,对于非零的 H_{MKL},磁感应将引起应力,而应变则将引起磁化,这就是**压磁效应**。由非零的 Λ_{KL} 所引起的耦合效应就是**磁-电效应**。因为在自由能的表达式中包含 Λ_{KL} 的项不是时间对称的,也不是轴向的,所以乍看起来,可能认为磁电效应是不可能存在的。但是,这一项的存在性取决于“时间对称”和物质对称的组合。磁电效应首先由 Curie [1908] 所提出,但它的实验验证直到很迟才由 Astrov [1960, 1961], Folen 等人 [1961], Rado

等人[1962]所给出。

类似地，在错误地假设所有晶体都是时间对称的基础上，可以得出由包含 H_{KLM} 的项所代表的**压磁性**是不存在的结论（参见 Zocher 与 Török [1950]）。因为磁性物质不是时间对称的，所以上述的结论对某些物质是错误的，其中，反铁磁性物质 CoF_2 和 MnF_2 就是这种物质的例子。因此，对于这些物质，磁感应引起应力，而应变则引起磁化。实验观测已由 Borovik-Romanov [1959] 给出。

系数 χ^E_{KL} 和 χ^B_{KL} 有在电场下极化和在磁感应下磁化的作用。Π^0_K 和 M^0_K 分别是在自然状态下的极化和磁化。对非零的 $\tilde{\omega}_K$，温度将引起极化，它是造成**热电性**的原因。对于非零的 Γ_K，热量变化将引起磁化，这就是**热磁效应**。

由三阶张量模量所决定的压电性和压磁性的存在性与各向异性的性质有关。虽然，对于压电效应我们无需对于时间对称性担忧，但是容易看出，对于具有**反演中心**的物质，压电效应是不可能存在的。

在各向同性群和时间反向下，对于各向同性群 $\{\mathbf{S}\}$ 的所有元素，各种物质模量必须服从下述的限制：

$$\{\Pi^0_K, \tilde{\omega}_K\} = \{\Pi^0_P, \tilde{\omega}_P\} S_{KP}$$

$$\{\Gamma_K, M^0_K\} = -\{\Gamma_P, M^0_P\} S_{KP} \det \mathbf{S}$$

$$\{A_{KL}, B_{KL}, \chi^E_{KL}, \chi^B_{KL}\} = \{A_{PQ}, B_{PQ}, \chi^E_{PQ}, \chi^B_{PQ}\} S_{KP} S_{LQ}$$

$$\Lambda_{KL} = -\Lambda_{PQ} S_{KP} S_{LQ} \det \mathbf{S} \tag{10.15.13}$$

$$E_{KLM} = E_{PQR} S_{KP} S_{LQ} S_{MR}$$

$$H_{KLM} = -H_{PQR} S_{KP} S_{LQ} S_{MR} \det \mathbf{S}$$

$$\Sigma_{KLMN} = \Sigma_{PQRS} S_{KP} S_{LQ} S_{MR} S_{NS}$$

由这些表达式易知，$\Gamma_K, \Lambda_{KL}, M^0_K$ 和 H_{KLM} 是轴张量，而且为了保全这些效应，与空间对称性相组合的时间对称性必须用符号(—)来表示。

在具有反演中心（例如 $\bar{X}_K = -X_K$）的各向同性群的晶体中，压电效应不能发生。对各种晶体的对称群的研究表明，刚好有

20 个群允许有压电效应。对于压电性来说，物质的磁性性质是无关紧要的。另外一方面，压磁效应 (H_{KLM})、磁电效应 (Λ_{KL}) 和热磁效应 (Γ_K) 依赖于空间的轴向特性和时间对称的组合。可以证明，在 99 个磁点群中，有 66 个群允许有压磁效应，有 58 个群允许有磁电效应，有 31 个点群允许有热磁效应。必须指出，当铁磁性与压磁性同时出现时，压磁性往往被掩盖起来。

确定各种晶体群的独立物质模量的数目，需要对群 {S} 的**所有**元素写出关于所有**独立的**物质模量的分量（考虑到对称性，如 $B_{KL}=B_{LK}$，$H_{KLM}=H_{KML}$）的完整的方程组(10.15.13)。对于每一个物质张量，这样做法都给出一组线性方程。这些方程导致某些分量为零，某些分量不为零（关于纯弹性物质的结果见第 6.2 节）。这个进程是很冗长的。有一种群论的方法可以避免这些冗长的过程，并系统地得到本构方程的最终形式。实际上，这个方法对非线性理论也成立。但是由于篇幅的关系，我们不再进行讨论。对这个问题，有兴趣的读者请参看 Mert 和 Kiral [1977] 以及 Kiral 和 Eringen [1976] 的文献。

对于一般的各向异性弹性固体的非均衡的线性本构方程由下式给出：

$$Q_K=\varkappa_{KL}\theta_{,L}+\varkappa_{KLM}E_{LM}+\chi^{E}_{KL}\mathscr{E}_L+\varkappa^{B}_{KL}B_L \tag{10.15.14}$$

$$\mathscr{J}_K=\sigma_{KL}\mathscr{E}_L+\sigma_{KLM}E_{LM}+\sigma^{\theta}_{KL}\theta_{,L}+\sigma^{B}_{KL}B_L \tag{10.15.15}$$

把上列表达式代入 C-D 不等式，考虑到线性性，我们得出 $\varkappa_{KLM}$，$\varkappa^{B}_{KL}$，σ_{KLM} 和 σ^{B}_{KL} 必须为零。

$$Q_K=\varkappa_{KL}\theta_{,L}+\varkappa^{E}_{KL}\mathscr{E}_L \tag{10.15.16}$$

$$\mathscr{J}_K=\sigma_{KL}\mathscr{E}_L+\sigma^{\theta}_{KL}\theta_{,L} \tag{10.15.17}$$

另外，利用时间反向（或由 Onsager 定理），可以证实 $\varkappa_{KL}$，$\varkappa^{E}_{KL}$，σ_{KL} 和 σ^{B}_{KL} 是对称矩阵，并满足熵不等式

$$\frac{1}{\theta}\varkappa_{KL}\theta_{,K}\theta_{,L}+\sigma_{KL}\mathscr{E}_K\mathscr{E}_L+(\sigma^{\theta}_{KL}+\theta^{-1}\varkappa^{E}_{KL})\theta_{,K}\mathscr{E}_L\geqslant 0 \tag{10.15.18}$$

这些方程再一次显示出关于各向异性物质的 Peltrier 效应和

Seebeck 效应。

利用

$$\rho/\rho_0 = 1 - I_{\tilde{E}},\quad x_{k,K} \cong (\delta_{MK} + \tilde{E}_{MK} + \tilde{R}_{MK})\delta_{Mk}$$

$$\tilde{E}_{KL} \cong \tilde{e}_{kl}\delta_{Kk}\delta_{Ll}$$

来线性化(10.10.4),(10.10.10)和(10.11.2)即可得到本构方程的空间形式。当把这些结果代入(10.15.7),(10.15.9)到(10.15.12),(10.15.16)和(10.15.17)中时,我们得出

$$(10.15.19)\quad \Sigma = \sigma_0 - \rho_0\eta_0 T - \frac{\rho_0\gamma}{2T_0}T^2 + (\alpha_{kl} - \beta_{kl}T)\tilde{e}_{kl} + \frac{1}{2}\sigma_{klmn}\tilde{e}_{kl}\tilde{e}_{mn} - e_{klm}\mathscr{E}_k\tilde{e}_{lm} - h_{klm}B_k\tilde{e}_{lm} - (\pi_k^0 + \tilde{\omega}_k T)\mathscr{E}_k - \frac{1}{2}\chi_{kl}^E\mathscr{E}_k\mathscr{E}_l - (m_k^0 + \gamma_k T)B_k - \frac{1}{2}\chi_{kl}^B B_k B_l - \lambda_{kl}\mathscr{E}_k B_l$$

$$(10.15.20)\quad \eta = \eta_0 + \frac{\gamma}{T_0}T + \frac{1}{\rho_0}(\beta_{kl}\tilde{e}_{kl} + \tilde{\omega}_k\mathscr{E}_k + \gamma_k B_k)$$

$$(10.15.21)\quad {}_E t_{kl} = \alpha_{kl}(1 - \tilde{e}_{rr}) - \beta_{kl}T + \alpha_{km}(\tilde{e}_{lm} + \tilde{r}_{lm}) + \alpha_{ml}(\tilde{e}_{km} + \tilde{r}_{km}) + \sigma_{klmn}\tilde{e}_{mn} - e_{mkl}\mathscr{E}_m - h_{mkl}B_m$$

$$(10.15.22)\quad P_k = [(1 - \tilde{e}_{rr})\delta_{kl} + \tilde{e}_{kl} + \tilde{r}_{kl}]\pi_l^0 + \tilde{\omega}_k T + \chi_{kl}^E\mathscr{E}_l + e_{klm}\tilde{e}_{lm} + \lambda_{kl}B_l$$

$$(10.15.23)\quad \mathscr{M}_k = [(1 - \tilde{e}_{rr})\delta_{kl} + \tilde{e}_{kl} + \tilde{r}_{kl}]m_l^0 + \gamma_k T + \chi_{kl}^B B_l + h_{klm}\tilde{e}_{lm} + \lambda_{lk}\mathscr{E}_l$$

$$(10.15.24)\quad q_k = x_{kl}T_{,l} + \chi_{kl}^E\mathscr{E}_l$$

$$(10.15.25)\quad \mathscr{J}_k = \sigma_{kl}\mathscr{E}_l + \sigma_{kl}^\theta T_l$$

式中新的物理模量给定为

$$\{\pi_k^0, m_k^0, \tilde{\omega}_k, \gamma_k\} = \{\Pi_K^0, M_K^0, \tilde{\omega}_K, \Gamma_K\}\delta_{Kk}$$

$$\{\alpha_{kl}, \beta_{kl}, \chi_{kl}^E, \chi_{kl}^B, \lambda_{kl}\} = \{A_{KL}, B_{KL}, \chi_{KL}^E, \Lambda_{KL}\}\delta_{Kk}\delta_{Ll}$$

$$(10.15.26)\quad \{e_{klm}, h_{klm}\} = \{E_{KLM}, H_{KLM}\}\delta_{Kk}\delta_{Ll}\delta_{Mm}$$

$$\sigma_{klmn}=\Sigma_{KLMN}\delta_{Kk}\delta_{Ll}\delta_{Mm}\delta_{Nn}$$

式中 δ_{Kk} 是移位子，当空间坐标架与物质坐标架重合时，它由 Kronecker 符号代替。

为了得到绝热的物质常数，我们令 $\eta=\eta_0$，然后把由(10.15.19)求得的 T 的表达式代入(10.15.20)到(10.15.25)。这样一来，$\alpha_{kl}, \beta_{kl}, \pi_k^0, \tilde{\omega}_k, \gamma_k$ 和 m_k^0 保持不变，但其余的物质常数要修正成为：

$$(10.15.27)\quad \begin{aligned}
(\sigma_{klmn})_{\text{Ad.}} &= \sigma_{klmn}+(\beta_{kl}\beta_{mn}/\rho_0\gamma)T_0\\
(e_{klm})_{\text{Ad.}} &= e_{klm}-(\tilde{\omega}_k\beta_{lm}/\rho_0\gamma)T_0\\
(h_{klm})_{\text{Ad.}} &= h_{klm}-(\gamma_k\beta_{lm}/\rho_0\gamma)T_0\\
(\chi_{kl}^E)_{\text{Ad.}} &= \chi_{kl}^E-(\tilde{\omega}_k\tilde{\omega}_l/\rho_0\gamma)T_0\\
(\chi_{kl}^B)_{\text{Ad.}} &= \chi_{kl}^B-(\gamma_k\gamma_l/\rho_0\gamma)T_0\\
(\lambda_{kl})_{\text{Ad.}} &= \lambda_{kl}-(\tilde{\omega}_k\gamma_l/\rho_0\gamma)T_0
\end{aligned}$$

显然，若把 Σ 看成是 η 的而不是 θ 的函数也可得到同样的结果。等温常数与绝热常数之间的差别一般是很小的。

对于各向同性物质，考虑到时间反向，则奇数阶张量为零，并且 $\lambda_{kl}=0$。对于偶数阶张量，我们写成

$$(10.15.28)\quad \begin{aligned}
\{\alpha_{kl},\beta_{kl},\chi_{kl}^E,\chi_{kl}^B\} &= \{\alpha_e,\beta_e,\chi^E,\chi^B\}\delta_{kl}\\
\sigma_{klmn} &= \lambda_e\delta_{kl}\delta_{mn}+\mu_e(\delta_{km}\delta_{ln}+\delta_{kn}\delta_{lm})
\end{aligned}$$

本构方程简化为

$$(10.15.29)\quad \begin{aligned}
\Sigma = \sigma_0-\rho_0\eta_0 T-\frac{\rho_0\gamma}{2T_0}T^2+(\alpha_e-\beta_e T)\operatorname{tr}\tilde{\mathbf{e}}\\
+\frac{1}{2}\lambda_e(\operatorname{tr}\tilde{\mathbf{e}})^2+\mu_e\operatorname{tr}\tilde{\mathbf{e}}^2\\
-\frac{1}{2}\chi^E\mathscr{E}\cdot\mathscr{E}-\frac{1}{2}\chi^B\mathbf{B}\cdot\mathbf{B}
\end{aligned}$$

$$(10.15.30)\quad \eta=\eta_0+\frac{\gamma}{T_0}T+\frac{\beta_e}{\rho_0}\operatorname{tr}\tilde{\mathbf{e}}$$

$$(10.15.31)\quad \begin{aligned}
{}_Et_{kl} &= (\alpha_e-\beta_e T)\delta_{kl}+(\lambda_e-\alpha_e)\tilde{e}_{rr}\delta_{kl}\\
&\quad +2(\mu_e+\alpha_e)\tilde{e}_{kl}
\end{aligned}$$

$$(10.15.32)\qquad P_k = \chi^E \mathscr{E}_k$$

$$(10.15.33)\qquad \mathscr{M}_k = \chi^B B_k$$

$$(10.15.34)\qquad q_k = \kappa T_{,k} + \kappa^E \mathscr{E}_k$$

$$(10.15.35)\qquad \mathscr{J}_k = \sigma \mathscr{E}_k + \sigma^\theta T_{,k}$$

上列诸式在形式上和我们所期望的(10.15.1)到(10.15.6)相同．熵不等式将对 κ, σ, κ^E 和 σ^E 加以限制．这些限制由(10.14.17)令 $E_K = 0$ 得出，即，

$$(10.15.36)\qquad \kappa \geqslant 0, \sigma \geqslant 0, 4\kappa\sigma\theta^{-1} - (\kappa^E\theta^{-1} + \sigma^\theta)^2 \geqslant 0$$

10.16 物质模量

在本节中，我们简短地讨论一下物质模量的性质并给出一些例子．出现在(10.13.5)到(10.13.10)中的非线性本构函数 Σ，系数 κ_λ 和 σ_λ 至今仍不能用实验确定． 对于二次和高次的压电系数也只有几个零星的例子(参见 Gagnepain 和 Besson[1975])．实际上，还没有对列出的这组 90 个磁性点群的不变量作过完整的研究．但是，关于磁性物质的对称群却已有广泛的讨论[1]．最大量的实验工作是确定线性本构方程的系数．分类和实验工作以及压电常数值已由 Mason [1950], Bechmann 在 Landolt-Börnstein 表[1959]、美国物理学协会手册 [1955]、以及 Berlincour 等人[1964] 给出．这些文献使用无线电工程师协会所建议的记号，并给出用应力、电场、磁场和温度来表示应变、电介质位移、磁感应和熵时所需要的物质模量的数值． 这些值只适用于固定参考架 R_G (实验室标架)中的场．因此，在熵不等式(10.11.4) 中要用 Gibbs 函数 G 来代替 Ψ，而 G 与 Ψ 的关系为

$$(10.16.1)\qquad \rho_0 G = \rho_0 \Psi + {}_E T_{KL} \tilde{E}_{KL} - \frac{1}{2}(E^2 - B^2 + 2\mathbf{H} \cdot \mathbf{B})$$

1) 参见 Birss [1964], Cracknell [1965], Bhagavantan [1966]. Kiral 和 Eringen 计划出版一部关于电磁弹性物质 90 个磁性点群的所有独立不变量的整基的专著．

这里G是 ${}_ET_{KL}, E_K, H_K$ 和θ的函数。在无偏压的自然状态下，这就导出下列形式的表示式：

$$
(10.16.2)\quad
\begin{aligned}
\tilde{e}_{kl} &= s_{klmn}\ {}_Et_{mn} + d^E_{mkl}E_m + d^H_{mkl}H_m + \alpha_{kl}(\theta - T_0)\\
D_k &= d^E_{klm}\ {}_Et_{lm} + \varepsilon_{kl}E_l + m_{kl}H_l + p_k(\theta - T_0)\\
B_k &= d^H_{klm}\ {}_Et_{lm} + m_{lk}E_l + \mu_{kl}H_l + i_k(\theta - T_0)\\
\eta &= \alpha_{kl}\ {}_Et_{kl} + p_kE_k + i_kH_k + \frac{\rho_0 c}{\theta}(\theta - T_0)
\end{aligned}
$$

显然，物质常数 s_{klmn}，d^E_{klm}，$\cdots$ 与出现在(10.15.20)到(10.15.23)中的常数 σ_{klmn}，e_{klm}，$\cdots$ 是相关的。事实上，只要对 ${}_Et_{kl}$，$P_k = D_k - E_k$，$M_k = B_k - H_k$ 求解线性方程组(10.16.2)，并比较所得的表达式，我们就可用 $s_{klmn}, d^E_{klm}, \cdots$ 来表示物质常数 σ_{klmn}，e_{klm}，$\cdots$，而它们的实验数据常编入各种手册中[1]。在这些表中，对应力张量和应变张量使用下列缩写：

$$
(10.16.3)\quad
\begin{aligned}
&e_{11} = S_1, e_{22} = S_2, e_{33} = S_3\\
&e_{23} = S_4, e_{31} = S_5, e_{12} = S_6\\
&{}_Et_{11} = T_1,\ {}_Et_{22} = T_2, {}_Et_{33} = T_3\\
&{}_Et_{23} = T_4,\ {}_Et_{31} = T_5,\ {}_Et_{12} = T_6
\end{aligned}
$$

于是(10.16.2)可表示为

$$
(10.16.4)\quad
\begin{aligned}
S_a &= s_{ab}T_b + d^E_{ka}E_k + d^H_{ka}H_k + \alpha_a(\theta - T_0)\\
D_k &= d^E_{kb}T_b + \varepsilon_{kl}E_l + m_{kl}H_l + p_k(\theta - T_0)\\
B_k &= d^H_{kb}T_b + m_{lk}E_l + \mu_{kl}H_l + i_k(\theta - T_0)\\
\eta &= \alpha_bT_b + p_kE_k + i_kH_k + \frac{\rho_0 c}{\theta}\ (\theta - T_0)
\end{aligned}
$$

绝热物质常数与等温物质常数之间彼此具有下列关系：

$$
(10.16.5)\quad
\begin{aligned}
&(s_{ab})_{Ad.} = s_{ab} - (\alpha_a\alpha_b/\rho_0 c)\theta\\
&(d^E_{ka})_{Ad.} = d^E_{ka} - (\alpha_a p_k/\rho_0 c)\theta
\end{aligned}
$$

绝热常数与等温常数之间的差异一般是很小的。以 s_{33} 和 d_{33} 为例，对于压电陶瓷（PZT-5，Clevete 有限公司）绝热常数与等温

1) 对某些实验而言，公式(10.16.2)的假定比较方便，但是，在连续物理的初边值问题的解析叙述中，第 10.15 节中给出的本构方程形式更为适用。

常数分别为 0.03 和 0.1. 在实际应用中，压电物质的磁场效应和磁性物质的电场效应一般都可忽略不计. 下面，我们给出三种重要的压电晶体的实验值. 对于其它物质，读者可参看前面所提到的参考文献.

压电晶体

在传感器的设计中,比较重要的晶体是 Rochelle 盐、硫酸锂和石英. Rochelle 盐在 −18℃ 和 23℃ 上有两个居里点,在这两点之间只有铁电现象. 它自发地极化，并呈现象磁性物质那样的滞后回线. 在围绕两个居里点的适当温度范围内，很强的压电耦合使得这种物质在传感器中占有突出的地位.

硫酸锂 ($LiSO_4 \cdot H_2O$) 也具有很强的压电耦合，并且对静水压力和平行于 d_{22} 的应变有很好的反应.所以,它对于在 0.5 兆周附近的压缩波是很有用的 (Berlincourt 等人 [1964, p. 179]).

在传感器制造中具有广阔用途的另一种非常重要的物质是石英. 它在薄片形状下具有良好的力学性能.

Rochelle 盐属于正交双楔类(222),该类具有六个对称轴. X, Y, Z 轴与结晶轴重合. 硫酸锂是个单斜晶系，而石英则属于三角晶系(32),它具有一个三重轴,可取为 Z 轴，垂直于它的三个二重轴之一可取为 X 轴. 对于石英, Z 轴可取为光轴,它是晶体的长轴, X 轴通过六角形顶点之一,而 Y 轴垂直于 X, Z 轴，它们构成右手三重轴.

利用晶体的对称群,可以求得对物质模量的限制. 对于 32 个晶体类的非零弹-电系数在表 10.16.1 中用点表示,该表还包含这些基体的对称性上的其它信息. 在表 10.6.2 中，我们列出了弹性柔量 s_{ab}, 压电常数 d_{ka} 和相对电介常数 $K_{kl} = \varepsilon_{kl}/\varepsilon_0$, 这里 $\varepsilon_0 = 8.859 \times 10^{-2}$ 法拉/米. 表中的单位制是米-千克-秒，而压电常数的单位是库仑/牛顿 $= 3 \times 10^4$ 静电单位/达因. 这些表都选自 Berlincourt 等人的文献 [1964, p. 180]. 关于这些物质的广泛的研究请参见 Mason [1950] 和前面提到过的文献.

有时晶体的不同的切面并不与所使用的坐标平面重合. 在这

表 10.6.1 32个晶体类[1]的弹-电模量

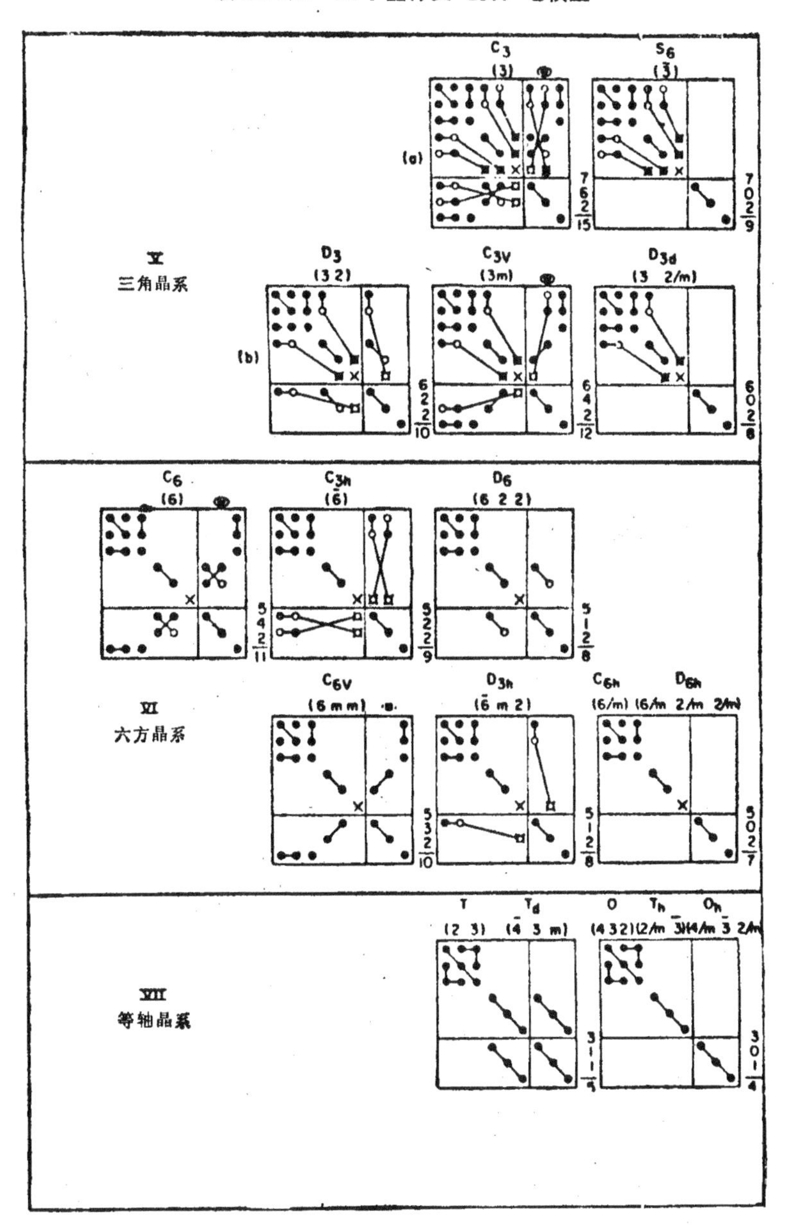

1）表中每个方块右边的数，从上到下分别表示独立的弹性常数个数，独立的压电常数个数和电介常数个数，

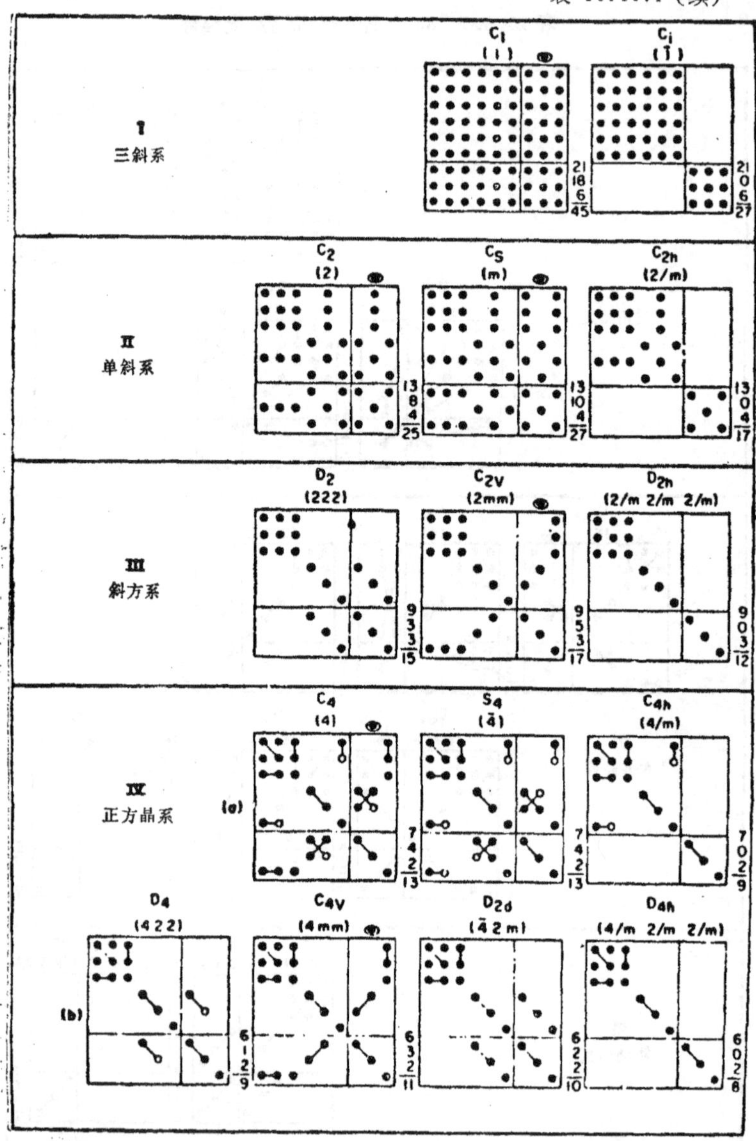

说明

线段把数值上相等的量连结起来，但是在对所有晶体类都成立的主对角线外两侧的完全互易性除外.

○ 表示● 的负值.

(●) 表示这些晶体类对静水压缩是压电的并具有热电性.

在三角晶系和六方晶系中，对 s, d, d_1, g 或 g_1, ■, □表示它的值与连线上的值的两倍相等.

× 表示 $2(s_{11}-s_{12})$ 或 $1/2(c_{11}-c_{12})$.

表 10.16.2 电-弹常数

晶体	密度（公斤/平方米）	弹性柔量 s_{ab}（10^{-12}平方米/牛顿）													
		s_{11}	s_{22}	s_{33}	s_{44}	s_{55}	s_{66}	s_{12}	s_{13}	s_{14}	s_{15}	s_{23}	s_{25}	s_{35}	s_{46}
Rochelle 盐 34℃	1767	52.0	36.8	35.9	150.2	350.3	104.2	−16.3	−11.6	0		−12.2	0	0	0
硫酸锂	2052	26.2	22.5	23.9	38.4	50.6	69.0	−7.0	−9.8	0	4.0	−3.0	−7.3	−0.5	−8.8
石英	2649	12.77	12.77	9.60	20.04	20.04	29.12	−1.79	−1.22	4.5	0	−1.22	0	0	0

晶体	压电常数 d^E_{ka}（10^{-12}库仑/牛顿）									相对电介常数（$K_{kl}=\varepsilon_{kl}/\varepsilon_0$）			
	d_{11}	d_{22}	d_{14}	d_{16}	d_{21}	d_{23}	d_{25}	d_{34}	d_{36}	K_{11}	K_{22}	K_{33}	K_{13}
Rochelle 盐（34℃）	0	0	345	0	0	0	54	0	12	205	9.6	9.5	0
硫酸锂	0	18.3	0.8	−2.0	−3.6	1.7	−5.0	−2.1	−4.2	5.6	10.3	6.5	0.07
石英	2.31	0	0.727	0	0	0	−0.727	0	0	4.52	4.52	4.68	0

样情况下，可以利用下列形式的张量变换求得适于这些试样的新坐标系 x'_k 中的系数：

(10.16.6) $$s'^{km}_{ln} = s^{pr}_{qs} \frac{\partial x'^k}{\partial x^p} \frac{\partial x^q}{\partial x'^l} \frac{\partial x'^m}{\partial x^r} \frac{\partial x^s}{\partial x'^n}$$

$$d'^{kl}_m = d^{pq}_r \frac{\partial x'^k}{\partial x^p} \frac{\partial x'^l}{\partial x^q} \frac{\partial x^r}{\partial x'^m}$$

(10.16.7) $$\varepsilon'^k_l = \varepsilon^p_q \frac{\partial x'^k}{\partial x^p} \frac{\partial x^q}{\partial x'^l}$$

$$p'^k = p^q \frac{\partial x'^k}{\partial x^q}$$

式中 $\frac{\partial x'^k}{\partial x^p}$ 和 $\partial x^r/\partial x'^m$ 是由坐标变换

(10.16.8) $$x'^k = x'^k(x^p)$$

算得的。对于坐标标架的刚性转动，$\frac{\partial x'^k}{\partial x^p}$是两个坐标标架之间的方向余弦。

10.17 电磁弹性固体基本方程的汇总

电磁弹性固体是以下列诸方程为基础的：

Maxwell 方程 ($\mathscr{V}$-σ 中)：

(10.17.1) $$\nabla \cdot \mathbf{D} - q_f = 0$$

(10.17.2) $$\nabla \times \mathbf{E} + \frac{1}{c} \frac{\partial \mathbf{B}}{\partial t} = \mathbf{0}$$

(10.17.3) $$\nabla \cdot \mathbf{B} = 0$$

(10.17.4) $$\nabla \times \mathbf{H} - \frac{1}{c} \frac{\partial \mathbf{D}}{\partial t} = \frac{1}{c} \mathbf{J}$$

(10.17.5) $$\frac{\partial q_f}{\partial t} + \nabla \cdot \mathbf{J} = 0$$

平衡方程 ($\mathscr{V}$-σ 中)：

(10.17.6) $$\rho_0 = \rho \mathrm{III}_C^{1/2} \text{ 或 } \dot{\rho} + \rho \nabla \cdot \mathbf{v} = 0$$

(10.17.7) $$t_{kl,k}+\rho(f_l-\dot{v}_l)+\mathscr{M}f_l=0$$

(10.17.8) $$t_{[kl]}=\mathscr{E}_{[k}P_{l]}+B_{[k}\mathscr{M}_{l]}$$

(10.17.9) $$\rho\theta\dot{\eta}-\nabla\cdot\mathbf{q}-\mathscr{J}\cdot\mathscr{E}-\rho h=0$$

(10.17.10) $$\frac{1}{\theta}\mathbf{q}\cdot\nabla\theta+\mathscr{J}\cdot\mathscr{E}\geqslant 0$$

跳变方程(通过 $\sigma-\gamma_\sigma$, 不包括 $\delta w_f/\delta t$ 和 $\mathbf{K}$):

(10.17.11) $$\mathbf{n}\cdot[\mathbf{D}]=w_f$$

(10.17.12) $$\mathbf{n}\times\left[\mathbf{E}+\frac{1}{c}\nu\times\mathbf{B}\right]=\mathbf{0}$$

(10.17.13) $$\mathbf{n}\cdot[\mathbf{B}]=0$$

(10.17.14) $$\mathbf{n}\times\left[\mathbf{H}-\frac{1}{c}\nu\times\mathbf{D}\right]=\mathbf{0}$$

(10.17.15) $$\mathbf{n}\cdot[\mathbf{J}-q_f\mathbf{v}]=0$$

这里已去掉面极化和面电流(参见第 10.5 节)。

(10.17.16) $$[\rho(\mathbf{v}-\boldsymbol{\nu})]\cdot\mathbf{n}=0$$

(10.17.17) $$[\rho v_l(v_k-\nu_k)-t_{kl}-\mathscr{M}t_{kl}-v_kG_l]n_k=0$$

(10.17.18) $$\left[\left\{(\rho e+\mathbf{P}\cdot\mathbf{E})+\frac{1}{2}\rho v^2+\frac{1}{2}(E^2+B^2)\right\}\times(v_k-\nu_k)-(t_{kl}+\mathscr{M}t_{kl}+v_kG_l)v_l-q_k+\mathscr{S}_k\right]n_k=0$$

(10.17.19) $$\left[\rho\eta(\mathbf{v}-\nu)-\frac{1}{\theta}\mathbf{q}\right]\cdot\mathbf{n}\geqslant 0$$

本构方程(线性理论)

(10.17.20) $$\Sigma=\sigma_0-\rho_0\eta_0T-\frac{\rho_0\gamma}{2T_0}T^2+(\alpha_{kl}-\beta_{kl}T)\tilde{e}_{kl}+\frac{1}{2}\sigma_{klmn}\tilde{e}_{kl}\tilde{e}_{mn}-e_{klm}\mathscr{E}_k\tilde{e}_{lm}-h_{klm}B_k\tilde{e}_{lm}-(\pi_k^0+\tilde{\omega}_kT)\mathscr{E}_k-\frac{1}{2}\chi_{kl}^E\mathscr{E}_k\mathscr{E}_l$$

$$-(m_k^0+\gamma_k T)B_k$$

$$-\frac{1}{2}\chi_{kl}^B B_k B_l-\lambda_{kl}\mathscr{E}_k B_l$$

$$\eta=\eta_0+\frac{\gamma}{T_0}T+\frac{1}{\rho_0}(\beta_{kl}\tilde{e}_{kl}+\tilde{\omega}_k\mathscr{E}_k+\gamma_k B_k) \tag{10.17.21}$$

$$\begin{aligned}{}_Et_{kl}=&\alpha_{kl}(1-\tilde{e}_{rr})-\beta_{kl}T+\alpha_{km}(\tilde{e}_{lm}+\tilde{r}_{lm})\\&+\alpha_{ml}(\tilde{e}_{km}+\tilde{r}_{km})+\sigma_{klmn}\tilde{e}_{mn}-e_{mkl}\mathscr{E}_n\\&-h_{mkl}B_m\end{aligned} \tag{10.17.22}$$

$$\begin{aligned}P_k=&[(1-\tilde{e}_{rr})\delta_{kl}+\tilde{e}_{kl}+\tilde{r}_{kl}]\pi_l^0+\tilde{\omega}_k T\\&+\chi_{kl}^E\mathscr{E}_l+e_{klm}\tilde{e}_{lm}+\lambda_{kl}B_l\end{aligned} \tag{10.17.23}$$

$$\begin{aligned}\mathscr{M}_k=&[(1-\tilde{e}_{rr})\delta_{kl}+\tilde{e}_{kl}+\tilde{r}_{kl}]m_l^0+\gamma_k T\\&+\chi_{kl}^B B_l+h_{klm}\tilde{e}_{lm}+\lambda_{kl}\mathscr{E}_l\end{aligned} \tag{10.17.24}$$

$$q_k=\kappa_{kl}T_{,l}+\kappa_{kl}^E\mathscr{E}_l \tag{10.17.25}$$

$$\mathscr{J}_k=\sigma_{kl}\mathscr{E}_l+\sigma_{kl}^\theta T_{,l} \tag{10.17.26}$$

对于各向同性物质，这些方程简化为(10.15.29)—(10.15.35)。对于二次理论，请参见第 10.14 节，对于完全非线性理论请参见 第 10.13 节。

电磁场和电磁力的定义

$$\mathscr{E}=\mathbf{E}+\frac{1}{c}\mathbf{v}\times\mathbf{B},\quad \mathscr{M}=\mathbf{M}+\frac{1}{c}\mathbf{v}\times\mathbf{P} \tag{10.17.27}$$

$$\mathscr{J}=\mathbf{J}-q_f\mathbf{v},\quad \mathbf{D}=\mathbf{E}+\mathbf{P},\mathbf{B}=\mathbf{H}+\mathbf{M}$$

$$t_{kl}={}_Et_{kl}-P_k\mathscr{E}_l-\mathscr{M}_k B_l$$

$$\begin{aligned}{}_M\mathbf{f}=&q_f\mathbf{E}+\frac{1}{c}\mathbf{J}\times\mathbf{B}+(\nabla\mathbf{E})\cdot\mathbf{P}+(\nabla\mathbf{B})\cdot\mathbf{M}\\&+\frac{1}{c}[(\mathbf{P}\times\mathbf{B})v_k]_{,k}+\frac{1}{c}\frac{\partial}{\partial t}(\mathbf{P}\times\mathbf{B})\end{aligned}$$

$$e=\varepsilon-\rho^{-1}\mathscr{E}\cdot\mathbf{P}$$

$$\begin{aligned}{}_Mt_{kl}=&P_k\mathscr{E}_l-B_k\mathscr{M}_l+E_kE_l+B_kB_l\\&-\frac{1}{2}(E^2+B^2-2\mathscr{M}\cdot\mathbf{B})\delta_{kl}\end{aligned}$$

$$G_k = \frac{1}{c}(\mathbf{E}\times\mathbf{B})_k$$

$$\mathscr{S}_k = c(\mathbf{E}\times\mathbf{H})_k + \left[{}_Mt_{kl} + v_k G_l - \frac{1}{2}(E^2 + B^2 + 2\mathbf{E}\cdot\mathbf{P})\delta_{kl}\right] v_l$$

运动学量

(10.17.28) $$\tilde{e}_{kl} = \frac{1}{2}(u_{k,l} + u_{l,k}),\quad \dot{v}_k \cong \frac{\partial^2 u_k}{\partial t^2}$$

式中 u_k 是位移场.

场方程 ($\mathscr{V}$-σ)

把本构方程代入 Maxwell 方程和平衡方程,我们就得到场方程. 最终的目的是,在已知体力 $\mathbf{f}(\mathbf{x},t)$, 电荷 $q_f(\mathbf{x},t)$ 和热源 $h(\mathbf{x},t)$ 条件下,用这样一组足够数目的偏微分方程来确定场 $u_k(\mathbf{x},t)$, $T(\mathbf{x},t)$, $E_k(\mathbf{x},t)$ 和 $B_k(\mathbf{x},t)$. 一旦求得这些场, P_k, M_k 和 J_k 也就被确定. 略去独立变量的乘积项就可把场方程线性化. 能量方程(10.17.9)起的是热传导方程的作用.

边界条件

在物体的界面上令 $\boldsymbol{\nu} = \mathbf{v}$, 则边界条件由 (10.17.11) 至 (10.17.18)给出. 但也可能出现混合边界条件和辐射条件. 物理上合适的边界条件和初始条件必须和理论的唯一性定理相容.

初始条件

初始条件通常由位移和速度以及场的初始值组成,例如

(10.17.29)
$$\begin{aligned}
u_k(\mathbf{x},0) &= u_k^0(\mathbf{x})\\
\dot{u}_k(\mathbf{x},0) &= v_k^0(\mathbf{x})\\
T(\mathbf{x},0) &= T^0(\mathbf{x})\\
\mathbf{E}(\mathbf{x},0) &= \mathbf{E}^0(\mathbf{x})\\
\mathbf{B}(\mathbf{x},0) &= \mathbf{B}^0(\mathbf{x})
\end{aligned}$$

最后,我们还要考虑到由物质对称性和热力学第二定律所产生的条件. 关于这些问题请参看第 10.12 节和第 10.15 节中所给出的讨论.

特殊物质类

I. 电介质　在电介质中，磁化和电传导是相当小的．对于这些物质，可以不计磁化和电传导．在一些铁电物质中，如果我们希望包含表面效应，则必须构造一种包含极化梯度或高阶电偶极矩的理论．关于这方面的问题请参看 Mindlin[1970] 和 Suhubi [1977]．

II. 非铁金属　对于非铁金属，电极化效应和磁化可以忽略，但热传导和电传导可能是重要的．

III. 铁金属　在铁金属中，电极化与其它项相比可以不计．顺磁物质和软铁磁物质就属于这一类．但软铁氧体是不良导体，对这种物质我们可以不计热传导和电传导．

IV. 本理论所不涉及的物质　我们的理论不能解释存在很大滞后耗损的硬铁磁物质的性状．对这些物质需要一个显示其滞后回线和残余磁化的非线性理论．近来，硬铁磁物质的连续统理论已由 Maugin [1976a，关于刚体]，[1979a、关于弹性体] 所提出．在饱和磁力的情况下，还须引入其它的效应和约束，其中最重要的是体力偶、面力偶、自旋惯性和饱和条件．

某些亚铁磁物质具有的力学阻尼和滞后耗损是很低的，因此可以保持超音速的高频（$\sim 10^9$—10^{10} 赫）的弹性波．在这样区域内，弹性波与自旋波相互作用，参见 Maugin [1979b,c]．在这种情况下，磁化梯度或高阶磁多极偶和自旋惯性必须加以考虑．这就要求发展新的理论（关于弹性亚铁磁物质和反铁磁物质请参见Tiersten [1964]，Le Craw 和 Comstock [1968]，Maugin 和 Eringen [1972 a，b] 以及 Maugin [1976，b,c]）．这种物质（钇铁石榴石（YIG）就属于这一类物质）在微波仪表中已有重要的应用．

本理论也不包括半导体和超导体．最后，这里所考虑的物体是没有结构缺陷的**完全**物体．考虑结构上有缺陷的问题的评述，请参看 Maugin[1978]．

10.18　各向同性弹性电介质

不可磁化的弹性电介质是非导体，而且不带体自由电荷．于是，在所有方程中我们都不考虑磁效应，而且由于在热传导和电传导方程中使本构模量为零，故有 $\mathbf{q}=\mathscr{J}=\mathbf{0}$. 其结果为：

平衡方程

(10.18.1) $$\nabla\cdot\mathbf{D}=0$$

(10.18.2) $$\nabla\times\mathbf{E}=\mathbf{0}$$

(10.18.3) $$\rho_0=\rho\mathrm{III}_C^{1/2}$$

(10.18.4) $${}_Et_{kl,k}+\rho(f_l-\ddot{u}_l)-P_{k,k}E_l=0$$

跳变条件 ($\boldsymbol{\nu}=\mathbf{v}$)

(10.18.5) $$\mathbf{n}\cdot[\mathbf{D}]=w_f$$

(10.18.6) $$\mathbf{n}\times[\mathbf{E}]=\mathbf{0}$$

(10.18.7) $$\left[{}_Et_{kl}+E_kE_l-\frac{1}{2}E^2\delta_{kl}\right]n_k=0$$

本构方程

非线性理论的本构方程由(10.13.6)和(10.13.7)得出：

(10.18.8) $$\frac{1}{2}\,{}_E\mathbf{T}=\frac{\partial\Sigma}{\partial\mathrm{I}_1}\mathbf{1}+2\frac{\partial\Sigma}{\partial\mathrm{I}_2}\mathbf{C}+3\frac{\partial\Sigma}{\partial\mathrm{I}_3}\mathbf{C}^2+\frac{\partial\Sigma}{\partial\mathrm{I}_6}\mathbf{E}\otimes\mathbf{E}+2\frac{\partial\Sigma}{\partial\mathrm{I}_8}[\mathbf{E}\otimes\mathbf{CE}]_s$$

(10.18.9) $$\mathbf{\Pi}=-2\frac{\partial\Sigma}{\partial\mathrm{I}_4}\mathbf{E}-2\frac{\partial\Sigma}{\partial\mathrm{I}_6}\mathbf{CE}-2\frac{\partial\Sigma}{\partial\mathrm{I}_8}\mathbf{C}^2\mathbf{E}$$

(10.18.10) $$\Sigma=\Sigma(\mathrm{I}_1,\mathrm{I}_2,\mathrm{I}_3,\mathrm{I}_4,\mathrm{I}_6,\mathrm{I}_8,\theta,\mathbf{X})$$

这里

$${}_Et_{kl}=\frac{\rho}{\rho_0}\,{}_ET_{KL}x_{k,K}x_{l,L},\quad P_k=\frac{\rho}{\rho_0}\Pi_Kx_{k,K}$$

$$C_{KL}=x_{k,K}x_{k,L}$$

(10.18.11) $$E_K=E_kx_{k,K},\quad D_k=E_k+P_k$$

$$\mathrm{I}_1=\mathrm{tr}\mathbf{C},\quad \mathrm{I}_2=\mathrm{tr}\,\mathbf{C}^2,\quad \mathrm{I}_3=\mathrm{tr}\mathbf{C}^3,\quad \mathrm{I}_4=\mathbf{E}\cdot\mathbf{E}$$

$$\mathrm{I}_6=\mathbf{ECE},\quad \mathrm{I}_8=\mathbf{EC}^2\mathbf{E}$$

上列方程对精确理论成立，二次理论的本构方程由（10.14.3）和(10.14.4)给出，下面我们利用这些方程给出一个说明性的解。

极化电介质的简单剪切[1]。由面电荷极化的,宽度为 a 的无限的各向同性匀质板条承受简单剪切变形,参见图 10.18.1。问题是要确定电场和应力场,特别是要确定引起由

(10.18.12) $$x = X + KY, y = Y, z = Z$$

所表征的简单剪切的面力的性质,这里,空间坐标 (x,y,z) 与物质坐标 (X,Y,Z) 重合。式中的K是剪切的度量。我们试设一个常值电场 $\mathbf{E}$,则(10.18.2)被满足,而且(10.18.1)给出

(10.18.13) $$\nabla \cdot \mathbf{P} = 0$$

当 $\mathbf{P}$ 为常值时,它是成立的。利用(10.18.11),我们得到:

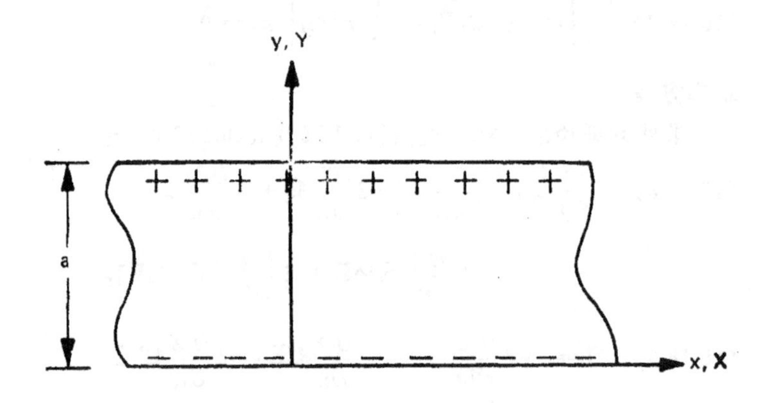

图 10.18.1 极化电介质的简单剪切

(10.18.14) $$\mathbf{C} = \begin{bmatrix} 1+K^2 & K & 0 \\ K & 1 & 0 \\ 0 & 0 & 1 \end{bmatrix}$$

$$\mathbf{C}^2 = \begin{bmatrix} 1+3K^2+K^4 & K(2+K^2) & 0 \\ K(2+K^2) & 1+K^2 & 0 \\ 0 & 0 & 1 \end{bmatrix}$$

$$\mathrm{I}_1 = 3 + K^2, \ \mathrm{I}_2 = 3 + 4K^2 + K^4$$

---

1) 不同的论述,请参看 Toupin[1956] 和 Eringen [1962,第 113 节]。

$$\mathrm{I}_3 = 3 + 9K^2 + 6K^4 + K^6$$

$$\mathrm{III}_C = 1,\ \mathrm{I}_4 = E_X^2 + E_Y^2 + E_Z^2$$

$$\mathrm{I}_6 = (1 + K^2)E_X^2 + E_Y^2 + E_Z^2 + 2KE_XE_Y$$

$$\mathrm{I}_8 = (1 + 3K^2 + K^4)E_X^2 + (1 + K^2)E_Y^2 + E_Z^2 + 2K(2 + K^2)E_XE_Y,$$

$$E_X = E_x, E_Y = KE_x + E_y, E_Z = E_z$$

因为 $\mathrm{III}_C = 1$，所以变形是等容的，从而 $\rho = \rho_0$。在 $y = a$ 上有 $n_k = \delta_{k2}$，在 $y = 0$ 上有 $n_k = -\delta_{k2}$，则由边界条件(10.18.5)和(10.18.6)我们得到

(10.18.15) $$E_x = E_x^0,\ E_y + \frac{1}{\varepsilon_0} P_y = E_y^0 - \frac{1}{\varepsilon_0} w_f$$

$$E_z = E_z^0,\ 0 < y < a$$

式中 $\mathbf{E}^0$ 是外部电场。

因为 $\mathbf{E}$ 和 $\mathbf{P}$ 都是常值矢量，并且 $q_f = 0$，$\mathbf{f} = \mathbf{0}$，所以对静力情况运动方程(10.18.4)自动满足。

本构方程(10.18.8)和(10.18.9)给出

(10.18.16) $${}_ET_{XX} = 2\frac{\partial\Sigma}{\partial \mathrm{I}_1} + 4(1 + K^2)\frac{\partial\Sigma}{\partial \mathrm{I}_2} + 6(1 + 3K^2 + K^4)\frac{\partial\Sigma}{\partial \mathrm{I}_3} + 2\frac{\partial\Sigma}{\partial \mathrm{I}_6}E_X^2 + 4[(1 + K^2)E_X^2 + KE_XE_Y]\frac{\partial\Sigma}{\partial \mathrm{I}_8}$$

$${}_ET_{YY} = 2\frac{\partial\Sigma}{\partial \mathrm{I}_1} + 4\frac{\partial\Sigma}{\partial \mathrm{I}_2} + 6(1 + K^2)\frac{\partial\Sigma}{\partial \mathrm{I}_3} + 2\frac{\partial\Sigma}{\partial \mathrm{I}_6}E_Y^2 + 4(KE_XE_Y + E_Y^2)\frac{\partial\Sigma}{\partial \mathrm{I}_8}$$

$${}_ET_{ZZ} = 2\frac{\partial\Sigma}{\partial \mathrm{I}_1} + 4\frac{\partial\Sigma}{\partial \mathrm{I}_2} + 6\frac{\partial\Sigma}{\partial \mathrm{I}_3} + 2\frac{\partial\Sigma}{\partial \mathrm{I}_6} + 2\frac{\partial\Sigma}{\partial \mathrm{I}_8}E_Z^2$$

$$
{}_ET_{XY} = 4K\frac{\partial \Sigma}{\partial I_2} + 6K(2+K^2)\frac{\partial \Sigma}{\partial I_3} + 2\frac{\partial \Sigma}{\partial I_6}E_XE_Y
$$

$$
+ 2[(2+K^2)E_XE_Y + K(E_X^2 + E_Y^2)]\frac{\partial \Sigma}{\partial I_8}
$$

$$
{}_ET_{YZ} = 2\frac{\partial \Sigma}{\partial I_6}E_YE_Z + 2\frac{\partial \Sigma}{\partial I_8}(KE_XE_Z + 2E_YE_Z)
$$

$$
{}_ET_{XZ} = 2\frac{\partial \Sigma}{\partial I_6}E_XE_Z
$$

$$
+ 2\frac{\partial \Sigma}{\partial I_8}[(2+K^2)E_XE_Z + KE_YE_Z]
$$

(10.18.17)
$$
\Pi_X = -2\frac{\partial \Sigma}{\partial I_4}E_X - 2\frac{\partial \Sigma}{\partial I_6}[(1+K^2)E_X + KE_Y]
$$

$$
-2\frac{\partial \Sigma}{\partial I_8}[(1+3K^2+K^4)E_X
$$

$$
+ K(2+K^2)E_Y]
$$

$$
\Pi_Y = -2\frac{\partial \Sigma}{\partial I_4}E_Y - 2\frac{\partial \Sigma}{\partial I_6}(KE_X + E_Y)
$$

$$
-2\frac{\partial \Sigma}{\partial I_8}[K(2+K^2)E_X + (1+K^2)E_Y]
$$

$$
\Pi_Z = -2\left(\frac{\partial \Sigma}{\partial I_4} + \frac{\partial \Sigma}{\partial I_6} + \frac{\partial \Sigma}{\partial I_8}\right)E_Z
$$

由(10.18.11)$_{1,2}$得出应力场和极化场的空间分量.

(10.18.18)
$$
{}_Et_{xx} = {}_ET_{XX} + 2K_ET_{XY} + K_E^2T_{YY}
$$

$$
{}_Et_{yy} = {}_ET_{YY}
$$

$$
{}_Et_{zz} = {}_ET_{ZZ},\quad {}_Et_{xy} = {}_ET_{XY} + K_ET_{YY}
$$

$$
{}_Et_{yz} = {}_ET_{YZ},\quad {}_Et_{zx} = {}_ET_{ZX}
$$

$$
P_x = \Pi_X + K\Pi_Y,\ P_y = \Pi_Y,\ P_z = \Pi_Z
$$

在表面 $y = a$ 上的表面外力给定为

(10.18.19)
$$
t_{(n)l} = t_{kl}n_k = ({}_Et_{kl} - P_kE_l)n_k
$$

因为在 $y = a$ 上 $n_k = \delta_{k2}$，所以我们有

$$(10.18.20)\qquad \begin{aligned} t_{(y)x} &= {}_Et_{yx} - P_yE_x \\ t_{(y)y} &= {}_Et_{yy} - P_yE_y \\ t_{(y)z} &= {}_Et_{yz} - P_yE_z \end{aligned}$$

在 $y=0$ 上的外力大小相等而方向相反。除电解面上关于外力的边界条件(10.18.7)外，这已完成了问题的解答。我们首先指出，给定具有常值和任意方向的**外部电场** $\mathbf{E}^0$，则在电介质中的电场 E_k 的空间分量可由(10.18.15)求得。应力张量 ${}_Et_{kl}$ 的空间分量和极化矢量 P_k 的空间分量可由 (10.18.18) 求得，在该式中 ${}_ET_{KL}$ 和 Π_K 由(10.18.16)和(10.18.17)给出。因此，最后可用 $\mathbf{E}^0$ 和 w_f 来表示 ${}_Et_{kl}$ 和 P_k。 在这样的解中，所有有关电的边界条件都已满足。 但是为了维持简单剪切所得的解，必须在板条的 $y=a$ 和 $y=0$ 的面上作用由(10.18.20)所给出的常值外力。

现在，我们考虑一些特殊情况，以便引起对这些结果的物理意义的注意。

A. 限制在 (x,y) 平面的外部电场

在这种情况下，$E_z^0=0$，从而由(10.18.15)导出 $E_z=E_Z=0$。于是，我们有

$$(10.18.21)\qquad {}_Et_{yz}={}_Et_{xz}=0,P_z=0,t_{(y)z}=0$$

这时，剪切应力 $t_{yz}=0$，平板的表面受到法向外力 $t_{(y)y}$ 和常值剪力 $t_{(y)x}$ 的作用。因此，简单剪切状态可由常值法向外力和常值剪力的作用来维持。其中第一个效应称为 Poynting **效应**。我们还需要一个常值压力来维持体积不变，这个效应称为 Kelvin **效应**。 我们还记得，在纯力学的简单剪切 (参见第 6.13 节) 中也有 Poynting 效应和 Kelvin 效应。对于零剪切 K，$t_{(y)x}$ 依赖于至少二次的电矢量分量，这就是**电致伸缩效应**。 所有这些效应在线性理论中都不存在。电致伸缩效应意味着，在高电场的作用下，物质将产生应力。反之，如果我们在固体上作用一个足够大的外力，则将产生一个在技术上可以为我们做功的电场(例如开门，启动各种机构等)。

B. 在 (x,y) 平面上只有一个分量的电场

假定 $E_x^0 = E_z^0 = 0$，而 $E_y^0 \neq 0$，则 $E_x = E_z = 0$，$E_y = E_y^0 - (P_y + W_f)/\varepsilon_0$。根据(10.6.16)，存在一个力偶

$$_M\mathbf{c} = \mathbf{P}\times\mathbf{E} = P_x E_y \mathbf{i}_3 \tag{10.18.22}$$

它将引起板条绕 z 轴转动。我们指出，在线性理论中，这个力偶是不会出现的。

10.19 压电性

不能磁化的非传导的压电物质的平衡定律和跳变条件由(10.18.1)到(10.18.10)给出。在自然状态下无偏压的线性理论的本构方程由(10.17.20)，(10.17.22)和(10.17.23)得出。

$$\Sigma = \sigma_0 + \frac{1}{2}\sigma_{klmn}\tilde{e}_{kl}\tilde{e}_{mn} - e_{mkl}E_m\tilde{e}_{kl} - \frac{1}{2}\chi_{kl}^E E_k E_l \tag{10.19.1}$$

$$_E t_{kl} = \sigma_{klmn}\tilde{e}_{mn} - e_{mkl}E_m \tag{10.19.2}$$

$$P_k = \chi_{kl}^E E_l + e_{klm}\tilde{e}_{lm} \tag{10.19.3}$$

式中 $\tilde{e}_{kl}$ 是通常的无限小应变张量，它定义为

$$\tilde{e}_{kl} = \frac{1}{2}(u_{k,l} + u_{l,k}) \tag{10.19.4}$$

在我们的理论中，真空电介常数 ε_0 取作 1。在无线电工程师协会的标准中(参见 IRE [1949])，$\varepsilon_0 = 8.854 \times 10^{-12}$ 法拉/厘米。计及 ε_0，则有

$$\mathbf{D} = \varepsilon_0\mathbf{E} + \mathbf{P} \tag{10.19.5}$$

上列方程组构成压电性物质线性理论的基本方程。

引入由下式定义的电势 $\phi(\mathbf{x}, t)$：

$$\mathbf{E} = -\nabla\phi \tag{10.19.6}$$

则方程(10.18.2)即被满足。把上式代入(10.19.2)到(10.19.5)，并把结果再代入(10.18.1)和(10.18.4)，忽略非线性项 $-P_{k,k}E_l$ (极化电荷)，我们得到

$$e_{klm}u_{l,mk} - \varepsilon_{kl}\phi_{,lk} = 0 \tag{10.19.7}$$

$$\sigma_{klmn}u_{m,nk} + e_{mkl}\phi_{,mk} + \rho\left(f_l - \frac{\partial^2 u_l}{\partial t^2}\right) = 0 \tag{10.19.8}$$

式中我们记

$$\epsilon_{kl} = \epsilon_0\delta_{kl} + \chi^E_{kl} \tag{10.19.9}$$

根据线性理论的原则,对压电线性理论我们还有

$$t_{kl} \cong {}_E t_{kl} \tag{10.19.10}$$

为了确定静电势 $\phi(\mathbf{x}, t)$ 和位移场 $u_k = u_k(\mathbf{x}, t)$，必须求解方程(10.19.7)和(10.19.8).在线性化条件下,由(10.18.5)到(10.18.7)得到相应的边界条件．它们的形式是

$$
\begin{aligned}
&t_{kl}n_k = t_{(\mathbf{n})l} \quad \text{在 } \mathscr{S}_\mathbf{t} \text{ 上}\\
&u_k = \bar{u}_k \quad \text{在 } \mathscr{S}_\mathbf{u} = \varphi - \varphi_\mathbf{t} \text{ 上}\\
&[\mathbf{D}]\cdot\mathbf{n} = 0 \quad \text{在 } \mathscr{S}_\mathbf{D} \text{ 上}\\
&[\phi] = 0 \quad \text{在 } \mathscr{S}_\phi = \mathscr{S} - \mathscr{S}_\mathbf{D} \text{ 上}
\end{aligned}
\tag{10.19.11}
$$

式中 $\mathscr{S}_\mathbf{t}$ 和 $\mathscr{S}_\mathbf{D}$ 是物体边界曲面的一部分,而 $\mathscr{S}_\mathbf{u}$ 或 $\mathscr{S}_\phi$ 是减去 $\mathscr{S}_\mathbf{t}$ 或 $\mathscr{S}_\mathbf{D}$ 后剩下的边界曲面的其余部分．当然，也可以有其它形式的边界条件．但是不论在什么情况下，这些边界条件和初始条件必须和唯一性定理相容.初始条件通常由下列 Cauchy 形式组成:

$$
\begin{aligned}
u_k(\mathbf{x},0) &= u^0_k(\mathbf{x})\\
\dot{u}_k(\mathbf{x},0) &= v^0_k(\mathbf{x})
\end{aligned}
\tag{10.19.12}
$$

我们指出,在静电方程(10.9.7)中没有时间率出现．这是因为没有磁化所造成的[1]．显然，在运动的物体中磁场是感应的． 但这个效应很小,从而可以忽略．

下面,我们利用这些方程来讨论一个简单的问题．

平面波的传播　在单位矢量 $\mathbf{n}$ 方向上传播的平面电介质弹性波可表示为

$$
\begin{aligned}
\phi &= \phi(\mathbf{n}\cdot\mathbf{x} \mp c_0 t)\\
\mathbf{u} &= \mathbf{u}(\mathbf{n}\cdot\mathbf{x} \mp c_0 t)
\end{aligned}
\tag{10.19.13}
$$

---

1) 关于考虑磁化的电磁弹性波的讨论,请参见 Dunkin 和 Eringen [1963].

式中 c_0 是波的相速度，而且

$$(10.19.14)\qquad \mathbf{n}\cdot\mathbf{n}=1$$

把(10.19.13)代入(10.19.7)和令 $\mathbf{f}=\mathbf{0}$ 的(10.19.8)，我们有

$$(10.19.15)\qquad \begin{aligned} &\epsilon_{kl}n_k n_l\phi''-e_{klm}n_k n_m u_l''=0\\ &e_{mkl}n_m n_k\phi''+(\sigma_{klmn}n_n n_k-\rho c_0^2\delta_{lm})u_m''=0\end{aligned}$$

式中字母上的撇表示函数对其自变量的导数．这是关于四个未知量 ϕ'' 和 u_k'' 的四个方程的方程组．由第一个方程，我们得到

$$(10.19.16)\qquad \phi''=(e_{klm}n_k n_m/\epsilon_{pq}n_p n_q)u_l''$$

把上式代入(10.19.15)的第二个方程，我们得到

$$(10.19.17)\qquad (Q_{lm}-\rho c_0^2\delta_{lm})u_m''=0$$

式中

$$(10.19.18)\qquad Q_{lm}=\bar{\sigma}_{klmn}n_k n_n$$

是用**压电增强的刚度张量** $\bar{\sigma}$ **表示的声张量**，$\bar{\sigma}$ 的定义为

$$(10.19.19)\qquad \bar{\sigma}_{klmn}=\sigma_{klmn}+(\mathbf{n}\cdot\epsilon\cdot\mathbf{n})^{-1}e_{pkl}n_p e_{qmn}n_q$$

如果

$$(10.19.20)\qquad \det(\mathbf{Q}-\rho c_0^2\mathbf{1})=0$$

或等价地有

$$(10.19.21)\qquad -(\rho c_0^2)^3+\mathrm{I}_{\mathbf{Q}}(\rho c_0^2)^2-\mathrm{II}_{\mathbf{Q}}\rho c_0^2+\mathrm{III}_{\mathbf{Q}}=0$$

则齐次方程组(10.19.17)有非平凡解，这里的 $\mathrm{I}_{\mathbf{Q}}$，$\mathrm{II}_{\mathbf{Q}}$，$\mathrm{III}_{\mathbf{Q}}$ 是张量 $\mathbf{Q}$ 的主不变量．方程(10.19.17)和(10.19.21)表明，(10.19.21)的三个根 $\rho c_{0\alpha}^2$ 是声张量 $\mathbf{Q}$ 的特征值，而 $\mathbf{u}''=\mathbf{a}_\alpha$ 是声张量 $\mathbf{Q}$ 的特征矢量． 声张量的单位特征矢量 $\boldsymbol{\nu}=\mathbf{u}''/|\mathbf{u}''|=\mathbf{a}_\alpha/|\mathbf{a}_\alpha|$ 称为**声轴**．因为 $\mathbf{Q}$ 是对称张量，所以三个特征值都是实的． 因此，如果(10.19.21)的三个根是彼此不同的，则声轴 ν_α 在波面的点上构成一个正交三元组． 但对物理上有意义的波，c_0^2 必须是正的．于是，对于在每个方向上传播的真实的波，声张量必须是正定的．可以证明，这一结论成立的必要充分条件是压电增强刚度张量是强椭圆性，亦即，对于任意的矢量 λ 和 μ 有

$$(10.19.22)\qquad \bar{\sigma}_{klmn}\lambda_l\lambda_n\mu_k\mu_m\geqslant 0$$

如果有两个特征值相同，则当一个声轴被确定后，与此声轴相

垂直的任意两个轴就都是声轴，但波速却与全组声轴相关．如果所有的特征值都相等，则在所有方向上只有一个波速，任意一个方向都是声轴．如果 $\boldsymbol{\nu}$ 是单位矢量，则由(10.19.17)得出

$$\rho c_0^2 = Q_{lm}\nu_l\nu_m \tag{10.19.23}$$

于是，我们可定义 $\mathbf{u}'' = a\boldsymbol{\nu}$，并这样来选取 $\boldsymbol{\nu}_m$ 的方向，使得 $\mathbf{n}\cdot\boldsymbol{\nu} \geqslant 0$．$\mathbf{u}''$ 的大小是 $|a|$，于是 $a > 0$ 相应于膨胀波，$a < 0$ 相应于压缩波．由(10.19.17)知，如果 $\mathbf{a} = \mathbf{u}''$ 是特征矢量，则 $k\mathbf{a}$ 也是特征矢量，这里的 k 是非零实数．

最后我们指出，当 $\mathbf{Q}$ 的特征矢量 $\mathbf{a}_\alpha$ 已知时，势 ϕ 可由(10.19.16)确定．然后通过(10.19.6)就可给出电场．

根据以上的讨论可知，由物质模量 σ_{klmn}，e_{klm} 和 χ^E_{kl} 在数量上和性质上所反映出来的物质对称性规则在最后结果中占有重要的地位．

10.20 压电激发的板沿厚度方向的振动

作为第二个问题，我们考虑一个无限板，它在把很大的电极加于其表面上的振荡电位势作用下而产生沿厚度方向的振动[1)]，见图 10.20.1．直角坐标的 z 轴垂直于板的上下表面 $z = \pm h/2$．厚度 h 假定比自由空间的 E-M 波的波长小得多，于是拟静力近似成立．沿厚度方向的振动是由任意方向的位移矢量在厚度方向传播的各种波所构成的．板的表面无外力，但它承受振荡电位势的作用．于是边界条件为：

$$t_{kl}n_k = (\sigma_{klmn}u_{m,n} + e_{mkl}\phi_{,m})n_k，\quad 在\ z = \pm h/2\ 上 \tag{10.20.1}$$

$$\phi = \pm\frac{1}{2}V\cos\omega t，\quad 在\ z = \pm h/2\ 上 \tag{10.20.2}$$

式中 $n_k = \delta_{k3}$ 是在 z 的正向上的板表面的单位法线矢量，$V/2$ 是电位势的大小．我们考虑下列形式的解：

$$\{\Phi, \mathbf{u}\} = \{\Phi(z), \mathbf{U}(z)\}\cos\omega t \tag{10.20.3}$$

---

1) Tiersten [1969].

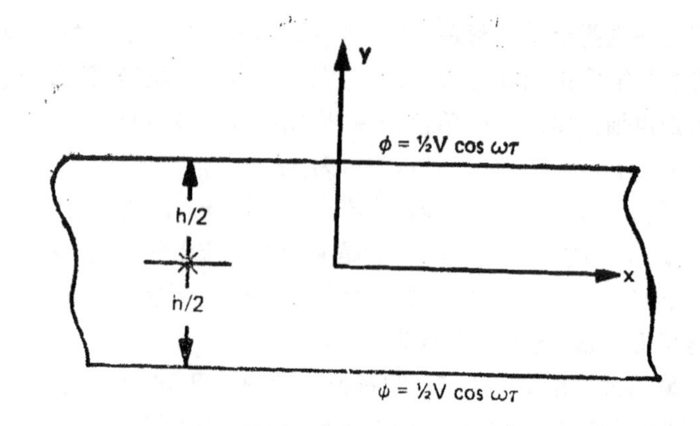

图 10.20.1 沿厚度方向的振动

把上式代入(10.19.7)和令 $\mathbf{f}=\mathbf{0}$ 的(10.19.8),我们有

(10.20.4)
$$\varepsilon_{kl}n_k n_l \Phi'' - e_{klm}n_k n_m U_l'' = 0,$$
$$e_{mkl}n_m n_k \Phi'' + \sigma_{klmn}n_k n_n U_m'' + \rho\omega^2 U_l = 0$$

由上式消去 Φ'',我们得到

(10.20.5)
$$Q_{lm}U_m'' + \rho\omega^2 U_l = 0$$

式中的 $\mathbf{Q}$ 是由(10.19.18)所定义的声张量. 这个方程与(10.20.4)$_1$ 的一般解为

(10.20.6)
$$\mathbf{U} = \sum_{\alpha=1}^{3} \mathbf{a}_\alpha (A_\alpha \cos k_\alpha z + B_\alpha \sin k_\alpha z)$$
$$\Phi = (\mathbf{n}\cdot\varepsilon\cdot\mathbf{n})^{-1} e_{klm}n_k n_m U_l + C_1 z + C_2$$

式中 A_α, B_α, C_1 和 C_2 是任意常数, $\mathbf{a}_\alpha$ 是声张量 $\mathbf{Q}$ 的特征矢量,亦即,它们满足

(10.20.7)
$$(Q_{lm} - \rho c_0^2 \delta_{lm}) a_m = 0$$

对应的特征值为 $\rho c_{0\alpha}^2$,这里

(10.20.8)
$$c_{0\alpha} = \omega / k_\alpha$$

把(10.20.6)代入(10.20.3),我们得到一般解

(10.20.9)
$$\mathbf{u} = \mathbf{U}\cos\omega t,\quad \phi = \Phi\cos\omega t$$

为了确定积分常数,我们把(10.20.9)代入边界条件(10.20.1)和(10.20.2). 利用(10.19.18),我们得到

(10.20.10)
$$Q_{km}U'_m + C_1 e_{mkl} n_m n_l = 0,\quad z = \pm h/2$$
$$\Phi = \pm V/2\qquad\qquad ,\quad z = \pm h/2$$

利用(10.20.6),我们有 $A_\alpha = 0$, $C_2 = 0$, 而且

$$\sum_{\alpha=1}^{3} \rho k_\alpha c_{0\alpha}^2 a_{\alpha k} B_\alpha \cos(k_\alpha h/2) + C_1 e_{mkl} n_m n_l = 0$$

(10.20.11)
$$C_1 = \frac{V}{h} - \frac{2}{h}(\mathbf{n}\cdot\epsilon\cdot\mathbf{n})^{-1} e_{klm} n_k n_m \times \sum_{\alpha=1}^{3} a_{\alpha l} B_\alpha \sin(k_\alpha h/2)$$

在其中的第一式中我们已用到(10.20.7)。把 C_1 代入第一式,然后把所得的结果与 $\mathbf{a}_\beta$ 作标积。因为特征函数正交(可用类似于第 1.10 节中所给出的方法作出证明);亦即,

(10.20.12)
$$\mathbf{a}_\alpha \cdot \mathbf{a}_\beta = \delta_{\alpha\beta}$$

所以得出的表达式为

(10.20.13)
$$\rho k_\beta c_{0\beta}^2 B_\beta \cos(k_\beta h/2) - \frac{2}{h}\sum_\alpha (\mathbf{n}\cdot\epsilon\cdot\mathbf{n})^{-1} d_\alpha d_\beta B_\alpha \sin(k_\alpha h/2) = -\frac{V}{h} d_\beta$$

式中

(10.20.14)
$$d_\alpha = e_{klm} n_k n_l a_{\alpha m}$$

常数 B_α 现在可由求解(10.20.13)的三个方程加以确定,即

(10.20.15)
$$B_\alpha = -[\rho D h k_\alpha c_{0\alpha}^2 \cos(k_\alpha h/2)]^{-1} d_\alpha V$$

式中 D 是下式给出的行列式:

(10.20.16)
$$D = \det\left[\delta_{\alpha\beta} - \frac{d_\alpha d_\beta}{\rho(\mathbf{n}\cdot\epsilon\cdot\mathbf{n})c_{0\alpha}^2}\frac{2}{hk_\alpha} \times \frac{\sin(k_\beta h/2)}{\cos(k_\alpha h/2)}\right] = 1 - \sum_{\alpha=1}^{3} K_\alpha^2 \frac{\tan(k_\alpha h/2)}{k_\alpha h/2}$$

其中的 K_α 定义为

$$(10.20.17)\qquad K_\alpha = d_\alpha[\rho(\mathbf{n}\cdot\epsilon\cdot\mathbf{n})c_{0\alpha}^2]^{-1/2}$$

它可称为关于第 α 个特征值的**电力耦合因子**[1]。

$\mathbf{u}$ 和 ϕ 的完整解为

$$\mathbf{u} = -\sum_{\alpha=1}^{3}[\rho h k_\alpha c_{0\alpha}^2 \cos(k_\alpha h/2)D]^{-1}\mathbf{a}_\alpha d_\alpha V \times \sin(k_\alpha z)\cos\omega t$$

$$(10.20.18)\qquad \phi = \frac{V}{h}\left\{z - \sum_{\alpha=1}^{3}[k_\alpha\cos(k_\alpha h/2)D]^{-1}K_\alpha^2[\sin(k_\alpha z) - (2z/h)\sin(k_\alpha h/2)]\right\}\cos\omega t$$

解(10.20.18)可以用来确定在压电共振区域中电介张量的频率相关性。为此，由 Nelson [1979]，我们利用电位移边界条件

$$(10.20.19)\qquad [\mathbf{D}]\cdot\mathbf{n} = w_f,\qquad z = \pm h/2$$

利用(10.19.3),(10.19.5),(10.19.9)和(10.20.18),我们可以计算在电极面积 A 上的总电荷

$$(10.20.20)\qquad Q = AW_f = CV,\qquad z = \pm h/2$$

式中 C 是电容

$$(10.20.21)\qquad C = A\epsilon/h$$

式中的**有效电介常数** ϵ 定义为

$$(10.20.22)\qquad \epsilon = (\mathbf{n}\cdot\epsilon\cdot\mathbf{n})\times\left[1 - \sum_{\alpha=1}^{3}K_\alpha^2(k_\alpha h/2)^{-1}\tan(k_\alpha h/2)\right]^{-1}$$

为求得(10.20.22),我们曾用过(10.20.14)和(10.20.16)。

当(10.20.22)右端的分母趋于零时，$\epsilon\to\infty$。因为 $K_\alpha^{-1}\sim\omega^{-1}$，所以在高频极限下，我们有

$$(10.20.23)\qquad \epsilon \cong \mathbf{n}\cdot\epsilon\cdot\mathbf{n}\qquad 当\ \omega\to\infty\ 时$$

---

1) 参见 Nelson [1976, Ch. 11].

低频极限由下式给出：

$$\varepsilon \cong (\mathbf{n}\cdot\varepsilon\cdot\mathbf{n})\left[1-\sum_{\alpha=1}^{3} K_\alpha^2\right]^{-1} \quad 当\ \omega\to 0\ 时 \tag{10.20.24}$$

我们研究在这两个极限之间的 $\varepsilon(\omega)$ 的特性。为此，我们考虑一个在这两个极限之间的单声波型。由于一些晶体的对称性和有向性，这是可能的。在这种情况下，(10.20.22) 的分母只有一项，从而，当

$$K_\alpha^2\frac{\sin(k_\alpha h/2)}{k_\alpha h/2}-\cos(k_\alpha h/2)=0 \tag{10.20.25}$$

时，将发生共振。 对于很小的耦合因子 K_α（在频率高于最低的

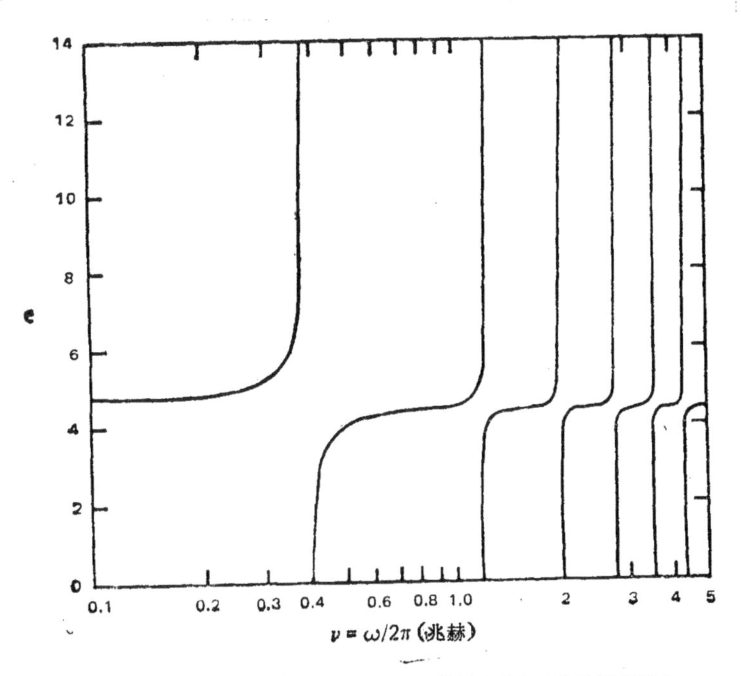

图 10.20.2 有效电介常数随 Y 截面石英板的压电激发的厚度振动频率的关系曲线(电力耦合因子为 -0.267；速度为 4.023×10^3 米/秒，压电常数 $K_{22}=4.435$)。引自 Nelson [1979]。

共振频率时)，第一项可以忽略．上式给出了均匀分布的频率

(10.20.26) $k_\alpha h/2 \cong \omega h/2c_{0\alpha} = (2m-1)\pi/2 \quad m=1,2,\cdots$

利用声波波长 $\lambda_\alpha = 2\pi c_{0\alpha}/\omega$，上式可表示为

(10.20.27) $$(2m-1)\lambda_\alpha = 2h$$

所以，当奇数倍的声波波长等于板厚的两倍时就出现共振． σ 随频率 $\omega/2\pi$ 变化的关系曲线示于图 10.20.2 ．

通过测量共振频率，我们就可以确定声速 $c_{0\alpha}$，进而确定增强的弹性模量 $\bar{\sigma}_{klmn}$．对于Y截面的石英晶体，因为三个特征波型中有两个在Y方向传播，故电力耦合常数 K_α 为零．在这种情况下，(10.20.22)的分母只有一项． 它表示一个在X结晶方向上具有位移矢量的纯剪切波．

压电常数的实验测定要求做几个激发非刚性的波型的实验．这些模量中的一些可在板的两对边上加上电极就可激发几个这样的波型． 关于这些问题的论述以及其它观点，请参看 Tiersten [1969] 和 Nelson [1979] 以及他们所引证的参考文献．

10.21 磁弹性理论

对于非铁物质，电荷效应，磁化效应和极化效应都可以略去．研究这些物质的磁弹性理论由下列方程组所控制，它们是从第10.7节所列出的方程组中去掉含有 q_f 和 $\mathbf{P}$ 的项得到的，即

(10.21.1) $$\nabla\times\mathbf{E}+\frac{1}{c}\frac{\partial\mathbf{B}}{\partial t}=\mathbf{0}$$

(10.21.2) $$\nabla\cdot\mathbf{B}=0$$

(10.21.3) $$\nabla\times\mathbf{H}=\frac{1}{c}\mathscr{J}$$

(10.21.4) $$\rho_0=\mathrm{III}_C^{1/2}$$

(10.21.5) $${}_Et_{kl,k}+\rho(f_l-\dot{v}_l)+\frac{1}{c}(\mathbf{J}\times\mathbf{B})_l-M_{k,k}B_l=0$$

(10.21.6) $${}_Et_{[kl]}=0$$

(10.21.7) $$\rho\theta\dot{\eta}-\nabla\cdot\mathbf{q}-\mathbf{J}\cdot\mathscr{E}-\rho h=0$$

跳变条件是 ($\nu = \mathbf{v}$):

(10.21.8) $$\mathbf{n}\times\left[\mathbf{E}+\frac{1}{c}\mathbf{v}\times\mathbf{B}\right]=\mathbf{0}$$

(10.21.9) $$\boldsymbol{n}\cdot[\mathbf{B}]=0$$

(10.21.10) $$\left[\mathbf{n}\times\mathbf{H}-\frac{1}{c}\mathbf{v}\times\mathbf{D}\right]=\mathbf{0}$$

(10.21.11) $$\left[t_{kl}+{}_{M}t_{kl}+\frac{1}{c}\,v_k(\mathbf{E}\times\mathbf{B})_l\right]n_k=0$$

(10.21.12) $$[q_k-\mathscr{S}_k]n_k=0$$

各向异性固体的本构方程已在第 10.17 节中给出. 下面我们只给出各向同性固体的本构方程.

(10.21.13) $$\Sigma=\rho_0\Psi=\sigma_0-\rho_0\eta_0T-\frac{\rho_0\gamma}{2T_0}T^2-\beta_eT\,\mathrm{tr}\,\tilde{\mathbf{e}}+\frac{1}{2}\lambda_e(\mathrm{tr}\tilde{\mathbf{e}})^2+\mu_e\mathrm{tr}\tilde{\mathbf{e}}^2-\frac{1}{2}\chi^B\mathbf{B}\cdot\mathbf{B}$$

(10.21.14) $$\eta=\eta_0+\frac{\gamma}{T_0}T+\frac{1}{\rho_0}\beta_e\mathrm{tr}\,\tilde{\mathbf{e}}$$

(10.21.15) $${}_{E}t_{kl}=(-\beta_eT+\lambda_e\tilde{e}_{rr})\delta_{kl}+2\mu_e\tilde{e}_{kl}$$

(10.21.16) $$\mathbf{M}=\chi^B\mathbf{B},$$

(10.21.17) $$\mathbf{q}=\kappa\nabla T+\kappa^E\left(\mathbf{E}+\frac{1}{c}\mathbf{v}\times\mathbf{B}\right)$$

(10.21.18) $$\mathbf{J}=\sigma\left(\mathbf{E}+\frac{1}{c}\mathbf{v}\times\mathbf{B}\right)+\sigma^\theta\nabla T$$

式中

$$\mathbf{B}=\mu_0\mathbf{H}+\mathbf{M}$$

$${}_{E}t_{kl}=t_{kl}+M_kB_l$$

(10.21.19) $${}_{M}t_{kl}=-B_kM_l+E_kE_l+B_kB_l-\frac{1}{2}(E^2+B^2-2\mathbf{M}\cdot\mathbf{B})\delta_{kl}$$

$$\tilde{e}_{kl}=\frac{1}{2}(u_{k,l}+u_{l,k}),\quad \dot{v}_k=\frac{\partial^2 u_k}{\partial t^2}$$

这里我们恢复了空间磁导率 μ_0，它在前面的理论叙述中是被取为1的．我们来评论在(10.21.5)中的非线性 E-M 项．这些项构成 E-M 力密度．类似地，在 ${}_E\mathbf{t}$ 的表达式中存在乘积项 M_kB_l，这是电磁力偶的表现，它造成 Cauchy 应力 $\mathbf{t}$ 的非对称性．如果略去这些项，则电磁现象与弹性变形是非耦合的．我们可能会碰到感应磁场比作用的磁场小得多的情况，因此可以令 $\mathbf{H}=\mathbf{H}_0+\mathbf{h}$，这里的 $\mathbf{h}$ 是感应磁场，而 $\mathbf{H}_0$ 是偏磁场．由于磁力项对(10.21.5)有贡献，所以我们要保留这些项．

如果我们对(10.21.18)取旋度，并用(10.21.1)和(10.21.3)消去 $\mathbf{E}$ 和 $\mathbf{J}$，则可得到

$$(10.21.20)\qquad c\nabla\times\nabla\times\mathbf{H}+\frac{\sigma}{c}\frac{\partial\mathbf{B}}{\partial t}-\frac{\sigma}{c}\nabla\times(\mathbf{v}\times\mathbf{B})=\mathbf{0}$$

利用(10.21.16)和(10.21.19)$_1$，我们可令

$$(10.21.21)\qquad \mathbf{B}=\mu\mathbf{H},\ \chi^B=1-\mu_0/\mu$$

用(10.21.21)，我们可把(10.21.20)表示成为

$$(10.21.22)\qquad \nabla\times\nabla\times\mathbf{H}+\left(\frac{\sigma\mu}{c^2}\right)\left[\frac{\partial\mathbf{H}}{\partial t}-\nabla\times(\mathbf{v}\times\mathbf{H})\right]=\mathbf{0}$$

其次，我们把(10.21.15) 和 (10.21.16) 代入 (10.21.5)．并利用(10.21.21)$_2$，(10.21.19)$_4$，(10.21.2)和(10.21.3)，则得

$$(10.21.23)\qquad (\lambda_e+2\mu_e)\nabla\nabla\cdot\mathbf{u}-\mu_e\nabla\times\nabla\times\mathbf{u}-\beta_e\nabla T$$
$$+\mu(\nabla\times\mathbf{H})\times\mathbf{H}+\rho(\mathbf{f}-\ddot{\mathbf{u}})=\mathbf{0}$$

为了求得热传导方程，我们先在(10.21.17)和 (10.21.18) 中消去 $\mathbf{E}+\frac{1}{c}\mathbf{v}\times\mathbf{B}$．然后，把所求得的 $\mathbf{q}$ 的表达式和 (10.21.3) 以及 (10.21.14) 代入 (10.21.7)． 引入 $\theta=T_0+T$，其中 $T_0>0$，$|T|\ll T_0$，将 $\rho\theta\dot{\eta}$ 线性化，我们得到

$$(10.21.24)\qquad -\rho_0\gamma\dot{T}+\beta_0T_0\nabla\cdot\dot{\mathbf{u}}+[\kappa-(\sigma^\theta\cdot\kappa^B/\sigma)]\nabla^2T$$
$$+(c^2/\sigma)(\nabla\times\mathbf{H})^2-(c\sigma^\theta/\sigma)(\nabla\times\mathbf{H})$$

$$\cdot \nabla T + \rho h = 0$$

方程(10.21.22)到(10.21.24)是各向同性固体的磁热弹性理论的基本场方程。在适当的边界条件和初始条件下，必须对它们求解以便确定场 **H**, **u** 和 T。由(10.21.21),(10.21.18)和(10.21.3)则得场 **B**, **E** 和 **J**.

适当的边界条件通常有下列形式：

$$(10.21.25)\quad \begin{aligned} &(t_{kl} + {}_Mt_{kl})n_k = t_{(n)l} && \text{在 } \mathscr{S}_t \text{ 上} \\ &u_k = \bar{u}_k && \text{在 } \mathscr{S}_u = \mathscr{S} - \mathscr{S}_t \text{ 上} \end{aligned}$$

$$(10.21.26)\quad \mathbf{n} \times [\mathbf{H}] = 0 \qquad \text{在 } \mathscr{S} \text{ 上}$$

$$(10.21.27)\quad \begin{aligned} &\mathbf{q} \cdot \mathbf{n} = q_{(n)} && \text{在 } \mathscr{S}_q \text{ 上} \\ &T = T_s && \text{在 } \mathscr{S}_T = \mathscr{S} - \mathscr{S}_q \text{ 上} \end{aligned}$$

这里，所有等号右边的量都是已知的。这些条件中的$(10.21.25)_1$和$(10.21.27)_1$是由(10.21.11)和（10.21.12）中略去电磁动量和电磁辐射而得到的。由于与 **H** 相比可以略去 $\mathbf{v} \times \mathbf{D}/c$，所以条件(10.21.26)也是对(10.21.10)的近似。这些被略去的项一般地要比保留的项小得多。当然还有其它的可能性存在(例如热辐射条件，参见(8.4.28))。这些条件与初始条件在一起称作是**适定的**，如果它们和解的唯一性相容。

初始条件一般由 Cauchy 形式组成：

$$(10.21.28)\quad \begin{aligned} u_k(\mathbf{x},0) &= u_k^0(\mathbf{x}) \\ \dot{u}_k(\mathbf{x},0) &= v_k^0(\mathbf{x}) \end{aligned}$$

$$(10.21.29)\quad \mathbf{H}(\mathbf{x},0) = \mathbf{H}^0(\mathbf{x})$$

$$(10.21.30)\quad T(\mathbf{x},0) = T^0(\mathbf{x})$$

这里的 $\mathbf{u}^0, \mathbf{v}^0, \mathbf{H}^0$ 和 T^0 在 $\mathscr{V}$ 中是给定的函数。

10.22 无限长的导电圆柱

为了说明在上节中所建立的场方程的解，这里我们考虑一个带有均匀高强电流的圆柱杆。在 z 轴为圆柱轴的圆柱坐标系（r, θ, z）中，我们假定所有的场只与径向坐标 r 有关。由(10.21.24)，我们有

$$\frac{\kappa_e}{r}\frac{d}{dr}\left(r\frac{dT}{dr}\right)+\frac{J^2}{\sigma}=0 \tag{10.22.1}$$

式中

$$\kappa_e=\kappa-(\sigma^\theta\kappa^E/\sigma) \tag{10.22.2}$$

对于在 $r=0$ 处为正则的温度，积分(10.22.1)，则给出

$$T=-(J^2/4\sigma\kappa_e)r^2+T_1 \tag{10.22.3}$$

式中 T_1 是积分常数，它依赖于T的边界条件.

其次，在 $r=0$ 处的正则条件和 $r=a$ 上满足(10.21.10)的条件下求解(10.21.2)和(10.21.3)来确定磁场.

$$\begin{aligned}\mathbf{H}&=\frac{Jr}{2c}\mathbf{e}_\theta+H_0\mathbf{e}_z,\quad 0<r<a\\ \mathbf{H}&=\frac{Ja^2}{2cr}\mathbf{e}_\theta+H_0\mathbf{e}_z,\quad r>a\end{aligned} \tag{10.22.4}$$

任意常数 H_0 可以看成是对电流所产生的磁场上外加的磁场.

利用(10.21.8)即可求得电场

$$\begin{aligned}\mathbf{E}&=\frac{1}{\sigma}\left(J\,\mathbf{e}_z+\frac{\sigma^\theta}{2\sigma\kappa_e}J^2r\,\mathbf{e}_r\right),0<r<a\\ \mathbf{E}&=0,\qquad r>a\end{aligned} \tag{10.22.5}$$

它满足(10.21.1)和边界条件(10.21.8). 最后，位移场由(10.21.23)确定，它简化为

$$(\lambda_e+2\mu_e)\frac{d}{dr}\left[\frac{1}{r}\frac{d}{dr}(ru)\right]+\left(\frac{\beta_e}{2\sigma\kappa_e}-\frac{\mu}{2c^2}\right)J^2r=0 \tag{10.22.6}$$

利用在 $r=0$ 上的正则条件，对上式积分给出

$$u=\frac{r}{2(\lambda_e+2\mu_e)}\left[C_1-\frac{1}{8}\left(\frac{\beta_e}{\sigma\kappa_e}-\frac{\mu}{c^2}\right)J^2r^2\right]\quad 0<r<a \tag{10.22.7}$$

C_1 是积分常数，它可以利用外力的边界条件(10.21.11)来确定，根据(6.8.2)，我们有

$$(10.22.8)\quad t_{rr} = -\beta_e T + (\lambda_e + 2\mu_e)\frac{du}{dr} + \lambda_e \frac{u}{r}$$

$$= -\beta_e T_1 + \left[\frac{\beta_e \mu_e}{\sigma \kappa_e} + \frac{\mu}{c^2}(2\lambda_e + 3\mu_e)\right]$$

$$\times \frac{J^2 r^2}{8(\lambda_e + 2\mu_e)} + \frac{\lambda_e + \mu_e}{\lambda_e + 2\mu_e} C_1,\quad 0 < r < a$$

$$t_{rr} = 0,\quad r > a$$

利用$(10.21.19)_3$,则

$$(10.22.9)\quad {}_M t_{rr} = -\frac{1}{2}\left(\frac{J}{\sigma}\right)^2 + \frac{1}{8}\left(\frac{\sigma^\theta}{\sigma^2 \kappa_e} J^2 r\right)^2 + \mu\left(\frac{\mu}{2} - 1\right)$$

$$\left(\frac{J^2 r^2}{4c^2} + H_0^2\right),\quad 0 < r < a$$

$$ {}_M t_{rr} = -\frac{1}{2}\left(\frac{J^2 a^4}{4c^2 r^2} + H_0^2\right),\quad r > a$$

于是在 $r = a$ 时,(10.21.11)给出

$$(10.22.10)\quad \frac{\lambda_e + \mu_e}{\lambda_e + 2\mu_e} C_1 = \beta_e T_1 - \left[\frac{\beta_e \mu_e}{\sigma \kappa_e} + \frac{\mu}{c^2}(2\lambda_e + 3\mu_e)\right]$$

$$\frac{J^2 a^2}{8(\lambda_e + 2\mu_e)} + \frac{1}{2}\left(\frac{J}{\sigma}\right)^2 - \frac{1}{8}\left(\frac{\sigma^\theta}{\sigma^2 \kappa_e} J^2 a\right)^2$$

$$-\frac{1}{2}(\mu - 1)^2\left(\frac{J^2 a^2}{4c^2} + H_0^2\right)$$

利用(10.22.7)和(6.8.2),我们得到

$$(10.22.11)\quad \frac{u}{r} = \frac{1}{4(\lambda_e + \mu_e)}\left[2\beta_e T_1 + \left(\frac{J}{\sigma}\right)^2\right.$$

$$-\frac{1}{4}\left(\frac{\sigma^\theta}{\sigma^2 \kappa_e}\right)^2 J^4 a^2 - (\mu - 1)^2$$

$$\left.\times\left(\frac{J^2 a^2}{4c^2} + H_0^2\right)\right] - \frac{J^2 a^2}{16(\lambda_e + 2\mu_e)}$$

$$\left[\frac{\beta_e}{\sigma \kappa_e}\left(\frac{\mu_e}{\lambda_e + \mu_e} + \frac{r^2}{a^2}\right) + \frac{\mu}{c^2}\left(\frac{2\lambda_e + 3\mu_e}{\lambda_e + \mu_e} - \frac{r^2}{a^2}\right)\right]$$

$$
(10.22.12) \quad t_{rr}=\frac{\beta_e\mu_e J^2a^2}{8(\lambda_e+2\mu_e)\sigma\kappa_e}
$$

$$
\times\left(1+\frac{\mu\sigma\kappa_e}{\beta_e c^2}\,\frac{2\lambda_e+3\mu_e}{\mu_e}\right)(r^2-a^2)
$$

$$
+\frac{1}{2}\left(\frac{J}{\sigma}\right)^2-\frac{1}{8}\left(\frac{\sigma^\theta}{\sigma^2\kappa_e}\right)^2J^4a^2
$$

$$
-\frac{1}{2}(\mu-1)^2\left(\frac{J^2a^2}{4c^2}+H_0^2\right)
$$

$$
t_{\theta\theta}=\frac{\beta_e\mu_e J^2r^2}{8\sigma\kappa_e(\lambda_e+2\mu_e)}\left(3+\frac{\mu\sigma\kappa_e}{c^2\beta_e}\,\frac{2\lambda_e+\mu_e}{\mu_e}\right)
$$

$$
-\frac{\beta_e\mu_e J^2a^2}{8\sigma\kappa_e(\lambda_e+2\mu_e)}
$$

$$
\times\left(1+\frac{\mu\sigma\kappa_e}{c^2\beta_e}\,\frac{2\lambda_e+3\mu_e}{\mu_e}\right)
$$

$$
+\frac{1}{2}\left(\frac{J}{\sigma}\right)^2-\frac{1}{8}\left(\frac{\sigma^\theta}{\sigma^2\kappa_e}\right)^2J^4a^2
$$

$$
-\frac{1}{2}(\mu-1)^2\left(\frac{J^2a^2}{4c^2}+H_0^2\right)
$$

$$
t_{zz}=-\frac{\mu_e}{\lambda_e+\mu_e}\,\beta_e T_1+\frac{\beta_e\mu_e J^2r^2}{2(\lambda_e+2\mu_e)\sigma\kappa_e}
$$

$$
\times\left(1+\frac{\lambda_e}{2\mu_e}\,\frac{\mu\sigma\kappa_e}{c^2\beta_e}\right)-\frac{\beta_e\mu_e J^2a^2}{8(\lambda_e+2\mu_e)\sigma\kappa_e}\,\frac{\lambda_e}{\lambda_e+\mu_e}
$$

$$
\times\left(1+\frac{2\lambda_e+3\mu_e}{\mu_e}\,\frac{\mu\sigma\kappa_e}{c^2\beta_e}\right)
$$

$$
+\frac{\lambda_e}{2(\lambda_e+\mu_e)}\left[\left(\frac{J}{\sigma}\right)^2-\frac{1}{4}\left(\frac{\sigma^\theta}{\sigma^2\kappa_e}\right)^2J^4a^2\right.
$$

$$
\left.-(\mu-1)^2\left(\frac{J^2a^2}{4c^2}+H_0^2\right)\right]
$$

$$
t_{rz}=t_{\theta z}=t_{r\theta}=0
$$

到此就完成了形式解。

由于依赖于电流大小，所以应力可以是非常大的，因为它们是 J^2 的函数．因此，在带有高强电流的导线中可能产生很大的应力，这就可能引起导线爆裂．根据这个结论，也可以设想利用高强度电流进行金属成形．但高强度稳恒电流可以产生高温，因此可能在应力出现之前就导致熔化．尽管如此，也还有利用高强度放电(瞬时场)的金属成形工艺．事实上，从原则上说，闪电的破坏就是由于这个原因所造成的．但瞬时问题在数学上更是难以处理，由于动力效应，场是耦合的，因此非线性偏微分方程非常难以求解．非热导体的球承受径向振动的特殊的逆解已由 Paria [1964] 得到．

10.23 磁热弹性波

对于小振幅的场，可利用摄动方法把基本场方程(10.21.22)到(10.21.24)线性化． 这里我们考虑在常值的初始磁场作用下的固体中沿 x 方向传播的一维平面波．我们取

(10.23.1) $$\mathbf{u}=u(x,t)\mathbf{i}_1,\ \mathbf{H}=h_y(x,t)\mathbf{i}_2+[H_3+h_3(x,t)]\mathbf{i}_3$$

式中 H_3 是常数，是外加的磁场．与线性项相比，略去 u, h_y, h_z 和 T 的乘积项，则令 $\mathbf{f}=\mathbf{0}$ 的场方程(10.21.22)到(10.21.24)归结为

(10.23.2) $$\lambda_H\frac{\partial^2 h_y}{\partial x^2}-\frac{\partial h_y}{\partial t}=0$$

$$\lambda_H\frac{\partial^2 h_z}{\partial x^2}-\frac{\partial h_z}{\partial t}-H_3\frac{\partial^2 u}{\partial x\partial t}=0$$

$$(\lambda_e+2\mu_e)\frac{\partial^2 u}{\partial x^2}-\beta_e\frac{\partial T}{\partial x}-\mu H_3\frac{\partial h_z}{\partial x}-\rho_0\frac{\partial^2 u}{\partial t^2}=0$$

$$\kappa_e\frac{\partial^2 T}{\partial x^2}-\rho_0\gamma\frac{\partial T}{\partial t}-\beta_e T_0\frac{\partial^2 u}{\partial x\partial t}=0$$

式中

(10.23.3) $$\lambda_H=c^2/\sigma\mu,\ \kappa_e=\kappa-(\sigma^\theta\kappa^E/\sigma)$$

我们指出，上列方程中的第一个与后面的三个是非耦合的． 平面谐波具有形式

(10.23.4) $\{h_x, u, T\} = \{h_0, u_0, \vartheta_0\} \exp[i(\xi x - \omega t)]$

常数 h_0, u_0 和 θ_0 是波的振幅. 把它们代入(10.23.2)的后三个方程,我们有

(10.23.5)
$$(-\lambda_H \xi^2 + i\omega) h_0 - H_3 \omega \xi u_0 = 0,$$
$$[-(\lambda_e + 2\mu_e)\xi^2 + \rho_0 \omega^2] u_0 - i\beta_e \xi \theta_0 - i\mu H_3 \xi h_0 = 0,$$
$$(-\kappa_e \xi^2 + i\rho_0 \gamma \omega)\theta_0 - \beta T_0 \omega \xi u_0 = 0$$

为使非平凡解存在,上列方程组的行列式必须为零,亦即

(10.23.6)
$$\begin{vmatrix} \lambda_H \xi^2 - i\omega & H_3 \omega \xi & 0 \\ i\mu H_3 \xi & (\lambda_e + 2\mu_e)\xi^2 - \rho_0 \omega^2 & i\beta_e \xi \\ 0 & \beta T_0 \omega \xi & \kappa_0 \xi^2 - i\rho_0 \gamma \omega \end{vmatrix} = 0$$

展开这个行列式,我们得到作为 ξ 的函数 ω 所满足的方程:

(10.23.7)
$$R_H \chi \eta^2 (\chi + i\eta^2) - (x + i\varepsilon_H \eta^2)[(\chi^2 - \eta^2)(\chi + i\eta^2) - \varepsilon_T \chi \eta^2] = 0$$

式中

(10.23.8)
$$R_H = \mu H_3^2 / \rho_0 c_1^2, \quad \chi = \omega / \overset{*}{\omega}, \quad \eta = \xi c_1 / \overset{*}{\omega}$$
$$\overset{*}{\omega} = \rho \gamma c_1^2 / \kappa_e, \quad c_1^2 = (\lambda_e + 2\mu_e)/\rho$$
$$\varepsilon_T = \beta_e^2 T_0 / \rho_0^2 \gamma c_1^2, \quad \varepsilon_H = \lambda_H \overset{*}{\omega} / c_1^2$$

这里 R_H 称为磁压力数. 当 $R_H = \varepsilon_H = 0$ 时,(10.23.7)给出纯热弹性波的弥散关系

(10.23.9)
$$(\eta^2 - \chi^2)(\chi + i\eta^2) + \varepsilon_T \eta^2 \chi = 0$$

所以热弹性和磁场的耦合是由 R_H 和 ε_H 所引起的. 弥散关系式(10.23.7)是具有复系数的关于 η^2 的三次方程. 各种金属在 20℃ 时的特征频率 $\overset{*}{\omega}$ 列于下表 (Chadwick [1960]):

	铝	铜	铁	铅
$\overset{*}{\omega}$(1/秒)	4.66×10^{11}	1.73×10^{11}	1.75×10^{11}	1.9×10^{11}

如果 $\omega \ll \overset{*}{\omega}$, 亦即,如 $\chi \ll 1$, 则由(10.23.7)略去高于一次的 χ

的幂，我们求得

$$(10.23.10)\quad \eta=\pm(1+i)(\chi/2)^{1/2}[1+\epsilon_T+(1+R_H)/\epsilon_T]^{1/2}$$

对于纯热弹性波，这个表达式中的最后一项消失。所以，磁场的作用是以关系 $(1+R_H)/\epsilon_T$ 增大热弹性耦合。在这个近似式中，相速度 $\omega/\xi=c_1\chi/\eta$ 并不呈现任何弥散，并且和纯热弹性波中的具有相同的特征。但是，精确的频率方程(10.23.7)显然表现出弥散。磁热弹性平面波已由 Wilson [1962]，Paria [1962] 作过讨论。也可参看 Nowinski [1978，第 23 节]和 Dunkin, Eringen [1963] 等文献。

10.24 电磁流体

有些流体（例如汞）能够导电，并出现磁效应。在磁场的作用下，这些流体的运动要受到相当大的影响。磁流体力学，电流体力学以及更一般的等离子体动力学是目前具有广泛技术应用的突出的课题。实际上，目前的大量研究和发展都是在重点面向能量生产领域内进行的。

电磁流体的本构方程具有形式 (10.10.8)，或更具体地写成

$$(10.24.1)\quad \begin{aligned}
\psi&=\psi(\rho^{-1},d_{kl},\theta,\theta_{,k},\mathscr{E}_k,B_k)\\
\eta&=\eta(\rho^{-1},d_{kl},\theta,\theta_{,k},\mathscr{E}_k,B_k)\\
{}_Et_{kl}&={}_Et_{kl}(\rho^{-1},d_{kl},\theta,\theta_{,k},\mathscr{E}_k,B_k)\\
q_k&=q_k(\rho^{-1},d_{kl},\theta,\theta_{,k},\mathscr{E}_k,B_k)\\
P_k&=P_k(\rho^{-1},d_{kl},\theta,\theta_{,k},\mathscr{E}_k,B_k)\\
\mathscr{M}_k&=\mathscr{M}_k(\rho^{-1},d_{kl},\theta,\theta_{,k},\mathscr{E}_k,B_k)\\
\mathscr{J}_k&=\mathscr{J}_k(\rho^{-1},d_{kl},\theta,\theta_{,k},\mathscr{E}_k,B_k)
\end{aligned}$$

这里，$\mathbf{d}$ 是变形率张量，而所有的场都是在空间参考标架中表示的。

熵不等式的方便形式是由$(10.9.6)_1$和$(10.9.7)_1$，消去 h 而得到的，即

$$(10.24.2)\quad -\rho(\dot{\psi}+\dot{\theta}\eta)+t_{kl}v_{l,k}+\frac{1}{\theta}q_k\theta_{,k}-P_k\dot{\mathscr{E}}_k$$

$$-\mathscr{M}_k\dot{B}_k+\mathscr{J}_k\mathscr{E}_k\geqslant 0$$

这里

(10.24.3) $\quad \Psi=\varphi-\rho^{-1}\mathscr{E}\cdot\mathbf{P}=\varepsilon-\theta\eta-\rho^{-1}\mathscr{E}_kP_k$

是与(10.24.1)中列出的函数的自变量相同的自变量的函数。把Ψ代入(10.24.2),我们将有

(10.24.4)
$$-\rho\left(\frac{\partial\Psi}{\partial\theta}+\eta\right)\dot{\theta}+\left(t_{kl}-\frac{\partial\Psi}{\partial\rho^{-1}}\delta_{lk}\right)d_{lk}+t_{kl}w_{lk}$$
$$-\frac{\partial\Psi}{\partial d_{kl}}\dot{d}_{kl}-\rho\frac{\partial\Psi}{\partial\theta_{,k}}\dot{\overline{\theta_{,k}}}+\frac{1}{\theta}q_k\theta_{,k}$$
$$-\left(P_k+\rho\frac{\partial\Psi}{\partial\mathscr{E}_k}\right)\dot{\mathscr{E}}_k-\left(\mathscr{M}_k+\rho\frac{\partial\Psi}{\partial B_k}\right)\dot{B}_k$$
$$+\mathscr{J}_k\cdot\mathscr{E}\geqslant 0$$

这个不等式关于

$$\dot{\theta},\ w_{kl},\ \dot{d}_{kl},\ \dot{\overline{\theta_{,k}}},\ \dot{\mathscr{E}}_k\ \text{和}\ \dot{B}_k$$

是线性的. 为了使得该不等式对上列诸量的所有独立变化都保持不变,这就要求这些量的系数必须为零. 因此,我们有

(10.24.5)
$$\frac{\partial\Psi}{\partial d_{kl}}=0,\ \frac{\partial\Psi}{\partial\theta_{,k}}=0,\ t_{[kl]}=0$$
$$\eta=-\frac{\partial\Psi}{\partial\theta},\ P_k=-\frac{\rho\partial\Psi}{\partial\mathscr{E}_k},\ \mathscr{M}_k=-\rho\frac{\partial\Psi}{\partial B_k}$$

和

(10.24.6)
$$\rho\gamma\equiv {}_Dt_{kl}d_{lk}+\frac{1}{\theta}q_k\theta_{,k}+\mathscr{J}_k\mathscr{E}_k\geqslant 0$$

式中

(10.24.7)
$$_Dt_{kl}={t}_{kl}+\pi\delta_{kl},\quad \pi=-\frac{\partial\Psi}{\partial\rho^{-1}}$$

我们从(10.24.5)的前两个方程可以看出,Ψ 与 $\mathbf{d}$ 和 $\nabla\theta$ 无关,而第三个方程则表明应力张量必须是对称张量. 如果我们回忆起 t_{kl} 的定义(10.17.27),则我们必须有

(10.24.8) $$P_{[k}\mathscr{E}_{l]}+\mathscr{M}_{[k}B_{l]}=0$$

如 ${}_D\mathbf{t}$, $\mathbf{q}$ 和 $\mathscr{J}$ 是 $\mathbf{d}$, $\nabla\theta$ 和 $\mathscr{E}$ 的连续函数,则由(10.24.6)可知,当

$$\mathbf{d}=0,\ \nabla\theta=0,\ \mathscr{E}=0$$

时,有

(10.24.9) $${}_D\mathbf{t}=0,\ \mathbf{q}=0,\ \mathscr{J}=0$$

从而我们证明了下列定理.

定理 电磁流体的本构方程是与热力学第二定律是相容的,如果它们取(10.24.5)的形式,并满足(10.24.6)和(10.24.9)的约束.

如果我们注意到 ${}_M\mathbf{c}$ 的表达式(10.6.17),则(10.24.8)表明,对于流体的**电磁力偶为零**. 自由能 $\bar{\Psi}$ 是 $\mathscr{E}$ 和 $\mathbf{B}$ 的客观性函数. 所以它只能通过下列不变量与这些矢量相关:

(10.24.10) $$\mathrm{I}_1=\mathscr{E}\cdot\mathscr{E},\ \mathrm{I}_2=\mathbf{B}\cdot\mathbf{B},\ \mathrm{I}_3=(\mathscr{E}\cdot\mathbf{B})^2$$

这里选取的 I_3 要能保证它在时间反向下的不变性. 于是,由(10.24.5)我们有

(10.24.11) $$\bar{\Psi}=\bar{\Psi}(\mathrm{I}_1,\mathrm{I}_2,\mathrm{I}_3,\theta,\rho^{-1})$$

$$\eta=-\frac{\partial\bar{\Psi}}{\partial\theta}$$

$$\mathbf{P}=-2\rho\left[\frac{\partial\bar{\Psi}}{\partial\mathrm{I}_1}\mathscr{E}+\frac{\partial\bar{\Psi}}{\partial\mathrm{I}_3}(\mathscr{E}\cdot\mathbf{B})\mathbf{B}\right]$$

$$\mathscr{M}=-2\rho\left[\frac{\partial\bar{\Psi}}{\partial\mathrm{I}_2}\mathbf{B}+\frac{\partial\bar{\Psi}}{\partial\mathrm{I}_3}(\mathscr{E}\cdot\mathbf{B})\mathscr{E}\right]$$

$\mathbf{t}$, $\mathbf{q}$ 和 $\mathscr{J}$ 的本构方程可用作为 $\mathbf{d}$, $\nabla\theta$, $\mathscr{E}$ 和 $\mathbf{B}$ 的联合不变量的函数的这些量的生成元来构成. 这些不变量的个数太多,因而形成的本构方程对实用来说过于复杂. 幸运的是,通常只需要不高于二次的近似式.

线性本构方程

为了构造线性理论,我们写出 $\bar{\Psi}$ 的二次多项式,于是

$$(10.24.12)\qquad \bar{\Psi}=\bar{\Psi}_0-\frac{1}{2\rho}\chi^E\mathscr{E}\cdot\mathscr{E}-\frac{1}{2\rho}\chi^B\mathbf{B}\cdot\mathbf{B}$$

$$\eta=-\frac{\partial\bar{\Psi}_0}{\partial\theta}+\frac{1}{2\rho}\frac{\partial\chi^E}{\partial\theta}\mathscr{E}\cdot\mathscr{E}+\frac{1}{2\rho}\frac{\partial\chi^B}{\partial\theta}\mathbf{B}\cdot\mathbf{B}$$

$$\mathbf{P}=\chi^E\mathscr{E}$$

$$\mathscr{M}=\chi^B\mathbf{B}$$

式中 $\bar{\Psi}_0$，χ^E 和 χ^B 是 ρ^{-1} 和 θ 的函数。

考虑到耗散应力 ${}_D\mathbf{t}$，热流 $\mathbf{q}$ 和电流 $\mathscr{J}$ 都是各向同性函数，故可直接写出它们的线性本构方程：

$$(10.24.13)\qquad {}_D\mathbf{t}=\lambda_v\mathrm{tr}\,\mathbf{d}\mathbf{1}+2\mu_v\mathbf{d}$$

$$\mathbf{q}=\kappa\nabla\theta+\kappa^E\mathscr{E}$$

$$\mathscr{J}=\sigma\mathscr{E}+\sigma^\theta\nabla\theta$$

由熵不等式 (10.24.6)，显然有(也可参见 (10.14.16))

$$(10.24.14)\qquad \kappa\geqslant 0,\ \sigma\geqslant 0,\ 4\kappa\sigma\theta^{-1}-(\kappa^E\theta^{-1}+\sigma^\theta)^2\geqslant 0$$

$$3\lambda_v+2\mu_v\geqslant 0,\ \mu_v\geqslant 0$$

到此，我们完成了理论的叙述。

10.25 电磁流体基本方程的汇总

Maxwell 方程(在 $\mathscr{V}$-σ 中)。它们由(10.17.1)到(10.17.5)给出。

平衡方程(在 $\mathscr{V}$-σ 中)

$$(10.25.1)\qquad \dot{\rho}+\rho\nabla\cdot\mathbf{v}=0$$

$$(10.25.2)\qquad t_{kl,k}+\rho(f_l-\dot{v}_l)+{}_Mf_l=0$$

$$(10.25.3)\qquad t_{[kl]}=P_{[k}\mathscr{E}_{l]}+\mathscr{M}_{[k}B_{l]}$$

$$(10.25.4)\qquad \rho\theta\dot{\eta}-{}_Dt_{kl}d_{kl}-\nabla\cdot\mathbf{q}-\mathscr{J}\cdot\mathscr{E}-\rho h=0$$

$$(10.25.5)\qquad {}_Dt_{kl}d_{kl}+\frac{1}{\theta}q_k\theta_{,k}+\mathscr{J}\cdot\mathscr{E}\geqslant 0$$

本构方程(线性理论)

$$(10.25.6)\qquad \bar{\Psi}=\bar{\Psi}_0-\frac{1}{2\rho}\chi^E\mathscr{E}\cdot\mathscr{E}-\frac{1}{2\rho}\chi^B\mathbf{B}\cdot\mathbf{B}$$

(10.25.7) $$\eta = -\frac{\partial\Psi}{\partial\theta} + \frac{1}{2\rho}\frac{\partial\chi^E}{\partial\theta}\mathscr{E}\cdot\mathscr{E} + \frac{1}{2\rho}\frac{\partial\chi^B}{\partial\theta}\mathbf{B}\cdot\mathbf{B}$$

(10.25.8) $$\mathbf{P} = \chi^E\mathscr{E}$$

(10.25.9) $$\mathscr{M} = \chi^B\mathbf{B}$$

(10.25.10) $$\mathbf{t} = (-\pi + \lambda_v \mathrm{tr}\,\mathbf{d})\mathbf{1} + 2\mu_v\mathbf{d}$$

(10.25.11) $$\mathbf{q} = \kappa\nabla\theta + \kappa^E\mathscr{E}$$

(10.25.12) $$\mathscr{J} = \sigma\mathscr{E} + \sigma^\theta\nabla\theta$$

跳变方程(越过 σ)．它们由(10.17.11)到(10.17.18)给出．

最后，关于各种定义和边界条件以及初始条件，我们可参看(10.17.26)和(10.17.28)以及在第10.17节中的讨论．另外，热力学压力按下式计算：

(10.25.13) $$\pi = -\frac{\partial\Psi}{\partial\rho^{-1}}$$

粘性系数 λ_v, μ_v，热传导系数 κ 和电传导系数 σ 满足下列各式：

(10.25.14) $$3\lambda_v + 2\mu_v \geqslant 0,\quad \mu_v \geqslant 0,$$
$$\kappa \geqslant 0,\ \sigma \geqslant 0,\ 4\kappa\sigma\theta^{-1} - (\kappa^E\theta^{-1} + \sigma^\theta)^2 \geqslant 0$$

对于不可压缩流体，通常 π 是用一个未知压力 $p(\mathbf{x}, t)$ 来代替，而(10.25.1)则简化为

(10.25.15) $$\nabla\cdot\mathbf{v} = 0$$

10.26 磁流体力学近似

磁流体力学 (MHD) 讨论自由电流和磁场与具有高导电性的流体和气体之间的相互作用．在这个理论的许多技术应用中，我们可举出下面一些例子：电离子化气体产生电能，热核聚变中热离子化气体或等离子体的限封，使用加速离子化气体的航天发动机以及液态金属的抽运等．很多科学领域，如地磁场，太阳风，在螺旋星系中的磁流体冲击波等都要用到磁流体理论．

在 MHD 的近似中，我们假定：a) 流体的运动是非相对论的，即

(10.26.1) $$\beta = |\mathbf{v}|/c \ll 1$$

b) 位移电流 $\frac{\partial \mathbf{D}}{\partial t}$ 和对流电流 $q\mathbf{v}$ 对总电流的贡献可以忽略不计，亦即，

(10.26.2) $$\left\{\left|\frac{\partial \mathbf{D}}{\partial t}\right|,\ |q\mathbf{v}|\right\} \ll |\mathbf{J}|$$

在电介质中，$\frac{\partial \mathbf{D}}{\partial t}$ 和 $\varepsilon\frac{\partial \mathbf{E}}{\partial t}$ 同阶。但是 $\mathbf{E}$ 和 $\mathbf{v}\times\mathbf{B}/c$ 是同阶的，亦即，

(10.26.3) $$|\mathbf{E}| = \beta O(|\mathbf{B}|)$$

由 (10.17.4) 得知，$\frac{\partial \mathbf{D}}{\partial t}$ 对 $\mathbf{J}$ 的贡献是可以忽略不计的。由 (10.17.1)，我们有 $q_f = (\varepsilon/L)O(|\mathbf{E}|)$。但是根据(10.17.4)，$\mathbf{J} = (c/\mu L)O(|\mathbf{B}|)$，其中 L 是典型长度。所以 $|q_f\mathbf{v}| = \beta^2 O(|\mathbf{J}|)$，从而证实了(10.26.2)的第二式。 c) 所有的电致伸缩效应和磁致伸缩效应都可以忽略不计。所以有质力简化为

(10.26.4) $$_M\mathbf{f} = \frac{1}{c}\mathscr{J}\times\mathbf{B}$$

因为根据(10.26.1)到(10.26.2)和 Maxwell 方程有

(10.26.5) $$|q_f\mathscr{E}| \ll \frac{1}{c}|\mathscr{J}\times\mathbf{B}|$$

这种量级分析一般地适用于低频近似。但是那有点偶然，因此，当有怀疑时应该对每个具体情况进行验证。由于上述这些近似，基本方程可简化为：

Maxwell 方程(在 $\mathscr{V}$-σ 中)

(10.26.6) $$\nabla\times\mathbf{E} + \frac{1}{c}\frac{\partial \mathbf{B}}{\partial t} = 0$$

(10.26.7) $$\nabla\cdot\mathbf{B} = 0$$

(10.26.8) $$\nabla\times\mathbf{H} = \frac{1}{c}\mathbf{J}$$

(10.26.9) $$\nabla\cdot\mathbf{J} = 0$$

平衡定律(在 $\mathscr{V}$-σ 中)：

(10.26.10) $\dot{\rho} + \rho \nabla \cdot \mathbf{v} = 0,$

(10.26.11) $-\nabla \pi + \nabla \cdot {}_D\mathbf{t} + \rho(\mathbf{f} - \dot{\mathbf{v}}) + \frac{1}{c} \mathscr{J} \times \mathbf{B} = \mathbf{0}$

(10.26.12) $\rho\theta\dot{\eta} - {}_Dt_{kl}d_{lk} - \nabla \cdot \mathbf{q} - \mathscr{J} \cdot \mathscr{E} - \rho h = 0$

(10.26.13) ${}_Dt_{kl}d_{lk} + \frac{1}{\theta} \mathbf{q} \cdot \nabla\theta + \mathscr{J} \cdot \mathscr{E} \geqslant 0$

跳变条件(在 σ 上):

(10.26.14) $\mathbf{n} \times [\mathbf{E}] - \frac{\mu}{c} \boldsymbol{\nu} \cdot \mathbf{n}[\mathbf{H}] = \mathbf{0}$

(10.26.15) $[\mathbf{H}] \cdot \mathbf{n} = 0$

(10.26.16) $\mathbf{n} \times [\mathbf{H}] = \frac{1}{c} \mathscr{K}$

(10.26.17) $[\mathscr{J}] \cdot \mathbf{n} + \nabla_\sigma \cdot \mathbf{K} = 0$

(10.26.18) $[\rho(\mathbf{v} - \boldsymbol{\nu})] \cdot \mathbf{n} = 0$

(10.26.19)
$$\left[\rho v_l(v_k - \nu_k) + \left[\pi + \left(\mu - \frac{\mu^2}{2}\right)H^2\right] \times \delta_{kl} - {}_Dt_{kl} - \mu H_k H_l\right] n_k = 0$$

(10.26.20)
$$\left[\left(\rho e + \frac{1}{2}\rho v^2 + \frac{1}{2}\mu^2 H^2\right) \times (v_k - \nu_k) + \left(\pi - \frac{1}{2}\mu^2 H^2\right) v_k - {}_Dt_{kl}v_l + c(\mathbf{E} \times \mathbf{H})_k - \kappa\theta_{,k}\right] n_k = 0$$

(10.26.21) $[\rho\eta(v_k - \nu_k) - \theta^{-1}\kappa\theta_{,k}]n_k \geqslant 0$

本构方程

(10.26.22) $\Psi = \Psi_0(\rho^{-1}, \theta),$

(10.26.23) $\mathbf{B} = \mu\mathbf{H}, \quad \mu \equiv 1/(1 - \chi^B)$

(10.26.24) ${}_D\mathbf{t} = \mathbf{t} + \pi\mathbf{1} = \lambda_v \mathrm{tr}\,\mathbf{d}\mathbf{1} + 2\mu_v\mathbf{d}, \quad \pi = -\frac{\partial\Psi_0}{\partial\rho^{-1}}$

(10.26.25) $\mathbf{q} = \kappa\nabla\theta$

$$(10.26.26)\qquad \mathscr{J}=\sigma\left(\mathbf{E}+\frac{1}{c}\mathbf{v}\times\mathbf{B}\right)$$

$$(10.26.27)\qquad \eta=-\frac{\partial\Psi_0}{\partial\theta}$$

这里(10.26.16)确定表面电流 $\mathscr{K}$. 当间断面与物体表面重合时，我们就令 $\boldsymbol{\nu}=\mathbf{v}$.

场方程

如果我们对(10.26.8)取旋度，并利用(10.26.6)和(10.26.26)，则我们得到

$$(10.26.28)\quad -\eta^B\nabla\times\nabla\times\mathbf{B}+\nabla\times(\mathbf{v}\times\mathbf{B})-\frac{\partial\mathbf{B}}{\partial t}=0,\ \eta^B\equiv c^2/\mu\sigma$$

这里，η^B 称为**磁扩散率**. 然后把(10.26.24)代入(10.25.2)，导出运动方程

$$(10.26.29)\quad -\nabla\pi+(\lambda_v+2\mu_v)\nabla\nabla\cdot\mathbf{v}-\mu_v\nabla\times\nabla\times\mathbf{v}+\rho(\mathbf{f}-\dot{\mathbf{v}})+\frac{1}{\mu}(\nabla\times\mathbf{B})\times\mathbf{B}=0$$

最后，在(10.26.12)中利用(10.26.22)，(10.26.24)到(10.26.26)，则得热传导方程

$$(10.26.30)\quad \rho\theta\frac{\partial^2\Psi_0}{\partial\theta^2}\dot{\theta}+\theta\frac{\partial^2\Psi_0}{\partial\theta\,\partial\rho^{-1}}\nabla\cdot\mathbf{v}+\lambda_v(\mathrm{tr}\,\mathbf{d})^2+2\mu_v\mathrm{tr}\,\mathbf{d}^2+\nabla\cdot(\kappa\nabla\theta)+(c^2/\mu^2\sigma)(\nabla\times\mathbf{B})^2+\rho h=0$$

为了确定场 $\mathbf{v}$, θ 和 $\mathbf{B}$, 必须求解这些方程与 (10.26.7) 和 (10.26.10).

理想流体　无粘性的非热传导的，但却是理想电导体的流体称为**理想**磁流体. 在这种情况下，粘性和热传导可以忽略不计，并且 $\sigma\to\infty$. 为使 Joule 供热保持有限，我们必须有

$$(10.26.31)\qquad \mathscr{E}=\mathbf{E}+\frac{1}{c}\mathbf{v}\times\mathbf{B}=0$$

对于理想流体，我们可以使用(10.26.31)，并令

$$(10.26.32)\qquad \lambda_v=\mu_v=\kappa=0,\ \sigma=\infty$$

不可压缩流体 我们以 p 代 π，并令 $\dot{\rho}=0$，则可把(10.26.10)简化为

(10.26.33) $$\nabla\cdot\mathbf{v}=0$$

10.27 磁流体的渠道流动

作为上述方程的应用，我们考虑在两个平行绝缘壁之间的不可压缩导电流体的层流流动．这种流动受到平面磁场的作用．我们引入无量纲量

(10.27.1)
$$x_1=Lx,\quad x_2=Ly$$
$$v_1=Vv(y),\quad v_2=v_3=0$$
$$H_1=H_0H(z),\quad H_2=H_0,\quad H_3=0$$
$$p=\rho_0V^2p_0(x,y)$$

式中 L 和 V 分别是特征长度和特征速度． H_0 是垂直于壁的外加磁场．

把(10.27.1)代入(10.26.28)和(10.26.29)，我们得到

(10.27.2)
$$\frac{dv}{dy}+\frac{1}{R^H}\frac{d^2H}{dy^2}=0$$
$$\frac{1}{R}\frac{d^2v}{dy^2}+\frac{1}{\mathscr{A}^2}\frac{dH}{dy}=\frac{\partial p}{\partial x}$$
$$\frac{1}{\mathscr{A}^2}H\frac{dH}{dy}=-\frac{\partial p}{\partial y}$$

式中的 R，R^B 和 $\mathscr{A}$ 分别是 **Reynolds 数**，**磁性 Reynolds 数**和 **Alfven 数**．我们还引入 **Hartmann 数** R_H[1]．它们定义为

(10.27.3)
$$R=\rho_0VL/\mu_v,\quad R^B=VL/\eta^B$$
$$\mathscr{A}=(\rho_0V^2/\mu^2H_0^2)^{1/2}$$
$$R_H=(RR^B/\mathscr{A}^2)^{1/2}=\mu\frac{H_0L}{c}\left(\frac{\sigma}{\mu_v}\right)^{1/2}$$

由(10.27.2)消去 p 和 H，我们得到

1)Hartmann [1937] 研究了 MHD 的渠道流动．

$$(10.27.4) \qquad \frac{d^3v}{dy^3} - R_H^2 \frac{dv}{dy} = 0$$

它的通解为

$$(10.27.5) \quad v = R_H^{-1}[A\cosh(R_H y) + B\sinh(R_H y) + C]$$

A，B 和C是积分常数．我们取在 $y=0$ 上的速度为特征速度．边界条件是

$$(10.27.6) \qquad \begin{aligned} v &= 0 \quad 在\ y = \pm 1\ 上 \\ v &= 1 \quad 在\ y = 0\ 上 \\ H &= 0 \quad 在\ y = \pm 1\ 上 \end{aligned}$$

上式的最后一个条件（$H(\pm 1) = 0$）对绝缘壁成立． 利用这些条件，可求得速度分布为

$$(10.27.7) \qquad v = (\cosh R_H - 1)^{-1}[\cosh R_H - \cosh(R_H y)]$$

积分$(10.27.2)_{2,3}$，并利用$(10.27.6)_3$，即可求得磁场和压力

$$(10.27.8) \quad H(y) = (R^B/R_H)(\cosh R_H - 1)^{-1}[(\sinh R_H y$$

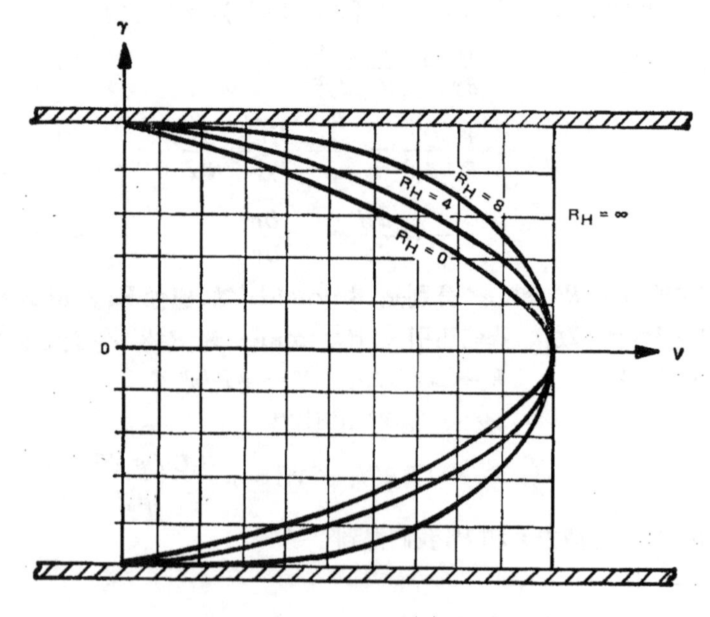

图 10.27.1 MHD 渠道流动的法速度分布图

$$-y\sin R_H)]$$

(10.27.9) $$p(x, y)=-\frac{1}{2}\mathscr{A}^{-2}H^2+Gx+\bar{p}$$

这里,G 是在 x 方向的压力梯度,$\bar{p}$ 是常值压力.

图 10.27.1 给出渠道断面的速度分布. 当 $R_H\to 0$ 时,速度分布为

(10.27.10) $$v=1-y^2$$

这是经典 Poiseuille 流动的抛物线速度分布(参见第 7.7 节). 另一方面,我们有

(10.27.11) $$\lim_{R_H\to\infty} v=1,\quad -1<y<1$$

但在 $y=\pm 1$ 上,$v=0$. 因此,对于很大的 R_H,速度分布在渠道断面上是平直的,而在壁附近则急剧地减少到零. 这是因为在壁附近的速度几乎完全为粘性所控制的缘故.

10.28 Alfven 波

利用外加磁场,可在理想流体中产生声波. 为了说明这一点,我们考虑在定常状态下对均匀解 $\mathbf{H}_0$, p_0 和 ρ_0 的微小扰动 $\mathbf{h}$, p_a, ρ_a 和 $\mathbf{v}$,亦即,

(10.28.1) $$\mathbf{H}=\mathbf{H}_0+\varepsilon\mathbf{h}+O(\varepsilon^2),\quad p=p_0+\varepsilon p_a+O(\varepsilon^2)$$
$$\rho=\rho_0+\varepsilon\rho_a+O(\varepsilon^2),\quad \mathbf{v}=\varepsilon\mathbf{u}+O(\varepsilon^2),\quad \varepsilon\ll 1$$

对于理想电导体,我们有 $\sigma\to\infty$,从而 $\eta^B=0$. 把(10.28.1)代入(10.26.10),(10.26.28)和(10.26.29),忽略所有的 ε^2 项和比它更高阶的项(取 $\mathbf{f}=0$),我们得到:

(10.28.2) $$\frac{\partial\rho_a}{\partial t}+\rho_0\nabla\cdot\mathbf{u}=0$$

(10.28.3) $$\frac{\partial\mathbf{h}}{\partial t}-(\mathbf{H}_0\cdot\nabla)\mathbf{u}+\mathbf{H}_0\nabla\cdot\mathbf{u}=0$$

(10.28.4) $$\rho_0\frac{\partial\mathbf{u}}{\partial t}+\nabla p_a-\mu(\nabla\times\mathbf{h})\times\mathbf{H}_0=0$$

如果平面波沿 $\mathbf{H}_0$ 的方向传播，则这些方程的横向分量将是非耦合的。因此，如 $\mathbf{H}_0$ 沿 z 轴方向，则(10.28.2)到(10.28.4)在 z 轴的横向上的投影为

(10.28.5)
$$\frac{\partial \mathbf{h}_\perp}{\partial t} - \mathbf{H}_0 \frac{\partial \mathbf{u}_\perp}{\partial z} = 0$$

$$\rho_0 \frac{\partial \mathbf{u}_\perp}{\partial t} - \mu \mathbf{H}_0 \frac{\partial \mathbf{h}_\perp}{\partial z} = 0$$

组合这些方程，我们就得到波动方程

(10.28.6)
$$\frac{\partial^2 \mathbf{h}_\perp}{\partial t^2} = \mathscr{A}^2 \frac{\partial^2 \mathbf{h}_\perp}{\partial z^2}, \quad \frac{\partial^2 \mathbf{u}_\perp}{\partial t^2} = \mathscr{A}^2 \frac{\partial^2 \mathbf{u}_\perp}{\partial z^2}$$

这里的相速度定义为

(10.28.7)
$$\mathscr{A} = (\mu H_0^2/\rho_0)^{1/2}$$

称为 **Alfven 速度**。所以 Alfven 波是沿磁力线传播的横向扰动。它们与纵向的声波不发生耦合。

习题

10.1 试把 Maxwell 方程和跳变条件(10.5.14)到(10.5.18)变换到固定的实验室标架上，这里 E-M 场以 $\mathbf{E},\mathbf{H},\mathbf{D},\mathbf{B},\mathbf{J}$ 表示。

10.2 试对具有线性本构方程 $\mathbf{D} = \epsilon\mathbf{E}$ 的刚性的均匀各向同性电介质，证明它的电位势 $\mathbf{E} = -\nabla\phi$ 必须满足 Poisson 方程。试确定由于在球外的一个点电荷在磨光的球面上所产生的电场。

10.3 试证对于半空间 $y>0$ 的静电位势为

$$\phi(x,y) = -\frac{1}{2\pi\epsilon}\int_0^\infty \int_{-\infty}^\infty \ln(\rho^-/\rho^+) q_f(x', y')\, dx'dy' + \frac{y}{\pi}\int_{-\infty}^\infty - \frac{\phi_0(x')dx}{(x-x')^2+y^2}$$

这里

$$\rho^+ = [(x-x')^2+(y-y')^2]^{1/2}, \quad \rho^- = [(x-x')^2+(y+y')^2]^{1/2}.$$

10.4 试证对于由线性本构方程 $\mathbf{B} = \mu\mathbf{H}$ 表征的均匀的各向同性顺磁物质存在一个矢量势 $\mathbf{A}$，使得 $\mathbf{B} = \nabla\times\mathbf{A}$，并且

$$\nabla(\nabla\cdot\mathbf{A}) - \nabla^2\mathbf{A} = \mathbf{J}/c$$

试确定由均匀的磁化球所产生的外磁场，该磁化球的具有大小为常值 M_0 指向 x 轴的磁化 $\mathbf{M}$.

10.5 大小不变的定常电流在圆柱导体中流过，试确定外部磁场.

10.6 一个具有波矢量为 $\mathbf{K}$ 的 E-M 谐波入射在两个半空间的分隔表面 $z=0$ 上. 试确定反射场和折射场.

10.7 试证在真空中的 Maxwell 方程等价于矢量势 $\mathbf{A}$ 和标量势 ϕ 的波动方程

$$\nabla^2\mathbf{A}-\frac{1}{c^2}\ddot{\mathbf{A}}=-\frac{\mathbf{J}}{c},\quad \nabla^2\phi-\frac{1}{c^2}\ddot{\phi}=-q_f$$

这里 $\mathbf{A}$ 和 ϕ 满足规范条件

$$\nabla\cdot\mathbf{A}+\frac{1}{c}\dot{\phi}=0$$

试确定 c 的值，并证明 $\mathbf{A}$ 和 ϕ 依赖于 $\mathbf{J}$ 和 q_f 的解可表示成为所谓延迟势的形式：

$$\mathbf{A}(\mathbf{x},t)=\frac{1}{4\pi c}\int R^{-1}\mathbf{J}(\mathbf{x}',t-R/c)dv(\mathbf{x}')$$

$$\phi(\mathbf{x},t)=\frac{1}{4\pi}\int R^{-1}q_f(\mathbf{x}',t-R/c)dv(\mathbf{x}')$$

式中 $R=[(\mathbf{x}-\mathbf{x}')\cdot(\mathbf{x}-\mathbf{x}')]^{1/2}$

10.8 刚性固体的 E-M 状态与 $\mathbf{E}$, $\mathbf{B}$ 和时间率 $\dot{\mathbf{E}}$,$\dot{B}$ 相关. 物质是各向同性的 .试确定该物质的热力学容许的本构方程并给出线性本构方程.

10.9 各向同性弹性电介质本构地依赖于电场 E_K, 应变张量 E_{KL} 和时间率 $\dot{E}_K$,$\dot{E}_{KL}$. 试确定热力学容许的线性本构方程.

10.10 试求出在(10.16.2)中出现的物质模量与在第 10.15 节中给出的相应模量之间的关系.

10.11 试确定一个弹性电介质圆柱管中的电场. 此管的表面带有均匀的反号电荷. 该管承受到均匀的轴向拉伸. 使用非线性理论.

10.12 各向同性的弹性薄球壳在其外表面带有常值电荷分布. 该壳承受均匀内压的作用. 试利用非线性理论确定它的电场和应力场.

10.13 充满水银的长圆柱管绕其轴作匀速转动. 此管承受一个在其表面为零的轴向磁场的作用. 试确定其速度场和磁场.

10.14 试导出 MHD 流体的 Bernoulli 方程

$$\frac{1}{2}(v_2^2-v_1^2)+g_2-g_1+\int_1^2\rho^{-1}d(p+B^2/2\mu)$$

$$= \frac{1}{\mu} \int_1^2 \rho^{-1}[(\mathbf{B} \cdot \nabla)\mathbf{B}] \cdot d\mathbf{S}$$

式中 g 是体力势.

10.15　试确定 MHD 流体剪切流动的速度场和磁场. 这是在彼此以相对常值速度 $2V$ 运动的两块平行板之间发生的流动. 假定流体附着在板上,而且板上的轴向磁场为零.

10.16(短文)　研究文献并写出一篇关于 MHD 冲击波的文章.

10.17(短文)　研究文献并写出一篇关于等离子动力学和 MHD 统计力学基础的文章.

10.18(短文)　研究文献并写出一篇表现自旋惯性的磁饱和物质的文章.

10.19(短文)　研究文献并写出一篇关于记忆相关的电磁固体的文章.

10.20(短文)　研究文献并写出一篇关于非局部电磁固体和电磁波弥散的文章.

附录 A 矢量微积分

A1 矢量函数，微分

定义 1 在标量自变量 t 的区间 $a \leqslant t \leqslant b$ 内，如果对一个给定的 t，存在一个唯一的矢量 $\mathbf{u}$，则自变量 t 的矢量函数 $\mathbf{u}(t)$ 被唯一地定义。只要分量函数 $u_k(t)$ 作为通常意义下的函数被明确定义，则矢量函数 $\mathbf{u}(t)$ 也就被明确定义，亦即：

(A1.1) $$\mathbf{u}(t) = u_k(t)\mathbf{i}_k$$

定义 2 $\mathbf{u}(t)$ 关于 t 的导数可用与函数的导数相同的形式来定义，亦即：

$$\frac{d\mathbf{u}}{dt} = \lim_{\Delta t \to 0} \frac{\mathbf{u}(t+\Delta t) - \mathbf{u}(t)}{\Delta t} = \lim_{\Delta t \to 0} \frac{\Delta \mathbf{u}}{\Delta t}$$

如对所有的 t 固定 $\mathbf{u}(t)$ 的起点，则当 t 变化时，$\mathbf{u}(t)$ 的终端描出一条曲线 $\mathscr{C}$（图 A1.1）。由此可见，当 $\Delta t \to 0$ 时，矢量 $\Delta \mathbf{u} = \mathbf{u}(t+\Delta t) - \mathbf{u}(t)$ 趋近 $\mathbf{u}(t)$ 终点的切线。

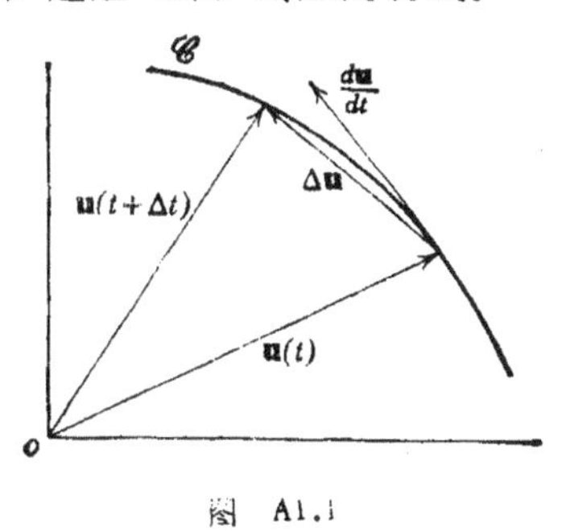

图 A1.1

矢量的导数可用它的分量的导数表示为

(A1.2) $$\frac{d\mathbf{u}}{dt} = \frac{du_k}{dt}\mathbf{i}_k$$

容易看出，我们可以直接把微分学的知识应用于矢量函数

$\mathbf{u}(t)$。这里我们要和三个标量函数 $u_k(t)$ 打交道而不是一个。由分量表示式可以很简单地回到矢量形式。例如，我们可以证明

$$\frac{d}{dt}(\lambda\mathbf{u}) = \lambda\frac{d\mathbf{u}}{dt} + \frac{d\lambda}{dt}\mathbf{u}$$

$$\frac{d}{dt}(\mathbf{u}+\mathbf{v}) = \frac{d\mathbf{u}}{dt} + \frac{d\mathbf{v}}{dt}$$

$$\frac{d}{dt}(\mathbf{u}\cdot\mathbf{v}) = \frac{d\mathbf{u}}{dt}\cdot\mathbf{v} + \mathbf{u}\cdot\frac{d\mathbf{v}}{dt}$$

$$\frac{d}{dt}(\mathbf{u}\times\mathbf{v}) = \frac{d\mathbf{u}}{dt}\times\mathbf{v} + \mathbf{u}\times\frac{d\mathbf{v}}{dt}$$

等等，其中 λ 是标量函数。

定义 3 如果在空间的一个区域内，给定一个 $\mathbf{x}$ 就有一个唯一的标量 f，则可唯一地定义一个矢量变量的标量函数 $f(\mathbf{x})$。

在三维空间中，我们有

$$\mathbf{x} = x_k\mathbf{i}_k \quad (k = 1, 2, 3)$$

所以标量函数 $f(\mathbf{x})$ 是三个变量的函数 $f(x_1, x_2, x_3)$。

一个矢量变量的**矢量函数** $\mathbf{u}(\mathbf{x})$ 可类似地定义，对于它可以和它的分量一样理解，亦即：

(A1.3) $$\mathbf{u}(\mathbf{x}) = u_k(\mathbf{x})\mathbf{i}_k$$

两个或更多个矢量的矢量函数可以类似地引入，例如

(A1.4) $$\mathbf{u}(\mathbf{x}, \mathbf{y}) = u_k(\mathbf{x}, \mathbf{y})\mathbf{i}_k$$

在矢量函数的研究中，经常出现一些线性算子。这里，我们在直角坐标中定义这些算子。它们在曲线坐标中的表达式在附录 C5 中给出。

定义 4 标量函数 $\mathbf{f}(\mathbf{x})$ 的梯度定义为

(A1.5) $$\operatorname{grad} f \equiv \frac{\partial f}{\partial x_k}\mathbf{i}_k$$

定义 5 矢量函数 $\mathbf{u}(\mathbf{x})$ 的散度定义为

(A1.6) $$\operatorname{div}\mathbf{u} \equiv \frac{\partial u_k}{\partial x_k}$$

定义 6 矢量函数 $\mathbf{u}(\mathbf{x})$ 的旋度定义为

$$\text{(A1.7)} \qquad \operatorname{curl}\mathbf{u} \equiv e_{ijk}\frac{\partial u_k}{\partial x_j}\mathbf{i}_i$$

式中的 e_{ijk} 是常用的置换符号 ($e_{123}=e_{312}=e_{231}=-e_{213}=-e_{321}=-e_{132}=1$，其余的 $e_{ijk}=0$)。

如果我们形式地引入算子

$$\text{(A1.8)} \qquad \nabla \equiv \mathbf{i}_k\frac{\partial}{\partial x_k}$$

则上述各算子可写为

$$\operatorname{grad} f \equiv \nabla f = \mathbf{i}_k\frac{\partial f}{\partial x_k}$$

$$\text{(A1.9)} \qquad \operatorname{div}\mathbf{u} \equiv \nabla\cdot\mathbf{u} = \mathbf{i}_k\frac{\partial}{\partial x_k}\cdot\mathbf{u} = \frac{\partial u_k}{\partial x_k}$$

$$\operatorname{curl}\mathbf{u} \equiv \nabla\times\mathbf{u} = \mathbf{i}_k\frac{\partial}{\partial x_k}\times\mathbf{u} = e_{ijk}\frac{\partial u_k}{\partial x_j}\mathbf{i}_i$$

经常用到的 Laplace 算子定义为

$$\text{(A1.10)} \qquad \nabla^2 f = \operatorname{div}\operatorname{grad} f = \frac{\partial^2 f}{\partial x_k\partial x_k} = \frac{\partial^2 f}{\partial x_1^2}+\frac{\partial^2 f}{\partial x_2^2}+\frac{\partial^2 f}{\partial x_3^2}.$$

A2 积分定理

在这里，我们不加证明地给出矢量分析的两个重要的积分定理[1]. 然后把这些定理推广到含有间断面的区域中去.

定理 1 (Green-Gauss 定理)

$$\text{(A2.1)} \qquad \int_{\mathscr{V}}\operatorname{div}\mathbf{u}\,dv = \oint_{\mathscr{S}}\mathbf{u}\cdot\mathbf{n}\,da$$

式中的 $\mathscr{S}$ 是包围体积 $\mathscr{V}$ 的闭曲面，而 $\mathbf{n}$ 是受某些正则性条件约束的 $\mathscr{S}$ 的单位外法线矢量 (参见 Brand[1947, p.218] 或 Kellogg[1929])。

定理 2 (Stokes 定理)

---

1) 关于定理的证明请阅有关矢量分析的著作(参见 Brand[1947, 第六章]).

(A2.2) $$\int_{\mathscr{S}} \operatorname{curl}\mathbf{A}\cdot\mathbf{n}da = \oint_{\mathscr{C}} \mathbf{A}\cdot d\mathbf{p}$$

式中的 $\mathbf{n}$ 是以有向边界曲线 $\mathscr{C}$ 所封闭的曲面 $\mathscr{S}$ 的单位法矢量. $\mathscr{C}$ 的正向是这样选取的，当在 $\mathscr{C}$ 的正向上作螺旋转动时(逆时针方向)，使右手螺旋的前进方向与 $\mathbf{n}$ 的正向一致.

当 $\mathscr{V}$ 包含一个**间断曲面** σ 时，通过此曲面 $\mathbf{u}$ 要产生一个跳变(图 A2.1)，则 (A2.1) 修正为

(A2.3) $$\int_{\mathscr{V}-\sigma} \operatorname{div}\mathbf{u}dv + \int_{\sigma} [\mathbf{u}]\cdot\mathbf{n}da = \oint_{\mathscr{S}-\sigma} \mathbf{u}\cdot\mathbf{n}da,$$

(Green-Gauss)

当 (A2.2) 中的曲面 $\mathscr{S}$ 包含一条间断线 γ 时，通过此曲线 A 有一个跳变(图 A2.2)，则 (A2.2) 修正为

(A2.4) $$\int_{\mathscr{S}-\gamma} \operatorname{curl}\mathbf{A}\cdot\mathbf{n}da + \int_{\gamma} [\mathbf{A}]\cdot\mathbf{h}\,ds = \oint_{\mathscr{S}-\gamma} \mathbf{A}\cdot d\mathbf{p}$$

式中单位切矢量 $\mathbf{h}$ 的正向如图 A2.2 所示. 这里以粗体的方括号括起来的量来示**跳变**，亦即这个量在间断曲面或间断曲线的正的一边的值与负的一边的值之差，例如

$$[\mathbf{u}] = \mathbf{u}^{+} - \mathbf{u}^{-}$$

式中的 $\mathbf{u}^{+}$ 与 $\mathbf{u}^{-}$ 分别是 $\mathbf{u}$ 在 $\mathscr{S}$ 的法矢量 $\mathbf{n}$ 的正向接近 $\mathscr{S}$ 时的值与从 $\mathbf{n}$ 的负向接近 $\mathscr{S}$ 时的值. 同样的约定也适用于相应于间断曲线 γ 的 $[\mathbf{A}]$. 为了证明 (A2.3)，我们在 σ 的两边 $\mathscr{V}^{+}$ 和 $\mathscr{V}^{-}$ 上应用 Green-Gauss 定理 (A2.1). 于是

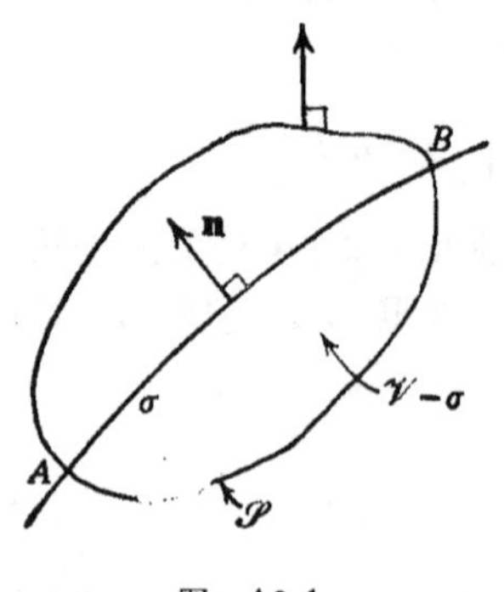

图 A2.1

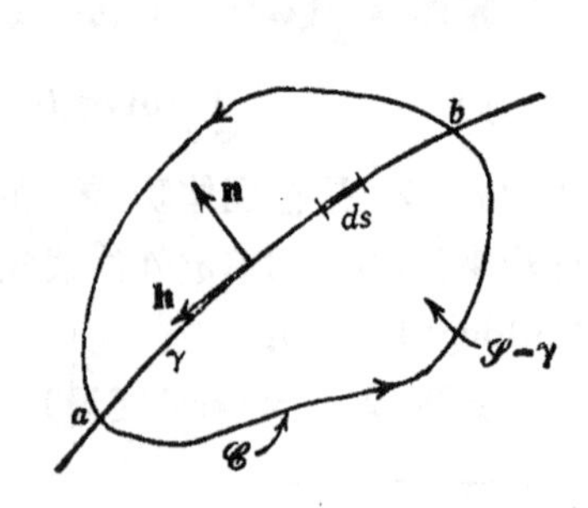

图 A2.2

$$\int_{\mathscr{V}^+} \operatorname{div}\mathbf{u}\,dv = \int_{\mathscr{S}^+ + \sigma^+} \mathbf{u}\cdot\mathbf{n}\,da$$

$$\int_{\mathscr{V}^-} \operatorname{div}\mathbf{u}\,dv = \int_{\mathscr{S}^- + \sigma^-} \mathbf{u}\cdot\mathbf{n}\,da$$

两式相加得，

$$\int_{\mathscr{V}^+ + \mathscr{V}^-} \operatorname{div}\mathbf{u}\,dv = \int_{\mathscr{S}^+ + \mathscr{S}^-} \mathbf{u}\cdot\mathbf{n}\,da + \int_{\sigma^+} \mathbf{u}^+\cdot\mathbf{n}^+ da + \int_{\sigma^-} \mathbf{u}^-\cdot\mathbf{n}^- da$$

式中的 $\mathbf{n}^+$ 和 $\mathbf{n}^-$ 分别是 σ^+ 和 σ^- 的外法线矢量(图 A2.3).但我们有

$$\mathbf{n}^+ = -\mathbf{n}^- = -\mathbf{n}$$

所以

$$\int_{\sigma^+} \mathbf{u}^+\cdot\mathbf{n}^+ da + \int_{\sigma} \mathbf{u}^-\cdot\mathbf{n}^- da = \int_{\sigma} (\mathbf{u}^- - \mathbf{u}^+)\cdot\mathbf{n}\,da = -\int_{\sigma} [\mathbf{u}]\cdot\mathbf{n}\,da$$

把它代入前面的表达式中,并记 $\mathscr{V}^+ + \mathscr{V}^-$ 为 $\mathscr{V} - \sigma$，记 $\mathscr{S}^+ + \mathscr{S}^- = \mathscr{S} - \sigma$，我们就得到(A2.3)[1].

为了证明 (A2.4),我们把 (A2.2) 应用到间断曲线 γ 两边的

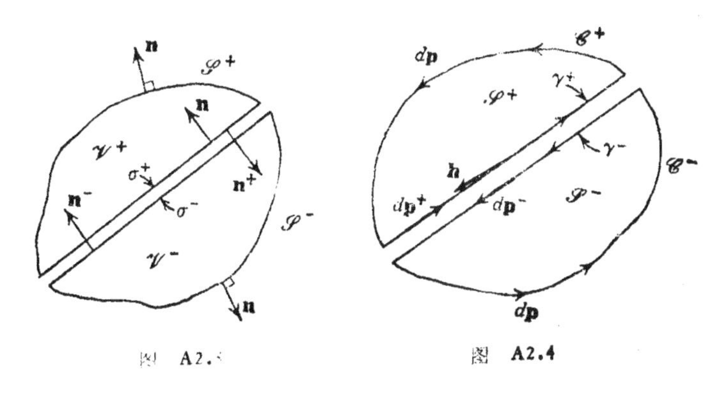

图 A2.3　　　　图 A2.4

1) 注意,在 (A2.3) 中的 $\mathscr{S}-\sigma$ 不包含 φ 上与图 A2.1 的平面相交于A和B的那条曲线.

曲面上.

$$\int_{\mathscr{S}^+} \text{curl}\mathbf{A}\cdot\mathbf{n}da = \int_{\mathscr{C}^+} \mathbf{A}\cdot d\mathbf{p} + \int_{\gamma^+} \mathbf{A}^+\cdot d\mathbf{p}^+$$

$$\int_{\mathscr{S}^-} \text{curl}\mathbf{A}\cdot\mathbf{n}da = \int_{\mathscr{C}^-} \mathbf{A}\cdot d\mathbf{p} + \int_{\gamma^-} \mathbf{A}^-\cdot d\mathbf{p}^-$$

两式相加得

$$\int_{\mathscr{S}^+ + \mathscr{S}^-} \text{curl}\mathbf{A}\cdot\mathbf{n}da = \int_{\mathscr{C}^+ + \mathscr{C}^-} \mathbf{A}\cdot d\mathbf{p} + \int_{\gamma^+} \mathbf{A}^+\cdot d\mathbf{p}^+ + \int_{\gamma^-} \mathbf{A}^-\cdot d\mathbf{p}^-$$

但在 γ^+ 和 γ^- 上我们有(图 A2.4)

$$d\mathbf{p}^+ = -\mathbf{h}ds \qquad d\mathbf{p}^- = \mathbf{h}ds$$

所以

$$\int_{\gamma^+} \mathbf{A}^+\cdot d\mathbf{p}^+ + \int_{\gamma^-} \mathbf{A}^-\cdot d\mathbf{p}^- = \int_{\gamma} (\mathbf{A}^- - \mathbf{A}^+)\cdot\mathbf{h}ds = -\int_{\gamma} [\mathbf{A}]\cdot\mathbf{h}ds$$

把此式代入前面的表达式,并令 $\mathscr{S}^+ + \mathscr{S}^- = \mathscr{S} - \gamma$, $\mathscr{C}^+ + \mathscr{C}^- = \mathscr{C} - \gamma$, 我们就得出 (A2.4)[1]

习题

A1 如 $\dot{\mathbf{a}} = \mathbf{w}\times\mathbf{a}$, $\dot{\mathbf{b}} = \mathbf{w}\times\mathbf{b}$, 试证明

$$\frac{d}{dt}(\mathbf{a}\times\mathbf{b}) = \mathbf{w}\times(\mathbf{a}\times\mathbf{b})$$

利用指标求和约定,用题中各矢量的直角分量表示所得的结果.

A2 证明,在三维空间中

$$e^{ijk}e_{kmn} = \delta^i_m\delta^j_n - \delta^i_n\delta^j_m$$

$$e^{ijk}e_{jkn} = 2\delta^i_n$$

$$e^{ijk}e_{ijk} = 6$$

A3 验证恒等式

$$e^{ijk}e_{mnp}a^{mnp} = a^{ijk} - a^{ikj} + a^{jki} - a^{jik} + a^{kij} - a^{kji}$$

---

1) $\mathscr{C} - \gamma$ 仍然表示不包含 γ 与 $\mathscr{C}$ 的两个交点 a 和 b.

A4 展开下述表达式：

$$e^{ijk}e_{kmn}a^{mn} \qquad e^{ijk}e_{jkm}a^{m}$$

A5 对于 3×3 的行列式，试证

$$\det(a^r_s) = \frac{1}{6}e_{ijk}e^{mnp}a^i_m a^j_n a^k_p$$

如果 $\det(a^r_s)$ 是 $n \times n$ 的行列式，则应以什么样的表达式来代替上式?

A6 如果行列式 $|a^i_j|$ 的元素是 x^k 的函数，证明

$$\frac{\partial |a^i_j|}{\partial x^k} = A^i_j \frac{\partial a^j_i}{\partial x^k}$$

A^i_j 是元素 a^j_i 的余因子.

A7 利用求和约定．用矢量的直角分量表示下列各式：

$$\nabla(ab), \qquad \nabla\cdot(a\mathbf{u}), \qquad \nabla\times(a\mathbf{u})$$

$$\nabla\cdot(\nabla a), \qquad \nabla\cdot(\nabla\times\mathbf{u}) \qquad \nabla\cdot(\mathbf{u}\times\mathbf{v})$$

$$\nabla\times(\mathbf{u}\times\mathbf{v}), \qquad \nabla\times(\nabla\times\mathbf{u}), \qquad \nabla(\mathbf{u}\cdot\mathbf{v})$$

A8 利用指标记法证明下列恒等式：

(a) $\nabla(ab) = a\nabla b + b\nabla a$

(b) $\nabla\cdot(a\mathbf{u}) = a\nabla\cdot\mathbf{u} + \mathbf{u}\cdot\nabla a$

(c) $\nabla\times(a\mathbf{u}) = a\nabla\times\mathbf{u} + \nabla a\times\mathbf{u}$

(d) $\nabla(\mathbf{u}\cdot\mathbf{v}) = \mathbf{u}\times(\nabla\times\mathbf{v}) + \mathbf{v}\times(\nabla\times\mathbf{u}) + (\mathbf{u}\cdot\nabla)\mathbf{v} + (\mathbf{v}\cdot\nabla)\mathbf{u}$

(e) $\nabla\times(\nabla\times\mathbf{u}) = \nabla(\nabla\cdot\mathbf{u}) - \nabla^2\mathbf{u}$

(f) $\nabla\times(\mathbf{u}\times\mathbf{v}) = (\mathbf{v}\cdot\nabla)\mathbf{u} - \mathbf{v}(\nabla\cdot\mathbf{u}) + \mathbf{u}(\nabla\cdot\mathbf{v}) - (\mathbf{u}\cdot\nabla)\mathbf{v}$

A9 如果 $\mathbf{r}$ 是一个点的矢径，试证明

$$\nabla\cdot(\mathbf{r}/r^3) = 0, \quad \nabla\times[f(r)\mathbf{r}] = 0$$

A10 证明 u, v 和 w 满足 $f(u, v, w) = 0$ 的充分必要条件是 $\nabla u\cdot\nabla v\times\nabla w = 0$. 用矢量的直角分量来表示后一表达式.

A11 如果 $\mathbf{a}$ 是个常矢量，证明

$$\oint_{\mathscr{C}} \mathbf{a}\cdot d\mathbf{p} = 0, \quad \oint_{\mathscr{C}} \mathbf{a}\times d\mathbf{p} = 0$$

式中的 $d\mathbf{p} = dx_k\mathbf{i}_k$，$\mathscr{C}$ 是个闭的正则曲线.

A12 在球面 $\mathscr{S}$ 上计算下述积分

$$\oint_{\mathscr{S}} x\mathbf{i}\cdot\mathbf{n}da, \quad \oint_{\mathscr{S}} \frac{d\mathbf{p}}{p}$$

这里的 $\mathbf{p}$ 是点在 $\mathscr{S}$ 上的点的矢径.

A13 证明 Green 定理

$$\int_{\mathscr{V}}(u\nabla^2 v - v\nabla^2 u)dv = \int_{\mathscr{S}}(u\nabla v - v\nabla u)\cdot d\mathbf{a}$$

讨论这个定理成立的条件.

A14 对下列情况

(a) $\mathbf{u} = 2x_2\mathbf{i}_1 - x_1\mathbf{i}_2 + x_3\mathbf{i}_3$

(b) $\mathbf{u} = [(x_3)^2 - 1]\mathbf{i}_3$

在开球 $\mathscr{S}$, $x_k x_k = 1$, $x_3 > 0$ 上计算下列积分:

$$I_1 = \int_{\mathscr{S}}(\mathbf{n}\times\nabla)\cdot\mathbf{u}da, \quad I_2 = \int_{\mathscr{S}}(\mathbf{n}\times\nabla)\times\mathbf{u}da$$

A15 如果 f 是 $\nabla^2 f = \rho$ 的解,试证明

$$f(\mathbf{x}) = \frac{1}{4\pi}\oint_{\mathscr{S}}\left[\frac{1}{r}\nabla f - f\nabla\frac{1}{r}\right]\cdot d\mathbf{a} - \frac{1}{4\pi}\int_{\mathscr{V}}\frac{\rho}{r}dv$$

式中的 r 是 $\mathscr{V}$ 内的 $\mathbf{x}$ 与积分点之间的距离.

A16 如果 ϕ 是波动方程 $\nabla^2\phi - \frac{1}{c^2}\frac{\partial^2\phi}{\partial t^2} = 0$ 的解,试证明

$$\phi(\mathbf{x},t) = -\frac{1}{4\pi}\oint_{\mathscr{S}}\left\{[\phi]\frac{\partial}{\partial n}\left(\frac{1}{r}\right) - \frac{1}{cr}\frac{\partial r}{\partial n}\left[\frac{\partial\phi}{\partial t}\right] - \frac{1}{r}\left[\frac{\partial\phi}{\partial n}\right]\right\}da$$

式中的 r 是由 $\mathscr{S}$ 内部的点 $\mathbf{x}$ 到 $\mathscr{S}$ 上的积分点之间的距离. 这里 $\frac{\partial}{\partial n}$ 表示沿 $\mathscr{S}$ 的外法线的导数,方括号表示**滞后值**,亦即,对于 $f(\mathbf{x}, t)$

$$[f] \equiv f\left(\mathbf{x}, t - \frac{r}{c}\right)$$

如果 $\mathbf{x}$ 是曲面 $\mathscr{S}$ 外部的点,则 $\phi(\mathbf{x}, t) = 0$.

附录 B　矢量与张量不变量

我们在这里给出不变量理论的一些结论，这些结论在构造矢量变量和张量变量的标量值函数，矢量值函数和张量值函数的本构方程时是有用的。我们只考虑在直角参考标架的完全正交变换群下保持不变的本构方程。

如果 x_i 是一组直角坐标，则变换

(B1)
$$x_i' = Q_{ij}x_j$$

在 Q_{ij} 具有性质

(B2)
$$\mathbf{QQ}^T = \mathbf{Q}^T\mathbf{Q} = \mathbf{1}, \quad \det\mathbf{Q} = \pm 1$$

时，确定了一组新的直角坐标 x_i'。满足（B2）的矩阵 $\mathbf{Q}$ 称为**正交变换**。所有正交变换的集合构成一个群，这就是完全正交变换**群**。行列式取正值的正交变换的集合也构成一个群，这是**真正交群**。

在坐标变换（B 1）下，矢量 v_i 和二阶张量 A_{ij} 按下式变换

(B3)
$$v_i' = Q_{ik}v_k$$

(B4)
$$A_{ij}' = Q_{ik}Q_{jl}A_{kl}$$

按下式变换的任一**轴矢量** w_i

(B5)
$$w_i' = Q_{ik}w_k\det\mathbf{Q}$$

可用一个斜称张量 W_{ij} 来代替

(B6)
$$W_{ij} = e_{ijk}w_k$$

斜称张量的变换和（B4）一样。

定义 1：矢量 $\mathbf{v}_\alpha(\alpha = 1, 2, \cdots, K)$，张量 $\mathbf{A}_\beta(\beta = 1, 2, \cdots, L)$ 和斜称张量 $\mathbf{W}_\gamma(\gamma = 1, 2, \cdots, N)$ 的函数

$$f(\mathbf{v}_1, \mathbf{v}_2, \cdots, \mathbf{A}_1, \mathbf{A}_2, \cdots; \mathbf{W}_1, \mathbf{W}_2, \cdots)$$

称作是这些矢量和张量在给定的变换群 $\mathbf{Q}$ 下的不变量，如果

(B7) $f(\mathbf{v}'_\alpha, \mathbf{A}'_\beta, \mathbf{W}'_\gamma) = (\det\mathbf{Q})^N f(\mathbf{v}_\alpha, \mathbf{A}_\beta, \mathbf{W}_\gamma)$

对群的每个变换 $\mathbf{Q}$ 成立．当 $N=0$ 时，称 f 为绝对不变量，当 $N\neq 0$ 时，称 f 为权 N 的相对不变量[1]．

我们将只研究绝对不变量．

例 1 两个矢量的标积是绝对不变量，我们有

(B8) $$u'_i v'_i = Q_{ik}u_k Q_{il}v_l = \delta_{kl}u_k v_l = u_k v_k$$

例 2 矩阵的迹是绝对不变量

(B9) $$A'_{ii} = Q_{ik}Q_{il}A_{kl} = \delta_{kl}A_{kl} = A_{kk} = \mathrm{tr}\mathbf{A}$$

例 3 矩阵 $\mathbf{A}$ 的行列式是绝对不变量

(B10) $$\det(A'_{ij}) = \det(Q_{ik}Q_{jl}A_{kl}) = (\det\mathbf{Q})^2\cdot\det(A_{kl}) = \det A_{kl}$$

定义 2：如果 $N=0$ 的 (B7) 对完全正交群 $\mathbf{Q}$ 的所有元素都成立，则不变量函数 f 称为各向同性的．如果只对完全正交满群中的 $\det\mathbf{Q}=+1$ 的元素成立，则我们称 f 是半各向同性的．在这种情况下，反射是不允许的．

定义 3：如果 (B7) 中的函数 f 是矢量和张量的分量的多项式，则它称为多项式不变量．

定义 4：如果给定集合中的任一不变量都可以用某个不变量组中的元素表成多项式(或函数)，则称这个不变量组为上述不变量集合的一个"整"(或"函数")基．含有最少元素的基称为"最小"基．

不变量理论的主要问题就在于确定最小基．

矢量值函数 $\mathbf{f}$ 和张量值函数 $\mathbf{T}$ 的本构方程需要下述形式的不变性

(B11) $$\begin{aligned}\mathbf{f}(\mathbf{v}'_\alpha, \mathbf{A}'_\beta, \mathbf{W}'_\gamma) &= \mathbf{Q}\mathbf{f}(\mathbf{v}_\alpha, \mathbf{A}_\beta, \mathbf{W}_\gamma)\\ \mathbf{T}(\mathbf{v}'_\alpha, \mathbf{A}'_\beta, \mathbf{W}'_\gamma) &= \mathbf{Q}\mathbf{T}(\mathbf{v}_\alpha, \mathbf{A}_\beta, \mathbf{W}_\gamma)\mathbf{Q}^T\end{aligned}$$

这些函数可以用自变量矢量和张量的一些乘积来生成，这些乘积前的系数是自变量矢量和张量的不变量的函数．这些自变量矢量和张量的乘积称为 $\mathbf{f}$ 和 $\mathbf{T}$ 的**生成元**．例如，$\mathbf{T}=\mathbf{T}(\mathbf{A})$ (这里

1) 在这个定义中，权 N 与斜称张量个数 N 是不同的值，原文用了两个相同的记号 N．——译者

的 $\mathbf{T}$ 和 $\mathbf{A}$ 都是对称的)满足不变性

$$\mathbf{T}(\mathbf{QAQ}^T) = \mathbf{QT}(\mathbf{A})\mathbf{Q}^T$$

则它具有形式

$$\mathbf{T} = a_0\mathbf{1} + a_1\mathbf{A} + a_2\mathbf{A}^2$$

式中的 a_0, a_1 和 a_2 是不变量 $\mathrm{tr}\mathbf{A}, \mathrm{tr}\mathbf{A}^2, \mathrm{tr}\mathbf{A}^3$ 的函数．张量 $\mathbf{1}, \mathbf{A}$ 和 $\mathbf{A}^2$ 是张量 $\mathbf{T}$ 的生成元．

各向同性标量值函数，矢量值函数和张量值函数的表示由 Wang[1969a,b,1970,1971],Smith [1970,1971,a,b] 以及其他作者进行了研究．在 Boehler [1977] 作了修正后,两者的表示是相同的．这里我们重述这些结果,对多项式不变量,可参阅 Eringen [1972] 中由 Spencer 执笔的那篇论文．

各向同性标量值,矢量值和张量值函数的表示

表 B.1　对称张量 A, 矢量 v 和斜称张量 W 的完整的和不可约的不变量组

I. 依赖于一个变量的不变量

变　　量	不 变 量
$\mathbf{A}$	$\mathrm{tr}\mathbf{A}, \mathrm{tr}\mathbf{A}^2, \mathrm{tr}\mathbf{A}^3$
$\mathbf{v}$	$\mathbf{v}\cdot\mathbf{v}$
$\mathbf{W}$	$\mathrm{tr}\mathbf{W}^2$

II. 依赖于二个变量的不变量，除 I 以外，还有

变　　量	不 变 量
$\mathbf{A}_1, \mathbf{A}_2$	$\mathrm{tr}\mathbf{A}_1\mathbf{A}_2, \mathrm{tr}\mathbf{A}_1^2\mathbf{A}_2, \mathrm{tr}\mathbf{A}_1\mathbf{A}_2^2,$ $\mathrm{tr}\mathbf{A}_1^2\mathbf{A}_2^2$
$\mathbf{A}, \mathbf{v}$	$\mathbf{v}\cdot\mathbf{A}\mathbf{v}, \mathbf{v}\cdot\mathbf{A}^2\mathbf{v}$
$\mathbf{A}, \mathbf{W}$	$\mathrm{tr}\mathbf{A}\mathbf{W}^2, \mathrm{tr}\mathbf{A}^2\mathbf{W}^2, \mathrm{tr}\mathbf{A}^2\mathbf{W}^2\mathbf{A}\mathbf{W}$
$\mathbf{v}_1, \mathbf{v}_2$	$\mathbf{v}_1\cdot\mathbf{v}$
$\mathbf{v}, \mathbf{W}$	$\mathbf{v}\cdot\mathbf{W}^2\mathbf{v}$
$\mathbf{W}_1, \mathbf{W}_2$	$\mathrm{tr}\mathbf{W}_1\mathbf{W}_2$

表 B.1（续）

III. 依赖于三个变量的不变量，除 II 以外，还有

变量	不变量
$\mathbf{A}_1,\mathbf{A}_2,\mathbf{A}_3$	$\mathrm{tr}\mathbf{A}_1\mathbf{A}_2\mathbf{A}_3$
$\mathbf{A}_1,\mathbf{A}_2,\mathbf{v}$	$\mathbf{v}\cdot\mathbf{A}_1\mathbf{A}_2\mathbf{v}$
$\mathbf{A},\mathbf{v}_1,\mathbf{v}_2$	$\mathbf{v}_1\cdot\mathbf{A}\mathbf{v}_2,\mathbf{v}_1\cdot\mathbf{A}^2\mathbf{v}_2$
$\mathbf{A},\mathbf{W}_1,\mathbf{W}_2$	$\mathrm{tr}\mathbf{A}\mathbf{W}_1\mathbf{W}_2,\mathrm{tr}\mathbf{A}\mathbf{W}_1\mathbf{W}_2^2,\mathrm{tr}\mathbf{A}\mathbf{W}_1^2\mathbf{W}_2$
$\mathbf{A}_1,\mathbf{A}_2,\mathbf{W}$	$\mathrm{tr}\mathbf{A}_1\mathbf{A}_2\mathbf{W},\mathrm{tr}\mathbf{A}_1^2\mathbf{A}_2\mathbf{W},$ $\mathrm{tr}\mathbf{A}_1\mathbf{W}^2\mathbf{A}_2\mathbf{W},\mathrm{tr}\mathbf{A}_1\mathbf{A}_2^2\mathbf{W}$
$\mathbf{W}_1,\mathbf{W}_2,\mathbf{W}_3$	$\mathrm{tr}\mathbf{W}_1\mathbf{W}_2\mathbf{W}_3$
$\mathbf{v}_1,\mathbf{v}_2,\mathbf{W}$	$\mathbf{v}_1\cdot\mathbf{W}\mathbf{v}_2,\mathbf{v}_1\cdot\mathbf{W}^2\mathbf{v}_2$
$\mathbf{v},\mathbf{W}_1,\mathbf{W}_2$	$\mathbf{v}\cdot\mathbf{W}_1\mathbf{W}_2\mathbf{v},\mathbf{v}\cdot\mathbf{W}_1^2\mathbf{W}_2\mathbf{v},\mathbf{v}\cdot\mathbf{W}_1\mathbf{W}_2^2\mathbf{v}$
$\mathbf{A},\mathbf{v},\mathbf{W}$	$\mathbf{v}\cdot\mathbf{A}\mathbf{W}\mathbf{v},\mathbf{v}\cdot\mathbf{A}^2\mathbf{W}\mathbf{v},\mathbf{v}\cdot\mathbf{W}\mathbf{A}\mathbf{W}^2\mathbf{v}$

IV. 依赖于四个变量的不变量，除 III 以外，还有

变量	不变量
$\mathbf{A}_1,\mathbf{A}_2,\mathbf{v}_1,\mathbf{v}_2$	$\mathbf{v}_1\cdot(\mathbf{A}_1\mathbf{A}_2-\mathbf{A}_2\mathbf{A}_1)\mathbf{v}_2$
$\mathbf{A},\mathbf{v}_1,\mathbf{v}_2,\mathbf{W}$	$\mathbf{v}_1\cdot(\mathbf{A}\mathbf{W}-\mathbf{W}\mathbf{A})\mathbf{v}_2$
$\mathbf{v}_1,\mathbf{v}_2,\mathbf{W}_1,\mathbf{W}_2$	$\mathbf{v}_1\cdot(\mathbf{W}_1\mathbf{W}_2-\mathbf{W}_2\mathbf{W}_1)\mathbf{v}_2$

表 B.2 矢量值各向同性函数的生成元

I. 依赖于一个变量的生成元

变量	生成元
$\mathbf{v}$	$\mathbf{v}$

II. 依赖于二个变量的生成元，除 I 以外，还有

变量	生成元
$\mathbf{A},\mathbf{v}$	$\mathbf{A}\mathbf{v},\mathbf{A}^2\mathbf{v}$
$\mathbf{W},\mathbf{v}$	$\mathbf{W}\mathbf{v},\mathbf{W}^2\mathbf{v}$

III. 依赖于三个变量的生成元，除 II 以外，还有

变量	生成元
$\mathbf{A}_1,\mathbf{A}_2,\mathbf{v}$	$(\mathbf{A}_1\mathbf{A}_2-\mathbf{A}_2\mathbf{A}_1)\mathbf{v}$
$\mathbf{W}_1,\mathbf{W}_2,\mathbf{v}$	$(\mathbf{W}_1\mathbf{W}_2-\mathbf{W}_2\mathbf{W}_1)\mathbf{v}$
$\mathbf{A},\mathbf{v},\mathbf{W}$	$(\mathbf{AW}-\mathbf{WA})\mathbf{v}$

表 B.3　对称各向同性张量值函数的生成元

I. 不依赖于变量的生成元 $\mathbf{I}$

II. 依赖于一个变量的生成元，除 I 以外，还有

变量	生成元
$\mathbf{A}$	$\mathbf{A}$、$\mathbf{A}^2$
$\mathbf{v}$	$\mathbf{v}\otimes\mathbf{v}$
$\mathbf{W}$	$\mathbf{W}^2$

III. 依赖于二个变量的生成元，除 II 以外，还有

变量	生成元
$\mathbf{A}_1,\mathbf{A}_2$	$\mathbf{A}_1\mathbf{A}_2+\mathbf{A}_2\mathbf{A}_1,\mathbf{A}_1^2\mathbf{A}_2+\mathbf{A}_2\mathbf{A}_1^2,$ $\mathbf{A}_1\mathbf{A}_2^2+\mathbf{A}_2^2\mathbf{A}_1$
$\mathbf{A},\mathbf{v}$	$\mathbf{v}\otimes\mathbf{Av}+\mathbf{Av}\otimes\mathbf{v},\mathbf{v}\otimes\mathbf{A}^2\mathbf{v}+\mathbf{A}^2\mathbf{v}\otimes\mathbf{v}$
$\mathbf{A},\mathbf{W}$	$\mathbf{AW}-\mathbf{WA},\mathbf{WAW},$ $\mathbf{A}^2\mathbf{W}-\mathbf{WA}^2,\mathbf{WAW}^2-\mathbf{W}^2\mathbf{AW}$
$\mathbf{v}_1,\mathbf{v}_2$	$\mathbf{v}_1\otimes\mathbf{v}_2+\mathbf{v}_2\otimes\mathbf{v}_1$
$\mathbf{v},\mathbf{W}$	$\mathbf{Wv}\otimes\mathbf{Wv},\mathbf{v}\otimes\mathbf{Wv}+\mathbf{Wv}\otimes\mathbf{v}$ $\mathbf{Wv}\otimes\mathbf{W}^2\mathbf{v}+\mathbf{W}^2\mathbf{v}\otimes\mathbf{Wv}$
$\mathbf{W}_1,\mathbf{W}_2$	$\mathbf{W}_1\mathbf{W}_2+\mathbf{W}_2\mathbf{W}_1,\mathbf{W}_1\mathbf{W}_2^2-\mathbf{W}_2^2\mathbf{W}_1,$ $\mathbf{W}_1^2\mathbf{W}_2-\mathbf{W}_2\mathbf{W}_1^2$

IV. 依赖于三个变量的生成元，除 III 以外还有

变量	生成元
$\mathbf{A},\mathbf{v}_1,\mathbf{v}_2$	$\mathbf{A}(\mathbf{v}_1\otimes\mathbf{v}_2-\mathbf{v}_2\otimes\mathbf{v}_1)-(\mathbf{v}_1\otimes\mathbf{v}_2-\mathbf{v}_2\otimes\mathbf{v}_1)\mathbf{A}$
$\mathbf{W},\mathbf{v}_1,\mathbf{v}_2$	$\mathbf{W}(\mathbf{v}_1\otimes\mathbf{v}_2-\mathbf{v}_2\otimes\mathbf{v}_1)+(\mathbf{v}_1\otimes\mathbf{v}_2-\mathbf{v}_2\otimes\mathbf{v}_1)\mathbf{W}$

表 B.4 斜称各向同性张量值函数的生成元

I. 依赖于一个变量的生成元

变 量	生成元
$\mathbf{W}$	$\mathbf{W}$

II. 依赖于二个变量的生成元，除 I 以外，还有

变 量	生 成 元
$\mathbf{A}_1,\mathbf{A}_2$	$\mathbf{A}_1\mathbf{A}_2-\mathbf{A}_2\mathbf{A}_1,\ \mathbf{A}_1^2\mathbf{A}_2-\mathbf{A}_2\mathbf{A}_1^2,$ $\mathbf{A}_1\mathbf{A}_2^2-\mathbf{A}_2^2\mathbf{A}_1,\ \mathbf{A}_1\mathbf{A}_2\mathbf{A}_1^2-\mathbf{A}_1^2\mathbf{A}_2\mathbf{A}_1,$ $\mathbf{A}_2\mathbf{A}_1\mathbf{A}_2^2-\mathbf{A}_2^2\mathbf{A}_1\mathbf{A}_2$
$\mathbf{A},\mathbf{v}$	$\mathbf{v}\otimes\mathbf{A}\mathbf{v}-\mathbf{A}\mathbf{v}\otimes\mathbf{v},\ \mathbf{v}\otimes\mathbf{A}^2\mathbf{v}-\mathbf{A}^2\mathbf{v}\otimes\mathbf{v},$ $\mathbf{A}\mathbf{v}\otimes\mathbf{A}^2\mathbf{v}-\mathbf{A}^2\mathbf{v}\otimes\mathbf{A}\mathbf{v}$
$\mathbf{A},\mathbf{W}$	$\mathbf{A}\mathbf{W}+\mathbf{W}\mathbf{A},\ \mathbf{A}\mathbf{W}^2-\mathbf{W}^2\mathbf{A}$
$\mathbf{W},\mathbf{v}$	$\mathbf{v}\otimes\mathbf{W}\mathbf{v}-\mathbf{W}\mathbf{v}\otimes\mathbf{v},\ \mathbf{v}\otimes\mathbf{W}^2\mathbf{v}-\mathbf{W}^2\mathbf{v}\otimes\mathbf{v}$
$\mathbf{v}_1,\mathbf{v}_2$	$\mathbf{v}_1\otimes\mathbf{v}_2-\mathbf{v}_2\otimes\mathbf{v}_1$
$\mathbf{W}_1,\mathbf{W}_2$	$\mathbf{W}_1\mathbf{W}_2-\mathbf{W}_2\mathbf{W}_1$

III. 依赖于三个变量的生成元，除 II 以外，还有

变 量	生 成 元
$\mathbf{A}_1,\mathbf{A}_2,\mathbf{A}_3$	$\mathbf{A}_1\mathbf{A}_2\mathbf{A}_3+\mathbf{A}_2\mathbf{A}_3\mathbf{A}_1+\mathbf{A}_3\mathbf{A}_1\mathbf{A}_2-\mathbf{A}_2\mathbf{A}_1\mathbf{A}_3$ $-\mathbf{A}_1\mathbf{A}_3\mathbf{A}_2-\mathbf{A}_3\mathbf{A}_2\mathbf{A}_1$
$\mathbf{A}_1,\mathbf{A}_2,\mathbf{v}$	$\mathbf{A}_1\mathbf{v}\otimes\mathbf{A}_2\mathbf{v}-\mathbf{A}_2\mathbf{v}\otimes\mathbf{A}_1\mathbf{v}$ $+\mathbf{v}\otimes(\mathbf{A}_1\mathbf{A}_2-\mathbf{A}_2\mathbf{A}_1)\mathbf{v}-(\mathbf{A}_1\mathbf{A}_2-\mathbf{A}_2\mathbf{A}_1)\mathbf{v}\otimes\mathbf{v}$
$\mathbf{A},\mathbf{v}_1,\mathbf{v}_2$	$\mathbf{A}(\mathbf{v}_1\otimes\mathbf{v}_2-\mathbf{v}_2\otimes\mathbf{v}_1)+(\mathbf{v}_1\otimes\mathbf{v}_2-\mathbf{v}_2\otimes\mathbf{v}_1)\mathbf{A}$
$\mathbf{W},\mathbf{v}_1,\mathbf{v}_2$	$\mathbf{W}(\mathbf{v}_1\otimes\mathbf{v}_2-\mathbf{v}_2\otimes\mathbf{v}_1)+(\mathbf{v}_1\otimes\mathbf{v}_2-\mathbf{v}_2\otimes\mathbf{v}_1)\mathbf{W}$

习题

B1 矩阵 $\mathbf{A}$ 的特征矩阵定义为 $\lambda\mathbf{1}-\mathbf{A}$，特征方程定义为 $f(\lambda)=\det(\lambda\mathbf{1}-\mathbf{A})=0$。证明，$f(\lambda)$ 可表成如下的多项式：

$$f(\lambda)=\det(\lambda\mathbf{1}-\mathbf{A})=\lambda^n+\alpha_1\lambda^{n-1}+\cdots+\alpha_{n-1}\lambda+\alpha_n$$

这里

$$\alpha_1=-\mathrm{tr}\mathbf{A},$$

$$\alpha_2 = -\frac{1}{2}(\alpha_1 \mathrm{tr}\mathbf{A} + \mathrm{tr}\mathbf{A}^2),$$

$$\alpha_3 = -\frac{1}{3}(\alpha_2 \mathrm{tr}\mathbf{A} + \alpha_1 \mathrm{tr}\mathbf{A}^2 + \mathrm{tr}\mathbf{A}^3),$$

$$\cdots\cdots,$$

$$\alpha_n = \frac{1}{n}(\alpha_{n-1}\mathrm{tr}\mathbf{A} + \alpha_{n-2}\mathrm{tr}\mathbf{A}^2 + \cdots\cdots + \alpha_1 \mathrm{tr}\mathbf{A}^{n-1} + \mathrm{tr}\mathbf{A}^n)$$

$$= (-1)^n \det\mathbf{A}.$$

B2 试证 Cayley-Hamilton 定理

$$f(\mathbf{A}) = \mathbf{0}$$

式中的 $f(\lambda) = \det(\lambda\mathbf{1} - \mathbf{A})$ 是对称矩阵 $\mathbf{A}$ 的特征方程.

B3 试证 n 个矢量的各向同性标量值函数的函数基由这 n 个矢量中的每个矢量对的内积所组成。

提示：把 $f(\mathbf{Q}\boldsymbol{v}_a) = f(\boldsymbol{v}_a)$ 对 $\mathbf{Q}$ 微分，并注意到 $\mathbf{Q}$ 的正交性.

B4 两个矩阵 $\mathbf{A}$ 和 $\mathbf{B}$ 的整基可证明为

$$\mathrm{tr}\mathbf{A}, \mathrm{tr}\mathbf{A}^2, \mathrm{tr}\mathbf{A}^3, \mathrm{tr}\mathbf{B}, \mathrm{tr}\mathbf{B}^2, \mathrm{tr}\mathbf{B}^3, \mathrm{tr}\mathbf{AB},$$
$$\mathrm{tr}\mathbf{A}^2\mathbf{B}, \mathrm{tr}\mathbf{A}^2\mathbf{B}^2, \mathrm{tr}\mathbf{ABA}^2\mathbf{B}^2, \mathrm{tr}\mathbf{A}^2\mathbf{BAB}^2$$

这里所列出的不变量比由表 B.1 所求得的不变量多了两个，为什么?

B5 如果 $\mathbf{A}$ 和 $\mathbf{B}$ 是两个矩阵，确定下列情况下的整基:

(a) $\mathbf{A}$ 和 $\mathbf{B}$ 是对称的;

(b) $\mathbf{A}$ 是非对称的，$\mathbf{B}$ 是对称的;

(c) $\mathbf{A}$ 和 $\mathbf{B}$ 都是非对称的.

B6 确定下列情况的标量不变量:

(a) 两个矢量

(b) 一个矢量和一个对称张量

(c) 一个矢量和二个对称张量

B7 作出下列各量简化为 3×3 的对称的半各向同性矩阵多项式:

(a) 三个矢量;

(b) 一个矢量和两个对称的 3×3 的矩阵;

(c) 两个矢量和一个对称的 3×3 的矩阵;

(d) 三个对称的 3×3 的矩阵.

B8(短文) 研究文献，并写出关于确定 N 个矢量和 M 个 3×3 对称矩阵的标量不变量的论文.

B9(短文) 研究文献并给出关于N个矢量和M个3×3矩阵的矢量和张量多项式简化的文章.

B10(短文) 研究文献,并写出关于确定各向异性晶体的整基. 选取一个特殊的晶体点群,例如六角晶体.

附录 C 张 量 分 析

C1 引言

在这个附录中，我们给出在系统的推导曲线坐标中的连续统力学基本方程时所必要的张量分析的一个简短的论述. 尽管本书中所叙述的理论是以直角坐标为基础的，但是如果不用张量而要把场方程转换为曲线坐标仍然是件非常麻烦的工作. 这里所给出的论述只提供为完成这一工作所需要的最起码的知识. 对于场方程在曲线坐标中的表示不感兴趣的读者，除了应变的协调条件外[1)],可以不必学习这一附录.

附录A中关于矢量代数和矢量分析的准备为本附录提供了顺利的过渡条件.

张量是矢量概念的推广. 它为以系统的方式表述物理定律提供了一个有力的工具. 此外，它使得向曲线坐标转换成为一件简单的事情,因为理论可以提供这些定律的各种推广.

第 C2 节中介绍了曲线坐标，同时引入并举例说明了基矢量和度量张量. 第 C3 节中定义了张量，并简单地讨论了张量代数. 第 C 4 节论述了张量的物理分量. 在第 C 5 节中我们给出了张量分析的一个说明. 定义了协变微分,微分算子,梯度，散度和旋度的概念,并用例子作了说明. 在推导局部平衡定律中起重要作用的 Green-Gauss 积分定理和 Stokes 积分定理也在该节中介绍. 最后的第 C6 节给出了推导应变协调条件极为重要的 Riemann-Christoffel 张量.

关于张量分析有好几本专著(具有不同的难度). 对初学者，我们推荐 Michal [1947], Sokolnikoff [1951] 和 Thomas [1961]

1) 第 1.14 节中给出了不用张量分析推导协调条件的另一种方法. 对无限小应变，还有其它的方法，参阅 Sokolnikoff [1956, Art.10].

等著作． 对中等程度的读者，我们推荐 Eisenhart [1926] 以及 Synge 和 Schild [1949] 的著作．较高水平的读者可参看 Schouten [1951] 和 Yano [1957] 的著作．

C2 曲线坐标

设 z^1, z^2, z^3, 或 $z^k(k=1,2,3)$ 是一个几何点的直角坐标，x^1,x^2,x^3, 或 $x^j(j=1,2,3)$ 是三个变量．如在 z^k 与 x^j 之间可以建立一个对应关系，则我们就说在 z^k 与 x^j 之间存在一个坐标变换．这个变换可以用三个函数的形式来表示

(C2.1) $$z^k = z^k(x^1, x^2, x^3) \quad (k=1,2,3)$$

如果这个对应是一对一的,则 (C2.1) 存在唯一的逆,

(C2.2) $$x^k = x^k(z^1, z^2, z^3) \quad (k=1,2,3)$$

如果雅可比行列式

(C2.3) $$J = \det\left(\frac{\partial z^k}{\partial x^l}\right) = \begin{vmatrix} \frac{\partial z^1}{\partial x^1} & \frac{\partial z^1}{\partial x^2} & \frac{\partial z^1}{\partial x^3} \\ \frac{\partial z^2}{\partial x^1} & \frac{\partial z^2}{\partial x^2} & \frac{\partial z^2}{\partial x^3} \\ \frac{\partial z^3}{\partial x^1} & \frac{\partial z^3}{\partial x^2} & \frac{\partial z^3}{\partial x^3} \end{vmatrix} \neq 0$$

则可以证明,在 z^k 的某个邻域中,唯一的逆是存在的.

对于 z^1, z^2, z^3 的一组确定的值，变换 (C2.1) 给出了三个不相重合的曲面,称为**曲线坐标曲面**,它们彼此相交于一个具有确定值 x^1, x^2, x^3 的点 P. 因此这个点 P 可用 x^k 的值来标志，x^k 称为 P 的**曲线坐标**（图 C2.1). 曲面 (C2.1) 中的任意两个相交于过 P 的一条曲线,称为**曲线坐标线**.

例：圆柱坐标. 圆柱坐标 x^k 与直角坐标 z^i 之间的关系定义为

(C2.4) $$z^1 = x^1\cos x^2,\quad z^2 = x^1\sin x^2,\quad z^3 = x^3$$

在这个情况下的雅可比行列式 J 是

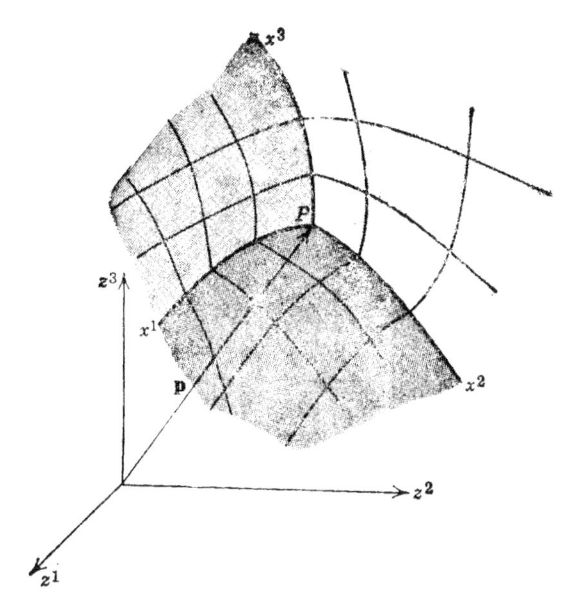

图 C2.1 曲线坐标

$$J=\begin{vmatrix}\cos x^2 & -x^1\sin x^2 & 0\\ \sin x^2 & x^1\cos x^2 & 0\\ 0 & 0 & 1\end{vmatrix}=x^1$$

所以除了在 $x^1=0$ 以外，(C2.4) 存在唯一的逆，这个逆是

(C2.5) $$x^1=\sqrt{(z^1)^2+(z^2)^2},\ x^2=\arctan(z^2/z^1),\ x^3=z^3$$

坐标曲面是以 x^3 轴为轴的圆柱面，通过 x^3 轴的铅垂平面和垂直于 x^3 轴的平面(图 C2.2)。

点 P 的矢径 $\mathbf{p}$ 具有直角坐标 z^k，亦即，

(C2.6) $$\mathbf{p}=z^k\mathbf{i}_k$$

$\mathbf{i}_k(k=1, 2, 3)$ 是单位直角基矢. 对角位置上重复的指标（一个上标，一个下标）表示在指标的值域 ($k=1, 2, 3$) 上求和. 在处理曲线张量时，这种约定比附录 A 中使用的更为简单. 然而在直角坐标中无需采用这种形式的求和约定，如果我们愿意的话，我们可以把上标都放到下标的位置上去.

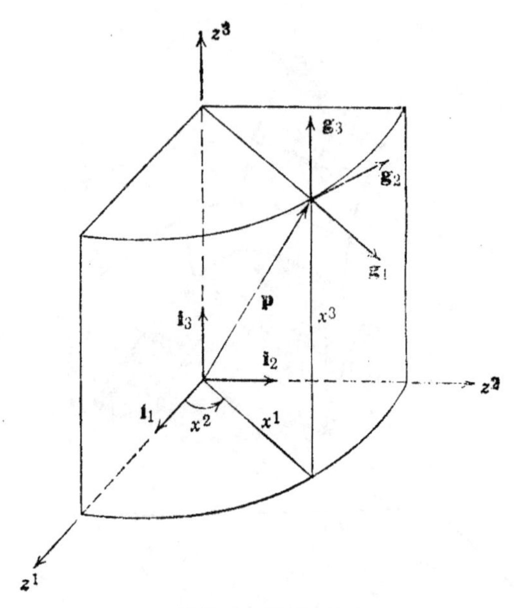

图 C2.2 圆柱坐标

基矢 $\mathbf{g}_k(x^1, x^2, x^3)$ 定义为

$$\mathbf{g}_k = \frac{\partial \mathbf{p}}{\partial x^k} = \frac{\partial z^m}{\partial x^k}\mathbf{i}_m \tag{C2.7}$$

在 (C2.7) 式的两边乘以 $\dfrac{\partial x^k}{\partial z^n}$，我们还可得出

$$\mathbf{i}_n = \frac{\partial x^k}{\partial z^n}\mathbf{g}_k \tag{C2.8}$$

和直角基矢 $\mathbf{i}_k$ 一样，曲线坐标基矢 $\mathbf{g}_k$ 也与曲线坐标线相切. 由 (C2.7) 和图 C2.2 可知，这是显然的. 对于圆柱坐标，由 (C2.4) 和 (C2.7) 我们得到

$$\begin{aligned} \mathbf{g}_1 &= (\cos x^2)\mathbf{i}_1 + (\sin x^2)\mathbf{i}_2 \\ \mathbf{g}_2 &= -(x' \sin x^2)\mathbf{i}_1 + (x^1 \cos x^2)\mathbf{i}_2 \\ \mathbf{g}_3 &= \mathbf{i}_3 \end{aligned} \tag{C2.9}$$

无限小矢量 $d\mathbf{p}$ 可以表为

(C2.10) $$d\mathbf{p}=\frac{\partial \mathbf{p}}{\partial x^k}dx^k=\mathbf{g}_k dx^k$$

我们可用(C2.10)来计算这样的矢量的长度和它们中任两个矢量之间的夹角。例如，$d\mathbf{p}$ 的弧长的平方 ds^2 可由下式求得

(C2.11) $$\begin{aligned} ds^2 &= d\mathbf{p}\cdot d\mathbf{p}=(\mathbf{g}_k dx^k)\cdot(\mathbf{g}_l dx^l) \\ &= g_{kl}(\mathbf{x})dx^k dx^l \end{aligned}$$

这里

(C2.12) $$g_{kl}\equiv \mathbf{g}_k\cdot\mathbf{g}_l=\frac{\partial z^m}{\partial x^k}\frac{\partial z^n}{\partial x^l}\delta_{mn}$$

称为**度量张量**．所以使用这一命名的原因是由于：当 g_{kl} 已知时可用它来计算任意一个矢量的长度和任意两个矢量之间的夹角．

一般情况下，曲线坐标可能是非正交的，亦即，

(C2.13) $$\mathbf{g}_k\cdot\mathbf{g}_l=g_{kl}\neq 0 \qquad 当\ k\neq l\ 时$$

我们指出，g_{kl} 为零（$k\neq l$ 时）是曲线坐标正交的充分必要条件．

互逆基矢 $\mathbf{g}^k(x)$ 可用下列九个方程的解来构造

(C2.14) $$\mathbf{g}^k\cdot\mathbf{g}_l=\delta^k_l$$

式中 δ^k_l 是 Kronecker 符号．可以证明，(C2.14) 的唯一的解是

(C2.15) $$\mathbf{g}^k=g^{kl}(\mathbf{x})\mathbf{g}_l$$

式中的 g^{kl} 是 g_{kl} 行列式中的缩减余因子，亦即

(C2.16) $$g^{kl}(\mathbf{x})=\frac{g_{kl}\text{ 的余因子}}{g},\quad g=\det g_{kl}$$

对 (C2.15) 式取 $\mathbf{g}^m$ 和 $\mathbf{g}_m$ 的标积，我们得出

(C2.17) $$g^{km}=\mathbf{g}^k\cdot\mathbf{g}^m,\quad \delta^k_m=g^{kl}g_{lm}$$

对于圆柱坐标，在 (C2.12) 和 (C2.16) 中使用(C2.9)式，我们得到

$$\|g_{kl}\|=\begin{bmatrix}1 & 0 & 0\\ 0 & (x')^2 & 0\\ 0 & 0 & 1\end{bmatrix}$$

(C2.18)

$$
\|g^{kl}\| = \begin{bmatrix} 1 & 0 & 0 \\ 0 & \dfrac{1}{(x^1)^2} & 0 \\ 0 & 0 & 1 \end{bmatrix}
$$

基矢 $\mathbf{g}_k$ 和 $\mathbf{g}^k$ 的大小分别为

(C2.19) $$|\mathbf{g}_k| = \sqrt{g_{\underline{kk}}}, \quad |\mathbf{g}^k| = \sqrt{g_{kk}}$$

式中的指标下的短横表示不求和，这个约定适用于全书。

我们指出，在圆柱坐标中 $g_{12} = g_{23} = g_{31} = 0$。所以这些坐标是正交的。但我们有 $g_{11} = 1/g^{11} = 1$，$g_{22} = 1/g^{22} = (x^1)^2$，$g_{33} = 1/g^{33} = 1$，所以矢量 $\mathbf{g}_1$ 和 $\mathbf{g}^1$，$\mathbf{g}_3$ 和 $\mathbf{g}^3$ 的大小都是 1。但是 $\mathbf{g}_2$ 的大小是 x^1，而 $\mathbf{g}^2$ 的大小是 $1/x^1$。

可以利用基矢量 $\mathbf{g}_k$ 和 $\mathbf{g}^k$ 把任一矢量 $\mathbf{v}$ 用它的平行投影来表示。于是我们可写成

(C2.20) $$\mathbf{v} = v^k\mathbf{g}_k = v_k\mathbf{g}^k$$

在一般情况下，同一矢量 $\mathbf{v}$ 的分量 v^k 和 v_k 并不相同，因为 $\mathbf{g}_k$ 和 $\mathbf{g}^k$ 不一定是单位大小的，也并不一定正交。当 $\mathbf{g}_k$ 是直角基矢量时，$\mathbf{g}^k$ 也是，所以 v^k 和 v_k 之间就没有差别了。但在曲线坐标中，它们是不同的，实际上，由 (C2.20) 对 $\mathbf{g}^l$ 和 $\mathbf{g}_l$ 作标积，我们求得

(C2.21) $$v^k = g^{kl}v_l, \quad v_k = g_{kl}v^l$$

从而我们得出，在度量张量 g_{kl} 已知时，只要知道 v_k 或 v^k 中的任意一个就可用(C2.21)来确定另外一个。这个过程就是通常所说的**升标**和**降标**。

C3 矢量和张量

定义 1 函数 $\phi(x^1, x^2, x^3)$ 称为绝对标量，只要在坐标变换下它不改变其原有的值，亦即，

(C3.1) $$\phi(x^1(\mathbf{x}'), x^2(\mathbf{x}'), x^3(x')) \equiv \phi'(x'^1, x'^2, x'^3) = \phi(x^1, x^2, x^3)$$

在物体点上的温度是绝对标量。

定义 2 量 $A^k(\mathbf{x})$ 和 $A_k(\mathbf{x})$ 分别称为矢量的逆变分量和协变分量（或简单地称为逆变矢量和协变矢量），如果在坐标变换下，它们分别按下列规律变换：

$$A'^k(\mathbf{x}') = A^m(\mathbf{x})\frac{\partial x'^k}{\partial x^m} \quad (逆变) \tag{C3.2}$$

$$A'_k(\mathbf{x}') = A_m(\mathbf{x})\frac{\partial x^m}{\partial x'^k} \quad (协变) \tag{C3.3}$$

例如，微分矢量 dx^k 是逆变矢量，因为根据链式法则，

$$dx'^k = \frac{\partial x'^k}{\partial x^m}dx^m$$

在 $A^m \equiv dx^m$ 时，上式与（C 3.2）相同．类似地，标量的偏导数 $\frac{\partial \phi}{\partial x^k}$ 是个协变矢量，因为

$$\frac{\partial \phi}{\partial x'^k} = \frac{\partial \phi}{\partial x^m}\frac{\partial x^m}{\partial x'^k}$$

它与（C3.3）相同．

定义 3 量 $A^{kl}(\mathbf{x}), A_{kl}(\mathbf{x})$ 和 $A^k_l(\mathbf{x})$ 分别称为二阶张量的逆变分量，协变分量和混合分量，只要在坐标变换下，它们的变换规律分别为

$$A'^{kl}(\mathbf{x}') = A^{mn}(\mathbf{x})\frac{\partial x'^k}{\partial x^m}\frac{\partial x'^l}{\partial x^n} \quad (逆变) \tag{C3.4}$$

$$A'_{kl}(\mathbf{x}') = A_{mn}(\mathbf{x})\frac{\partial x^m}{\partial x'^k}\frac{\partial x^n}{\partial x'^l} \quad (协变) \tag{C3.5}$$

$$A'^k_l(\mathbf{x}') = A^m_n(\mathbf{x})\frac{\partial x'^k}{\partial x^m}\frac{\partial x^n}{\partial x'^l} \quad (混合) \tag{C3.6}$$

这些张量的例子是 g^{kl}，g_{kl} 和 δ^k_l．

可以类似地定义高阶张量．这样定义的标量，矢量和张量都称为绝对的．现在我们来定义更为一般的相对张量．具有权 N 的相对标量，相对矢量和相对张量用类似于上述形式来定义，只要在这些表达式的右边乘以 $\det\left(\frac{\partial x^r}{\partial x'^s}\right)$ 的 N 次幂的因子即可，例如，

$$\phi'(\mathbf{x}') = \left|\frac{\partial x^r}{\partial x'^s}\right|^N \phi(\mathbf{x}) \qquad \text{（相对标量）}$$

$$A'_k(\mathbf{x}') = \left|\frac{\partial x^r}{\partial x'^s}\right|^N A_m(\mathbf{x})\frac{\partial x^m}{\partial x'^k} \qquad \text{（相对协变矢量）} \tag{C3.7}$$

$$A'^k_l(\mathbf{x}) = \left|\frac{\partial x^r}{\partial x'^s}\right|^N A^m_n(\mathbf{x})\frac{\partial x'^k}{\partial x^m}\frac{\partial x^n}{\partial x'^l} \qquad \text{（相对混合张量）}$$

加法 两个同阶并同型的张量可以相加或相减，得到另一个同阶并同型的张量，例如，

$$C^k_{l\,m} = A^k_{l\,m} + B^k_{l\,m}$$

乘法 两个张量的外积由它们的分量的简单相乘而得，例如，

$$C^k_{lm} = A_{lm}B^k$$

我们指出，外积的阶是两个相乘张量的阶的和。在上例中，A_{lm} 和 B^k 分别是二阶和一阶的。所以 C^k_{lm} 是三阶的。

缩并 在一个张量中，使一个上标与一个下标相等，我们得到一个和。这个运算称为**缩并**；例如，

$$C_{ml}^{\;\;m}$$

由缩并所产生的张量比原来的张量低两阶。

下面的两个定理在张量的判别中是很有用的。

定理 1 如果 A_k 是个任意的协变矢量，且 A_kX^k 是个不变量，亦即，

$$A_kX^k = A'_kX'^k$$

则 X^k 是个逆变矢量。

定理 2 如果 A^k 是个任意的逆变矢量，且 $B_k = X_{kl}A^l$ 是个协变矢量，则 X_{kl} 是个二阶的协变张量。

这个定理的一个推论是：如果 A^k 和 B^l 是两个任意的逆变矢量，且 $X_{kl}A^kB^l$ 是不变量，则 X_{kl} 是个二阶的协变张量。如果 $X_{kl}A^kA^l$ 是不变量，则 $X_{kl}+X_{lk}$ 是个二阶的协变张量。例如，根据 (C2.11)，我们有

$$ds^2 = g_{kl}dx^kdx^l$$

这里左边是个不变量，而 dx^k 是逆变矢量。于是 $g_{kl}+g_{lk}$（或因

为 $g_{kl}=g_{lk}$)，即 g_{kl} 是个二阶的协变张量. 我们知道，这个张量的变换为

(C3.8) $$g'_{kl}(\mathbf{x}')=g_{mn}(\mathbf{x})\frac{\partial x^m}{\partial x'^k}\frac{\partial x^n}{\partial x'^l}$$

升标和降标 利用 g^{kl} 和 g_{kl}，我们可以升起和降下张量的指标以求得其**伴随张量**，例如，

(C3.9) $$A^{k}_{\cdot l}=g^{km}A_{ml}$$
$$A_{l\cdot}^{k}=g^{km}A_{lm}$$

式中的点代替被移动了的指标的位置. 这只要我们能够区别指标的水平位置这个点在书写中就常被略去. 因此 $A^{k}_{\cdot l}=A^{k}_{l}$ 就不一定与 $A_{l\cdot}^{k}=A_{l}^{k}$ 相同. 重复升标过程，可把 A_{mn} 的两个指标都升起来

(C3.10) $$A^{kl}=g^{km}g^{ln}A_{mn}=g^{km}A^{l}_{m}=g^{ln}A^{k}_{n}$$

当 A_{kl} 对称时，亦即 $A_{kl}=A_{lk}$，则 A^{kl} 亦对称. 在这个情况下，$A^{k}_{l}=A_{l}^{k}$，指标的相对的水平位置就无关紧要了.

指标的降落可用 g_{kl} 以类似的过程来实现，例如，

(C3.11) $$A^{k}_{l}=g_{lm}A^{km},\quad A_{l}^{k}=g_{lm}A^{mk}$$
$$A_{kl}=g_{lm}A^{m}_{k}=g_{km}A^{m}_{l}=g_{km}g_{ln}A^{mn}$$

从而我们看到，当我们先升起张量的指标可得到一个伴随张量. 再对这个张量实行降标，就回到原先的张量

C4 物理分量

参考于基矢 $\mathbf{g}_k$(和 $\mathbf{g}^k$)，矢量 $\mathbf{u}$ 可用它的逆变（协变）分量表示为

(C4.1) $$\mathbf{u}=u^k\mathbf{g}_k,\quad \mathbf{u}=u_k\mathbf{g}^k$$

因为在一般情况下，$\mathbf{g}_k$ 和 $\mathbf{g}^k$ 并不都是单位大小的，所以 u^k 和 u_k 也就不会都有相同的物理量纲. 例如，当 $\mathbf{u}$ 是位移矢量时，则它的量纲为 L. 对于圆柱坐标，有

$$|\mathbf{g}_1|=\sqrt{g_{11}}=1,\ |\mathbf{g}_2|=\sqrt{g_{22}}=x^1,\ |\mathbf{g}_3|=\sqrt{g_{33}}=1$$

于是分量 u^1 和 u^3 的量纲都是 L，但 u^2 的量纲却是 $L/L=1$.

因此有必要寻求矢量和张量的物理分量．取矢量在切于坐标曲线的单位矢量上的平行投影就可以得到物理分量． 我们定义矢量 u^k 的物理分量 $u^{(k)}$ 为

(C4.2) $$\mathbf{u} \equiv u^{(k)}\mathbf{e}_k$$

$\mathbf{e}_k$ 是单位矢量，它定义为

(C4.3) $$\mathbf{e}_k \equiv \mathbf{g}_k/\sqrt{g_{\underline{k}\underline{k}}}$$

由 $(\text{C4.1})_1$ 和 (C4.3)，我们得出

(C4.4) $$\mathbf{u} = u^k\mathbf{g}_k = u^{(k)}\mathbf{e}_k$$

比较分量，有

(C4.5) $$u^{(k)} = u^k\sqrt{g_{\underline{k}\underline{k}}}, \quad u^k = \frac{u^{(k)}}{\sqrt{g_{\underline{k}\underline{k}}}}$$

如果我们想用物理分量来表示 u_k，我们只要对 u^k 作降标就可以得到

$$u_k = g_{kl}u^l = \sum_l g_{kl}\frac{u^{(l)}}{\sqrt{g_{ll}}}$$

这里我们重新使用了求和记号，这是因为指标 l 重复两次以上，因而会混淆求和约定含义的缘故．

同样可以用矢量在 $\mathbf{g}^k$ 的单位矢量上的平行投影来定义矢量的物理分量．为了和惯例一致，我们总是取位于 $\mathbf{g}_k$ 上的单位矢量 $\mathbf{e}_k$.

二阶和更高阶张量的物理分量可用它们与矢量和标量的关系来得到．在非正交坐标中，会产生几种不同型式的物理分量． 在这里我们只考虑在正交坐标中的二阶对称张量的情况．假设二阶混合张量 t_l^k 与逆变矢量 t^k 的关系为

$$t^k = t_l^k n^l$$

式中 n^l 也是逆变矢量．我们用 $(\text{C4.5})_2$ 形式的表达式给出的物理分量来代替 t^k 和 n^l，即

$$\frac{t^{(k)}}{\sqrt{g_{\underline{k}\underline{k}}}} = \sum_l t_l^k \frac{n^{(l)}}{\sqrt{g_{ll}}}$$

或

$$t^{(k)} = \sum_{l} t_l^k \frac{\sqrt{g_{\underline{k}\underline{k}}}}{\sqrt{g_{ll}}} n^{(l)}$$

于是 t_l^k 的物理分量 $t_{\langle l \rangle}^{\langle k \rangle}$ 可以定义为

(C4.6) $$t_{\langle l \rangle}^{\langle k \rangle} = t_l^k \frac{\sqrt{g_{kk}}}{\sqrt{g_{ll}}}$$

如果坐标是正交的

$$g_{\underline{k}\underline{k}} = 1/g_{\underline{k}\underline{k}}; \quad g_{kl} = 0, \quad k \neq l$$

而且 t_{kl} 是对称的，则我们可以容易证明

(C4.7) $$t_{\langle l \rangle}^{\langle k \rangle} = \frac{t_{kl}}{\sqrt{g_{\underline{k}\underline{k}} g_{ll}}} = t^{kl}\sqrt{g_{\underline{k}\underline{k}} g_{ll}} = t_l^k \frac{\sqrt{g_{kk}}}{\sqrt{g_{ll}}}$$

对于非正交坐标，和/或非对称张量的情况，请参阅 Eringen[1962. p. 438] 中所给出的讨论.

C5 张量微积分

因为直角基矢量是常矢量，所以在直角坐标中矢量 $\mathbf{u}$ 的偏导数可由下式求得:

$$\frac{\partial \mathbf{u}}{\partial z^l} = \frac{\partial (u^k \mathbf{i}_k)}{\partial z^l} = \frac{\partial u^k}{\partial z^l} \mathbf{i}_k$$

但是同样的偏导数在曲线坐标中为

$$\frac{\partial \mathbf{u}}{\partial x^l} = \frac{\partial (u^k \mathbf{g}_k)}{\partial x^l} = \frac{\partial u^k}{\partial x^l} \mathbf{g}_k + u^k \frac{\partial \mathbf{g}_k}{\partial x^l}$$

为此需要计算 $\mathbf{g}_k$ 的偏导数. 由 (C2.7)，我们可以算得

$$\frac{\partial \mathbf{g}_k}{\partial x^l} = \frac{\partial}{\partial x^l}\left(\frac{\partial z^n}{\partial x^k} \mathbf{i}_n\right) = \frac{\partial^2 z^n}{\partial x^l \partial x^k} \mathbf{i}_n$$

用 (C2.8) 代替 $\mathbf{i}_n$，我们得到

(C5.1) $$\frac{\partial \mathbf{g}_k}{\partial x^l} = \left\{ \begin{matrix} m \\ k \quad l \end{matrix} \right\} \mathbf{g}_m$$

式中

(C5.2) $$\left\{\begin{matrix} m \\ k\ l \end{matrix}\right\} = \frac{\partial^2 z^n}{\partial x^k \partial x^l} \cdot \frac{\partial x^m}{\partial z^n}$$

称为**第二类 Christoffel 符号**. **第一类 Christoffel 符号**也经常用到. 它们定义为

(C5.3) $$[kl, m] \equiv g_{mn}\left\{\begin{matrix} n \\ kl \end{matrix}\right\} \text{或} \left\{\begin{matrix} m \\ kl \end{matrix}\right\} \equiv g^{mn}[kl, n]$$

利用(C2.12),我们可以证明

(C5.4) $$[kl, m] = \frac{1}{2}\left(\frac{\partial g_{km}}{\partial x^l} + \frac{\partial g_{lm}}{\partial x^k} - \frac{\partial g_{kl}}{\partial x^m}\right)$$

两类 Christoffel 符号对两个指标来说是对称的

(C5.5) $$\left\{\begin{matrix} m \\ k\,l \end{matrix}\right\} = \left\{\begin{matrix} m \\ l\,k \end{matrix}\right\},\ [kl, m] = [lk, m]$$

Christoffel 符号**不是**张量.

利用(C2.15),我们还可得到

(C5.6) $$\frac{\partial \mathbf{g}^m}{\partial x^l} = -\left\{\begin{matrix} m \\ l\,k \end{matrix}\right\}\mathbf{g}^k$$

现在我们用(C5.1)就可以求得矢量偏导数的表达式。

$$\frac{\partial \mathbf{u}}{\partial x^k} = \frac{\partial}{\partial x^k}(u^m \mathbf{g}_m) = \frac{\partial u^m}{\partial x^k}\mathbf{g}_m + u^m \frac{\partial \mathbf{g}_m}{\partial x^k}$$

$$= \left(\frac{\partial u^m}{\partial x^k} + \left\{\begin{matrix} m \\ k\,l \end{matrix}\right\} u^l\right)\mathbf{g}_m$$

为了简单,我们可以写成

(C5.7) $$\frac{\partial \mathbf{u}}{\partial x^k} = u^m_{;k}\mathbf{g}_m$$

于是,我们定义矢量的**协变导数**为

(C5.8) $$u^m_{;k} \equiv \frac{\partial u^m}{\partial x^k} + \left\{\begin{matrix} m \\ k\,l \end{matrix}\right\} u^l$$

类似地,对 $\mathbf{u} = u_m \mathbf{g}^m$ 求导,并利用(C5.6),我们得到协变矢量的协变导数

(C5.9)
$$u_{m,k}=\frac{\partial u_m}{\partial x^k}-\begin{Bmatrix} l \\ m\,k \end{Bmatrix}u_l$$

所以

(C5.10)
$$\frac{\partial \mathbf{u}}{\partial x^k}=u_{m,k}\mathbf{g}^m$$

在直角坐标中，Christoffel 符号为零，于是协变导数退化为通常的偏导数.

逆变矢量的协变导数是个二阶混合张量，协变矢量的协变导数是个二阶协变张量.

在圆柱坐标中的 Christoffel 符号和逆变矢量 u^k 的协变导数由 (C2.18),(C5.3) 和 (C5.8) 算得:

(C5.11)
$$[12,2]=[21,2]=x^1,\ [22,1]=-x^1$$
所有其它的 $[kl,m]=0$
$$\begin{Bmatrix} 2 \\ 12 \end{Bmatrix}=\begin{Bmatrix} 2 \\ 21 \end{Bmatrix}=\frac{1}{x^1}\qquad \begin{Bmatrix} 1 \\ 22 \end{Bmatrix}=x^1$$
所有其它的 $\begin{Bmatrix} m \\ k\,l \end{Bmatrix}=0$

(C5.12)
$$u^1_{,1}=\frac{\partial u^1}{\partial x^1},\quad u^1_{,2}=\frac{\partial u^1}{\partial x^2}-x^1u^2,\quad u^1_{,3}=\frac{\partial u^1}{\partial x^3}$$
$$u^2_{,1}=\frac{\partial u^2}{\partial x^1}+\frac{1}{x^1}u^2,\ u^2_{,2}=\frac{\partial u^2}{\partial x^2}+\frac{1}{x^1}u^1,\ u^2_{,3}=\frac{\partial u^2}{\partial x^3}$$
$$u^3_{,k}=\frac{\partial u^3}{\partial x^k}\qquad (k=1,2,3)$$

高阶张量的协变偏导数可用类似的形式定义，例如，

(C5.13)
$$A^{kl}_{;m}=\frac{\partial A^{kl}}{\partial x^m}+\begin{Bmatrix} k \\ mn \end{Bmatrix}A^{nl}+\begin{Bmatrix} l \\ mn \end{Bmatrix}A^{kn}$$
$$A^k_{l;m}=\frac{\partial A^k_l}{\partial x^m}-\begin{Bmatrix} n \\ lm \end{Bmatrix}A^k_n+\begin{Bmatrix} k \\ mn \end{Bmatrix}A^n_l$$
$$A_{kl;m}=\frac{\partial A_{kl}}{\partial x^m}-\begin{Bmatrix} n \\ km \end{Bmatrix}A_{nl}-\begin{Bmatrix} n \\ lm \end{Bmatrix}A_{kn}$$

这些协变偏导数都是三阶张量.

权为N的相对标量 ϕ,相对矢量 u^k 和相对张量 A_l^k 的协变偏导数还包含一个附加项,例如,

$$\phi_{;k}=\frac{\partial\phi}{\partial x^k}-N\begin{Bmatrix} r \\ k\quad r\end{Bmatrix}\phi \qquad (\text{相对标量})$$

(C5.14) $$u^m_{;k}=\frac{\partial u^m}{\partial x^k}+\begin{Bmatrix} m \\ kl\end{Bmatrix}u^l-N\begin{Bmatrix} r \\ kr\end{Bmatrix}u^m \quad (\text{相对矢量})$$

$$A^k_{l;m}=\frac{\partial A_l^k}{\partial x^m}-\begin{Bmatrix} n \\ lm\end{Bmatrix}A^k_n+\begin{Bmatrix} k \\ mn\end{Bmatrix}A^n_l-N\begin{Bmatrix} r \\ mr\end{Bmatrix}A^k_l$$

(相对混合张量)

对 g^{kl} 和 δ_l^k 求协变偏导数,我们得到

(C5.15) $$g_{kl;m}=g^{kl}_{;m}=\delta^k_{l;m}=0$$

这就是 **Ricci 定理. 所以,在 求协变导数时,** g_{kl}, g^{kl} 和 δ_l^k 不变,亦即,

(C5.16)
$$A^k_{;l}=(g^{km}A_m)_{;l}=g^{km}A_{m;l}$$
$$A_{k;l}=(g_{km}A^m)_{;l}=g_{km}A^m_{;l}$$

我们可很容易得出

$$(A^kB_{lm})_{;r}=A^k_{;r}B_{lm}+A^kB_{lm;r}$$

通过求导可以证明一个很有用的结论,即

(C5.17) $$\frac{\partial}{\partial x^k}(\log\sqrt{g})=\begin{Bmatrix} m \\ mk\end{Bmatrix};\ g=\det g_{kl}$$

这个结论也可以根据 $(\sqrt{g})_{;k}=0$ 的 Ricci 定理,利用(C5.14)并注意到$\sqrt{g}$是权为1的相对标量来得出.

绝对标量ϕ的微分算子**梯度**,绝对矢量 $\mathbf{A}$ 的微分算子**散度**和**旋度**定义为

(C5.18)
$$\operatorname{grad}\phi=\frac{\partial\phi}{\partial x^k}\mathbf{g}^k$$
$$\operatorname{div}\mathbf{A}=A^k_{;k}$$
$$\operatorname{curl}\mathbf{A}=\varepsilon^{klm}A_{m;l}\mathbf{g}_k$$

这里

(C5.19) $$\varepsilon^{klm}=\frac{e^{klm}}{\sqrt{g}}$$

是个绝对的三阶张量,它称为ε 符号,而 e^{klm} 是通常的置换符号.以后要用到协变的ε 符号

(C5.20) $$\varepsilon_{klm}=e_{klm}\sqrt{g}$$

有时,使用定义为

(C5.21) $$\nabla=\mathbf{g}^k\frac{\partial}{\partial x^k}$$

的算子 ∇ 是很方便的. 利用它我们可以证明

$$\text{grad}\phi=\nabla\phi=\mathbf{g}^k\frac{\partial\phi}{\partial x^k}$$

$$\text{div}\mathbf{A}=\nabla\cdot\mathbf{A}=\mathbf{g}^k\cdot\frac{\partial}{\partial x^k}(A^l\mathbf{g}_l)=\mathbf{g}^k\cdot\mathbf{g}_lA^l_{;k}$$

$$=A^k_{;k}=\frac{1}{\sqrt{g}}\frac{\partial}{\partial x^k}(\sqrt{g}A^k)$$

$$\text{curl}\mathbf{A}=\nabla\times\mathbf{A}=\mathbf{g}^k\frac{\partial}{\partial x^k}\times(A_l\mathbf{g}^l)=\mathbf{g}^k\times\mathbf{g}^lA_{l;k}$$

$$=\varepsilon^{klm}A_{m;l}\mathbf{g}_k$$

div**A** 的最后一个等式可求得如下:

$$A^k_{;k}=\frac{\partial A^k}{\partial x^k}+\left\{\begin{matrix}k\\k\ m\end{matrix}\right\}A^m=\frac{\partial A^k}{\partial x^k}+A^k\frac{\partial}{\partial x^k}(\log\sqrt{g})$$

$$=\frac{1}{\sqrt{g}}\frac{\partial}{\partial x^k}(\sqrt{g}A^k)$$

这里我们已使用了 (C5.17). 在曲线坐标中的 Laplace 算子 ∇^2 为

(C5.23) $$\nabla^2\phi=\text{divgrad}\phi=\left(g^{kl}\frac{\partial\phi}{\partial x^l}\right)_{;k}=g^{kl}\left(\frac{\partial\phi}{\partial x^l}\right)_{;k}$$

$$=\frac{1}{\sqrt{g}}\frac{\partial}{\partial x^k}\left(\sqrt{g}\,g^{kl}\frac{\partial\phi}{\partial x^l}\right)$$

在正交曲线坐标中，这些算子的表达式是：

$$ds^2 = g_{11}(dx^1)^2 + g_{22}(dx^2)^2 + g_{33}(dx^3)^2$$

$$g_{\underline{k}\underline{k}} = \frac{1}{g_{\underline{k}\underline{k}}} \quad \mathbf{g}^k = g_{\underline{k}\underline{k}}\mathbf{g}_k, \quad g = g_{11}g_{22}g_{33}$$

(C5.24) $$\left\{\begin{matrix} l \\ kk \end{matrix}\right\} = -\frac{1}{2g_{ll}}\frac{\partial g_{kk}}{\partial x^l}, \quad \left\{\begin{matrix} \underline{k} \\ \underline{k}l \end{matrix}\right\} = \frac{\partial}{\partial x^l}(\log\sqrt{g_{\underline{k}\underline{k}}})$$

$$\left\{\begin{matrix} \underline{k} \\ \underline{k}\underline{k} \end{matrix}\right\} = \frac{\partial}{\partial x^k}(\log\sqrt{g_{\underline{k}\underline{k}}}), \quad \left\{\begin{matrix} k \\ lm \end{matrix}\right\} = 0 \ (k \neq l \neq m)$$

$$\text{grad}\phi = \frac{1}{\sqrt{g_{11}}}\frac{\partial\phi}{\partial x^1}\mathbf{e}_1 + \frac{1}{\sqrt{g_{22}}}\frac{\partial\phi}{\partial x^2}\mathbf{e}_2 + \frac{1}{\sqrt{g_{33}}}\frac{\partial\phi}{\partial x^3}\mathbf{e}_3$$

$$\text{div}A = (g_{11}g_{22}g_{33})^{-1/2}\Big[\frac{\partial}{\partial x^1}(\sqrt{g_{22}g_{33}}A^{(1)}) + \frac{\partial}{\partial x^2}(\sqrt{g_{33}g_{11}}A^{(2)}) + \frac{\partial}{\partial x^3}(\sqrt{g_{11}g_{22}}A^{(3)})\Big]$$

(C5.25) $$\text{curl}\mathbf{A} = (g_{22}g_{33})^{-1/2}\Big[\frac{\partial}{\partial x^2}(\sqrt{g_{33}}A^{(3)}) - \frac{\partial}{\partial x^3}(\sqrt{g_{22}}A^{(2)})\Big]\mathbf{e}_1 + (g_{33}g_{11})^{-1/2}\Big[\frac{\partial}{\partial x^3}(\sqrt{g_{11}}A^{(1)}) - \frac{\partial}{\partial x^1}(\sqrt{g_{33}}A^{(3)})\Big]\mathbf{e}_2 + (g_{11}g_{22})^{-1/2}\Big[\frac{\partial}{\partial x^1}(\sqrt{g_{22}}A^{(2)}) - \frac{\partial}{\partial x^2}(\sqrt{g_{11}}A^{(1)})\Big]\mathbf{e}_3$$

$$\nabla^2\phi = (g_{11}g_{22}g_{33})^{-1/2}\Big[\frac{\partial}{\partial x^1}\Big(\frac{\sqrt{g_{22}g_{33}}}{\sqrt{g_{11}}}\frac{\partial\phi}{\partial x^1}\Big) + \frac{\partial}{\partial x^2}\Big(\frac{\sqrt{g_{33}g_{11}}}{\sqrt{g_{22}}}\frac{\partial\phi}{\partial x^2}\Big) + \frac{\partial}{\partial x^3}\Big(\frac{\sqrt{g_{11}g_{22}}}{\sqrt{g_{33}}}\frac{\partial\phi}{\partial x^3}\Big)\Big]$$

圆柱坐标 (r, θ, z) 用直角坐标 z^k 定义为[我们用 $x^1 = r$, $x^2 = \theta, x^3 = z, A^{(1)} = A_r, A^{(2)} = A_\theta, A^{(3)} = A_z$]

$$z^1 = r\cos\theta, \quad z^2 = r\sin\theta, \quad z^3 = z$$

$$ds^2 = dr^2 + r^2d\theta^2 + dz^2$$

$$g_{11} = g^{11} = g_{33} = g^{33} = 1, \quad g_{22} = \frac{1}{g^{22}} = r^2$$

$$\left\{\begin{matrix}2\\12\end{matrix}\right\}=\left\{\begin{matrix}2\\21\end{matrix}\right\}=\frac{1}{r},\quad \left\{\begin{matrix}1\\22\end{matrix}\right\}=-r \text{所有其它的} \left\{\begin{matrix}k\\lm\end{matrix}\right\}=0$$

(C5.26) $$\mathrm{grad}\phi=\frac{\partial\phi}{\partial r}\mathbf{e}_r+\frac{1}{r}\frac{\partial\phi}{\partial\theta}\mathbf{e}_\theta+\frac{\partial\phi}{\partial z}\mathbf{e}_z$$

$$\mathrm{div}\mathbf{A}=\frac{1}{r}\frac{\partial}{\partial r}(rA_r)+\frac{1}{r}\frac{\partial A_\theta}{\partial\theta}+\frac{\partial A_z}{\partial z}$$

$$\mathrm{curl}\mathbf{A}=\left(\frac{1}{r}\frac{\partial A_z}{\partial\theta}-\frac{\partial A_\theta}{\partial z}\right)\mathbf{e}_r+\left(\frac{\partial A_r}{\partial z}-\frac{\partial A_z}{\partial r}\right)\mathbf{e}_\theta$$

$$+\left[\frac{1}{r}\frac{\partial}{\partial r}(rA_\theta)-\frac{1}{r}\frac{\partial A_r}{\partial\theta}\right]\mathbf{e}_z$$

$$\nabla^2\phi=\frac{\partial^2\phi}{\partial r^2}+\frac{1}{r}\frac{\partial\phi}{\partial r}+\frac{1}{r^2}\frac{\partial^2\phi}{\partial\theta^2}+\frac{\partial^2\phi}{\partial z^2}$$

球坐标（r，θ，φ）定义为：（图 C5.1）

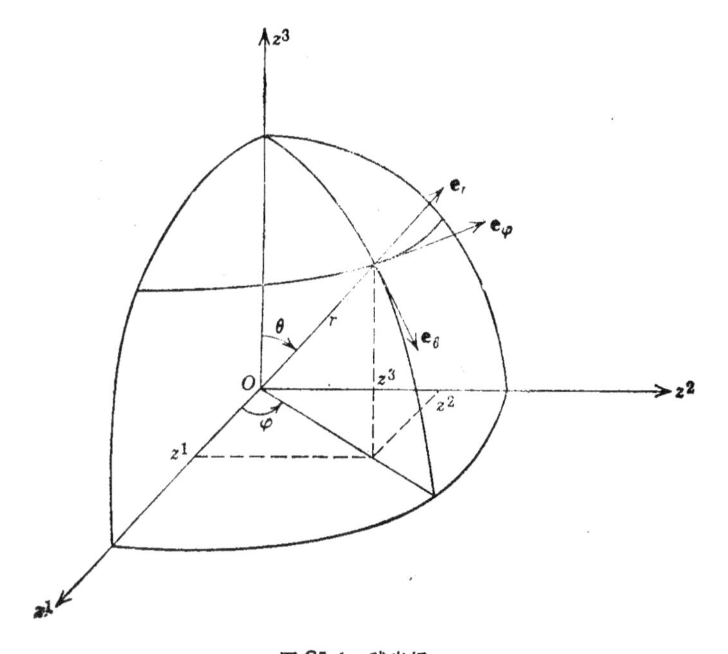

图 C5.1 球坐标

$$z^1 = r\sin\theta\cos\varphi,\quad z^2 = r\sin\theta\sin\varphi,\quad z^3 = r\cos\theta$$

$$g_{11} = g^{11} = 1,\quad g_{22} = \frac{1}{g^{22}} = r^2,\quad g_{33} = \frac{1}{g^{33}} = r^2\sin^2\theta$$

$$g_{kl} = 0(k \neq l)$$

$$\left\{\begin{matrix}1\\22\end{matrix}\right\} = -r,\ \left\{\begin{matrix}1\\33\end{matrix}\right\} = -r\sin^2\theta,\ \left\{\begin{matrix}2\\12\end{matrix}\right\} = \frac{1}{r}$$

$$\left\{\begin{matrix}2\\33\end{matrix}\right\} = -\sin\theta\cos\theta,\ \left\{\begin{matrix}3\\13\end{matrix}\right\} = \frac{1}{r}$$

$$\left\{\begin{matrix}3\\23\end{matrix}\right\} = \cot\theta,\ \text{其它所有的}\left\{\begin{matrix}k\\lm\end{matrix}\right\} = 0$$

(C5.27)
$$\mathrm{grad}\phi = \frac{\partial\phi}{\partial r}\mathbf{e}_r + \frac{1}{r}\frac{\partial\phi}{\partial\theta}\mathbf{e}_\theta + \frac{1}{r\sin\theta}\frac{\partial\phi}{\partial\varphi}\mathbf{e}_\varphi$$

$$\mathrm{div}\mathbf{A} = \frac{1}{r^2}\frac{\partial}{\partial r}(r^2A_r) + \frac{1}{r\sin\theta}\frac{\partial}{\partial\theta}(A_\theta\sin\theta) + \frac{1}{r\sin\theta}\frac{\partial A_\varphi}{\partial\varphi}$$

$$\mathrm{curl}\mathbf{A} = \frac{1}{r\sin\theta}\left[\frac{\partial}{\partial\theta}(A_\varphi\sin\theta) - \frac{\partial A_\theta}{\partial\varphi}\right]\mathbf{e}_r + \left[\frac{1}{r\sin\theta}\frac{\partial A_r}{\partial\varphi} - \frac{1}{r}\frac{\partial}{\partial r}(rA_\varphi)\right]\mathbf{e}_\theta + \frac{1}{r}\left[\frac{\partial}{\partial r}(rA_\theta) - \frac{\partial A_r}{\partial\theta}\right]\mathbf{e}_\varphi$$

$$\nabla^2\phi = \frac{1}{r^2}\frac{\partial}{\partial r}\left(r^2\frac{\partial\phi}{\partial r}\right) + \frac{1}{r^2\sin\theta}\frac{\partial}{\partial\theta}\left(\sin\theta\frac{\partial\phi}{\partial\theta}\right) + \frac{1}{r^2\sin^2\theta}\frac{\partial^2\phi}{\partial\varphi^2}$$

矢量分析的 **Green-Gauss 定理**和 **Stokes 定理**可表示为:

(C5.28)
$$\int_{\mathscr{V}-\sigma}\mathrm{div}\mathbf{u}\,dv + \int_\sigma[\mathbf{u}]\cdot\mathbf{n}da = \oint_{\mathscr{S}-\sigma}\mathbf{u}\cdot\mathbf{n}da\text{(Green-Gauss)}$$

$$(C5.29)\qquad \int_{\mathscr{S}-\gamma} \operatorname{curl}\mathbf{A}\cdot\mathbf{n}da+\int_{\gamma}[\mathbf{A}]\cdot\mathbf{h}ds=\oint_{\mathscr{C}-\gamma}\mathbf{A}\cdot d\mathbf{p}$$

(Stokes)

(C5.28) 中的 **n** 是体积 $\mathscr{V}$ 的封闭界面 $\mathscr{S}$ 的外法线矢量，而 (C5.29) 中的 **n** 是有向边界曲线 $\mathscr{C}$ 所围成的开曲面 $\mathscr{S}$ 的法线矢量．$\mathscr{C}$ 的正方向是逆时针的，亦即，当沿 $\mathscr{C}$ 的正向转动时，右手螺旋的前进方向是 **n** 的正向．上述的定理是对包含一个间断曲面 σ 的区域 $\mathscr{V}+\mathscr{S}$ 给出的．在 Stokes 定理中的 γ 是这个间断曲面与 $\mathscr{S}$ 的交线．曲面与曲线的指向示于图 C5.2 和图 C5.3 中．

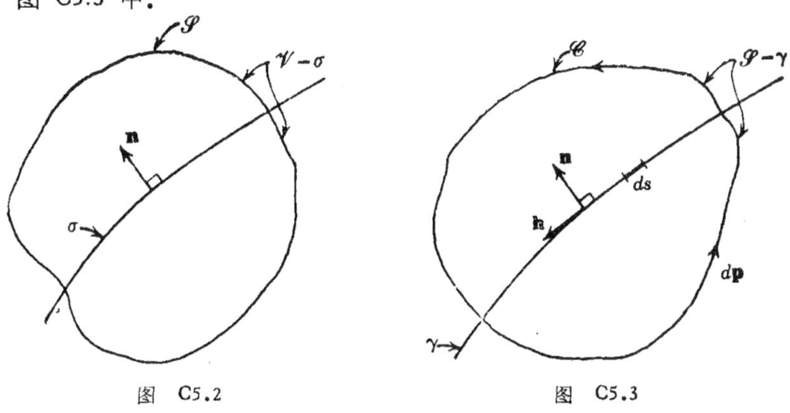

图 C5.2　　　　图 C5.3

前面的方程可用分量形式写为

$$(C5.30)\qquad \int_{\mathscr{V}-\sigma}\frac{1}{\sqrt{g}}\frac{\partial}{\partial x^k}(\sqrt{g}\,u^k)dv+\int_{\sigma}[u^k]n_k da$$

$$=\oint_{\mathscr{S}-\sigma}u^k n_k da$$

$$(C5.31)\qquad \int_{\mathscr{S}-\gamma}\varepsilon^{klm}A_{m;l}n_k da+\int_{\gamma}[A^k]n_k ds=\oint_{\mathscr{C}-\gamma}A_k dx^k$$

C6 Riemann-Christoffel 曲率张量

根据微积分学的定理，混合偏导数的次序是无关重要的，亦即，

$$\frac{\partial^2\phi}{\partial x_1\partial x_2}=\frac{\partial^2\phi}{\partial x_2\partial x_1}$$

在这里，自然要提出一个问题：在什么条件下张量的二阶协变偏导数是可交换的？例如，对于协变矢量 A_k，什么时候我们可以写成

$$A_{k;lm}=A_{k;ml}$$

为了回答这个问题，我们把这个方程两边的表达式写出来，然后求它们两式的差．我们有

$$A_{k;l}=A_{k,l}-\begin{Bmatrix} r \\ kl \end{Bmatrix}A_r \tag{C6.1}$$

从而

$$A_{k;lm}=(A_{k;l})_{,m}-\begin{Bmatrix} r \\ km \end{Bmatrix}A_{r;l}-\begin{Bmatrix} r \\ lm \end{Bmatrix}A_{k;r}$$

或

$$\begin{aligned}A_{k;lm}=&A_{k,lm}-\begin{Bmatrix} r \\ kl \end{Bmatrix}_{,m}A_r-\begin{Bmatrix} r \\ kl \end{Bmatrix}A_{r,m}\\&-\begin{Bmatrix} r \\ km \end{Bmatrix}A_{r,l}+\begin{Bmatrix} r \\ km \end{Bmatrix}\begin{Bmatrix} s \\ rl \end{Bmatrix}A_s-\begin{Bmatrix} r \\ lm \end{Bmatrix}A_{k,r}\\&+\begin{Bmatrix} r \\ lm \end{Bmatrix}\begin{Bmatrix} s \\ kr \end{Bmatrix}A_s\end{aligned} \tag{C6.2}$$

交换指标 l 和 m，并把所得结果从（C6.2）减去，则得

$$A_{k;lm}-A_{k;ml}=R^r_{klm}A_r \tag{C6.3}$$

这里

$$R^r_{klm}=\begin{Bmatrix} r \\ km \end{Bmatrix}_{,l}-\begin{Bmatrix} r \\ kl \end{Bmatrix}_{,m}+\begin{Bmatrix} s \\ km \end{Bmatrix}\begin{Bmatrix} r \\ sl \end{Bmatrix}-\begin{Bmatrix} s \\ kl \end{Bmatrix}\begin{Bmatrix} r \\ sm \end{Bmatrix} \tag{C6.4}$$

显然它是个一阶逆变和三阶协变的四阶张量．这个张量称为**Riemann-Christoffel 张量**．显然，R^r_{klm} 与 A_r 的选择无关，而且它只是由度量张量 g_{kl} 和它的偏导数所形成的．

为了区别于用其它可以用来作为度量的二阶张量形成的 Riemann-Christoffel 张量，有时我们记为 $R^{(g)r}_{klm}$。

现在显然有

定理 任一矢量的混合协变偏导数可交换的充分必要条件是 Riemann-Christoffel 张量为零。

利用下降逆变指标的方法，我们可得到一个称之为**曲率张量**的四阶协变张量。

$$R_{klmn} = g_{kr}R^r_{lmn} = \frac{1}{2}(g_{kn,lm} + g_{lm,kn} - g_{km,ln} - g_{ln,km}) + g^{rs}([lm, s][kn, r] - [ln, s][km, r]) \tag{C6.5}$$

可以用类似的方法把（C6.5）推广到高阶张量。例如，

$$A_{kl;mn} - A_{kl;nm} = A_{kr}R^r_{lmn} + A_{rl}R^r_{kmn} \tag{C6.6}$$

张量 R^k_{lmn} 和张量 R_{klmn} 都具有一些对称特性。可以证明，在 N 维空间中 R_{klmn} 有 $N^2(N^2-1)/12$ 个非零分量。在三维空间中，非零的分量是 $R_{1212}, R_{1313}, R_{2323}, R_{1213}, R_{2123}, R_{3132}$。在二维空间中只有一个非零分量 R_{1212}。

对 R^k_{lmn} 取协变导数，然后利用（C5.13）和（C6.4），我们可以证明

$$\begin{aligned} &R^k_{lmn;r} + R^k_{lnr;m} + R^k_{lrm;n} = 0 \\ &R_{klmn;r} + R_{klnr;m} + R_{klrm;n} = 0 \end{aligned} \tag{C6.7}$$

这些就是 **Bianchi 恒等式**。

Riemann-Christoffel 张量是空间曲率的度量。因此，当这个张量在一个空间中为零时，就称这个空间是**平坦的**。在 **Euclide 空间中 Riemann-Christoffel 张量恒等于零**。所以，Euclide 空间是平坦空间。

习题

1 抛物柱面坐标 x^k 与直角坐标 z^k 之间的关系为

$$z^1 = a(x^2 - x^1),\ z^2 = 2a\sqrt{x^1x^2},\ z^3 = x^3$$

这里 a 是常数。

（a）试绘出坐标曲面和坐标曲线；

(b) 试确定基矢和度量张量；

(c) 试用矢量的张量分量表示矢量的物理分量。

2 长球面坐标 x^k 与直角坐标 z^k 之间的关系定义为

$$z^1 = a\{[(x^1)^2 - 1][1 - (x^2)^2]\}^{1/2} \cos x^3,$$

$$z^2 = a\{[(x^1)^2 - 1][1 - (x^2)^2]\}^{1/2} \sin x^3,$$

$$z^3 = ax^1x^2$$

这里，a 是常数。

(a) 试绘出坐标曲面和坐标曲线；

(b) 试确定基矢和度量张量。

(c) 试求用矢量的物理分量表示矢量的张量分量的表达式。

3 把直角坐标变换成抛物柱面坐标（参见习题 1.）。试求下列各量的变换规律的显式：

(a) 绝对矢量；

(b) 绝对二阶张量；

(c) 权为 1 的相对二阶张量。

4 试给出圆柱坐标变换成长球面坐标时，绝对矢量和绝对二阶张量的变换规律的显式。

5 试求圆柱坐标的度量张量与抛物柱面坐标的度量张量之间的关系。

6 试求矢量在球面坐标中的逆变分量与它在长球面坐标中的逆变分量之间的关系。

7 在圆柱坐标 (r,θ,z) 中，绝对二阶张量 $\mathbf{c}$ 的物理分量用矩阵表示为

$$\|c\binom{k}{l}\| = \begin{bmatrix} 1 & 0 & 0 \\ 0 & 1 & -K \\ 0 & -Kr^2 & K^2r^2+1 \end{bmatrix} \quad K \text{ 是常数}$$

试求这个张量在球面坐标中的张量分量。

8 如果 t_{kl} 是个绝对协变张量，试证 $\det(t_{kl})$ 是权为 2 的不变量。 关于这一点，我们对 $\det(t^k_l)$ 能得出什么结论？

9 如果 t_{kl} 是个绝对张量，试证 $\det(t_{kl})$ 的各余因子都是权为 2 的相对张量。

10 如果 a,b,c 是三个任意的矢量，试证

$$[\mathbf{abc}]^2 = \begin{vmatrix} a_k a^k & a_k b^k & a_k c^k \\ b_k a^k & b_k b^k & b_k c^k \\ c_k a^k & c_k b^k & c_k c^k \end{vmatrix}$$

11 如果 A^k, B^k, C^k 都是任意的逆变矢量,而且 X^k_{lm} 满足

$$X^k_{lm} A^l B^m = C^k$$

试证 X^k_{lm} 是个一阶逆变和二阶协变的绝对张量.

12 试证置换张量 e^{klm} 和 e_{klm} 分别是权为 +1 和权为 −1 的相对张量.

13 试证明由下列各式定义的 Kronecker 符号都是绝对张量,

$$\delta^{rst}_{klm} \equiv e^{rst} e_{klm}, \quad \delta^{rs}_{kl} \equiv \delta^{rsm}_{klm}, \quad \delta^r_k \equiv \frac{1}{2} \delta^{rs}_{ks}.$$

并证下列等式:

$$\delta^{rst}_{klm} = \begin{vmatrix} \delta^r_k & \delta^r_l & \delta^r_m \\ \delta^s_k & \delta^s_l & \delta^s_m \\ \delta^t_k & \delta^t_l & \delta^t_m \end{vmatrix}, \quad \delta^{rs}_{kl} = \begin{vmatrix} \delta^r_k & \delta^r_l \\ \delta^s_k & \delta^s_l \end{vmatrix}$$

14 如果 w^k 是绝对逆变矢量,试证

$$w^*_{kl} = e_{klm} w^m$$

是权为 −1 的反称二阶张量 .试从上式中解出 w^m.

15 圆环坐标 x^k 与直角坐标 z^k 之间的关系定义为

$$z^1 = \frac{a \sinh x^1 \cos x^3}{\cosh x^1 - \cos x^2}, \quad z^2 = \frac{a \sinh x^1 \sin x^3}{\cosh x^1 - \cos x^2},$$

$$z^3 = \frac{a \sin x^2}{\cosh x^1 - \cos x^2}, \quad a \text{ 是常数}$$

(a) 试确定基矢量和度量张量;

(b) 试求第一类和第二类 Christoffel 符号的分量;

(c) 试确定逆变矢量的协变导数的显式.

16 试求抛物柱面坐标的 Christoffel 符号.

17 试把在长球面坐标中权为 1 的逆变矢量的协变导数表示出来.

18 试求在下列坐标之一中的线性算子梯度,散度,旋度以及 Laplace 算子的表达式:

(a) 抛物柱面坐标;

(b) 长球面坐标;

(c) 圆环坐标.

19 试在习题 18 所述的三种坐标之一中给出加速度矢量 $\mathbf{a} \equiv \dot{\mathbf{v}}$ 的分量. 这里, $\mathbf{v} = \mathbf{v}(\mathbf{x}, t)$ 是速度矢量, $\mathbf{x} = \mathbf{x}(\mathbf{X}, t)$ 是粒子 $\mathbf{X}$ 的运动方程.

20 试在习题 18 所述的三种坐标之一中用 $\mathbf{v}$ 的物理分量表示旋度 $\mathbf{w} = \nabla \times \mathbf{v}$ 的分量.

21　用 Gauss 形式给出的曲面 S 的方程为

$$x^k = x^k(u^1, u^2), \quad (k = 1, 2, 3)$$

这里 x^k 是任意的曲线坐标，$u^\alpha(\alpha = 1, 2)$ 是曲面 S 上的 Gauss 坐标。

(a) 试求 S 上的弧长，

(b) 试求 S 上的两个方向之间的夹角，

(c) 试计算 S 的面元.

22　曲面 S 上的弧长可用下式计算：

$$ds^2 = a_{\alpha\beta}(u^1, u^2)du^\alpha du^\beta$$

式中 $a_{\alpha\beta}$ 是 S 上的度量张量.

(a) 试求 S 的 Riemann 张量 $R_{\alpha\beta\gamma\delta}$.

(b) 对于由下式定义的回转曲面

$$z^1 = u^1 \cos u^2, \quad z^2 = u^1 \sin u^2, \quad z^3 = f(u^1)$$

试证

$$K \equiv \frac{R_{1212}}{\det(a_{\alpha\beta})} = \frac{f'f''}{u^1[1 + (f')^2]^2}$$

23　试求用 $a_{\alpha\beta}$ 表示的 $K \equiv R_{1212}/\det(a_{\alpha\beta})$ 的表达式.

24　如果 $\mathbf{n}$ 是曲面 S 的法线矢量，试证

$$d\mathbf{n} \cdot d\mathbf{r} = -b_{\alpha\beta}du^\alpha du^\beta \qquad \text{在 } S \text{ 上}$$

式中 $b_{\alpha\beta}u^\alpha u^\beta \equiv b$ 称为**第二基本**形式，即

$$b_{\alpha\beta} \equiv -\frac{1}{2}\left(\frac{\partial \mathbf{n}}{\partial u^\alpha} \cdot \frac{\partial \mathbf{r}}{\partial u^\beta} + \frac{\partial \mathbf{n}}{\partial u^\beta} \cdot \frac{\partial \mathbf{r}}{\partial u^\alpha}\right)$$

25　如果 $b_{\alpha\beta}$ 与习题 24 中给出的相同，试证

(a) $b_{\alpha\beta} = x^k_{;\alpha\beta} n_k$;

(b) $n^k_{;\alpha} = -a^{\beta\gamma} b_{\beta\alpha} x^k_{;\gamma}$　　(Weingarten)

(c) $b_{\alpha\beta;\gamma} - b_{\alpha\gamma;\beta} = 0$　　(Codazzi)

(d) $b_{\rho\beta}b_{\alpha\gamma} - b_{\rho\gamma}b_{\alpha\beta} = R_{\rho\alpha\beta\gamma}$　　(Gauss)

26　(短文) 研究文献并给出在下列坐标系之一中的梯度，散度，旋度，Laplace 算子和加速度 $\dot{\mathbf{v}}$ 的表达式：

(a) 扁球坐标系;

(b) 椭球坐标系;

(c) 双极坐标系;

(d) 圆锥坐标系;

(e) 抛物面坐标系；

(f) 螺旋坐标系.

27(短文) 研究文献并给出矢量和张量的 Lie 导数的论述.

28(短文) 研究文献并简述 Einstein 引力理论.

参 考 文 献

（文献后面圆括号中的数字表示该文献在书中出现的章节号）

Alfrey, T. Jr. [1944]: "Non-Homogeneous Stresses in Viscoelastic Media," *Quart. Appl. Math.*, **2**: 113–119. (9.12)

—— [1948]: *Mechanical Behavior of High Polymers*, Interscience Publishers, New York. (9.10)

Bartels, R. C. F., and R. V. Churchill [1942]: "Resolution of Boundary Problems by the Use of a Generalized Convolution," *Bull. Am. Math. Soc.*, **48**: 276–282. (8.5)

Becker, R. [1921]: "Stosswelle und Detonation," *Z. Phys.*, **8**: 321–362. (7.14)

Bergmann, L. [1954]: *Der Ultraschall*, sixth ed., S. Hirzel Verlag, Leibzig. (7.11)

Berker, R. [1963]: "Intégration des équations du mouvement d'un fluide visqueux incompressible," *Handbuch der Physik*, Bd. VIII/2: 1–384, edited by S. Flügge, Springer-Verlag, Berlin. (7.9), (7.10)

Berry, D. S. [1958]: "Stress Propagation in Visco-Elastic Bodies," *J. Mech. Phys. Sol.*, **6**: 177–185. (9.17)

——, and S. C. Hunter [1956]: "The Propagation of Dynamic Stresses in Visco-elastic Rods," *J. Mech. Phys. Sol.*, **4**: 72–95. (9.16)

Biot, M. A. [1965]: *Mechanics of Incremental Deformations*, John Wiley and Sons, New York. (9.12)

Bland, D. [1957]: Proc. 1957 Conf. on High Rates of Strain, Inst. of Mechanical Engineers. (9.17)

Boley, B. A., and J. H. Weiner [1960]: *Theory of Thermal Stresses*, John Wiley and Sons, New York. (8.7), (8.8)

Boltzmann, L. [1874]: "Zur Theorie der elastischen Nachwirkung," *Sitzgsber Akad. Wiss. Wien*, **70**: 275–306; *Wiss. Abhandl.*, **1**: 616–639. (5.3), (9.1)

Born, M. [1921]: "Kritische Betrachtungen zur traditionellen Darstellung der Thermodynamik," *Physik. Z.*, **22**: 218–224, 249–254, 282–286. (4.5)

Bramble, J. H., and L. E. Payne [1962]: "Uniqueness Theorems of Linear Elasticity," *Arch. Rat. Mech. Anal.*, **9**: 319–328. (6.5)

Brand, L. [1947]: *Vector and Tensor Analysis*, John Wiley and Sons, New York. (A14)

Breuer, S., and E. T. Onat [1962]: "On Uniqueness in Linear Viscoelasticity," *Quart. Appl. Math.*, **19**: 355–359. (9.11)

Brillouin, L. [1938]: *Tenseurs en Méchanique et en Élasticité*, Masson et Cie, Paris. (8.7)

Britton, S. C. [1965]: "Characterization of Solid Propellants as Structural Materials," *Solid Rocket Structural Integrity Abs. II, No. 4*, Grad. Aeronautical Labs., Cal. Inst. of Tech. (9.10)

Bueche, F. [1954]: "The Viscoelastic Properties of Plastics," *J. Chem. Phys.*, **22**: 603–609. (9.10)

Cady, W. G. [1946]: *Piezoelectricity*, McGraw-Hill Book Co. New York. (6.4)

Carathéodory, C. [1909]: "Untersuchungen über die Grundlagen der Thermodynamik," *Math. Ann.*, **67**: 335–386. (4.5)

——— [1925]: "Über die Bestimmung der Energie und der absoluten Temperatur mit Hilfe von reversiblen Prozessen," *Preubischen Akad. Wiss. Physik. Math. Klasse*, 39–47. (4.5)

Carslaw, H. S., and J. C. Jaeger [1948]: *Operational Methods in Applied Mathematics*, second ed., Oxford Univ. Press, New York. (9.16)

——— [1959]: *Conduction of Heat in Solids*, second ed., Oxford Univ. Press, New York. (7.8), (8.5)

Cauchy, A. L. [1850]: "Mémoire sur les systèmes isotropes de points matériels," *Mém. Acad. Sci. Paris*, **22**: 615–654; Oeuvres (1) **2**: 351–386. (B6)

Chacon, R. V. S., and R. S. Rivlin [1964]: "Representation Theorems in the Mechanics of Materials with Memory," *Z. angew. Math. Phys.*, **15**: 444–447. (9.7)

Chadwick, P. [1960]: "Thermoelasticity, The Dynamical Theory," Ch. VI in *Progress in Solid Mechanics*, Vol. I, edited by Sneddon and Hill, North-Holland Publishing Co., Amsterdam. (8.7)

Chadwick, P., and I. N. Sneddon [1958]: "Plane Waves in an Elastic Solid Conducting Heat," *J. Mech. Phys. Sol.*, **6**: 223–230. (8.7), (8.8)

Chao, C. C., and J. D. Achenbach [1964]: "A Simple Viscoelastic Analogy for Stress Waves," *International Symposium on Stress Waves,*

222–237, edited by H. Kolsky and W. Prager, Springer-Verlag, Berlin. (9.17)
Churchill, R. V. [1958]: *Operational Mathematics*, second ed., McGraw-Hill Book Co., New York. (9.7), (9.16), (9.17)
Coleman, B. D. [1964a]: "Thermodynamics of Materials with Memory," *Arch. Rat. Mech. Anal.*, **17**: 1–46. (9.6), (9.8)
——— [1964b]: On Thermodynamics, Strain Impulses, and Viscoelasticity, *Arch. Rat. Mech. Anal.*, **17**: 230–254. (9.6), (9.8)
Coleman, B. D., and V. J. Mizel [1964]: "Existence of Caloric Equations of State In Thermodynamics," *J. Chem. Phys.*, **40**: 1116–1125. (4.6), (9.8)
———, and W. Noll [1960]: An Approximation Theorem for Functionals with Applications in Continuum Mechanics, *Arch. Rat. Mech. Anal.*, **6**: 355–370. (5.4), (9.7)
——— [1961]: Foundations of Linear Viscoelasticity, *Rev. Modern Phys.*, **33**: 239–249. (5.3), (9.6)
Cosserat, E. and F. [1896]: "Sur la théorie de l'élasticité," *Ann. Toulouse*, **10**: 1–116. (3.8)
Courant, R., and K. O. Friedrichs [1948]: *Supersonic Flow and Shock Waves*, Interscience Publishers, New York. (7.14), (7.15)
Courant, R., and D. Hilbert [1962]: *Methods of Mathematical Physics*, Vol. II, Interscience Publishers, New York. (6.10)

Dana, J. S. [1959]: *Manual of Minerology*, seventeenth ed., revised by C. S. Hurlbut Jr., John Wiley and Sons, New York. (5.5), (6.4)
Davies, R. M. [1956]: "Stress Waves in Solids," *Surveys in Mechanics*, Cambridge Univ. Press, New York. (9.15), (9.16)
DeGroot, S. R. [1962]: *Thermodynamics of Irreversible Processes*, North-Holland Publishing Co., Amsterdam. (4.5)
Deresiewicz, H. [1957]: "Plane Waves in a Thermoelastic Solid," *J. Acoust. Soc. Amer.*, **29**: 204–209. (8.7)
Dixon, R., and A. C. Eringen [1965a]: "A Dynamical Theory of Polar Elastic Dielectrics—I," *Int. J. Engng. Sci.*, **3**: 359–377. (4.5), (5.3)
——— [1965b]: "A Dynamical Theory of Polar Elastic Dielectrics—II," *Int. J. Engng. Sci.*, **3**: 379–398. (4.5), (5.3)
Dryden, Hugh L. Francis D. Murnaghan, and H. Bateman [1932]: *Hydrodynamics*, Dover Publications, New York. (1956). (7.10)

Duhem, P. [1903a]: "Sur la viscosité en un milieu vitreux," *C. R. Acad. Sci.*, Paris, **136**: 281–283. (9.1)

——— [1903b]: "Des ondes du second ordre par rapport à la vitesse au sein des milieux vitreux, doués de viscosité, et affectés de mouvement finis," *C. R. Acad. Sci.*, Paris, **136**: 1032–1034. (9.1)

——— [1903c]: "Des ondes du premier ordre par rapport à la vitesse au sein d'un milieu vitreux doué de viscosité, et affecté de mouvements finis," *C. R. Acad. Sci.*, Paris, **136**: 858–860. (9.1)

——— [1903d]: "Sur les ondes au sein d'un milieu vitreux, affecté de viscosité et très peu déformé," *C. R. Acad. Sci.*, Paris, **136**: 733–735. (9.1)

——— [1903e]: "Sur le mouvement des milieux, affectés de viscosité, et très peu déformés," *C. R. Acad. Sci.*, Paris, **136**: 592–595. (9.1)

——— [1903f]: "Sur les équations du mouvement et la relation supplémentaire au sein d'un milieu vitreux," *C. R. Acad. Sci.*, Paris, **136**: 343–345. (9.1)

——— [1904]: "Recherches sur l'élasticité, Première Partie. De l'équilibre et du mouvement des milieux vitreux," *Ann. École Normale* (3), **21**: 99–141, Repr. Paris: Gauthier-Villars, 1906. (9.1)

Ehrenfest-Afanassjewa, T. [1925]: "Zur Axiomatisierung des zweiten Hauptsatzes der Thermodynamik," *Z. Physik*, **33**: 933–945; **34**: 638. (4.5)

Eirich, F. [1956]: *Rheology*, *I*, Academic Press, New York. (9.1). (9.10)

——— [1958]: *Rheology*, *II*, Academic Press, New York. (9.1), (9.10)

Eisenhart, L. P. [1926]: *Differential Geometry*, Princeton Univ. Press, Princeton, N.J. (C1)

Erdélyi, A. [1954] (editor): *Tables of Integral Transforms*, *I*, McGraw-Hill Book Co., New York. (9.17)

Eringen, A. C. [1955a]: "On the Nonlinear Oscillations of Visco-elastic Plates," *J. Appl. Mech.*, **22**: 563–567. (3.8), (9.5), (9.7)

——— [1955b]: "Solution of a Class of Mixed-Mixed Boundary Value Problems in Plane Elasticity," *Proceedings of the 2nd National Congress of Applied Mechanics*, 257–265. (6.5)

——— [1957]: "Elastodynamic Problem Concerning Spherical Cavity," *Quart. J. Appl. Math.*, Oxford, England, **10**: Part 3. (6.12)

——— [1960]: "Irreversible Thermodynamics and Continuum Mechanics," *Phys. Rev.*, **117**: 1174–1183. (4.5), (4.6), (9.8)

——— [1962]: *Nonlinear Theory of Continuous Media*, McGraw-Hill Book Co., New York. (1.2), (1.7), (2.3), (3.4), (3.9), (4.6), (5.3), (5.5), (5.6), (5.7), (6.2), (6.4), (7.2), (7.3), (7.7), (9.1), (9.4), (9.9), (C4)

——— [1964]: "Simple Microfluids." *Int. J. Engng Sei.*, **2**: 205–217. (3.3)

——— [1965]: "A Unified Theory of Thermomechanical Materials," *ONR Tech. Rpt. No. 30*, School of Aeronautics, Astronautics and Engineering Sciences, Purdue Univ. cf. also *IJES* **4**, 179–202. (4.6), (5.2), (5.3), (5.4), (9.8)

———, and J. W. Dunkin [1959]: "Vibrations of an Accelerating Viscoelastic Rod," General Technology Corp., *Tech. Rpt. No. 1–8*. (9.16)

———, and R. A. Grot [1965]: "Continuum Theory of Nonlinear Viscoelasticity," *ONR Tech. Rpt. No. 32*, School of Aeronautics, Astronautics and Engineering Sciences, Purdue Univ. cf. also Eringen. Liebowitz et al [1967], (4.7), (9.1), (9.2), (9.4), (9.8), (9.10)

———, and J. Ingram [1965]: "A Continuum Theory of Chemically Reacting Media—I," *Int. J. Engng. Sci.*, **3**: 197–212; see also *ONR Tech. Rpt. No. 28*, School of Aeronautics, Astronautics and Engineering Sciences, Purdue Univ. (4.5), (4.6), (5.3)

———, and E. S. Suhubi [1964a]: "Nonlinear Theory of Simple Micro-Elastic Solids, I," *Int. J. Engng. Sci.*, **2**: 189–203. (3.3)

———, and E. S. Suhubi [1964b]: "Nonlinear Theory of Micro-Elastic Solids, II," *Int. J. Engng. Sci.*, **2**: 389–404. (3.3)

———, H. Liebowitz, J. Crowley and S. L. Koh (editors) [1967]: "Proc. of Intern. Conf. on the Mech. and Chem. of Solid Propellants," Pergamon Press, New York. (9.1), (9.10)

Ewing, W. M., W. S. Jardetsky, and F. Press [1957]: *Elastic Waves in Layered Media*, McGraw-Hill Book Co., New York. (6.10)

de Fériet, Kampé [1932]: "C. R. 9e Congr. Int. Math.," Zurich, 1932, **2**: 298–299. (7.9)

Ferry, J. D. [1950]: "Mechanical Properties of High Molecular Weight, VI. Dispersion in Concentrated Polymer Solutions and its Dependence on Temperature and Concentration," *J. Am. Chem. Soc.*, **72**: 3746–3752. (9.10)

——— [1961]: *Viscoelastic Properties of Polymers*, John Wiley and Sons, New York. (9.10)

Fitzgerald, E. R. [1967]: "Analysis and Design of Solid Propellant Grains," *Proc. Intern. Conf. on Mechanics and Chemistry of Solid Propellants*, edited by A. C. Eringen, H. Liebowitz, J. Crowley and S. L. Koh, Pergamon Press, New York. (9.10)

Fletcher, W. P., and A. N. Gent [1957]: "Dynamic Shear Properties of Some Rubber-Like Materials," *Brit. J. Appl. Phys.*, **8**: 194–201 (9.10)

Frazer, R. A., W. J. Duncan, and A. R. Collar [1947]: "Elementary Matrices and Some Applications to Dynamics and Differential Equations," second ed., Cambridge Univ. Press, New York. (B1)

Gibbs, J. W. [1873]: "A Method of Geometrical Representation of the Thermodynamic Properties of Substances by Means of Surfaces," *Trans. Conn. Acad. Arts Sci.*, **2**: 382–404. (4.5)

Gilbarg, D., and D. Paolucci [1953]: "The Structure of Shock Waves in the Continuum Theory of Fluids," *J. Rat. Mech. Anal.*, **2**: 617–642. (7.14)

Glauz, R. D., and E. H. Lee [1954]: "Transient Wave Analysis in a Linear Time-Dependent Material," *J. Appl. Phys.*, **25**: 947–953. (9.16)

Goldstein, S. [1938] (editor): *Modern Developments in Fluid Dynamics, I*, Oxford Univ. Press, New York. (7.3), (7.10)

Gottenberg, W. G., and R. M. Christensen [1964]: "An Experiment for Determination of the Mechanical Property in Shear for a Linear, Isotropic Viscoelastic Solid," *Int. J. Engng Sci.*, **2**: 45-57. (9.10)

Grace, J. H., and A. Young [1903]: *The Algebra of Invariants*, Cambridge Univ. Press, New York. (B1)

Grad, H. [1952]: "The Profile of a Steady Plane Shock Wave," *Comm. Pure Appl. Math.*, **5**: 257–300. (7.14)

Green, A. E., and J. E. Adkins [1960]: *Large Elastic Deformations*, Oxford Univ. Press, New York. (5.5), (**9.2**), (B9)

———, and R. S. Rivlin [1957]: "The Mechanics of Non-linear Materials with Memory, Part I," *Arch. Rat. Mech. Anal.*, **1**: 1–21. (5.2)

———, and R. S. Rivlin [1964]: "Multipolar Continuum Mechanics," *Arch. Rat. Mech. Anal.* **17**: 113–147. (3.3)

Gross, B. [1953]: *The Mathematical Structure of the Theories of Viscoelasticity*, Hermann and Cie, Paris. (9.10)

Gurevich, Ju S. [1964]: "Elementary Properties of Ordered Abelian Groups" (Russian). (B1)

Gurtin, M. E., and E. Sternberg [1961]: "A Note on Uniqueness in Classical Elastodynamics," *Quart. Appl. Math.*, **19**: 168–171. (6.5)

——— [1962]: "On the Linear Theory of Viscoelasticity," *Arch. Rat. Mech. Anal.*, **11**: 291–356. (9.1), (9.11)

Hayes, D. W., and R. F Probstein [1959]: *Hypersonic Flow Theory*, Academic Press, New York. (7.15)

Hearman, R. F. S. [1961]: *An Introduction to Applied Anisotropic Elasticity*, Oxford Univ. Press, London. (6.2), (6.4)

Hiemenz, K. [1911]: "Die Grenzschicht an einem in den gleichförmigen Flüssigkeitsstrom eingetauchten geraden Kreiszylinder (Thesis Göttingen)," *Dingl. Polytechj.*, **326**: 321–324. (7.10)

Hill, R. [1961]: "Uniqueness in General Boundary-Value Problems for Elastic or Inelastic Solids," *J. Mech. Phys. Sol.*, **9**: 114–130. (6.5)

Hillier, K. W. [1949]: "A Method of Measuring Some Dynamic Elastic Constants and Its Application to the Study of High Polymers," *Proc. Phys. Soc.*, **B62**: 701–713. (9.10), (9.15), (9.16)

———, and H. Kolsky [1949]: *Proc. Phys. Soc.* (London) B62, 111. (9.16)

Hopkins, H. G. [1960]: "Dynamic Expansion of Spherical Cavities in Metals," Ch. III, *Progress in Solid Mechanics*, edited by Sneddon and Hill, North-Holland Publishing Co., Amsterdam.

Howarth, L. [1935]: "On the Calculation of the Steady Flow in the Boundary Layer Near the Surface of a Cylinder in a Stream," *ARC R and M, 1632*. (7.10)

——— [1953]: *Modern Developments in Fluid Dynamics, I*, Oxford Univ. Press, New York. (7.10), (7.14)

Huang, N. G., E. H. Lee, and T. G. Rogers [1963]: "On the Influence of Viscoelastic Compressibility in Stress Analysis," *Stanford Univ. Tech. Rpt. No. 140*. (9.10)

Hunter, S. C. [1960]: *Viscoelastic Waves*, Ch. I, "Progress in Solid Mechanics," edited by Sneddon and Hill, North-Holland Publishing Co., Amsterdam. (9.1), (9.10), (9.16)

Hunter, S. C. [1954]: Unpublished report (Ministry of Supply, United Kingdom), see review article by H. G. Hopkins in Sneddon and Hill [1960], Ch. III. (6.12)

——— [1967]: "The Solution of Boundary Value Problems in Linear Viscoelasticity," p. 257–295, in *Mechanics and Chemistry of Solid*

Propellants, Proc. of the Fourth Symposium on Naval Structural Mechanics, Pergamon Press, New York. (9.16)

ICRPG Solid Propellant Mechanical Behavior Manual, Chemical Propulsion Information Agency publication No. 21, 1963. (9.10)

Jaumann, G. [1911]: "Geschlossenes System physikalischer und chemischer Differenzialgesetze," *Sitzgsber. Akad. Wiss. Wien.* (IIa) **120**: 385–530. (5.2)

Jones, J. W. [1963]: "Viscoelastic Property Tests," *ICRPG Manual*, Section 4.3.6–6. (9.10)

Jordan, N. F., and A. C. Eringen [1964a]: "On the Static Nonlinear Theory of Electromagnetic Thermoelastic Solids—I," *Int. J. Engng. Sci.*, **2**: 59–95. (5.2), (5.3)

——— [1964b]: "On the Static Nonlinear Theory of Electromagnetic Thermoelastic Solids—II," *Int. J. Engng. Sci.*, **2**: 97–114. (5.2), (5.3)

Joule, J. P. [1843]: "On the Caloric Effects of Magneto-electricity and on the Mechanical Value of Heat," *Phil. Mag.*, (3), **23**: 263–276, 347–355, 435–443; *Papers*, **1**: 123–159. (4.2)

Karal, F. C., and Keller, J. B. [1959]: "Elastic Wave Propagation in Homogeneous and Inhomogeneous Media," *J. Acoust. Soc. Amer.*, **31**: 694–705. (7.13)

Katasanov, A. M. [1957]: "Propagation of Spherical Thermal Viscoelastic Excitations," (Russian), *Vestnik M.G.U., Ser. Mekh. Matem. Nauk*, *3*. (8.8)

Keller, J. B. [1953]: "The Geometrical Theory of Diffraction," *Proc. Sympos. on Microwave Optics*, McGill Univ. (7.13)

——— [1954]: "Geometrical Acoustics I, The Theory of Weak Shocks," *J. Appl. Phys.*, **25**: 938–947. (7.13)

——— [1962]: "Geometrical Theory of Diffraction," *Optical Soc. Amer.*, **52**: 116–130. (7.13)

———, R. M. Lewis, and B. D. Seckler [1956]: "Asymptotic Solution of Some Diffraction Problems," *Comm. Pure Appl. Math.*, **9**: 207–265. (7.13)

Kellogg, O. D. [1929]: *Foundations of Potential Theory*, J. Springer, Berlin. (A14)

Kirchhoff, G. [1852]: "Über die Gleichungen des Gleichgewichts eines elastischen Körpers bei nicht unendlich kleinen Verschiebungen seiner Teile," *Sitzgsber. Akad. Wiss. Wien.*, **9**: 762–773. (3.8)

Kline, M. [1951]: "An Asymptotic Solution of Maxwell's Equations," *Comm. Pure Appl. Math.*, **4**: 225–263. (7.13)

——— [1954]: "Asymptotic Solution of Linear Hyperbolic Partial Differential Equations," *J. Rat. Mech. Anal.*, **3**: 315–342. (7.13)

Koh, S. L., and A. C. Eringen [1963]: "On the Foundations of Nonlinear Thermo-viscoelasticity," *Int. J. Engng. Sci.*, **1**: 199–229. (4.6), (9.8)

Kolsky, H. [1953]: *Stress Waves in Solids*, Clarendon Press, Oxford. (9.15)

——— [1956]: "The Propagation of Stress Pulses in Viscoelastic Solids," *Phil. Mag.*, **1**, series 8, 693–710. (9.10), (9.15), (9.16)

Lamb, H. [1952]: *Hydrodynamics*, Dover Publications, New York. (7.3)

Landel, R. F. [1958]: "The Dynamic Mechanical Properties of a Model Filled System: Polyisobutylene—Glass Beads," *Trans. of the Soc. of Rheology*, **II**: 53–75. (9.10)

——— [1963]: "Fitzgerald Transducer Method," ICRPG Manual. (9.10)

Leaderman, H. [1957]: "Proposed Nomenclature for Linear Viscoelastic Behavior," *Trans. of the Soc. of Rheology*, **I**: 213–222. (9.10)

Lee, E. H. [1955]: "Stress Analysis in Visco-elastic Bodies," *Quart. Appl. Math.*, **13**: 183–190. (9.12)

———, and I. Kanter [1953]: "Wave Propagation in Finite Rods of Viscoelastic Material," *J. Appl. Phys.*, **24**: 1115–1122. (9.16)

———, and J. A. Morrison [1956]: "A Comparison of the Propagation of Longitudinal Waves in Rods of Viscoelastic Materials," *J. Polymer Sci.*, **19**: 93–110. (9.16)

Lekhnitskii, S. G. [1950]: *Theory of Elasticity of an Anisotropic Elastic Body* (Transl. by Fern, 1963), Holden-Day, San Francisco. (6.2)

Lockett, F. J. [1961]: "Interpretation of Mathematical Solutions in Viscoelasticity Theory Illustrated by a Dynamic Spherical Cavity Problem," *J. Mech. Phys. Sol.*, **9**: 215–229. (9.17)

——— [1962]: "The Reflection and Refraction of Waves at an Interface Between Viscoelastic Materials," *J. Mech. Phys. Sol.*, **10**: 53–64. (9.14)

Lohr, E. [1917]: "Entropieprinzip und Geschlossenes Gleichungssystem," *Denkschr. Akad. Wiss., Wien*, **93**: 339–421. (5.2)

Lord Kelvin [1875]: *Encyclopaedia Britannica.* (9.1)
Love, A. E. H. [1944]: *A Treatise on the Mathematical Theory of Elasticity*, fourth ed., Dover Publications, New York. (6.2)

MacDuffee, C. C. [1943]: "Vectors and Matrices," publ. by Math. Assoc. of America. (B1), (B4)
Marvin, R. S. [1952]: "Measurement of Dynamic Properties of Rubber," *Ind. Eng. Chem.*, **44**: 696–702. (9.10)
——— [1954]: "The Dynamic Mechanical Properties of Polyisobutylene," *Proc. of the 2nd Intern. Cong. on Rheology*, Academic Press, New York. (9.10)
———, and H. Oser [1962]: "A Model for the Viscoelastic Behavior of Rubberlike Polymers Including Entanglement Effects," *J. of Research*, National Bureau of Standards, **66**B: 171–180. (9.10)
Mason, W. P. [1950]: *Piezoelectric Crystals and Their Application to Ultrasonics*, D. Van Nostrand Co., Princeton, N.J. (6.4)
Mattice, H. C., and P. Lieber [1954]: "On Attenuation of Waves Produced in Viscoelastic Materials," *Trans. Am. Geophysical Union*, **35**: 613–624. (9.17)
Maxwell, J. C. [1867]: "On the Dynamical Theory of Gases," *Phil. Trans. Royal. Soc. London*, **157**: 49–88; *Phil. Mag.* (4), **35**: (1868) 129–145, 185–217. (9.1), (9.4)
Merrington, A. C. [1943]: "Flow of Visco-elastic Materials in Capillaries," *Nature*, **152**: 663. (7.7)
Meyer, O. E. [1874a]: "Theorie der elastischen Nachwirkung," *Ann. Physik*, **1**: 108–119. (9.1)
——— [1874b]: "Zur Theorie der inneren Reibung," *J. reine. angew. Math.*, **78**: 130–135. (9.1)
——— [1875]: "Zusatz zu der Abhandlung zur Theorie der inneren Reibung," *J. reine. angew. Math.*, **80**: 315–316. (9.1)
Michal, A. D. [1947]: *Matrix and Tensor Calculus*, John Wiley and Sons, New York. (B1), (C1)
Michell, A. G. M. [1940]: *The Mechanical Properties of Fluids*, second ed., Blackie and Son, Glasgow. (7.3)
Mimura, Y. [1931]: "On the Foundation of the Second Law of Thermodynamics," *J. Hiroshima Univ.*, **1**: 43–53. (4.5)
Morrison, J. A. [1956]: "Wave Propagation in Rods of Voigt Material

and Viscoelastic Materials with Three-Parameter Models," *Quart. Appl. Math.*, **14**: 153–170. (9.16)

Morse, Philip M. [1948]: *Vibration and Sound*, 2nd edition, McGraw-Hill Book Co., New York. (7.13)

———, and Herman Feshbach [1953]: *Methods of Theoretical Physics*, McGraw-Hill Book Co., New York. (6.10)

Mott-Smith, H. M. [1951]: "The Solution of the Boltzmann Equation for a Shock Wave," *Phys. Rev.*, **82**: 885–892. (7.14)

Murnaghan, F. D. [1937]: "Finite Deformations of an Elastic Solid, "*Am. J. Math.*, **59**: 235–260. (5.6)

Natanson, L. [1901a]: "Sur les lois de la viscosité," *Bull. Int. Acad. Sci. Cracovie*, 95–111. (9.1)

——— [1901b]: "Über die Gesetze der inneren Reibung," *Z. Physik, Chem.*, **38**: 690–704. (9.1)

Noll, W. [1958]: "A Mathematical Theory of the Mechanical Behavior of Continuous Media," *Arch. Rat. Mech. Anal.*, **2**: 197–226. (5.2)

Nolle, A. W. [1948]: "Methods of Measuring Dynamic Mechanical Properties of Rubberlike Materials," *J. Appl. Phys.*, **19**: 753. (9.10)

——— [1949]: "Dynamic Properties of Rubberlike Materials," *J. Polymer Sci.*, **5**: 1–54. (9.10)

Novozhilov, V. V. [1948]: *Foundations of the Nonlinear Theory of Elasticity* (English Transl.), Graylock Press (1953), Rochester, N.Y. (1.7), (3.8)

Nowacki, W. [1962]: *Thermoelasticity*, Addison-Wesley Publishing Co., Reading, Mass. (8.7)

Payne, A. R. [1958]: *The Rheology of Elastomers*, edited by P. Mason and N. Wookey, Pergamon Press, London. (9.10)

Piola, G. [1833]: *La meccanica de corpi naturalamente estesi trattata col calcolo delle variazioni; Opuse. mat. fis. di deversi autori*, Milano: Giusti **1**: 201–236. (3.8)

——— [1848]: "Intoro alle equazioni fondamentali del movimento di corpi qualsivogliono, considerati secondo la naturale loro forme e constituzione, "[1845], *Mem. Mat. Fis. Soc. Ital. Moderna*, **24**: 1–186. (3.8)

Poiseuille, J. L. M. [1840–1]: "Recherches expérimentales sur le mouvement des liquides dans les tubes de très petits diamètres," *Comptes Rendus*, **11**: 961, 1041; **12**: 112; for more detail see *Mémoires des Savants Etrangers*, **9**: (1846). (7.3), (7.7)

Prandtl, L. [1904]: "Über Flüssigkeitsbewegung bei sehr kleiner Reibung," *Proc. III, Intern. Math. Congr., Heidelberg.* (7.10)

Purcell, E. M., and R. V. Pound [1951]: "A Nuclear Spin System at Negative Temperature," *Phys. Rev.*, **81**: 279. (4.6)

Riabouchinsky, M. D. [1924]: "Quelques considérations sur les mouvements plans rotationnels d'un liquide," *C. R. Acad. Sci.*, Paris, **179**: 1133–1136. (7.10)

Rouse, P. E., Jr. [1953]: "A Theory of the Linear Viscoelastic Properties of Dilute Solutions of Coiling Polymers," *J. Chem. Phys.*, **21**: 1272–1280. (9.10)

Schaaffs, W. [1940]: "Bemerkungen zur Berechnung des Molekülradius aus Molvolumen und Schallgeschwindigkeit," *Z. Physik*, **115**: 69–76. (7.11)

Schlichting, H. [1955]: *Boundary Layer Theory* (Transl. by J. Kestin), McGraw-Hill Book Co., New York. (7.10)

Schouten, J. A. [1951]: *Tensor Analysis for Physicists*, Oxford Univ. Press, New York. (C1)

Schwartz, L. [1950]: *Theorie des Distributions*, Hermann Cie, Paris, 1. (9.13)

Schwarzl, F. R., H. W. Bree, and C. J. Nederveen [1963]: "Mechanical Properties of Highly Filled Elastomers, I," *Proc. Fourth Intern. Cong. on Rheology*, part **3**: 241–263. (9.10)

Sedov, L. I. [1946a]: *Similarity and Dimensional Methods in Mechanics* (in Russian), English Transl., Academic Press, New York (1959). (7.15)

——— [1946b]: "Propagation of Strong Blast Waves," *Prikl. Mat. Mekh.*, **10**: 241–250; see also, "Le mouvement d'air en cas d'une forte explosion," *Dokl. Akad. Nauk*, USSR, **52**: 17–20 (1946). (7.15)

Serrin, J. [1959]: "Mathematical Principles of Classical Fluid Mechanics," *Handbuch der Physik*, Vol. VIII/1: 125–263, edited by S. Flügge, Springer-Verlag, Berlin. (7.4), (7.10)

Shapiro, A. H. [1953]: *The Dynamics and Thermodynamics of Compressible Fluid Flow, I*; The Ronald Press Co., New York. (7.14)

Sherby, O. D., and J. E. Dorn [1958]: "Anelastic Creep of Polymethyl Methacrylate," *J. Mech. Phys. Sol.*, **6**: 145–162. (9.10)

Smith, G. F., and R. S. Rivlin [1958]: "The Strain-Energy Function for Anisotropic Elastic Materials," *Trans. Amer. Math. Soc.*, **88**: 175–193. (5.5)

——— [1964]: "Integrity Bases for Vectors—The Crystal Classes," *Arch. Rat. Mech. Anal.*, **15**: 169–221. (9.2)
Sneddon, I. N. [1951]: *Fourier Transforms*, McGraw-Hill Book Co., New York. (7.8), (8.5)
———, and R. Hill [1960]: *Progress in Solid Mechanics, I*, North-Holland Publishing Co., Amsterdam. (8.7), (8.8)
Sokolnikoff, I. S. [1956]: *Mathematical Theory of Elasticity*, McGraw-Hill Book Co., New York, second ed. (1.14), (3.7), (6.5), (C1)
——— [1964]: *Tensor Analysis*, John Wiley and Sons, New York, second ed. (C1)
Sommerfeld, A. [1949]: *Partial Differential Equations in Physics*, Academic Press, New York. (6.10), (8.6)
Spencer, A. J. M. [1971]: *Theory of Invariants*, Ch. 3, "Treatise on Continuum Physics, I," edited by A. C. Eringen, Academic Press, New York. (9.2).
Spencer, A. J. M., and R. S. Rivlin [1959]: "The Theory of Matrix Polynomials and Its Application to the Mechanics of Isotropic Continua," *Arch. Rat. Mech. Anal.*, **2**: 309–336. (B8), (B9)
——— [1960]: "Further Results in the Theory of Matrix Polynomials," *Arch. Rat. Mech. Anal.*, **4**: 214–230. (B8), (B9)
Stanyukovich, K. P. [1960]: *Unsteady Motion of Continuous Media* (Pergamon Press, N.Y. Transl.). (7.14), (7.15)
Staverman, A. J., and F. Schwarzl [1956]: *Die Physik der Hochpolymeren*, IV, Ch. 1–4, edited by H. A. Stuart, Springer-Verlag, Berlin. (9.1)
Sternberg, E. [1964]: *On the Analysis of Thermal Stresses in Viscoelastic Solids*, "High Temperature Structures and Materials," 348–382, edited by Freudenthal, Boley and Liebowitz, Pergamon Press, New York. (9.1), (9.12)
———, and J. G. Chakravorty [1959]: "Thermal Shock in an Elastic Body with Spherical Cavity," *Quart. Appl. Math.*, **17**: 205–218. (8.8)
Stoker, J. J. [1954]: "Some Remarks on Radiation Conditions," *Proc. of Sympos. in Appl. Math.*, **5**: 97–102, McGraw-Hill Book Co., New York. (6.10)
Straneo, P. [1925]: "Sull' espressione dei fenomeni ereditari," *R. Acc. dei Lincei Rend.*, **I**: series 6, 29–33. (5.3)
Stratton, J. A. [1959]: *Electromagnetic Theory*, McGraw-Hill Book Co., New York, second ed. (6.10)

Synge, J. L., and A. Schild [1949]: *Tensor Calculus*, Univ. of Toronto Press, Toronto. (C1)

Takayanagi, M. [1963]: "Viscoelastic Behavior of Crystalline Polymers," *Proc. Fourth Intern. Cong. on Rheology*, part 1: 161–187. (9.10)

Taylor, G. I. [1910]: "The Conditions Necessary for Discontinuous Motion in Gases," *Proc. Roy. Soc.* (London) A, **84**: 371–377. (7.14)

Taylor, G. I. [1923]: "On the Decay of Vortices in a Viscous Fluid," *Phil. Mag.*, (6) 46: 671–674. (7.9)

Taylor, G. I. [1950]: "The Formation of a Blast Wave by a Very Intense Explosion," *Proc. Royal Soc.*, **A201**: 159–186. (7.15)

Thomas, L. H. [1944]: "Note on Becker's Theory of the Shock Front," *J. Chem. Phys.*, **12**: 449–453. (7.14)

Thomas, T. Y. [1961]: *Concepts from Tensor Analysis and Differential Geometry*, Academic Press, New York. (C1)

Treloar, L. R. G. [1958]: *The Physics of Rubber Elasticity*, 2d ed. Oxford University Press, New York. (6.4)

Truesdell, C. [1952]: "The Mechanical Foundations of Elasticity and Fluid Dynamics," *J. Rat. Mech. Anal.*, **1**: 125–300; **3**: 393–616. (5.5), (7.3)

——— [1955a]: "The Simplest Rate Theory of Pure Elasticity," *Comm. Pure Appl. Math.*, **8**: 123–132. (3.9), (9.4)

——— [1955b]: "Hypo-elasticity," *J. Rat. Mech. Anal.*, **4**: 83–133, 1019–1020. (3.9), (9.4)

———, and W. Noll [1965]: *The Non-Linear Field Theories of Mechanics*. Handbuch der Physik Bd III/3, Springer-Verlag, Berlin. (9.4)

———, and R. Toupin [1960]: *The Classical Field Theories*. Handbuck der Physik vol. III/1, Springer-Verlag. Berlin. (1.14)

Turnbull, H. W. [1960]: *The Theory of Determinants, Matrices and Invariants*, third ed., Dover Publications, New York. (B1)

Voigt, W. [1889]: "Über die innere Reibung der festen Körper, insbesondere der Krystalle," *Göttinger Abh.*, **36**: 1. (9.1)

——— [1892a]: "Über innere Reibung fester Körper, insbesondere der Metalle," *Ann. Physik*, (2), **47**: 671–693. (9.1)

——— [1892b]: "Bestimmung der Constanten der Elasticität und Untersuchung der inneren Reibung für einige Metalle," *Göttinger Abh.*, **38**: 2. (9.1)

——— [1910]: *Lehrbuch der Kristallphysik*, Teubner, Leipzig and Berlin. (9.1)

Volterra, V. [1913]: "Sui fenomeni ereditari," *R. Acc. dei Lincei. Rend.*, XXIV, series 5: 529–539. (5.3)

——— [1930]: *Theory of Functionals and Integral and Integro-differential Equations*, Blackie and Son, Glasgow. (5.3), (9.1), (9.6), (9.7)

Wang Chang, C. S. [1948]: "On the Theory of Thickness of Shock Waves," *Appl. Phys. Lab.* Rpt. No. APL/JHU, CM-503. (7.14)

Waples, G. [1952]: "Carathéodory's Temperature Equations," *J. Rat. Mech. Anal.*, **1**: 301-307. (4.5)

Watson, G. N. [1958]: *A Treatise on the Theory of Bessel Functions*, second ed. p. 395, The Univ. Press, Cambridge; Crowell Collier and Macmillan, New York. (7.9)

Weyl, H. [1946]: *Classical Groups*, Princeton Univ. Press, Princeton, N. J. (B1), (B6), (B7)

Whitham, G. B. [1961]: "Group Velocity and Energy Propagation for Three-Dimensional Waves," *Comm. Pure Appl. Math.*, **14**: 675–691. (9.15)

Widder, D. V. [1947]: *Advanced Calculus*, Prentice-Hall, Englewood Cliffs, N.J. (1.2)

Williams, M. L., R. F. Landel, and J. D. Ferry [1955]: "The Temperature Dependence of Relaxation Mechanisms in Amorphous Polymers and Other Glass-forming Liquids," *J. Am. Chem. Soc.*, **77**: 3701–3707. (9.10)

Yano, K. [1957]: *The Theory of Lie Derivatives and Its Applications*, North-Holland Publishing Co., Amsterdam. (C1)

Zaremba, S. [1903a]: "Remarques sur les travaux de M. Natanson relatifs à la théorie de la viscosité," *Bull. Int. Acad. Sci. Cracovie*, 85–93. (9.1)

——— [1903b]: "Sur une généralisation de la théorie classique de la viscosité," *Bull. Int. Acad. Sci. Cracovie*, 380–403. (9.1)

——— [1903c]: "Sur une forme perfectionnée de la théorie de la relaxation," *Bull. Int. Acad. Sci. Cracovie*, 594–614. (9.1)

——— [1937]: "Sur une conception nouvelle des forces intérieures dans un fluide en mouvement," *Mem. Sci. Math.*, **82**, Gauthier-Villars. (9.1)

Zener, C. [1948]: *The Elasticity and Anelasticity of Metals*, Chicago Univ. Press, Chicago. (9.10)
Zoller, K. [1951]: "Zur Structure der Verdichtungsstosses," *Zeitschrift für Physik*, **130**: 1–38. (7.14)

第二版的补充参考文献

American Institute of Physics Handbook [1957]: Section 9, McGraw-Hill N.Y.

Armanni, G. [1915]: "Sulle deformazioni finite dei solidi elastici isotropi," *Nuovo cimento* (6) *10*: 427-447.

Astrov, D. H. [1960]: "On the Magnetoelectric Effect in Antiferromagnetics," *J. Exp. Theor. Phys.*, USSR, *38*, 984 [Translation: Soviet Physics JETP *11*, 1960, 708].

Berlincourt, Don A., D. R. Curran and Hans Jaffe [1964]: "Piezoelectric and Piezomagnetic Materials and Their Function in Transducers," *Physical Acoustics, 1A*, 170-267 (ed. by W. P. Mason), Academic Press, New York.

Bhagavantam, S. [1966]: *Crystal Symmetry and Physical Properties*, Academic Press, New York.

Birss, R. R. [1964]: *Symmetry and Magnetism*, North-Holland, Amsterdam.

Blatz, P. J., Chu, B. M. and Wayland, H. [1969]: "On the Mechanical Behavior of Elastic Animal Tissue," *Trans. Soc. Rheol. 13*, 83-102.

Boehler, J. P. [1977]: "On Irreducible Representations for Isotropic Scalar Functions," *ZAMM, 57*, 323-327.

Borovik-Romanov, A. S. [1959]: "Piezomagnetism in the Antiferromagnetic Fluorides of Cobalt and Manganese," *J. Exp. Theor. Phys.*, U.S.S.R., *36*, 1954-1955.

Brown, William F., Jr. [1966]: *Magnetoelastic Interactions*, Springer-Verlag, New York.

Chadwick, P. [1960]: "Thermo-elasticity, The Dynamic Theory," in *Progress in Solid Mechanics, 1*, 263-328 (ed. by R. Hill and I. N. Sneddon), North Holland Publ., Amsterdam.

Collet, B. and G. A. Maugin [1974], "Sur l'électrodynamique des millieux continus avec interactions," *C. R. Acad. Sci. Paris, 279B*, 379-382.

Cracknell, A. P. [1975]: *Magnetism in Crystalline Materials*, Pergamon Press, Oxford.

Le Craw, R. C. and R. L. Comstock [1965]: "Magnoelastic Interactions in Ferromagnetic Insulators," *Physical Acoustics, 3B*, 127-197 (ed. by W. P. Mason), Academic Press, N.Y.

Curie, P. [1908], *Oevres de Pierre Curie*, Paris, Société Française de Physique.

Demiray, H. [1976]: "Stresses in Ventricular Wall," *J. Appl. Mech. 43*, 194-197.
Demiray, H. [1977], "Large Deformation Analysis of Some Basic Problems in Biophysics," *Bull. Math. Biol., 38*, 701-712.
Dixon, R. C. and A. C. Eringen [1965], "A Dynamical Theory of Polar Elastic Dielectrics—I & II," *Int. J. Engng. Sci., 3*, 359-398.
Dunkin, J. W. and A. C. Eringen [1963]: "On the Propagation of Waves in an Electromagnetic Elastic Solid," *Int. J. Engng. Sci., 1*, 461-495.
Eringen, A. C. [1961]: "On Foundations of Electro-Elastostatics," *Int. J. Engng. Sci., 1*, 127-153.
Eringen, A. C. [1967]: *Mechanics of Continua*, Wiley, New York.
Eringen, A. C. [1976]: *Continuum Physics*, Vol. 4, Academic Press, New York.
Eringen, A. C. and E. S. Şuhubi [1975]: *Elastodynamics*, vol. II, Academic Press, New York.
Folen, V. J., G. T. Rado and E. W. Stolder [1961]: "Anisotropy of the Magnetoelectric Effect in Cr_2O_3," *Phys. Rev. Letters, 6*, 607-608.
Gagnepain, J. J. and R. B. Besson [1975]: "Nonlinear Effects in Piezoelectric Quartz Crystals," *Physical Acoustics* (ed. by W. P. Mason), 245-288, Academic Press, New York.
Green, A. E. and R. T. Shield [1950]: "Finite Elastic Deformation of Incompressible Isotropic Bodies," *Proc. Roy. Soc.* (London), *A, 202*, 407-419.
Green, A. E. [1955]: "Finite Elastic Deformation of Incompressible Isotropic Bodies," *Proc. Roy. Soc.* (London) *A, 227*, 271-278.
Hartmann, J. [1937]: "Hydrodynamics I. Theory of the Laminar Flow of an Electrically Conductive Liquid in a Homogeneous Magnetic Field," Kg. Danske Videnskabernes Selskab, Math.-Fys. Med., *15*, No. 6, Copenhagen.
IRE Standards on Piezoelectric Crystals [1949]: *Proceedings*, IRE 37, 1378.
Jackson, J. D. [1975]: *Classical Electrodynamics*, John Wiley and Sons, Inc., New York.
Jordan, N. F. and A. C. Eringen [1965]: "On the Static Nonlinear Theory of Electromagnetic Thermoelastic Solid, I & II," *Int. J. Engng. Sci. 2*, 59-95, 97-114.
Kiral, E. and A. C. Eringen [1976]: "Nonlinear Constitutive Equations of Magnetic Crystals," Princeton University Report.

Landolt-Börnstein [1959]: *Numerical Values and Function*, Vol. II, 6th ed., 414-448, Springer, Berlin.

Mason, W. P. [1950]: *Piezoelectric Crystals and Their Application to Ultrasonics*, D. Van Nostrand Co., Inc., New York.

Maugin, G. A., [1976a], "A Note on Micromagnetics at High Temperature," *Applied Physics, 11*, 185-186.

Maugin, G. A., [1976b,c], "A Continuum Theory of Deformable Ferrimagnets—I: Field Equations, II: Thermodynamics, Constitutive Theory." *J. Math. Phys.*, 17, 1727-1738, 1739-1751.

Maugin, G. A. [1978], "Classical Magnetoelasticity in Ferromagnets with Defects," in *Electromagnetic Interactions in Elastic Solids* (C.I.S.M. Lectures, 1977), Ed. H. Parkus, Springer-Verlag, Vienna.

Maugin, G. A., [1979a], "Vectorial Internal Variables in Magnetoelasticity," *J. de Mécanique, 18*, 1-22.

Maugin, G. A., [1979b,c], "A Continuum Approach to Magnon-Phonon Couplings I: General Equations, Background Solution, II–Wave Propagation for Hexagonal Symmetry," *Int. J. Engng. Sci.* (to be published).

Maugin, G. A. and A. C. Eringen, [1972]: "Deformable Magnetically Saturated Media–I: Field Equations," *J. Math. Phys., 13*, pp. 143-155.

Maugin, G. A. and A. C. Eringen [1972]: "Deformable Magnetically Saturated Media–II: Constitutive Theory," *J. Math. Phys., 13*, 1334-1347.

Maugin, G. A. and A. C. Eringen [1977], "On the Equations of the Electrodynamics of Deformable Bodies of Finite Extent," *J. de Mécanique, 16*, 102-147.

Mert, M. and E. Kiral [1971]: "Symmetry Restrictions on the Constitutive Equations for Magnetic Materials," *Int. J. Engng. Sci., 15*, 281-294.

Mindlin, R. D. [1970]: "Polarization Gradient in Elastic Dielectrics," Course and Lectures at Udine, Springer-Verlag, New York.

Nelson,* D. F. [1979]: *Electric, Optic & Acoustic Interactions in Dielectrics*, John Wiley & Sons, New York.

Nowinski, J. L. [1978]: *Theory of Thermoelasticity with Applications*, Section 23, Sijthoff and Noordhoof Int'l. Publishers, Alphen Aan den Netherland Rijn.

Pai, Shih-i [1956-57]: *Viscous Flow Theory*, Van Nostrand Co., Inc. Princeton, New Jersey.

Pai, Shih-i [1962]: *Magnetogasdynamics and Plasma Dynamics*, Springer-Verlag, Vienna.

*Published at the proof.

Paria, G. [1962]: "On Magneto-Thermo-Elastic Plane Waves," *Proc. Cambridge Phil. Soc., A. 58,* 527-531.

Paria, G. [1967]: "Magneto-Elasticity and Magneto-Thermo-Elasticity," *Advances in Applied Mechanics, 10,* 73-112.

Rado, G. T. and V. J. Folen [1961]: "Magnetoelectric Effects in Antiferromagnetics," *J. Appl. Phys., 33 S,* 1126-1132.

Rivlin, R. S. [1948]: "Large Elastic Deformations of Isotropic Materials," IV. *Phil. Trans. Roy. Soc.* (London) *A, 241,* 379-397.

Rivlin, R. S. [1949]: "Large Elastic Deformations of Isotropic Materials," VI, *Phil. Trans. Roy. Soc.* (London) *A, 242,* 173-195.

Shubnikov, A. V. and N. V. Belov [1964]: *Colored Symmetry,* Pergaman Press, Oxford.

Smith, G. F. [1970]: "On a Fundamental Error in Two Papers of C. C. Wang, 'On Representations for Isotropic Functions, Part I and II' " *Arch. Rat. Mech. Analysis, 36;* 161-165.

Smith, G. F. [1971]: "On Isotropic Functions of Symmetric Tensors, Skew-Symmetric Tensors and Vectors," *Int. J. Engng. Sci., 9,* 899-916.

Sponitz, H. M., E. H. Sonnenblick and D. Spiro [1966]: "Relation of Ultrastructure to Function in the Intact Heart: Sarcomene Structure Relative to Pressure Volume Curves of In Left Ventricles of Dog and Cat," *Circ. Res., 18,* 49-66.

Strauss, W. [1968]: Magnetoelastic Properties of Yttrium-Iron Garnet," *Physical Acoustics, 4B,* 211-267 (ed. by W. P. Mason), Academic Press, New York.

Şuhubi, E. S. [1969]: "Elastic Dielectrics with Polarization Gradient," *Int. J. Engng. Sci., 7,* 993-997.

Tiersten, H. F., [1964]: "Coupled Magnetomechanical Equations for Magnetically Saturated Insulators," *J. Math. Phys., 6,* 1298-1318.

Tiersten, H. [1969]: *Linear Piezoelectric Plate Vibrations, Elements of the Linear Theory of Piezoelectricity and the Vibrations of Piezoelectric Plates,* Plenum Press, New York.

Toupin, R. A. [1956]: "The Elastic Dielectric," *J. Rational. Mech. & Analysis, 5,* 849-915.

Wang, C. C. [1969a]: "On Representations for Isotropic Functions, Part I," *Arch. Rat. Mech. Analysis, 33,* 249.

Wang, C. C. [1969b]: "On Representations for Isotropic Functions, Part II," *Arch. Rat. Mech. Analysis, 33,* 268.

Wang, C. C. [1970]: "A New Representation Theorem for Isotropic Functions, Part I and II," *Arch. Rat. Mech. Analysis, 36*, 166-223.

Wang, C. C. [1971]: "Corrigendum to 'Representations for Isotropic Functions'," *Arch. Rat. Mech. Analysis, 43*, 392-395.

Wilson, A. J. [1963]: "The Propagation of Magneto-Thermo-Elastic Plane Waves," *Proc. Cambridge Phil. Soc., A. 59*, 483-488.

Zocher, H. and C. Torok [1963]: "About Space-Time Asymmetry in the Realm of Classical, General and Crystal Physics," *Proc. Nat. Acad. Sci., 39*, 681-686.